AutoCAD 2018 中文版室内设计实例教程

三维书屋工作室

胡仁喜 张亭 等编著

机械工业出版社

本书主要介绍了使用 AutoCAD 2018 中文版绘制室内设计图的各种方法和技巧。全书共 15 章，第 1 章介绍了 AutoCAD2018 入门；第 2 章介绍了绘图命令；第 3 章介绍了编辑命令；第 4 章介绍文本、图表与尺寸标注；第 5 章介绍了模块化绘图；第 6 章介绍了室内设计中主要家具设施的绘制；第 7 章介绍了室内设计制图的准备知识；第 8 章介绍了别墅室内设计图的绘制；第 9 章和 10 章介绍了住宅室内平面图、顶棚布置图和立面图的绘制；第 11～13 章介绍了董事长办公室平面图、立面图与剖面图的绘制；第 14 章和第 15 章分别介绍了咖啡吧室内设计图的绘制。本书的实例均为实际设计中的实例，具有很高的实用价值。

本书适用于 AutoCAD 软件的初、中级读者，也适用于室内设计绘图的相关人员。

图书在版编目（CIP）数据

AutoCAD 2018 中文版室内设计实例教程/胡仁喜，张亭编著.—6 版.—北京：机械工业出版社，2017.10
ISBN 978-7-111-58348-6

Ⅰ.①A… Ⅱ.①胡… ②张… Ⅲ.①室内装饰设计－计算机辅助设计－AutoCAD 软件－教材 Ⅳ.①TU238-39

中国版本图书馆 CIP 数据核字(2017)第 261171 号

机械工业出版社（北京市百万庄大街 22 号　邮政编码 100037）
责任编辑：曲彩云　　　　责任印制：孙　炜
北京中兴印刷有限公司印刷
2018 年 1 月第 6 版第 1 次印刷
184mm×260mm · 30 印张 · 735 千字
0001－3000 册
标准书号：ISBN 978-7-111-58348-6
定价：79.00 元

凡购本书，如有缺页、倒页、脱页，由本社发行部调换
电话服务　　　　　　　　　　网络服务
服务咨询热线：010-88361066　机工官网：www.cmpbook.com
读者购书热线：010-68326294　机工官博：weibo.com/cmp1952
　　　　　　　010-88379203　金 书 网：www.golden-book.com
编辑热线：　　010-88379782　教育服务网：www.cmpedu.com
封面无防伪标均为盗版

前　言

AutoCAD 是 Autodesk 公司开发的计算机辅助设计软件，在世界范围内较早开发，也是用户群极为庞大的 CAD 软件。目前，国内各种 CAD 软件如雨后春笋般不断涌现，尽管这些后起之秀在不同的方面有很多卓越的功能，但是 AutoCAD 以其开放性的平台和简单易行的操作方法仍然深受工程设计人员的喜爱，经过多年的市场风雨考验与网络信息技术的飞速发展，其功能不断完善，现已覆盖机械、建筑、服装、电子、气象、地理等各个领域，在全球建立起牢固的用户网络。

在这 30 多年的发展中，AutoCAD 相继进行了 31 次升级，是每次升级都带来了一次功能的大幅提升。近几年来，随着电子和网络技术的飞速发展，AutoCAD 也加快了更新的步伐，继 2016 年推出 AutoCAD2017 后，在 2017 年又推出了功能更加强大的 AutoCAD2018 及其中文版。

本书主要介绍了使用 AutoCAD2018 对室内设计图进行绘制的各种方法和技巧。全书共 15 章，其中第 1 章介绍了 AutoCAD2018 入门；第 2 章介绍了绘图命令；第 3 章介绍了编辑命令；第 4 章介绍文本、图表与尺寸标注；第 5 章介绍了模块化绘图；第 6 章介绍了室内设计中主要家具设施的绘制；第 7 章介绍了室内设计制图的准备知识；第 8 章介绍了别墅室内设计图的绘制；第 9 章和 10 章介绍了住宅室内平面图、顶棚布置图和立面图的绘制；第 11～13 章介绍了董事长室平面图、立面图与剖面图的绘制；第 14 和 15 章介绍了咖啡吧室内设计图的绘制。本书实例均出自实际设计，具有很高的实用价值。

书中主要内容取自于编者几年来使用AutoCAD的经验总结。考虑到室内设计绘图的复杂性，所以编者对书中的理论讲解和实例引导都作了一些适当的简化处理，尽量做到深入浅出。

为了方便广大读者更加形象直观地学习本书，随书配赠电子资料包，包含全书实例操作过程录屏讲解 AVI 文件和实例源文件以及 AutoCAD 操作技巧集锦和 AutoCAD 机械设计、建筑设计、电气设计的相关操作实例的录屏讲解 AVI 电子教材，总教学时长达 3000 分钟。读者可以登录百度网盘地址：http://pan.baidu.com/s/1miT1gmO 下载，密码：x1z2（读者如果没有百度网盘，需要先注册一个才能下载）。

本书主要对象为 AutoCAD 初、中级用户以及对室内绘图比较了解的设计人员，旨在帮助读者用较短的时间快速熟练地掌握使用 AutoCAD 2018 中文版绘制室内装潢及设施的各种应用技巧，并提高室内设计制图质量。

本书由 Autodesk 中国认证考试中心首席专家胡仁喜博士和石家庄三维书屋文化传播有限公司的张亭老师主要编写，刘昌丽 康士廷 杨雪静 卢园 孟培 李亚莉 解江坤 秦志霞 毛瑢 闫国超 吴秋彦 甘勤涛 李兵 王敏 孙立明 王玮 王培合 王艳池 王义发 王玉秋 张琪 朱玉莲 徐声杰 张俊生 王兵学等参加了部分章节的编写。

虽然作者几易其稿，但由于时间仓促加之水平有限，书中纰漏与失误在所难免，恳请广大读者登录网站www.sjzswsw.com或联系 hurenxi2000@163.com 批评指正。也欢迎加入三维书屋图书学习交流群(QQ：379090620)交流探讨。

编　者

目 录

前言
第1章 AutoCAD 2018中文版入门 1
1.1 操作界面 2
1.1.1 标题栏 2
1.1.2 绘图区 6
1.1.3 坐标系图标 6
1.1.4 菜单栏 7
1.1.5 工具栏 8
1.1.6 命令行窗口 10
1.1.7 布局标签 10
1.1.8 状态栏 11
1.1.9 滚动条 13
1.1.10 快速访问工具栏和交互信息工具栏 13
1.1.11 功能区 13
1.2 设置绘图环境 14
1.2.1 绘图单位设置 14
1.2.2 图形边界设置 15
1.3 配置绘图系统 16
1.3.1 显示配置 16
1.3.2 系统配置 17
1.4 文件管理 18
1.4.1 新建文件 18
1.4.2 弹出文件 19
1.4.3 保存文件 20
1.4.4 另存为 21
1.4.5 退出 21
1.4.6 图形修复 22
1.5 基本输入操作 23
1.5.1 命令输入方式 23
1.5.2 命令的重复、撤消、重做 24
1.5.3 透明命令 24
1.5.4 按键定义 25

1.5.5 命令执行方式......25
1.5.6 坐标系统与数据的输入方法......25
1.6 图层设置......27
1.6.1 建立新图层......27
1.6.2 设置图层......30
1.6.3 控制图层......33
1.7 绘图辅助工具......34
1.7.1 精确定位工具......34
1.7.2 图形显示工具......39
第2章 绘图命令......43
2.1 直线类命令......44
2.1.1 点......44
2.1.2 直线......44
2.1.3 实例——五角星......45
2.2 圆类图形命令......46
2.2.1 圆......46
2.2.2 实例——圆餐桌......47
2.2.3 圆弧......48
2.2.4 实例——椅子......49
2.2.5 圆环......49
2.2.6 椭圆与椭圆弧......50
2.2.7 实例——洗脸盆......51
2.3 平面图形......52
2.3.1 矩形......53
2.3.2 实例——办公桌......54
2.3.3 多边形......54
2.3.4 实例——卡通造型......55
2.4 图案填充......56
2.4.1 基本概念......56
2.4.2 图案填充的操作......57
2.4.3 编辑填充的图案......60
2.4.4 实例——田间小屋......61
2.5 多段线与样条曲线......63
2.5.1 绘制多段线......64

2.5.2 实例——酒杯 64
2.5.3 绘制样条曲线 66
2.5.4 实例——雨伞 68
2.6 多线 69
2.6.1 绘制多线 69
2.6.2 编辑多线 70
2.6.3 实例——墙体 71
第3章 编辑命令 75
3.1 选择对象 76
3.2 删除及恢复类命令 77
3.2.1 删除命令 77
3.2.2 实例——画框 78
3.2.3 恢复命令 79
3.2.4 实例——恢复删除线段 80
3.2.5 清除命令 80
3.3 复制类命令 80
3.3.1 复制命令 80
3.3.2 实例——办公桌 81
3.3.3 偏移命令 82
3.3.4 实例——单开门 84
3.3.5 镜像命令 85
3.3.6 实例——盥洗池 86
3.3.7 阵列命令 88
3.3.8 实例——VCD 89
3.4 改变位置类命令 90
3.4.1 移动命令 90
3.4.2 实例——沙发茶几 91
3.4.3 旋转命令 95
3.4.4 实例——计算机 96
3.4.5 缩放命令 98
3.4.6 实例——装饰盘 99
3.5 改变几何特性类命令 100
3.5.1 修剪命令 100
3.5.2 实例——灯具 101

3.5.3 延伸命令 103
3.5.4 实例——窗户 104
3.5.5 拉伸命令 105
3.5.6 实例——门把手 105
3.5.7 拉长命令 107
3.5.8 实例——挂钟 108
3.5.9 圆角命令 109
3.5.10 实例——小便池 109
3.5.11 倒角命令 111
3.5.12 实例——洗手盆 112
3.5.13 打断命令 114
3.5.14 实例——吸顶灯 114
3.5.15 分解命令 115
3.5.16 实例——西式沙发 116
3.5.17 合并 119
3.6 对象编辑 120
3.6.1 钳夹功能 120
3.6.2 特性选项板 120
3.7 综合实例——单人床 121
第4章 文本、图表与尺寸标注 124
4.1 文本标注 125
4.1.1 设置文本样式 125
4.1.2 单行文本标注 126
4.1.3 多行文本标注 127
4.1.4 多行文本编辑 131
4.1.5 实例——酒瓶 132
4.2 尺寸标注 133
4.2.1 设置尺寸样式 134
4.2.2 标注尺寸 139
4.2.3 实例——给居室平面图标注尺寸 143
4.3 表格 146
4.3.1 设置表格样式 146
4.3.2 创建表格 147
4.3.3 编辑表格文字 148

4.3.4 实例——室内设计A3图纸样板图 149
第5章 模块化绘图 158
5.1 图块及其属性 159
5.1.1 图块操作 159
5.1.2 实例——绘制家庭餐桌布局 162
5.1.3 图块的属性 163
5.1.4 实例——标注标高符号 165
5.2 附着光栅图像 167
5.2.1 图像附着 168
5.2.2 实例——绘制一幅风景壁画 169
5.3 设计中心与工具选项板 170
5.3.1 设计中心 170
5.3.2 工具选项板 171
5.3.3 实例——绘制住房布局截面图 173
第6章 室内设计中主要家具设施的绘制 177
6.1 家具平面配景图绘制 178
6.1.1 转角沙发 178
6.1.2 柜子 180
6.1.3 计算机桌椅 182
6.2 电器平面配景图绘制 186
6.2.1 饮水机 186
6.2.2 电视机 187
6.3 卫浴平面配景图绘制 190
6.3.1 浴盆 190
6.3.2 坐便器 192
6.4 厨具平面配景图绘制 195
6.4.1 燃气灶 195
6.4.2 锅 198
第7章 室内设计制图的准备知识 201
7.1 室内设计基本知识 202
7.2 室内设计制图基本知识 205
7.2.1 室内设计制图的要求及规范 205
7.2.2 室内设计制图的内容 211
7.3 室内装饰设计欣赏 214

7.3.1 公共建筑空间室内设计效果欣赏 214
7.3.2 住宅建筑空间室内装修效果欣赏 215
第8章 别墅室内设计图的绘制 217
8.1 别墅室内设计概述 218
8.2 别墅首层平面图的绘制 218
8.2.1 设置绘图环境 218
8.2.2 绘制建筑轴线 221
8.2.3 绘制墙体 223
8.2.4 绘制门窗 226
8.2.5 绘制楼梯和台阶 232
8.2.6 绘制家具 235
8.2.7 平面标注 238
8.2.8 绘制指北针和剖切符号 243
8.2.9 别墅二层平面图与屋顶平面图绘制 245
8.3 别墅客厅平面布置图的绘制 247
8.3.1 设置绘图环境 247
8.3.2 绘制家具 248
8.3.3 室内平面图标注 248
8.4 别墅客厅立面图A的绘制 250
8.4.1 设置绘图环境 251
8.4.2 绘制地面、楼板与墙体 251
8.4.3 绘制文化墙 252
8.4.4 绘制家具 254
8.4.5 室内立面图标注 255
8.5 别墅客厅立面图B的绘制 256
8.5.1 设置绘图环境 257
8.5.2 绘制地坪、楼板与墙体 257
8.5.3 绘制家具 258
8.5.4 绘制墙面装饰 261
8.5.5 立面标注 262
8.6 别墅首层地坪图的绘制 263
8.6.1 设置绘图环境 263
8.6.2 补充平面元素 263
8.6.3 绘制地板 264

8.6.4 尺寸标注与文字说明..266
8.7 别墅首层顶棚图的绘制..266
8.7.1 设置绘图环境..266
8.7.2 补绘平面轮廓..267
8.7.3 绘制吊顶..267
8.7.4 绘制入口雨篷顶棚..269
8.7.5 绘制灯具..269
8.7.6 尺寸标注与文字说明..272
第9章 住宅室内设计平面图的绘制..273
9.1 住宅设计思想..274
9.1.1 住宅室内设计特点..274
9.1.2 本案例设计思路..276
9.1.3 室内设计平面图绘图过程..276
9.2 绘制轴线..277
9.2.1 绘图准备..277
9.2.2 绘制轴线..278
9.3 绘制墙线..280
9.3.1 设置多线样式..280
9.3.2 绘制墙线..281
9.3.3 绘制柱子..281
9.3.4 绘制窗线..282
9.3.5 编辑墙线及窗线..284
9.4 绘制门..285
9.4.1 绘制单扇门..285
9.4.2 绘制推拉门..287
9.5 绘制非承重墙..289
9.5.1 设置隔墙线型..289
9.5.2 绘制隔墙..290
9.6 绘制装饰..292
9.6.1 绘制餐桌..292
9.6.2 绘制书房门窗..294
9.6.3 绘制衣柜..296
9.6.4 绘制橱柜..297
9.6.5 绘制吧台..298

9.6.6　绘制厨房水池和煤气灶......299
9.7　尺寸文字标注......303
9.7.1　尺寸标注......303
9.7.2　文字标注......305
9.7.3　标高......306
第10章　住宅顶棚布置图和立面图绘制......307
10.1　住宅顶棚图......308
10.1.1　设计思想......308
10.1.2　绘图准备......308
10.1.3　绘制屋顶......310
10.1.4　绘制灯具......314
10.2　住宅立面图......316
10.2.1　设计思想......317
10.2.2　客厅立面图......317
10.2.3　厨房立面图......329
10.2.4　书房立面图......335
第11章　董事长室平面图的绘制......339
11.1　办公空间室内设计概述......340
11.1.1　办公空间的设计目标......340
11.1.2　办公空间的布置格局......341
11.1.3　配套用房的布置和办公室设计的关系......342
11.1.4　本例设计思想与绘制思路......343
11.2　绘制轴线......344
11.2.1　绘图准备......344
11.2.2　绘制轴线......347
11.3　绘制外部墙线......349
11.3.1　编辑多线......349
11.3.2　绘制墙线......350
11.4　绘制柱子......350
11.5　绘制内部墙线......352
11.6　绘制门窗......356
11.6.1　开门窗洞......356
11.6.2　绘制门......356
11.7　绘制楼梯......361

11.8 绘制室内装饰 363
11.8.1 绘制沙发茶几组合 363
11.8.2 绘制餐桌椅组合 364
11.8.3 绘制床和床头柜组合 365
11.8.4 绘制衣柜 368
11.8.5 绘制电视柜 368
11.8.6 绘制洗手盆 369
11.8.7 绘制坐便器 369
11.9 尺寸、文字标注 370
11.9.1 尺寸标注 371
11.9.2 文字标注 373
11.9.3 方向索引 375
第12章 董事长室立面图的绘制 377
12.1 绘制董事长室A立面图 378
12.1.1 绘制A立面图 378
12.1.2 尺寸和文字标注 385
12.2 绘制董事长秘书室B立面图 388
12.2.1 绘制B立面图 388
12.2.2 尺寸和文字标注 390
12.3 绘制董事长休息室B立面图 392
12.3.1 绘制B立面图 392
12.3.2 尺寸和文字标注 395
第13章 董事长室剖面图的绘制 397
13.1 董事长办公室A剖面图的绘制 398
13.1.1 绘制董事长办公室A剖面图 398
13.1.2 标注董事长办公室A剖面图 402
13.1.3 董事长办公室其他剖面图的绘制 403
13.2 董事长秘书室A剖面图的绘制 404
13.2.1 绘制董事长秘书室A剖面图 404
13.2.2 标注董事长秘书室A剖面图 407
13.2.3 董事长休息室A剖面图的绘制 408
第14章 咖啡吧室内设计图的绘制 409
14.1 休闲娱乐空间室内设计概述 410
14.1.1 休闲娱乐空间顶部构造设计 410

14.1.2 休闲娱乐空间墙面装饰设计 410
14.1.3 休闲娱乐空间地面装饰设计 411
14.1.4 本例设计思想 411
14.2 绘制咖啡吧建筑平面图 412
14.2.1 绘图前准备 413
14.2.2 绘制轴线 415
14.2.3 绘制柱子 417
14.2.4 绘制墙线、门窗、洞口 419
14.2.5 绘制楼梯及台阶 425
14.2.6 绘制装饰凹槽 426
14.2.7 标注尺寸 427
14.2.8 标注文字 429
14.3 咖啡吧装饰平面图 431
14.3.1 绘制准备 432
14.3.2 绘制所需图块 432
14.3.3 布置咖啡吧 438
14.4 绘制咖啡吧顶棚平面图 443
14.4.1 绘制准备 444
14.4.2 绘制吊顶 444
14.4.3 布置灯具 446
14.5 绘制咖啡吧地面平面图 447
第15章 咖啡吧室内设计立面图及详图绘制 452
15.1 绘制咖啡吧立面图 453
15.1.1 绘制咖啡吧A立面图 453
15.1.2 绘制咖啡吧B立面图 460
15.2 玻璃台面节点详图 463

第1章

AutoCAD 2018 中文版入门

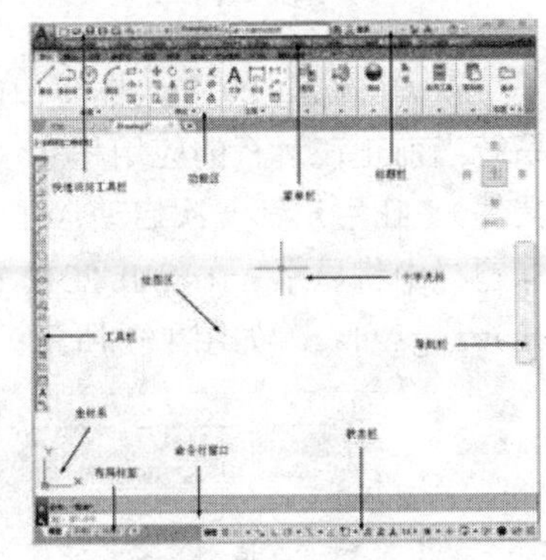

我们从本章开始循序渐进地学习 AutoCAD 2018 中文版绘图的有关基本知识，了解如何设置图形的系统参数和样板图，熟悉建立新的图形文件及弹出已有文件的方法等，从而为后面进入系统的学习准备必要的基础知识。

- 绘图环境、图层设置
- 操作界面
- 文件管理
- 基本输入操作

1.1 操作界面

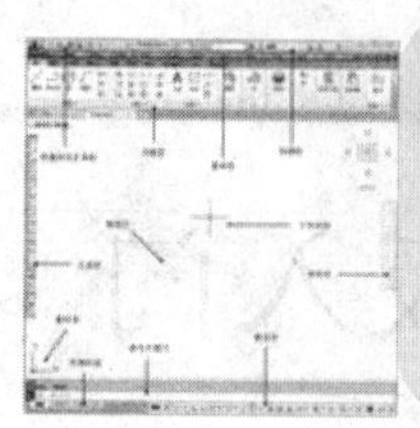

在 AutoCAD 2018 绘图窗口标题栏的下方是 AutoCAD 2018 的菜单栏。同其他 Windows 程序一样，AutoCAD 2018 的菜单也是下拉形式的，并在菜单中包含子菜单。AutoCAD 2018 的菜单栏中包含 12 个菜单，如图 1-1 所示。这些菜单几乎包含了 AutoCAD 2018 的所有绘图命令，后面的章节将围绕这些菜单展开讲述。

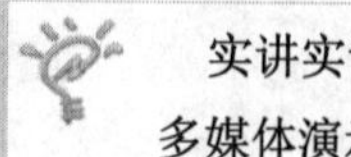

实讲实训
多媒体演示

多媒体演示参见配套光盘中的\\动画演示\第1章\操作界面.avi。

1.1.1 标题栏

在 AutoCAD 2018 绘图窗口的最上端是标题栏。在标题栏中显示了系统当前正在运行的应用程序（AutoCAD 2018 和用户正在使用的图形文件）。在用户第一次启动 AutoCAD 时，在 AutoCAD 2018 绘图窗口的标题栏中将显示 AutoCAD 2018 在启动时创建并弹出的图形文件的名字 Drawing1.dwg，如图 1-1 所示。

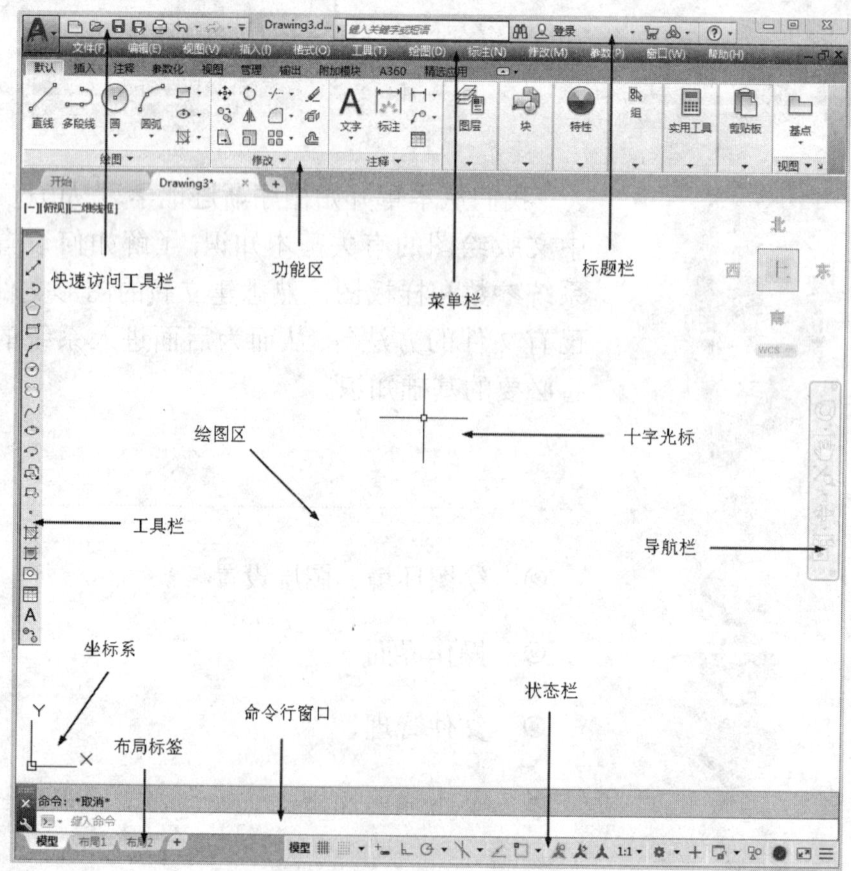

图1-1　AutoCAD 2018中文版的操作界面

▲ 技巧与提示——界面模式切换

需要将AutoCAD的工作空间切换到“草图与注释”模式下（单击操作界面右下角中的“切换工作空间”按钮，在弹出的菜单中单击“草图与注释”命令），才能显示如图1-1所示的操作界面。本书中的所有操作均在“草图与注释”模式下进行。

注意

安装AutoCAD 2018后，默认的界面如图1-2所示，在绘图区中右击，弹出快捷菜单，如图1-3所示，选择“选项”命令，弹出“选项”对话框，如图1-4所示，单击“显示”选项卡，在”窗口元素”的“配色方案”中设置为“明”，继续单击“窗口元素”区域中的“颜色”按钮，将打开如图1-5所示的“图形窗口颜色”对话框，单击该对话框中的“颜色”下拉箭头，在打开的下拉列表中选择白色，然后单击“应用并关闭”按钮，继续单击“确定”按钮，退出对话框，其界面如图1-6所示。

图1-2 默认界面

▲ 技巧与提示——菜单栏的调出

在AutoCAD“快速访问”工具栏处调出菜单栏，如图1-7所示，调出后的菜单栏如图1-8所示。同其他Windows程序一样，AutoCAD的菜单也是下拉形式的，并在菜单中包含子菜单。AutoCAD的菜单栏中包含12个菜单：“文件”“编辑”“视图”“插入”“格式”“工具”“绘图”“标注”“修改”“参数”“窗口”和“帮助”，这些菜单，几乎包含了AutoCAD 的所有绘图命令。

图1-3　快捷菜单

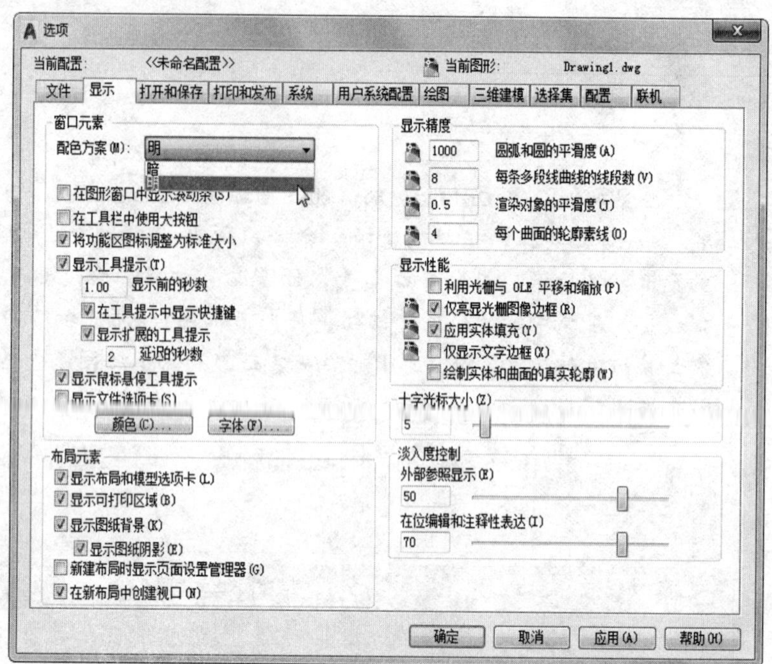

图1-4　“选项”对话框

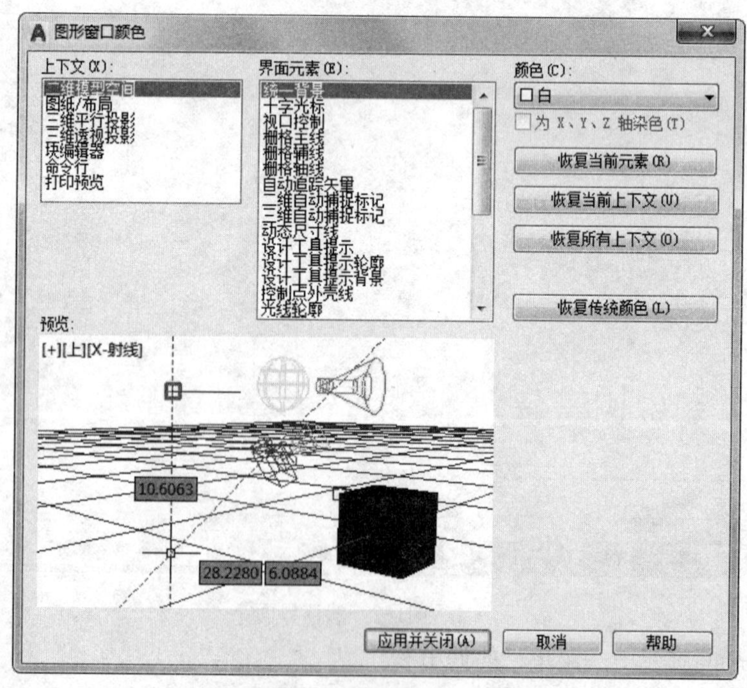

图1-5　“图形窗口颜色”对话框

图1-6　AutoCAD 2018中文版的操作界面

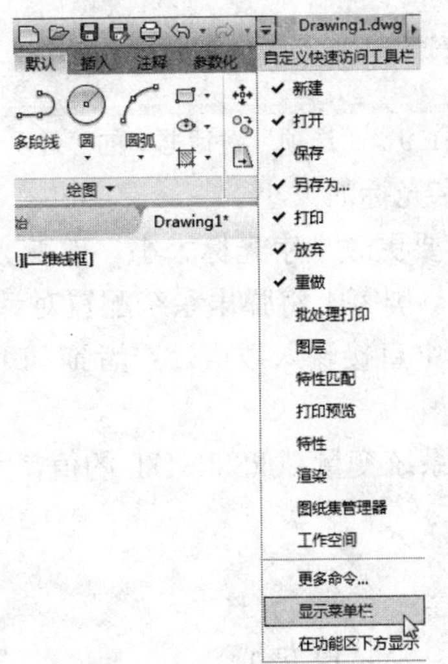

图1-7　调出菜单栏

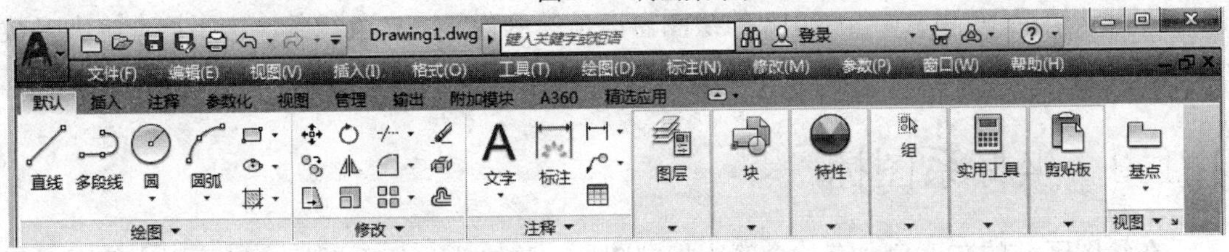

图1-8　菜单栏显示界面

1.1.2 绘图区

绘图区是指在标题栏下方的大片空白区域.绘图区域是用户使用 AutoCAD 2018 绘制图形的区域，用户完成一幅设计图形的主要工作都是在绘图区域中完成的。

在绘图区域中还有一个作用类似于光标的十字线，其交点反映了光标在当前坐标系中的位置。在 AutoCAD 2018 中，将该十字线称为光标，AutoCAD 通过光标显示当前点的位置。十字线的方向与当前用户坐标系的 X 轴、Y 轴方向平行，系统预设十字线的长度为屏幕大小的 5%，如图 1-9 所示。

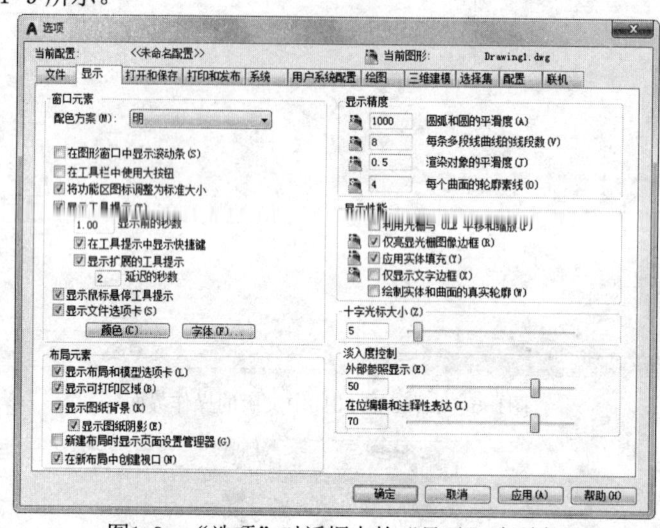

图1-9 “选项”对话框中的“显示”选项卡

1. 修改图形窗口中十字光标的大小

可以根据绘图的实际需要更改十字光标大小。改变光标大小的方法为：在绘图窗口中选择工具菜单中的选项命令。屏幕上将弹出系统配置对话框，打开”显示”选项卡，在“十字光标大小”区域的编辑框中直接输入数值，或者拖动编辑框后的滑块，即可以对十字光标的大小进行调整。

此外，还可以通过设置系统变量 CURSORSIZE 的值，实现对其大小的更改。方法是在命令行输入：

```
命令: CURSORSIZE↙
输入 CURSORSIZE 的新值 <5>:
```

在提示下输入新值即可。默认值为 5%。

2. 修改绘图窗口的颜色

在默认情况下，AutoCAD 2018 的绘图窗口是黑色背景、白色线条，这不符合绝大多数用户的习惯，因此修改绘图窗口颜色是大多数用户都需要进行的操作。

1.1.3 坐标系图标

在绘图区域的左下角，有一个箭头指向图标，称之为坐标系图标，表示用户绘图时正使用的坐标系形式，如图 1-1 所示。坐标系图标的作用是为点的坐标确定一个参照系。根据工作需要，用户可以选择将其关闭，方法是选择菜单命令：视图→显示→UCS 图标→开(见图 1-10)。

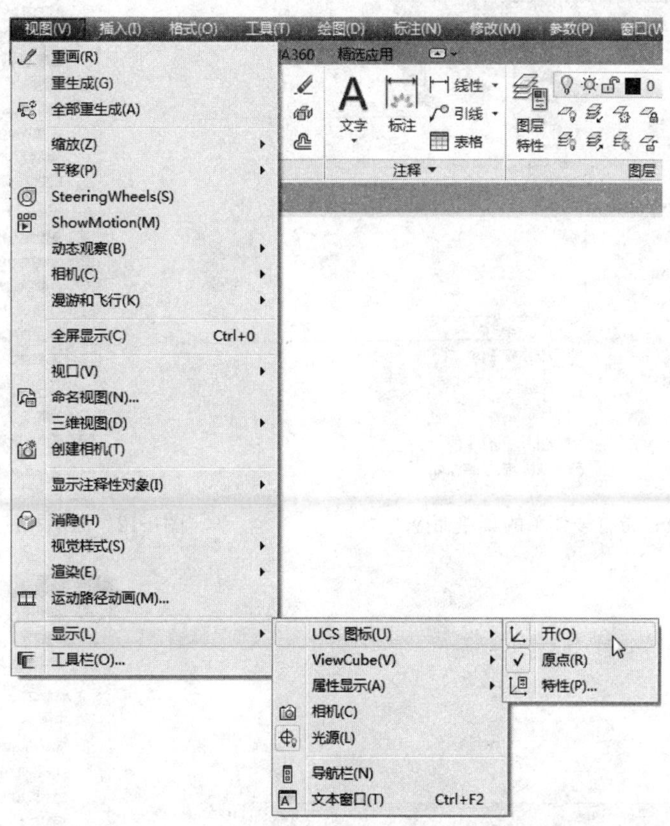

图1-10 “视图”菜单

1.1.4 菜单栏

在 AutoCAD 2018 绘图窗口标题栏的下方是 AutoCAD 2018 的菜单栏。同其他 Windows 程序一样，在菜单中也包含子菜单。

一般来讲，AutoCAD 2018 下拉菜单中的命令有以下 3 种：

1. 带有小三角形的菜单命令

这种类型的命令后面带有子菜单。例如，单击菜单栏中的“绘图”菜单，指向其下拉菜单中的“圆”命令，屏幕上就会进一步下拉出“圆”子菜单中所包含的命令，如图 1-11 所示。

2. 弹出对话框的菜单命令

这种类型的命令后面带有省略号。例如，单击菜单栏中的“格式”菜单，单击其下拉菜单中的“表格样式（B）...”命令，如图 1-12 所示。屏幕上就会弹出相应的“表格样式”对话框，如图 1-13 所示。

3. 直接操作的菜单命令

这种类型的命令可直接进行相应的绘图或其他操作。例如，单击“视图”菜单中的“重画”命令，如图 1-14 所示，系统将直接对屏幕图形进行重生成。

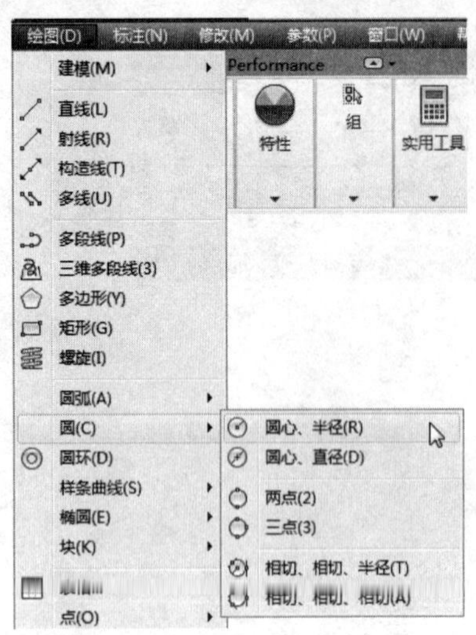

图1-11　带有子菜单的菜单命令

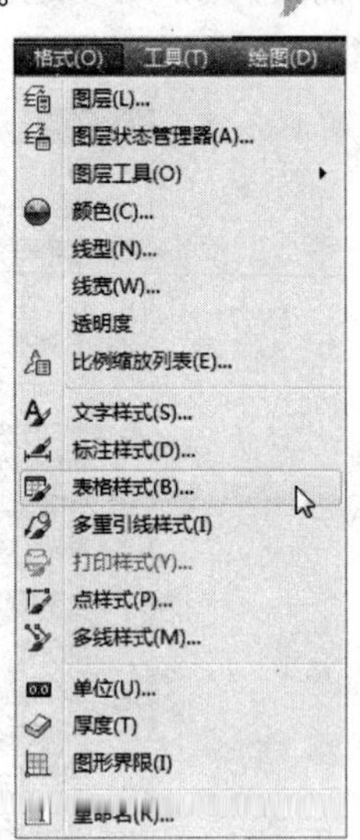

图1-12　激活相应对话框的菜单命令

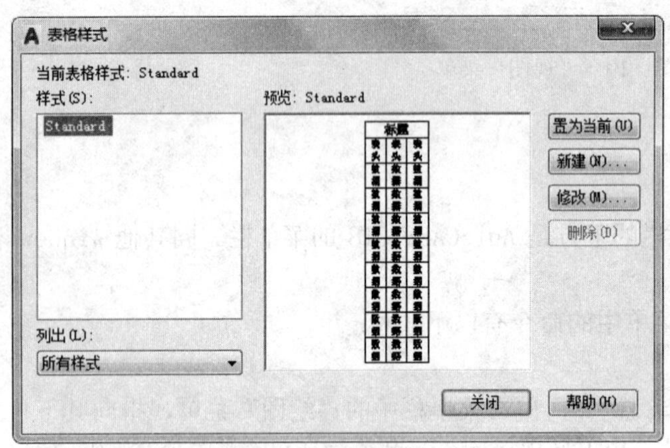

图1-13　“表格样式”对话框

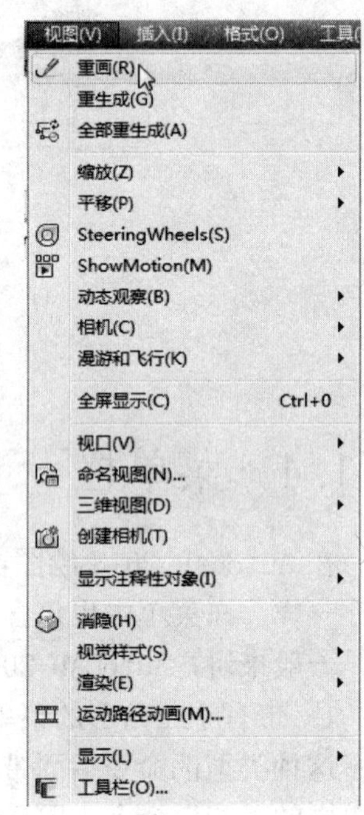

图1-14　直接执行菜单命令

1.1.5　工具栏

工具栏是一组图标型工具的集合，把光标移动到某个图标，稍停片刻就会在该图标一侧显示相应的工具提示，此时，单击图标也可以启动相应命令。

选择菜单栏中的工具→工具栏→AutoCAD，调出所需要的工具栏，如图 1-15 所示。单击某一个未在界面显示的工具栏名，系统自动在截面弹出该工具栏。反之，关闭工具栏。

工具栏可以在绘图区“浮动”（见图 1-16），此时显示该工具栏标题，并可关闭该工具栏. 用鼠标可以拖动“浮动”工具栏到图形区边界，使它变为“固定”工具栏，此时该工具栏标题隐藏。也可以把“固定”工具栏拖出，使它成为“浮动”工具栏。

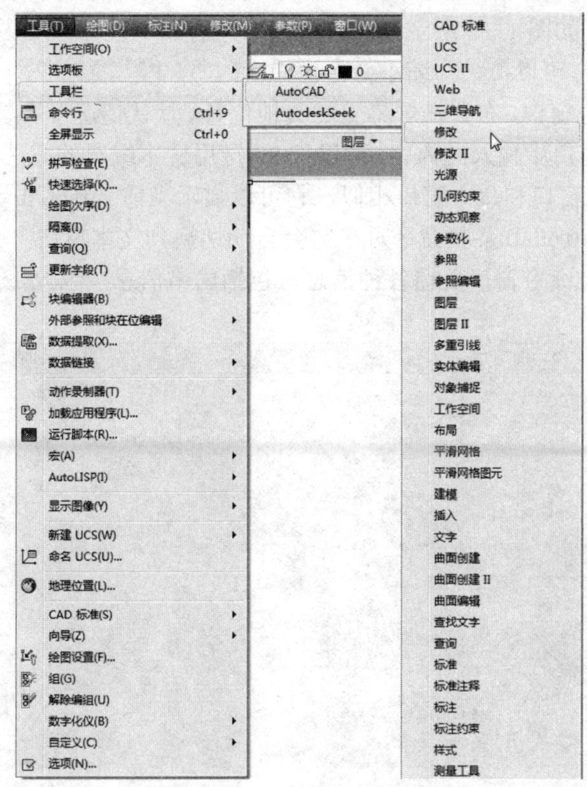

图1-15 工具栏标签

在有些图标的右下角带有一个小三角，按住鼠标左键会弹出相应的工具栏，如图 1-17 所示. 按住鼠标左键，将光标移动到某一图标上然后松手，该图标就为当前图标。单击当前图标，就会执行相应命令。

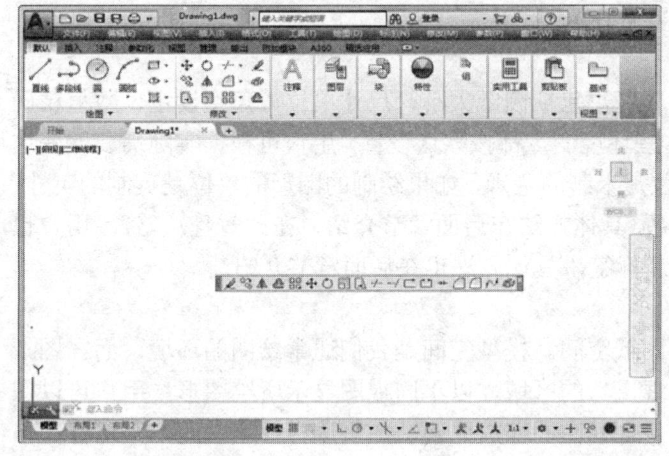

图1-16 “浮动”工具栏

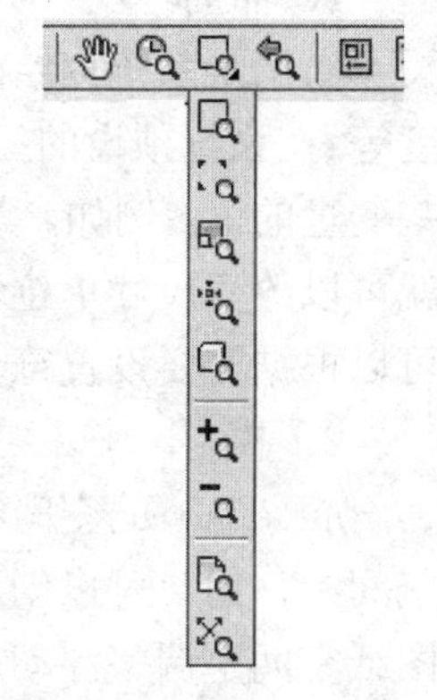

图1-17 “弹出”工具栏

1.1.6 命令行窗口

命令行窗口是输入命令名和显示命令提示的区域，默认的命令行窗口布置在绘图区下方，是若干文本行，如图 1-18 所示。对命令窗口，有以下几点需要说明：

1）移动拆分条，可以扩大与缩小命令窗口。

2）可以拖动命令窗口，布置在屏幕上的其他位置。默认情况下布置在图形窗口的下方。

3）对当前命令窗口中输入的内容，可以按 F2 键用文本编辑的方法进行编辑，如图 1-18 所示。AutoCAD 文本窗口和命令窗口相似，它可以显示当前 AutoCAD 进程中命令的输入和执行过程，在执行 AutoCAD 某些命令时，它会自动切换到文本窗口，列出有关信息。

4）AutoCAD 通过命令窗口反馈各种信息，包括出错信息。因此，用户要时刻关注在命令窗口中出现的信息。

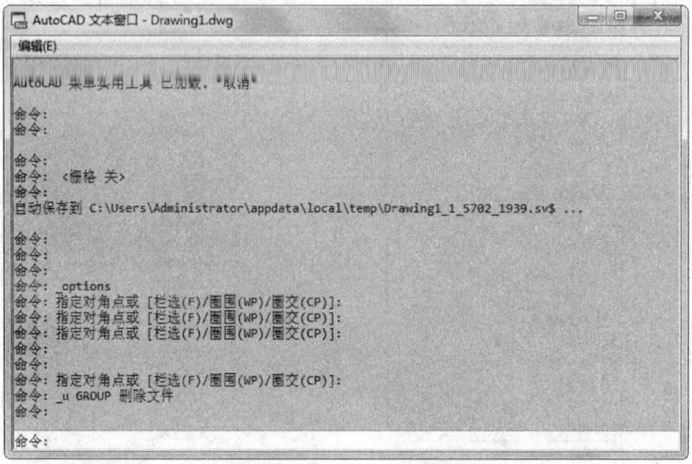

图1-18 文本窗口

1.1.7 布局标签

AutoCAD 2018 系统默认设定一个模型空间布局标签和“布局 1”“布局 2”两个图纸空间布局标签。在这里有两个概念需要解释一下.

1．布局

布局是系统为绘图设置的一种环境，包括图纸大小、尺寸单位、角度设定、数值精确度等.在系统预设的三个标签中，这些环境变量都按默认设置。用户可根据实际需要改变这些变量的值。例如，默认的尺寸单位是米制的毫米，如果绘制的图形的单位是英制的英寸，就可以改变尺寸单位环境变量的设置(具体方法在后面章节介绍，在此暂且从略)。用户也可以根据需要设置符合自己要求的新标签，具体方法也在后面章节介绍。

2．模型

AutoCAD 的空间分模型空间和图纸空间。模型空间是我们通常绘图的环境，而在图纸空间中，用户可以创建叫做“浮动视口”的区域，以不同视图显示所绘图形。用户可以在图纸空间中调整浮动视口并决定所包含视图的缩放比例。如果选择图纸空间，则可打印多个视图，用户可以打印任意布局的视图。在后面的章节中将专门详细地讲解有关模型空间

与图纸空间的有关知识。

AutoCAD 2018 系统默认弹出模型空间，可以通过鼠标左键单击选择需要的布局。

1.1.8 状态栏

状态栏在屏幕的底部，依次有“坐标”“模型空间”“栅格”“捕捉模式”“推断约束”“动态输入”“正交模式”“极轴追踪”“等轴测草图”“对象捕捉追踪”“二维对象捕捉”“线宽”“透明度”“选择循环”“三维对象捕捉”“动态 UCS”“选择过滤”“小控件”“注释可见性”“自动缩放”“注释比例”“切换工作空间”“注释监视器”“单位”“快捷特性”“锁定用户界面”“隔离对象”“硬件加速”“全屏显示”和“自定义”30 个功能按钮。左键单击部分开关按钮，可以实现这些功能的开关。通过部分按钮也可以控制图形或绘图区的状态，如图 1-19 所示。左键单击这些开关按钮，可以实现这些功能的开关。

图1-19 状态栏

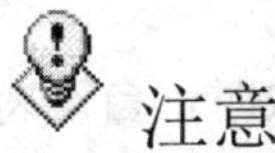

注意

> 默认情况下不会显示所有工具，可以通过状态栏上最右侧的按钮，选择要从“自定义”菜单显示的工具。状态栏上显示的工具可能会发生变化，具体取决于当前的工作空间以及当前显示的是“模型”选项卡还是”布局”选项卡。部分状态栏上的按钮的简单介绍如图1-20所示。

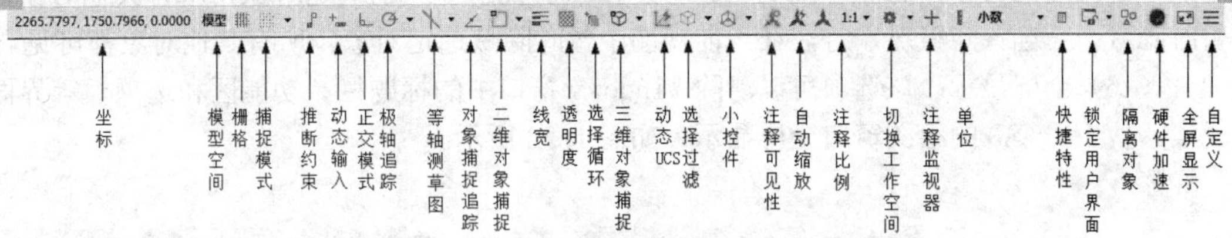

图 1-20 状态栏介绍

（1）模型或图纸空间：在模型空间与布局空间之间进行转换。

（2）显示图形栅格：栅格是覆盖用户坐标系（UCS）的整个 XY 平面的直线或点的矩形图案。使用栅格类似于在图形下放置一张坐标纸。利用栅格可以对齐对象并直观显示对象之间的距离。

（3）捕捉模式：对象捕捉对于在对象上指定精确位置非常重要。不论何时提示输入点，都可以指定对象捕捉。默认情况下，当光标移到对象的对象捕捉位置时，将显示标记和工具提示。

（4）正交限制光标：将光标限制在水平或垂直方向上移动，以便于精确地创建和修改对象。当创建或移动对象时，可以使用“正交”模式将光标限制在相对于用户坐标系（UCS）的水平或垂直方向上。

（5）按指定角度限制光标（极轴追踪）：使用极轴追踪，光标将按指定角度进行移动。创建或修改对象时，可以使用“极轴追踪”来显示由指定的极轴角度所定义的临时对齐路径。

（6）等轴测草图：通过设定“等轴测捕捉/栅格”，可以很容易地沿三个等轴测平面之一对齐对象。尽管等轴测图形看似三维图形，但它实际上是二维表示的，因此不能期望提取三维距离和面积、从不同视点显示对象或自动消除隐藏线。

（7）显示捕捉参照线（对象捕捉追踪）：使用对象捕捉追踪，可以沿着基于对象捕捉点的对齐路径进行追踪。已获取的点将显示一个小加号（+），一次最多可以获取 7 个追踪点。获取点之后，当在绘图路径上移动光标时，将显示相对于获取点的 水平、垂直或极轴对齐路径。例如，可以基于对象端点、中点或者对象的交点， 沿着某个路径选择一点。

（8）将光标捕捉到二维参照点（对象捕捉）：使用执行对象捕捉设置（也称为对象捕捉），可以在对象上的精确位置指定捕捉点。选择多个选项后将应用选定的捕捉模式，以返回距离靶框中心最近的点。按 Tab 键可以在这些选项之间循环。

（9）显示注释对象：当图标亮显时表示显示所有比例的注释性对象，当图标变暗时表示仅显示当前比例的注释性对象。

（10）在注释比例发生变化时，将比例添加到注释性对象：注释比例更改时，自动将比例添加到注释对象。

（11）当前视图的注释比例：左键单击注释比例右下角小三角符号弹出注释比例列表，如图 1-21 所示。可以根据需要选择适当的注释比例。

（12）切换工作空间：进行工作空间转换。

（13）注释监视器：弹出仅用于所有事件或模型文档事件的注释监视器。

（14）硬件加速：设定图形卡的驱动程序以及设置硬件加速的选项。

（15）隔离对象：当选择隔离对象时，在当前视图中显示选定对象，所有其他对象都暂时隐藏；当选择隐藏对象时，在当前视图中暂时隐藏选定对象，所有其他对象都可见。

（16）全屏显示：该选项可以清除 Windows 窗口中的标题栏、功能区和选项板等界面元素，使 AutoCAD 的绘图窗口全屏显示，如图 1-22 所示。

图1-21　注释比例列表

图1-22　全屏显示

（17）自定义：状态栏可以提供重要信息，而无需中断工作流。使用 MODEMACRO 系统变量可将应用程序所能识别的大多数数据显示在状态栏中。使用该系统变量的计算、判断和编辑功能可以完全按照用户的要求构造状态栏。

1.1.9 滚动条

在 AutoCAD 2018 的绘图窗口中，在窗口的下方和右侧还提供了用来浏览图形的水平和竖直方向的滚动条。在滚动条中单击或拖动滚动条中的滚动块，用户可以在绘图窗口中按水平或竖直两个方向浏览图形。

1.1.10 快速访问工具栏和交互信息工具栏

1. 快速访问工具栏

该工具栏包括“新建”“打开”“保存”“另存为”“打印”“放弃”和“重做”等几个最常用的工具。用户也可以单击该工具栏后面的下拉按钮设置需要的常用工具。

2. 交互信息工具栏

该工具栏包括“搜索”、A360、Autodesk Exchange 应用程序、“保持连接”和“单击此处访问帮助”等几个常用的数据交互访问工具。

1.1.11 功能区

在默认情况下，功能区包括“默认”选项卡、“插入”选项卡、“注释”选项卡、“参数化”选项卡、“视图”选项卡、“管理”选项卡、“输出”选项卡、“附加模块”选项卡、“A360”以及精选应用，如图 1-23 所示（所有的选项卡显示面板如图 1-24 所示）。每个选项卡集成了相关的操作工具，方便了用户的使用。用户可以单击功能区选项后面的▭按钮控制功能的展开与收缩。

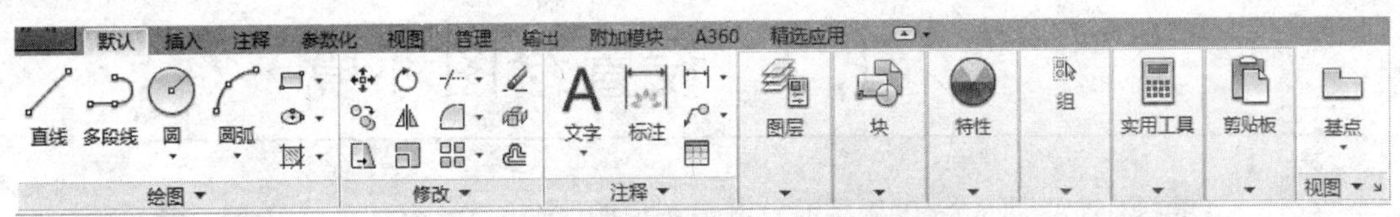

图1-23 默认情况下出现的选项卡

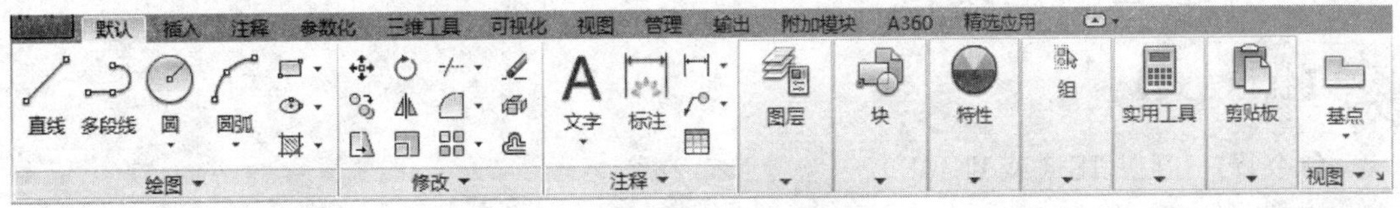

图1-24 所有的选项卡

1. 设置选项卡

将光标放在面板中任意位置处，单击鼠标右键，弹出如图 1-25 所示的快捷菜单。单击某一个未在功能区显示的选项卡名，系统自动在功能区弹出该选项卡。反之，关闭选项卡

（调出面板的方法与调出选项板的方法类似，这里不再赘述）。

2. 选项卡中面板的“固定”与“浮动”

面板可以在绘图区“浮动”（见图 1-26），将光标放到浮动面板的右上角位置处，显示“将面板返回到功能区”，（见图 1-27），单击此处，使它变为“固定”面板。也可以把“固定”面板拖出，使它成为“浮动”面板。

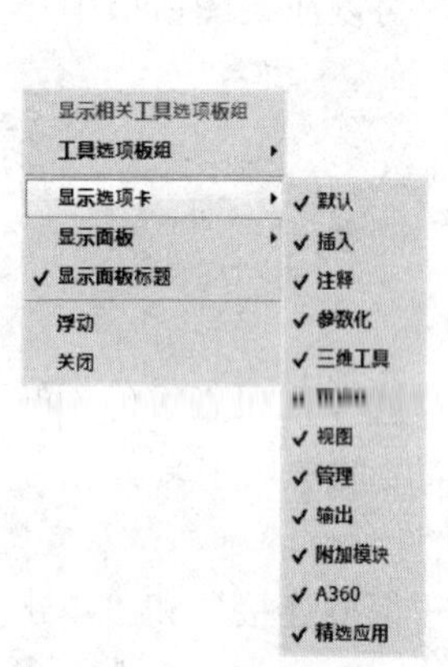

图1-25　快捷菜单

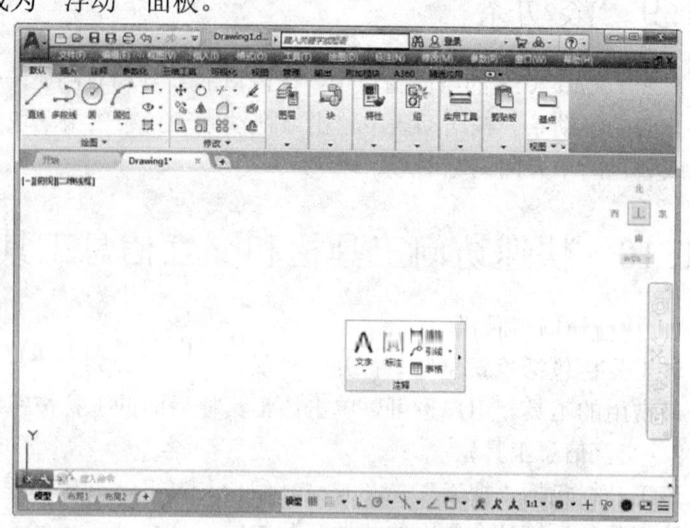

图1-26　“浮动”面板

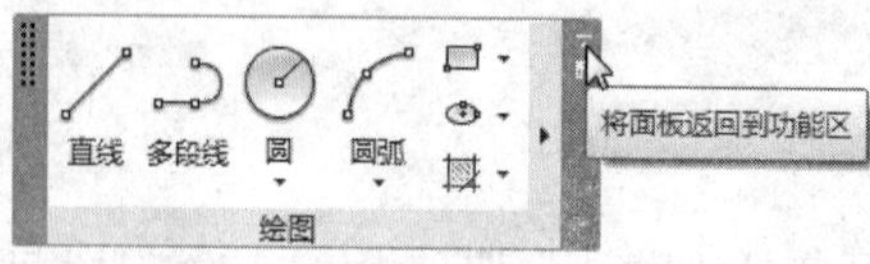

图1-27　“绘图”面板

弹出或关闭功能区的操作方式如下：

命令行：RIBBON（或 RIBBONCLOSE）

菜单：工具→选项板→功能区

1.2　设置绘图环境

AutoCAD 的操作界面是 AutoCAD 显示、编辑图形的区域。

1.2.1　绘图单位设置

【执行方式】

命令行：DDUNITS（或 UNITS）

菜单：格式→单位

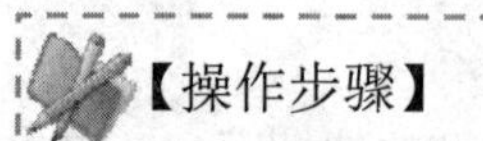【操作步骤】

执行上述命令后，系统弹出“图形单位”对话框，如图 1-28 所示。该对话框用于定义

单位和角度格式。

【选项说明】

（1）“长度”与“角度”选项组：指定测量的长度与角度当前单位及当前单位的精度。

（2）“插入时的缩放单位”下拉列表框：控制使用工具选项板（如 DesignCenter 或 i-drop）拖入当前图形的块的测量单位。如果块或图形创建时使用的单位与该选项指定的单位不同，则在插入这些块或图形时将对其按比例缩放。插入比例是源块或图形使用的单位与目标图形使用的单位之比。如果插入块时不按指定单位缩放，请选择“无单位”。

（3）“方向”按钮：单击该按钮，系统显示“方向控制”对话框，如图 1-29 所示。可以在该对话框中进行方向控制设置。

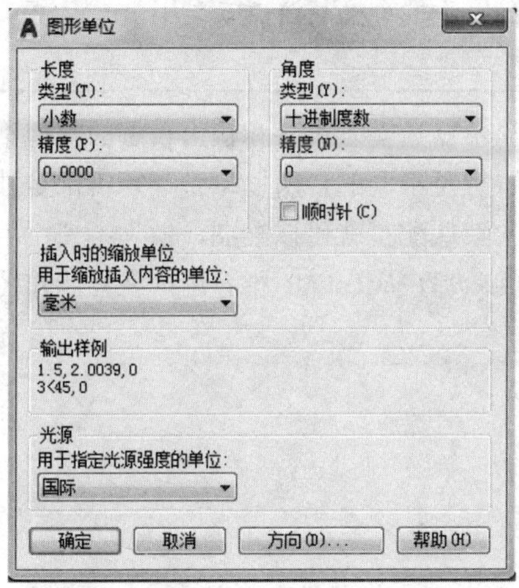

图1-28 “图形单位”对话框

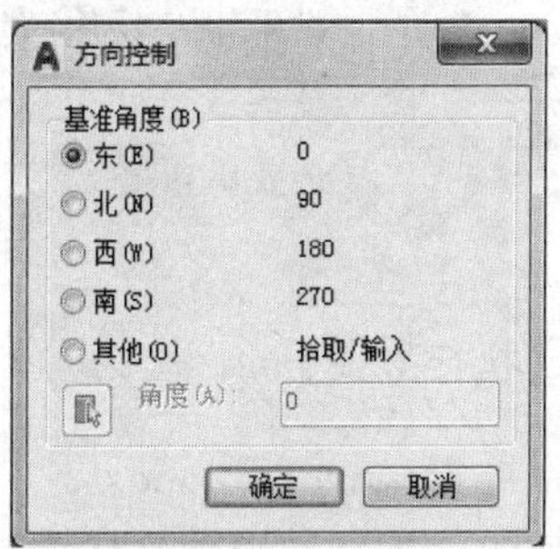

图1-29 “方向控制”对话框

1.2.2 图形边界设置

【执行方式】

命令行：LIMITS

菜单：格式→图形界限

【操作步骤】

```
命令：LIMITS↙
重新设置模型空间界限:
指定左下角点或 [开(ON)/关(OFF)] <0.0000,0.0000>:（输入图形边界左下角的坐标后按 Enter 键）
指定右上角点 <12.0000,9.0000>:（输入图形边界右上角的坐标后按 Enter 键）
```

【选项说明】

（1）开(ON)：使绘图边界有效。系统将在绘图边界以外拾取的点视为无效。

（2）关（OFF)：使绘图边界无效。用户可以在绘图边界以外拾取点或实体。

（3）动态输入角点坐标：动态输入功能可以直接在屏幕上输入角点坐标，输入了横坐标值后按下“，”键，接着输入纵坐标值，如图 1-30 所示。也可以按光标位置直接按下鼠标左键确定角点位置。

图1-30 动态输入

1.3 配置绘图系统

由于每台计算机所使用的显示器、输入设备和输出设备的类型不同，用户喜好的风格及计算机的目录设置也是不同的，所以每台计算机都是独特的。一般来讲，使用 AutoCAD 2018 的默认配置就可以绘图，但为了使用用户的定点设备或打印机以及为提高绘图的效率，AutoCAD 推荐用户在开始作图前先进行必要的配置。

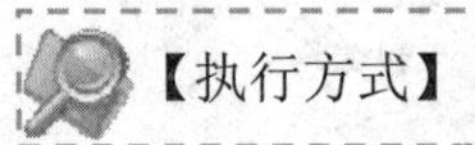

【执行方式】

命令行：preferences

菜单：工具→选项

右键菜单：选项（单击鼠标右键，系统弹出右键菜单，包括最常用的命令，如图 1-31 所示）

【操作步骤】

执行上述命令后，系统弹出“选项”对话框，如图 1-32 所示。用户可以在该对话框中选择有关选项，对系统进行配置。下面就其中主要几个选项卡做一下说明，其他的配置选项在后面用到时再做具体说明。

1.3.1 显示配置

在“选项”对话框中的第 2 个选项卡为“显示”，该选项卡控制 AutoCAD 窗口的外观。该选项卡设定屏幕菜单、滚动条显示与否、固定命令行窗口中文字行数、AutoCAD 的版面布局设置、各实体的显示分辨率以及 AutoCAD 运行时的其他各项性能参数的设定等。前面已经介绍了屏幕菜单设定、屏幕颜色、光标大小等知识，其余有关选项的设置读者可参照“帮助”文件来学习。

在设置实体显示分辨率时，请务必记住，显示质量越高，即分辨率越高，计算机计算的时间越长，因此千万不要将其设置太高。显示质量设定在一个合理的程度上是很重要的。

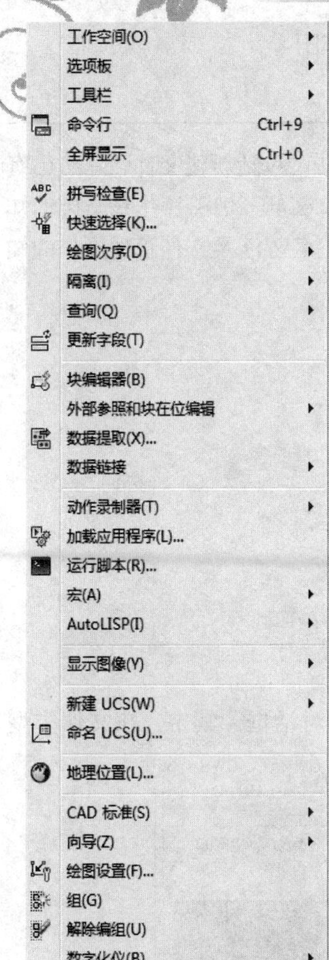

图1-31 “选项”右键菜单

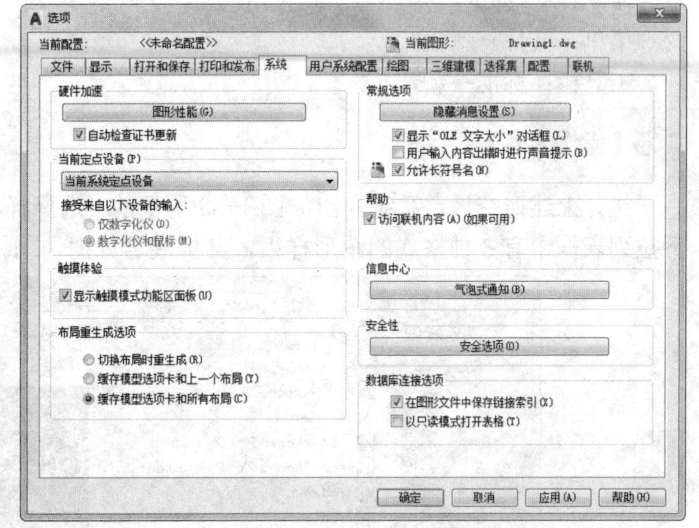

图1-32 “系统”选项卡

1.3.2 系统配置

在“选项”对话框中的第 5 个选项卡为“系统”，如图 1-32 所示。该选项卡用来设置 AutoCAD 系统的有关特性。

（1）“硬件加速能”选项组 控制与图形显示系统的配置相关的设置。设置将其名称会随着产品而变化。单击包括的图形性能会显示图形调节对话框。

（2）“当前定点设备”选项组 安装及配置定点设备，如数字化仪和鼠标。具体如何配置和安装，请参照定点设备的用户手册。

（3）“常规选项”选项组 确定是否选择系统配置的有关基本选项。

（4）“布局重生成选项”选项组 确定切换布局时是否重生成或缓存模型选项卡和布局。

（5）“数据库连接选项”选项组 确定数据库连接的方式。

1.4 文件管理

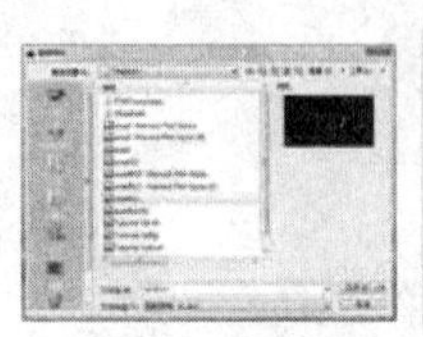

本节将介绍有关文件管理的一些基本操作方法，包括新建文件、弹出已有文件、保存文件、删除文件等，这些都是进行 AutoCAD 2018 操作最基础的知识。另外，在本节中，也将介绍安全口令和数字签名等涉及文件管理操作的知识，请读者注意体会。

1.4.1 新建文件

【执行方式】

命令行：NEW

菜单：文件→新建

工具栏：标准→新建

【操作步骤】

执行上述命令后，系统弹出如图 1-33 所示的“选择样板”对话框。其中，在文件类型下拉列表框中有 3 种格式的图形样板，其扩展名分别为.dwt、.dwg、.dws。

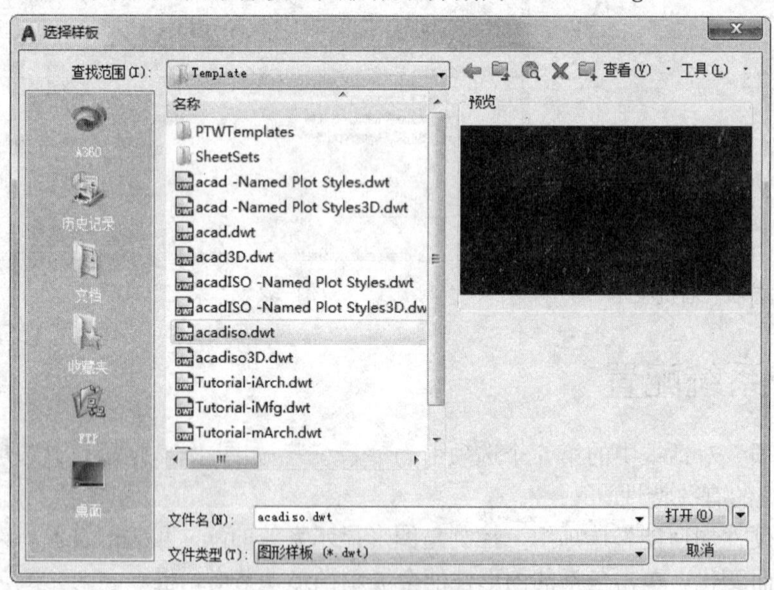

图1-33 “选择样板”对话框

在每种图形样板文件中，系统根据绘图任务的要求进行统一的图形设置，如绘图单位类型和精度要求、绘图界限、捕捉、网格与正交设置、图层、图框和标题栏、尺寸及文本格式、线型和线宽等。

使用图形样板文件开始绘图的优点是，在完成绘图任务时不但可以保持图形设置的一致性，而且可以大大提高工作效率。用户也可以根据自己的需要设置新的样板文件。

一般情况下，.dwt 文件是标准的样板文件，通常将一些规定的标准性的样板文件设置成.dwt 文件，.dwg 文件是普通的样板文件，而.dws 文件是包含标准图层、标注样式、线型和文字样式的样板文件。

快速创建图形功能，是开始创建新图形最快捷的方法。

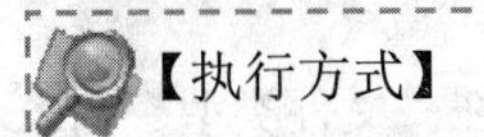

【执行方式】

命令行：QNEW

工具栏：标准→新建

【操作步骤】

执行上述命令后，系统立即从所选的图形样板创建新图形，而不显示任何对话框或提示。

在运行快速创建图形功能之前必须进行如下设置：

1）将 FILEDIA 系统变量设置为 1，将 STARTUP 系统变量设置为 0。命令行中的提示与操作如下：

```
命令: FILEDIA↙
输入 FILEDIA 的新值 <1>:↙
命令: STARTUP↙
输入 STARTUP 的新值 <0>:↙
```

2）从“工具”→“选项”菜单中选择默认图形样板文件。方法是在“文件”选项卡下，单击标记为“样板设置”的节点，然后选择需要的样板文件路径，如图 1-34 所示。

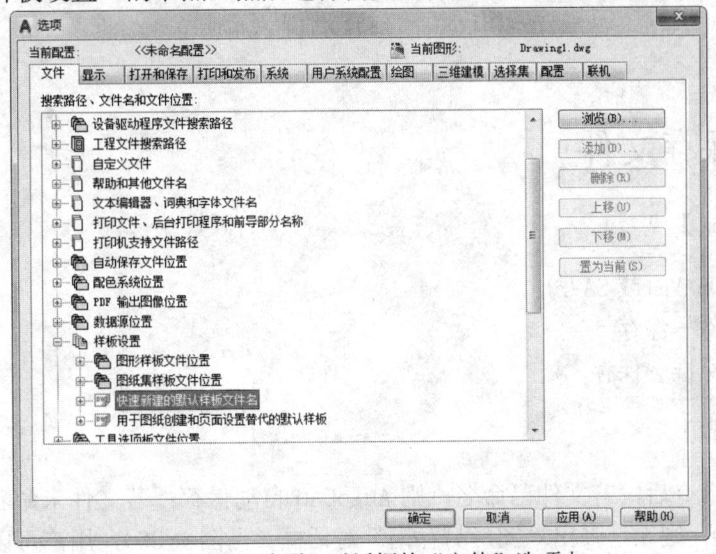

图1-34 “选项”对话框的“文件”选项卡

1.4.2 弹出文件

【执行方式】

命令行：OPEN

菜单：文件→打开

工具栏：标准→打开

快捷键：Ctrl+O

【操作步骤】

执行上述命令后，系统弹出“选择文件”对话框（见图 1-35），在“文件类型”列表框中用户可选.dwg 文件、.dwt 文件、.dxf 文件和.dws 文件。其中.dxf 文件是用文本形式存储的图形文件，能够被其他程序读取，许多第三方应用软件都支持.dxf 格式。

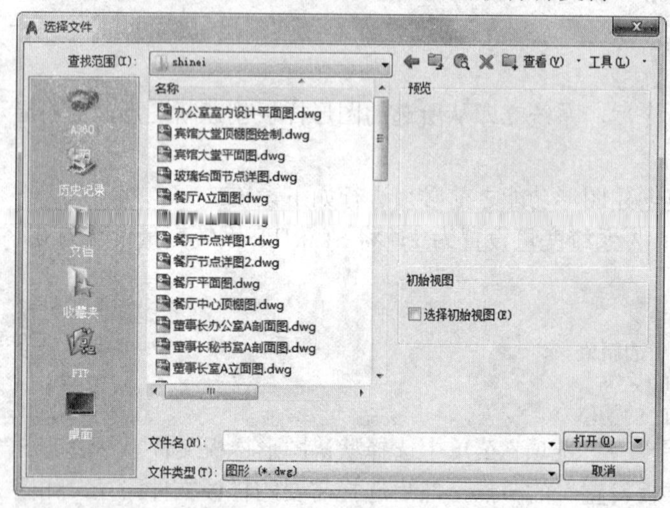

图1-35 “选择文件”对话框

1.4.3 保存文件

【执行方式】

命令名：QSAVE(或 SAVE)

菜单：文件→保存

工具栏：标准→保存

【操作步骤】

执行上述命令后，若文件已命名，则 AutoCAD 自动保存；若文件未命名（即为默认名drawing1.dwg），则系统弹出“图形另存为”对话框（见图 1-36），用户可以命名保存。在“保存于”下拉列表框中可以指定保存文件的路径，在“文件类型”下拉列表框中可以指定保存文件的类型。

为了防止因意外操作或计算机系统故障导致正在绘制的图形文件丢失，可以对当前图形文件设置自动保存。步骤如下：

1）利用系统变量 SAVEFILEPATH 设置所有“自动保存”文件的位置，如 C:\HU\。

2）利用系统变量 SAVEFILE 存储“自动保存”文件名。该系统变量储存的文件名文件是只读文件，用户可以从中查询自动保存的文件名。

图1-36　“图形另存为”对话框

3）利用系统变量SAVETIME指定在使用“自动保存”时多长时间保存一次图形。

1.4.4　另存为

【执行方式】

命令行：SAVEAS

菜单：文件→另存为

【操作步骤】

执行上述命令后，弹出“图形另存为”对话框（见图1-36），AutoCAD用另存名保存，并把当前图形更名。

1.4.5　退出

【执行方式】

命令行：QUIT或EXIT

菜单：文件→退出

按钮：AutoCAD操作界面右上角的“关闭”按钮

【操作步骤】

命令：QUIT↙（或EXIT↙）

执行上述命令后，若用户对图形所作的修改尚未保存，则会出现如图 1-37 所示的系统警告对话框。选择“是”按钮系统将保存文件，然后退出；选择“否”按钮系统将不保存文件。若用户对图形所作的修改已经保存，则直接退出。

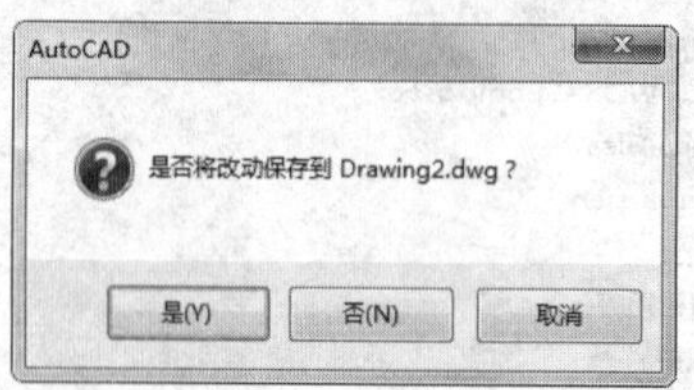

图1-37　“系统警告”对话框

1.4.6　图形修复

【执行方式】

命令行：DRAWINGRECOVERY

菜单：文件→绘图实用工具→图形修复管理器

【操作步骤】

命令：DRAWINGRECOVERY↙

执行上述命令后，系统弹出“图形修复管理器”对话框，如图 1-38 所示，单击“备份文件”列表中的文件，可以重新保存，从而进行修复。

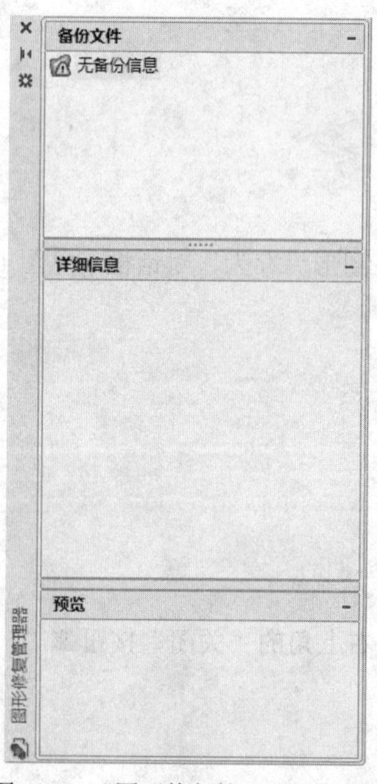

图1-38　“图形修复管理器”对话框

1.5 基本输入操作

在 AutoCAD 中有一些基本的输入操作方法，这些基本方法是进行 AutoCAD 绘图的必备知识基础，也是深入学习 AutoCAD 功能的前提。

1.5.1 命令输入方式

AutoCAD 交互绘图必须输入必要的指令和参数。AutoCAD 命令输入方式（以画直线为例）有以下几种：

1. 在命令窗口输入命令名

命令字符可不区分大小写。例如，命令：LINE↙。执行命令时，在命令行提示中经常会出现命令选项。例如，输入绘制直线命令“LINE”后，命令行中的提示与操作如下：

命令：LINE↙
指定第一个点：(在屏幕上指定一点或输入一个点的坐标)
指定下一点或 [放弃(U)]：

选项中不带括号的提示为默认选项，因此可以直接输入直线段的起点坐标或在屏幕上指定一点。如果要选择其他选项，则应该首先输入该选项的标识字符，如“放弃”选项的标识字符“U”，然后按系统提示输入数据即可。在命令选项的后面有时候还带有尖括号，尖括号内的数值为默认数值。

2. 在命令窗口输入命令缩写字

例如，L（Line）、C（Circle）、A（Arc）、Z（Zoom）、R（Redraw）、M（More）、CO（Copy）、PL（Pline）、E（Erase）等。

3. 选取绘图菜单直线选项

选取该选项后，在状态栏中可以看到对应的命令说明及命令名。

4. 选取工具栏中的对应图标

选取该图标后在状态栏中也可以看到对应的命令说明及命令名。

5. 在命令行弹出右键快捷菜单

如果在前面刚使用过要输入的命令，可以在命令行弹出右键快捷菜单，在“最近的输入”子菜单中选择需要的命令，如图 1-39 所示。“最近的输入”子菜单中储存最近使用的几个命令，如果是经常重复使用的命令，这种方法就比较快速简捷。

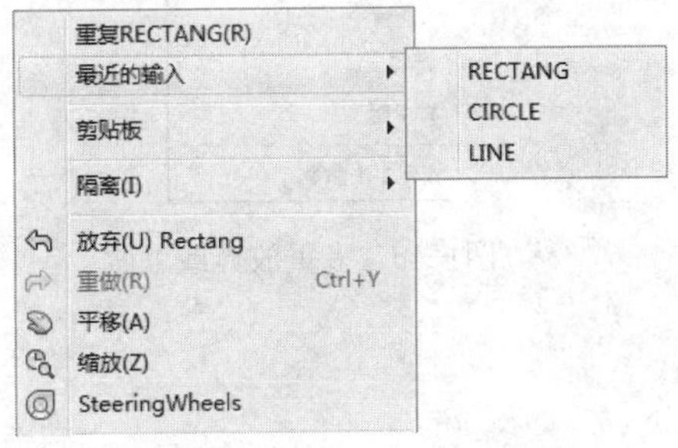

图1-39 命令行右键快捷菜单

6. 在绘图区右击

如果要重复使用上次使用的命令，可以直接在绘图区右击鼠标，系统立即重复执行上次使用的命令。这种方法适用于重复执行某个命令。

1.5.2 命令的重复、撤消、重做

1. 命令的重复

在命令窗口中键入 Enter 键可重复调用上一个命令，不管上一个命令是完成了还是被取消了。

2. 命令的撤消

在命令执行的任何时刻都可以取消和终止命令的执行。

【执行方式】

命令行：UNDO

菜单：编辑→放弃

快捷键：Esc

3. 命令的重做

已被撤消的命令还可以恢复重做。

【执行方式】

命令行：REDO

菜单：编辑→重做

该命令可以一次执行多重放弃或重做操作。单击 UNDO 或 REDO 列表箭头，可以选择要放弃或重做的操作，如图 1-40 所示。

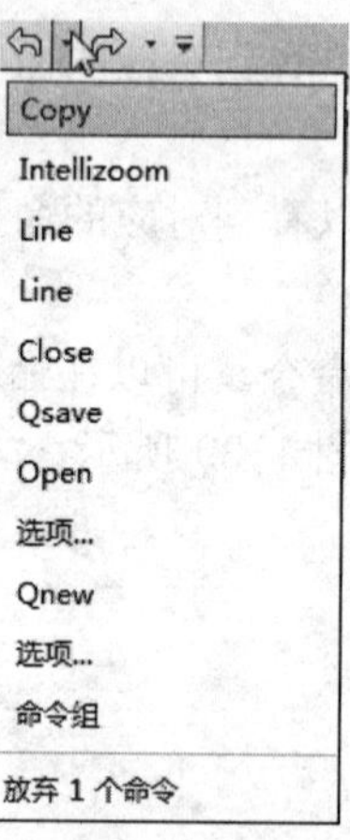

图1-40 多重放弃或重做

1.5.3 透明命令

在 AutoCAD 2018 中有些命令不仅可以直接在命令行中使用，而且还可以在其他命令的

执行过程中插入并执行，待该命令执行完毕后，系统继续执行原命令，这种命令称为透明命令。透明命令一般多为修改图形设置或弹出辅助绘图工具的命令。

1.5.4 按键定义

在 AutoCAD 2018 中，除了可以通过在命令窗口输入命令、单击工具栏图标、单击功能区对应的选项卡面板中的按钮或单击菜单项来完成外，还可以使用键盘上的一组功能键或快捷键，通过这些功能键或快捷键，可以快速实现指定功能，如按 F1 键，系统调用 AutoCAD 帮助对话框。

系统使用 AutoCAD 传统标准（Windows 之前）或 Microsoft Windows 标准解释快捷键。有些功能键或快捷键在 AutoCAD 的菜单中已有显示（如“粘贴”的快捷键为 Ctrl+V），这些只要用户在使用的过程中多加留意就会熟练掌握。快捷键的定义见菜单命令后面的说明，如“粘贴(P) Ctrl+V”。

1.5.5 命令执行方式

有的命令有两种执行方式，即通过对话框或通过命令行输入命令。例如，指定使用命令窗口方式，可以在命令名前加短划来表示，如“-LAYER”表示用命令行方式执行“图层”命令。而如果在命令行输入“LAYER”，则系统会自动弹出“图层特性管理器”对话框。

另外，有些命令同时存在命令行、菜单、工具栏和功能区 4 种执行方式，这时如果选择菜单、工具栏或功能区方式，命令行会显示该命令，并在前面加一下画线，如通过菜单、工具栏或功能区方式执行“直线”命令时，命令行会显示“_line”，命令的执行过程与结果和命令行方式相同。

1.5.6 坐标系统与数据的输入方法

1. 坐标系

AutoCAD 采用两种坐标系：世界坐标系（WCS）与用户坐标系（UCS）。用户刚进入 AutoCAD 时的坐标系就是世界坐标系，它是固定的坐标系。世界坐标系也是坐标系中的基准，绘制图形时多数情况下都是在这个坐标系下进行。

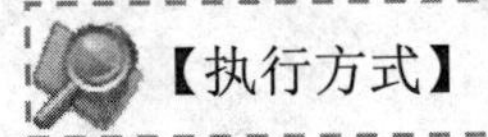

命令行：UCS

菜单：工具→UCS

工具栏：标准→坐标系

AutoCAD 有两种视图显示方式：模型空间和图纸空间。模型空间是指单一视图显示法，通常使用的都是这种显示方式；图纸空间是指在绘图区域创建图形的多视图。用户可以对其中每一个视图进行单独操作。在默认情况下，当前 UCS 与 WCS 重合。图 1-41a 所示为模型空间下的 UCS 坐标系图标，通常放在绘图区左下角处；也可以指定它放在当前 UCS 的实际坐标原点位置，如图 1-41b 所示。图 1-41c 所示为图纸空间下的坐标系图标。

2．数据输入方法

在 AutoCAD 2018 中，点的坐标可以用直角坐标、极坐标、球面坐标和柱面坐标表示，每一种坐标又分别具有两种坐标输入方式，即绝对坐标和相对坐标。其中，直角坐标和极坐标最为常用，下面主要介绍一下它们的输入方式。

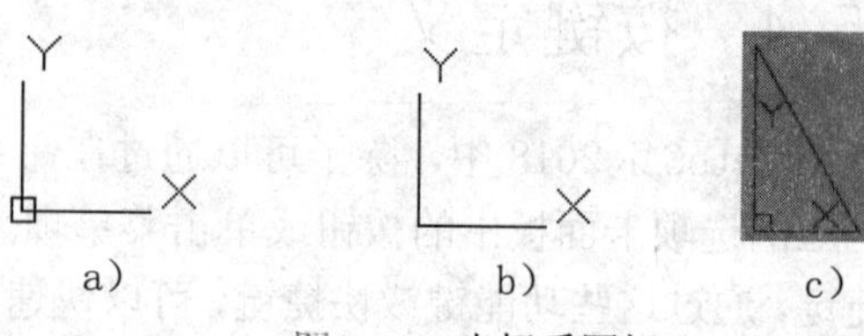

图1-41　坐标系图标

（1）直角坐标法：用点的 X、Y 坐标值表示的坐标。

例如，在命令行中输入点的坐标的提示下，输入“15，18”，则表示输入了一个 X、Y 的坐标值分别为 15、18 的点，此为绝对坐标输入方式，表示该点的坐标是相对于当前坐标原点的坐标值，如图 1-42a 所示。如果输入“@10，20”，则为相对坐标输入方式，表示该点的坐标是相对于前一点的坐标值，如图 1-42c 所示。

注意

输入坐标时，其中的逗号只能在西文状态下，否则会出现错误。

（2）极坐标法：用长度和角度表示的坐标，只能用来表示二维点的坐标。

在绝对坐标输入方式下，表示为“长度<角度”，如“25<50”。其中，长度为该点到坐标原点的距离，角度为该点至原点的连线与 X 轴正向的夹角，如图 1-42b 所示。

在相对坐标输入方式下，表示为“@长度<角度”，如“@25<45”。其中，长度为该点到前一点的距离，角度为该点至前一点的连线与 X 轴正向的夹角，如图 1-42d 所示。

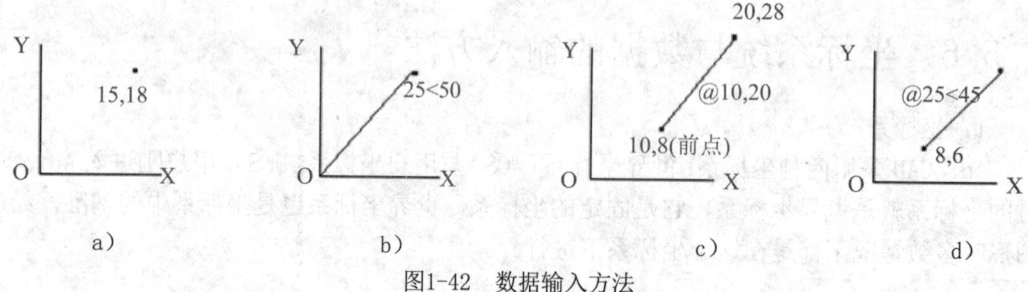

图1-42　数据输入方法

3．动态数据输入

按下状态栏上的“DYN”按钮，系统弹出动态输入功能，可以在屏幕上动态地输入某些参数数据，例如，绘制直线时，在光标附近会动态地显示“指定第一个点：”以及后面的坐标框，当前显示的是光标所在的位置，可以输入数据，两个数据之间以逗号隔开，如图 1-43 所示。指定第一个点后，系统动态显示直线的角度，同时要求输入线段长度值（见图 1-44），其输入效果与“@长度<角度”方式相同。

下面分别讲述点与距离值的输入方法。

（1）点的输入。绘图过程中常需要输入点的位置，AutoCAD 提供了如下几种输入点的方式：

1）用键盘直接在命令窗口中输入点的坐标。直角坐标有两种输入方式：X，Y（点的绝对坐标值，如（100，50）；@ X，Y（相对于上一点的相对坐标值），如（@ 50，-30）。坐标值均相对于当前的用户坐标系。

极坐标的输入方式为：长度<角度（其中，长度为点到坐标原点的距离，角度为原点至该点连线与 X 轴的正向夹角，如 20<45）；@长度<角度（相对于上一点的相对极坐标），如（@ 50<-30）。

2）用鼠标等定标设备移动光标单击，在屏幕上直接取点。

3）用目标捕捉方式捕捉屏幕上已有图形的特殊点（如端点、中点、中心点、插入点、交点、切点、垂足点等）。

4）直接距离输入。先用光标拖拉出橡筋线确定方向，然后输入距离。这样有利于准确控制对象的长度等参数，如要绘制一条长 10mm 的线段，命令行中的提示与操作如下：

```
命令:LINE ↙
指定第一个点:（在屏幕上指定一点）
指定下一点或 [放弃(U)]:
```

这时在屏幕上移动光标指明线段的方向，但不要单击，如图 1-45 所示，然后在命令行输入 10，这样就在指定方向上准确地绘制了长度为 10mm 的线段。

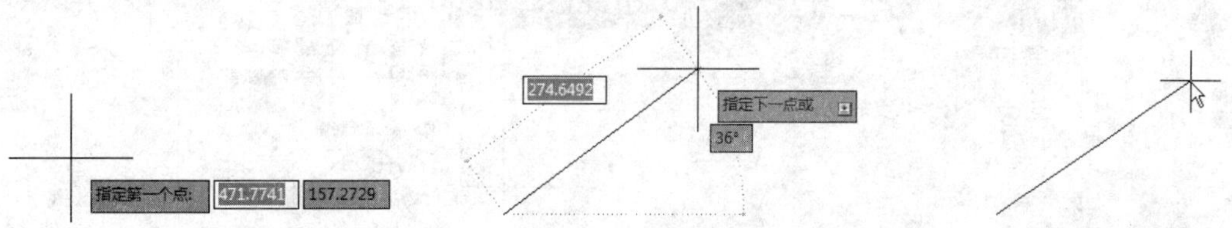

图1-43　动态输入坐标值　　图1-44　动态输入长度值　　图1-45　绘制直线

（2）距离值的输入。在 AutoCAD 命令中，有时需要提供高度、宽度、半径、长度等距离值。AutoCAD 提供了两种输入距离值的方式：一种是在命令窗口中直接输入数值；另一种是在屏幕上拾取两点，以两点的距离值定出所需数值。

1.6　图层设置

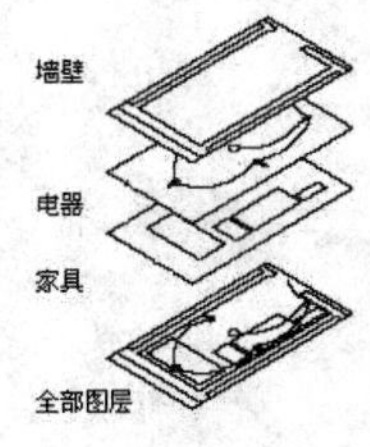

AutoCAD 中的图层就如同在手工绘图中使用的重叠透明图纸，如图 1-46 所示，可以使用图层来组织不同类型的信息。在 AutoCAD 中，图形的每个对象都位于一个图层上，所有图形对象都具有图层、颜色、线型和线宽这 4 个基本属性。在绘制的时候，图形对象将创建在当前的图层上。每个 CAD 文档中图层的数量是不受限制的，每个图层都有自己的名称。

1.6.1　建立新图层

新建的 CAD 文档中只能自动创建一个名为 0 的特殊图层。默认情况下，图层 0 将被指定使用 7 号颜色、CONTINUOUS 线型、“默认”线宽以及 NORMAL 打印样式。不能删除或重命名图层 0。通过创建新的图层，可以将类型相似的对象指定给同一个图层使其相关联。例如，可以将构造线、文字、标注和标题栏置于不同的图层上，并为这些图层指定通用特性。通过将对象分类放到各自的图层中，可以快速有效地控制对象的显示以及对其进行更改。

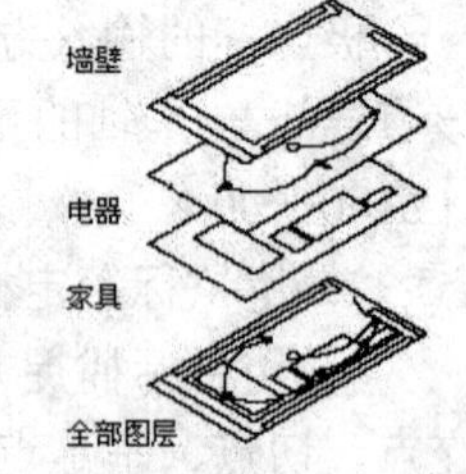

图1-46　图层示意图

【执行方式】

命令行：LAYER

菜单栏：选择菜单栏中的“格式”→“图层”命令

工具栏：单击“图层”工具栏中的“图层特性管理器”按钮

功能区：单击“默认”选项卡“图层”面板中的“图层特性”按钮，如图 1-47 所示，或单击“视图”选项卡“选项板”面板中的“图层特性”按钮

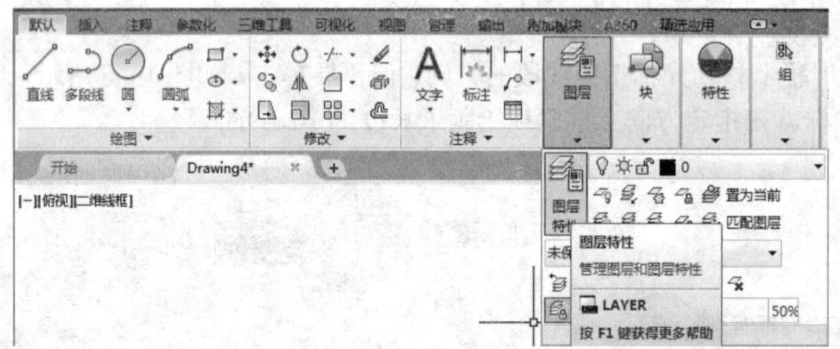

图1-47　“图层特性”选项板

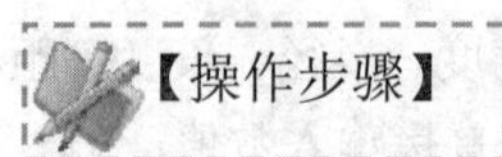
【操作步骤】

执行上述命令后，系统弹出“图层特性管理器”对话框，如图 1-48 所示。

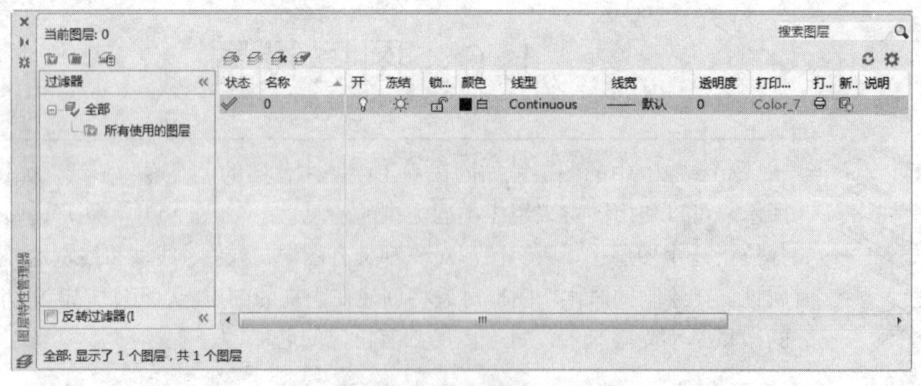

图1-48　“图层特性管理器”对话框

单击“图层特性管理器”对话框中的“新建图层”按钮，建立新图层，默认的图层名为“图层 1”。可以根据绘图需要更改图层名，如改为实体层、中心线层或标准层等。

在一个图形中可以创建的图层数以及在每个图层中可以创建的对象数实际上是无限

的。图层最长可使用 255 个字符的字母和数字命名。图层特性管理器按名称的字母顺序排列图层。

注意

如果要建立不只一个图层，无需重复单击“新建”按钮。更有效的方法是：在建立一个新的图层“图层1”后，改变图层名，在其后输入一个逗号“，”，这样就会又自动建立一个新图层“图层1”；改变图层名，再输入一个逗号，又一个新的图层建立了，依次建立各个图层。也可以按两次Enter键，建立另一个新的图层。图层的名称也可以更改，直接双击图层名称，键入新的名称即可。

在每个图层属性设置中包括图层名称、关闭/弹出图层、冻结/解冻图层、锁定/解锁图层、图层线条颜色、图层线条线型、图层线条宽度、透明度、图层打印样式以及图层是否打印 10 个参数。下面将分别讲述如何设置这些图层参数。

1. 设置图层线条颜色

在工程制图中整个图形包含多种不同功能的图形对象，如实体、剖面线与尺寸标注等，为了便于直观地区分它们，就有必要针对不同的图形对象使用不同的颜色，如实体层使用白色，剖面线层使用青色等。

要改变图层的颜色时，单击图层所对应的颜色图标，弹出“选择颜色”对话框，如图 1-49 所示。它是一个标准的颜色设置对话框，可以使用“索引颜色”“真彩色”和“配色系统”3 个选项卡来选择颜色。系统显示的 RGB 配比，即 Red(红)、Green(绿)和 Blue(蓝)3 种颜色。

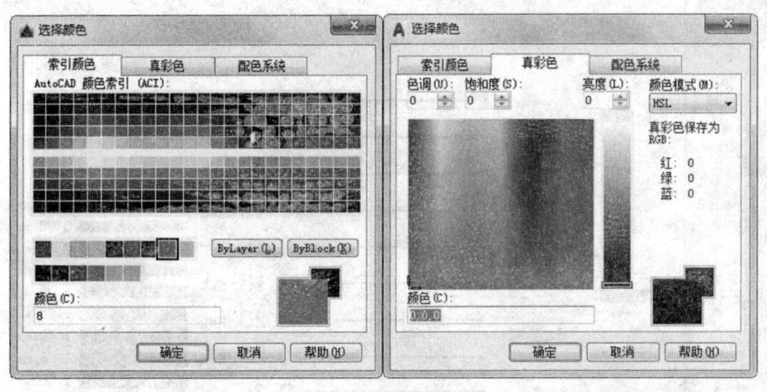

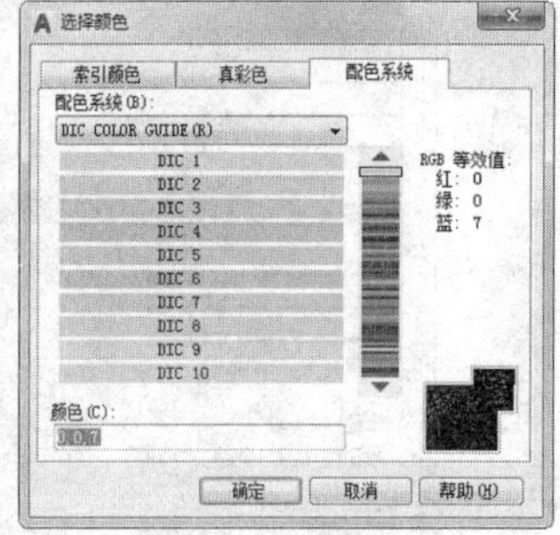

图1-49 “选择颜色”对话框

2. 设置图层线型

线型是指作为图形基本元素的线条的组成和显示方式，如实线、点画线等。在许多的绘图工作中，常常以线型划分图层。为某一个图层设置适合的线型，在绘图时，只需将该图层设为当前工作层，即可绘制出符合线型要求的图形对象，从而极大地提高绘图的效率。

单击图层所对应的线型图标，系统弹出“选择线型”对话框，如图 1-50 所示。默认情况下，系统在“已加载的线型”列表框中，只添加了 Continuous 线型。单击“加载”按钮，系统弹出“加载或重载线型”对话框，如图 1-51 所示。可以看到，AutoCAD 还提供了许多其他的线型。用光标选择所需线型，单击“确定”按钮，即可把该线型加载到“已加载的线型”列表框中，还可以按住 Ctrl 键选择几种线型同时加载。

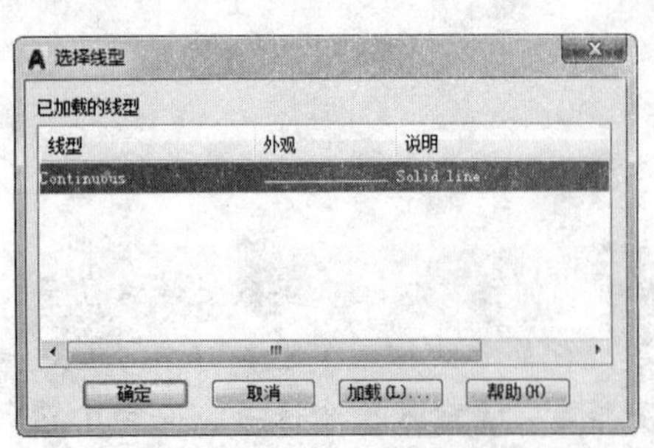

图1-50　“选择线型”对话框

图1-51　“加载或重载线型”对话框

3. 设置图层线宽

线宽设置顾名思义就是改变线条的宽度。用不同宽度的线条表现图形对象的类型，也可以提高图形的表达能力和可读性。例如，绘制外螺纹时螺纹大径使用粗实线，螺纹小径使用细实线。

单击图层所对应的线宽图标，系统弹出“线宽”对话框，如图 1-52 所示。选择一个线宽，单击“确定”按钮完成对图层线宽的设置。

图层线宽的默认值为 0.25mm。在状态栏为“模型”状态时，显示的线宽同计算机的像素有关。线宽为零时，显示为一个像素的线宽。单击状态栏中的“线宽”按钮，屏幕上显示出图形线宽，显示的线宽与实际线宽成比例，如图 1-53 所示，但线宽不随着图形的放大和缩小而变化。“线宽”功能关闭时，不显示图形的线宽，图形的线宽均为默认宽度值显示。可以在“线宽”对话框选择需要的线宽。

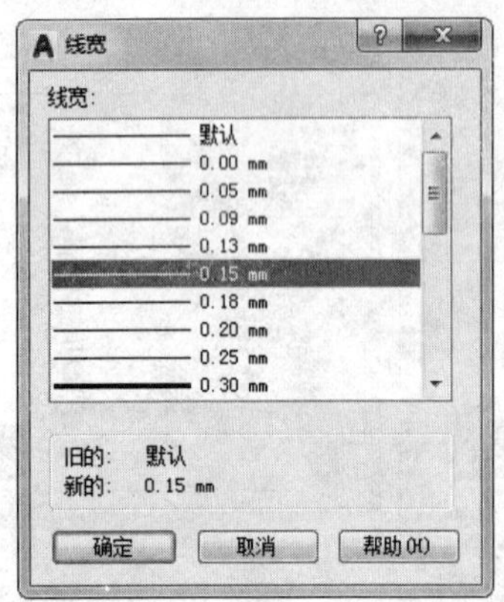

图1-52　“线宽”对话框

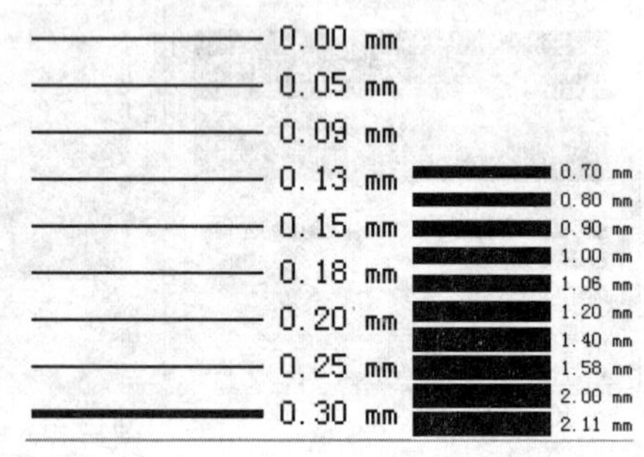

图1-53　线宽显示效果图

1.6.2　设置图层

除了前面讲述的通过图层管理器设置图层的方法外，还有几种简便方法可以设置图层的颜色、线宽、线型等参数。

1. 直接设置图层

可以直接通过命令行或菜单设置图层的颜色、线宽、线型。

【执行方式】

命令行：COLOR

菜单：格式→颜色

功能区：单击“默认”选项卡“特性”面板上的“对象颜色”下拉菜单中的“更多颜色”按钮

【操作步骤】

执行上述命令后，系统弹出“选择颜色”对话框，如图 1-49 所示。

【执行方式】

命令行：LINETYPE

菜单：格式→线型

功能区：单击“默认”选项卡“特性”面板上的“线型”下拉菜单中的“其他”按钮

【操作步骤】

执行上述命令后，系统弹出“线型管理器”对话框，如图 1-54 所示。该对话框的使用方法与图 1-50 所示的“选择线型”对话框类似。

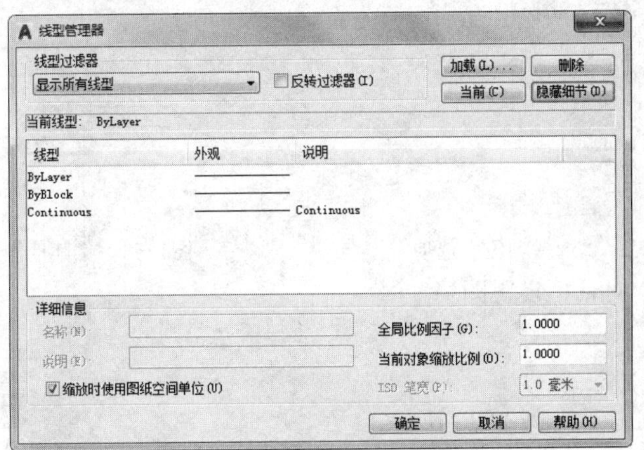

图1-54 “线型管理器”对话框

【执行方式】

命令行：LINEWEIGHT 或 LWEIGHT

菜单：格式→线宽

功能区：单击“默认”选项卡“特性”面板上的“线宽”下拉菜单中的“线宽设置”按钮

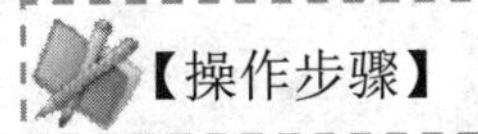【操作步骤】

执行上述命令后，系统弹出“线宽设置”对话框，如图 1-55 所示。该对话框的使用方

法与图 1-52 所示的“线宽”对话框类似。

2. 利用“特性”工具栏设置图层

AutoCAD 提供了一个“特性”工具栏，如图 1-56 所示。用户能够控制和使用工具栏上的“对象特性”工具栏快速地察看和改变所选对象的图层、颜色、线型和线宽等特性。“特性”工具栏上的图层颜色、线型、线宽和打印样式的控制增强了察看和编辑对象属性的命令。在绘图屏幕上选择任何对象都将在工具栏上自动显示它所在的图层、颜色、线型等属性。

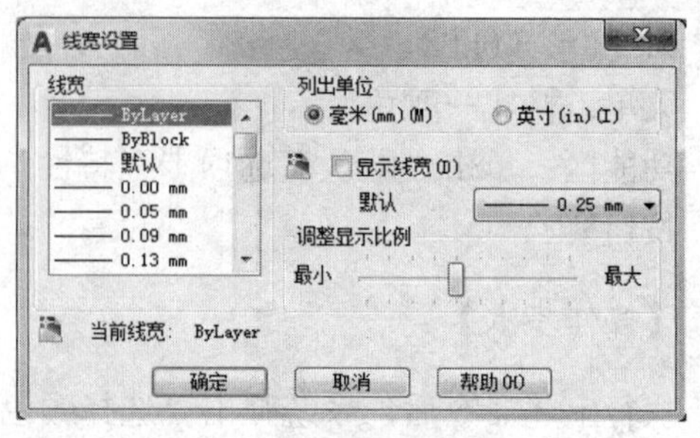

图1-55 “线宽设置”对话框

也可以在“特性”工具栏上的“颜色”“线型”“线宽”和“打印样式”下拉列表中选择需要的参数值。如果在“颜色”下拉列表中选择“选择颜色”选项，如图 1-57 所示，系统就会弹出“选择颜色”对话框，如图 1-49 所示；同样，如果在“线型”下拉列表中选择“其他”选项，如图 1-58 所示，系统就会弹出“线宽”对话框，如图 1-52 所示。

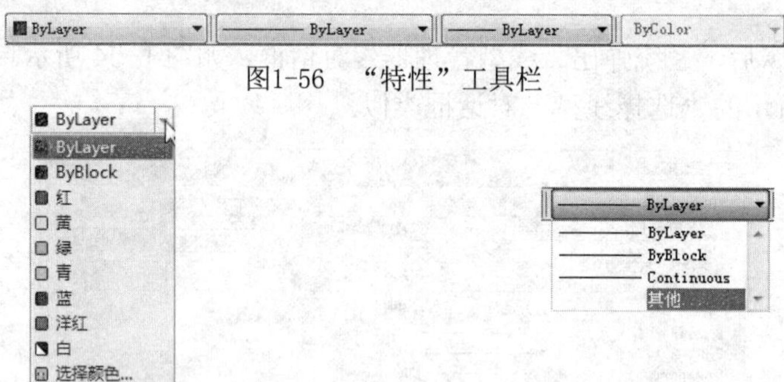

图1-56 “特性”工具栏

图1-57 “选择颜色”选项

图1-58 “其他”选项

3. 用“特性”对话框设置图层

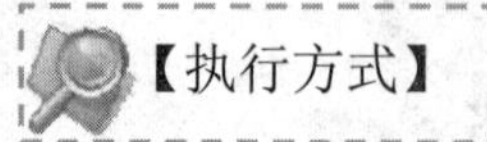【执行方式】

命令行：DDMODIFY 或 PROPERTIES

菜单栏：选择菜单栏中的“修改”→“特性”命令或选择菜单栏中的“工具”→“选项板→“特性”命令

工具栏：单击“标准”工具栏中的“特性”按钮

快捷键：Ctrl+1

功能区：单击“视图”选项卡“选项板”面板中的“特性”按钮

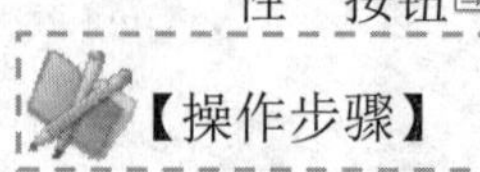【操作步骤】

执行上述命令后，系统弹出“特性”工具板，如图 1-59 所示。在该工具板中可以方便地设置或修改图层、颜色、线

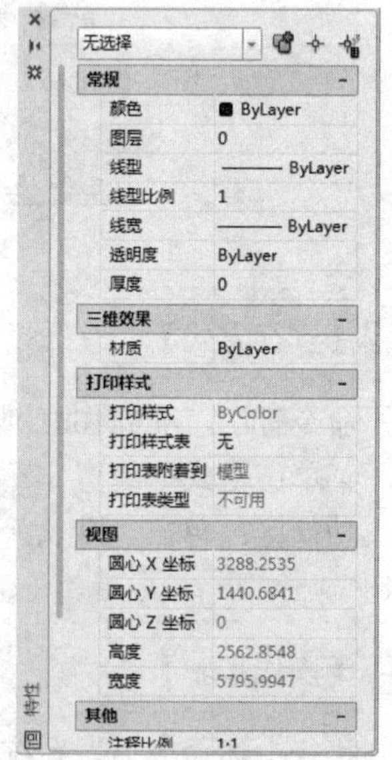

图1-59 “特性”工具板

型、线宽等属性。

1.6.3 控制图层

1. 切换当前图层

不同的图形对象需要绘制在不同的图层中，在绘制前，需要将工作图层切换到所需的图层上。打开“图层特性管理器”对话框，选择图层，单击“置为当前”按钮完成设置。

2. 删除图层

在“图层特性管理器”对话框中的图层列表框中选择要删除的图层，单击“删除”按钮即可删除该图层。从图形文件定义中删除选定的图层，只能删除未参照的图层。参照图层包括图层 0 及 DEFPOINTS、包含对象（包括块定义中的对象）的图层、当前图层和依赖外部参照的图层。不包含对象（包括块定义中的对象）的图层、非当前图层和不依赖外部参照的图层都可以删除。

3. 关闭/弹出图层

在“图层特性管理器”对话框中单击图标，可以控制图层的可见性。图层弹出时，小灯泡图标呈鲜艳的颜色，该图层上的图形可以显示在屏幕上或绘制在绘图仪上。在单击该属性图标后，小灯泡图标呈灰暗色时，该图层上的图形不显示在屏幕上，而且不能被打印输出，但仍然作为图形的一部分保留在文件中。

4. 冻结/解冻图层

在“图层特性管理器”对话框中单击图标，可以冻结图层或将图层解冻。图标呈雪花灰暗色时，该图层是冻结状态；图标呈太阳鲜艳色时，该图层是解冻状态。冻结图层上的对象不能显示，也不能打印，同时也不能编辑修改该图层上的图形对象。在冻结了图层后，该图层上的对象不影响其他图层上对象的显示和打印。例如，在使用 HIDE 命令消隐的时候，被冻结图层上的对象不隐藏其他的对象。

5. 锁定/解锁图层

在“图层特性管理器”对话框中单击图标，可以锁定图层或将图层解锁。锁定图层后，该图层上的图形依然显示在屏幕上并可打印输出，并可以在该图层上绘制新的图形对象，但用户不能对该图层上的图形进行编辑修改操作。

可以对当前图层进行锁定，也可在对锁定图层上的图形执行查询和对象捕捉命令。锁定图层可以防止对图形的意外修改。

6. 打印样式

在 AutoCAD 2018 中，可以使用一个称为“打印样式”的新的对象特性。打印样式控制对象的打印特性，包括颜色、抖动、灰度、笔号、虚拟笔、淡显、线型、线宽、线条端点样式、线条连接样式和填充样式。

使用打印样式给用户提供了很大的灵活性，因为用户可以设置打印样式来替代其他对象特性，也可以按用户需要关闭这些替代设置。

7. 打印/不打印

在“图层特性管理器”对话框中单击图标，可以设定打印时该图层是否打印，以在保证图形显示可见不变的条件下控制图形的打印特征。打印功能只对可见的图层起作用，对于已经被冻结或被关闭的图层不起作用。

8. 冻结新视口

控制在当前视口中图层的冻结和解冻。不解冻图形中设置为“关”或“冻结”的图层对于模型空间视口不可用。

1.7 绘图辅助工具

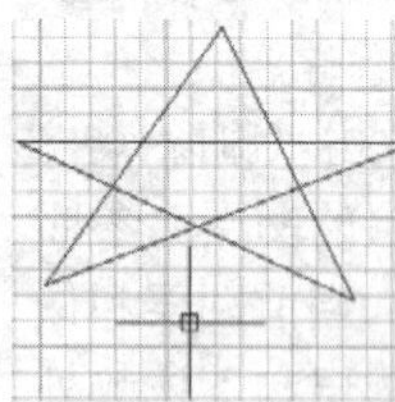

要快速顺利地完成图形绘制工作，有时要借助一些辅助工具，如用于准确确定绘制位置的精确定位工具和调整图形显示范围与方式的显示工具等。下面简略介绍一下这两种非常重要的辅助绘图工具。

1.7.1 精确定位工具

在绘制图形时，可以使用直角坐标和极坐标精确定位点，但是有些点（如端点、中心点等）的坐标是不知道的，要想精确地指定这些点是很难的，有时甚至是不可能的。AutoCAD提供了辅助定位工具，使用这类工具可以很容易地在屏幕中捕捉到这些点，从而进行精确地绘图。

1. 栅格

AutoCAD 的栅格由有规则的点的矩阵组成并延伸到指定为图形界限的整个区域。使用栅格与在坐标纸上绘图是十分相似的，利用栅格可以对齐对象并直观显示对象之间的距离。如果放大或缩小图形，可能需要调整栅格间距，使其更适合新的比例。虽然栅格在屏幕上是可见的，但它并不是图形对象，因此它不会被打印成图形中的一部分，也不会影响在何处绘图。

可以单击状态栏上的“栅格”按钮或 F7 键弹出或关闭栅格。启用栅格并设置栅格在 X 轴方向和 Y 轴方向上的间距的方法如下：

【执行方式】

命令行：DSETTINGS（或 DS，S E 或 DDRMODES）

菜单栏：选择菜单栏中的“工具”→“绘图设置”命令

状态栏：单击状态栏中的“栅格”按钮（仅限于打开与关闭）

快捷键：F7（仅限于打开与关闭）

【操作步骤】

执行上述命令，系统弹出“草图设置”对话框，如图 1-60 所示。

如果需要显示栅格，则选择“启用栅格”复选框。在“栅格 X 轴间距”文本框中输入栅格点之间的水平距离，单位为 mm。如果使用相同的间距设置垂直和水平分布的栅格点，则按 Tab 键，否则，在“栅格 Y 轴间距”文本框中输入栅格点之间的垂直距离。

用户可改变栅格与图形界限的相对位置。默认情况下，栅格以图形界限的左下角为起点，沿着与坐标轴平行的方向填充整个由图形界限所确定的区域。

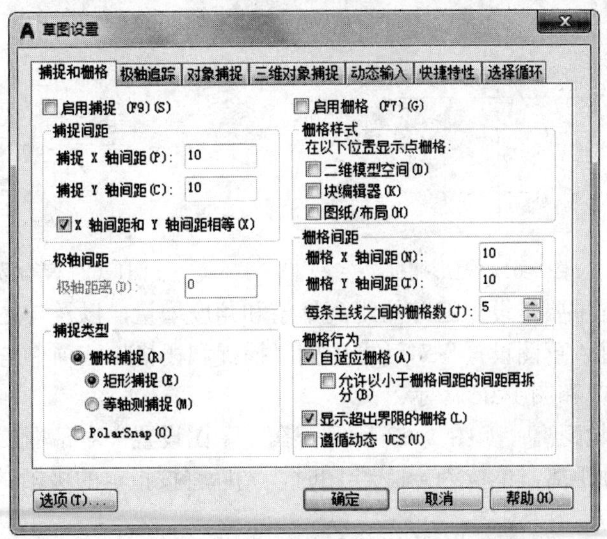

图1-60 “草图设置”对话框

捕捉可以使用户直接使用鼠标快速地定位目标点。捕捉模式有：栅格捕捉、对象捕捉、极轴捕捉和自动捕捉。

另外，可以使用 GRID 命令通过命令行方式设置栅格，功能与“草图设置”对话框类似，这里不再赘述。

注意

如果栅格的间距设置得太小，则在进行“打开栅格”操作时，AutoCAD将在文本窗口中显示“栅格太密，无法显示”的信息，而不在屏幕上显示栅格点。或者使用“缩放”命令时，将图形缩放得很小，也会出现同样提示，不显示栅格。

2. 捕捉

捕捉是指 AutoCAD 可以生成一个隐含分布于屏幕上的栅格。这种栅格能够捕捉光标，使得光标只能落到其中的一个栅格点上。捕捉可分为“矩形捕捉”和“等轴测捕捉”两种类型。默认设置为“矩形捕捉”，即捕捉点的阵列类似于栅格，如图 1-61 所示。用户可以指定捕捉模式在 X 轴方向和 Y 轴方向上的间距，也可改变捕捉模式与图形界限的相对位置。与栅格不同之处在于：捕捉间距的值必须为正实数，另外捕捉模式不受图形界限的约束。“等轴测捕捉”表示捕捉模式为等轴测模式，此模式是绘制正等轴测图时的工作环境，如图 1-62 所示。在“等轴测捕捉”模式下，栅格和光标十字线成绘制等轴测图时的特定角度。

在绘制图 1-61 和图 1-62 所示的图形时，输入参数点时光标只能落在栅格点上。两种模式的切换方法是：打开“草图设置”对话框，进入“捕捉和栅格”选项卡，在“捕捉类型和样式”选项区中通过单选框可以切换“矩阵捕捉”模式与“等轴测捕捉”模式。

3. 极轴捕捉

极轴捕捉是在创建或修改对象时按事先给定的角度增量和距离增量来追踪特征点，即捕捉相对于初始点、且满足指定极轴距离和极轴角的目标点。

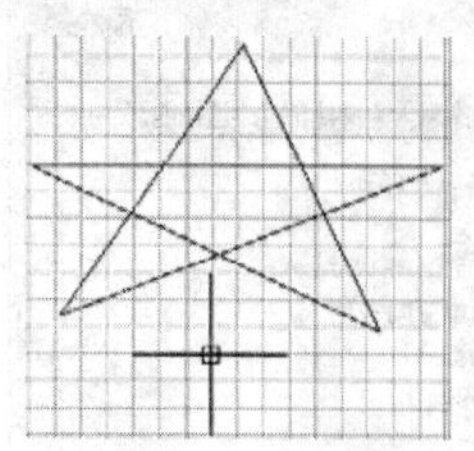

图1-61　矩形捕捉

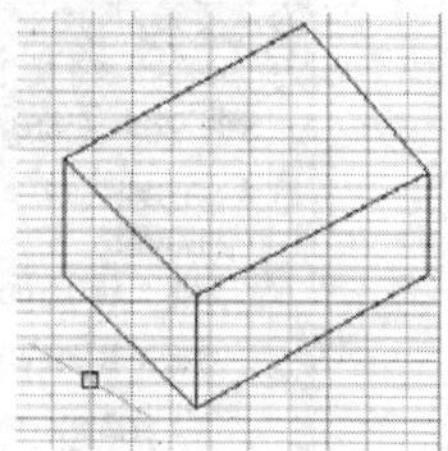

图1-62　等轴测捕捉

极轴追踪设置主要是设置追踪的距离增量和角度增量，以及与之相关联的捕捉模式。这些设置可以通过“草图设置”对话框中的“捕捉和栅格”选项卡与“极轴追踪”选项卡来实现，如图 1-63 和图 1-64 所示。

（1）设置极轴距离：如图 1-63 所示，在“草图设置”对话框的“捕捉和栅格”选项卡中可以设置极轴距离，单位为 mm。绘图时，光标将按指定的极轴距离增量进行移动。

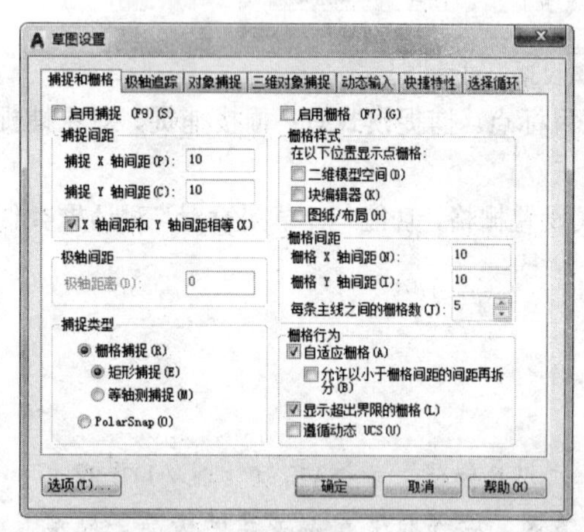

图1-63　“捕捉和栅格”选项卡

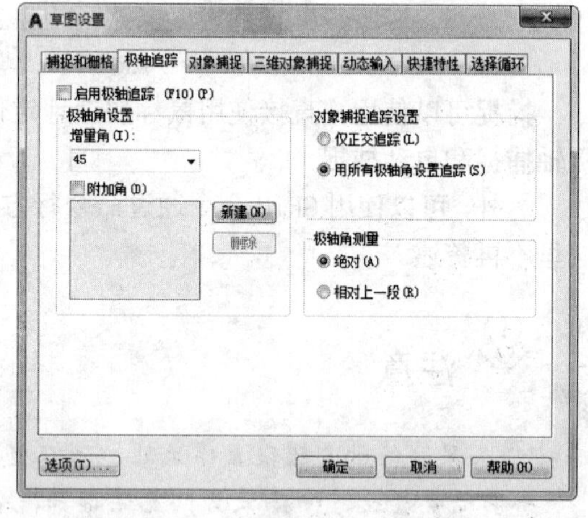

图1-64　“极轴追踪”选项卡

（2）设置极轴角度：如图 1-64 所示，在“草图设置”对话框的“极轴追踪”选项卡中可以设置极轴角增量角度。设置时，可以使用向下箭头所弹出的下拉选择框中的 90、45、30、22.5、18、15、10 和 5 的极轴角增量，也可以直接输入其他任意角度。光标移动时，如果接近极轴角，将显示对齐路径和工具栏提示。例如，图 1-65 所示为当极轴角增量设置为 30、光标移动 90 时显示的对齐路径。

“附加角”用于设置极轴追踪时是否采用附加角度追踪。选中“附加角”复选框，通过“新建”按钮或者“删除”按钮新建、删除附加角度值。

（3）对象捕捉追踪设置：用于设置对象捕捉追踪的模式。如果选择“仅正交追踪”选项，则当采用追踪功能时，系统仅在水平和垂直方向上显示追踪数据；如果选择“用所有极轴角设置追踪”选项，则当采用追踪功能时，系统不仅可以在水平和垂直方向上显示追踪数据，还可以在设置的极轴追踪角度与附加角度所确定的一系列方向上显示追踪数据。

（4）极轴角测量：用于设置极轴角的角度测量采用的参考基准。“绝对”则是相对水平方向逆时针测量，“相对上一段”则是以上一段对象为基准进行测量。

4. 对象捕捉

AutoCAD 给所有的图形对象都定义了特征点，对象捕捉则是指在绘图过程中通过捕捉这些特征点，迅速准确将新的图形对象定位在现有对象的确切位置上，如圆的圆心、线段中点或两个对象的交点等。在 AutoCAD 2018 中，可以通过单击状态栏中的“对象捕捉”选项，或是在“草图设置”对话框的“对象捕捉”选项卡中选择“启用对象捕捉”单选框，来完成启用对象捕捉功能。在绘图过程中，对象捕捉功能的调用可以通过以下方式完成。

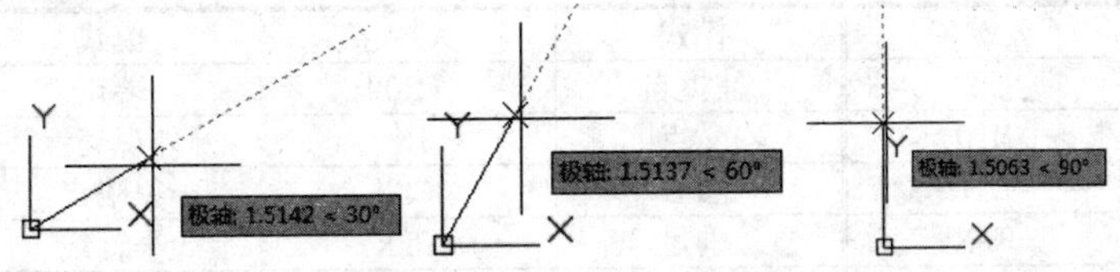

图1-65 设置极轴角度

“对象捕捉”工具栏（见图 1-66）：在绘图过程中，当系统提示需要指定点位置时，可以单击“对象捕捉”工具栏中相应的特征点按钮，再把光标移动到要捕捉的对象上的特征点附近，AutoCAD 会自动提示并捕捉到这些特征点。例如，如果需要用直线连接一系列圆的圆心，可以将“圆心”设置为执行对象捕捉。如果有两个可能的捕捉点落在选择区域，则 AutoCAD 将捕捉离光标中心最近的符合条件的点。还有可能指定点时需要检查哪一个对象捕捉有效，例如在指定位置有多个对象符合捕捉条件，在指定点之前，按 Tab 键可以遍历所有可能的点。

图1-66 “对象捕捉”工具栏

对象捕捉快捷菜单：在需要指定点位置时，还可以按住 Ctrl 键或 Shift 键，单击鼠标右键，弹出“对象捕捉”快捷菜单，如图 1-67 所示。从该菜单上一样可以选择某一种特征点执行对象捕捉，把光标移动到要捕捉对象上的特征点附近，即可捕捉到这些特征点。

注意

1. 对象捕捉不可单独使用，必须配合别的绘图命令一起使用。仅当AutoCAD 提示输入点时，对象捕捉才生效。如果试图在命令提示下使用对象捕捉，则AutoCAD将显示错误信息。

2. 对象捕捉只影响屏幕上可见的对象，包括锁定图层、布局视口边界和多段线上的对象。不能捕捉不可见的对象，如未显示的对象、关闭或冻结图层上的对象或虚线的空白部分。

使用命令行：当需要指定点位置时，在命令行中输入相应特征点的关键词把光标移动到要捕捉对象上的特征点附近，即可捕捉到这些特征点。对象捕捉模式及关键字见表 1-1。

5. 自动对象捕捉

在绘制图形的过程中，使用对象捕捉的频率非常高，如果每次在捕捉时都要先选择捕捉模式，将使工作效率大大降低。出于此种考虑，AutoCAD 提供了自动对象捕捉模式。如果启用自动捕捉功能，则当光标距指定的捕捉点较近时，系统会自动精确地捕捉这些特征点，并显示出相应的标记以及该捕捉的提示。设置“草图设置”对话框中的“对象捕捉”选项卡，选中“启用对象捕捉追踪”复选框，可以调用自动捕捉，如图 1-68 所示。

表1-1　对象捕捉模式

模式	关键字	模式	关键字	模式	关键字
临时追踪点	TT	捕捉自	FROM	端点	END
中点	MID	交点	INT	外观交点	APP
延长线	EXT	圆心	CEN	象限点	QUA
切点	TAN	垂足	PER	平行线	PAR
节点	NOD	最近点	NEA	无捕捉	NON

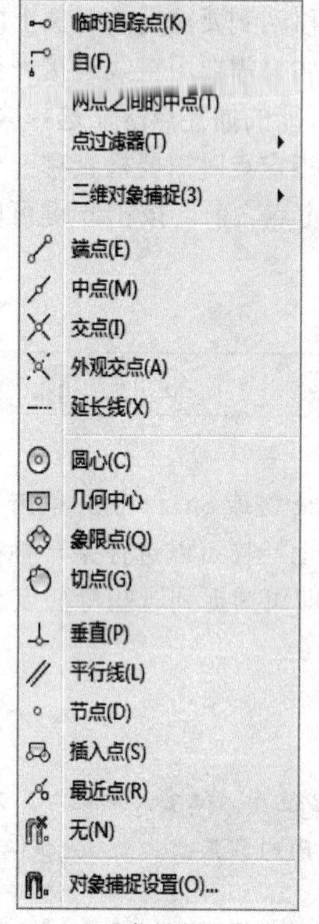

图1-67　“对象捕捉”快捷菜单

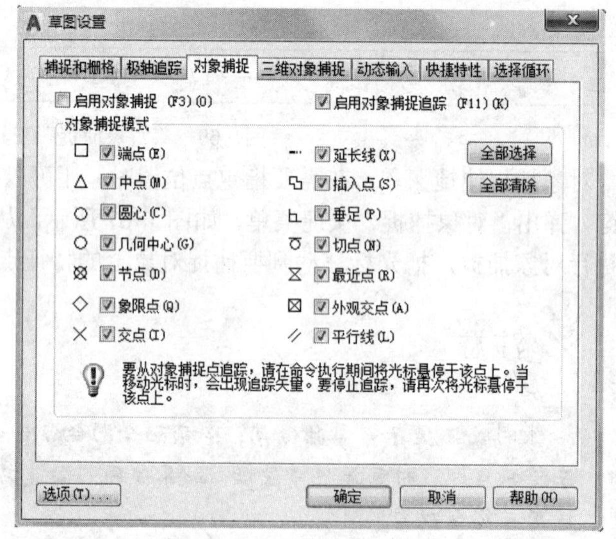

图1-68　“对象捕捉”选项卡

6．正交绘图

正交绘图模式，即在命令的执行过程中光标只能沿 X 轴或者 Y 轴移动。所有绘制的线段和构造线都将平行于 X 轴或 Y 轴，因此它们相互垂直成 90°相交，即正交。使用正交绘图，对于绘制水平和垂直线非常有用，特别是当绘制构造线时经常使用，而且当捕捉模式为等轴测模式时，它还迫使直线平行于 3 个等轴测中的一个。

设置正交绘图可以直接单击状态栏中的“正交”按钮或 F8 键，相应的会在文本窗口中显示开/关提示信息。也可以在命令行中输入“ORTHO”命令，执行开启或关闭正交绘图。

注意

可以设置自己经常要用的捕捉方式。一旦设置了运行捕捉方式后，在每次运行时，所设定的目标捕捉方式就会被激活，而不是仅对一次选择有效。当同时使用多种方式时，系统将捕捉距光标最近，同时又是满足多种目标捕捉方式之一的点。当光标距要获取的点非常近时，按下 Shift 键将暂时不获取对象。

“正交”模式将光标限制在水平或垂直（正交）轴上。因为不能同时打开“正交”模式和极轴追踪，因此“正交”模式打开时，AutoCAD 会关闭极轴追踪。如果再次打开极轴追踪，则AutoCAD 将关闭“正交”模式。

1.7.2　图形显示工具

对于一个较为复杂的图形来说，在观察整幅图形时往往无法对其局部细节进行查看和操作，而当在屏幕上显示一个细部时又看不到其他部分，为解决这类问题，AutoCAD 提供了缩放、平移、视图、鸟瞰视图和视口命令等一系列图形显示控制命令，可以用来任意地放大、缩小或移动屏幕上的图形，或者同时从不同的角度、不同的部位来显示图形。AutoCAD还提供了重画和重新生成命令来刷新屏幕及重新生成图形。

1. 图形缩放

图形缩放命令类似于照相机的镜头，可以放大或缩小屏幕所显示的范围，但其只改变视图的比例，对象的实际尺寸并不发生变化。当放大图形一部分的显示尺寸时，可以更清楚地查看这个区域的细节；相反，如果缩小图形的显示尺寸，则可以查看更大的区域，如整体浏览。

图形缩放功能在绘制大幅面机械图，尤其是装配图时非常有用，是使用频率最高的命令之一。这个命令可以透明使用，也就是说，该命令可以在执行其他命令时运行，在运行完透明命令后，AutoCAD 会自动地返回到调用透明命令前正在运行的命令。

【执行方式】

命令行：ZOOM

功能区：单击“视图”选项卡“导航”面板上的“范围”下拉菜单（见图 1-69）

菜单栏：选择菜单栏中的“视图”→“缩放”命令

工具栏：导航栏→缩放下拉菜单（见图 1-70）或标准→缩放

【操作步骤】

执行上述命令后，系统提示：

```
指定窗口的角点，输入比例因子 (nX 或 nXP)，或者
[全部(A)/中心(C)/动态(D)/范围(E)/上一个(P)/比例(S)/窗口(W)/对象(O)] <实时>:
```

【选项说明】

（1）实时：这是“缩放”命令的默认操作，即在输入“ZOOM”命令后，直接按Enter键，将自动调用实时缩放操作。实时缩放就是可以通过上下移动鼠标来交替进行放大和缩小。在使用实时缩放时，系统会显示一个“+”号或“—”号。当缩放比例接近极限时，AutoCAD将不再与光标一起显示“+”号或“—”号。需要从实时缩放操作中退出时，可按Enter键、Esc键或是从菜单中选择Exit退出。

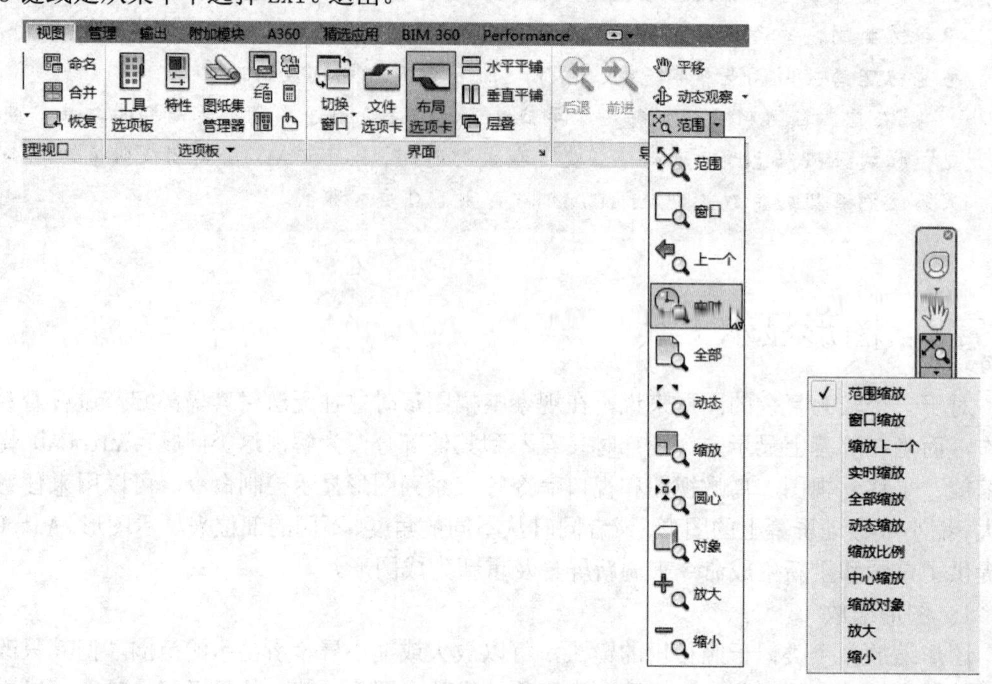

图1-69　“范围”下拉菜单　　　　图1-70　导航栏

（2）全部(A)：执行“ZOOM”命令后，在提示文字后键入“A”，即可执行“全部(A)”缩放操作。不论图形有多大，该操作都将显示图形的边界或范围，即使对象不包括在边界以内，它们也将被显示。因此，使用“全部(A)”缩放选项可查看当前视口中的整个图形。

（3）中心(C)：通过确定一个中心点，该选项可以定义一个新的显示窗口。操作过程中需要指定中心点以及输入比例或高度。默认新的中心点就是视图的中心点，默认的输入高度就是当前视图的高度，直接按Enter键后，图形将不会被放大。若输入比例系数，则数值越大，图形放大倍数也越大。也可以在数值后面紧跟一个X，如3X，表示在放大时不是按照绝对值变化，而是按相对于当前视图的相对值缩放。

（4）动态(D)：通过操作一个表示视口的视图框，可以确定所需显示的区域。选择该选项，在绘图窗口中出现一个小的视图框，按住鼠标左键左右移动可以改变该视图框的大小，定形后放开左键，再按下鼠标左键移动视图框，可确定图形中的放大位置，系统将清除当前视口并显示一个特定的视图选择屏幕。这个特定屏幕由有关当前视图及有效视图的信息构成。

（5）范围(E)：可以使图形缩放至整个显示范围。图形的范围由图形所在的区域构成，剩余的空白区域将被忽略。应用这个选项，图形中所有的对象都会尽可能地被放大。

（6）上一个(P)：在绘制一幅复杂的图形时，有时需要放大图形的一部分以进行细节的编辑。当编辑完成后，有时希望回到前一个视图。这种操作可以使用“上一个(P)”选项来实现。当前视口由“缩放”命令的各种选项或“移动”视图、视图恢复、平行投影或透视命令引起的任何变化，系统都将做保存。每一个视口最多可以保存10个视图。连续使用“上一个(P)”选项可以恢复前10个视图。

（7）比例(S)：提供了三种使用方法。在提示信息下，直接输入比例系数，AutoCAD将按照此比例因子放大或缩小图形的尺寸。如果在比例系数后面加一“X”，则表示相对于当前视图计算的比例因子。使用比例因子的第三种方法就是相对于图形空间，例如，可以在图纸空间阵列布排或打印出模型的不同视图。为了使每一张视图都与图纸空间单位成比例，可以使用“比例(S)”选项，每一个视图可以有单独的比例。

（8）窗口(W)：是最常使用的选项。它是通过确定一个矩形窗口的两个对角点来指定所需缩放的区域，对角点可以由鼠标指定，也可以输入坐标确定。指定窗口的中心点将成为新的显示屏幕的中心点。窗口中的区域将被放大或者缩小。调用“ZOOM”命令时，可以在没有选择任何选项的情况下，利用光标在绘图窗口中直接指定缩放窗口的两个对角点。

（9）对象（O)：通过缩放来尽可能大地显示一个或多个选定的对象并使其位于视图的中心。可以在启动 ZOOM 命令前后选择对象。

注意

这里所提到的诸如放大、缩小或移动的操作仅仅是对图形在屏幕上的显示进行控制，图形本身并没有任何改变。

当图形幅面大于当前视口时，如使用图形缩放命令将图形放大，如果需要在当前视口之外观察或绘制一个特定区域，可以使用图形平移命令来实现。平移命令能将在当前视口以外的图形的一部分移动进来查看或编辑，但不会改变图形的缩放比例。执行图形缩放的方法如下：

【执行方式】

命令行：PAN

菜单：视图→平移

工具栏：导航栏→平移或标准→实时平移

功能区：单击“视图”选项卡“导航”面板中的“平移”按钮

快捷菜单：绘图窗口中单击鼠标右键，选择“平移”选项

激活平移命令之后，光标将变成一只“小手”，可以在绘图窗口中任意移动，以示当前正处于平移模式。单击并按住鼠标左键将光标锁定在当前位置，即“小手”已经抓住图形，然后，拖动图形使其移动到所需位置。松开鼠标左键，将停止平移图形。可以反复按下鼠标左键，拖动，松开，将图形平移到其他位置。

平移命令预先定义了一些不同的菜单选项与按钮，它们可用于在特定方向上平移图形，在激活平移命令后，这些选项可以从菜单“视图”→“平移”→“*”中调用。

（1）实时：是平移命令中最常用的选项，也是默认选项，前面提到的平移操作都是指实时平移，即通过鼠标的拖动来实现任意方向上的平移。

（2）点：这个选项要求确定位移量，这就需要确定图形移动的方向和距离。可以通过

输入点的坐标或用光标指定点的坐标来确定位移。

（3）左：该选项移动图形使屏幕左部的图形进入显示窗口。

（4）右：该选项移动图形使屏幕右部的图形进入显示窗口。

（5）上：该选项向底部平移图形后，使屏幕顶部的图形进入显示窗口。

（6）下：该选项向顶部平移图形后，使屏幕底部的图形进入显示窗口。

第2章 绘图命令

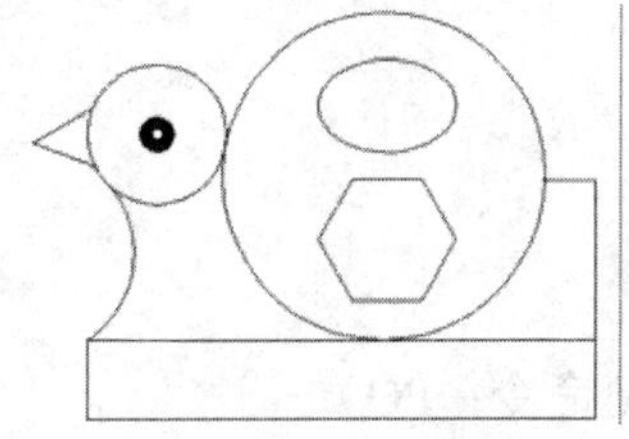

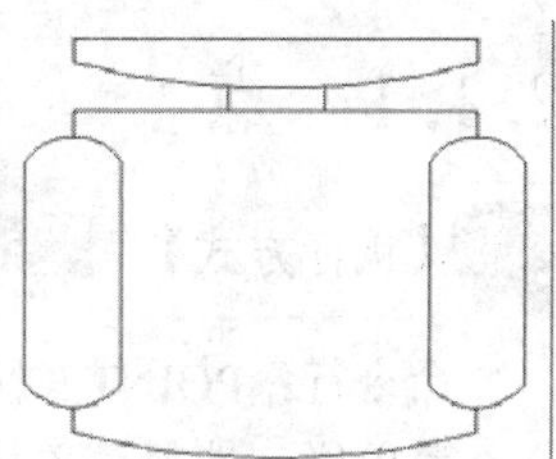

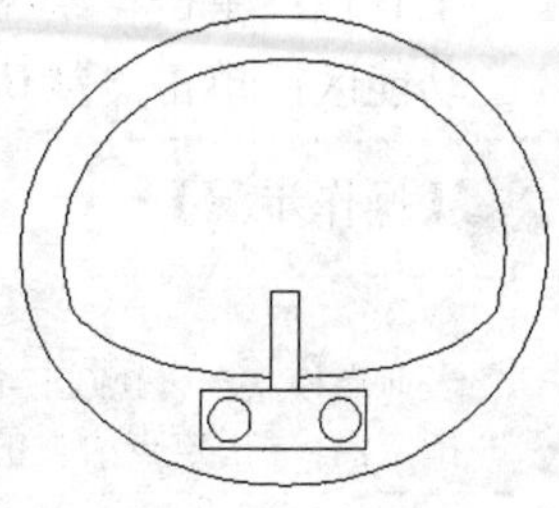

二维图形是指在二维平面空间绘制的图形。AutoCAD 提供了大量的绘图工具，可以帮助用户完成二维图形的绘制。AutoCAD 还提供了许多的二维绘图命令，利用这些命令可以快速方便地完成某些图形的绘制。本章主要介绍了点、直线、圆和圆弧、椭圆和椭圆弧、平面图形、图案填充、多段线、样条曲线和多线的绘制与编辑。

- 线类、圆类、平面图形命令
- 图案填充
- 多段线与样条曲线
- 多线

2.1 直线类命令

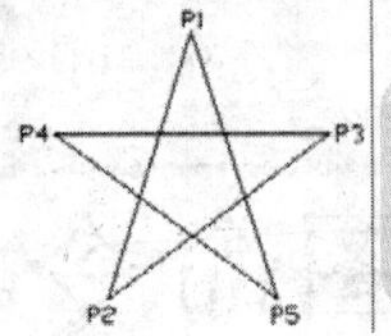

直线类命令包括直线段、射线和构造线。这几个命令是 AutoCAD 中最简单的绘图命令。

2.1.1 点

【执行方式】

命令行：POINT（快捷命令：PO）

菜单栏：选择菜单栏中的“绘图”→“点”命令

工具栏：单击“绘图”工具栏中的“点”按钮

功能区：单击“默认”选项卡中“绘图”面板中的“多点”按钮

【操作步骤】

```
命令：POINT↙
当前点模式： PDMODE=0  PDSIZE=0.0000
指定点：（指定点所在的位置）
```

【选项说明】

1）通过菜单方法操作时（见图 2-1），“单点”选项表示只输入一个点，“多点”选项表示可输入多个点。

2）状态栏中的“对象捕捉”开关可设置点捕捉模式，帮助用户拾取点。

3）点在图形中的表示样式共有 20 种。可通过“DDPTYPE”命令或拾取菜单“格式”→“点样式”，弹出“点样式”对话框来设置，如图 2-2 所示。

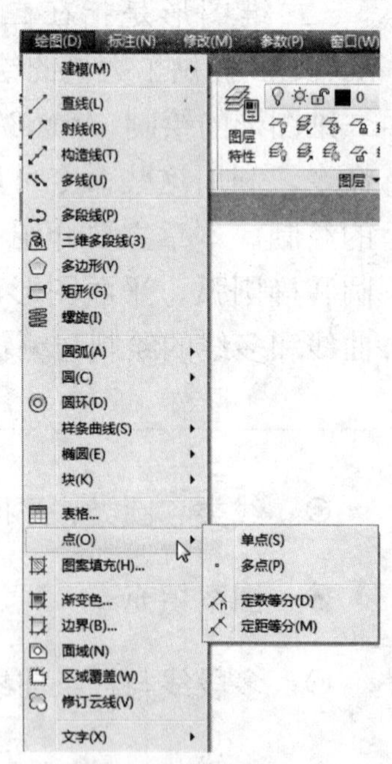

图2-1 “点”子菜单

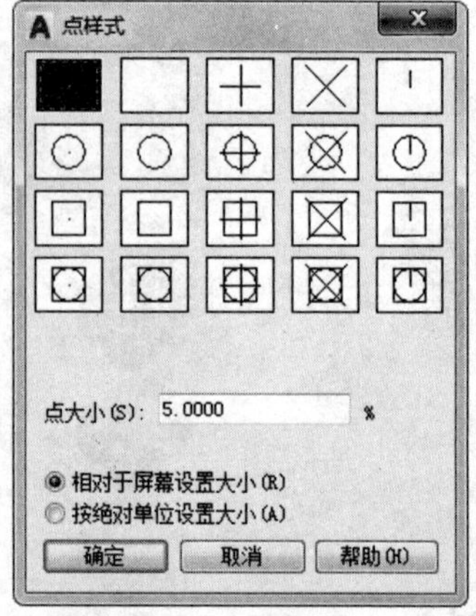

图2-2 “点样式”对话框

2.1.2 直线

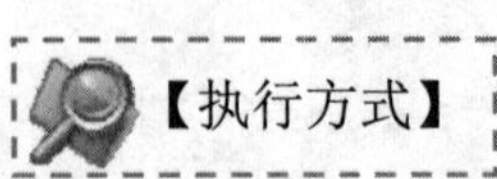

【执行方式】

命令行：LINE（快捷命令：L）

菜单栏：选择菜单栏中的“绘图”→“直线”命令

工具栏：单击“绘图”工具栏中的“直线”按钮

功能区：单击“默认”选项卡“绘图”面板中的“直线”按钮

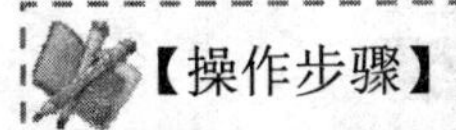

【操作步骤】

命令行提示与操作如下：

命令: LINE↙

指定第一个点:（输入直线段的起点，用鼠标指定点或者给定点的坐标）

指定下一点或［放弃(U)］:（输入直线段的端点，也可以用鼠标指定一定角度后直接输入直线的长度）

指定下一点或［放弃(U)］:（输入下一直线段的端点，输入选项“U”表示放弃前面的输入；单击鼠标右键或按 Enter 键，结束命令）

指定下一点或［闭合(C)/放弃(U)］:（输入下一直线段的端点，或输入选项“C”使图形闭合，结束命令

【选项说明】

1）若采用按 Enter 键响应“指定第一个点:”提示，则系统会把上次绘制的线（或弧）的终点作为本次操作的起始点。特别地，若上次操作为绘制圆弧，则按 Enter 键后绘出通过圆弧终点且与该圆弧相切的直线段，该线段的长度由鼠标在屏幕上指定的一点与切点之间线段的长度确定。

2）在“指定下一点”提示下，用户可以指定多个端点，从而绘出多条直线段。但是，每一段直线是一个独立的对象，可以进行单独的编辑操作。

3）绘制两条以上直线段后，若采用输入选项“C”响应“指定下一点”提示，则系统会自动连接起始点和最后一个端点，并绘出封闭的图形。

4）若采用输入选项“U”响应提示，则擦除最近一次绘制的直线段。

5）若设置正交方式（按下状态栏上的“正交”按钮），则只能绘制水平直线或垂直线段。

6）若设置动态数据输入方式（按下状态栏上“DYN”按钮），则可以动态输入坐标或长度值。除了特别需要，以后不再强调，而只按非动态数据输入方式输入相关数据。

2.1.3 实例——五角星

讲实训 多媒体演示

多媒体演示参见配套光盘中的\\动画演示\第2章\五角星.avi。

绘制如图 2-3 所示的五角星。

单击“默认”选项卡“绘图”面板中的“直线”按钮，命令行提示与操作如下：

命令:LINE↙

指定第一个点:120，120↙　（P1 点）

指定下一点或［放弃(U)］: @ 80 < 252↙　（P2 点，也可以单击按钮，在鼠标位置为 108° 时，动态输入 80，如图 2-4 所示）

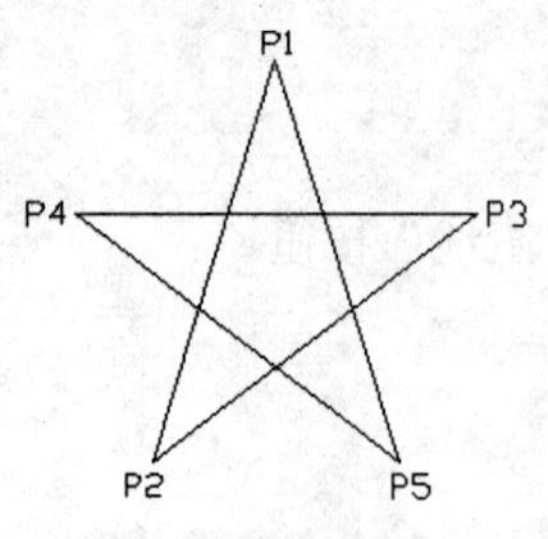

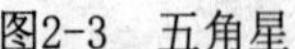

图2-3　五角星

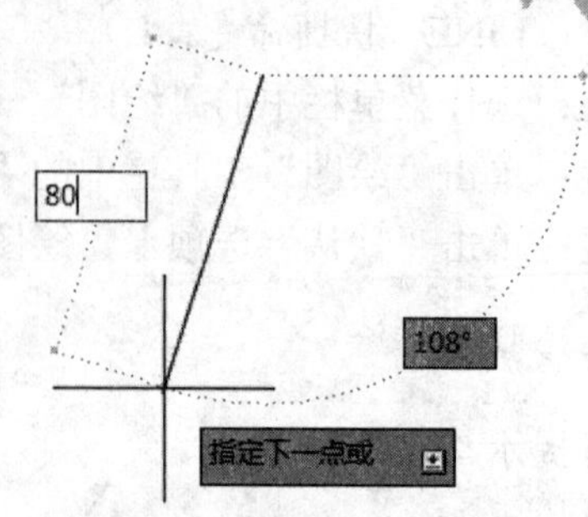

图2-4　动态输入

指定下一点或 [放弃(U)]:　159.091，90.870↙　　(P3 点)
指定下一点或 [闭合(C)/放弃(U)]:@ -80，0 ↙　(P4 点，也可以单击按钮，在鼠标位置为 180° 时，动态输入 80)
指定下一点或 [闭合(C)/放弃(U)]: 144.721，44.916↙ (P5 点)
指定下一点或 [闭合(C)/放弃(U)]:C↙　(封闭五角星并结束命令)

绘制完成图形如图 2-3 所示。

说 明

1. 输入坐标时，其中的逗号只能在西文状态下，否则会出现错误。2. 一般每个命令有三种执行方式，这里只给出了命令行执行方式，其他两种执行方式的操作方法与命令行执行方式相同。

2.2　圆类图形命令

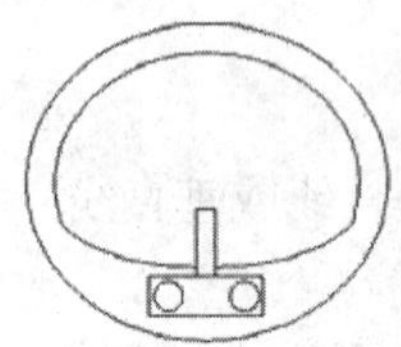

圆类命令主要包括“圆”“圆弧”“椭圆”“椭圆弧”以及“圆环”等命令，这几个命令是 AutoCAD 中最简单的曲线命令。

2.2.1　圆

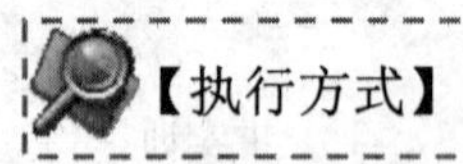

【执行方式】

命令行：CIRCLE（快捷命令：C）
菜单栏：选择菜单栏中的“绘图”→“圆”命令
工具栏：单击“绘图”工具栏中的“圆”按钮
功能区：单击“默认”选项卡“绘图”面板中的“圆”下拉菜单

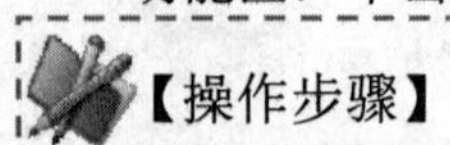

【操作步骤】

命令：CIRCLE↙
指定圆的圆心或 [三点(3P)/两点(2P)/ 切点、切点、半径(T)]：(指定圆心)
指定圆的半径或 [直径(D)]：(直接输入半径数值或用鼠标指定半径长度)

【选项说明】

（1）三点(3P)：用指定圆周上三点的方法画圆。

（2）两点(2P)：指定直径的两端点画圆。

（3）相切、相切点、半径(T)：按先指定两个相切对象，后给出半径的方法画圆。如图 2-5 所示为以“相切、相切、半径”方式绘制圆的各种情形（其中加黑的圆为最后绘制的圆）。

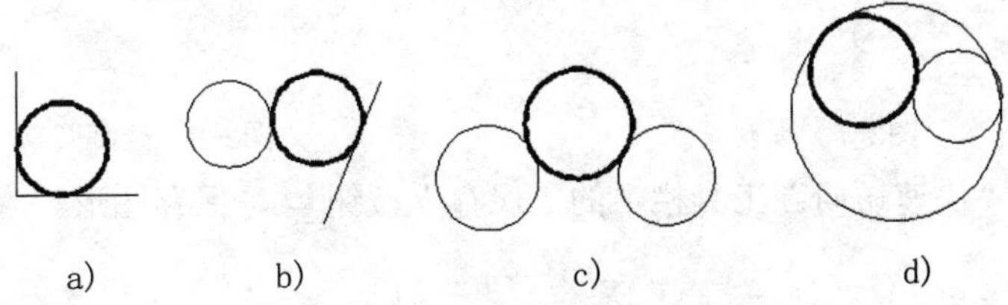

图2-5 圆与另外两个对象相切的各种情形

单击“默认”选项卡“绘图”面板中的“圆”按钮⊙，其子菜单中比命令行多了一种“相切、相切、相切”的方法，当选择此方式时（见图2-6），系统提示：

```
指定圆上的第一个点：_tan 到：（指定相切的第一个圆弧）
指定圆上的第二个点：_tan 到：（指定相切的第二个圆弧）
指定圆上的第三个点：_tan 到：（指定相切的第三个圆弧）
```

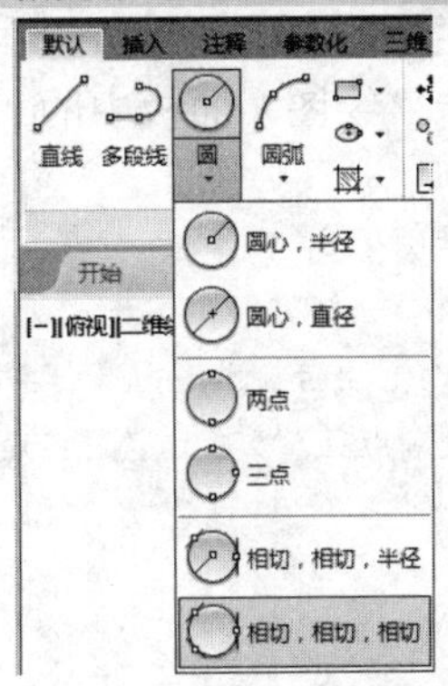

图2-6 绘制圆的菜单方法

2.2.2 实例——圆餐桌

绘制如图 2-7 所示的圆餐桌。

> **实讲实训 多媒体演示**
>
> 多媒体演示参见配套光盘中的\\动画演示\第2章\圆餐桌.avi。

01 设置绘图环境。在命令行中输入“LIMITS”命令，设置图幅为 297×210。命令行中的提示与操作如下：

```
命令：LIMITS
重新设置模型空间界限：
指定左下角点或 [开(ON)/关(OFF)] <0.0000,0.0000>:
指定右上角点 <420.0000,297.0000>: 297,210
```

02 单击“默认”选项卡“绘图”面板中的“圆”按钮⊙，绘制圆。命令行中的提示与操作如下：

```
命令：CIRCLE↙
指定圆的圆心或 [三点(3P)/两点(2P)/ 切点、切点、半径(T)]： 100,100↙
```

指定圆的半径或 [直径(D)]: 50↙

结果如图 2-8 所示。

重复“圆”命令，以(100,100)为圆心，绘制半径为 40 的圆。结果如图 2-7 所示。

图2-7　圆餐桌

图2-8　绘制圆

03 单击“快速访问”工具栏中的“保存”按钮，保存图形。

2.2.3　圆弧

【执行方式】

命令行：ARC（快捷命令：A）

菜单栏：选择菜单栏中的“绘图”→“圆弧”命令

工具栏：单击“绘图”工具栏中的“圆弧”按钮

功能区：单击“默认”选项卡“绘图”面板中的“圆弧”下拉菜单

【操作步骤】

命令: ARC↙
指定圆弧的起点或 [圆心(C)]:（指定起点）
指定圆弧的第二个点或 [圆心(C)/端点(E)]:（指定第二点）
指定圆弧的端点:（指定端点）

【选项说明】

1）用命令行方式画圆弧时，可以根据系统提示选择不同的选项，具体功能和单击菜单栏中的“绘图”→“圆弧”中子菜单提供的 11 种画圆弧的方法相似（见图 2-9）。

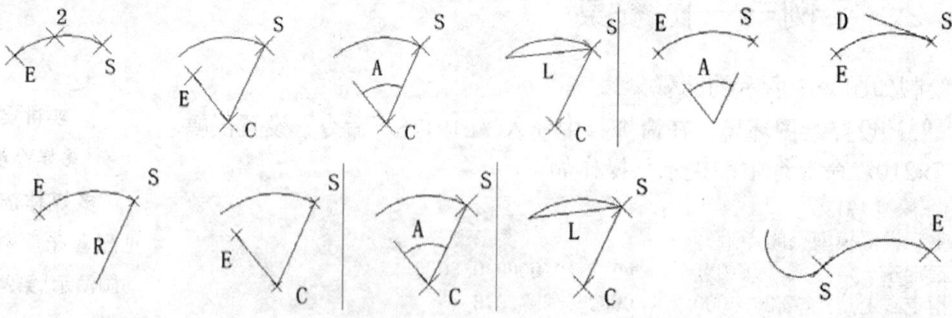

图2-9　11种画圆弧的方法

2）需要强调的是“连续”方式，绘制的圆弧与上一线段或圆弧相切，继续画圆弧段，

因此提供端点即可。

2.2.4 实例——椅子

绘制如图 2-10 所示的椅子。

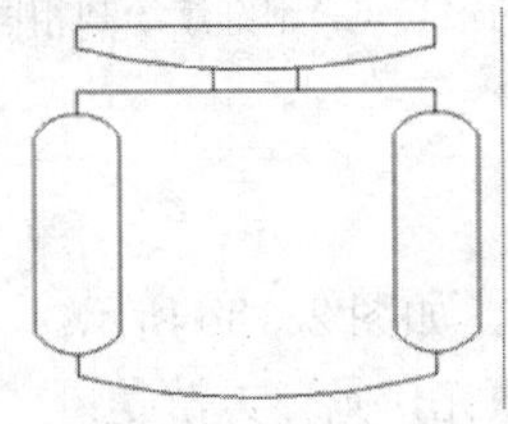

图2-10 椅子

> 名讲实训
> 多媒体演示
>
> 多媒体演示参见配套光盘中的\\动画演示\第2章\椅子.avi。

01 单击“默认”选项卡“绘图”面板中的“直线”按钮，绘制椅子的初步轮廓，结果如图2-11所示。

02 单击“默认”选项卡“绘图”面板中的“圆弧”按钮，绘制弧线。命令行中的提示与操作如下：

```
命令: ARC↙
指定圆弧的起点或 [圆心(C)]:（用鼠标指定左上方垂直线段端点 1，如图 2-11 所示）
指定圆弧的第二个点或 [圆心(C)/端点(E)]:（用鼠标在上方两垂直线段正中间指定一点 2）
指定圆弧的端点:（用鼠标指定右上方垂直线段端点 3）
```

结果如图2-12所示。

03 单击“默认”选项卡“绘图”面板中的“直线”按钮，绘制直线。

采用同样方法，指定圆弧上一点为起点向下绘制另一条垂直线段，再以图 2-11 中 1、3 两点下面的水平线段的端点为起点各向下绘制两条适当长度垂直线段。

同样方法绘制扶手的另外三段圆弧。最后绘制完成的图形如图 2-10 所示。

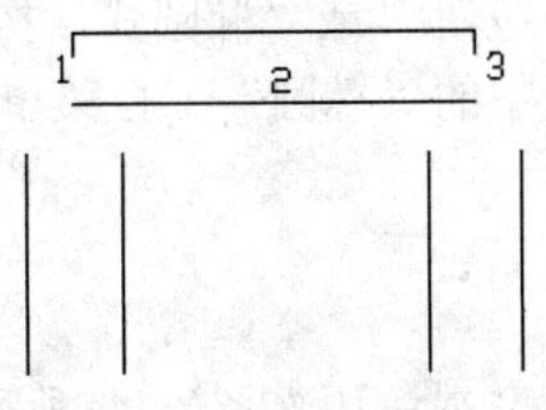

图2-11 椅子初步轮廓

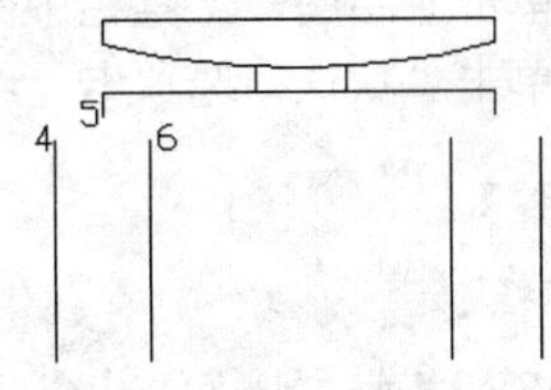

图2-12 绘制圆弧

04 保存图形。

2.2.5 圆环

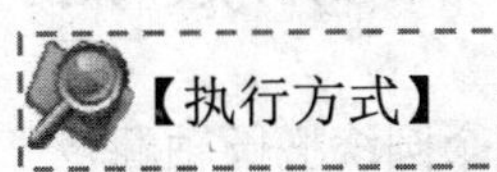

【执行方式】

命令行：DONUT（快捷命令：DO）

菜单栏：选择菜单栏中的“绘图”→“圆环”命令

功能区：单击“默认”选项卡“绘图”面板中的“圆环”按钮◎

【操作步骤】

命令：DONUT↙
指定圆环的内径 <默认值>：（指定圆环内径）
指定圆环的外径 <默认值>：（指定圆环外径）
指定圆环的中心点或 <退出>：（指定圆环的中心点）
指定圆环的中心点或 <退出>：（继续指定圆环的中心点，则继续绘制相同内外径的圆环，如图 2-13a 所示。用按 Enter 键、空格键或鼠标右键结束命令。

【选项说明】

1）若指定内径为零，则画出实心填充圆，如图 2-13b 所示。

2）用“FILL” 命令可以控制圆环是否填充，具体方法是：

命令：FILL↙
输入模式 [开(ON)/关(OFF)] <开>：（选择 ON 表示填充，选择 OFF 表示不填充，如图 2-13c 所示）。

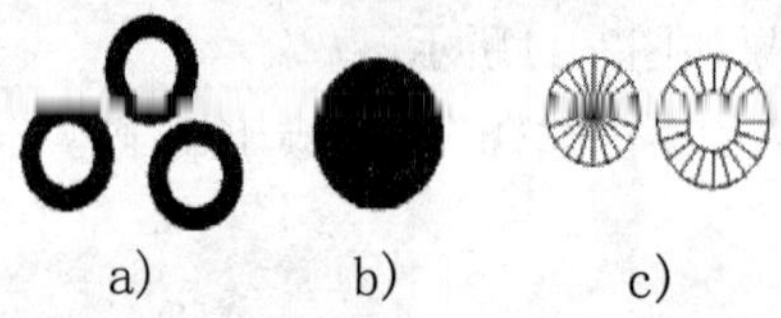

a)　　b)　　c)

图2-13　绘制圆环

2.2.6　椭圆与椭圆弧

【执行方式】

命令行：ELLIPSE（快捷命令：EL）

菜单栏：选择菜单栏中的“绘图”→“椭圆”→“圆弧”命令

工具栏：单击“绘图”工具栏中的“椭圆”按钮或“椭圆弧”按钮

功能区：单击“默认”选项卡“绘图”面板中的“椭圆”下拉菜单

【操作步骤】

命令：ELLIPSE↙
指定椭圆的轴端点或 [圆弧(A)/中心点(C)]：（指定轴端点 1，如图 2-14a 所示）。
指定轴的另一个端点：（指定轴端点 2，如图 2-14a 所示）。
指定另一条半轴长度或 [旋转(R)]：

【选项说明】

（1）指定椭圆的轴端点：根据两个端点定义椭圆的第一条轴。第一条轴的角度确定了整个椭圆的角度。第一条轴既可定义椭圆的长轴也可定义短轴。

（2）旋转(R)：通过绕第一条轴旋转圆来创建椭圆，相当于将一个圆绕椭圆轴翻转一个角度后的投影视图。

（3）中心点(C)：通过指定的中心点创建椭圆。

（4）圆弧(A)：该选项用于创建一段椭圆弧。与“工具栏：绘制 → 椭圆弧”功能相同。其中第一条轴的角度确定了椭圆弧的角度。第一条轴既可定义椭圆弧长轴也可定义椭圆弧短轴。选择该项，系统继续提示：

指定椭圆弧的轴端点或［中心点(C)］：（指定端点或输入“C”↙）
指定轴的另一个端点：（指定另一端点）
指定另一条半轴长度或［旋转(R)］：（指定另一条半轴长度或输入“R”↙）
指定起点角度或［参数(P)］：（指定起始角度或输入“P”↙）
指定端点角度或［参数(P)/ 夹角(I)］：

其中各选项含义如下：

1）角度：指定椭圆弧端点的两种方式之一，光标与椭圆中心点连线的夹角为椭圆端点位置的角度，如图 2-14b 所示。

2）参数(P)：指定椭圆弧端点的另一种方式，该方式同样是指定椭圆弧端点的角度，但通过以下矢量参数方程式创建椭圆弧：

$$p(u) = c + a* \cos(u) + b* \sin(u)$$

其中，c 是椭圆的中心点，a 和 b 分别是椭圆的长轴和短轴，u 为光标与椭圆中心点连线的夹角。

3）夹角(I)：定义从起始角度开始的包含角度。

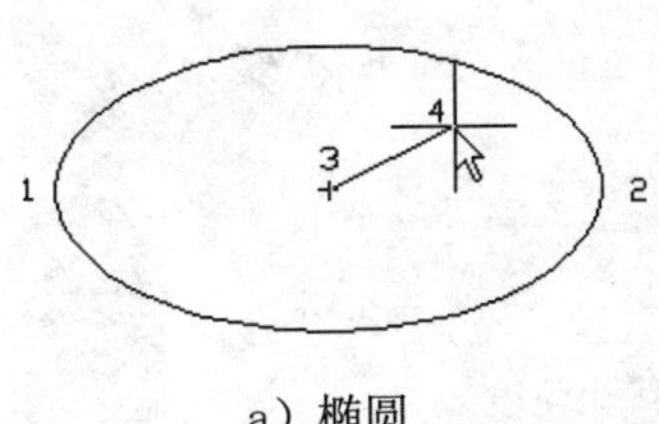

a）椭圆

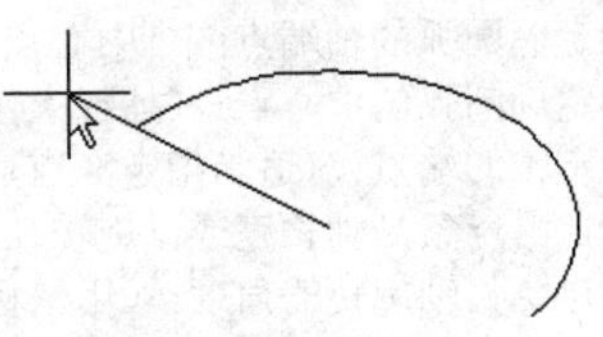
b）椭圆弧

图2-14 椭圆和椭圆弧

2.2.7 实例——洗脸盆

实讲实训
多媒体演示

多媒体演示参见配套光盘中的\\动画演示\第2章\洗脸盆.avi。

绘制如图 2-15 所示的洗脸盆。

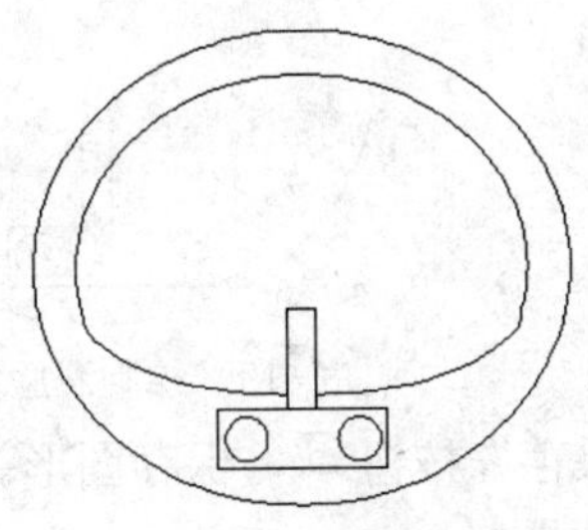

图2-15 洗脸盆

01 单击“默认”选项卡“绘图”面板中的“直线”按钮，绘制水龙头图形，结果如图2-16所示。

02 单击“默认”选项卡“绘图”面板中的“圆”按钮，绘制两个水龙头旋钮，结果如图2-17所示。

03 单击“默认”选项卡“绘图”面板中的“椭圆”按钮，绘制洗脸盆外沿。命令行中的提示与操作如下：

```
命令: _ellipse↙
指定椭圆的轴端点或 [圆弧(A)/中心点(C)]:（用鼠标指定椭圆轴端点）
指定轴的另一个端点:（用鼠标指定另一端点）
指定另一条半轴长度或 [旋转(R)]:（用鼠标在屏幕上拉出另一半轴长度）
```

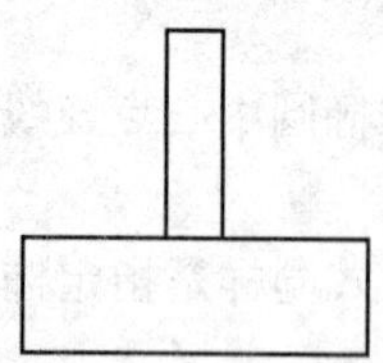

图2-16　绘制水龙头

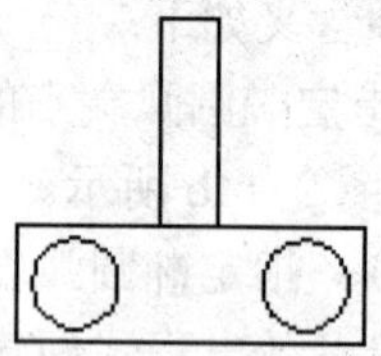

图2-17　绘制旋钮

结果如图 2-18 所示。

04 单击“默认”选项卡“绘图”面板中的“椭圆”按钮，绘制洗脸盆部分内沿，命令行中的提示与操作如下：

```
命令: _ellipse↙
指定椭圆的轴端点或 [圆弧(A)/中心点(C)]: -a↙
指定椭圆弧的轴端点或 [中心点(C)]: C↙
指定椭圆弧的中心点:（捕捉上步绘制的椭圆中心点）
指定轴的端点:（适当指定一点）
指定另一条半轴长度或 [旋转(R)]: R↙
指定绕长轴旋转的角度:（用鼠标指定椭圆轴端点）
指定起点角度或 [参数(P)]:（用鼠标拉出起始角度）
指定端点角度或 [参数(P)/夹角(I)]:（用鼠标拉出终止角度）
```

结果如图 2-19 所示。

05 单击“默认”选项卡“绘图”面板中的“圆弧”按钮，绘制洗脸盆内沿其他部分，结果如图2-15所示。

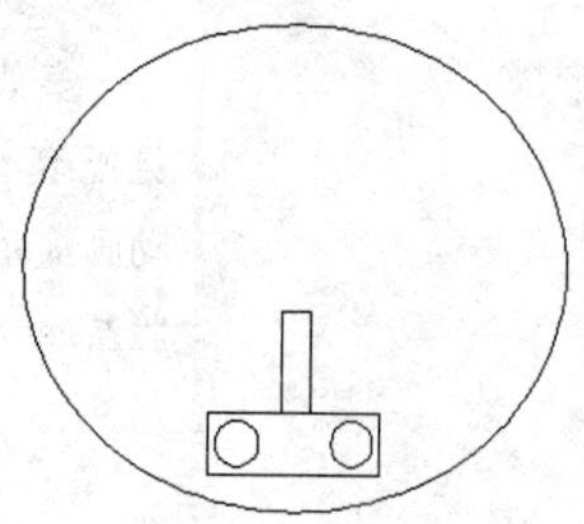

图2-18　绘制洗脸盆外沿

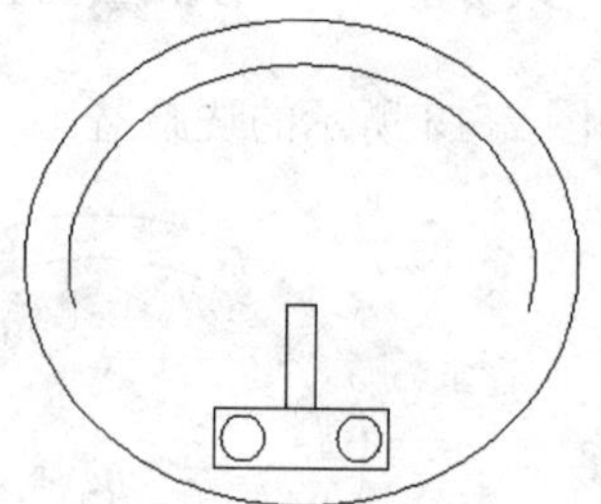

图2-19　绘制洗脸盆部分内沿

06 单击“快速访问”工具栏中的“保存”按钮，保存图形。

2.3　平面图形

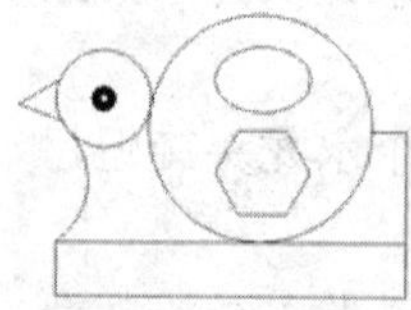

平面图形命令包括矩形命令和多边形命令。

2.3.1 矩形

【执行方式】

命令行：RECTANG（快捷命令：REC）

菜单栏：选择菜单栏中的“绘图”→“矩形”命令

工具栏：单击“绘图”工具栏中的“矩形”按钮

功能区：单击“默认”选项卡“绘图”面板中的“矩形”按钮

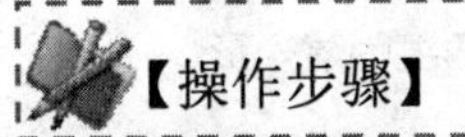

【操作步骤】

```
命令：RECTANG↙
指定第一个角点或 [倒角(C)/标高(E)/圆角(F)/厚度(T)/宽度(W)]:
指定另一个角点或 [面积(A)/尺寸(D)/旋转(R)]:
```

【选项说明】

（1）第一个角点：通过指定两个角点确定矩形，如图 2-20a 所示。

（2）倒角(C)：指定倒角距离，绘制带倒角的矩形（见图 2-20b），每一个角点的逆时针和顺时针方向的倒角可以相同，也可以不同。其中，第一个倒角距离是指角点逆时针方向倒角距离，第二个倒角距离是指角点顺时针方向倒角距离。

（3）标高(E)：指定矩形标高（Z 坐标），即把矩形画在标高为 Z、和 XOY 坐标面平行的平面上，并作为后续矩形的标高值。

（4）圆角(F)：指定圆角半径，绘制带圆角的矩形，如图 2-20c 所示。

（5）厚度(T)：指定矩形的厚度，如图 2-20d 所示。

（6）宽度(W)：指定线宽，如图 2-20e 所示。

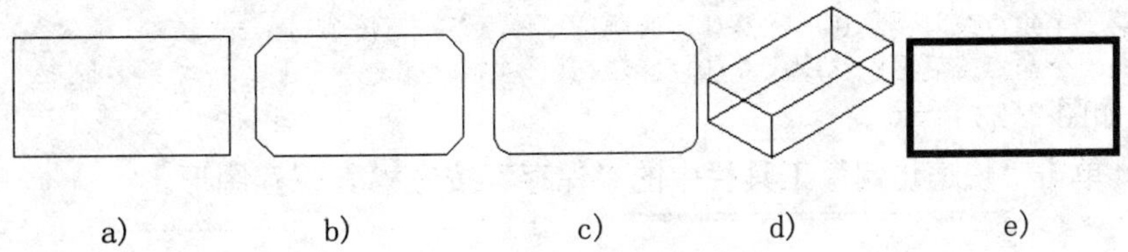

图2-20 绘制矩形

（7）尺寸(D)：使用长和宽创建矩形。第二个指定点将矩形定位在与第一角点相关的 4 个位置之一内。

（8）面积（A)：指定面积和长或宽创建矩形。选择该项后系统提示如下：

```
输入以当前单位计算的矩形面积 <20.0000>: （输入面积值）
计算矩形标注时依据 [长度(L)/宽度(W)] <长度>:（按 Enter 键或输入 W）
输入矩形长度 <4.0000>: （指定长度或宽度）
```

指定长度或宽度后，系统自动计算另一个维度后绘制出矩形。如果矩形被倒角或圆角，则长度或宽度计算中会考虑此设置，如图 2-21 所示。

（9）旋转（R)：旋转所绘制的矩形的角度。选择该项后系统提示如下：

```
指定旋转角度或 [拾取点(P)] <135>: （指定角度）
```

指定另一个角点或 [面积(A)/尺寸(D)/旋转(R)]：（指定另一个角点或选择其他选项，如图 2-22 所示）。

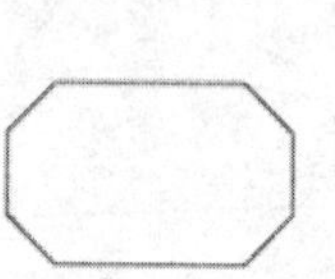

倒角距离 (1,1) 面积：20 长度：6

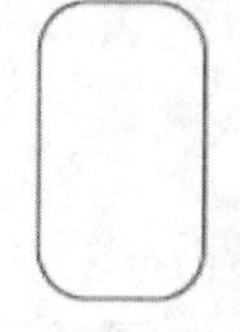

圆角半径：1.0 面积：20 宽度：6

图2-21　按面积绘制矩形

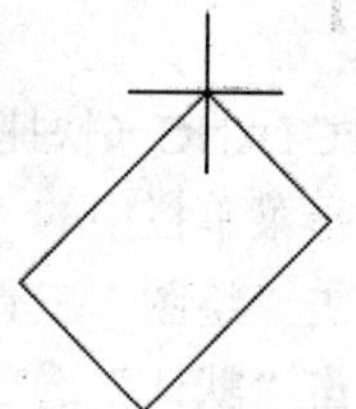

图2-22　按指定旋转角度创建矩形

2.3.2　实例——办公桌

绘制如图 2-23 所示的办公桌。

> **实讲实训 多媒体演示**
>
> 多媒体演示参见配套光盘中的\\动画演示\第2章\办公桌.avi。

01 在命令行中输入“LIMITS”命令，设置图幅。命令行中的提示与操作如下：

```
命令：LIMITS↙
重新设置模型空间界限：
指定左下角点或 [开(ON)/关(OFF)] <0.0000,0.0000>： 0,0↙
指定右上角点 <420.0000,297.0000>：297,210↙
```

02 单击“默认”选项卡“绘图”面板中的“直线”按钮，指定坐标点（0，0）、（@150，0）、（@0，70）、（@-150，0）和C，绘制外轮廓线，结果如图2-24所示。

03 单击“默认”选项卡“绘图”面板中的“矩形”按钮，绘制内轮廓线。命令行中的提示与操作如下：

```
命令：RECTANG↙
指定第一个角点或 [倒角(C)/标高(E)/圆角(F)/厚度(T)/宽度(W)]：2,2↙
指定另一个角点或 [面积(A)/尺寸(D)/旋转(R)]：@146,66↙
```

结果如图 2-23 所示。

04 单击“快速访问”工具栏中的“保存”按钮，保存图形。

图2-23　办公桌

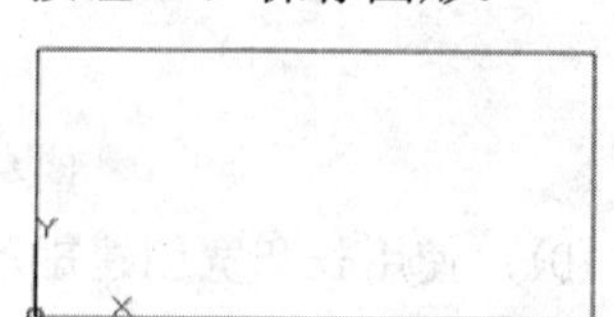

图2-24　绘制内轮廓线

2.3.3　多边形

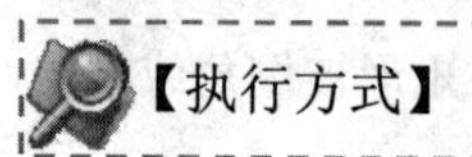

【执行方式】

命令行：POLYGON（快捷命令：POL）

菜单栏：选择菜单栏中的“绘图”→“多边形”命令

工具栏：单击“绘图”工具栏中的“多边形”按钮

功能区：单击“默认”选项卡“绘图”面板中的“多边形”按钮

【操作步骤】

命令：POLYGON↙

输入侧面数 <4>：（指定多边形的边数，默认值为 4）

指定正多边形的中心点或 [边(E)]：（指定中心点）

输入选项 [内接于圆(I)/外切于圆(C)] <I>：（指定是内接于圆或外切于圆，I 表示内接，如图 2-25a 所示；C 表示外切，如图 2-25b 所示。

指定圆的半径：（指定外接圆或内切圆的半径）

【选项说明】

（1）边(E)：选择该选项，则只要指定多边形的一条边，系统就会按逆时针方向创建该正多边形，如图2-25a所示。

（2）内接于圆(I)：选择该选项，绘制的多边形内接于圆，如图2-25b所示。

（3）外切于圆(C)：选择该选项，绘制的多边形外切于圆，如图2-25c所示。

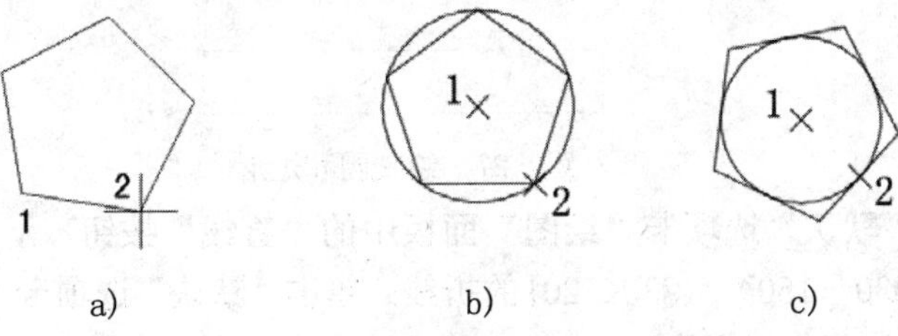

图2-25　绘制多边形

2.3.4　实例——卡通造型

绘制如图 2-26 所示的卡通造型。

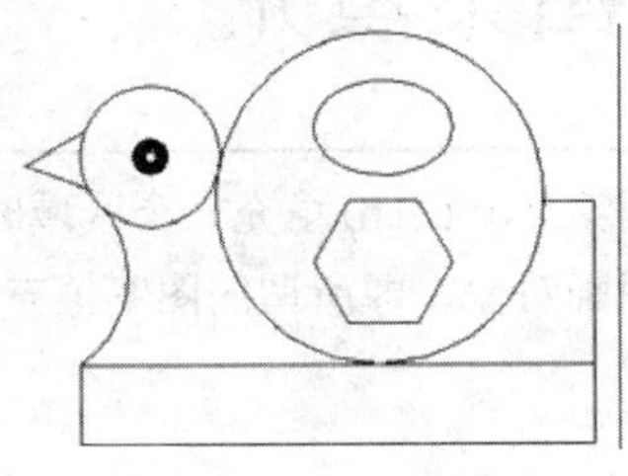

图2-26　卡通造型

实讲实训
多媒体演示

多媒体演示参见配套光盘中的\\动画演示\第2章\卡通造型.avi。

01 单击“默认”选项卡“绘图”面板中的“圆”按钮，在左边绘制圆心坐标为（230，210）、圆半径为30的小圆；选择菜单栏中的“绘图”→“圆环”命令，绘制内径为5、外径为15，中心点坐标为（230，210）的圆环。

02 单击“默认”选项卡“绘图”面板中的“矩形”按钮，绘制矩形。命令行中的提示与操作如下：

命令：RECTANG↙

指定第一个角点或 [倒角(C)/标高(E)/圆角(F)/厚度(T)/宽度(W)]：200,122↙　（矩形左上角点坐

标值）

指定另一个角点：420,88↙（矩形右上角点的坐标值）

03 单击“默认”选项卡“绘图”面板中的“圆”按钮，采用“切点、切点、半径”方式，绘制与图2-27的中点1和点2相切、半径为70的大圆；单击“默认”选项卡“绘图”面板中的“椭圆”按钮，绘制中心点坐标为（330，222）、长轴的右端点坐标为（360，222）、短轴的长度为20的小椭圆；单击“默认”选项卡“绘图”面板中的“多边形”按钮，绘制中心点坐标为（330，165）、内接圆半径为30的正六边形。其中多边形在命令行中的操作与提示如下：

命令：_polygon

输入侧面数 <4>：6（指定多边形为正六边形）

指定正多边形的中心点或 [边(E)]：330,165（指定多边形的中心点的坐标）

输入选项 [内接于圆(I)/外切于圆(C)] <I>：I（指定为内接圆）

指定圆的半径：30（指定内接圆的半径）

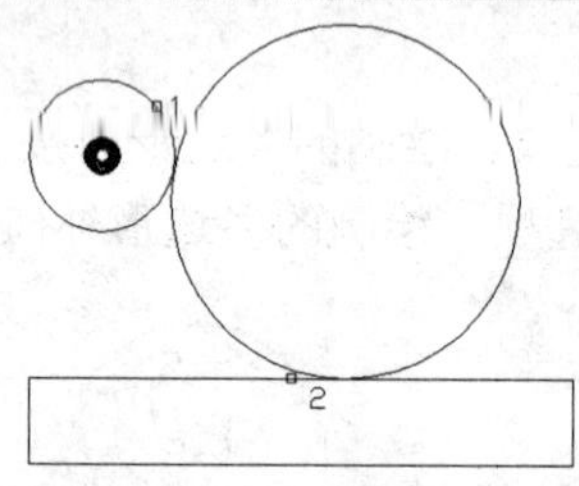

图2-27　绘制圆和矩形

04 单击“默认”选项卡“绘图”面板中的“直线”按钮，绘制端点坐标分别为（202，221），(@30<-150)，(@30<-20)的折线；单击“默认”选项卡“绘图”面板中的“圆弧”按钮，绘制起点坐标为（200，122）、端点坐标为（210，188）、半径为45的圆弧。

05 单击“默认”选项卡“绘图”面板中的“直线”按钮，绘制端点坐标为（420，122），(@68<90)，(@23<180)的折线。绘制的卡通造型结果如图2-26所示。

2.4　图案填充

当需要用一个重复的图案(Pattern)填充一个区域时，可以使用BHATCH命令建立一个相关联的填充阴影对象，即所谓的图案填充。

2.4.1　基本概念

1. 图案边界

当进行图案填充时，首先要确定填充图案的边界。定义边界的对象只能是直线、双向射线、单向射线、多义线、样条曲线、圆弧、圆、椭圆、椭圆弧、面域等对象或用这些对象定义的块，而且作为边界的对象在当前屏幕上必须全部可见。

2. 孤岛

在进行图案填充时，我们把位于总填充域内的封闭区域称为孤岛，如图 2-28 所示。在用 BHATCH 命令填充时，AutoCAD 允许用户以点取点的方式确定填充边界，即在希望填充的区域内任意点取一点，AutoCAD 会自动确定出填充边界，同时也确定该边界内的岛。如果用户是以点取对象的方式来确定填充边界，则必须确切地点取这些岛。相关知识将在 2.4.2 节中介绍。

3. 填充方式

在进行图案填充时，需要控制填充的范围，AutoCAD 系统为用户设置了以下三种填充方式来实现对填充范围的控制。

（1）普通方式：如图 2-29a 所示，该方式从边界开始，由每条填充线或每个填充符号的两端向里画，遇到内部对象与之相交时，填充线或符号断开，直到遇到下一次相交时再继续画。采用这种方式时，要避免剖面线或符号与内部对象的相交次数为奇数。该方式为系统内部的默认方式。

（2）最外层方式：如图 2-29b 所示，该方式从边界向里画剖面符号，只要在边界内部与对象相交，则剖面符号便由此断开而不再继续画。

（3）忽略方式：如图 2-29c 所示，该方式忽略边界内的对象，所有内部结构都被剖面符号覆盖。

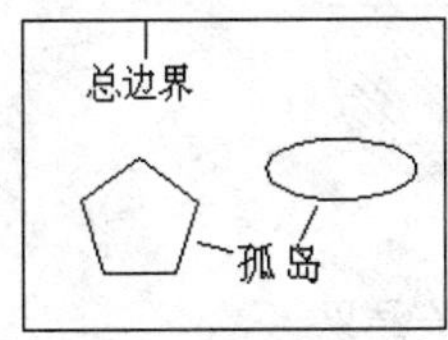

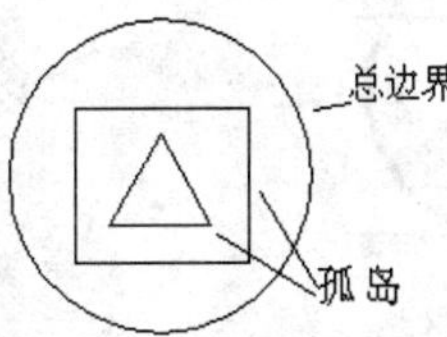

图2-28 孤岛

a)

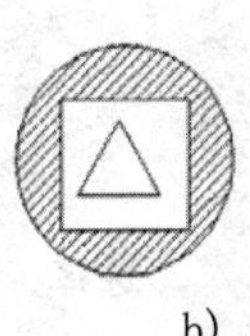

b)

c)

图2-29 填充方式

2.4.2 图案填充的操作

【执行方式】

命令行：BHATCH（快捷命令：H）

菜单栏：选择菜单栏中的“绘图”→“图案填充”命令

工具栏：单击“绘图”工具栏中的“图案填充”按钮

功能区：单击“默认”选项卡“绘图”面板中的“图案填充”按钮

【操作步骤】

执行上述命令后，系统弹出如图 2-30 所示的“图案填充创建”选项卡，各选项组和按钮含义如下：

（1）“边界”面板：

1）拾取点：通过选择由一个或多个对象形成的封闭区域内的点确定图案填充边界，如图 3-31 所示。指定内部点时，可以随时在绘图区域中单击鼠标右键以显示包含多个选项的快捷菜单。

2）选择边界对象：指定基于选定对象的图案填充边界。使用该选项时，不会自动检测内部对象，必须选择选定边界内的对象，以按照当前孤岛检测样式填充这些对象，如图 3-32 所示。

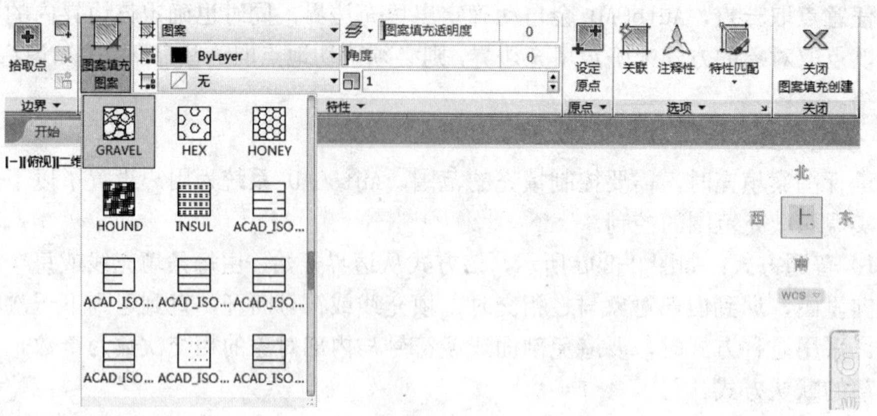

图2-30 “图案填充创建”选项卡

选择一点　　填充区域　　填充结果

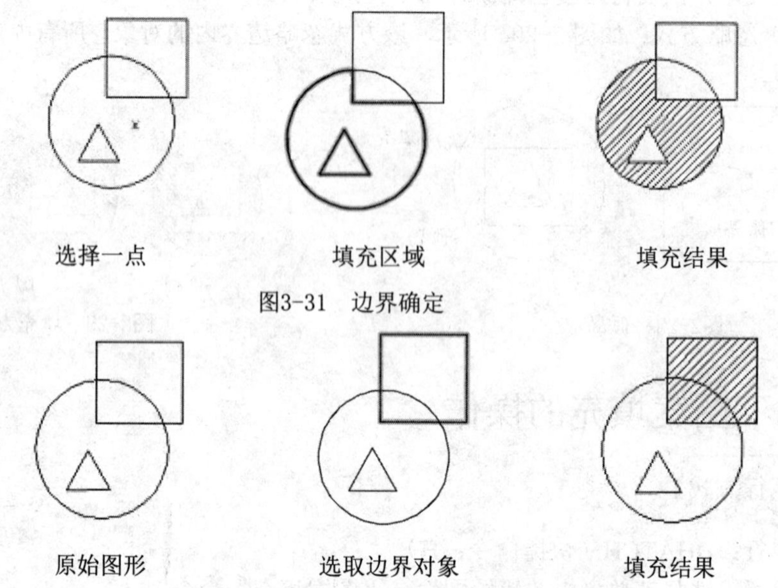

图3-31 边界确定

原始图形　　选取边界对象　　填充结果

图3-32 选取边界对象

3）删除边界对象：从边界定义中删除之前添加的任何对象，如图 3-33 所示。

选取边界对象　　删除边界　　填充结果

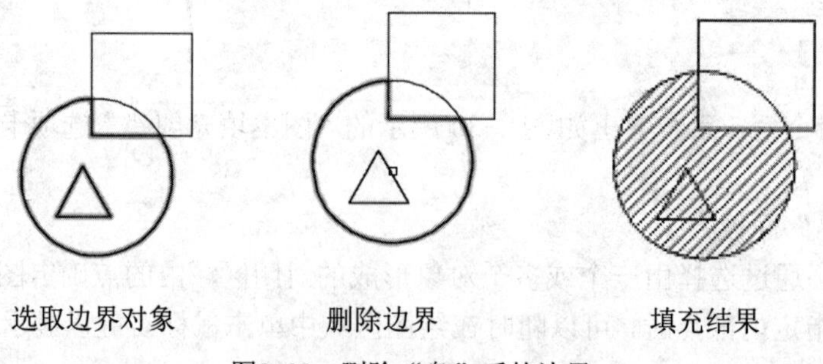

图3-33 删除“岛”后的边界

4）重新创建边界：围绕选定的图案填充或填充对象创建多段线或面域，并使其与图案

填充对象相关联（可选）。

5）显示边界对象：选择构成选定关联图案填充对象的边界的对象。使用显示的夹点可修改图案填充边界。

6）保留边界对象：指定如何处理图案填充边界对象。选项包括

① 不保留边界（仅在图案填充创建期间可用）。不创建独立的图案填充边界对象。

② 保留边界 - 多段线（仅在图案填充创建期间可用）。创建封闭图案填充对象的多段线。

③ 保留边界 - 面域（仅在图案填充创建期间可用）。创建封闭图案填充对象的面域对象。

④ 选择新边界集。指定对象的有限集（称为边界集），以便通过创建图案填充时的拾取点进行计算。

（2）"图案"面板：显示所有预定义和自定义图案的预览图像。

（3）"特性"面板：

1）图案填充类型：指定是使用纯色、渐变色、图案还是用户定义的图案填充。

2）图案填充颜色：替代实体填充和填充图案的当前颜色。

3）背景色：指定填充图案背景的颜色。

4）图案填充透明度：设定新图案填充或填充的透明度，替代当前对象的透明度。

5）图案填充角度：指定图案填充或填充的角度。

6）填充图案比例：放大或缩小预定义或自定义填充图案。

7）相对图纸空间（仅在布局中可用）：相对于图纸空间单位缩放填充图案。使用此选项，可很容易地做到以适合布局的比例显示填充图案。

8）双向（仅当"图案填充类型"设定为"用户定义"时可用）：将绘制第二组直线，与原始直线成90°角，从而构成交叉线。

9）ISO笔宽（仅对预定义的 ISO 图案可用）：基于选定的笔宽缩放 ISO 图案。

（4）"原点"面板

1）设定原点：直接指定新的图案填充原点。

2）左下：将图案填充原点设定在图案填充边界矩形范围的左下角。

3）右下：将图案填充原点设定在图案填充边界矩形范围的右下角。

4）左上：将图案填充原点设定在图案填充边界矩形范围的左上角。

5）右上：将图案填充原点设定在图案填充边界矩形范围的右上角。

6）中心：将图案填充原点设定在图案填充边界矩形范围的中心。

7）使用当前原点：将图案填充原点设定在 HPORIGIN 系统变量中存储的默认位置。

8）存储为默认原点：将新图案填充原点的值存储在 HPORIGIN 系统变量中。

（5）"选项"面板

1）关联：指定图案填充或填充为关联图案填充。关联的图案填充或填充在用户修改其边界对象时将会更新。

2）注释性：指定图案填充为注释性。此特性会自动完成缩放注释过程，从而使注释能够以正确的大小在图纸上打印或显示。

3）特性匹配

使用当前原点：使用选定图案填充对象（除图案填充原点外）设定图案填充的特性。

使用源图案填充的原点：使用选定图案填充对象（包括图案填充原点）设定图案填充的特性。

4）允许的间隙：设定将对象用作图案填充边界时可以忽略的最大间隙。默认值为 0，此值指定对象必须封闭区域而没有间隙。

5）创建独立的图案填充：控制当指定了几个单独的闭合边界时，是创建单个图案填充对象，还是创建多个图案填充对象。

6）孤岛检测：

① 普通孤岛检测：从外部边界向内填充。如果遇到内部孤岛，填充将关闭，直到遇到孤岛中的另一个孤岛。

② 外部孤岛检测：从外部边界向内填充。此选项仅填充指定的区域，不会影响内部孤岛。

③ 忽略孤岛检测：忽略所有内部的对象，填充图案时将通过这些对象。

7）绘图次序：为图案填充或填充指定绘图次序。选项包括不更改、后置、前置、置于边界之后和置于边界之前。

8)图案填充设置：单击“图案填充设置”按钮，弹出“图案填充和渐变色”对话框。

9)“图案填充”标签：此标签下各选项用来确定图案及其参数。

10)“渐变色”标签：渐变色是指从一种颜色到另一种颜色的平滑过渡。渐变色能产生光的效果，可为图形添加视觉效果。

（6）“关闭”面板：

关闭“图案填充创建”：退出 HATCH 并关闭上下文选项卡。也可以按 Enter 键或 Esc 键退出 HATCH。

2.4.3 编辑填充的图案

利用 HATCHEDIT 命令可以编辑已经填充的图案。

【执行方式】

命令行：HATCHEDIT（快捷命令：HE）

菜单栏：选择菜单栏中的“修改”→“对象”→“图案填充”命令

工具栏：单击“修改 II”工具栏中的“编辑图案填充”按钮

功能区：单击“默认”选项卡“修改”面板中的“编辑图案填充”按钮

快捷菜单：选中填充的图案右击，在打开的快捷菜单中选择“图案填充编辑”命令

快捷方法：直接选择填充的图案，打开“图案填充编辑器”选项卡

【操作步骤】

执行上述命令后，AutoCAD 会给出下面提示：

```
选择图案填充对象:
```

选取图案填充物体后，系统弹出如图 2-34 所示的“图案填充编辑”对话框。

在图 2-34 中只有正常显示的选项才可以对其进行操作。该对话框中各项的含义与“图案填充和渐变色”对话框中各项的含义相同。利用该对话框，可以对已弹出的图案进行一系列的编辑修改。

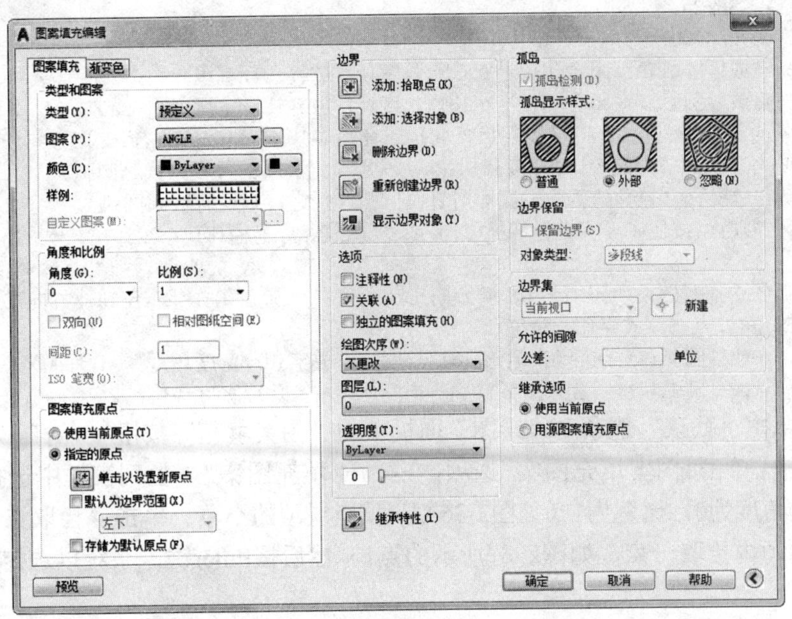

图2-34 “图案填充编辑”对话框

2.4.4 实例——田间小屋

绘制如图 2-35 所示的田间小屋。

图2-35 田间小屋

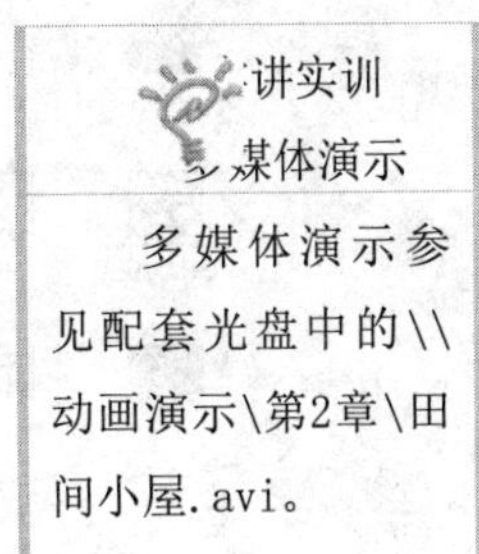

讲实训 多媒体演示

多媒体演示参见配套光盘中的\\动画演示\第2章\田间小屋.avi。

01 绘制房屋外框：单击“默认”选项卡“绘图”面板中的“矩形”按钮，先绘制一个角点坐标为（210,160）和（400,25）的矩形。

单击“默认”选项卡“绘图”面板中的“直线”按钮，以（210,160）、(@80<45)、(@190<0)、(@135<-90)、(400,25) 为坐标点绘制直线。重复“直线”命令，以 (400,160)、(@80<45) 为坐标点绘制另一条直线。

02 绘制窗户。单击“默认”选项卡“绘图”面板中的“矩形”按钮，绘制两个角点坐标为(230,125)和(275,90)的矩形。重复“矩形”命令，绘制两个角点坐标为(335,125)和（380,90）的另一个矩形。

03 绘制门。单击“默认”选项卡“绘图”面板中的“多段线”按钮（此命令会在以后详细讲述），绘制门。命令行中的提示与操作如下：

命令：PL↙
指定起点：288,25↙
当前线宽为 0.0000
指定下一点或 [圆弧(A)/闭合(C)/半宽(H)/长度(L)/放弃(U)/宽度(W)]：288,76↙
指定下一点或 [圆弧(A)/闭合(C)/半宽(H)/长度(L)/放弃(U)/宽度(W)]：a↙
指定圆弧的端点(按住 Ctrl 键以切换方向)或[角度(A)/圆心(CE)/闭合(CL)/方向(D)/半宽(H)/直线(L)/半径(R)/第二点(S)/放弃(U)/宽度(W)]：a↙（用给定圆弧的包角方式画圆弧）
指定夹角：-180↙（包角值为负，则顺时针画圆弧；反之，则逆时针画圆弧）
指定圆弧的端点(按住 Ctrl 键以切换方向)或 [圆心(CE)/半径(R)]：322,76↙（给出圆弧端点的坐标值）
指定圆弧的端点(按住 Ctrl 键以切换方向)或[角度(A)/圆心(CE)/闭合(CL)/方向(D)/半宽(H)/直线(L)/半径(R)/第二点(S)/放弃(U)/宽度(W)]：l↙
指定下一点或 [圆弧(A)/闭合(C)/半宽(H)/长度(L)/放弃(U)/宽度(W)]：@51<-90↙
指定下一点或 [圆弧(A)/闭合(C)/半宽(H)/长度(L)/放弃(U)/宽度(W)]：↙

04 单击“默认”选项卡“绘图”面板中的“图案填充”按钮，打开“图案填充创建”选项卡；单击“图案填充图案”选项，在打开“填充图案”下拉列表框中选择“GRASS”图案，设置角度为0，比例为1（见图2-36），填充屋顶的小草；单击“拾取点”按钮，用鼠标在屋顶内拾取一点，如图2-37所示的点1。然后按Enter键，系统以选定的图案进行填充。

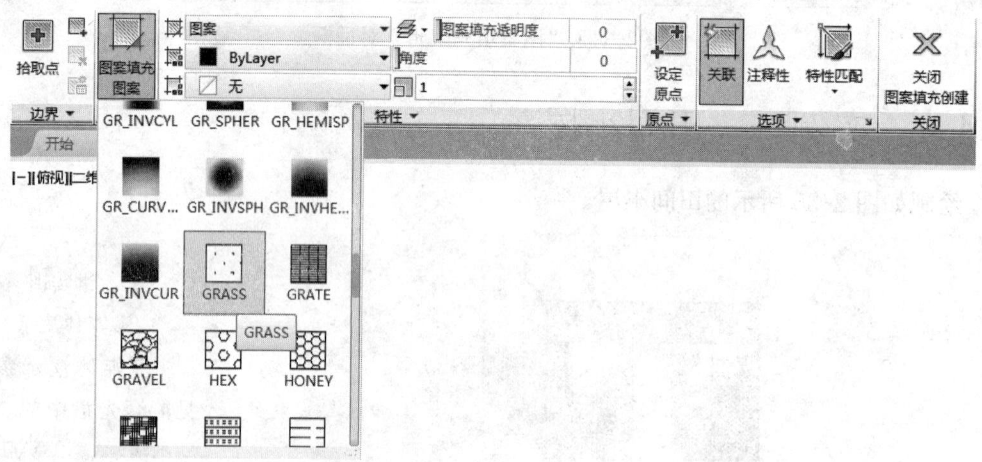

图 2-36　图案填充设置

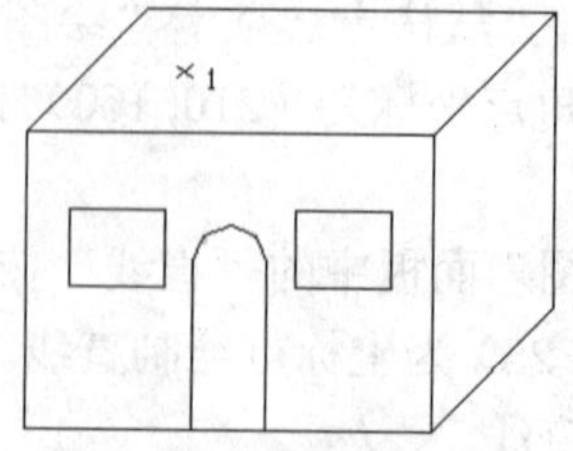

图2-37　拾取点1

重复“图案填充”命令，选择 “ANGLE”图案，角度为 0，比例为 1，拾取如图 2-38 所示的点 2 和点 3 两个位置的点填充窗户。

05 单击“默认”选项卡“绘图”面板中的“图案填充”按钮，打开“图案填充创建”选项卡，单击“图案填充图案”选项，在打开的“填充图案”下拉列表框中选择“BRSTONE”图案，设置角度为0、比例为0.25，拾取如图2-39所示的点4填充小屋前面的砖墙。

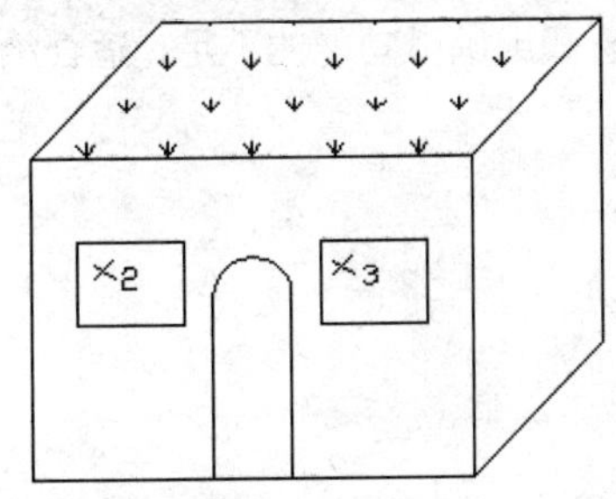

图2-38 拾取点2、点3

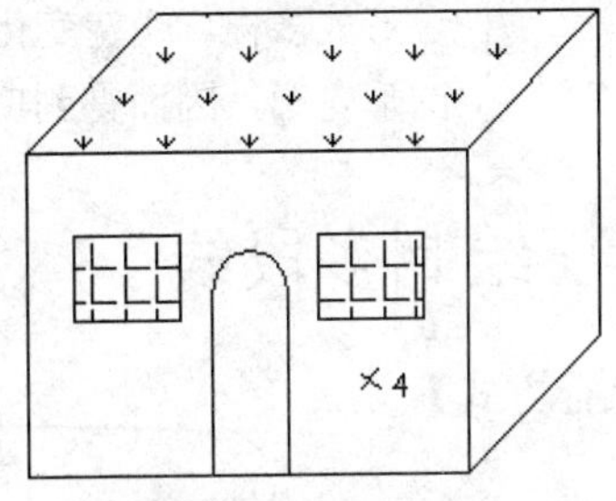

图2-39 拾取点4

06 单击“默认”选项卡“绘图”面板中的“渐变色”按钮，打开“图案填充创建”选项卡，按照图2-40所示进行设置，拾取如图2-41所示的点5填充小屋侧面的砖墙。最终结果如图2-35所示。

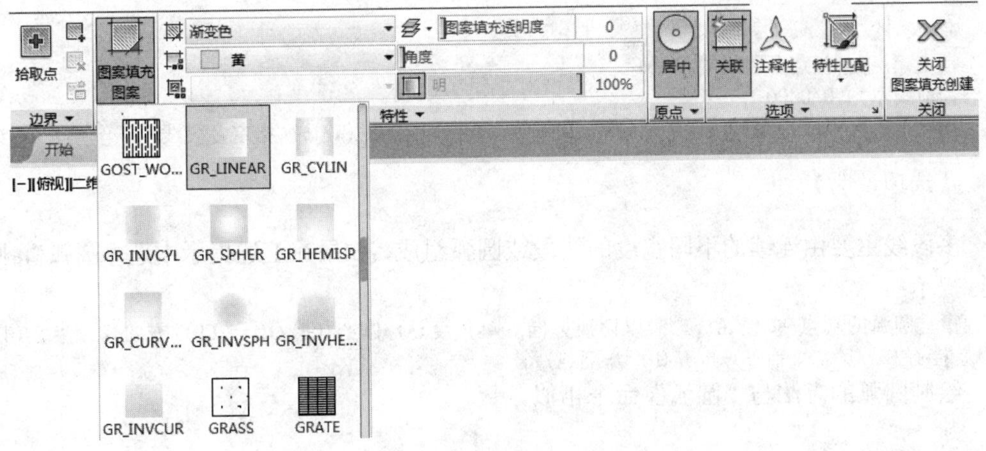

图2-40 “渐变色”选项卡

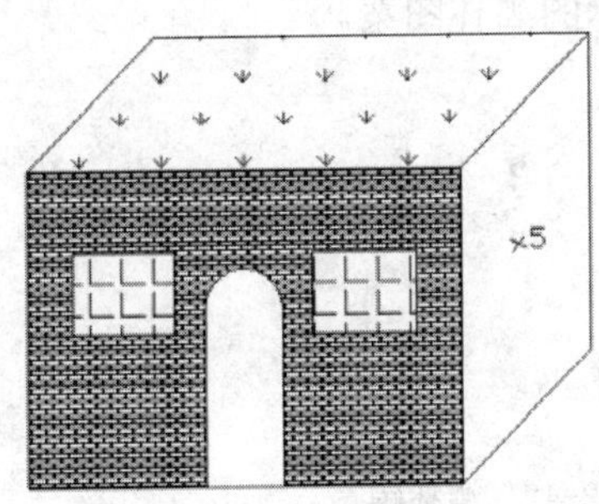

图2-41 拾取点5

07 单击“快速访问”工具栏中的“保存”按钮，将文件进行保存。

2.5 多段线与样条曲线

多段线是一种由线段和圆弧组合而成的不同线宽的多线，这种线由于其组合形式多样，线宽变化，弥补了直线或圆弧功能的不足，适合绘制各种复杂的图形轮廓，因而得到广泛的应用。

2.5.1 绘制多段线

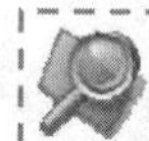【执行方式】

命令行：PLINE（快捷命令：PL）

菜单栏：选择菜单栏中的“绘图”→“多段线”命令

工具栏：单击“绘图”工具栏中的“多段线”按钮

功能区：单击“默认”选项卡“绘图”面板中的“多段线”按钮

【操作步骤】

```
命令: PLINE↙
指定起点:（指定多段线的起点）
当前线宽为 0.0000
指定下一个点或 [圆弧(A)/半宽(H)/长度(L)/放弃(U)/宽度(W)]:（指定多段线的下一点）
```

【选项说明】

多段线主要由连续的不同宽度的线段或圆弧组成，如果在上述提示中选“圆弧”，则命令行提示：

```
指定圆弧的端点(按住 Ctrl 键以切换方向)或[角度(A)/圆心(CE)/闭合(CL)/方向(D)/半宽(H)/直线(L)/半径(R)/第二个点(S)/放弃(U)/宽度(W)]:
```

绘制圆弧的方法与“圆弧”命令相似。

2.5.2 实例——酒杯

本例绘制如图 2-42 所示的酒杯图案。

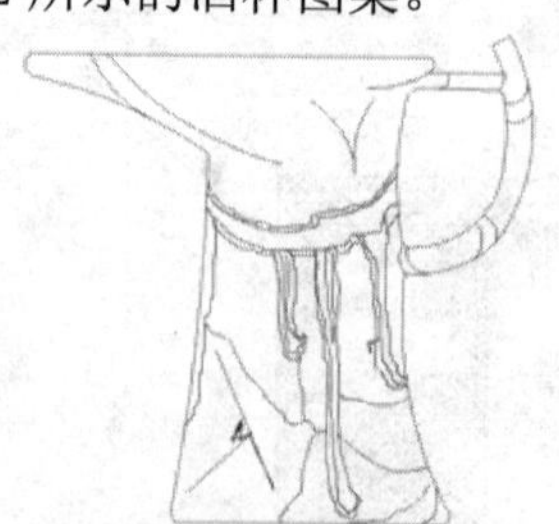

图2-42 酒杯图案

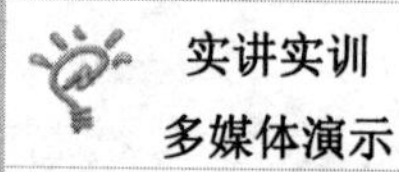

多媒体演示参见配套光盘中的\\动画演示\第2章\酒杯.avi。

01 单击“默认”选项卡“绘图”面板中的“多段线”按钮，绘制酒杯的外部轮廓。命令行中的提示与操作如下：

命令: _PLINE↙

指定起点: 0,0

当前线宽为 0.0000

指定下一个点或 [圆弧(A)/半宽(H)/长度(L)/放弃(U)/宽度(W)]: A↙

指定圆弧的端点(按住 Ctrl 键以切换方向)或[角度(A)/圆心(CE)/方向(D)/半宽(H)/直线(L)/半径(R)/第二个点(S)/放弃(U)/宽度(W)]: S↙

指定圆弧上的第二个点: -1,5↙

指定圆弧的端点: 0,10↙

指定圆弧的端点(按住 Ctrl 键以切换方向)或[角度(A)/圆心(CE)/闭合(CL)/方向(D)/半宽(H)/直线(L)/半径(R)/第二个点(S)/放弃(U)/宽度(W)]: S↙

指定圆弧上的第二个点: 9,80↙

指定圆弧的端点: 12.5,143↙

指定圆弧的端点(按住 Ctrl 键以切换方向)或[角度(A)/圆心(CE)/闭合(CL)/方向(D)/半宽(H)/直线(L)/半径(R)/第二个点(S)/放弃(U)/宽度(W)]: S↙

指定圆弧上的第二个点: -21.7,161.9↙

指定圆弧的端点: -58.9,173↙

指定圆弧的端点(按住 Ctrl 键以切换方向)或[角度(A)/圆心(CE)/闭合(CL)/方向(D)/半宽(H)/直线(L)/半径(R)/第二个点(S)/放弃(U)/宽度(W)]: S↙

指定圆弧上的第二个点: -61,177.7↙

指定圆弧的端点: -58.3,182↙

指定圆弧的端点(按住 Ctrl 键以切换方向)或[角度(A)/圆心(CE)/闭合(CL)/方向(D)/半宽(H)/直线(L)/半径(R)/第二个点(S)/放弃(U)/宽度(W)]: l↙

指定下一点或 [圆弧(A)/闭合(C)/半宽(H)/长度(L)/放弃(U)/宽度(W)]: 100.5,182↙

指定下一点或 [圆弧(A)/闭合(C)/半宽(H)/长度(L)/放弃(U)/宽度(W)]: a↙

指定圆弧的端点(按住 Ctrl 键以切换方向)或[角度(A)/圆心(CE)/闭合(CL)/方向(D)/半宽(H)/直线(L)/半径(R)/第二个点(S)/放弃(U)/宽度(W)]: s↙

指定圆弧上的第二个点: 102.3,179↙

指定圆弧的端点: 100.5,176↙

指定圆弧的端点(按住 Ctrl 键以切换方向)或[角度(A)/圆心(CE)/闭合(CL)/方向(D)/半宽(H)/直线(L)/半径(R)/第二个点(S)/放弃(U)/宽度(W)]: L↙

指定下一点或 [圆弧(A)/闭合(C)/半宽(H)/长度(L)/放弃(U)/宽度(W)]: 129.7,176↙

指定下一点或 [圆弧(A)/闭合(C)/半宽(H)/长度(L)/放弃(U)/宽度(W)]: 125,186.7↙

指定下一点或 [圆弧(A)/闭合(C)/半宽(H)/长度(L)/放弃(U)/宽度(W)]: 132,190.4↙

指定下一点或 [圆弧(A)/闭合(C)/半宽(H)/长度(L)/放弃(U)/宽度(W)]: a↙

指定圆弧的端点(按住 Ctrl 键以切换方向)或[角度(A)/圆心(CE)/闭合(CL)/方向(D)/半宽(H)/直线(L)/半径(R)/第二个点(S)/放弃(U)/宽度(W)]: S↙

指定圆弧上的第二个点: 141.3,149.3↙

指定圆弧的端点: 127,109.8↙

指定圆弧的端点(按住 Ctrl 键以切换方向)或[角度(A)/圆心(CE)/闭合(CL)/方向(D)/半宽(H)/直线(L)/半径(R)/第二个点(S)/放弃(U)/宽度(W)]: S↙

指定圆弧上的第二个点: 110.7,99.8↙

指定圆弧的端点: 91.6,97.5↙

指定圆弧的端点(按住 Ctrl 键以切换方向)或[角度(A)/圆心(CE)/闭合(CL)/方向(D)/半宽(H)/直线(L)/半径(R)/第二个点(S)/放弃(U)/宽度(W)]: S↙

指定圆弧上的第二个点: 93.8,51.2↙

指定圆弧的端点: 110,3.6↙

指定圆弧的端点(按住 Ctrl 键以切换方向)或[角度(A)/圆心(CE)/闭合(CL)/方向(D)/半宽(H)/直线(L)/半径(R)/第二个点(S)/放弃(U)/宽度(W)]: S↙

指定圆弧上的第二个点: 109.4,1.9↙

指定圆弧的端点: 108.3,0↙

指定圆弧的端点(按住 Ctrl 键以切换方向)或[角度(A)/圆心(CE)/闭合(CL)/方向(D)/半宽(H)/直

线(L)/半径(R)/第二个点(S)/放弃(U)/宽度(W)]: L↙
指定下一点或 [圆弧(A)/闭合(C)/半宽(H)/长度(L)/放弃(U)/宽度(W)]: C↙

绘制结果如图 2-43 所示。

02 单击“默认”选项卡“绘图”面板中的“多段线”按钮，绘制酒杯的把手，如图2-44所示。命令行中的提示与操作如下：

命令: _PLINE↙
指定起点: 97.3,169.8↙
当前线宽为 0.0000
指定下一个点或 [圆弧(A)/半宽(H)/长度(L)/放弃(U)/宽度(W)]: 127.6,169.8↙
指定下一点或 [圆弧(A)/闭合(C)/半宽(H)/长度(L)/放弃(U)/宽度(W)]: A↙
指定圆弧的端点(按住 Ctrl 键以切换方向)或[角度(A)/圆心(CE)/闭合(CL)/方向(D)/半宽(H)/直线(L)/半径(R)/第二个点(S)/放弃(U)/宽度(W)]: S↙
指定圆弧上的第二个点: 131,155.3↙
指定圆弧的端点: 130.1,142.2↙
指定圆弧的端点(按住 Ctrl 键以切换方向)或[角度(A)/圆心(CE)/闭合(CL)/方向(D)/半宽(H)/直线(L)/半径(R)/第二个点(S)/放弃(U)/宽度(W)]: S↙
指定圆弧上的第二个点: 119.5,117.9↙
指定圆弧的端点:94.9,107.8
指定圆弧的端点(按住 Ctrl 键以切换方向)或[角度(A)/圆心(CE)/闭合(CL)/方向(D)/半宽(H)/直线(L)/半径(R)/第二个点(S)/放弃(U)/宽度(W)]: S↙
指定圆弧上的第二个点:92.7,107.8
指定圆弧的端点:90.8,109.1
指定圆弧的端点(按住 Ctrl 键以切换方向)或[角度(A)/圆心(CE)/闭合(CL)/方向(D)/半宽(H)/直线(L)/半径(R)/第二个点(S)/放弃(U)/宽度(W)]: S↙
指定圆弧上的第二个点:88.3,136.3
指定圆弧的端点:91.4,163.3
指定圆弧的端点(按住 Ctrl 键以切换方向)或[角度(A)/圆心(CE)/闭合(CL)/方向(D)/半宽(H)/直线(L)/半径(R)/第二个点(S)/放弃(U)/宽度(W)]:S↙
指定圆弧上的第二个点:93,167.8
指定圆弧的端点:97.3,169.8
指定圆弧的端点(按住 Ctrl 键以切换方向)或[角度(A)/圆心(CE)/闭合(CL)/方向(D)/半宽(H)/直线(L)/半径(R)/第二个点(S)/放弃(U)/宽度(W)]: ↙

03 用户可以根据自己的喜好，在酒杯上加上自己喜欢的图案，如图 2-45 所示。

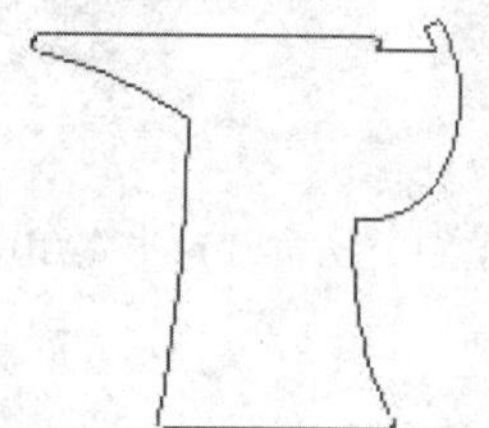

图2-43 绘制外部轮廓

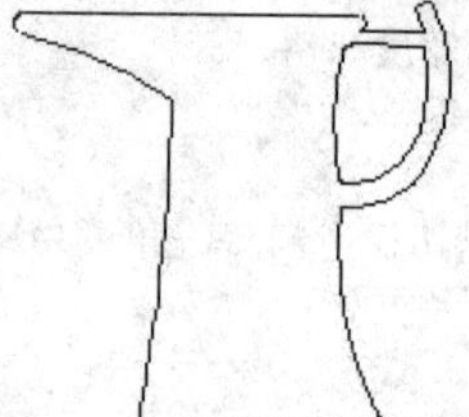

图2-44 绘制把手

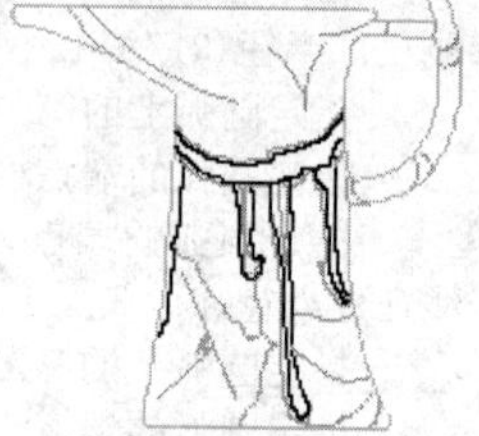

图2-45 酒杯

2.5.3 绘制样条曲线

AutoCAD 使用一种称为非一致有理 B 样条 (NURBS) 曲线的特殊样条曲线类型。NURBS 曲线在控制点之间产生一条光滑的曲线，如图 2-46 所示。样条曲线可用于创建形状不规则的曲线，例如为地理信息系统 (GIS) 应用或汽车设计绘制轮廓线。

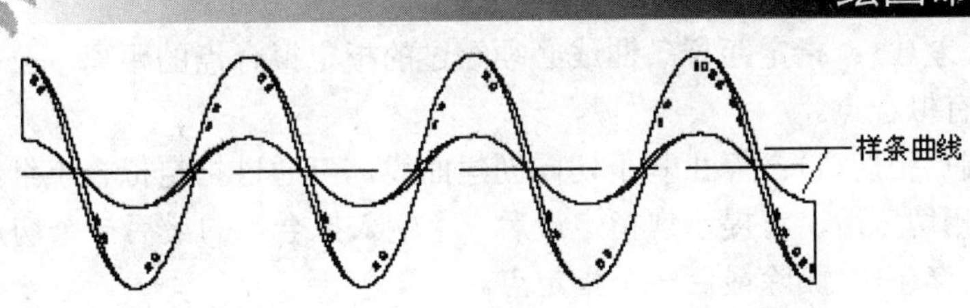

图2-46 样条曲线

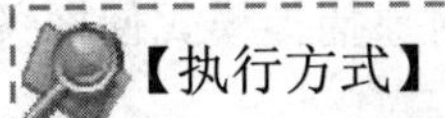

【执行方式】

命令行：SPLINE

菜单栏：选择菜单栏中的“绘图”→“样条曲线”命令

工具栏：单击“绘图”工具栏中的“样条曲线”按钮

功能区：单击“默认”选项卡“绘图”面板中的“样条曲线拟合”按钮或“样条曲线控制点”按钮

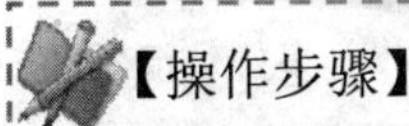

【操作步骤】

```
命令：SPLINE↙
当前设置：方式=拟合    节点=弦
指定第一个点或 [方式(M)/节点(K)/对象(O)]：(指定样条曲线的起点)
输入下一个点或  [起点切向(T)/公差(L)]：(输入下一个点)
输入下一个点或 [端点相切(T)/公差(L)/放弃(U)]：(输入下一个点)
输入下一个点或 [端点相切(T)/公差(L)/放弃(U)/闭合(C)]:
```

【选项说明】

（1）方式(M)：控制是使用拟合点还是使用控制点来创建样条曲线。选项会因您选择的是使用拟合点创建样条曲线的选项还是使用控制点创建样条曲线的选项而异。

1）拟合(F)：通过指定拟合点来绘制样条曲线。更改“方式”将更新 SPLMETHOD 系统变量。

2）控制点(CV)：通过指定控制点来绘制样条曲线。如果要创建与三维 NURBS 曲面配合使用的几何图形，此方法为首选方法。更改“方式”将更新 SPLMETHOD 系统变量。

（2）节点(K)：指定节点参数化，它会影响曲线在通过拟合点时的形状（SPLKNOTS 系统变量）。

1）弦：使用代表编辑点在曲线上位置的十进制数点进行编号。

2）平方根：根据连续节点间弦长的平方根对编辑点进行编号。

3）统一：使用连续的整数对编辑点进行编号。

（3）对象(O)：将二维或三维的二次或三次样条曲线拟合多段线转换为等价的样条曲线，然后删除该多段线（根据 DELOBJ 系统变量的设置）。

（4）起点切向(T)：定义样条曲线的第一点和最后一点的切向。

如果在样条曲线的两端都指定切向，可以输入一个点或者使用“切点”和“垂足”对象捕捉模式使样条曲线与已有的对象相切或垂直。如果按 Enter 键，则 AutoCAD 将计算默认切向。

（5）公差(L)：指定距样条曲线必须经过的指定拟合点的距离，公差应用于除起点和端点外的所有拟合点。

（6）端点相切(T)：停止基于切向创建曲线，可通过指定拟合点继续创建样条曲线。选择“端点相切”后，将提示您指定最后一个输入拟合点的最后一个切点。

（7）放弃(U)：删除最后一个指定点。

（8）闭合(C)：通过将最后一个点定义为与第一个点重合并使其在连接处相切来闭合样条曲线。指定一点来定义切向矢量，或者使用“切点”和“垂足”对象捕捉模式使样条曲线与现有对象相切或垂直。

2.5.4 实例——雨伞

绘制如图 2-47 所示的雨伞图形。

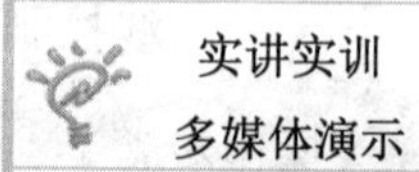

实讲实训
多媒体演示

多媒体演示参见配套光盘中的\\动画演示\第2章\雨伞.avi。

图2-47 雨伞

01 单击“默认”选项卡“绘图”面板中的“圆弧”按钮，绘制伞的外框。命令行中的提示与操作如下：

```
命令：ARC↙
指定圆弧的起点或 [圆心 (C)]：C↙
指定圆弧的圆心：(在屏幕上指定圆心)
指定圆弧的起点：(在屏幕上圆心位置右边指定圆弧的起点)
指定圆弧的中心点(按住 Ctrl 键以切换方向) [角度 (A)/弦长 (L)]：A↙
指定夹角(按住 Ctrl 键以切换方向)：180↙（注意角度的逆时针转向）
```

02 单击“默认”选项卡“绘图”面板中的“样条曲线拟合”按钮，绘制伞的底边，命令行中的提示与操作如下：

```
命令：SPLINE↙
当前设置：方式=拟合    节点=弦
指定第一个点或 [方式(M)/节点(K)/对象(O)]：(指定样条曲线的起点)
输入下一个点或 [起点切向(T)/公差(L)]：(输入下一个点)
输入下一个点或 [端点相切(T)/公差(L)/放弃(U)/闭合(C)]：(指定样条曲线的下一个点)
输入下一个点或 [端点相切(T)/公差(L)/放弃(U)/闭合(C)]：(指定样条曲线的下一个点)
输入下一个点或 [端点相切(T)/公差(L)/放弃(U)/闭合(C)]：(指定样条曲线的下一个点)
输入下一个点或 [端点相切(T)/公差(L)/放弃(U)/闭合(C)]：(指定样条曲线的下一个点)
输入下一个点或 [端点相切(T)/公差(L)/放弃(U)/闭合(C)]：(指定样条曲线的下一个点)
输入下一个点或 [端点相切(T)/公差(L)/放弃(U)/闭合(C)]：↙
指定起点切向：(指定一点并右击鼠标确认)
指定端点切向：(指定一点并右击鼠标确认)
```

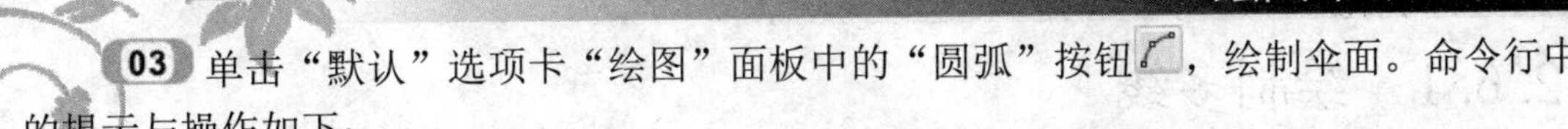

03 单击“默认”选项卡“绘图”面板中的“圆弧”按钮，绘制伞面。命令行中的提示与操作如下：

命令: ARC↙
指定圆弧的起点或 [圆心 (C)]:(指定圆弧的起点)
指定圆弧的第二个点或[圆心 (C) /端点 (E)]:(指定圆弧的第二个点)
指定圆弧的端点:(指定圆弧的端点)

重复“圆弧”命令，绘制伞面的另外4段圆弧，结果如图2-48所示。

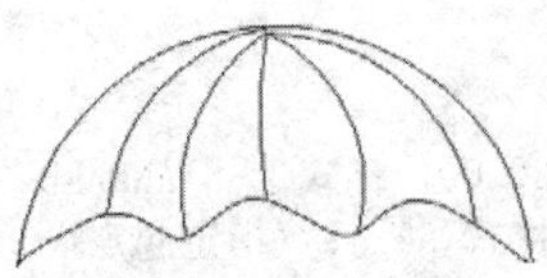

图 2-48 绘制伞面

04 单击“默认”选项卡“绘图”面板中的“多段线”按钮，绘制伞顶和伞把，命令行中的提示与操作如下：

命令: PLINE↙
指定起点:(指定伞顶起点)
当前线宽为 3.0000
指定下一个点或 [圆弧 (A) /半宽 (H) /长度 (L) /放弃 (U) /宽度 (W)]: W↙
指定起点宽度 <3.0000>:4↙
指定端点宽度 <4.0000>:2↙
指定下一个点或 [圆弧 (A) /半宽 (H) /长度 (L) /放弃 (U) /宽度 (W)]:(指定伞顶终点)
指定下一点或 [圆弧 (A) /闭合 (C) /半宽 (H) /长度 (L) /放弃 (U) /宽度 (W)]:U↙ (觉得位置不合适，取消)
指定下一个点或 [圆弧 (A) /半宽 (H) /长度 (L) /放弃 (U) /宽度 (W)]:(重新指定伞顶终点)
指定下一点或 [圆弧 (A) /闭合 (C) /半宽 (H) /长度 (L) /放弃 (U) /宽度 (W)]:(右击确认)
命令: PLINE↙
指定起点:(指定伞把起点)
当前线宽为 2.0000
指定下一个点或 [圆弧 (A) /半宽 (H) /长度 (L) /放弃 (U) /宽度 (W)]: H↙
指定起点半宽 <1.0000>: 1.5↙
指定端点半宽 <1.5000>: ↙
指定下一个点或 [圆弧 (A) /半宽 (H) /长度 (L) /放弃 (U) /宽度 (W)]:(指定下一点)
指定下一点或 [圆弧 (A) /闭合 (C) /半宽 (H) /长度 (L) /放弃 (U) /宽度 (W)]:A↙
指定圆弧的端点(按住 Ctrl 键以切换方向)或[角度 (A) /圆心 (CE) /闭合 (CL) /方向 (D) /半宽 (H) /直线 (L) /半径 (R) /第二个点 (S) /放弃 (U) /宽度 (W)]:(指定圆弧的端点)
指定圆弧的端点(按住 Ctrl 键以切换方向)或[角度 (A) /圆心 (CE) /闭合 (CL) /方向 (D) /半宽 (H) /直线 (L) /半径 (R) /第二个点 (S) /放弃 (U) /宽度 (W)]:(右击鼠标确认)

最终绘制的图形如图 2-47 所示。

2.6 多线

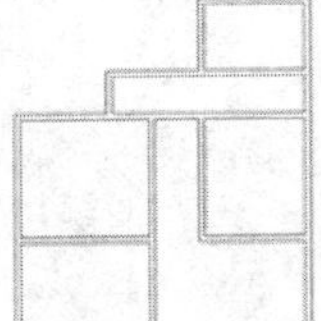

多线是一种复合线，由连续的直线段复合组成。这种线一个突出的优点是能够提高绘图效率，保证图线之间的统一性。

2.6.1 绘制多线

【执行方式】

命令行：MLINE

菜单栏：选择菜单栏中的“绘图”→“多线”命令

【操作步骤】

命令：MLINE↙

当前设置：对正 = 上，比例 = 20.00，样式 = STANDARD

指定起点或 [对正(J)/比例(S)/样式(ST)]：(指定起点)

指定下一点：（给定下一点）

指定下一点或 [放弃(U)]：（继续给定下一点绘制线段。输入“U”，则放弃前一段的绘制；单击鼠标右键或按按 Enter 键，结束命令）

指定下一点或 [闭合(C)/放弃(U)]：（继续给定下一点绘制线段。输入“C”，则闭合线段，结束命令）

【选项说明】

（1）对正（J）：该项用于给定绘制多线的基准。共有 “上”“无”和“下”三种对正类型。其中，“上（T）”表示以多线上侧的线为基准，依此类推。

（2）比例（S）：选择该项，要求用户设置平行线的间距。输入值为零时平行线重合，值为负时多线的排列倒置。

（3）样式（ST）：该项用于设置当前使用的多线样式。

2.6.2 编辑多线

【执行方式】

命令行：MLEDIT

菜单栏：选择菜单栏中的“修改”→“对象”→“多线”命令

【操作步骤】

执行上述命令后，弹出“多线编辑工具”对话框，如图 2-49 所示。

利用该对话框，可以创建或修改多线的模式。对话框中分四列显示了示例图形。其中，第一列管理十字交叉形式的多线，第二列管理 T 形多线，第三列管理拐角接合点和节点，第四列管理多线被剪切或连接的形式。

单击选择某个示例图形，然后单击“确定”按钮，就可以调用该项编辑功能。

下面以“十字弹出”（把选择的两条多线进行弹出交叉）为例介绍多线编辑方法。选择该选项后，出现如下提示：

选择第一条多线：(选择第一条多线)

选择第二条多线：(选择第二条多线)

选择完毕后，第二条多线被第一条多线横断交叉。系统继续提示：

选择第一条多线:

可以继续选择多线进行操作。选择“放弃（U）”功能会撤消前次操作。操作过程和执行结果如图 2-50 所示。

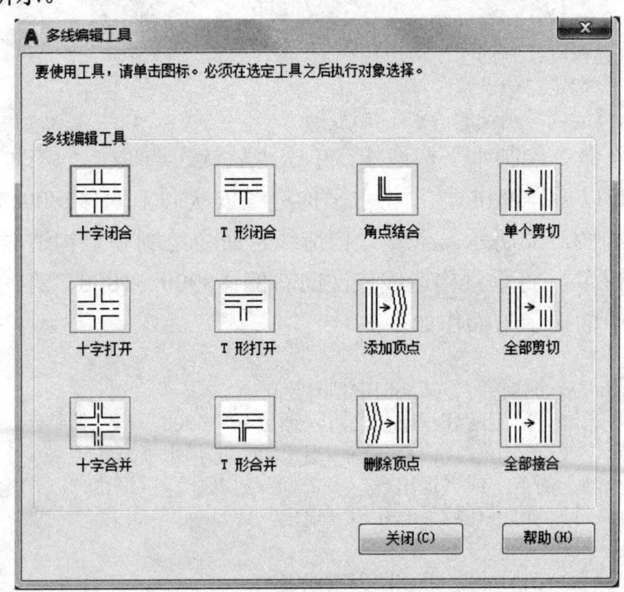

图2-49 “多线编辑工具”对话框

选择第一条多线　　选择第二条多线　　执行结果

图2-50 多线编辑过程

2.6.3 实例——墙体

绘制如图 2-51 所示的墙体图形。

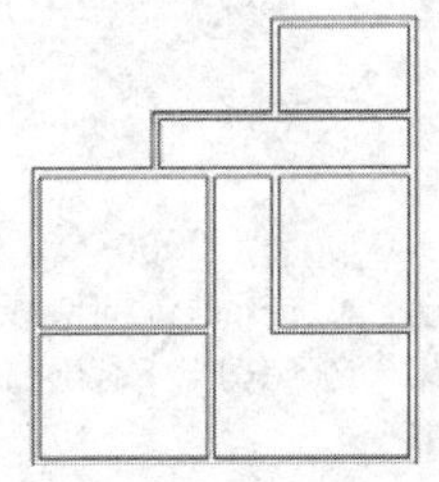

图2-51 墙体

讲实训

媒体演示

多媒体演示参见配套光盘中的\\动画演示\第2章\墙体.avi。

01 单击“默认”选项卡“绘图”面板中的“构造线”按钮（此命令会在后面详细讲述），绘制出一条水平构造线和一条垂直构造线，组成“十”字构造线，如图2-52所示。继续绘制辅助线，命令行中的提示与操作如下：

```
命令：XLINE↙
指定点或 [水平(H)/垂直(V)/角度(A)/二等分(B)/偏移(O)]：O↙
指定偏移距离或 [通过(T)] <1.0000>:
选择直线对象：(选择刚绘制的水平构造线)
指定向哪侧偏移：(指定右边一点)
选择直线对象：(继续选择刚绘制的水平构造线)
```

重复“构造线”命令绘制水平构造线，单击“默认”选项卡“修改”面板中的“偏移”按钮（此命令会在以后详细讲述），将水平构造线依次向上偏移4800、5100、1800和3000，绘制的水平构造线如图2-53所示。重复“构造线”命令绘制垂直构造线，单击“修改”面板中的“偏移”按钮，将垂直构造线依次向右偏移3900、1800、2100和4500，结果如图2-54所示。命令行中的提示与操作如下：

```
命令：_OFFSET
当前设置：删除源=否  图层=源  OFFSETGAPTYPE=0
指定偏移距离或 [通过(T)/删除(E)/图层(L)] <通过>: 4800 (输入偏移距离)
选择要偏移的对象，或 [退出(E)/放弃(U)] <退出>:(选择水平直构造线)
指定要偏移的那一侧上的点，或 [退出(E)/多个(M)/放弃(U)] <退出>:(指定偏移方向)
选择要偏移的对象，或 [退出(E)/放弃(U)] <退出>:
命令： OFFSET
当前设置：删除源=否  图层=源  OFFSETGAPTYPE=0
指定偏移距离或 [通过(T)/删除(E)/图层(L)] <48.0000>: 5100 (输入偏移距离)
选择要偏移的对象，或 [退出(E)/放弃(U)] <退出>:(选择上步偏移的水平构造线)
指定要偏移的那一侧上的点，或 [退出(E)/多个(M)/放弃(U)] <退出>:(指定偏移方向)
选择要偏移的对象，或 [退出(E)/放弃(U)] <退出>:
命令： OFFSET
当前设置：删除源=否  图层=源  OFFSETGAPTYPE=0
指定偏移距离或 [通过(T)/删除(E)/图层(L)] <51.0000>: 1800 (输入偏移距离)
选择要偏移的对象，或 [退出(E)/放弃(U)] <退出>:(选择上步偏移的水平构造线)
指定要偏移的那一侧上的点，或 [退出(E)/多个(M)/放弃(U)] <退出>:(指定偏移方向)
选择要偏移的对象，或 [退出(E)/放弃(U)] <退出>:
命令： OFFSET
当前设置：删除源=否  图层=源  OFFSETGAPTYPE=0
指定偏移距离或 [通过(T)/删除(E)/图层(L)] <18.0000>: 3000 (输入偏移距离)
选择要偏移的对象，或 [退出(E)/放弃(U)] <退出>:(选择上步偏移的水平构造线)
指定要偏移的那一侧上的点，或 [退出(E)/多个(M)/放弃(U)] <退出>:(指定偏移方向)
选择要偏移的对象，或 [退出(E)/放弃(U)] <退出>:
命令： OFFSET
当前设置：删除源=否  图层=源  OFFSETGAPTYPE=0
指定偏移距离或 [通过(T)/删除(E)/图层(L)] <30.0000>: 3900 (输入偏移距离)
选择要偏移的对象，或 [退出(E)/放弃(U)] <退出>:(选择垂直构造线)
指定要偏移的那一侧上的点，或 [退出(E)/多个(M)/放弃(U)] <退出>:(指定偏移方向)
选择要偏移的对象，或 [退出(E)/放弃(U)] <退出>:
命令： OFFSET
当前设置：删除源=否  图层=源  OFFSETGAPTYPE=0
指定偏移距离或 [通过(T)/删除(E)/图层(L)] <39.0000>: 1800 (输入偏移距离)
选择要偏移的对象，或 [退出(E)/放弃(U)] <退出>:(选择上步偏移的垂直构造线)
指定要偏移的那一侧上的点，或 [退出(E)/多个(M)/放弃(U)] <退出>:(指定偏移方向)
选择要偏移的对象，或 [退出(E)/放弃(U)] <退出>:
命令： OFFSET
```

当前设置：删除源=否 图层=源 OFFSETGAPTYPE=0
指定偏移距离或［通过(T)/删除(E)/图层(L)］<18.0000>: 2100（输入偏移距离）
选择要偏移的对象，或［退出(E)/放弃(U)］<退出>:（选择上步偏移的垂直构造线）
指定要偏移的那一侧上的点，或［退出(E)/多个(M)/放弃(U)］<退出>:（指定偏移方向）
选择要偏移的对象，或［退出(E)/放弃(U)］<退出>:
命令：OFFSET
当前设置：删除源=否 图层=源 OFFSETGAPTYPE=0
指定偏移距离或［通过(T)/删除(E)/图层(L)］<21.0000>: 4500（输入偏移距离）
选择要偏移的对象，或［退出(E)/放弃(U)］<退出>:（选择上步偏移的垂直构造线）
指定要偏移的那一侧上的点，或［退出(E)/多个(M)/放弃(U)］<退出>:（指定偏移方向）

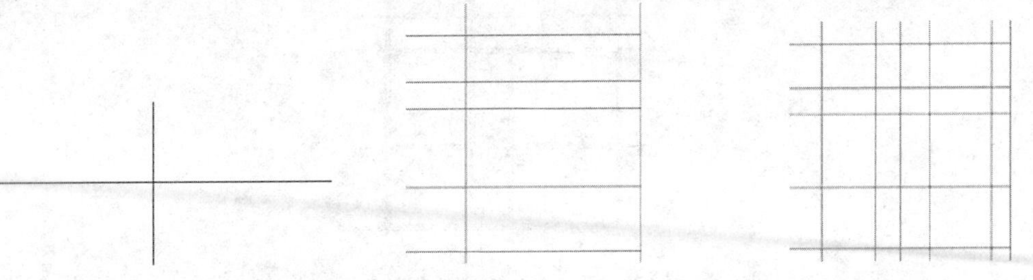

图2-52 “十”字构造线　　图2-53 水平构造线　　图2-54 居室的辅助线网格

02 选择菜单栏中的“格式”→“多线样式”命令，系统弹出“多线样式”对话框，在该对话框中单击“新建”按钮，系统弹出“创建新的多线样式”对话框，在该对话框的“新样式名”文本框中键入“墙体线”，单击“继续”按钮。系统弹出“新建的多线样式”对话框，在该对话框中进行如图2-55所示的设置。

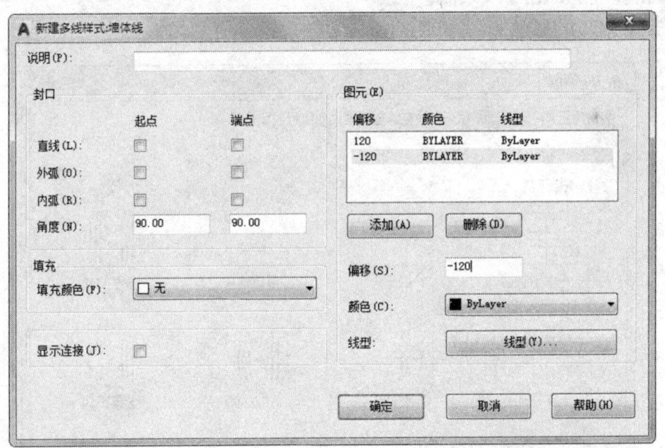

图2-55 设置多线样式

03 选择菜单栏中的“绘图”→“多线”命令，绘制多线墙体。命令行中的提示与操作如下：

命令：MLINE↙
当前设置：对正 = 上，比例 = 20.00，样式 = STANDARD
指定起点或［对正(J)/比例(S)/样式(ST)］: S↙
输入多线比例 <20.00>: 1↙
当前设置：对正 = 上，比例 = 1.00，样式 = STANDARD
指定起点或［对正(J)/比例(S)/样式(ST)］: J↙

```
输入对正类型 [上(T)/无(Z)/下(B)] <上>: Z↙
当前设置: 对正 = 无，比例 = 1.00，样式 = STANDARD
指定起点或 [对正(J)/比例(S)/样式(ST)]:（在绘制的辅助线交点上指定一点）
指定下一点:（在绘制的辅助线交点上指定下一点）
指定下一点或 [放弃(U)]:（在绘制的辅助线交点上指定下一点）
指定下一点或 [闭合(C)/放弃(U)]:（在绘制的辅助线交点上指定下一点）
指定下一点或 [闭合(C)/放弃(U)]:C↙
```

重复“多线”命令，根据辅助线网格绘制多线，结果如图 2-56 所示。

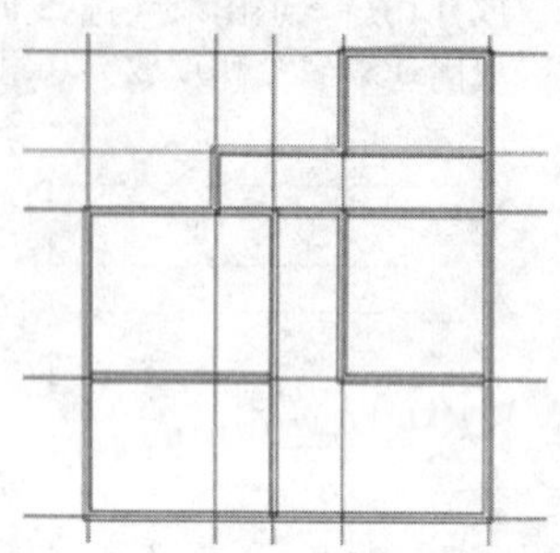

图2-56 全部多线绘制结果

04 选择菜单栏中的“修改”→“对象”→“多线”命令，系统弹出“多线编辑工具”对话框，如图 2-57 所示。选择其中的“T 形合并”选项，确认后，命令行提示如下：

```
命令: MLEDIT↙
选择第一条多线:(选择多线)
选择第二条多线:(选择多线)
选择第一条多线或 [放弃(U)]:(选择多线)
选择第一条多线或 [放弃(U)]: ↙
```

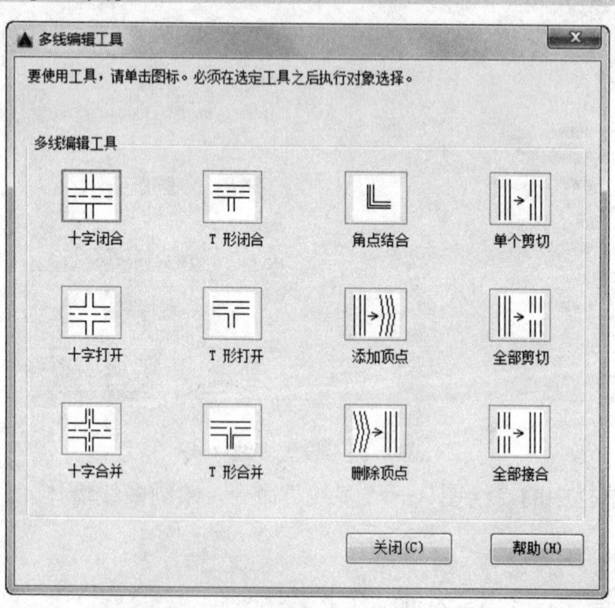

图2-57 “多线编辑工具”对话框

重复“多线编辑”命令，继续进行多线编辑，编辑的最终结果如图 2-51 所示。

05 单击“快速访问”工具栏中的“保存”按钮，保存图形。

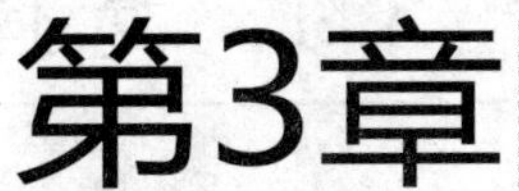

第3章

编辑命令

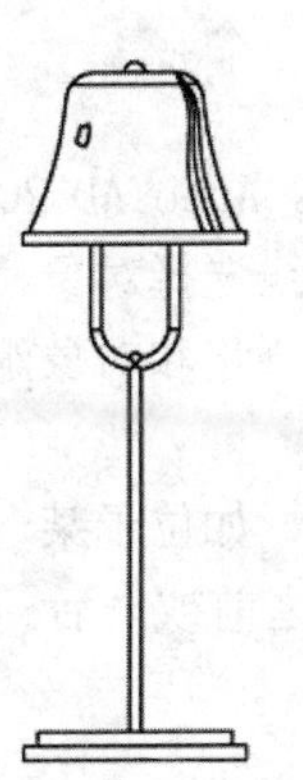

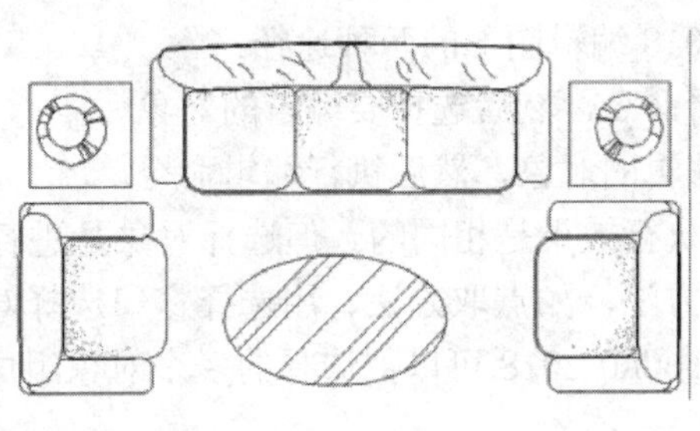

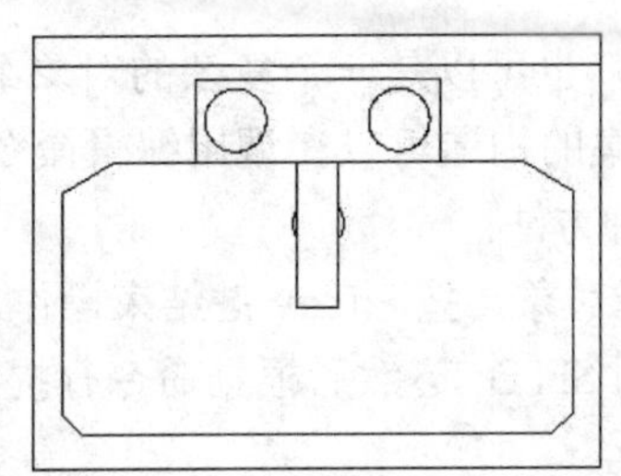

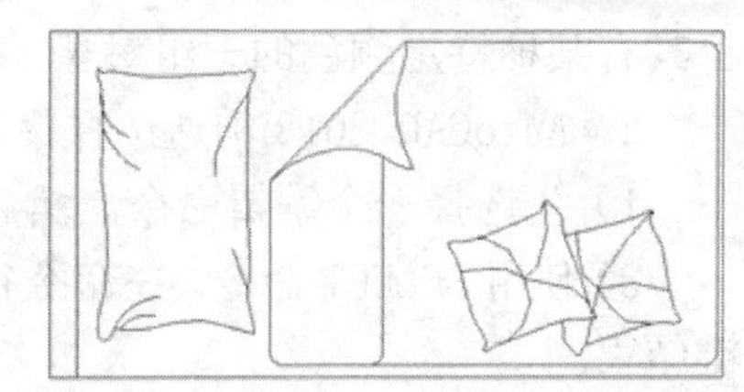

二维图形编辑操作配合绘图命令的使用可以进一步完成复杂图形对象的绘制工作，并可使用户合理安排和组织图形，保证作图准确，减少重复，因此对编辑命令的熟练掌握和使用有助于提高设计和绘图的效率。本章主要介绍以下内容：删除及恢复类命令＼复制类命令＼改变位置类命令＼改变几何特性类编辑命令和对象编辑命令等。

- 删除及恢复类命令、复制类命令
- 改变位置类命令
- 改变几何特性类命令
- 对象编辑

3.1 选择对象

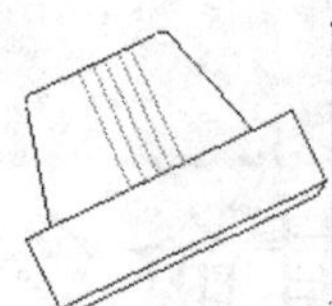

选择对象是进行编辑的前提。AutoCAD 提供了多种对象选择方法，如单击方法、用选择窗口选择对象、用选择线选择对象及用对话框选择对象等。

1. AutoCAD 2018 编辑图形的两种途径：

1）先执行编辑命令，然后选择要编辑的对象。

2）先选择要编辑的对象，然后执行编辑命令。

这两种途径的执行效果是相同的。但选择对象是进行编辑的前提。AutoCAD 2018 提供了多种选择对象的方法，如点取方法、用选择窗口选择对象、用选择线选择对象、用对话框选择对象等。AutoCAD 2018 可以把选择的多个对象组成整体，如选择集和对象组，进行整体编辑与修改

选择集可以仅由一个图形对象构成，也可以是一个复杂的对象组，如位于某一特定层上具有某种特定颜色的一组对象。选择集的构造可以在调用编辑命令之前或之后。

2. AutoCAD 2018 构造选择集的几种方法：

1）先选择一个编辑命令，然后选择对象，按 Enter 键结束操作。

2）使用 SELECT 命令。在命令行输入 SELECT，然后根据命令行提示选择对象，按 Enter 键结束。

3）用点取设备选择对象，然后调用编辑命令。

4）定义对象组。

无论使用哪种方法，AutoCAD 2018 都将提示用户选择对象，并且光标的形状由十字光标变为拾取框。下面结合 SELECT 命令说明选择对象的方法。

SELECT 命令可以单独使用，也可以在执行其他编辑命令时被自动调用。此时屏幕提示：

```
选择对象:
```

等待用户以某种方式选择对象作为回答。AutoCAD 2018 提供了多种选择方式，可以键入“？”查看这些选择方式。选择该选项后，出现如下提示：

```
需要点或窗口(W)/上一个(L)/窗交(C)/框(BOX)/全部(ALL)/栏选(F)/圈围(WP)/圈交(CP)/编组(G)/添加(A)/删除(R)/多个(M)/前一个(P)/放弃(U)/自动(AU)/单个(SI)/子对象(SU)/对象(O)
```

部分选项含义如下：

1）窗口(W)：用由两个对角顶点确定的矩形窗口选取位于其范围内部的所有图形，与边界相交的对象不会被选中。指定对角顶点时应该按照从左向右的顺序，如图 3-1 所示。

2）窗交(C)：该方式与上述“窗口”方式类似，区别在于它不但选择矩形窗口内部的对象，也选中与矩形窗口边界相交的对象，如图 3-2 所示。

3）框(BOX)：使用时，系统根据用户在屏幕上给出的两个对角点的位置自动引用“窗口”或“窗交”选择方式。若从左向右指定对角点，为“窗口”方式；反之，为“窗交”方式。

4）栏选(F)：用户临时绘制一些直线，这些直线不必构成封闭图形，凡是与这些直线相交的对象均被选中，结果如图 3-3 所示。

5）圈围(WP)：使用一个不规则的多边形来选择对象。根据提示，用户顺次输入构成多

边形所有顶点的坐标，直到最后按 Enter 键做出空回答结束操作，系统将自动连接第一个顶点与最后一个顶点形成封闭的多边形。凡是被多边形围住的对象均被选中(不包括边界)，结果如图 3-4 所示。

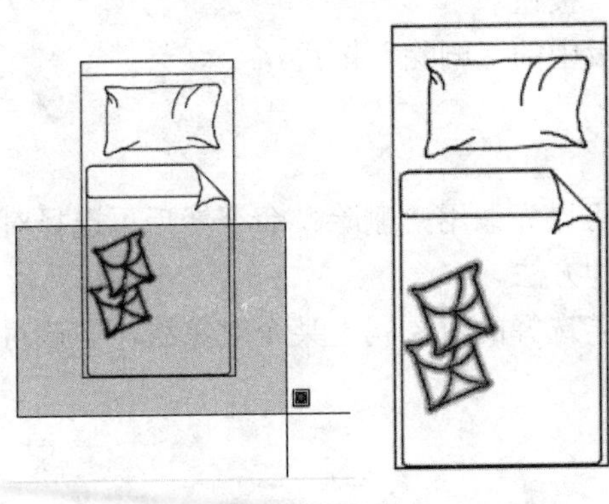
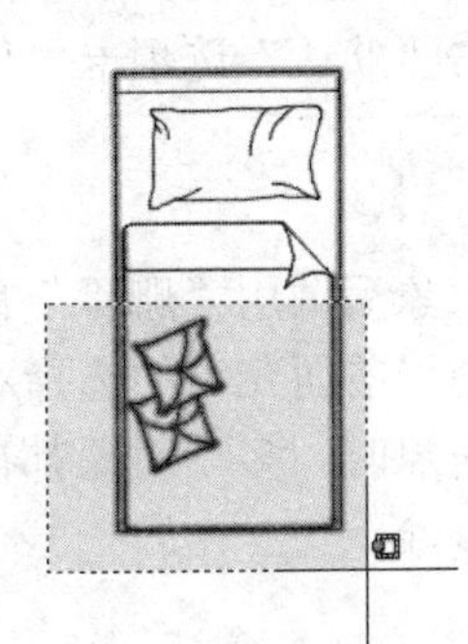
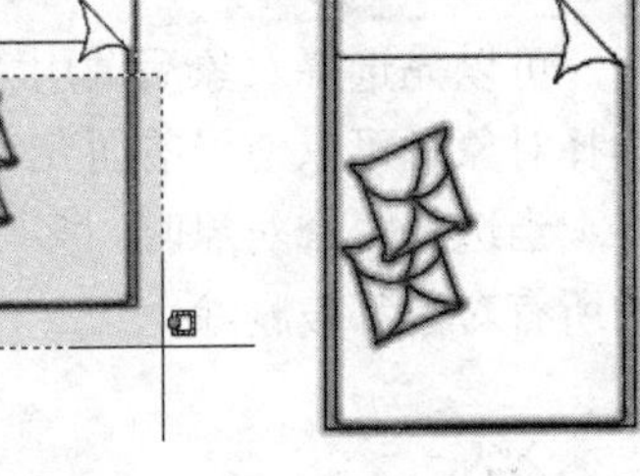

阴影覆盖为选择框　选择后的图形

图3-1 “窗口”对象选择方式

阴影覆盖为选择框　选择后的图形

图3-2 “窗交”对象选择方式

6）添加(A)：添加下一个对象到选择集。也可用于从移走模式（Remove）到选择模式的切换。

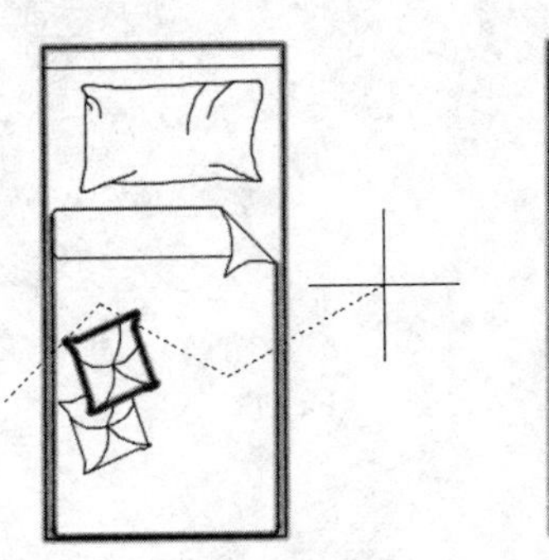
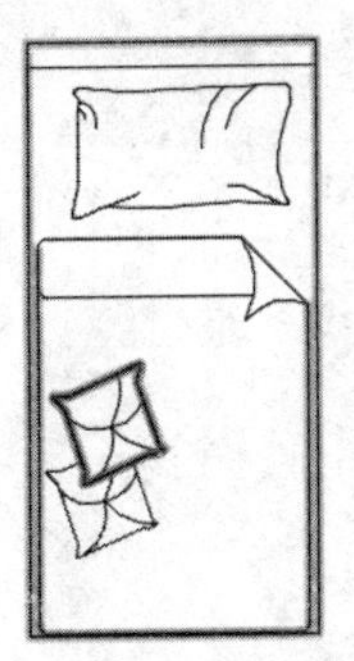
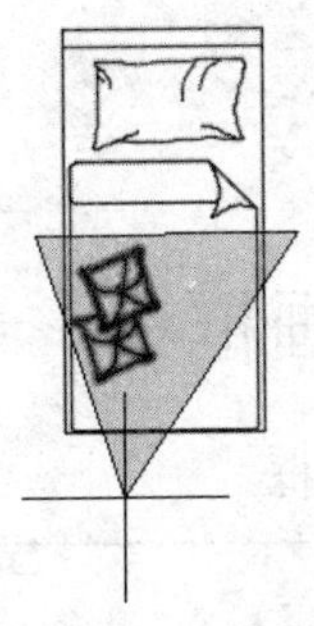
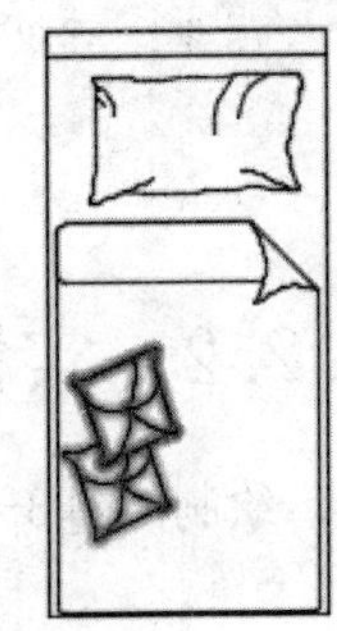

虚线为选择栏　选择后的图形

图3-3 “栏选”对象选择方式

多边形为选择框　选择后的图形

图3-4 “圈围”对象选择方式

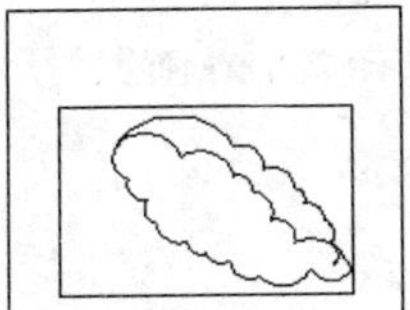

3.2 删除及恢复类命令

这类命令主要用于删除图形的某部分或对已被删除的部分进行恢复。

3.2.1 删除命令

如果所绘制的图形不符合要求或不小心绘错了图形，可以使用删除命令 ERASE 把它删除。

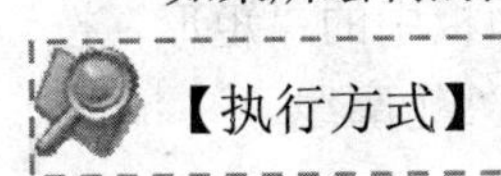

【执行方式】

命令行：ERASE

菜单栏：选择菜单栏中的“修改”→“删除”命令

快捷菜单：选择要删除的对象，在绘图区右击，在弹出的快捷菜单中选择“删除”命令

工具栏：单击“修改”工具栏中的“删除”按钮

功能区：单击“默认”选项卡“修改”面板中的“删除”按钮

【操作步骤】

可以先选择对象后调用“删除”命令，也可以先调用“删除”命令然后再选择对象。选择对象时可以使用前面介绍的选择对象的各种方法。

当选择多个对象时，多个对象都被删除；若选择的对象属于某个对象组，则该对象组的所有对象都被删除。

注意

绘图过程中，如果需要删除绘制错误或者不太满意的图形，可以利用标准工具栏中的命令，也可以用键盘上的Delete键。提示：“_erase：”，单击要删除的图形，再单击鼠标右键就行了。删除命令可以一次删除一个或多个图形，如果删除错误，可以利用来补救。

3.2.2 实例——画框

绘制如图 3-5 所示的画框。

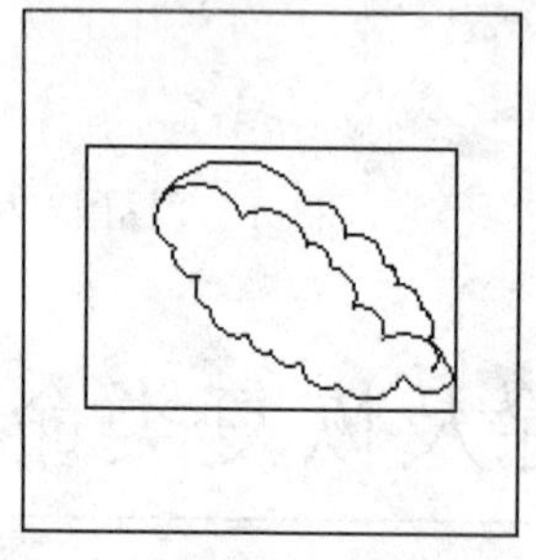

图3-5 画框

实讲实训
多媒体演示

多媒体演示参见配套光盘中的\\动画演示\第3章\画框.avi。

01 图层设计。新建两个图层：

❶“1”图层，颜色设置为蓝色，其余属性采用默认设置。

❷“2”图层，颜色设置为黑色，其余属性采用默认设置。

02 将“1”图层设置为当前层，单击“默认”选项卡“绘图”面板中的“直线”按钮，绘制坐标点为（0，0）和（@0，100），长为100的垂直直线，如图3-6所示。

03 将“2”图层设置为当前层，单击“默认”选项卡“绘图”面板中的“矩形”按钮，绘制坐标点为（100，100）和（@80，80）的矩形，作为画框的外轮廓线。

04 单击“默认”选项卡“修改”面板中的“移动”按钮，以矩形上边的中点为基点，将矩形移动到垂直直线上（“移动”命令将在后面章节中介绍），如图3-7所示。命令行中的提示与操作如下：

```
命令：move↙
选择对象：（选择矩形）
选择对象：
指定基点或 [位移(D)] <位移>:  （以矩形上边中点为基点）
指定第二个点或 <使用第一个点作为位移>:（在垂直直线上指定一点）
```

05 单击“默认”选项卡“绘图”面板中的“矩形”按钮，绘制一个坐标点为（0，0）和（@60，40）的矩形作为画框的内轮廓线。

06 单击“默认”选项卡“修改”面板中的“移动”按钮，以新绘制的矩形中点为基点将矩形移动到垂直直线上，如图 3-8 所示。

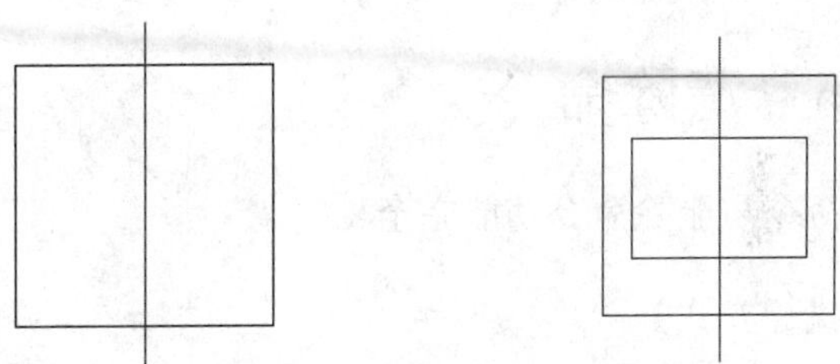

图3-6　绘制垂直直线　　　图3-7　移动矩形　　　图3-8　移动矩形

07 单击“默认”选项卡“修改”面板中的“删除”按钮，删除辅助线。命令行中的提示与操作如下：

```
命令：_erase↙
选择对象：（选择垂直直线）
选择对象：↙
```

08 单击“默认”选项卡“绘图”面板中的“修订云线”按钮，为画框添加装饰线，完成绘制，如图 3-5 所示。

3.2.3　恢复命令

若不小心误删除了图形，可以使用恢复命令 OOPS 恢复误删除的对象。

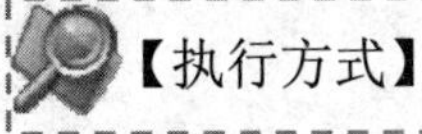

【执行方式】

命令行：OOPS 或 U

工具栏：快速访问→放弃或标准→恢复

快捷键：Ctrl+Z

【操作步骤】

在命令行中输入“OOPS”命令，按Enter键。

3.2.4 实例——恢复删除线段

01 打开上例中的画框图形，如图 3-9 所示。

02 恢复删除的垂直辅助线，如图 3-9 所示。命令行中的提示与操作如下：

```
命令: OOPS↙
```

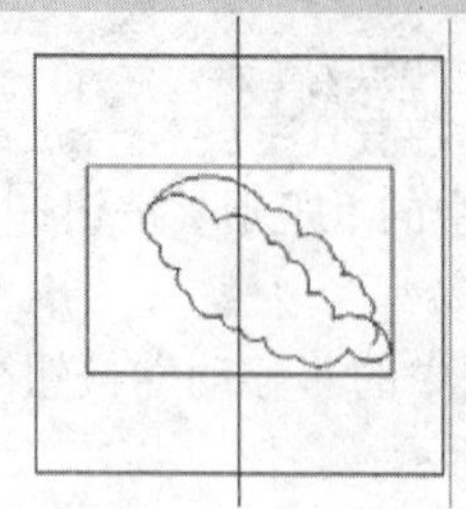

图3-9 恢复删除的垂直直线

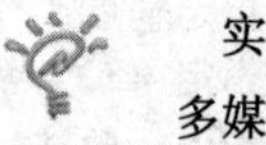

实讲实训
多媒体演示

多媒体演示参见配套光盘中的\\动画演示\恢复删除线段.avi。

3.2.5 清除命令

此命令与删除命令功能完全相同。

【执行方式】

菜单栏：选择菜单栏中的“编辑”→“删除”命令
快捷键：Delete

【操作步骤】

用菜单或快捷键输入上述命令后系统提示：

```
选择对象:（选择要清除的对象，按 Enter 键执行清除命令）
```

3.3 复制类命令

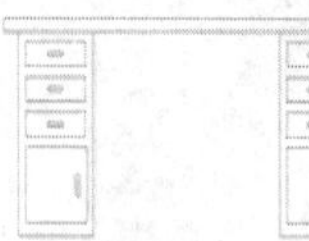

本节详细介绍 AutoCAD 2018 的复制类命令。利用这些编辑功能，可以方便地编辑绘制的图形。

3.3.1 复制命令

【执行方式】

命令行：COPY
菜单栏：选择菜单栏中的“修改”→“复制”命令
工具栏：单击“修改”工具栏中的“复制”按钮
功能区：单击“默认”选项卡“修改”面板中的“复制”按钮

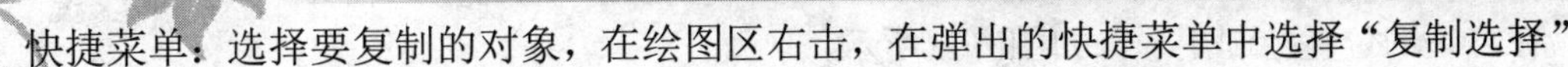

快捷菜单：选择要复制的对象，在绘图区右击，在弹出的快捷菜单中选择“复制选择”命令

【操作步骤】

```
命令：COPY↙
选择对象：（选择要复制的对象）
```

用前面介绍的选择对象的方法选择一个或多个对象，按 Enter 键结束选择操作。系统继续提示：

```
当前设置：  复制模式 = 多个
指定基点或［位移（D）/模式（O）］<位移>：（指定基点或位移）
指定第二个点或［阵列（A）］<使用第一个点作为位移>：
指定第二个点或［阵列（A）/退出（E）/放弃（U）］<退出>：
```

【选项说明】

（1）指定基点：指定一个坐标点后，AutoCAD 2018 把该点作为复制对象的基点，并提示：

```
指定第二个点或［阵列(A)］<使用第一个点作为位移>：
```

指定第二个点后，系统将根据这两点确定的位移矢量把选择的对象复制到第二点处。如果此时直接按 Enter 键，既选择默认的“用第一点作位移”，则第一个点被当作相对于 X、Y、Z 的位移。例如，如果指定基点为 2、3 并在下一个提示下按 Enter 键，则该对象从它当前的位置开始在 X 方向上移动 2 个单位，在 Y 方向上移动 3 个单位。复制完成后，系统会继续提示：

```
指定第二个点或［阵列(A)/退出(E)/放弃(U)］<退出>：
```

这时，可以不断指定新的第二点，从而实现多重复制。

（2）位移：直接输入位移值，表示以选择对象时的拾取点为基准，以拾取点坐标为移动方向纵横比移动指定位移后确定的点为基点。例如，选择对象时拾取点坐标为（2，3），输入位移为 5，则表示以（2，3）点为基准、沿纵横比为 3:2 的方向移动 5 个单位所确定的点为基点。

（3）模式：控制是否自动重复该命令。该设置由 COPYMODE 系统变量控制。

3.3.2 实例——办公桌

绘制如图 3-10 所示的办公桌。

图3-10 办公桌

> **实讲实训**
> **多媒体演示**
>
> 多媒体演示参见配套光盘中的\\动画演示\第3章\办公桌.avi。

01 单击“默认”选项卡“绘图”面板中的“矩形”按钮，

在合适的位置绘制矩形，如图3-11所示。

02 单击“默认”选项卡“绘图”面板中的“矩形”按钮，在合适的位置绘制一系列的矩形，结果如图3-12所示。

03 单击“默认”选项卡“绘图”面板中的“矩形”按钮，在合适的位置绘制一系列的矩形，结果如图3-13所示。

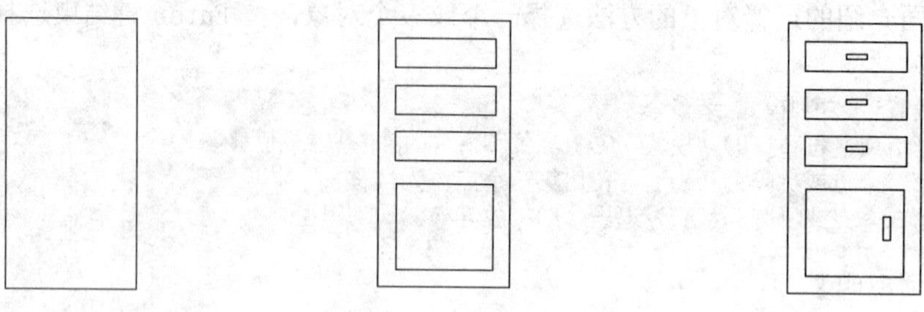

图3-11 绘制矩形1　　图3-12 绘制矩形2　　图3-13 绘制矩形3

04 单击“默认”选项卡“绘图”面板中的“矩形”按钮，在合适的位置绘制矩形，结果如图3-14所示。

图3-14 绘制矩形4

05 单击“默认”选项卡“修改”面板中的“复制”按钮，将办公桌左边的一系列矩形复制到右边，完成办公桌的绘制。命令行中的提示与操作如下：

命令：copy↙
选择对象：(选取左边的一系列矩形)
选择对象：↙
当前设置： 复制模式 = 多个
指定基点或 [位移(D)/模式(O)] <位移>：(在左边的一系列矩形上任意指定一点)
指定第二个点或 [阵列(A)] <使用第一个点作为位移>：(弹出状态栏上的“正交”开关功能，指定适当位置的一点)
指定第二个点或 [阵列(A)/退出(E)/放弃(U)] <退出>：↙

结果如图 3-10 所示。

3.3.3 偏移命令

偏移对象是指保持选择的对象的形状、在不同的位置以不同的尺寸大小新建一个对象。

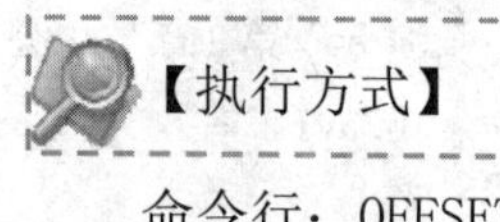

【执行方式】

命令行：OFFSET

菜单栏：选择菜单栏中的“修改”→“偏移”命令

工具栏：单击“修改”工具栏中的“偏移”按钮

功能区：单击“默认”选项卡“修改”面板中的“偏移”按钮

【操作步骤】

命令： OFFSET↙
当前设置：删除源=否　图层=源　OFFSETGAPTYPE=0
指定偏移距离或［通过(T)/删除(E)/图层(L)］<通过>:（指定距离值）
选择要偏移的对象，或［退出(E)/放弃(U)］<退出>:（选择要偏移的对象，按 Enter 键会结束操作）
指定要偏移的那一侧上的点，或［退出(E)/多个(M)/放弃(U)］<退出>:（指定偏移方向）
选择要偏移的对象，或［退出(E)/放弃(U)］<退出>:

【选项说明】

（1）指定偏移距离：输入一个距离值，或按 Enter 键使用当前的距离值，系统把该距离值作为偏移距离，如图 3-15a 所示。

（2）通过(T)：指定偏移的通过点。选择该选项后出现如下提示：

选择要偏移的对象，或［退出(E)/放弃(U)］<退出>:（选择要偏移的对象，按 Enter 键结束操作）
指定通过点或［退出(E)/多个(M)/放弃(U)］<退出>:（指定偏移对象的一个通过点）

操作完毕后，系统根据指定的通过点绘出偏移对象，如图 3-15b 所示。

a）指定偏移距离　　b）通过点

图3-15　偏移选项说明1

（3）删除（E）：偏移源对象后将其删除，如图 3-16a 所示。选择该项后系统提示：

要在偏移后删除源对象吗？［是(Y)/否(N)］<当前>:（输入 Y 或 N ）

（4）图层（L）：确定将偏移对象创建在当前图层上还是源对象所在的图层上。这样就可以在不同图层上偏移对象。选择该项后系统提示：

输入偏移对象的图层选项［当前(C)/源(S)］<当前>:（输入选项）

如果偏移对象的图层选择为当前层，则偏移对象的图层特性与当前图层相同，如图 3-16b 所示。

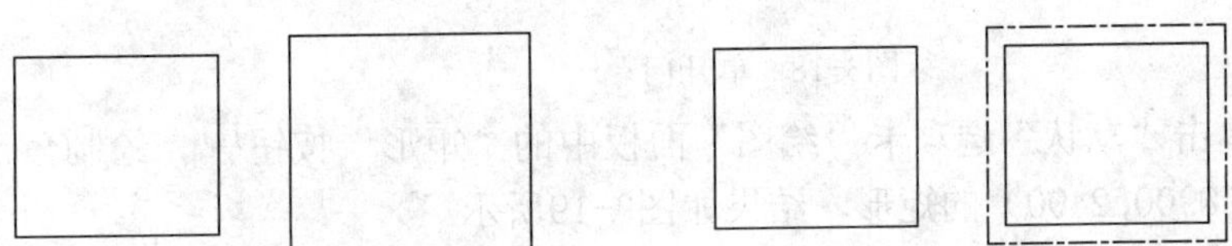

a）删除源对象　　b）偏移对象的图层为当前层

图3-16　偏移选项说明2

（5）多个（M）：使用当前偏移距离重复进行偏移操作，并接受附加的通过点，如图

3-17 所示。

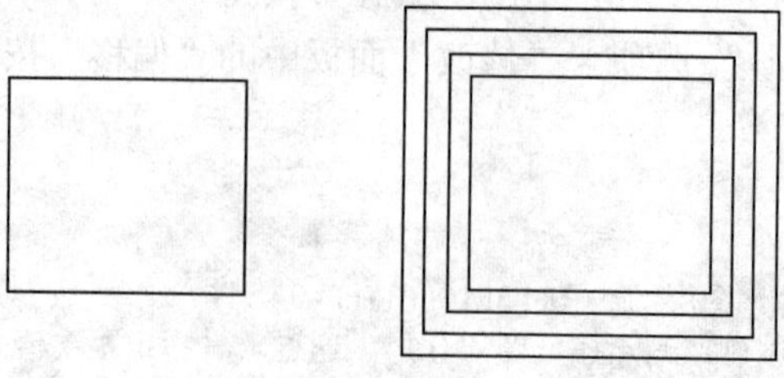

图3-17　偏移选项说明3

注意

AutoCAD 2018 中，可以使用"偏移"命令，对指定的直线、圆弧、圆等对象做定距离偏移复制。在实际应用中，常利用"偏移"命令的特性创建平行线或等距离分布图形，效果同"阵列"。默认情况下，需要指定偏移距离，再选择要偏移复制的对象，然后指定偏移方向，以复制出对象。

3.3.4　实例——单开门

绘制如图 3-18 所示的单开门。

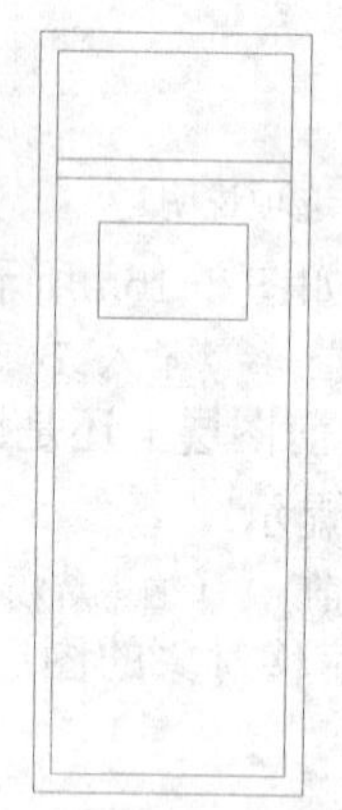

图3-18　单开门

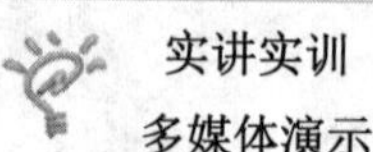

多媒体演示参见配套光盘中的\\动画演示\第3章\单开门.avi。

01 单击"默认"选项卡"绘图"面板中的"矩形"按钮，绘制角点坐标分别为（0,0）和（@900,2400）的矩形，结果如图3-19所示。

02 单击"默认"选项卡"修改"面板中的"偏移"按钮，将上步绘制的矩形进行偏移操作。命令行中的提示与操作如下：

```
命令：_offset↙
当前设置：删除源=否　图层=源　OFFSETGAPTYPE=0
```

```
指定偏移距离或 [通过(T)/删除(E)/图层(L)] <通过>:60↙
选择要偏移的对象，或 [退出(E)/放弃(U)] <退出>:(选择上述矩形)
指定要偏移的那一侧上的点，或 [退出(E)/多个(M)/放弃(U)] <退出>:(选择矩形内侧)
选择要偏移的对象，或 [退出(E)/放弃(U)] <退出>:↙
```

结果如图 3-20 所示。

03 单击“默认”选项卡“绘图”面板中的“直线”按钮，绘制端点坐标分别为（60,2000）和（@780,0）的直线。结果如图3-21所示。

04 单击“默认”选项卡“修改”面板中的“偏移”按钮，将上一步绘制的直线向下偏移，偏移距离为60，结果如图3-22所示。

图3-19 绘制矩形　图3-20 偏移矩形　图3-21 绘制直线　图3-22 偏移直线

05 单击“默认”选项卡“绘图”面板中的“矩形”按钮，绘制角点坐标分别为（200,1500）和（700,1800）的矩形，最终结果如图3-18所示。

3.3.5 镜像命令

镜像对象是指把选择的对象围绕一条镜像线做对称复制。镜像操作完成后，可以保留原对象也可以将其删除。

【执行方式】

命令行：MIRROR

菜单栏：选择菜单栏中的“修改”→“镜像”命令

工具栏：单击“修改”工具栏中的“镜像”按钮

功能区：单击“默认”选项卡“修改”面板中的“镜像”按钮

【操作步骤】

```
命令：MIRROR↙
选择对象：(选择要镜像的对象)
选择对象：
指定镜像线的第一点：(指定镜像线的第一个点)
指定镜像线的第二点：(指定镜像线的第二个点)
要删除源对象吗？[是(Y)/否(N)] <否>：(确定是否删除源对象)
```

这两点确定一条镜像线，被选择的对象以该线为对称轴进行镜像。包含该线的镜像平面与用户坐标系统的 XY 平面垂直，即镜像操作工作在与用户坐标系统的 XY 平面平行的平面上。

3.3.6 实例——盥洗池

绘制如图 3-23 所示的盥洗池。

实讲实训
多媒体演示

多媒体演示参见配套光盘中的动画演示\第3章\盥洗池.avi。

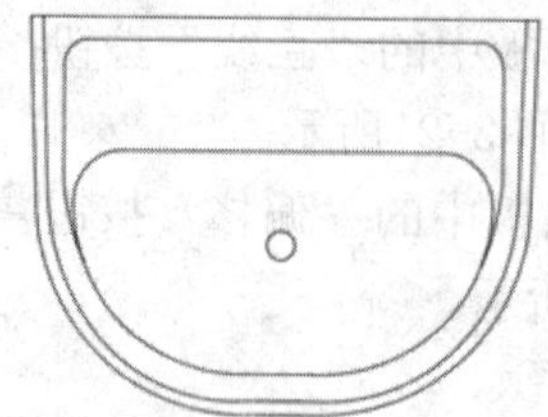

图3-23 盥洗池

01 单击“默认”选项卡“图层”面板中的“图层特性”按钮，打开“图层特性管理器”，新建三个图层：

❶“1”图层，颜色设置为绿色，其余属性采用默认设置。
❷“2”图层，颜色设置为黑色，其余属性采用默认设置。
❸“3”图层，颜色设置为黑色，其余属性采用默认设置。

02 将“3”图层设置为当前图层，单击“默认”选项卡“绘图”面板中的“多段线”按钮，绘制多段线。命令行中的提示与操作如下：

```
命令：_PLINE↙
指定起点：0,255↙
当前线宽为 0.0000
指定下一个点或 [圆弧(A)/半宽(H)/长度(L)/放弃(U)/宽度(W)]：-294,255↙
指定下一个点或 [圆弧(A)/半宽(H)/长度(L)/放弃(U)/宽度(W)]：-287,50↙
指定下一点或 [圆弧(A)/闭合(C)/半宽(H)/长度(L)/放弃(U)/宽度(W)]：A↙
指定圆弧的端点(按住 Ctrl 键以切换方向)或[角度(A)/圆心(CE)/闭合(CL)/方向(D)/半宽(H)/直线(L)/半径(R)/第二个点(S)/放弃(U)/宽度(W)]：S↙
指定圆弧上的第二个点：-212.8,-123.2↙
指定圆弧的端点：-37,-191↙
指定圆弧的端点(按住 Ctrl 键以切换方向)或[角度(A)/圆心(CE)/闭合(CL)/方向(D)/半宽(H)/直线(L)/半径(R)/第二个点(S)/放弃(U)/宽度(W)]：L↙
指定下一点或 [圆弧(A)/闭合(C)/半宽(H)/长度(L)/放弃(U)/宽度(W)]：27,-191↙
指定下一点或 [圆弧(A)/闭合(C)/半宽(H)/长度(L)/放弃(U)/宽度(W)]：↙
命令：_PLINE↙
指定起点：-279,255↙
当前线宽为 0.0000
指定下一个点或 [圆弧(A)/半宽(H)/长度(L)/放弃(U)/宽度(W)]：-272,50↙
指定下一点或 [圆弧(A)/闭合(C)/半宽(H)/长度(L)/放弃(U)/宽度(W)]：A↙
指定圆弧的端点(按住 Ctrl 键以切换方向)或[角度(A)/圆心(CE)/闭合(CL)/方向(D)/半宽(H)/直线(L)/半径(R)/第二个点(S)/放弃(U)/宽度(W)]：-202.2,-112.6↙
指定圆弧的端点(按住 Ctrl 键以切换方向)或[角度(A)/圆心(CE)/闭合(CL)/方向(D)/半宽(H)/直线(L)/半径(R)/第二个点(S)/放弃(U)/宽度(W)]：-37,-176↙
指定圆弧的端点(按住 Ctrl 键以切换方向)或[角度(A)/圆心(CE)/闭合(CL)/方向(D)/半宽(H)/直线(L)/半径(R)/第二个点(S)/放弃(U)/宽度(W)]：L↙
指定下一点或 [圆弧(A)/闭合(C)/半宽(H)/长度(L)/放弃(U)/宽度(W)]：27,-176↙
指定下一点或 [圆弧(A)/闭合(C)/半宽(H)/长度(L)/放弃(U)/宽度(W)]：↙
```

将“2”图层设置为当前图层，重复“多段线”命令，绘制多段线。命令行中的提示与操作如下：

```
命令: PLINE↙
指定起点: 0,230↙
当前线宽为 0.0000
指定下一个点或 [圆弧(A)/半宽(H)/长度(L)/放弃(U)/宽度(W)]: -224,230↙
指定下一点或 [圆弧(A)/闭合(C)/半宽(H)/长度(L)/放弃(U)/宽度(W)]: A↙
指定圆弧的端点(按住 Ctrl 键以切换方向)或[角度(A)/圆心(CE)/闭合(CL)/方向(D)/半宽(H)/直线(L)/半径(R)/第二个点(S)/放弃(U)/宽度(W)]: -245.2,221.2↙
指定圆弧的端点(按住 Ctrl 键以切换方向)或[角度(A)/圆心(CE)/闭合(CL)/方向(D)/半宽(H)/直线(L)/半径(R)/第二个点(S)/放弃(U)/宽度(W)]: -254,200↙
指定圆弧的端点(按住 Ctrl 键以切换方向)或 [角度(A)/圆心(CE)/闭合(CL)/方向(D)/半宽(H)/直线(L)/半径(R)/第二个点(S)/放弃(U)/宽度(W)]: L↙
指定下一点或 [圆弧(A)/闭合(C)/半宽(H)/长度(L)/放弃(U)/宽度(W)]: -254,85↙
指定下一点或 [圆弧(A)/闭合(C)/半宽(H)/长度(L)/放弃(U)/宽度(W)]: A↙
指定圆弧的端点(按住 Ctrl 键以切换方向)或[角度(A)/圆心(CE)/闭合(CL)/方向(D)/半宽(H)/直线(L)/半径(R)/第二个点(S)/放弃(U)/宽度(W)]: -247,30.8↙
指定圆弧的端点(按住 Ctrl 键以切换方向)或 [角度(A)/圆心(CE)/闭合(CL)/方向(D)/半宽(H)/直线(L)/半径(R)/第二个点(S)/放弃(U)/宽度(W)]: -228.6,-20.4↙
指定圆弧的端点(按住 Ctrl 键以切换方向)或[角度(A)/圆心(CE)/闭合(CL)/方向(D)/半宽(H)/直线(L)/半径(R)/第二个点(S)/放弃(U)/宽度(W)]: ↙
```

将“3”图层设置为当前图层，重复“多段线”命令，绘制多段线。命令行中的提示与操作如下：

```
命令: _PLINE↙
指定起点: 0,105↙
当前线宽为 0.0000
指定下一个点或 [圆弧(A)/半宽(H)/长度(L)/放弃(U)/宽度(W)]: -181.9,105↙
指定下一点或 [圆弧(A)/闭合(C)/半宽(H)/长度(L)/放弃(U)/宽度(W)]:A↙
指定圆弧的端点(按住 Ctrl 键以切换方向)或[角度(A)/圆心(CE)/闭合(CL)/方向(D)/半宽(H)/直线(L)/半径(R)/第二个点(S)/放弃(U)/宽度(W)]: -225,86.7↙
指定圆弧的端点(按住 Ctrl 键以切换方向)或[角度(A)/圆心(CE)/闭合(CL)/方向(D)/半宽(H)/直线(L)/半径(R)/第二个点(S)/放弃(U)/宽度(W)]: -241.8,42.9↙
指定圆弧的端点(按住 Ctrl 键以切换方向)或[角度(A)/圆心(CE)/闭合(CL)/方向(D)/半宽(H)/直线(L)/半径(R)/第二个点(S)/放弃(U)/宽度(W)]: -37,-146↙
指定圆弧的端点(按住 Ctrl 键以切换方向)或[角度(A)/圆心(CE)/闭合(CL)/方向(D)/半宽(H)/直线(L)/半径(R)/第二个点(S)/放弃(U)/宽度(W)]: L↙
指定下一点或 [圆弧(A)/闭合(C)/半宽(H)/长度(L)/放弃(U)/宽度(W)]: 0,-146↙
指定下一点或 [圆弧(A)/闭合(C)/半宽(H)/长度(L)/放弃(U)/宽度(W)]: ↙
```

绘制结果如图 3-24 所示。

03 单击“默认”选项卡“绘图”面板中的“圆”按钮，绘制圆心坐标为（0，0），半径为16的圆，结果如图3-25所示。

04 单击“默认”选项卡“修改”面板中的“镜像”按钮，命令行中的提示与操作如下：

```
命令: _MIRROR↙
选择对象: (除圆外的所有图形)↙
找到 28 个
选择对象: ↙
指定镜像线的第一点: 0,0↙
```

指定镜像线的第二点：0,10↙
是否删除源对象？[是(Y)/否(N)] <否>:↙

绘制结果如图 3-23 所示。

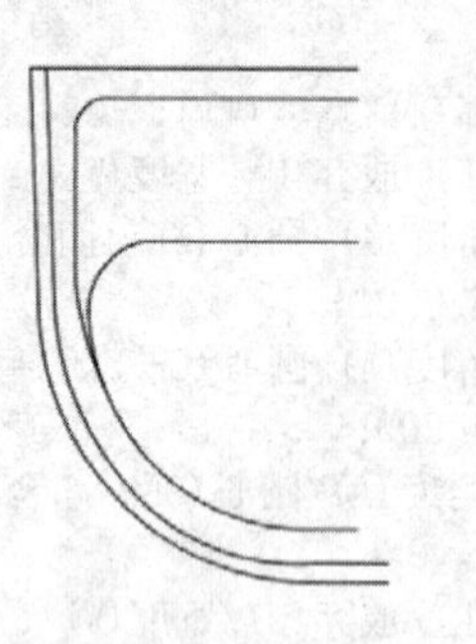

图3-24　绘制多段线

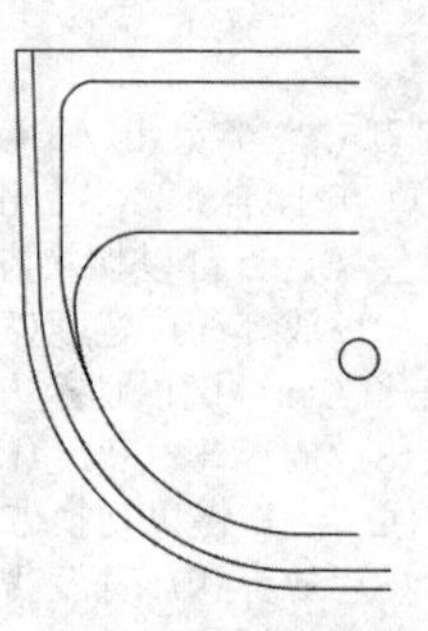

图3-25　绘制圆

3.3.7　阵列命令

阵列是指多重复制选择的对象并把这些副本按矩形或环形排列。把副本按矩形排列称为建立矩形阵列，把副本按环形排列称为建立极阵列。建立极阵列时，应该控制复制对象的次数和对象是否被旋转；建立矩形阵列时，应该控制行和列的数量以及对象副本之间的距离。AutoCAD 2018 提供了 ARRAY 命令建立阵列。用该命令可以建立矩形阵列、极阵列（环形）和路径阵列。

【执行方式】

命令行：ARRAY

菜单栏：选择菜单栏中的“修改”→“阵列”命令

工具栏：单击“修改”工具栏中的“矩形阵列”按钮，或单击“修改”工具栏中的“路径阵列”按钮，或单击“修改”工具栏中的“环形阵列”按钮

功能区：单击“默认”选项卡“修改”面板中的“矩形阵列”按钮/“路径阵列”按钮/“环形阵列”按钮

【操作步骤】

命令：ARRAY↙
选择对象：（使用选择对象方法）
输入阵列类型[矩形（R）/路径（PA）/极轴（PO）]<矩形>:

【选项说明】

（1）矩形（R）：将选定对象的副本分布到行数、列数和层数的任意组合。选择该选项后出现如下提示：

选择夹点以编辑阵列或 [关联(AS)/基点(B)/计数(COU)/间距(S)/列数(COL)/行数(R)/层数(L)/退出(X)] <退出>：（通过夹点，调整阵列间距，列数，行数和层数；也可以分别选择各选项输入数值）

（2）路径（PA）：沿路径或部分路径均匀分布选定对象的副本。选择该选项后出现如下

提示：

选择路径曲线：(选择一条曲线作为阵列路径)

选择夹点以编辑阵列或 [关联(AS)/方法(M)/基点(B)/切向(T)/项目(I)/行(R)/层(L)/对齐项目(A)/Z 方向(Z)/退出(X)] <退出>：(通过夹点，调整阵列行数和层数；也可以分别选择各选项输入数值)

(3) 极轴 (PO)：在绕中心点或旋转轴的环形阵列中均匀分布对象副本。选择该选项后出现如下提示：

指定阵列的中心点或 [基点(B)/旋转轴(A)]：(选择中心点、基点或旋转轴)

选择夹点以编辑阵列或 [关联(AS)/基点(B)/项目(I)/项目间角度(A)/填充角度(F)/行(ROW)/层(L)/旋转项目(ROT)/退出(X)] <退出>：(通过夹点，调整角度，填充角度；也可以分别选择各选项输入数值)

注意

阵列在平面作图时有三种方式，可以在矩形或环形（圆形）阵列或路径中创建对象的副本。对于矩形阵列，可以控制行和列的数目以及它们之间的距离。对于环形阵列，可以控制对象副本的数目并决定是否旋转副本。对于路径阵列，可以控制项目均匀地沿路径或部分路径分布。

3.3.8 实例——VCD

绘制如图 3-26 所示的VCD。

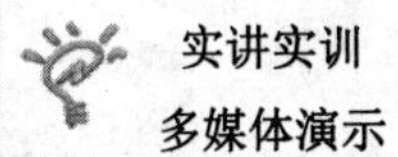

实讲实训

多媒体演示

多媒体演示参见配套光盘中的\\动画演示\第3章\VCD.avi。

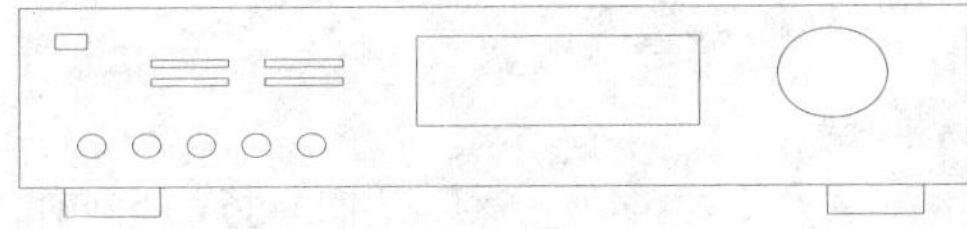

图3-26 VCD

01 单击“默认”选项卡“绘图”面板中的“矩形”按钮，绘制角点坐标分别为{（0，15），（396，107）}、{（19.1，0），（59.3，15）}、{（336.8，0），（377，15）} 的3个矩形，绘制如图3-27所示。

02 单击“默认”选项卡“绘图”面板中的“矩形”按钮，绘制角点坐标分别为{(15.3，86)，(28.7，93.7)}、{(166.5，45.9)，(283.2，91.8)}、{(55.5，66.9)，(88，70.7)} 的3个矩形，结果如图3-28所示。

03 单击“默认”选项卡“修改”面板中的“矩形阵列”按钮，选择上述绘制的第二个矩形为阵列对象，输入行数为2、列数为2、行间距为9.6、列间距为47.8，绘制结果如图3-29所示。命令行中的提示与操作如下：

命令：_ARRAYRECT

选择对象：(选择矩形)

类型 = 矩形 关联 = 否

选择夹点以编辑阵列或 [关联(AS)/基点(B)/计数(COU)/间距(S)/列数(COL)/行数(R)/层数(L)/退出(X)] <退出>：AS

创建关联阵列［是(Y)/否(N)］<否>: N

选择夹点以编辑阵列或［关联(AS)/基点(B)/计数(COU)/间距(S)/列数(COL)/行数(R)/层数(L)/退出(X)］<退出>: R

输入行数或［表达式(E)］<3>: 2（指定行数）

指定行数之间的距离或［总计(T)/表达式(E)］<62.2009>:9.6

指定行数之间的标高增量或［表达式(E)］<0>:

选择夹点以编辑阵列或［关联(AS)/基点(B)/计数(COU)/间距(S)/列数(COL)/行数(R)/层数(L)/退出(X)］<退出>: COL

输入列数或［表达式(E)］<4>: 2（指定列数）

指定列数之间的距离或［总计(T)/表达式(E)］<1>: 47.8

选择夹点以编辑阵列或［关联(AS)/基点(B)/计数(COU)/间距(S)/列数(COL)/行数(R)/层数(L)/退出(X)］<退出>:

图3-27 绘制矩形　　　　图3-28 绘制矩形

04 单击“默认”选项卡“绘图”面板中的“圆”按钮，绘制圆心坐标为（30.6、36.3），半径6的圆。

05 单击“默认”选项卡“绘图”面板中的“圆”按钮，绘制圆心坐标为（338.7，72.6），半径23的圆，结果如图3-30所示。

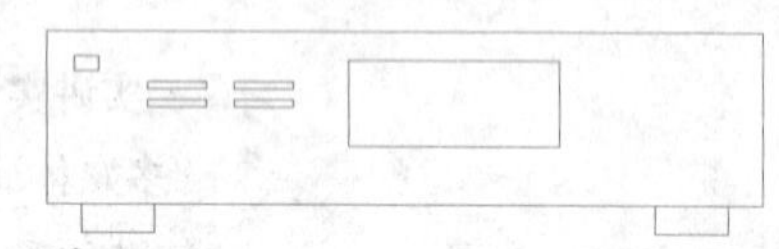

图3-29 阵列处理

图3-30 绘制圆

06 单击“默认”选项卡“修改”面板中的“矩形阵列”按钮，选择上述步骤中绘制的第一个圆为阵列对象，输入行数为1、列数为5、列间距为23，最终结果如图3-26所示。

3.4 改变位置类命令

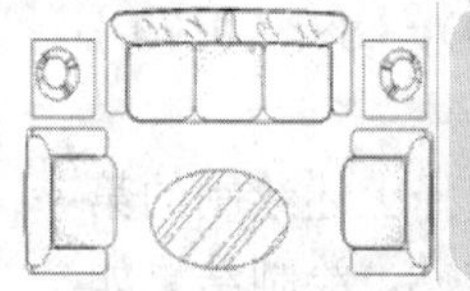

这类编辑命令的功能是按照指定要求改变当前图形或图形的某部分的位置，主要包括移动、旋转和缩放等命令。

3.4.1 移动命令

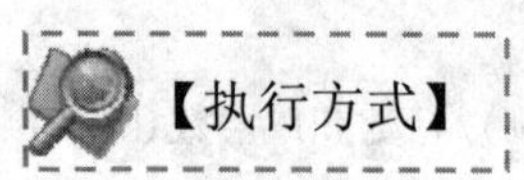

【执行方式】

命令行：MOVE

菜单栏：选择菜单栏中的“修改”→“移动”命令

快捷菜单：选择要复制的对象，在绘图区右击，在弹出的快捷菜单中选择“移动”命令

工具栏：单击“修改”工具栏中的“移动”按钮

功能区：单击“默认”选项卡“修改”面板中的“移动”按钮

【操作步骤】

```
命令：MOVE↙
选择对象：（选择对象）
```

用前面介绍的选择对象方法选择要移动的对象，按Enter键结束选择。系统继续提示：

```
指定基点或位移：（指定基点或移至点）
指定基点或［位移(D)］<位移>:（指定基点或位移）
指定第二个点或<使用第一个点作为位移>:
```

命令选项功能与“复制”命令类似。

3.4.2 实例——沙发茶几

绘制如图3-31所示的沙发茶几。

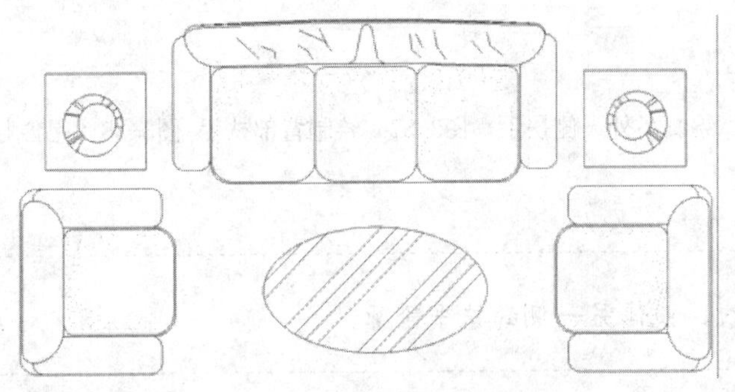

图3-31 沙发茶几

实讲实训 多媒体演示

多媒体演示参见配套光盘中的\\动画演示\第3章\沙发茶几.avi。

01 单击“默认”选项卡“绘图”面板中的“直线”按钮，绘制单人沙发面的4边，如图3-32所示。

说 明

调用“直线”命令绘制沙发面的4边，尺寸适当选取，注意其相对位置和长度的关系。

02 单击“默认”选项卡“绘图”面板中的“圆弧”按钮，将沙发面的4边连接起来，得到完整的沙发面，如图3-33所示。

03 单击“默认”选项卡“绘图”面板中的“直线”按钮，绘制侧面扶手轮廓，如图3-34所示。

04 单击“默认”选项卡“绘图”面板中的“圆弧”按钮，绘制侧面扶手的弧边线，如图3-35所示。

图3-32　绘制沙发面4边　　图3-33　连接边角　　图3-34　绘制扶手轮廓

05 单击“默认”选项卡“修改”面板中的“镜像”按钮，镜像绘制另外一个侧面的扶手轮廓，如图3-36所示。

06 单击“默认”选项卡“绘图”面板中的“圆弧”按钮和“修改”面板中的“镜像”按钮，绘制沙发背部扶手轮廓，如图3-37所示。

07 单击“默认”选项卡“绘图”面板中的“圆弧”按钮、“直线”按钮和“修改”面板中的“镜像”按钮，完善沙发背部扶手，如图3-38所示。

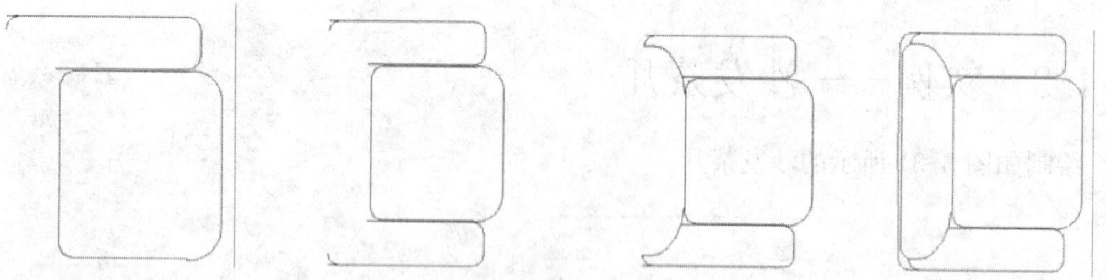

图3-35　绘制侧面扶手的弧边线　图3-36　绘制另外一侧扶手　图3-37　绘制背部扶手　图3-38　完善背部扶手

说明

以中间的轴线作为镜像线，镜像另一侧的扶手轮廓。

08 单击“默认”选项卡“修改”面板中的“偏移”按钮，对沙发面进行修改，使其更为形象，如图3-39所示。

09 单击“默认”选项卡“绘图”面板中的“多点”按钮，在沙发座面上绘制点，细化沙发面，如图3-40所示。

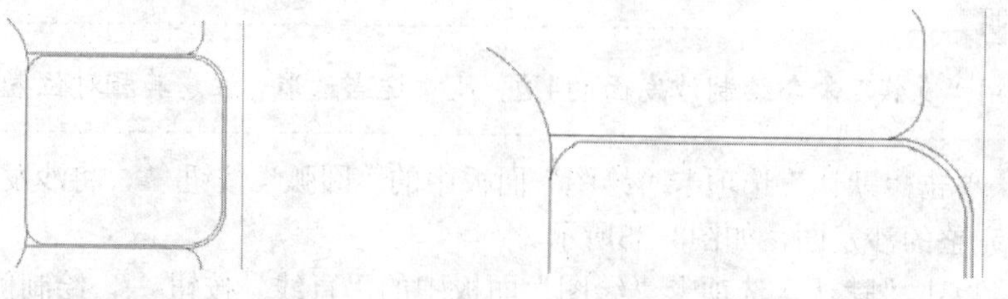

图3-39　修改沙发面　　图3-40　细化沙发面

10 单击“默认”选项卡“修改”面板中的“镜像”按钮，进一步完善沙发面造型，使其更为形象，结果如图3-41所示。

11 采用相同的方法，绘制 3 人座的沙发面造型，如图 3-42 所示。

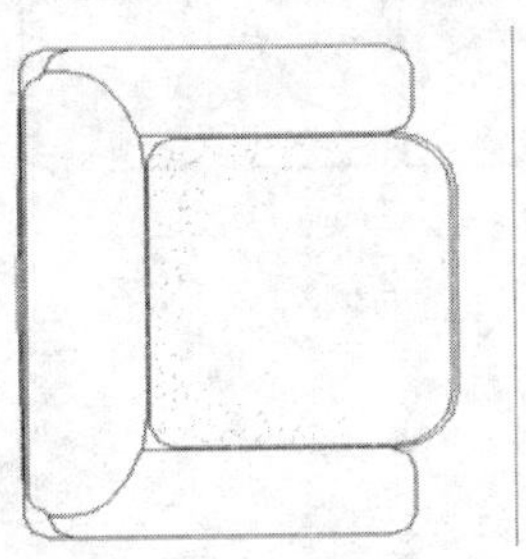

图3-41　完善沙发面造型

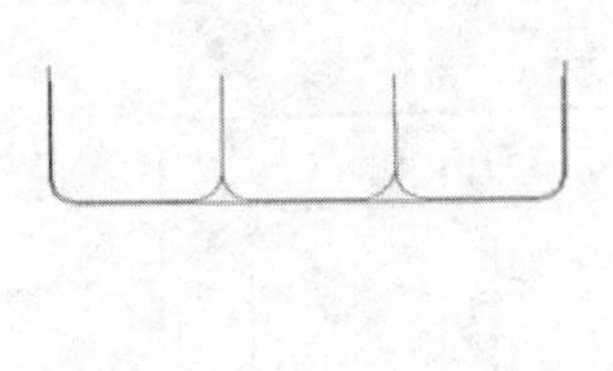

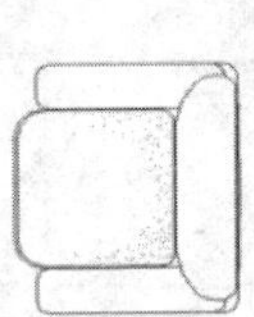

图3-42　绘制3人座的沙发面造型

说 明

先绘制沙发面造型。

12 单击“默认”选项卡“绘图”面板中的“直线”按钮、“圆弧”按钮和“修改”面板中的“镜像”按钮，绘制3人座沙发扶手造型，如图3-43所示。

13 单击“默认”选项卡“绘图”面板中的“圆弧”按钮、“直线”按钮，绘制3人座沙发背部造型，如图3-44所示。

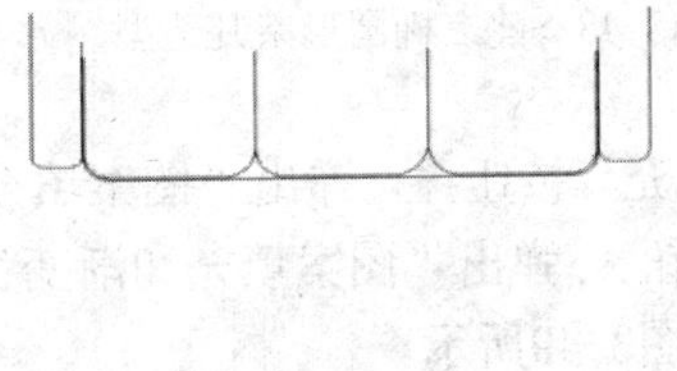

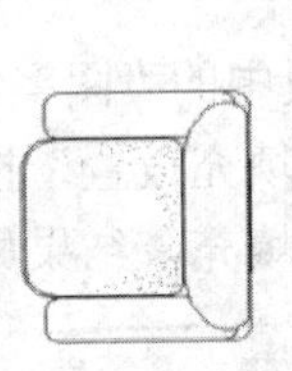

图3-43　绘制3人座沙发扶手造型

图3-44　绘制3人座沙发背部造型

14 单击“默认”选项卡“绘图”面板中的“多点”按钮，对3人座沙发面造型进行细化，如图3-45所示。

15 单击“默认”选项卡“修改”面板中的“移动”按钮，调整两个沙发造型的位置，结果如图3-46所示，命令行中的提示与操作如下：

```
命令：MOVE↙
选择对象：(选择沙发)
指定基点或 [位移(D)] <位移>：（指定移动基点位置）
指定第二个点或 <使用第一个点作为位移>：（指定移动位置）
```

16 单击“默认”选项卡“修改”面板中的“镜像”按钮，对单个沙发进行镜像，得到沙发组造型，如图3-47所示。

17 单击“默认”选项卡“绘图”面板中的“椭圆”按钮，绘制1个椭圆形，建立椭圆形茶几造型，如图3-48所示。

说 明

可以绘制其他形式的茶几造型。

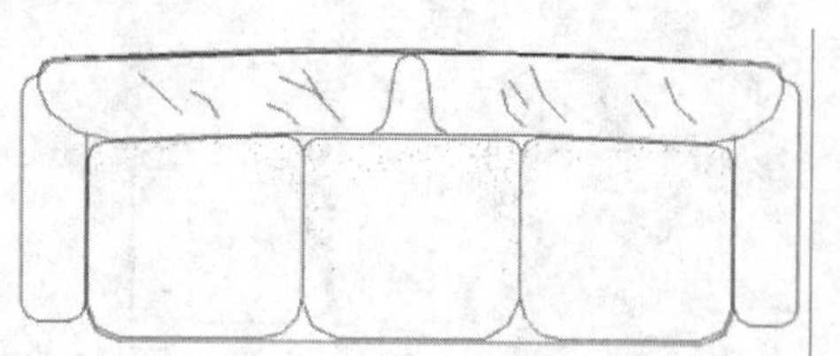

图3-45　细化3人座沙发面造型

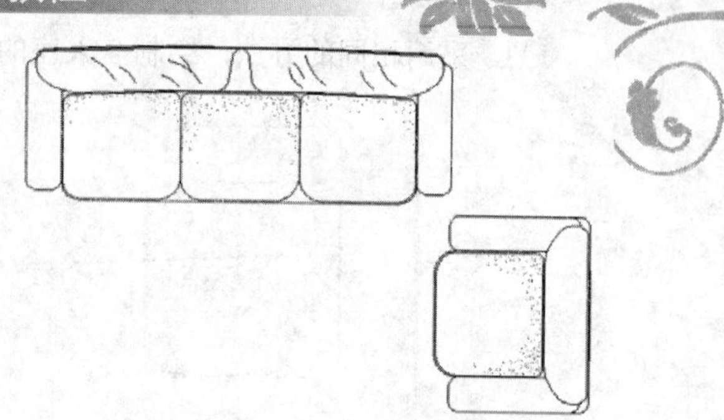

图3-46　调整两个沙发的位置造型

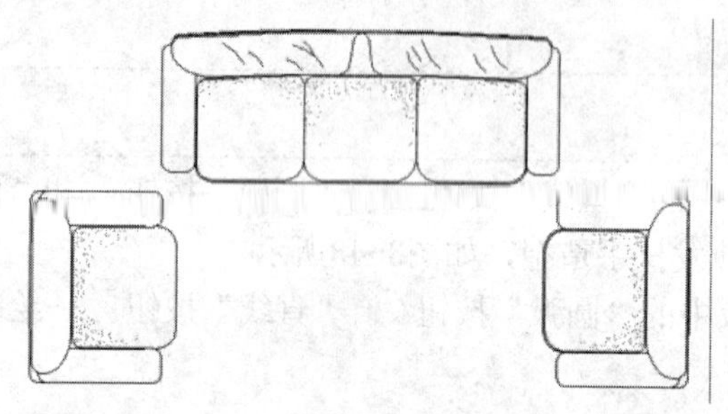

图3-47　沙发组造型

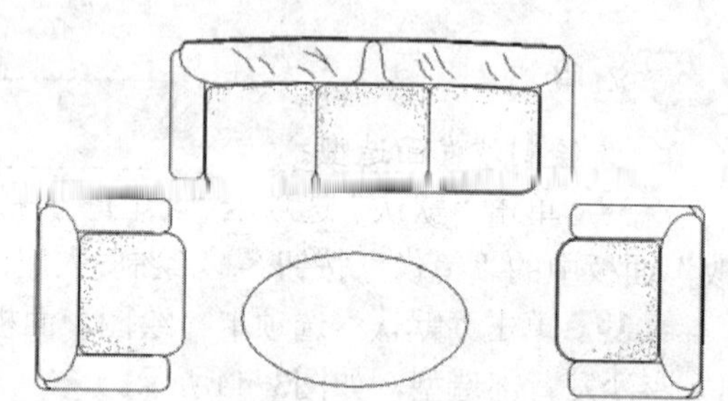

图3-48　建立椭圆形茶几造型

18 单击“默认”选项卡“绘图”面板中的“图案填充”按钮，弹出“图案填充创建”选项卡，单击“选项”面板中的“图案填充设置”按钮，弹出“图案填充和渐变色”对话框，选择适当的图案，对茶几进行图案填充，结果如图3-49所示。

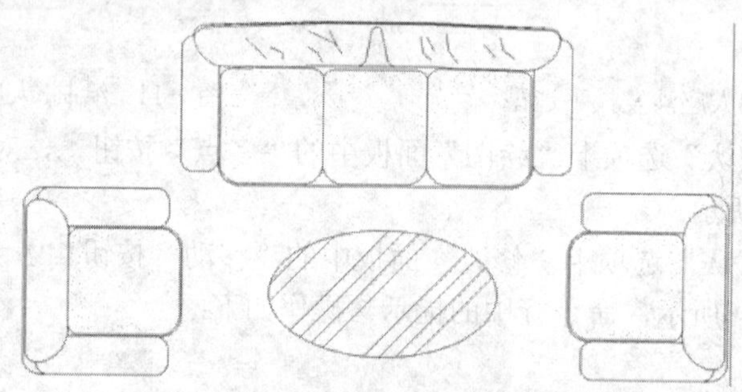

图3-49　填充茶几图案

19 单击“默认”选项卡“绘图”面板中的“多边形”按钮，绘制沙发之间的一个正方形桌面灯造型，如图3-50所示。

说 明

先绘制一个正方形作为桌面。

20 单击“默认”选项卡“绘图”面板中的“圆”按钮，绘制两个大小和圆心位置都不同的圆形，如图3-51所示。

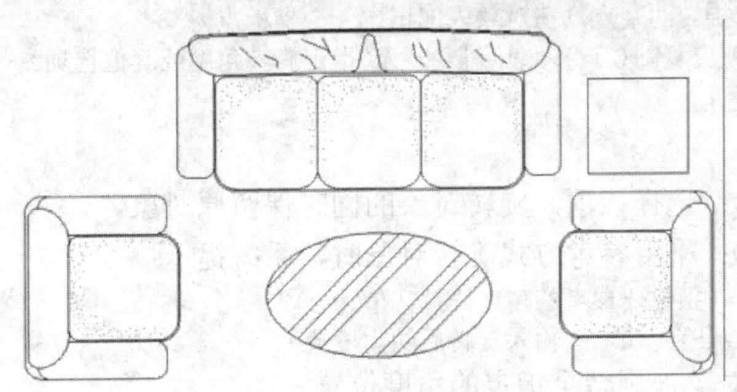

图3-50 绘制桌面灯造型

21 单击“默认”选项卡“绘图”面板中的“直线”按钮，绘制随机斜线，形成灯罩效果，如图3-52所示。

图3-51 绘制两个圆形

图3-52 创建灯罩

22 单击“默认”选项卡“修改”面板中的“镜像”按钮，进行镜像得到两个沙发桌面灯，完成客厅沙发茶几图的绘制，如图3-31所示。

3.4.3 旋转命令

【执行方式】

命令行：ROTATE

菜单栏：选择菜单栏中的“修改”→“旋转”命令

快捷菜单：选择要旋转的对象，在绘图区右击，在弹出的快捷菜单中选择“旋转”命令

工具栏：单击“修改”工具栏中的“旋转”按钮

功能区：单击“默认”选项卡“修改”面板中的“旋转”按钮

【操作步骤】

```
命令：ROTATE↙
UCS 当前的正角方向:  ANGDIR=逆时针  ANGBASE=0
选择对象: （选择要旋转的对象）
选择对象:
```

```
指定基点：(指定旋转的基点。在对象内部指定一个坐标点)
指定旋转角度，或［复制(C)/参照(R)］<0>：(指定旋转角度或其他选项)
```

【选项说明】

（1）复制（C）：选择该项，旋转对象的同时保留原对象。

（2）参照（R）：采用参考方式旋转对象时，系统提示：

```
指定参照角 <0>：(指定要参考的角度，默认值为0)
指定新角度或［点(P)］<0>：(输入旋转后的角度值)
```

操作完毕后，对象被旋转至指定的角度位置。

注意

可以用拖动鼠标的方法旋转对象。选择对象并指定基点后，从基点到当前光标位置会出现一条连线，移动鼠标选择的对象会动态地随着该连线与水平方向的夹角的变化而旋转，回车会确认旋转操作，如图3-53所示。

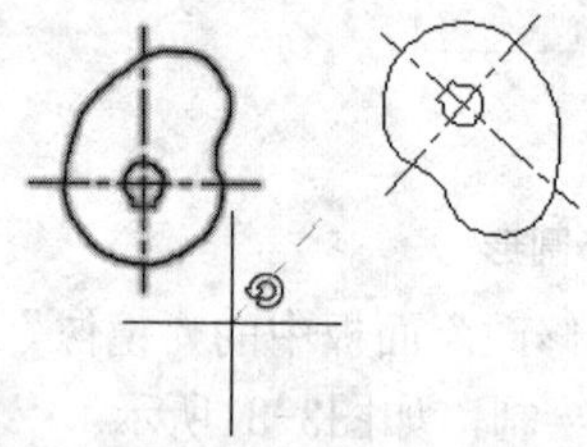

图3-53　拖动鼠标旋转对象

3.4.4　实例——计算机

绘制如图 3-54 所示的计算机。

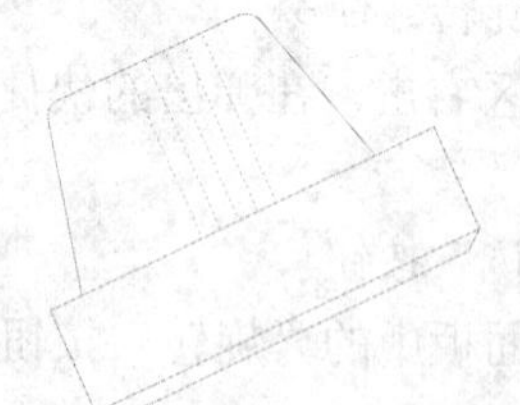

图3-54　计算机

实讲实训
多媒体演示

多媒体演示参见配套光盘中的\\动画演示\第3章\计算机.avi。

01 单击“默认”选项卡“图层”面板中的“图层特性”按钮，新建两个图层：

❶“1”图层，颜色设置为红色，其余属性采用默认设置。

❷“2”图层，颜色设置为绿色，其余属性采用默认设置。

02 将“1”图层设置为当前图层，单击“默认”选项卡“绘图”面板中的“矩形”按钮，绘制角点坐标为（0，16）和（450，130）的矩形，结果如图3-55所示。

图3-55 绘制矩形

03 单击“默认”选项卡“绘图”面板中的“多段线”按钮，绘制计算机外框。命令行中的提示与操作如下：

```
命令: _PLINE↙
指定起点: 0,16↙
当前线宽为 0.0000
指定下一个点或 [圆弧(A)/半宽(H)/长度(L)/放弃(U)/宽度(W)]: 30,0↙
指定下一点或 [圆弧(A)/闭合(C)/半宽(H)/长度(L)/放弃(U)/宽度(W)]: 430,0↙
指定下一点或 [圆弧(A)/闭合(C)/半宽(H)/长度(L)/放弃(U)/宽度(W)]: 450,16↙
指定下一点或 [圆弧(A)/闭合(C)/半宽(H)/长度(L)/放弃(U)/宽度(W)]: ↙
命令: PLINE↙
指定起点: 37,130↙
当前线宽为 0.0000
指定下一个点或 [圆弧(A)/半宽(H)/长度(L)/放弃(U)/宽度(W)]: 80,308↙
指定下一个点或 [圆弧(A)/闭合(C)/半宽(H)/长度(L)/放弃(U)/宽度(W)]: A↙
指定圆弧的端点(按住 Ctrl 键以切换方向)或[角度(A)/圆心(CE)/闭合(CL)/方向(D)/半宽(H)/直线(L)/半径(R)/第二个点(S)/放弃(U)/宽度(W)]: 101,320↙
指定圆弧的端点(按住 Ctrl 键以切换方向)或[角度(A)/圆心(CE)/闭合(CL)/方向(D)/半宽(H)/直线(L)/半径(R)/第二个点(S)/放弃(U)/宽度(W)]: L↙
指定下一点或 [圆弧(A)/闭合(C)/半宽(H)/长度(L)/放弃(U)/宽度(W)]: 306,320↙
指定下一点或 [圆弧(A)/闭合(C)/半宽(H)/长度(L)/放弃(U)/宽度(W)]: A↙
指定圆弧的端点(按住 Ctrl 键以切换方向)或[角度(A)/圆心(CE)/闭合(CL)/方向(D)/半宽(H)/直线(L)/半径(R)/第二个点(S)/放弃(U)/宽度(W)]: 326,308↙
指定圆弧的端点(按住 Ctrl 键以切换方向)或[角度(A)/圆心(CE)/闭合(CL)/方向(D)/半宽(H)/直线(L)/半径(R)/第二个点(S)/放弃(U)/宽度(W)]: L↙
指定下一点或 [圆弧(A)/闭合(C)/半宽(H)/长度(L)/放弃(U)/宽度(W)]: 380,130↙
指定下一点或 [圆弧(A)/闭合(C)/半宽(H)/长度(L)/放弃(U)/宽度(W)]: ↙
```

绘制结果如图 3-56 所示。

04 将“2”图层设置为当前图层，单击“默认”选项卡“绘图”面板中的“直线”按钮，绘制坐标点为（176，130）和（176，320）的直线，结果如图 3-57 所示。

05 单击“默认”选项卡“修改”面板中的“矩形阵列”按钮，选择阵列对象为步骤 **04** 中绘制的直线，输入行数为1、列数为5、列间距为22，绘制结果如图3-58所示。

图3-56　绘制多段线

图3-57　绘制直线

图3-58　阵列直线

06 单击“默认”选项卡“修改”面板中的“旋转”按钮，以（0，0）为基点，将计算机旋转25°，命令行中的提示与操作如下：

```
命令: _ROTATE↙
UCS 当前的正角方向:  ANGDIR=逆时针  ANGBASE=0
选择对象:(选择所有图形)
指定基点: 0,0↙
指定旋转角度，或 [复制(C)/参照(R)] <0>:  25↙
```

绘制结果如图3-54所示。

3.4.5　缩放命令

【执行方式】

命令行：SCALE

菜单栏：选择菜单栏中的“修改”→“缩放”命令

快捷菜单：选择要缩放的对象，在绘图区右击，在弹出的快捷菜单中选择“缩放”命令

工具栏：单击“修改”工具栏中的“缩放”按钮

功能区：单击“默认”选项卡“修改”面板中的“缩放”按钮

【操作步骤】

```
命令: SCALE↙
选择对象:（选择要缩放的对象）
选择对象:
指定基点:（指定缩放操作的基点）
指定比例因子或 [复制（C）/参照（R）]:
```

【选项说明】

（1）采用参考方向缩放对象时系统提示：

```
指定参照长度 <1>:（指定参考长度值）
指定新的长度或 [点(P)] <1.0000>:（指定新长度值）
```

若新长度值大于参考长度值，则放大对象；否则，缩小对象。操作完毕后，系统以指定的基点按指定的比例因子缩放对象。如果选择“点（P）”选项，则指定两点来定义新的长度。

（2）用拖动鼠标的方法缩放对象：选择对象并指定基点后，从基点到当前光标位置会出现一条连线，线段的长度即为比例大小。移动鼠标，选择的对象会动态地随着该连线长度的变化而缩放，回车会确认缩放操作。

（3）选择“复制（C）”选项：可以复制缩放对象，即缩放对象时保留原对象，如图3-59所示，这是AutoCAD2018新增的功能。

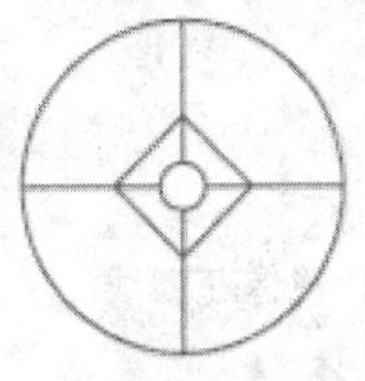

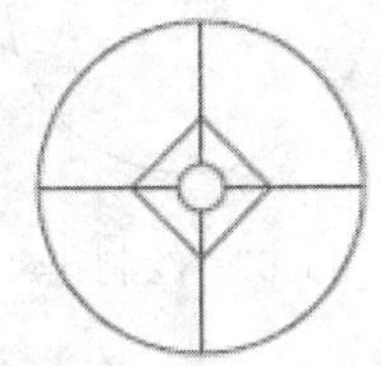

图3-59 复制缩放

3.4.6 实例——装饰盘

绘制如图3-60所示的装饰盘。

实讲实训 多媒体演示

多媒体演示参见配套光盘中的\\动画演示\第3章\装饰盘.avi。

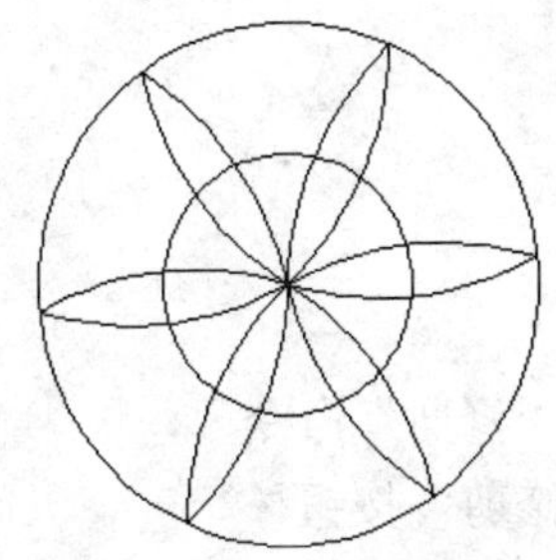

图3-60 装饰盘

01 单击“默认”选项卡“绘图”面板中的“圆”按钮，绘制一个圆心坐标为（100，100）半径为200的圆作为装饰盘外轮廓线，如图3-61所示。

02 单击“默认”选项卡“绘图”面板中的“圆弧”按钮，绘制花瓣，如图3-62所示。

03 单击“默认”选项卡“修改”面板中的“镜像”按钮，镜像花瓣，如图3-63所示。

04 单击“默认”选项卡“修改”面板中的“环形阵列”按钮，以花瓣为对象，以圆心为阵列中心点阵列花瓣，如图3-64所示。

05 单击“默认”选项卡“修改”面板中的“缩放”按钮，缩放一个圆作为装饰盘内装饰圆，命令行中的提示与操作如下：

```
命令：SCALE↙
选择对象：(选择圆)
指定基点：(指定圆心)
指定比例因子或［复制（C）/参照（R）］：C↙
指定比例因子或［复制（C）/参照（R）］:0.5↙
```

绘制结果如图3-60所示。

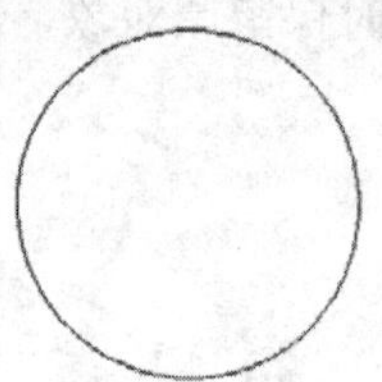

图3-61 绘制圆

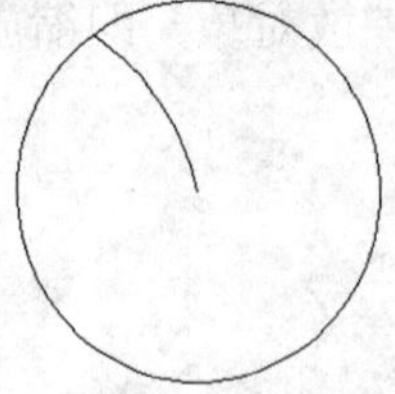

图3-62 绘制花瓣

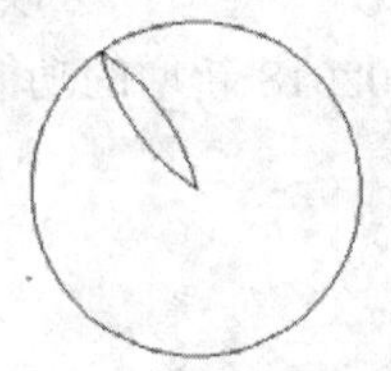

图3-63 镜像花瓣线

图3-64 阵列花瓣

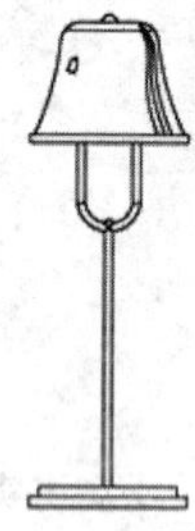

3.5 改变几何特性类命令

这类编辑命令在对指定对象进行编辑后，使编辑对象的几何特性发生改变，包括倒角、倒圆、断开、修剪、延长、加长、伸展等命令。

3.5.1 修剪命令

【执行方式】

命令行：TRIM

菜单栏：选择菜单栏中的“修改”→“修剪”命令

工具栏：单击“修改”工具栏中的“修剪”按钮

功能区：单击“默认”选项卡“修改”面板中的“修剪”按钮

【操作步骤】

```
命令：TRIM↙
当前设置:投影=UCS，边=无
选择剪切边...
选择对象或〈全部选择〉:(选择用作修剪边界的对象)
:
```

按 Enter 键结束对象选择，系统提示：

```
选择要修剪的对象，或按住 Shift 键选择要延伸的对象，或[栏选(F)/窗交(C)/投影(P)/边(E)/删除(R)/放弃(U)]:
```

【选项说明】

（1）选择对象：如果按住 Shift 键，系统就自动将“修剪”命令转换成“延伸”命令（“延伸”命令将在后面介绍）。

（2）选择“边”选项：可以选择对象的修剪方式如下：

1）延伸(E)：延伸边界进行修剪。在此方式下，如果剪切边没有与要修剪的对象相交，则系统会延伸剪切边直至与对象相交，然后再修剪，如图 3-65 所示。

2）不延伸(N)：不延伸边界修剪对象，即只修剪与剪切边相交的对象。

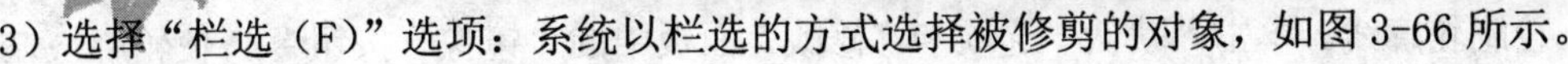
(3) 选择“栏选（F)”选项：系统以栏选的方式选择被修剪的对象，如图 3-66 所示。

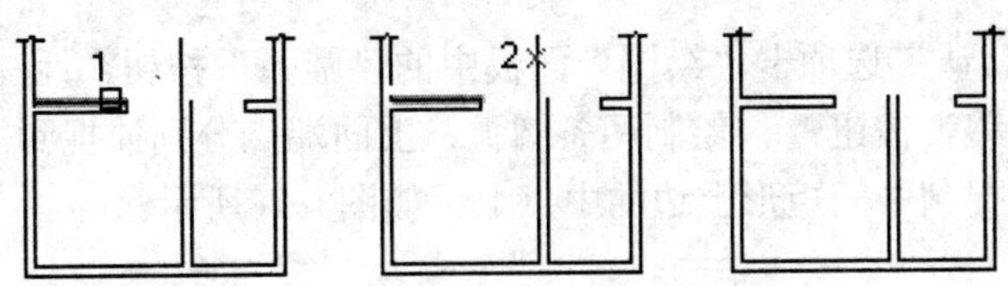

图3-65　延伸方式修剪对象

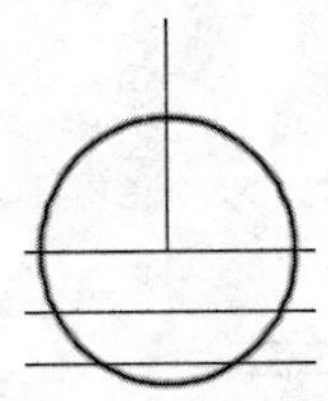

选定剪切边

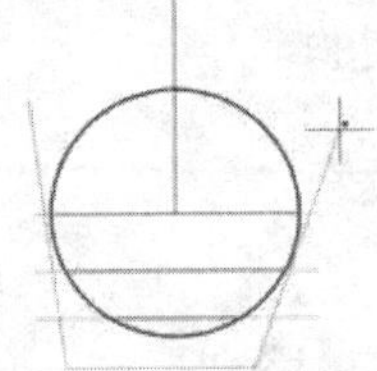

使用栏选选定的修剪对象

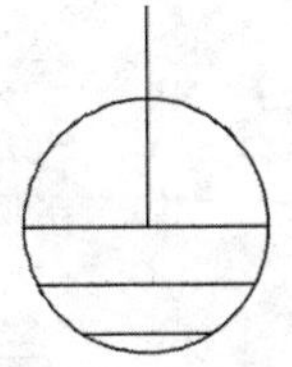

结果

图3-66　栏选修剪对象

(4) 选择“窗交（C)”选项：系统以窗交的方式选择被修剪的对象。如图 3-67 所示。

(5) 被选择的对象可以互为边界和被修剪对象：此时系统会在选择的对象中自动判断边界。

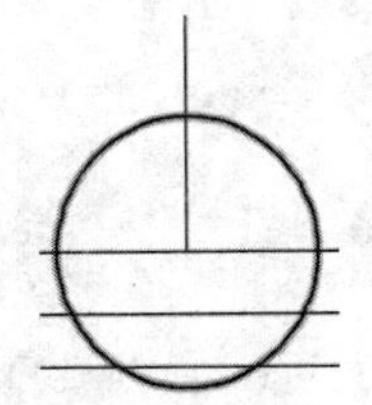

a）使用窗交选择选定的边

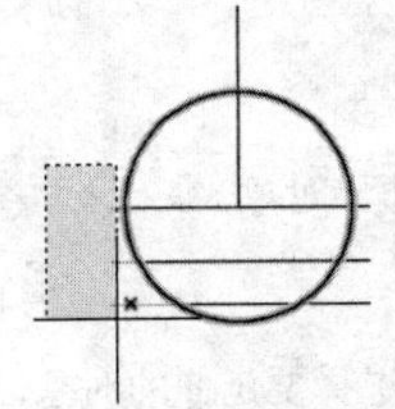

b）选定要修剪的对象

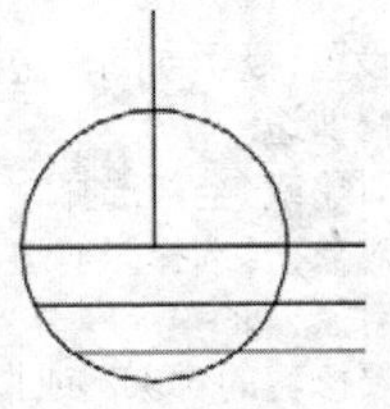

c）结果

图3-67　窗交选择修剪对象

3.5.2　实例——灯具

绘制如图 3-68 所示的灯具。

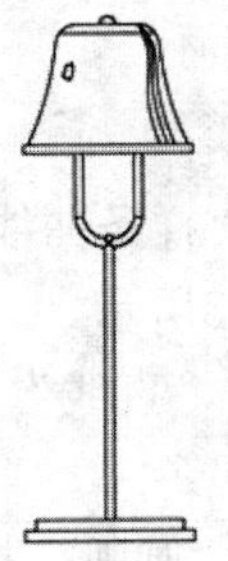

图3-68　灯具

实讲实训
多媒体演示

多媒体演示参见配套光盘中的\\动画演示\第3章\灯具.avi。

01 单击“默认”选项卡“绘图”面板中的“矩形”按钮□，

绘制轮廓线。单击“默认”选项卡“修改”面板中的“镜像”按钮，使轮廓线左右对称，如图3-69所示。

02 单击“默认”选项卡“绘图”面板中的“圆弧”按钮和“默认”选项卡“修改”面板中的“偏移”按钮，绘制两条圆弧，上面端点分别捕捉到矩形的角点上，下面的圆弧中间一点捕捉到中间矩形上边的中点上，如图3-70所示。

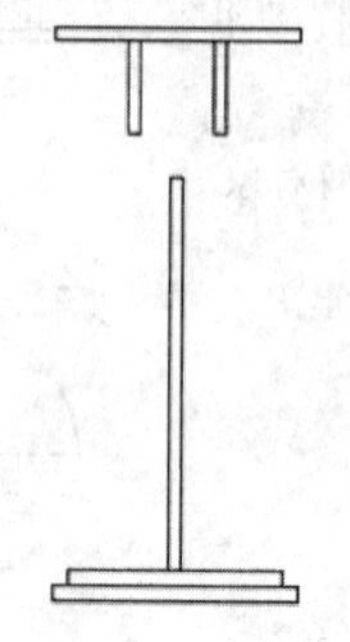

图3-69 绘制轮廓线

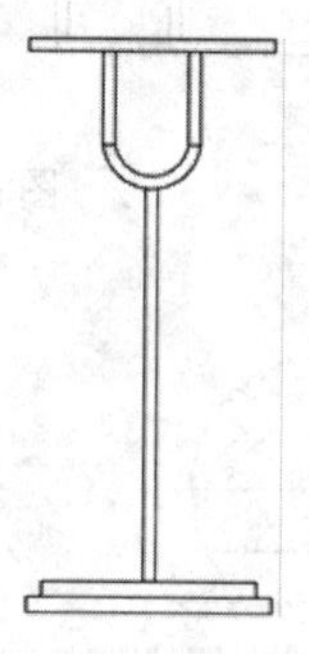

图3-70 绘制圆弧

03 单击“默认”选项卡“绘图”面板中的“直线”按钮和“圆弧”按钮，绘制灯柱上的结合点，如图3-71所示。

04 单击“默认”选项卡“修改”面板中的“修剪”按钮，修剪多余图线。命令行中的提示与操作如下：

```
命令：_trim↙
当前设置:投影=UCS，边=延伸
选择修剪边...
选择对象或<全部选择>:（选择修剪边界对象）↙
选择对象:（选择修剪边界对象）↙
选择对象：↙
选择要修剪的对象，或按住 Shift 键选择要延伸的对象，或 [投影(P)/边(E)/放弃(U)]:（选择修剪对象）↙
```

修剪结果如图 3-72 所示。

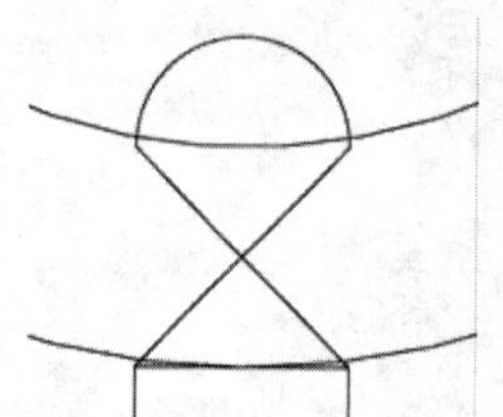

图3-71 绘制灯柱上的结合点

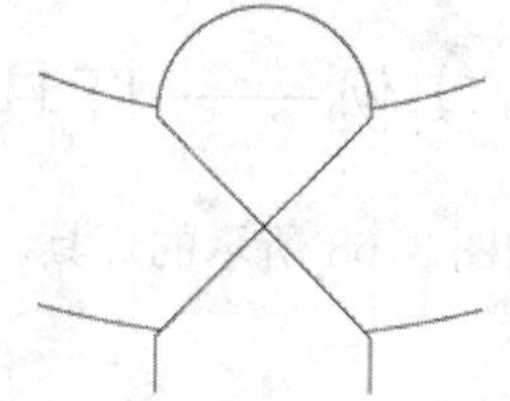

图3-72 修剪图形

05 单击“默认”选项卡“绘图”面板中的“样条曲线拟合”按钮和“修改”面板中的“镜像”按钮，绘制灯罩轮廓线，如图3-73所示。

06 单击“默认”选项卡“绘图”面板中的“直线”按钮，补齐灯罩轮廓线，直线端点捕捉对应样条曲线端点，如图3-74所示。

07 单击“默认”选项卡“绘图”面板中的“圆弧”按钮，绘制灯罩顶端的突起，如图 3-75 所示。

08 单击“默认”选项卡“绘图”面板中的“样条曲线拟合”按钮，绘制灯罩上

的装饰线，最终结果如图3-68所示。

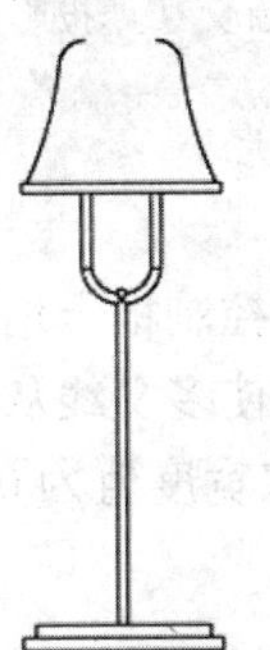
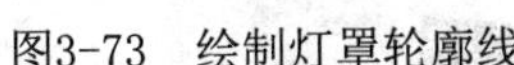

图3-73 绘制灯罩轮廓线

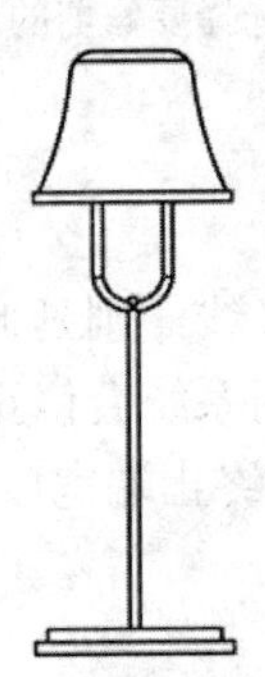

图3-74 补齐灯罩轮廓线

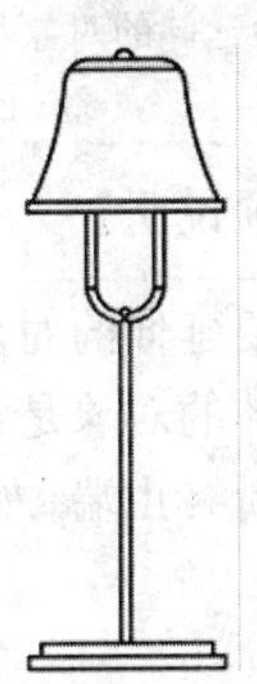

图3-75 绘制灯罩顶端的突起

3.5.3 延伸命令

延伸对象是指将对象延伸直至到另一个对象的边界线，如图 3-76 所示。

选择边界

选择要延伸的对象

执行结果

图3-76 延伸对象

【执行方式】

命令行：EXTEND

菜单栏：选择菜单栏中的“修改”→“延伸”命令

工具栏：单击“修改”工具栏中的“延伸”按钮

功能区：单击“默认”选项卡“修改”面板中的“延伸”按钮

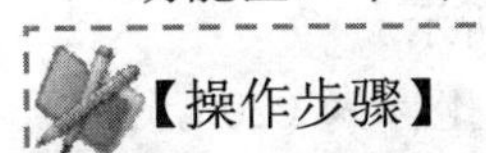

【操作步骤】

```
命令：EXTEND↙
当前设置:投影=UCS，边=无
选择边界的边...
选择对象或 <全部选择>:（选择边界对象）
```

此时可以选择对象来定义边界。若直接按 Enter 键，则选择所有对象作为可能的边界对象。

系统规定可以用作边界对象的对象有：直线段、射线、双向无限长线、圆弧、圆、椭圆、二维和三维多义线、样条曲线、文本、浮动的视口、区域。如果选择二维多义线作为边界对象，则系统会忽略其宽度而把对象延伸至多义线的中心线。

选择边界对象后,系统继续提示:

选择要延伸的对象，或按住 Shift 键选择要修剪的对象，或[栏选(F)/窗交(C)/投影(P)/边(E)/放弃(U)]:

【选项说明】

如果要延伸的对象是适配样条多义线，则延伸后会在多义线的控制框上增加新节点。如果要延伸的对象是锥形的多义线，则系统会修正延伸端的宽度，使多义线从起始端平滑地延伸至新终止端。如果延伸操作导致终止端宽度可能为负值，则取宽度值为 0，如图 3-77 所示。

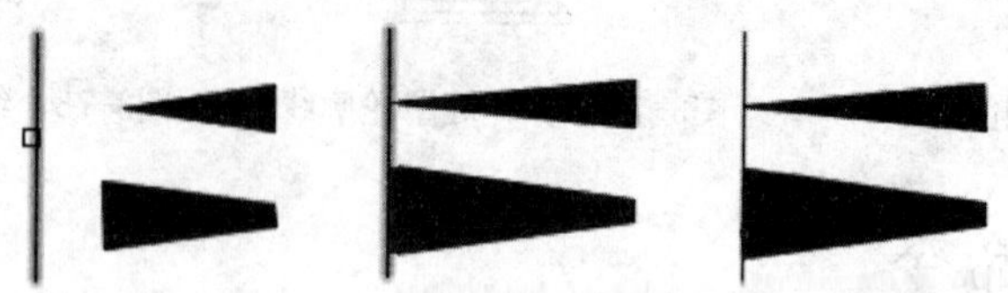

图3-77　延伸对象

选择对象时，如果按住 Shift 键，则系统自动将“延伸”命令转换成“修剪”命令。

3.5.4　实例——窗户

绘制如图 3-78 所示的窗户。

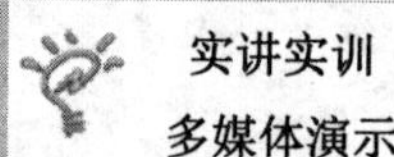

实讲实训
多媒体演示

多媒体演示参见配套光盘中的\\动画演示\第3章\窗户.avi。

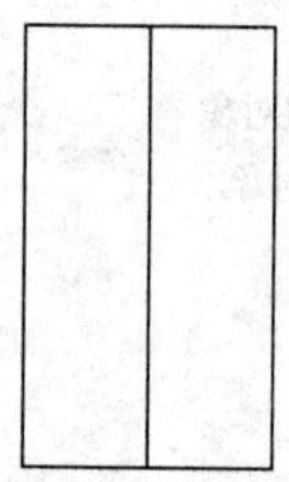

图3-78　窗户

01 单击“默认”选项卡“绘图”面板中的“矩形”按钮，绘制角点坐标分别为（100，100)，（300，500）的矩形作为窗户外轮廓线，结果如图3-79所示。

02 单击“默认”选项卡“绘图”面板中的“直线”按钮，绘制坐标为（200，100)，（200，200）的直线分割矩形，如图3-80所示。

图3-79　绘制矩形　　　　图3-80　绘制窗户分割线

03 单击“默认”选项卡“修改”面板中的“延伸”按钮，将直线延伸至矩形最

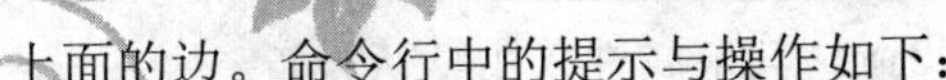

上面的边。命令行中的提示与操作如下：

```
命令：_EXTEND↙
当前设置:投影=UCS，边=无
选择边界的边...
选择对象或〈全部选择〉：（拾取矩形的最上边）
选择要延伸的对象，或按住 Shift 键选择要修剪的对象，或[栏选(F)/窗交(C)/投影(P)/边(E)/放弃(U)]:（拾取直线）
```

绘制结果如图 3-78 所示。

3.5.5 拉伸命令

拉伸对象是指拖拉选择的对象且对象的形状发生改变。拉伸对象时应指定拉伸的基点和移置点。利用一些辅助工具（如捕捉、钳夹功能及相对坐标等）可以提高拉伸的精度。

【执行方式】

命令行：STRETCH

菜单栏：选择菜单栏中的“修改”→“拉伸”命令

工具栏：单击“修改”工具栏中的“拉伸”按钮

功能区：单击“默认”选项卡“修改”面板中的“拉伸”按钮

【操作步骤】

```
命令：STRETCH↙
以交叉窗口或交叉多边形选择要拉伸的对象...
选择对象：C↙
指定第一个角点：指定对角点：找到 2 个（采用交叉窗口的方式选择要拉伸的对象）
指定基点或 [位移(D)] 〈位移〉:（指定拉伸的基点）
指定第二个点或〈使用第一个点作为位移〉:（指定拉伸的移至点）
```

此时，若指定第二个点，系统将根据这两点决定的矢量拉伸对象。若直接按 Enter 键，则系统会把第一个点作为 X 和 Y 轴的分量值。

拉伸命令移动完全包含在交叉窗口内的顶点和端点。部分包含在交叉选择窗口内的对象将被拉伸。

3.5.6 实例——门把手

绘制如图 3-81 所示的门把手。

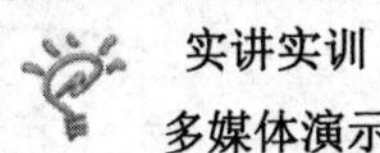

实讲实训

多媒体演示

多媒体演示参见配套光盘中的\\动画演示\第3章\门把手.avi。

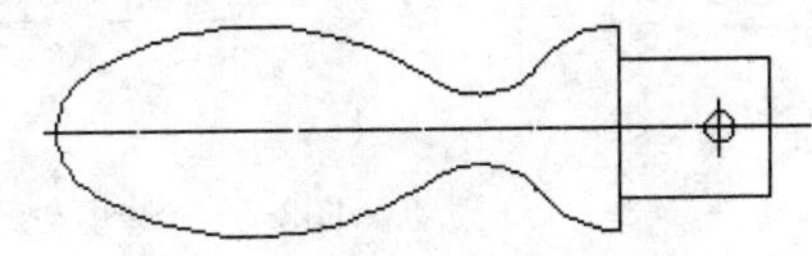

图3-81 门把手

01 设置图层。单击“默认”选项卡“图层”面板中的“图层特性”按钮，弹出“图层特性管理器”对话框，新建两个图层：

❶第一图层命名为“轮廓线”，线宽属性为0.3mm，其余属性采用默认设置。

❷第二图层命名为“中心线”，颜色设置为红色，线型加载为 center，其余属性采用默认设置。

02 将“中心线”图层设置为当前图层。单击“默认”选项卡“绘图”面板中的“直线”按钮，绘制坐标分别为（150，150），（@120，0）的直线，结果如图3-82所示。

03 将“轮廓线”图层设置为当前图层。单击“默认”选项卡“绘图”面板中的“圆”按钮，绘制圆心坐标为(160,150)、半径为10的圆。重复“圆”命令，绘制圆心为(235,150)，半径为 15的圆。再绘制半径为50的圆与前两个圆相切，结果如图3-83所示。

图3-82　绘制直线

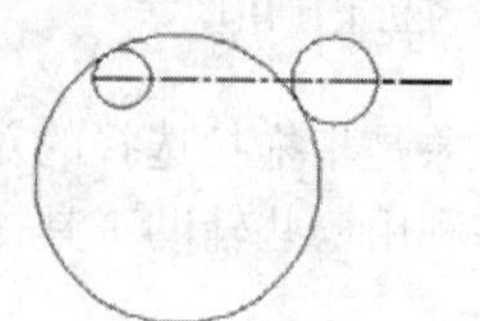

图3-83　绘制圆

04 单击“默认”选项卡“绘图”面板中的“直线”按钮，绘制坐标为(250，150)，(@10<90)，(@15<180)的两条直线。重复“直线”命令，绘制坐标为(235,165)，(235,150)的直线，结果如图3-84所示。

05 单击“默认”选项卡“修改”面板中的“修剪”按钮，进行修剪处理，结果如图3-85所示。

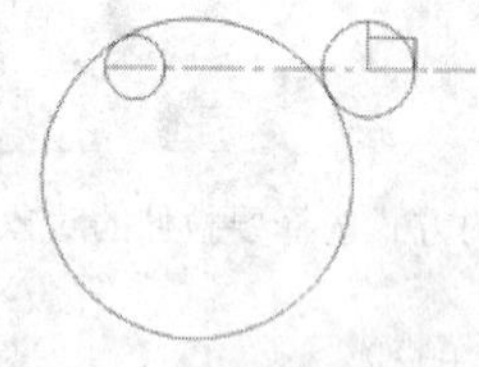

图3-84　绘制直线

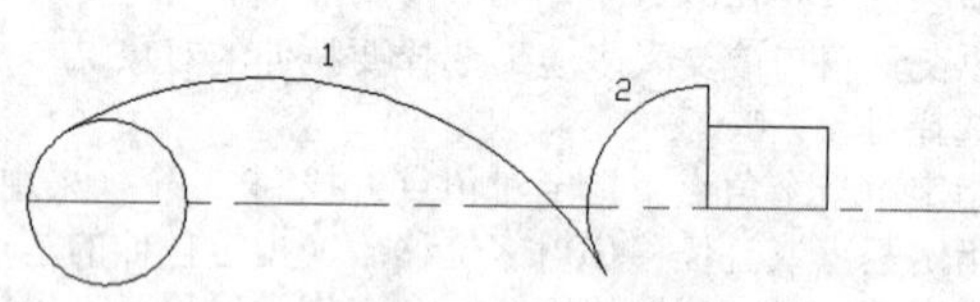

图3-85　修剪处理

06 绘制圆。单击“默认”选项卡“绘图”面板中的“圆”按钮，绘制半径为12并与圆弧1和圆弧2相切的圆，结果如图3-86所示。

07 修剪处理。单击“默认”选项卡“修改”面板中的“修剪”按钮，将多余的圆弧进行修剪，结果如图3-87所示。

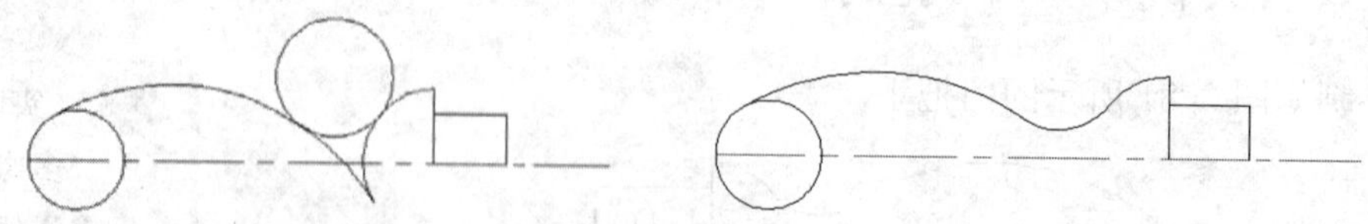

图3-86　绘制圆

图3-87　修剪处理

08 单击“默认”选项卡“修改”面板中的“镜像”按钮，以两点坐标分别为（150，150），（250，150）的直线为镜像线，对图形进行镜像处理，结果如图3-88所示。

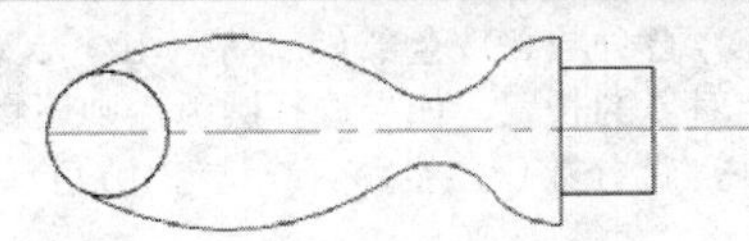

图3-88 镜像处理

09 单击“默认”选项卡“修改”面板中的“修剪”按钮，进行修剪处理，结果如图3-89所示。

10 将“中心线”图层设置为当前图层。单击“默认”选项卡“绘图”面板中的“直线”按钮，在把手接头处中间位置绘制适当长度的竖直线段，作为销孔定位中心线，如图3-90所示。

图3-89 把手初步图形

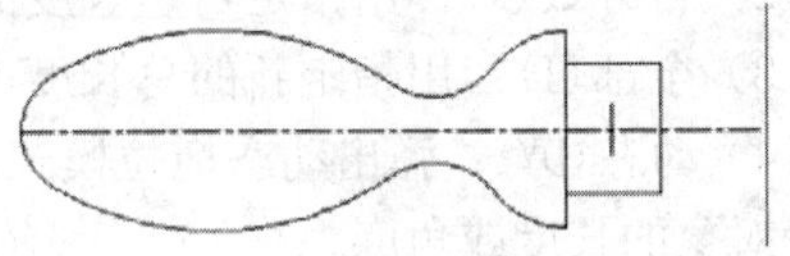

图3-90 销孔中心线

11 将“轮廓线”图层设置为当前图层。单击“默认”选项卡“绘图”面板中的“圆”按钮，以中心线交点为圆心绘制适当半径的圆，作为销孔，如图3-91所示。

12 单击“默认”选项卡“修改”面板中的“拉伸”按钮，拉伸接头长度。命令行提示与操作如下：

```
命令: _stretch
以交叉窗口或交叉多边形选择要拉伸的对象...
选择对象:（选择接头）
指定基点或 [位移(D)] <位移>:（在屏幕中指定一点作为基点）
指定第二个点或 <使用第一个点作为位移>:（向右拉伸适当长度）
```

结果如图 3-92 所示。

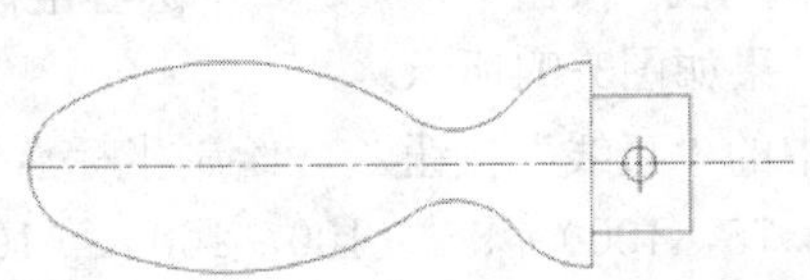

图3-91 销孔

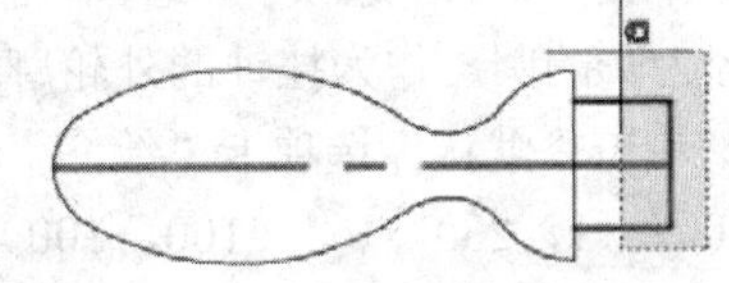

图3-92 指定拉伸对象

3.5.7 拉长命令

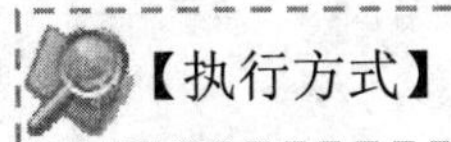

【执行方式】

命令行：LENGTHEN

菜单栏：选择菜单栏中的“修改”→“拉长”命令

功能区：单击“默认”选项卡“修改”面板中的“拉长”按钮

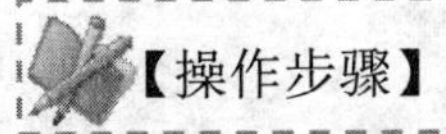

【操作步骤】

```
命令:LENGTHEN↙
```

选择要测量的对象或 [增量(DE)/百分数(P)/全部(T)/动态(DY)]:(选定对象)
当前长度: 30.5001(给出选定对象的长度,如果选择圆弧,则还将给出圆弧的包含角)
选择要测量的对象或 [增量(DE)/百分数(P)/全部(T)/动态(DY)]: DE↙(选择拉长或缩短的方式。如选择“增量(DE)”方式)
输入长度增量或 [角度(A)] <0.0000>: 10↙(输入长度增量数值。如果选择圆弧段,则可输入选项“A”给定角度增量)
选择要修改的对象或 [放弃(U)]:(选定要修改的对象,进行拉长操作)
选择要修改的对象或 [放弃(U)]:(继续选择,按 Enter 键结束命令)

【选项说明】

(1)增量(DE):用指定增加量的方法改变对象的长度或角度。

(2)百分数(P):用指定占总长度的百分比的方法改变圆弧或直线段的长度。

(3)全部(T):用指定新的总长度或总角度值的方法来改变对象的长度或角度。

(4)动态(DY):弹出动态拖拉模式。在这种模式下,可以使用拖拉鼠标的方法来动态地改变对象的长度或角度。

3.5.8 实例——挂钟

绘制如图 3-93 所示的挂钟。

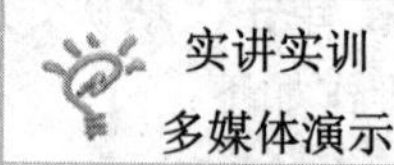
实讲实训
多媒体演示

多媒体演示参见配套光盘中的\\动画演示\第3章\挂钟.avi。

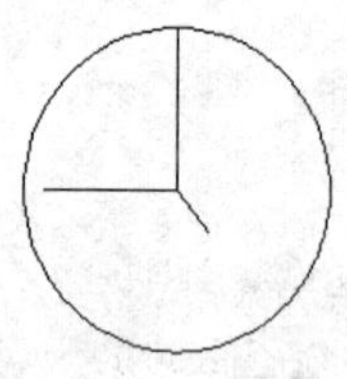

图 3-93 挂钟

01 单击“默认”选项卡“绘图”面板中的“圆”按钮,绘制一个圆心坐标为(100,100)半径为20的圆,作为挂钟的外轮廓线,结果如图3-94所示。

02 单击“默认”选项卡“绘图”面板中的“直线”按钮,绘制坐标点为{(100,100),(100,117.25)}、{(100,100),(82.75,100)}、{(100,100),(105,94)}的3条直线作为挂钟的指针,结果如图3-95所示。

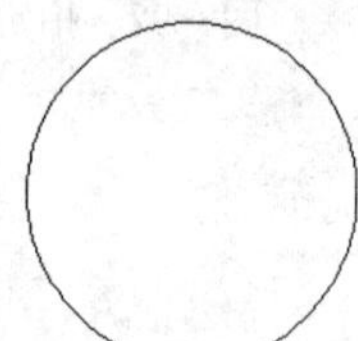

图3-94 绘制圆形

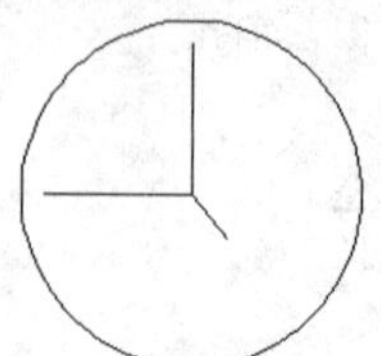

图3-95 绘制指针

03 单击“默认”选项卡“修改”面板中的“拉长”按钮,将秒针拉长至圆的边。命令行中的提示与操作如下:

命令: LENGTHEN↙
选择要测量的对象或 [增量(DE)/百分数(P)/全部(T)/动态(DY)]:(选择直线)
当前长度: 20.0000
选择要测量的对象或 [增量(DE)/百分数(P)/全部(T)/动态(DY)]: DE↙
输入长度增量或 [角度(A)] <2.7500>: 2.75↙

挂钟绘制完成，如图 3-93 所示。

3.5.9 圆角命令

圆角是指用指定的半径决定的一段平滑的圆弧连接两个对象。系统规定可以圆滑连接一对直线段、非圆弧的多义线段、样条曲线、双向无限长线、射线、圆、圆弧和真椭圆。可以在任何时刻圆滑连接多义线的每个节点。

【执行方式】

命令行：FILLET

菜单栏：选择菜单栏中的“修改”→“圆角”命令

工具栏：单击“修改”工具栏中的“圆角”按钮

功能区：单击“默认”选项卡“修改”面板中的“圆角”按钮

【操作步骤】

```
命令：FILLET↙
当前设置：模式 = 修剪，半径 = 0.0000
选择第一个对象或 [放弃(U)/多段线(P)/半径(R)/修剪(T)/多个(M)]：(选择第一个对象或别的选项)
选择第二个对象，或按住 Shift 键选择对象以应用角点或 [半径(R)]：(选择第二个对象)
```

【选项说明】

（1）多段线(P)：在一条二维多段线的两段直线段的节点处插入圆滑的弧。选择多段线后，系统会根据指定的圆弧半径把多段线各顶点用圆滑的弧连接起来。

（2）修剪(T)：决定在圆滑连接两条边时是否修剪这两条边，如图 3-96 所示：

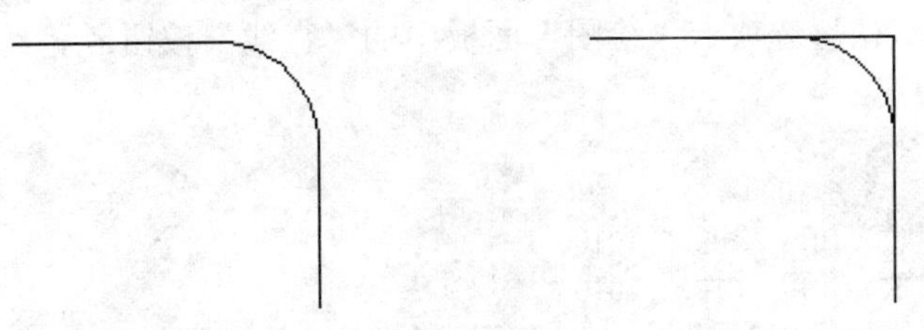

修剪方式　　不修剪方式

图3-96　圆角连接

（3）多个(M)：同时对多个对象进行圆角编辑。而不必重新起用命令。

按住 Shift 键并选择两条直线，可以快速创建零距离倒角或零半径圆角。

3.5.10 实例——小便池

绘制如图 3-97 所示的小便池。

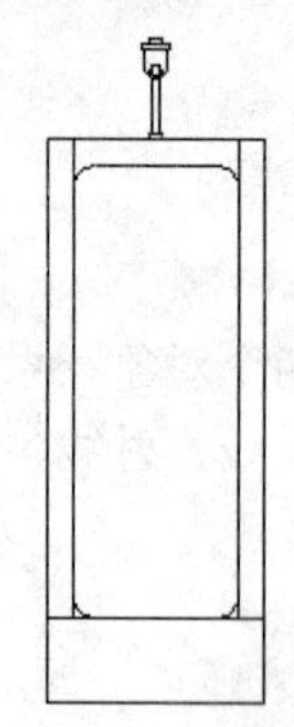

图3-97　小便池

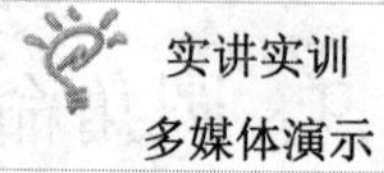

实讲实训
多媒体演示

多媒体演示参见配套光盘中的\\动画演示\第3章\小便池.avi。

01 单击“默认”选项卡“绘图”面板中的“矩形”按钮，绘制两角点坐标分别为（0，0），（400，1000）的矩形。重复“矩形”命令，绘制角点坐标分别为{（0,150），（45,1000）}、{（45,150），（355,950）}、{（355,150），（400,1000）}的另外3个矩形，结果如图3-98所示。

02 单击“默认”选项卡“修改”面板中的“圆角”按钮，设置圆角半径为40，将中间的矩形进行圆角处理。命令行中的提示与操作如下：

```
命令：_FILLET↙
当前设置：模式 = 修剪，半径 =0.0000
选择第一个对象或 [放弃(U)/多段线(P)/半径(R)/修剪(T)/多个(M)]：R↙
指定圆角半径：40↙
选择第一个对象或 [放弃(U)/多段线(P)/半径(R)/修剪(T)/多个(M)]：P↙
选择二维多段线：（选择如图 3-98 所示的矩形）
```

4条直线已被圆角。

03 单击“默认”选项卡“绘图”面板中的“直线”按钮，绘制两点坐标分别为（45，150）、（355，150）的直线，结果如图3-99所示。

04 单击“默认”选项卡“绘图”面板中的“直线”按钮，绘制水龙头，命令行中的提示与操作如下：

```
命令：_LINE
指定第一个点：187.5,1000↙
指定下一点或 [放弃(U)]：189.5,1010↙
指定下一点或 [放弃(U)]：210.5,1010↙
指定下一点或 [闭合(C)/放弃(U)]：212.5,1000↙
指定下一点或 [闭合(C)/放弃(U)]：↙
```

单击“默认”选项卡“绘图”面板中的“矩形”按钮，绘制矩形，命令行中的提示与操作如下：

```
命令：_RECTANG↙
指定第一个角点或 [倒角(C)/标高(E)/圆角(F)/厚度(T)/宽度(W)]：192.5,1010↙
指定另一个角点或 [面积(A)/尺寸(D)/旋转(R)]：207.5,1110↙
```

重复“矩形”命令，绘制角点坐标分别为{(172.5,1160),(227.5,1170)}、{(190,1170),（210,1180）}的另外两个矩形。

05 单击“默认”选项卡“绘图”面板中的“多段线”按钮，绘制多段线，命令行中的提示与操作如下：

命令: _PLINE↙
指定起点: 177.5,1160↙
当前线宽为 0.0000
指定下一个点或 [圆弧(A)/半宽(H)/长度(L)/放弃(U)/宽度(W)]: 177.5,1131↙
指定下一点或 [圆弧(A)/闭合(C)/半宽(H)/长度(L)/放弃(U)/宽度(W)]: a↙
指定圆弧的端点(按住 Ctrl 键以切换方向)或[角度(A)/圆心(CE)/闭合(CL)/方向(D)/半宽(H)/直线(L)/半径(R)/第二个点(S)/放弃(U)/宽度(W)]: @45,0↙
指定圆弧的端点(按住 Ctrl 键以切换方向)或[角度(A)/圆心(CE)/闭合(CL)/方向(D)/半宽(H)/直线(L)/半径(R)/第二个点(S)/放弃(U)/宽度(W)]: L↙
指定下一点或 [圆弧(A)/闭合(C)/半宽(H)/长度(L)/放弃(U)/宽度(W)]: 222.5,1160↙
指定下一点或 [圆弧(A)/闭合(C)/半宽(H)/长度(L)/放弃(U)/宽度(W)]: ↙

06 单击“默认”选项卡“绘图”面板中的“圆”按钮⊙，绘制圆。命令行中的提示与操作如下：

命令:CIRCLE↙
指定圆的圆心或 [三点(3P)/两点(2P)切点、切点、半径(T)]: 200,1120↙
指定圆的半径或 [直径(D)] <0.0000>: 10↙

绘制结果如图 3-100 所示。

图3-98 绘制矩形　　图3-99 圆角处理

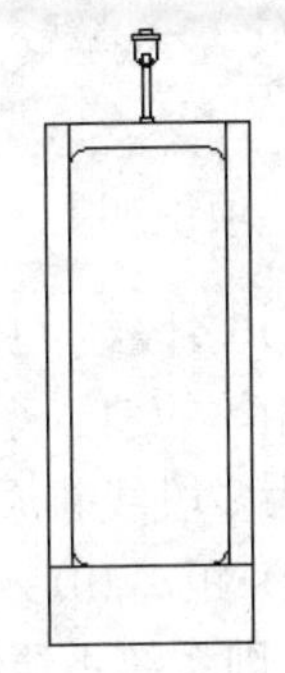
图3-100 小便池

3.5.11 倒角命令

倒角是指用斜线连接两个不平行的线型对象。可以用斜线连接直线段、双向无限长线、射线和多义线。系统采用以下两种方法确定连接两个线型对象的斜线：

1. 指定斜线距离

斜线距离是指从被连接的对象与斜线的交点到被连接的两对象的可能的交点之间的距离，如图 3-101 所示。

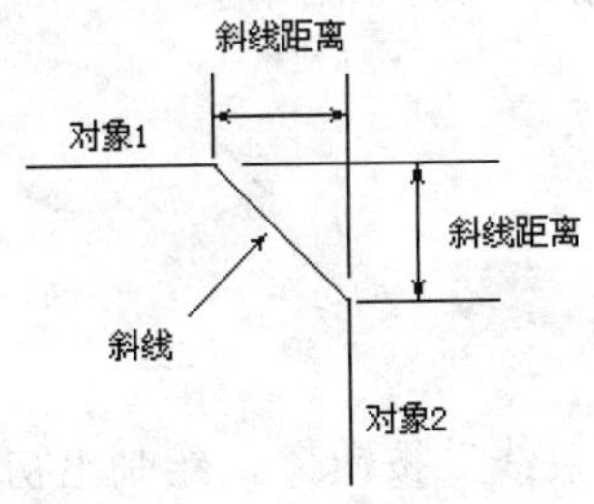

图3-101 斜线距离

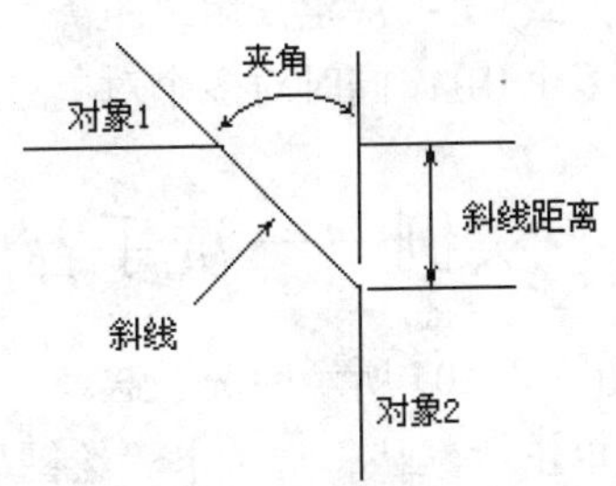

图3-102 斜线距离与夹角

2．指定斜线角度和一个斜距离连接选择的对象

采用这种方法斜线连接对象时，需要输入两个参数，即斜线与一个对象的斜线距离和斜线与该对象的夹角，如图 3-102 所示。

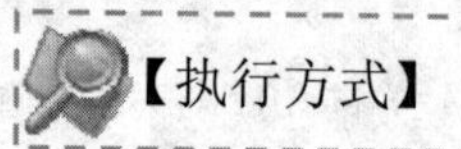

命令行：CHAMFER

菜单栏：选择菜单栏中的“修改”→“倒角”命令

工具栏：选择“修改”工具栏中的“倒角”按钮

功能区：单击“默认”选项卡“修改”面板中的“倒角”按钮

【操作步骤】

命令：CHAMFER↙

（“修剪”模式）当前倒角距离 1 = 0.0000，距离 2 = 0.0000

选择第一条直线或 [放弃(U)/多段线(P)/距离(D)/角度(A)/修剪(T)/方式(E)/多个(M)]：(选择第一条直线或别的选项)

选择第二条直线，或按住 Shift 键选择直线以应用角点或 [距离(D)/角度(A)/方法(M)]：(选择第二条直线)

【选项说明】

（1）多段线（P）：对多段线的各个交叉点倒角。为了得到最好的连接效果，一般设置斜线是相等的值。系统根据指定的斜线距离把多义线的每个交叉点都以斜线连接，连接的斜线成为多段线新添加的构成部分，如图 3-103 所示。

（2）距离(D)：选择倒角的两个斜线距离。这两个斜线距离可以相同或不同，若二者均为 0，则系统不绘制连接的斜线，而是把两个对象延伸至相交并修剪超出的部分。

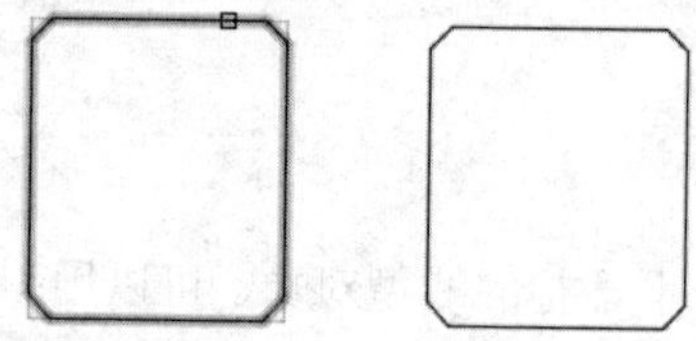

图3-103　斜线连接多段线

（3）角度(A)：选择第一条直线的斜线距离和第一条直线的倒角角度。

（4）修剪(T)：与圆角连接命令 FILLET 相同，该选项决定连接对象后是否剪切原对象。

（5）方式(E)：决定采用“距离”方式还是“角度”方式来倒角。

（6）多个(M)：同时对多个对象进行倒角编辑。

3.5.12　实例——洗手盆

绘制如图 3-104 所示的洗手盆。

01 单击“默认”选项卡“绘图”面板中的“直线”按钮，绘制出初步轮廓，大约尺寸如图3-105所示。

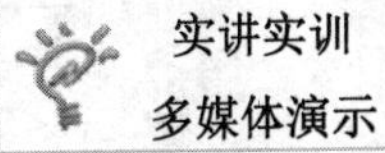

实讲实训
多媒体演示

多媒体演示参见配套光盘中的\\动画演示\第3章\洗手盆.avi。

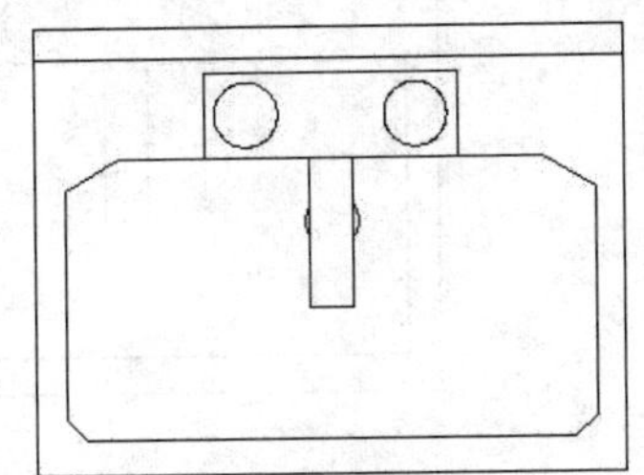

图3-104 洗手盆

02 单击“默认”选项卡“绘图”面板中的“圆”按钮，绘制以图3-105中长240及宽80的矩形大约左中位置为圆心、半径为35的圆。单击“默认”选项卡“修改”面板中的“复制”按钮，复制绘制的圆。

单击“默认”选项卡“绘图”面板中的“圆”按钮，绘制以图3-105中长139及宽40的矩形大约正中位置为圆心、半径为25的圆，作为出水口。

03 单击“默认”选项卡“修改”面板中的“修剪”按钮，将绘制的出水口修剪成如图3-106所示。

04 单击“默认”选项卡“修改”面板中的“倒角”按钮，绘制水盆4角。命令行中的提示与操作如下：

命令:CHAMFER↙
（“修剪”模式）当前倒角距离 1 = 0.0000，距离 2 = 0.0000
选择第一条直线或 [放弃(U)/多段线(P)/距离(D)/角度(A)/修剪(T)/方式(E)/多个(M)]:D↙
指定第一个倒角距离 <0.0000>: 50↙
指定第二个倒角距离 <50.0000>: 30↙
选择第一条直线或 [多段线(P)/距离(D)/角度(A)/修剪(T)/方式(M)/多个(U)]: U↙
选择第一条直线或 [放弃(U)/多段线(P)/距离(D)/角度(A)/修剪(T)/方式(E)/多个(M)]:（选择右上角横线段）
选择第二条直线，或按住 Shift 键选择要应用角点的直线:（选择右上角竖线段）
选择第一条直线或 [放弃(U)/多段线(P)/距离(D)/角度(A)/修剪(T)/方式(E)/多个(M)]:（选择左上角横线段）
选择第二条直线，或按住 Shift 键选择要应用角点的直线:（选择右上角竖线段）
命令: CHAMFER↙
（“修剪”模式）当前倒角距离 1 = 50.0000，距离 2 = 30.0000
选择第一条直线或 [放弃(U)/多段线(P)/距离(D)/角度(A)/修剪(T)/方式(E)/多个(M)]:A↙
指定第一条直线的倒角长度 <20.0000>: ↙
指定第一条直线的倒角角度 <0>: 45↙
选择第一条直线或 [放弃(U)/多段线(P)/距离(D)/角度(A)/修剪(T)/方式(E)/多个(M)]:U↙
选择第一条直线或 [放弃(U)/多段线(P)/距离(D)/角度(A)/修剪(T)/方式(E)/多个(M)]: （选择左下角横线段）
选择第二条直线，或按住 Shift 键选择要应用角点的直线:（选择左下角竖线段）
选择第一条直线或 [放弃(U)/多段线(P)/距离(D)/角度(A)/修剪(T)/方式(E)/多个(M)]: （选择右下角横线段）
选择第二条直线，或按住 Shift 键选择要应用角点的直线:（选择右下角竖线段）

洗手盆绘制完成结果如图 3-104 所示。

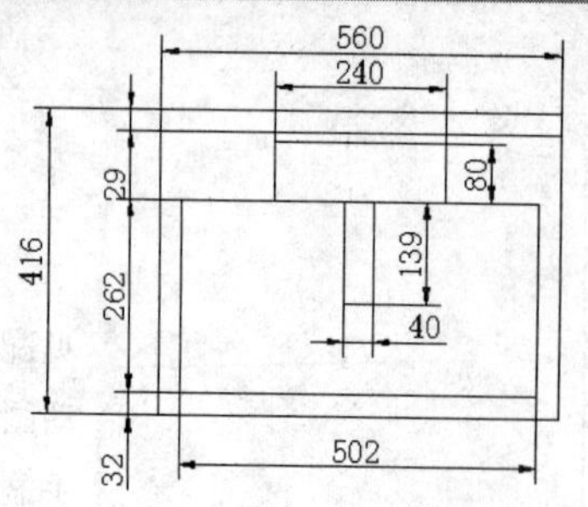

图3-105　初步轮廓图

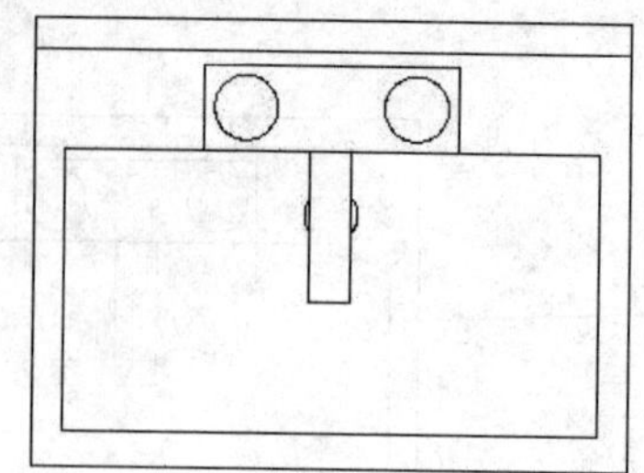

图3-106　绘制水笼头和出水口

3.5.13　打断命令

【执行方式】

命令行：BREAK

菜单栏：选择菜单栏中的“修改”→“打断”命令

工具栏：单击“修改”工具栏中的“打断”按钮

功能区：单击“默认”选项卡“修改”面板中的“打断”按钮

【操作步骤】

命令：BREAK↙
选择对象：(选择要打断的对象)
指定第二个打断点或 [第一点(F)]：(指定第二个断开点或键入 F)

【选项说明】

如果选择“第一点(F)”，系统将丢弃前面的第一个选择点，重新提示用户指定两个断开点。

3.5.14　实例——吸顶灯

绘制如图 3-107 所示的吸顶灯。

实讲实训
多媒体演示

多媒体演示参见配套光盘中的\\动画演示\第3章\吸顶灯.avi。

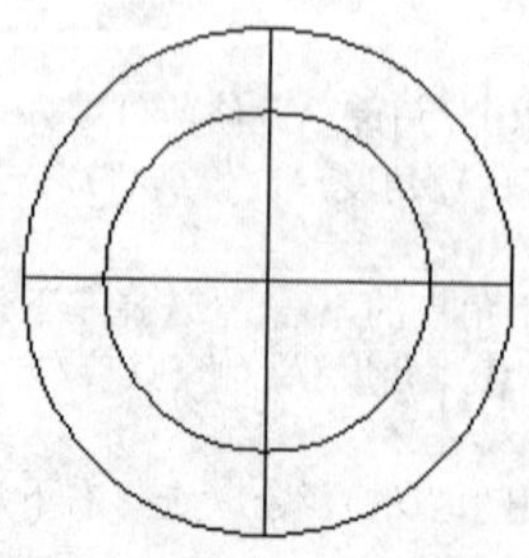

图3-107　吸顶灯

01 单击“默认”选项卡“图层”面板中的“图层特性”按钮，打开“图层特性管理器”对话框，新建两个图层：

❶“1”图层，颜色设置为蓝色，其余属性采用默认设置。

❷“2”图层，颜色设置为黑色，其余属性采用默认设置。

02 将“1”图层设置为当前层，单击“默认”选项卡“绘图”面板中的“直线”按钮，绘制坐标点为{（50，100)，（100，100）}、{（75，75)，（75，125）}的两条相交的直线，如图3-108所示。

03 将“2”图层设置为当前层，单击“默认”选项卡“绘图”面板中的“圆”按钮，绘制以（75，100）为圆心，半径分别为15，10的两个同心圆，如图3-109所示。

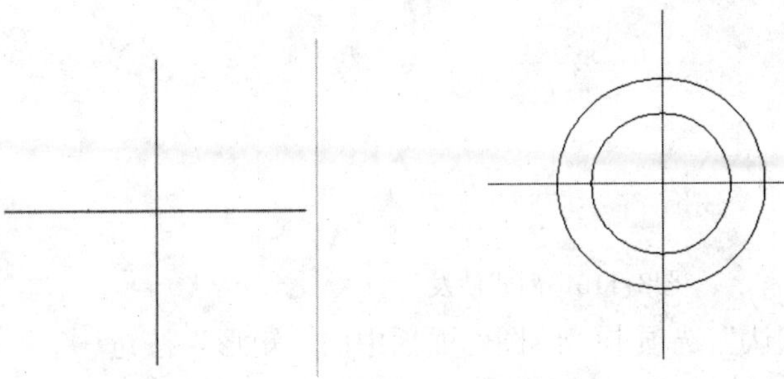

图3-108 绘制相交直线　　图3-109 绘制同心圆

04 单击“默认”选项卡“修改”面板中的“打断于点”按钮，将超出圆外的直线修剪掉。命令行中的提示与操作如下：

```
命令：_BREAK ↙
选择对象：（选择垂直直线）
指定第二个打断点或[第一点(F)]:F↙
指定第一个打断点：（选择垂直直线的上端点）
指定第二个打断点：（选择垂直直线与大圆上面的相交点）
```

重复“打断于点”命令，将其他 3 段超出圆外的直线修剪掉，结果如图 3-107 所示。

3.5.15 分解命令

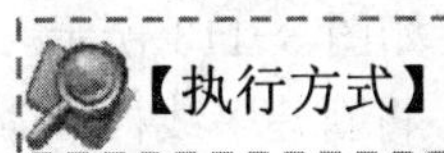

【执行方式】

命令行：EXPLODE

菜单栏：选择菜单栏中的“修改”→“分解”命令

工具栏：单击“修改”工具栏中的“分解”按钮

功能区：单击“默认”选项卡“修改”面板中的“分解”按钮

【操作步骤】

```
命令：EXPLODE↙
选择对象：（选择要分解的对象）
```

选择一个对象后，该对象会被分解。系统继续提示该行信息，允许分解多个对象。

注意

分解命令是将一个合成图形分解成为其部件的工具。例如，一个矩形被分解后会变成4条直线，而一个有宽度的直线被分解后会失去其宽度属性。

3.5.16 实例——西式沙发

本实例将讲解如图 3-110 所示的常见西式沙发的绘制方法与技巧。首先绘制大体轮廓，然后绘制扶手靠背，然后进行细节处理

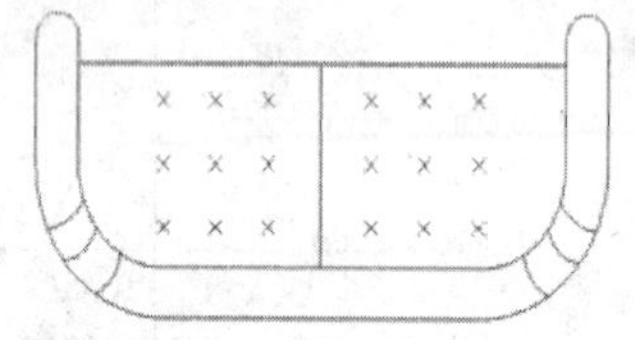

图3-110 西式沙发

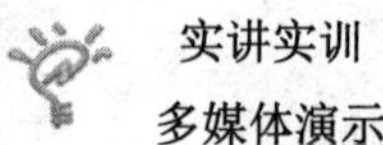

实讲实训
多媒体演示

多媒体演示参见配套光盘中的\\动画演示\第3章\西式沙发.avi。

01 单击“默认”选项卡“绘图”面板中的“矩形”按钮，绘制一个长100、宽40的矩形，如图3-111所示。

02 单击“默认”选项卡“绘图”面板中的“圆”按钮，在矩形上侧的一个角处绘制直径为8的圆。单击“默认”选项卡“修改”面板中的“复制”按钮，以矩形角点为参考点，复制圆到另外一个角点处，如图3-112所示。

图3-111 绘制矩形

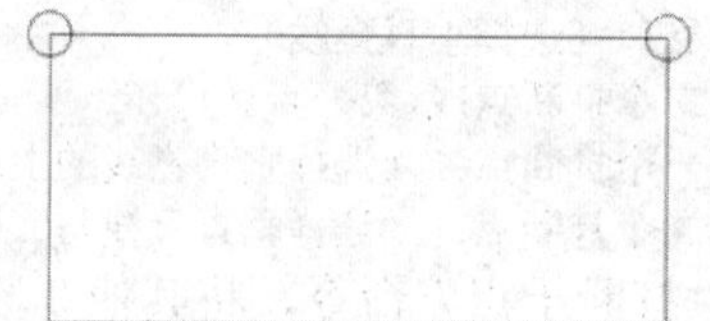

图3-112 绘制圆

03 选择菜单栏中的“绘图”→“多线”命令，即多线功能，绘制沙发的靠背。选择菜单栏中的“格式”→“多线样式”命令，弹出“多线样式”对话框，如图 3-113 所示。单击“新建”按钮，弹出“新建多线样式”对话框，如图 3-114 所示，将新建多线样式命名为“mline1”。

单击确定，关闭所有对话框。

04 选择菜单栏中的“绘图”→“多线”命令，输入“ST”，选择多线样式为“mline1”，然后输入“J”，设置对中方式为无，将比例设置为 1，以图 3-112 中的圆心为起点，沿矩形边界绘制多线，命令行中的提示与操作如下：

```
命令: MLINE↙
当前设置: 对正 = 上, 比例 = 20.00, 样式 = STANDARD
指定起点或 [对正(J)/比例(S)/样式(ST)]:  st↙（设置当前多线样式）
输入多线样式名或 [?]:  mline1↙（选择样式 mline1）
当前设置: 对正 = 上, 比例 = 20.00, 样式 = MLINE1
```

指定起点或 [对正(J)/比例(S)/样式(ST)]： J↙（设置对正方式）
输入对正类型 [上(T)/无(Z)/下(B)] <上>： Z↙（设置对正方式为无）
当前设置：对正 = 无，比例 = 20.00，样式 = MLINE1

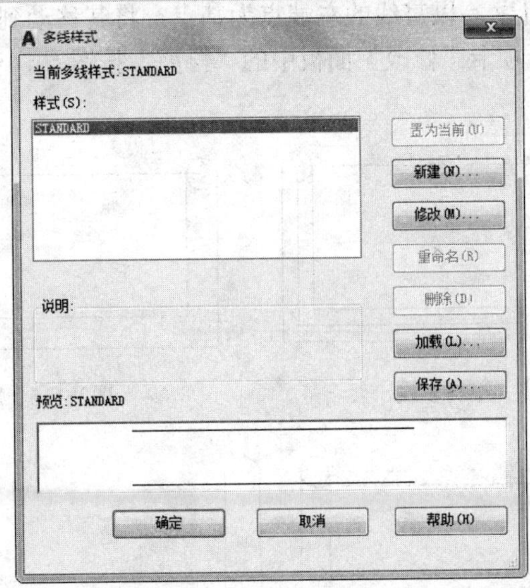

图 3-113 “多线样式”对话框

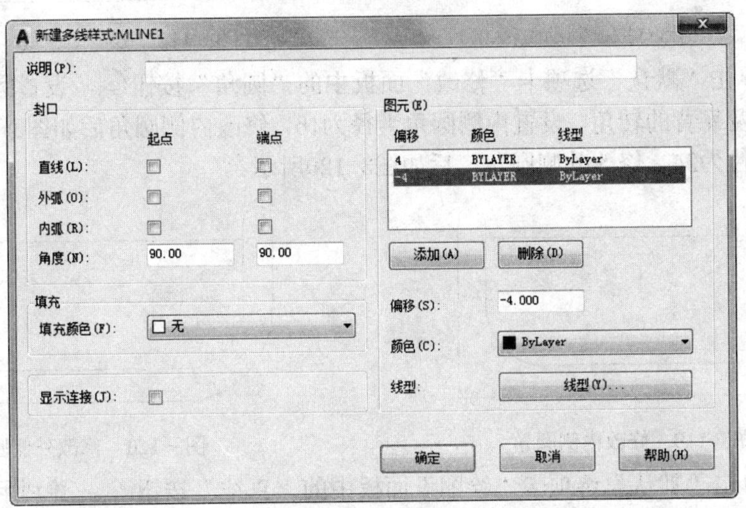

图 3-114 设置多线样式

指定起点或 [对正(J)/比例(S)/样式(ST)]： S↙
输入多线比例 <20.00>： 1↙（设定多线比例为1）
当前设置：对正 = 无，比例 = 1.00，样式 = MLINE1
指定起点或 [对正(J)/比例(S)/样式(ST)]：（单击圆心）
指定下一点：（单击矩形角点）
指定下一点或 [放弃(U)]：
指定下一点或 [闭合(C)/放弃(U)]：（单击另外一侧圆心）
指定下一点或 [闭合(C)/放弃(U)]： ↙

05 绘制结果如图3-115所示。选择刚刚绘制的多线和矩形，单击“默认”选项卡“修改”面板中的“分解”按钮，将多线分解。

06 将多线中间的矩形轮廓线删除，如图3-116所示。单击“默认”选项卡“修改”面板中的“移动”按钮，以直线的左端点为基点，将其移动到圆的下端点，如图3-117所示。单击“默认”选项卡“修改”面板中的“修剪”按钮，对多余线进行剪切，结果如图3-118所示。

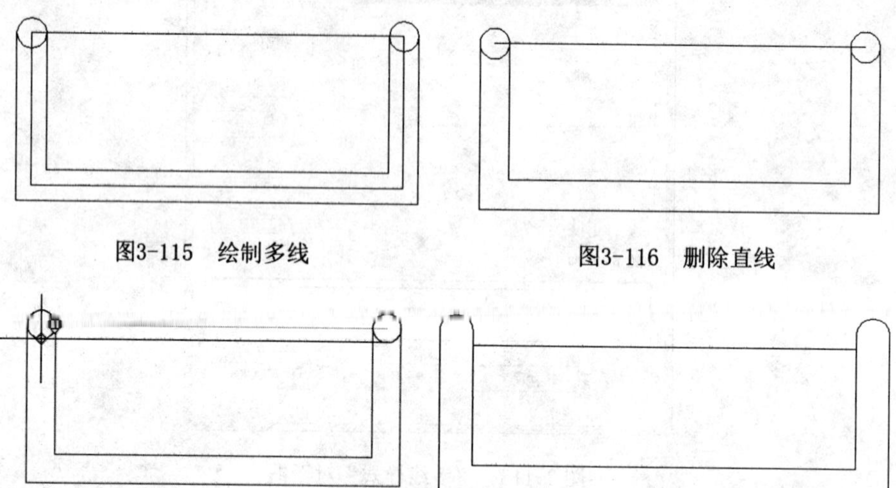

图3-115　绘制多线

图3-116　删除直线

图3-117　移动直线

图3-118　修剪多余线

07 单击“默认”选项卡“修改”面板中的“圆角”按钮，设置圆角的大小，绘制沙发扶手及靠背的转角。设置内侧圆角半径为16，修改内侧圆角后如图3-119所示；设置外侧圆角半径为24，修改外侧圆角　后如图3-120所示。

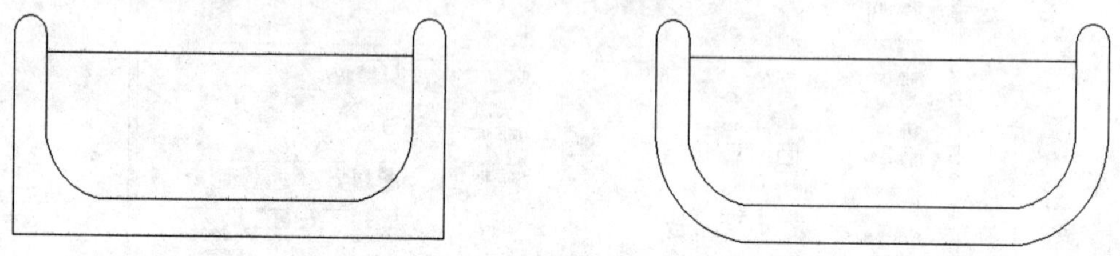

图3-119　修改内侧圆角

图3-120　修改外侧圆角

08 单击“默认”选项卡“绘图”面板中的“直线”按钮，并利用“中点捕捉”工具，在沙发中心绘制一条垂直的直线，如图3-121所示。单击“默认”选项卡“绘图”面板中的“圆弧”按钮，在沙发扶手的转角处绘制三条弧线，并将其对称复制到另一边，如图3-122所示。

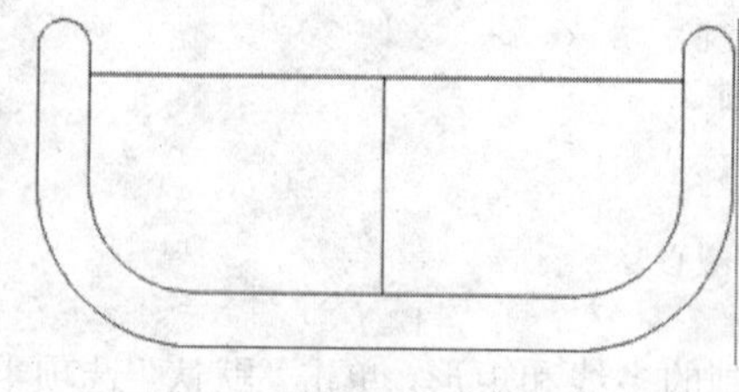

图3-121　绘制垂直线

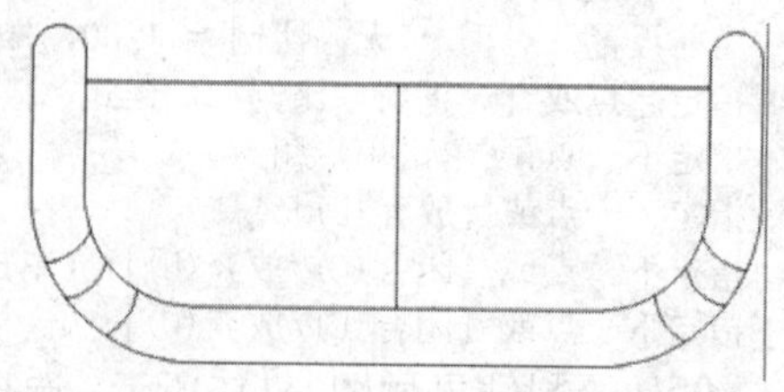

图3-122　绘制沙发扶手转角

09 在沙发左侧空白处用直线命令绘制一“×”形图案，如图3-123所示。单击“默认”选项卡“修改”面板中的“矩形阵列”按钮，设置行、列数均为3，将行间距设置为-10、列间距设置为10，然后单击“选择对象”按钮，选择刚刚绘制的“×”图形进行阵列复制，如图3-124所示。

10 单击“默认”选项卡“修改”面板中的“镜像”按钮，将左侧的花纹复制到右侧，如图3-125示。

11 在命令行中输入“WBLOCK”命令，绘制好沙发模块，将其保存成块，储存起来，以便以后绘图时调用。

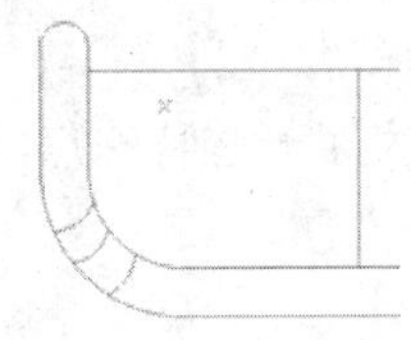

图3-123 绘制“×”

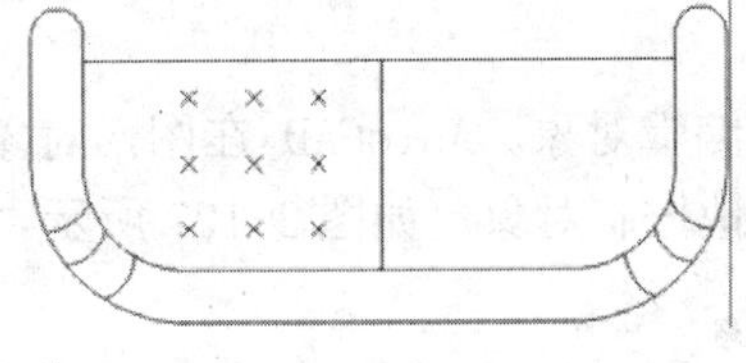

图3-124 阵列图形

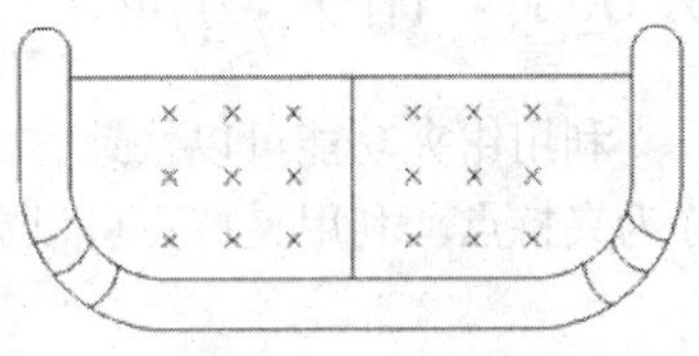

图3-125 镜像花纹

3.5.17 合并

可以将直线、圆、椭圆弧和样条曲线等独立的线段合并为一个对象，如图 3-126 所示。

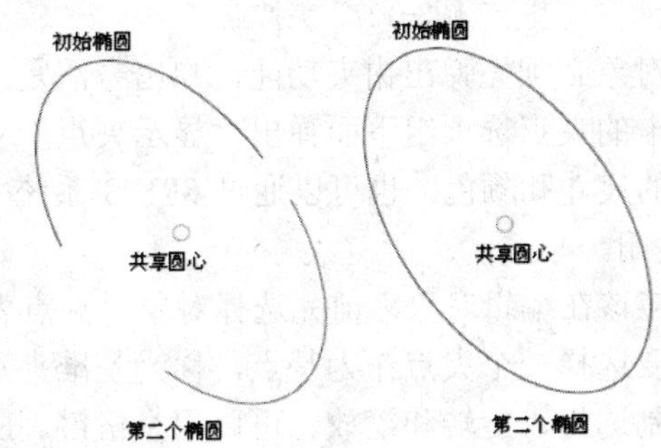

图3-126 合并对象

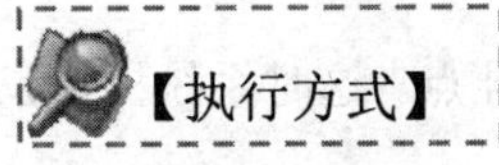
【执行方式】

命令行：JOIN

菜单栏：选择菜单栏中的“修改”→“合并”命令

工具栏：单击“修改”工具栏中的“合并”按钮

功能区：单击“默认”选项卡“修改”面板中的“合并”按钮

【操作步骤】

命令：JOIN↙
选择源对象或要一次合并的多个对象：（选择一个对象）
选择要合并的对象：（选择另一个对象）

选择要合并的对象：↙

3.6 对象编辑

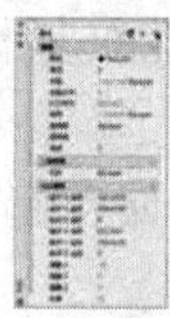

在对图形进行编辑时，还可以对图形对象本身的某些特性进行编辑，从而方便地进行图形绘制。

3.6.1 钳夹功能

利用钳夹功能可以快速方便地编辑对象。AutoCAD 在图形对象上定义了一些特殊点，称为夹持点，利用夹持点可以灵活地控制对象，如图 3-127 所示。

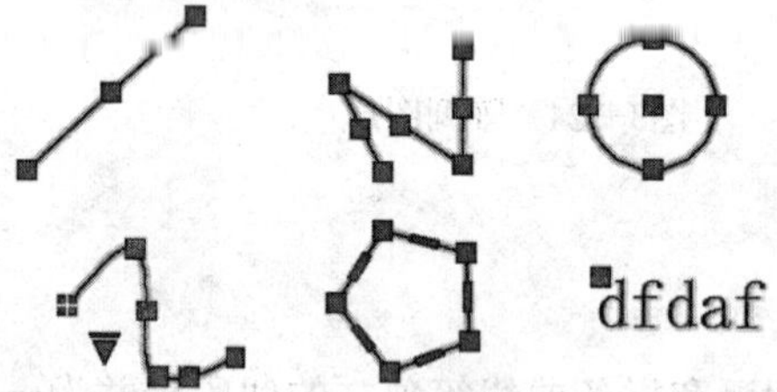

图3-127　夹持点

要使用钳夹功能编辑对象必须先弹出钳夹功能，弹出方法是：菜单→工具→选项→选择集，在“选择集”选项卡的夹点选项组下面弹出“显示夹点”复选框。在该页面上还可以设置代表夹点的小方格的尺寸和颜色。也可以通过 GRIPS 系统变量控制是否弹出钳夹功能，1 代表弹出，0 代表关闭。

弹出了钳夹功能后，应该在编辑对象之前先选择对象。夹点表示了对象的控制位置。

使用夹点编辑对象，要选择一个夹点作为基点，称为基准夹点。然后，选择一种编辑操作，如删除、移动、复制选择、旋转和缩放。可以用空格键、Enter 键或键盘上的快捷键循环选择这些功能。

下面仅以其中的拉伸对象操作为例进行介绍，其他操作类似。

在图形上拾取一个夹点，该夹点改变颜色，此点为夹点编辑的基准点。这时系统提示：

** 拉伸 **
指定拉伸点或 [基点(B)/复制(C)/放弃(U)/退出(X)]:

在上述拉伸编辑提示下，输入“缩放”命令或右击，在弹出的快捷菜单中选择“缩放”命令，系统就会转换为“缩放”操作。其他操作类似。

3.6.2 特性选项板

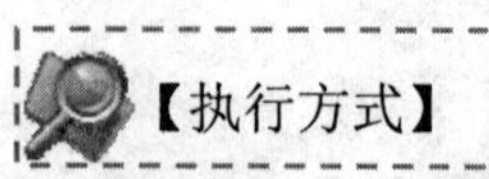

【执行方式】

命令行：DDMODIFY 或 PROPERTIES

菜单栏：选择菜单栏中的“修改”→“特性”命令或选择菜单栏中的“工具”→“选项板”→“特性”命令

工具栏：单击“标准”工具栏中的“特性”按钮

快捷键：Ctrl+1

功能区：单击“视图”选项卡“选项板”面板中的“特性”按钮

【操作步骤】

命令：DDMODIFY↙

AutoCAD 弹出“特性”工具板，如图 3-128 所示。利用它可以方便地设置或修改对象的各种属性。

不同的对象，其属性种类和值不同，修改属性值，则对象属性改变为新的属性。

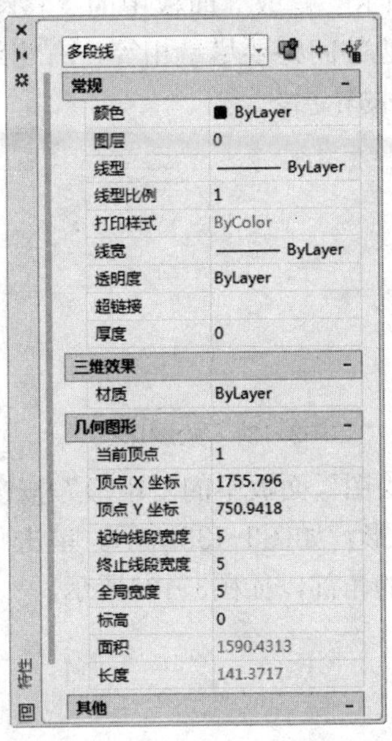

图3-128 “特性”工具板

3.7 综合实例——单人床

在住宅建筑的室内设计图中，床是必不可少的内容，床分单人床和双人床。一般的住宅建筑中，卧室的位置以及床的摆放均需要进行精心的设计，同时要考虑舒适、采光、美观等因素，以方便房主居住生活。

绘制如图 3-129 所示的单人床。

01 绘制被子轮廓。

❶单击“默认”选项卡“绘图”面板中的“矩形”按钮，绘制长为300、宽为150的

矩形，如图3-130所示。

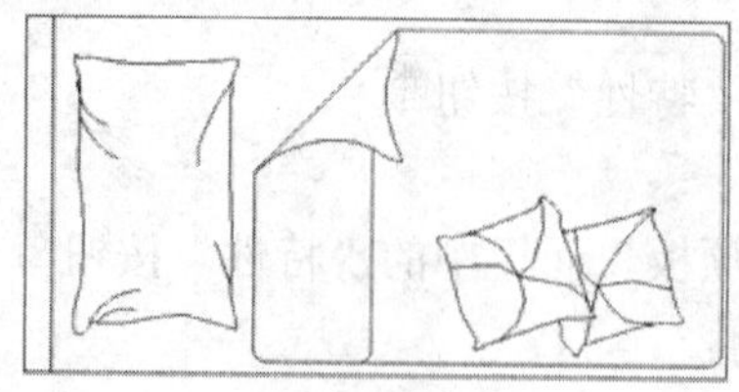

图3-129　单人床

实讲实训
多媒体演示

多媒体演示参见配套光盘中的\\动画演示\第3章\单人床.avi。

❷单击“默认”选项卡“绘图”面板中的“直线”按钮，在床左侧绘制一条垂直的直线，作为床头的平面图，如图3-131所示。

❸单击“默认”选项卡“绘图”面板中的“矩形”按钮，绘制一个长为200、宽为140的矩形。单击“默认”选项卡“修改”面板中的“移动”按钮，将刚绘制的矩形移动到床的右侧，注意上、下两边的间距要尽量相等，右侧距床轮廓的边缘稍稍近一些，如图3-132所示，此矩形即为被子的轮廓。

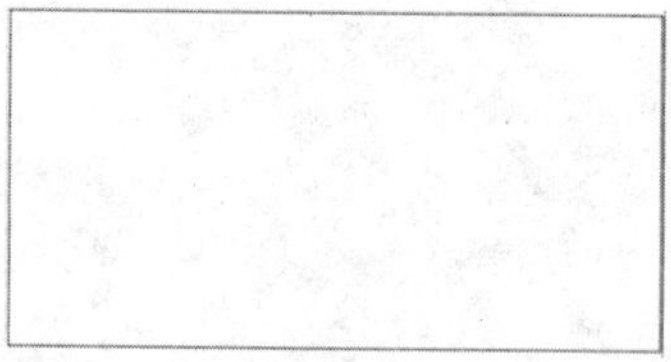

图3-130　绘制床轮廓 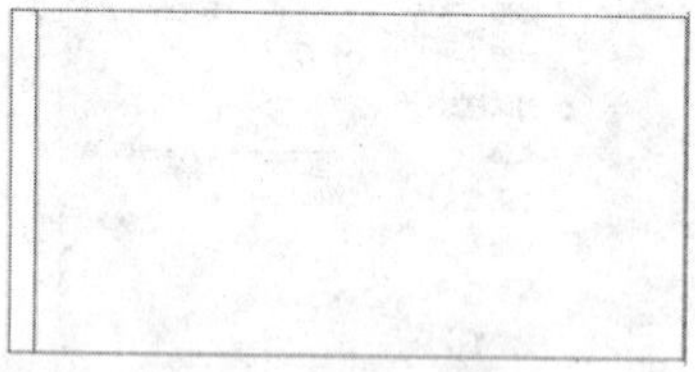　　图3-131　绘制床头　　图3-132　绘制被子轮廓

❹单击“默认”选项卡“绘图”面板中的“矩形”按钮，在被子左顶端绘制一水平方向为30、垂直方向为140的矩形，如图3-133所示。单击“默认”选项卡“修改”面板中的“圆角”按钮，修改矩形的角部，如图3-134所示。

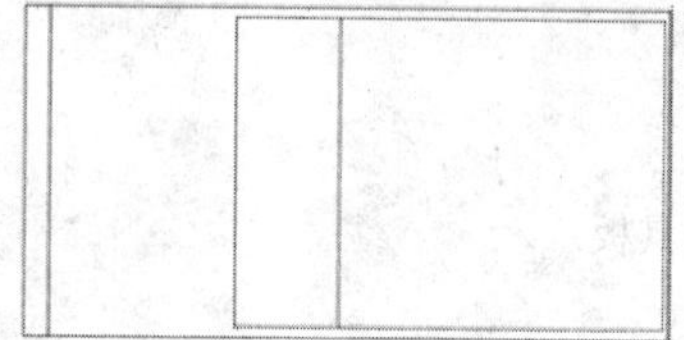

图3-133　绘制矩形

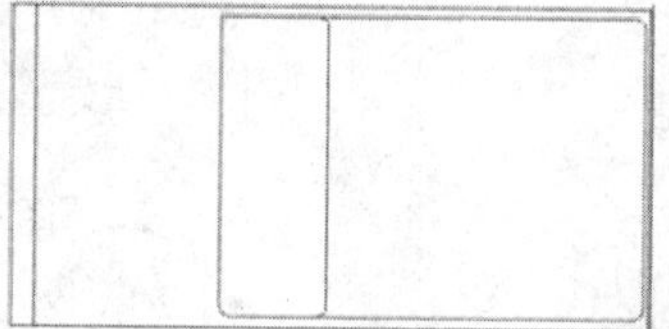

图3-134　修改为圆角

02 单击“默认”选项卡“绘图”面板中的“直线”按钮，绘制一条水平直线。单击“默认”选项卡“修改”面板中的“旋转”按钮，选择线段一段为旋转基点，在角度提示行后面输入45，按Enter键，旋转直线，完成45°斜线的绘制，如图3-135所示。再单击“默认”选项卡“修改”面板中的“移动”按钮，将其移动到适当的位置（被子轮廓的左上角），再单击“默认”选项卡“修改”面板中的“修剪”按钮，将多余线段删除，结果如图3-136所示。删除斜线左上侧的多余部分，结果如图3-137所示。

03 单击“默认”选项卡“绘图”面板中的“样条曲线拟合”按钮，以刚刚绘制的45°斜线的端点为起点，依次单击点A、B、C，按Enter键确认，然后单击D点，设置起点的切线方向，再单击E点，设置端点的切线方向，绘制样条曲线1，如图3-138所示。

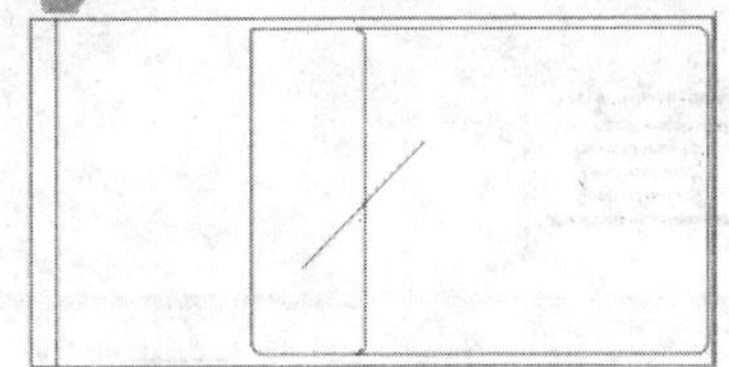

图3-135 绘制45° 直线

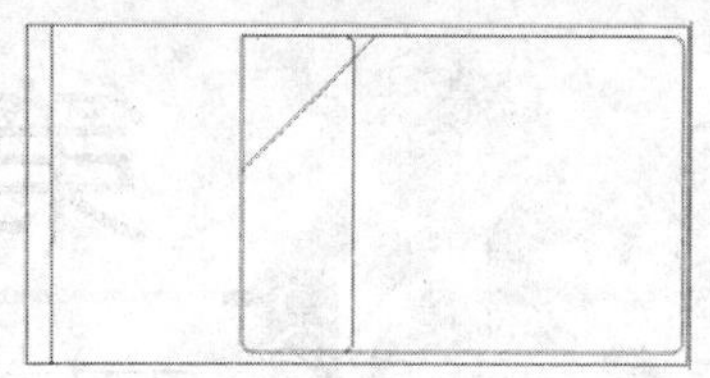

图3-136 移动并删除多余线段

04 单击“默认”选项卡“绘图”面板中的“样条曲线拟合”按钮，再依次单击点A、B、C，按Enter键确认，然后以D点为切线方向起点，E点为切线方向终点，绘制样条曲线2，如图3-139所示。

此为被子的掀开角，绘制完成后单击“默认”选项卡“修改”面板中的“删除”按钮，删除角内的多余直线，结果如图3-140所示。

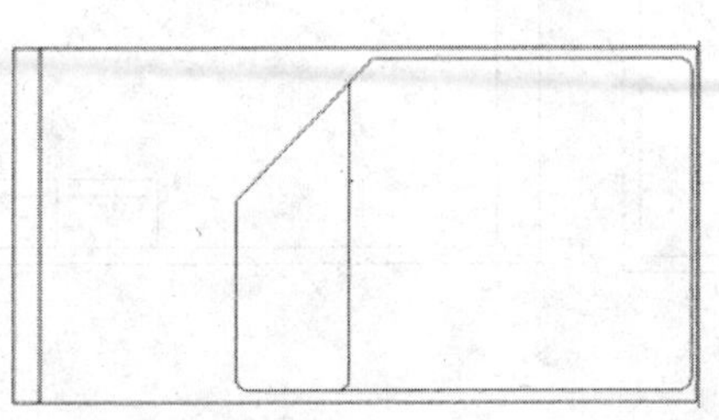

图3-137 删除斜线左上侧多余部分

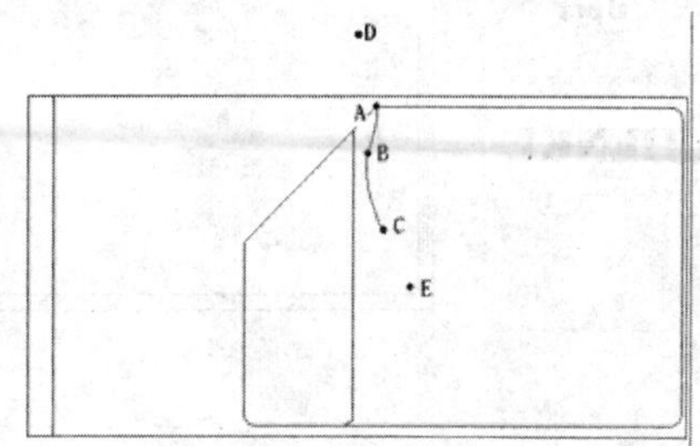

图3-138 绘制样条曲线1

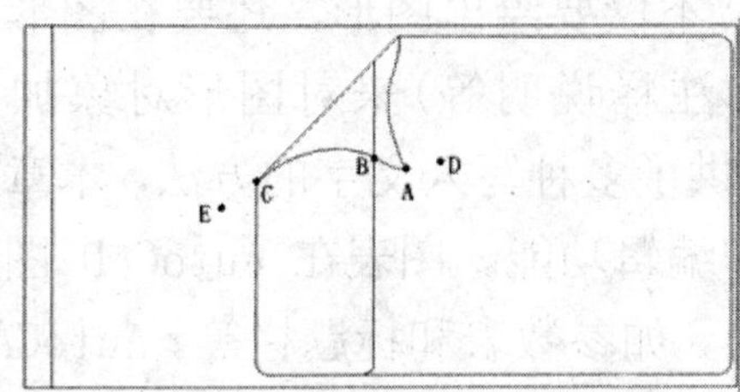

图3-139 绘制样条曲线2

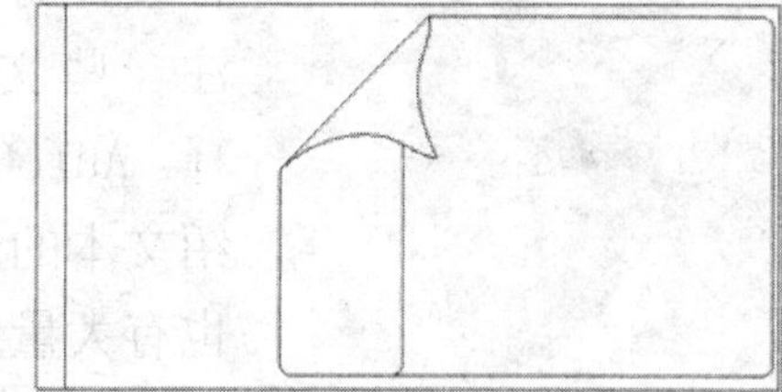

图3-140 绘制被子的掀开角

05 单击“默认”选项卡“绘图”面板中的“样条曲线拟合”按钮，绘制枕头和靠垫的图形，结果如图3-129所示。绘制完成后在命令行中输入“WBLOCK”命令，保存为单人床模块。

第4章 文本、图表与尺寸标注

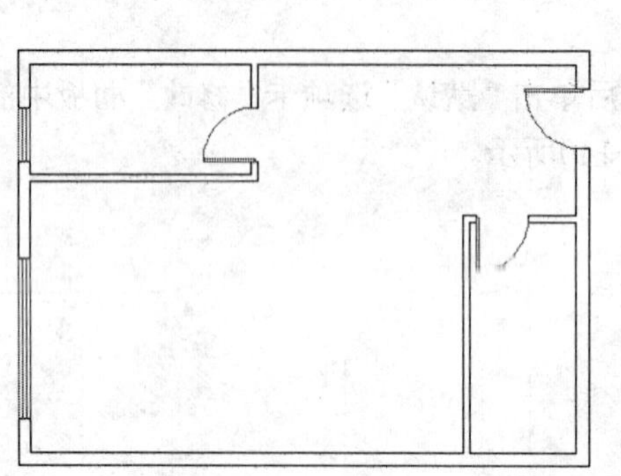

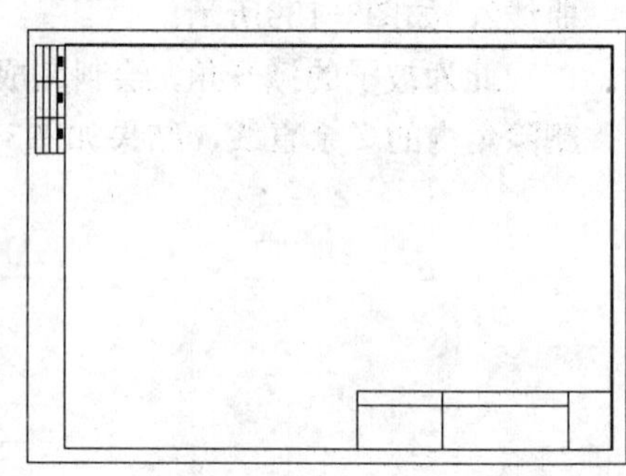

文字注释是图形中很重要的一部分内容，进行各种设计时，通常不仅要绘出图形，还要在图形中标注一些文字(如注释说明等)来对图形对象加以解释。AutoCAD 提供了多种写入文字的方法，本章将介绍文本的注释和编辑功能。图表在 AutoCAD 图形中也有大量的应用，如参数表和标题栏等。AutoCAD 的图表功能使绘制图表变得方便快捷.尺寸标注是绘图设计过程中相当重要的一个环节。AutoCAD 2016 提供了方便、准确的标注尺寸功能。

精彩内容

- 文本标注
- 尺寸标注
- 表格

4.1 文本标注

在制图过程中文字传递了很多设计信息，它可能是一个很长很复杂的说明，也可能是一个简短的文字信息。当需要标注的文本不太长时，可以利用 TEXT 命令创建单行文本。当需要标注很长、很复杂的文字信息时，可以用 MTEXT 命令创建多行文本。

4.1.1 设置文本样式

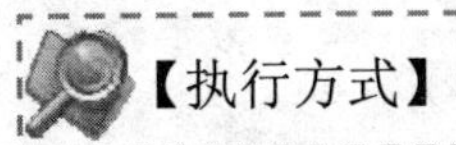

【执行方式】

命令行：STYLE（快捷命令：ST）或 DDSTYLE

菜单栏：选择菜单栏中的“格式”→“文字样式”命令

工具栏：单击“文字”工具栏中的“文字样式”按钮

功能区：默认→注释→文字样式或注释→文字→文字样式下拉菜单中的“管理文字样式”按钮或注释→文字→对话框启动器

【操作格式】

执行上述命令，系统弹出“文字样式”对话框，如图 4-1 所示。

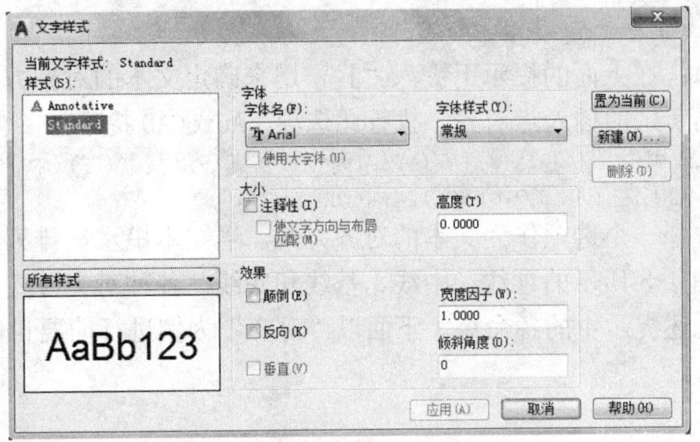

图 4-1 “文字样式”对话框

利用该对话框可以新建文字样式或修改当前文字样式。图 4-2～图 4-4 所示为各种文字样式。

室内设计
室内设计
室内设计
室内设计
室内设计

ABCDEFGHIJKLMN

ABCDEFGHIJKLMN

abcd
a
b
c
d

图4-2 不同宽度比例、倾斜角度、高度的字体　　图4-3 文字倒置标注与反向标注　　图4-4 水平标注与垂直标注

4.1.2　单行文本标注

【执行方式】

命令行：TEXT 或 DTEXT

菜单栏：选择菜单栏中的“绘图”→“文字”→“单行文字”命令

工具栏：单击“文字”工具栏中的“单行文字”按钮

功能区：单击“默认”选项卡“注释”面板中的“单行文字”按钮或单击“注释”选项卡“文字”面板中的“单行文字”按钮

【操作格式】

```
命令：TEXT↙
当前文字样式： Standard  文字高度： 2.5000 注释性： 否  对正： 左
指定文字的起点或 [对正(J)/样式(S)]:
指定文字的旋转角度 <0>:
```

【选项说明】

（1）指定文字的起点：在此提示下直接在作图屏幕上点取一点作为文本的起始点，AutoCAD 提示：

```
指定高度 <0.2000>：(确定字符的高度)
指定文字的旋转角度 <0>：(确定文本行的倾斜角度)
输入文字：(输入文本)
输入文字：(输入文本或按 Enter 键)
```

（2）对正(J)：在上面的提示下键入“J”，用来确定文本的对齐方式，对齐方式决定文本的哪一部分与所选的插入点对齐。执行此选项，AutoCAD 提示：

```
输入选项[左(L)/居中(C)/右(R)/对齐(A)/中间(M)/布满(F)/左上(TL)/中上(TC)/右上(TR)/左中(ML)/正中(MC)/右中(MR)/左下(BL)/中下(BC)/右下(BR)]:
```

在此提示下选择一个选项作为文本的对齐方式。当文本串水平排列时，AutoCAD 为标注文本串定义了图 4-5 所示的顶线、中线、基线和底线。各种对齐方式如图 4-6 所示，图中大写字母对应上述提示中的各命令。下面以“对齐”为例进行简要说明。

图4-5　文本行的底线、基线、中线和顶线

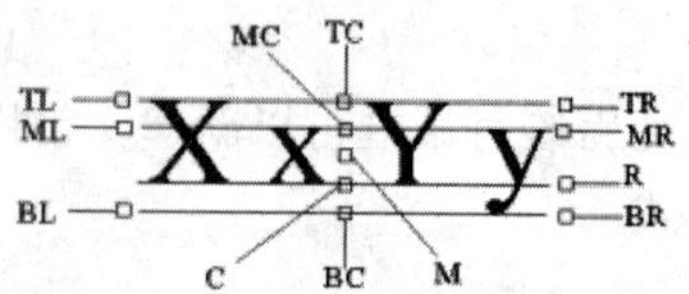

图4-6　文本的对齐方式

实际绘图时，有时需要标注一些特殊字符，如直径符号、上画线或下画线、温度符号等，由于这些符号不能直接从键盘上输入，故 AutoCAD 提供了一些控制码，用来实现这些要求。控制码用两个百分号（%%）加一个字符构成，常用的控制码见表 4-1。

表4-1 AutoCAD常用控制码

符号	功能	符号	功能
%%O	上画线	\u+0278	电相位
%%U	下画线	\u+E101	流线
%%D	“度”符号	\u+2261	标识
%%P	正负符号	\u+E102	界碑线
%%C	直径符号	\u+2260	不相等
%%%	百分号%	\u+2126	欧姆
\u+2248	几乎相等	\u+03A9	欧米加
\u+2220	角度	\u+214A	低界线
\u+E100	边界线	\u+2082	下标2
\u+2104	中心线	\u+00B2	平方
\u+0394	差值		

4.1.3 多行文本标注

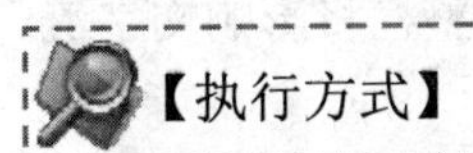

【执行方式】

命令行：MTEXT（快捷命令：T 或 MT）

菜单栏：选择菜单栏中的“绘图”→“文字”→“多行文字”命令

工具栏：单击“绘图”工具栏中的“多行文字”按钮A或单击“文字”工具栏中的“多行文字”按钮A

功能区：单击“默认”选项卡“注释”面板中的“多行文字”按钮A或单击“注释”选项卡“文字”面板中的“多行文字”按钮A

【操作格式】

```
命令:MTEXT↙
当前文字样式:“Standard”  文字高度:2.5  注释性: 否
指定第一角点:(指定矩形框的第一个角点)
指定对角点或 [高度(H)/对正(J)/行距(L)/旋转®/样式(S)/宽度(W) /栏(C)]:
```

【选项说明】

（1）指定对角点：指定对角点后，系统显示如图 4-7 所示的“文字编辑器”选项卡和多行文字编辑器，可利用此选项卡与编辑器输入多行文本并对其格式进行设置。该选项卡与 Word 软件界面类似，这里不再赘述。

（2）对正(J)：确定所标注文本的对齐方式。

（3）行距(L)：确定多行文本的行间距，这里所说的行间距是指相邻两文本行的基线之间的垂直距离。

（4）旋转(R)：确定文本行的倾斜角度。

（5）样式(S)：确定当前的文本样式。

（6）宽度(W)：指定多行文本的宽度。

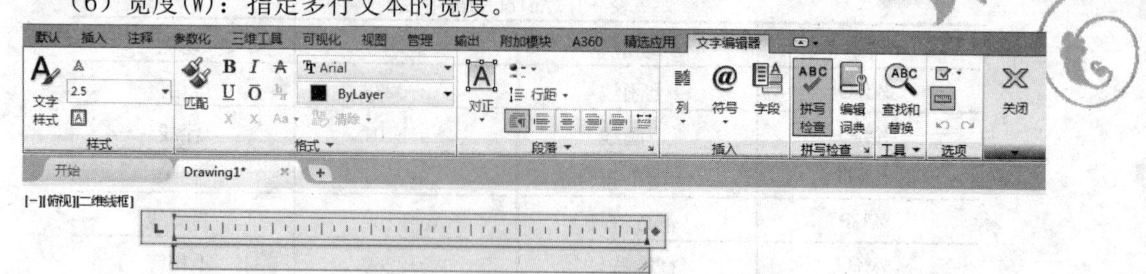

图4-7 “文字编辑器”选项卡和多行文字编辑器

在创建多行文本时，只要指定文本行的起始点和宽度，系统就会打开如图 4-7 所示的多行文字编辑器，该编辑器包含一个“文字格式”对话框和一个快捷菜单。用户可以在编辑器中输入和编辑多行文本，包括设置字高、文本样式以及倾斜角度等。该编辑器与 Word 编辑器界面相似。事实上，该编辑器与 Word 编辑器在某些功能上趋于一致。这样既增强了多行文字的编辑功能，又能使用户更熟悉和方便地使用。

（7）栏：指定多行文字对象的栏选项。

1）静态：指定总栏宽、栏数、栏间距宽度（栏之间的间距）和栏高。

2）动态：指定栏宽、栏间距宽度和栏高。动态栏由文字驱动。调整栏将影响文字流，而文字流将导致添加或删除栏。

3）不分栏：将不分栏模式设置给当前多行文字对象。

默认列设置存储在系统变量 MTEXTCOLUMN 中。

（8）“文字格式”对话框：用来控制文本文字的显示特性。可以在输入文本文字前设置文本的特性，也可以改变已输入的文本文字特性。要改变已有文本文字显示特性，首先应选择要修改的文本，选择文本的方式有以下 3 种：

1）将光标定位到文本文字开始处，按住鼠标左键，拖到文本末尾。

2）双击某个文字，该文字被选中。

3）3 次单击鼠标左键，选中全部内容。

对话框中部分选项的功能如下：

1）“文字高度”下拉列表框：用于确定文本的字符高度，可在文本编辑器中设置输入新的字符高度，也可从此下拉列表框中选择已设定过的高度值。

2）“粗体”**B**和“斜体”*I*按钮：用于设置加粗或斜体效果，但这两个按钮只对 TrueType 字体有效。

3）“下画线”U和“上画线”Ō按钮：用于设置或取消文字的上、下画线。

4）“堆叠”按钮$\frac{b}{a}$：为层叠或非层叠文本按钮，用于层叠所选的文本文字，也就是创建分数形式。当文本中某处出现“/”“^”或“#”3 种层叠符号之一时，可层叠文本，方法是选中需层叠的文字，然后单击此按钮，则符号左边的文字作为分子，右边的文字作为分母进行层叠。AutoCAD 提供了 3 种分数形式：如果选中“abcd/efgh”后单击此按钮，则得到如图 4-8a 所示的分数形式；如果选中“abcd^efgh”后单击此按钮，则得到如图 4-8b 所示的形式，此形式多用于标注极限偏差；如果选中“abcd # efgh”后单击此按钮，则创建斜排的分数形式，如图 4-8c 所示。如果选中已经层叠的文本对象后单击此按钮，则恢复到非层叠形式。

5）“倾斜角度” 0/ 下拉列表框：用于设置文字的倾斜角度。

▲ 技巧与提示——倾斜角度与斜体效果的区别

倾斜角度与斜体效果是两个不同的概念，前者可以设置任意倾斜角度，后者是在任意倾斜角度的基础上设置斜体效果，如图4-9所示。其中第一行倾斜角度为0°，非斜体效果；第二行倾斜角度为6°，非斜体效果；第三行倾斜角度为12°，斜体效果。

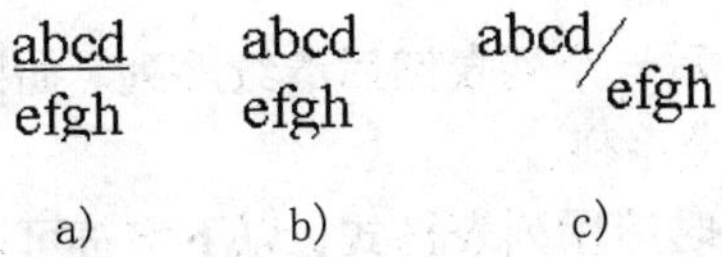

abcd efgh　　abcd efgh　　abcd/efgh

a)　　b)　　c)

图4-8 文本层叠

都市农夫

都市农夫

都市农夫

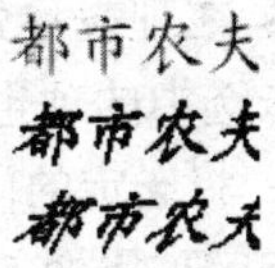

图4-9 倾斜角度与斜体效果

6）“符号”按钮 @：用于输入各种符号。单击此按钮，系统打开符号列表，如图 4-10 所示，可以从中选择符号输入到文本中。

7）“插入字段”按钮：用于插入一些常用或预设字段。单击此按钮，系统打开“字段”对话框，如图 4-11 所示，用户可从中选择字段，插入到标注文本中。

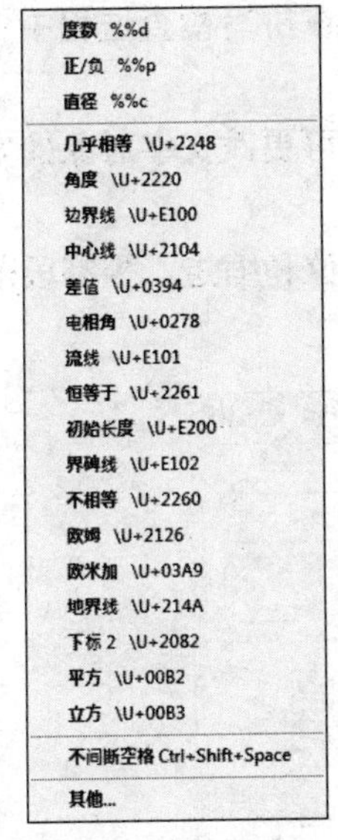

图4-10 符号列表

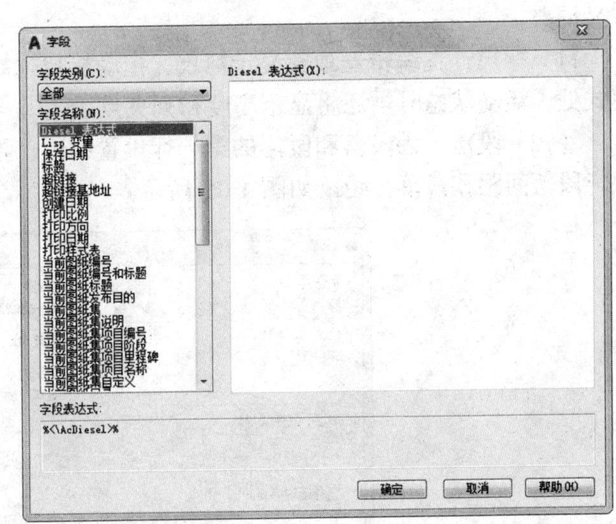

图4-11 “字段”对话框

8）“追踪”下拉列表框 a•b：用于增大或减小选定字符之间的空间。1.0 表示设置常规间距，设置大于 1.0 表示增大间距，设置小于 1.0 表示减小间距。

9）“宽度因子”下拉列表框：用于扩展或收缩选定字符。1.0 表示设置代表此字体中字母的常规宽度，可以增大该宽度或减小该宽度。

（9）“上标” X^2 按钮：将选定文字转换为上标，即在键入线的上方设置稍小的文字。

（10）“下标” X_2 按钮：将选定文字转换为下标，即在键入线的下方设置稍小的文字。

（11）“清除格式”下拉列表：删除选定字符的字符格式，或删除选定段落的段落格式，或删除选定段落中的所有格式。

1）关闭：如果选择此选项，将从应用了列表格式的选定文字中删除字母、数字和项目符号。不更改缩进状态。

2）以数字标记：应用将带有句点的数字用于列表中的项的列表格式。

3）以字母标记：应用将带有句点的字母用于列表中的项的列表格式。如果列表含有的项多于字母中含有的字母，可以使用双字母继续编排序列。

4）以项目符号标记：应用将项目符号用于列表中的项的列表格式。

5）启动：在列表格式中启动新的字母或数字序列。如果选定的项位于列表中间，则选定项下面的未选中的项也将成为新列表的一部分。

6）继续：将选定的段落添加到上面最后一个列表然后继续序列。如果选择了列表项而非段落，则选定项下面的未选中的项将继续序列。

7）允许自动项目符号和编号：在键入时应用列表格式。以下字符可以用作字母和数字后的标点并不能用作项目符号：句点（.）、逗号（,）、右括号（)）、右尖括号（>）、右方括号（]）和右花括号(})。

8）允许项目符号和列表：如果选择此选项，列表格式将应用到外观类似列表的多行文字对象中的所有纯文本。

9）拼写检查：确定键入时拼写检查处于打开还是关闭状态。

10）编辑词典：显示“词典”对话框，从中可添加或删除在拼写检查过程中使用的自定义词典。

11）标尺：在编辑器顶部显示标尺。拖动标尺末尾的箭头可更改文字对象的宽度。列模式处于活动状态时，还将显示高度和列夹点。

（12）段落：为段落和段落的第一行设置缩进。指定制表位和缩进，控制段落对齐方式、段落间距和段落行距，如图 4-12 所示。

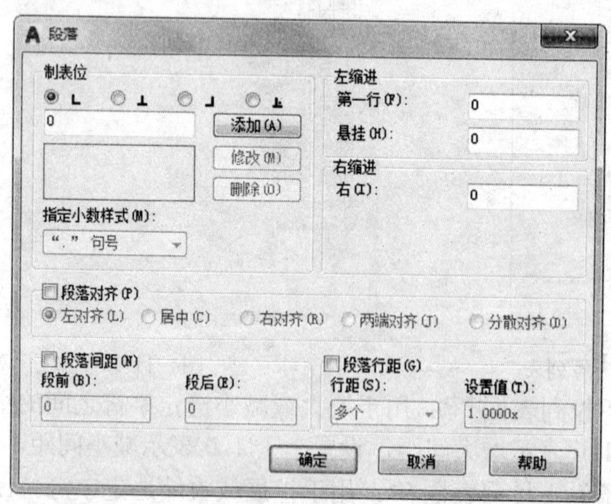

图4-12 “段落”对话框

（13）输入文字：选择此项，系统打开“选择文件”对话框，如图 4-13 所示。选择任意 ASCII 或 RTF 格式的文件。输入的文字保留原始字符格式和样式特性，但可以在多行文字编辑器中编辑和格式化输入的文字。选择要输入的文本文件后，可以替换选定的文字或全部文字，或在文字边界内将插入的文字附加到选定的文字中。输入文字的文件必须小于32KB。

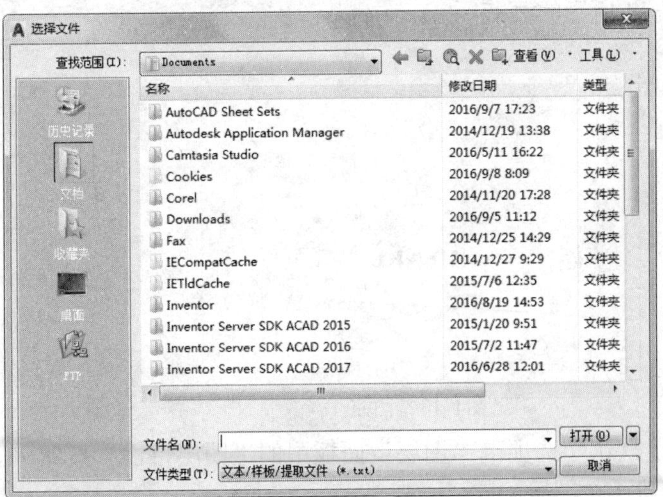

图 4-13 “选择文件”对话框

（14）编辑器设置：显示“文字格式”工具栏的选项列表。有关详细信息请参见编辑器设置。

▲ 技巧与提示——巧用多行文字命令

多行文字是由任意数目的文字行或段落组成的，布满指定的宽度，还可以沿垂直方向无限延伸。多行文字中，无论行数是多少，单个编辑任务中创建的每个段落集将构成单个对象；用户可对其进行移动、旋转、删除、复制、镜像或缩放操作。

4.1.4 多行文本编辑

【执行方式】

命令行：TEXTEDIT

菜单栏：选择菜单栏中的“修改”→“对象”→“文字”→“编辑”命令

工具栏：单击“文字”工具栏中的“编辑”按钮

【操作步骤】

命令：TEXTEDIT↙
当前设置：编辑模式 = Multiple
选择注释对象或 [放弃(U)/模式(M)]:

选择想要修改的文本，同时光标变为拾取框。用拾取框选择对象，如果选取的文本是用 TEXT 命令创建的单行文本，可对其直接进行修改。如果选取的文本是用 MTEXT 命令创建的多行文本，则选取后弹出多行文字编辑器（见图 4-7），可根据前面的介绍对各项设置或内容进行修改。

4.1.5　实例——酒瓶

绘制如图 4-14 所示的酒瓶。

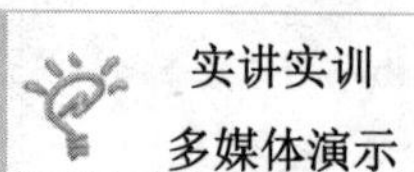

多媒体演示参见配套光盘中的\\动画演示\第4章\酒瓶.avi。

图4-14　酒瓶

01 单击“默认”选项卡“图层”面板中的“图层特性”按钮，弹出“图层管理器”对话框，新建三个图层：

❶“1”图层，颜色设置为绿色，其余属性采用默认设置。

❷“2”图层，颜色设置为黑色，其余属性采用默认设置。

❸“3”图层，颜色设置为蓝色，其余属性采用默认设置。

02 选择菜单栏中的“视图”→“缩放”→“圆心”命令，将图形界面缩放至适当大小。

03 将“3”图层设置为当前图层，单击“默认”选项卡“绘图”面板中的“多段线”按钮。绘制多段线，命令行中的提示与操作如下：

```
命令：_PLINE↙
指定起点：40，0↙
当前线宽为 0.0000
指定下一个点或 [圆弧(A)/半宽(H)/长度(L)/放弃(U)/宽度(W)]：@-40，0↙
指定下一点或 [圆弧(A)/闭合(C)/半宽(H)/长度(L)/ 放弃(U)/宽度(W)]：@0，119.8↙
指定下一点或 [圆弧(A)/闭合(C)/半宽(H)/长度(L)/放弃(U)/宽度(W)]：A↙
指定圆弧的端点(按住 Ctrl 键以切换方向)或[角度(A)/圆心(CE)/闭合(CL)/方向(D)/半宽(H)/直线(L)/半径(R)/第二个点(S)/放弃(U)/宽度(W)]：22，139.6↙
指定圆弧的端点(按住 Ctrl 键以切换方向)或[角度(A)/圆心(CE)/闭合(CL)/方向(D)/半宽(H)/直线(L)/半径(R)/第二个点(S)/放弃(U)/宽度(W)]：L↙
指定下一点或 [圆弧(A)/闭合(C)/半宽(H)/长度(L)/放弃(U)/宽度(W)]：29，190.7↙
指定下一点或 [圆弧(A)/闭合(C)/半宽(H)/长度(L)/放弃(U)/宽度(W)]：29，222.5↙
指定下一点或 [圆弧(A)/闭合(C)/半宽(H)/长度(L)/放弃(U)/宽度(W)]：A↙
指定圆弧的端点(按住 Ctrl 键以切换方向)或[角度(A)/圆心(CE)/闭合(CL)/方向(D)/半宽(H)/直线(L)/半径(R)/第二个点(S)/放弃(U)/宽度(W)]：S↙
指定圆弧上的第二个点：40，227.6↙
指定圆弧的端点：51.2，223.3↙
指定圆弧的端点(按住 Ctrl 键以切换方向)或[角度(A)/圆心(CE)/闭合(CL)/方向(D)/半宽(H)/直线(L)/半径(R)/第二个点(S)/放弃(U)/宽度(W)]：
```

绘制结果如图 4-15 所示。

04 单击“默认”选项卡“修改”面板中的“镜像”按钮，镜像绘制的多段线，然后单击“默认”选项卡“修改”面板中的“修剪”按钮，修剪图形，结果如图4-16所示。

图4-15 绘制多段线

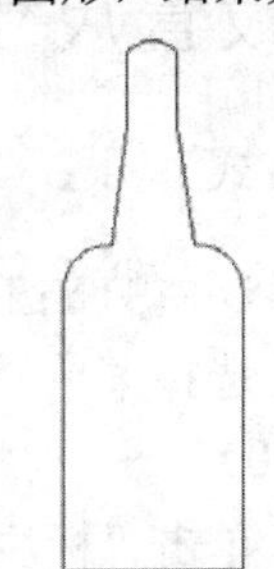

图4-16 镜像并修剪图形

05 将“2”图层设置为当前图层，单击“默认”选项卡“绘图”面板中的“直线”按钮，绘制坐标点为{(0, 94.5),(@80, 0)}、{(0, 92.5),(80, 92.5)}、{(0, 48.6),(@80, 0)}、{ (29, 190.7),(@22, 0) }、{ (0, 50.6),(@80, 0) }的直线，结果如图4-17所示。

06 单击“默认”选项卡“绘图”面板中的“椭圆”按钮，绘制中心点为（40，120)、轴端点为（@25，0)、轴长度为(@0, 10)的椭圆，如图4-18所示。

07 单击“默认”选项卡“绘图”面板中的“圆弧”按钮，以三点方式绘制坐标为（22，139.6)、(40，136)、(58，139.6）的圆弧，结果如图4-18所示。

08 单击“默认”选项卡“修改”面板中的“圆角”按钮，设置圆角半径为10，将瓶底进行圆角处理。

09 将“1”图层设置为当前图层，单击“默认”选项卡“注释”面板中的“多行文字”按钮，设置文字高度分别为10和13，输入文字。如图4-19所示。

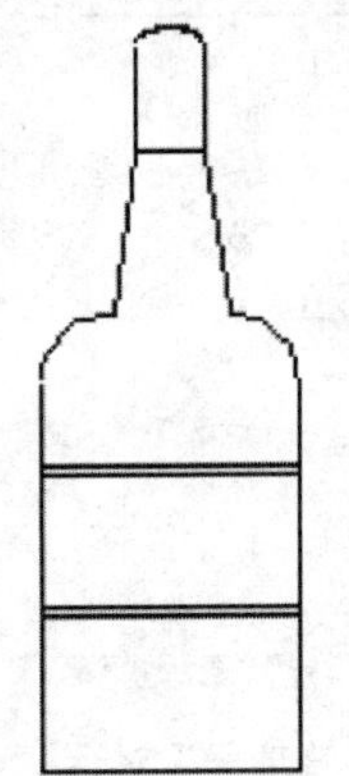

图4-17 绘制直线

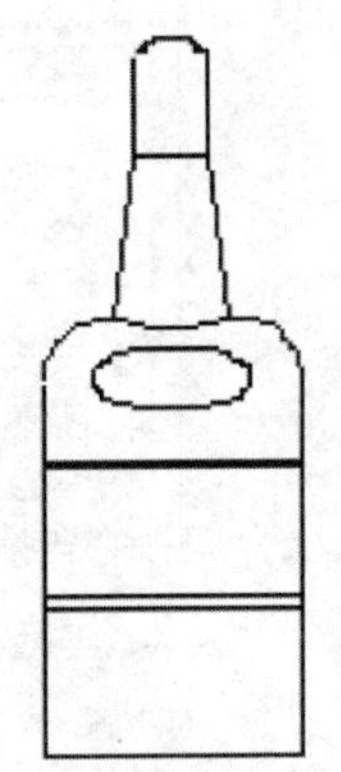

图4-18 绘制椭圆及圆弧

图4-19 输入文字

4.2 尺寸标注

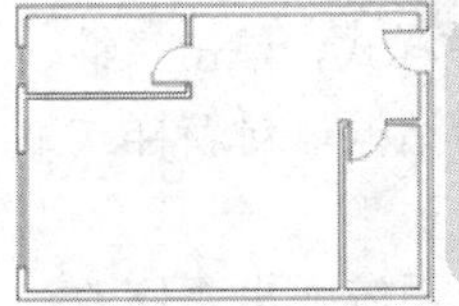

尺寸标注相关命令的菜单方式集中在“标注”菜单中，工具栏方式集中在“标注”工具栏中，如图 4-20 和图 4-21 所示。

4.2.1 设置尺寸样式

【执行方式】

命令行：DIMSTYLE（快捷命令 D）

菜单栏：选择菜单栏中的“格式”→“标注样式”命令或“标注”→“标注样式”命令（见图 4-20）

工具栏：单击“标注”工具栏中的“标注样式”按钮（见图 4-21）

功能区：单击“默认”选项卡“注释”面板中的“标注样式”按钮

【操作步骤】

执行上述命令后，系统弹出“标注样式管理器”对话框，如图 4-22 所示。利用该对话框可方便直观地定制和浏览尺寸标注样式，包括产生新的标注样式、修改已存在的样式、设置当前尺寸标注样式、样式重命名以及删除一个已有样式等。

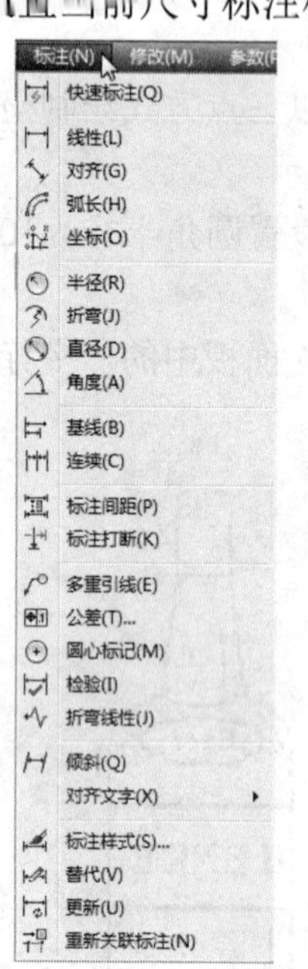

图4-20 “标注”菜单 图4-21 “标注”工具栏

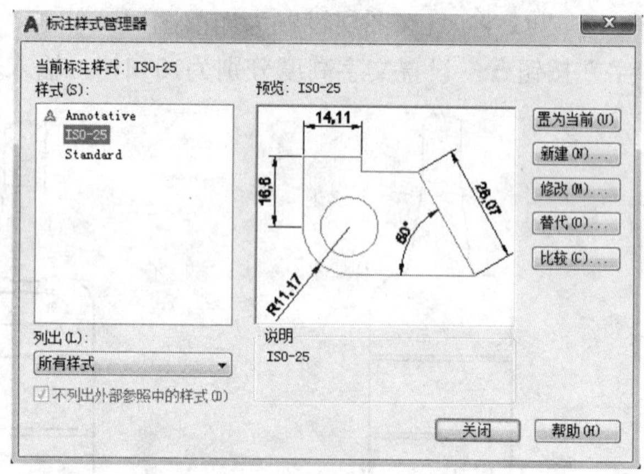

图4-22 “标注样式管理器”对话框

【选项说明】

（1）“置为当前”按钮：单击此按钮，把在“样式”列表框选中的样式设置为当前样式。

（2）“新建”按钮：定义一个新的尺寸标注样式。单击此按钮，系统弹出“创建新标注样式”对话框，如图 4-23 所示，利用此对话框可创建一个新的尺寸标注样式，单击“继续”按钮，系统弹出“新建标注样式”对话框，如图 4-24 所示，利用此对话框可对新样式的各项特性进行设置。该对话框中各部分的含义和功能将在后面介绍。

（3）“修改”按钮：修改一个已存在的尺寸标注样式。单击此按钮，系统弹出“修改标注样式”对话框。该对话框中的各选项与“新建标注样式”对话框完全相同，可以对已有标注样式进行修改。

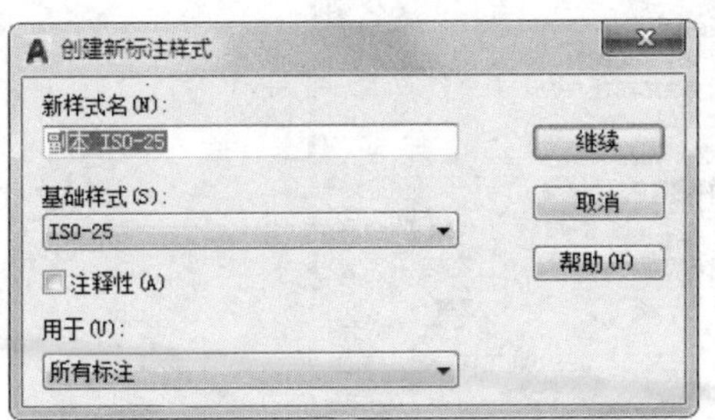

图4-23 “创建新标注样式”对话框

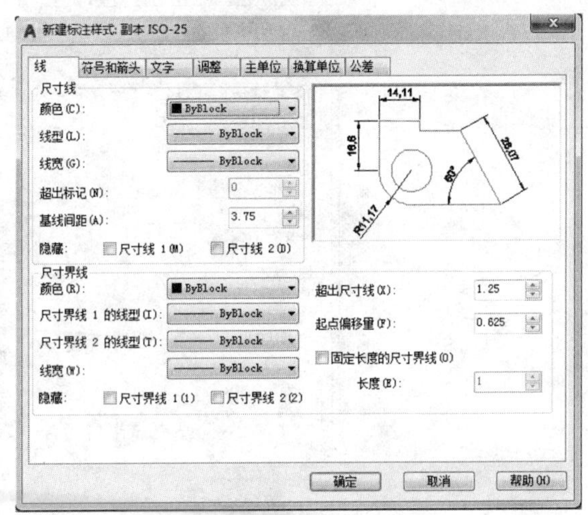

图4-24 “新建标注样式”对话框

（4）“替代”按钮：设置临时覆盖尺寸标注样式。单击此按钮，系统弹出“替代当前样式”对话框，该对话框中的各选项与“新建标注样式”对话框完全相同，用户可改变选项的设置覆盖原来的设置，但这种修改只对指定的尺寸标注起作用，而不影响当前尺寸变量的设置。

（5）“比较”按钮：比较两个尺寸标注样式在参数上的区别或浏览一个尺寸标注样式的参数设置。单击此按钮，系统弹出“比较标注样式”对话框，如图 4-25 所示。可以把比较结果复制到剪切板上，然后再粘贴到其他的 Windows 应用软件上。

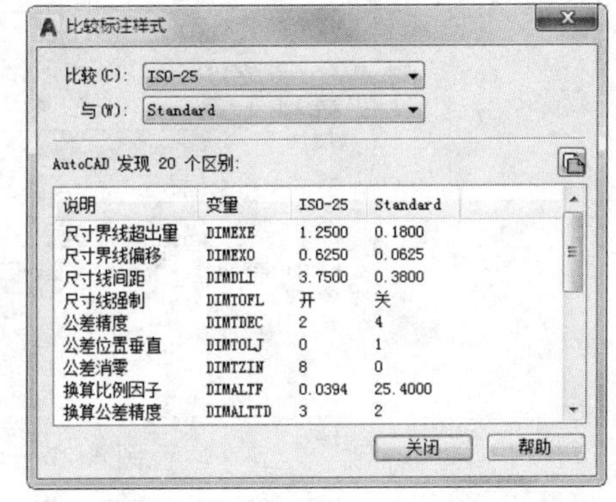

图4-25 “比较标注样式”对话框

（6）线：该选项卡可对尺寸线、尺寸界线的各个参数进行设置。包括尺寸线的颜色、线宽、超出标记、基线间距、隐藏等参数，尺寸界线的颜色、线宽、超出尺寸线、起点偏移量、隐藏等参数，如图 4-24 所示。

（7）符号和箭头：该选项卡可对箭头、圆心标记以及弧长符号的各个参数进行设置，包括箭头的大小、引线、形状等参数，以及圆心标记的类型和大小，弧长符号的位置，折断标注的折断大小，半径折弯标注的折弯角度，线性折弯标注的折弯高度因子等参数，如图 4-26 所示。

（8）文字：该选项卡可对文字的外观、位置、对齐方式等各个参数进行设置。包括文字外观的文字样式、颜色、填充颜色、文字高度、分数高度比例、是否绘制文字边框等参数，以及文字位置的垂直、水平和从尺寸线偏移量等参数；文字对齐方式有水平、与尺寸线对齐、ISO 标准 3 种方式，如图 4-27 所示。图 4-28 所示为尺寸在垂直方向放置的 4 种不同情形，图 4-29 所示为尺寸在水平方向放置的 5 种不同情形。

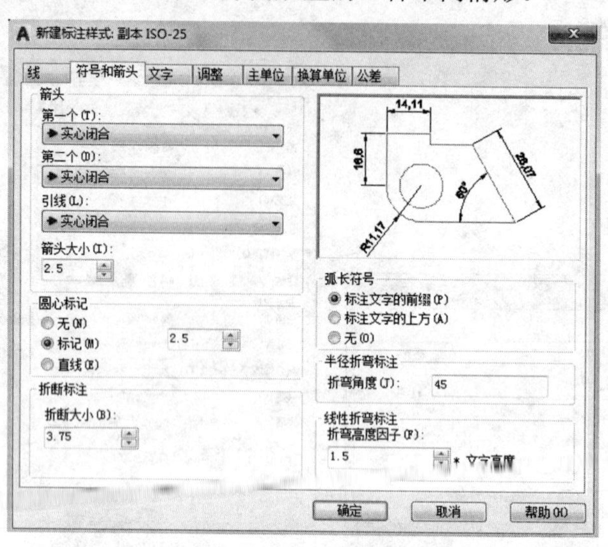

图4-26 “符号和箭头”选项卡

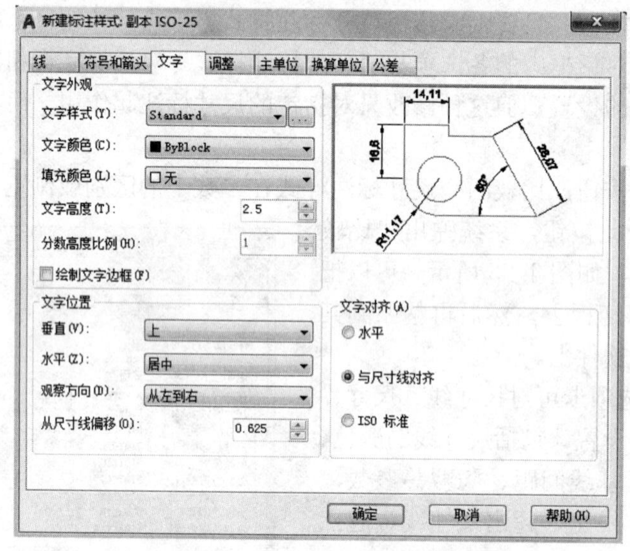

图 4-27 “文字”选项卡

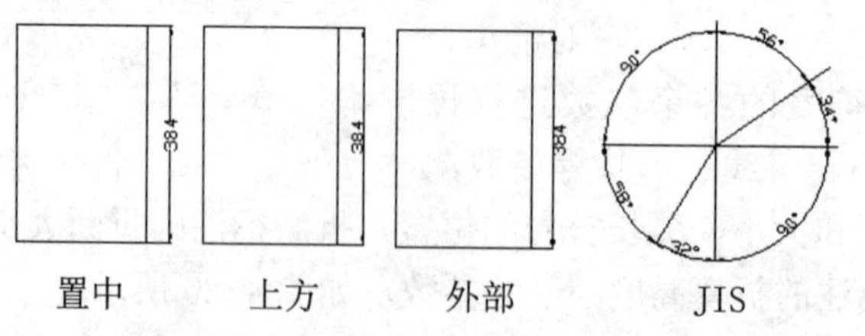

图4-28 尺寸在垂直方向的放置

（9）调整：该选项卡可对调整选项、文字位置、标注特征比例和优化等各个参数进行设置。包括调整选项选择，文字不在默认位置时的放置位置，标注特征比例选择以及调整尺寸要素位置等参数，如图 4-30 所示。图 4-31 所示为尺寸文本不在默认位置时的放置位置的 3 种不同情形。

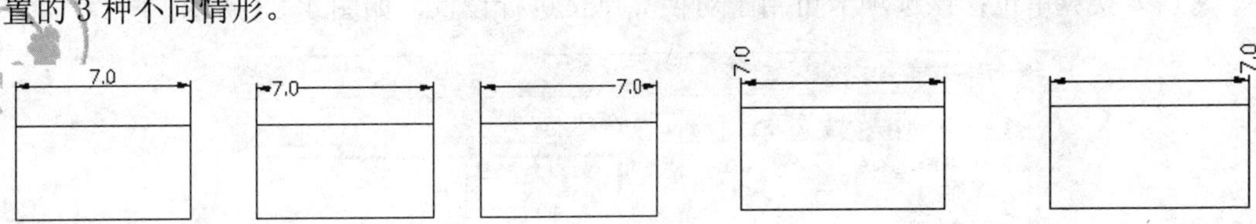

置中　　第一条尺寸界线　第二条尺寸界线　第一条尺寸界线上方　第二条尺寸界线上方

图4-29　尺寸在水平方向的放置

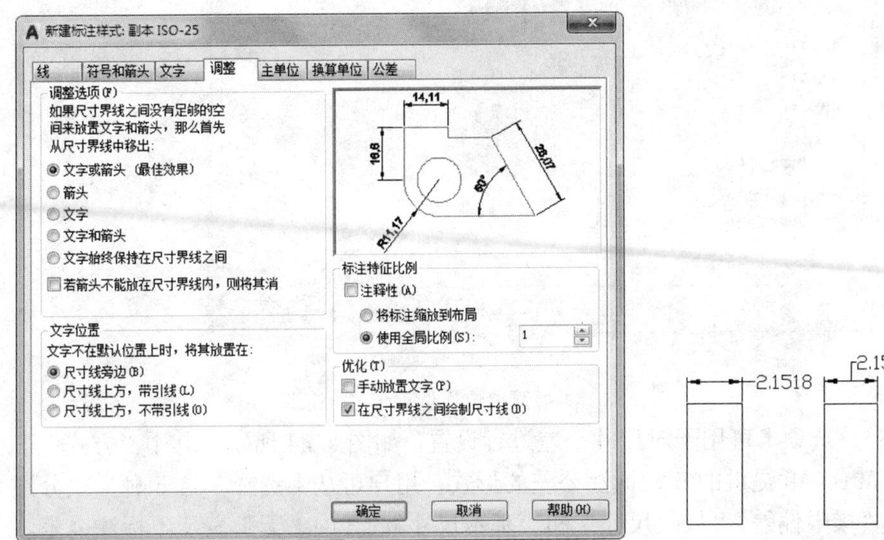

图4-30　“调整”选项卡　　　　图4-31　尺寸文本不在默认位置时的放置位置

（10）主单位：该选项卡可用来设置尺寸标注的主单位和精度，以及给尺寸文本添加固定的前缀或后缀。本选项卡含两个选项组，分别可对长度型标注和角度型标注进行设置，如图 4-32 所示。

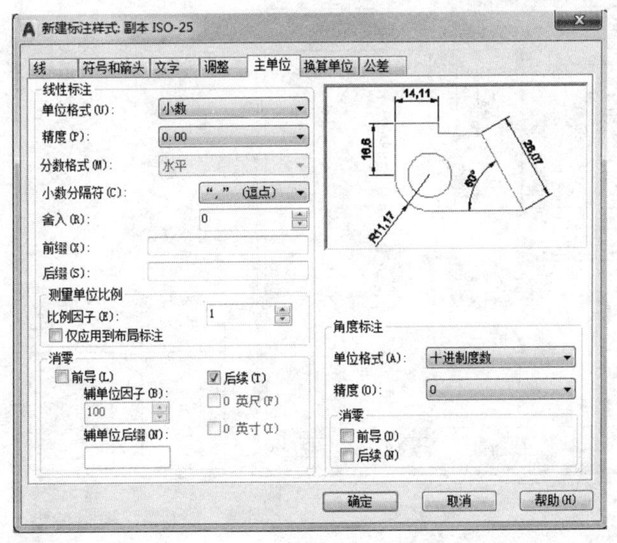

图4-32　“主单位”选项卡

（11）换算单位：该选项卡可用于对换算单位进行设置，如图 4-33 所示。

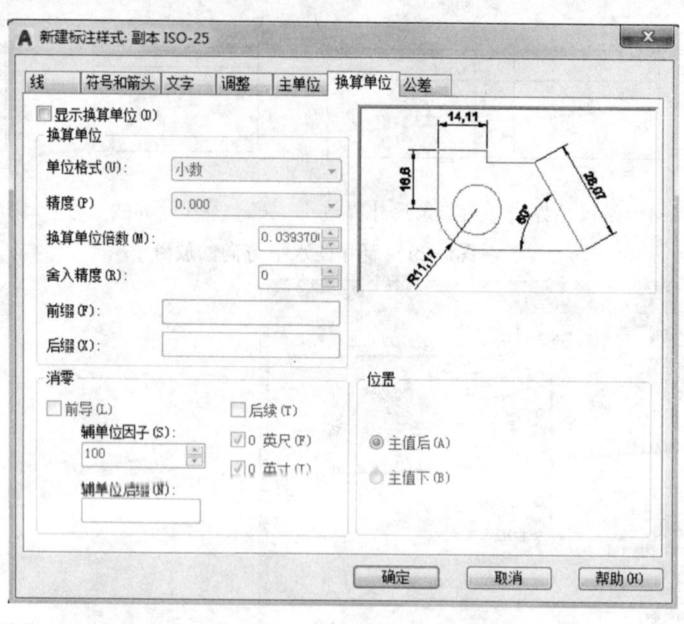

图4-33　“换算单位”选项卡

（12）公差：该选项卡可用于对尺寸公差进行设置，如图 4-34 所示。其中“方式”下拉列表框列出了 AutoCAD 提供的 5 种标注公差的形式，用户可从中选择。这 5 种形式分别是“无”“对称”“极限偏差”“极限尺寸”和“基本尺寸”，其中“无”表示不标注公差。其余 4 种公差的标注情况如图 4-35 所示。在“精度”“上偏差”“下偏差”“高度比例”“垂直位置”等文本框中可输入或选择相应的参数值。

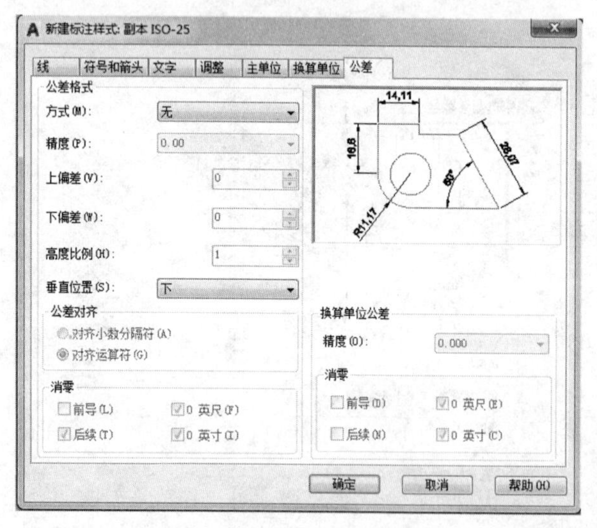

图4-34　“公差”选项卡

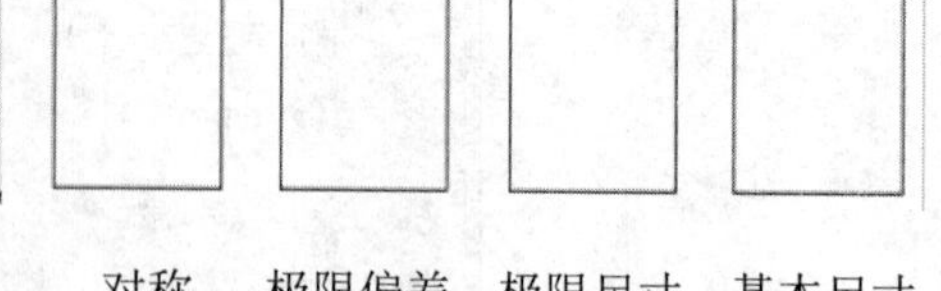

图4-35　公差标注的形式

注意

系统自动在上极限偏差数值前加一“+”号，在下极限偏差数值前加一“-”号。如果上极限偏差是负值或下极限偏差是正值，则都需要在输入的偏差值前加负号。如下极限偏差是+0.005，则需要在“下极限偏差”微调框中输入-0.005。

4.2.2 标注尺寸

1. 线性标注

【执行方式】

命令行：DIMLINEAR（缩写名：DIMLIN）

菜单栏：选择菜单栏中的“标注”→“线性”命令

工具栏：单击“标注”工具栏中的“线性”按钮

快捷命令：D+L+I

功能区：单击“默认”选项卡“注释”面板中的“线性”按钮

【操作步骤】

```
命令：DIMLINEAR↙
指定第一个尺寸界线原点或<选择对象>:
```

在此提示下有两种选择，直接按Enter键选择要标注的对象或确定尺寸界线的起始点。按Enter键并选择要标注的对象或指定两条尺寸界线的起始点后，系统继续提示：

```
指定尺寸线位置或[多行文字(M)/文字(T)/角度(A)/水平(H)/垂直(V)/旋转(R)]:
```

【选项说明】

（1）指定尺寸线位置：确定尺寸线的位置。用户可移动鼠标选择合适的尺寸线位置，然后按Enter键或单击鼠标左键，AutoCAD则自动测量所标注线段的长度并标注出相应的尺寸。

（2）多行文字(M)：用多行文本编辑器确定尺寸文本。

（3）文字(T)：在命令行提示下输入或编辑尺寸文本。选择此选项后，AutoCAD提示：

```
输入标注文字 <默认值>:
```

其中的默认值是AutoCAD自动测量得到的被标注线段的长度，直接按Enter键即可采用此长度值，也可输入其他数值代替默认值。当尺寸文本中包含默认值时，可使用尖括号“<>”表示默认值。

（4）角度(A)：确定尺寸文本的倾斜角度。

（5）水平(H)：水平标注尺寸，不论标注什么方向的线段，尺寸线均水平放置。

（6）垂直(V)：垂直标注尺寸，不论被标注线段沿什么方向，尺寸线总保持垂直。

（7）旋转(R)：输入尺寸线旋转的角度值，旋转标注尺寸。

对齐标注的尺寸线与所标注的轮廓线平行；坐标尺寸标注点的纵坐标或横坐标；角度标注标注两个对象之间的角度；直径或半径标注标注圆或圆弧的直径或半径；圆心标记则标注圆或圆弧的中心或中心线，具体由“新建（修改）标注样式”对话框“尺寸与箭头”选项卡“圆心标记”选项组决定。上面所述这几种尺寸标注与线性标注类似，这里不再赘述。

2．基线标注

基线标注用于产生一系列基于同一条尺寸界线的尺寸标注，适用于长度尺寸标注、角度标注和坐标标注等。在使用基线标注方式之前，应该先标注出一个相关的尺寸，如图4-36所示。基线标注两平行尺寸线间距由“新建（修改）标注样式”对话框“尺寸与箭头”选项卡“尺寸线”选项组中“基线间距”文本框中的值决定。

【执行方式】

命令行：DIMBASELINE（快捷命令：DBA）

菜单栏：选择菜单栏中的“标注”→“基线”命令

工具栏：单击“标注”工具栏中的“基线”按钮

功能区：单击“注释”选项卡“标注”面板中的“基线”按钮

【操作格式】

```
命令：DIMBASELINE↙
指定第二条尺寸界线原点或 [选择(S)/放弃(U)] <选择>：
```

直接确定另一个尺寸的第二条尺寸界线的起点，AutoCAD 以上次标注的尺寸为基准标注，标注出相应尺寸。

直接按 Enter 键后系统提示：

```
选择基准标注：(选取作为基准的尺寸标注)
```

连续标注又叫尺寸链标注，用于产生一系列连续的尺寸标注，后一个尺寸标注均把前一个标注的第二条尺寸界线作为它的第一条尺寸界线。与基线标注一样，在使用连续标注方式之前，应该先标注出一个相关的尺寸。其标注过程与基线标注类似，如图4-37所示。

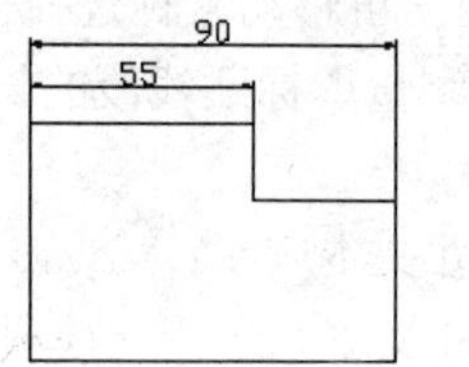

图4-36　基线标注

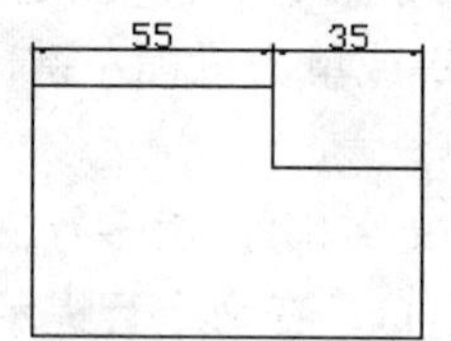

图4-37　连续标注

3．快速标注

快速尺寸标注命令 QDIM 使用户可以交互地、动态地、自动化地进行尺寸标注。在 QDIM 命令中可以同时选择多个圆或圆弧标注直径或半径，也可同时选择多个对象进行基线标注和连续标注。由于选择一次即可完成多个标注，因此可节省时间，提高工作效率。

【执行方式】

命令行：QDIM

功能区：单击“注释”选项卡“标注”面板中的“快速”按钮

菜单栏：选择菜单栏中的“标注”→“快速标注”命令

工具栏：单击“标注”工具栏中的“快速标注”按钮

【操作格式】

```
命令：QDIM↙
关联标注优先级 = 端点
选择要标注的几何图形：(选择要标注尺寸的多个对象后按 Enter 键)
指定尺寸线位置或 [连续(C)/并列(S)/基线(B)/坐标(O)/半径(R)/直径(D)/基准点(P)/编辑(E)/设置(T)] <连续>:
```

【选项说明】

(1)指定尺寸线位置：直接确定尺寸线的位置，按默认尺寸标注类型标注出相应尺寸。

(2) 连续(C)：产生一系列连续标注的尺寸。

(3) 并列(S)：产生一系列交错的尺寸标注，如图 4-38 所示。

(4)基线(B)：产生一系列基线标注的尺寸。后面的“坐标(O)”“半径(R)”“直径(D)”含义与此类同。

(5) 基准点(P)：为基线标注和连续标注指定一个新的基准点。

(6) 编辑(E)：对多个尺寸标注进行编辑。系统允许对已存在的尺寸标注添加或移去尺寸点。选择此选项，AutoCAD 提示：

```
指定要删除的标注点或 [添加(A)/退出(X)] <退出>:
```

在此提示下确定要移去的点之后回车，AutoCAD 将对尺寸标注进行更新，如图 4-39 所示为图 4-38 删除中间两个标注点后的尺寸标注。

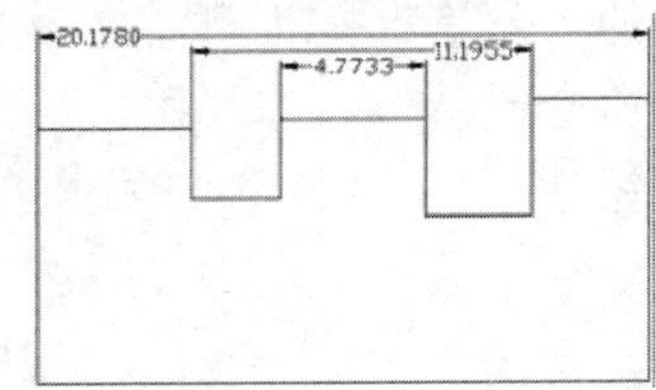

图4-38　交错尺寸标注

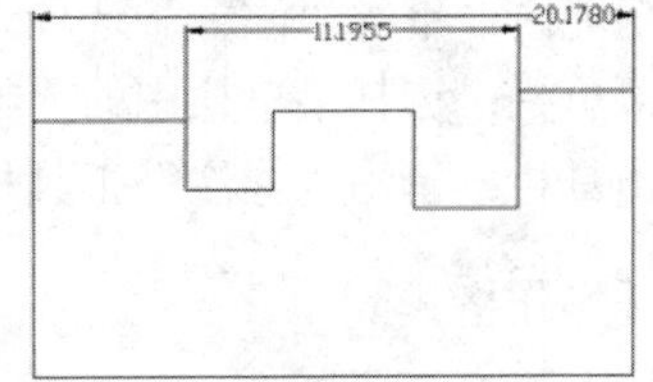

图4-39　删除标注点

4. 引线标注

【执行方式】

命令行：QLEADER

【操作步骤】

```
命令：QLEADER↙
指定第一个引线点或 [设置(S)] <设置>:
指定下一点： (输入指引线的第二点)
指定下一点： (输入指引线的第三点)
…
指定文字宽度 <0.0000>: (输入多行文本的宽度)
```

输入注释文字的第一行〈多行文字(M)〉:(输入单行文本或按 Enter 键弹出多行文字编辑器，输入多行文本)

输入注释文字的下一行：(输入另一行文本)

输入注释文字的下一行：(输入另一行文本或按 Enter 键)

也可以在上面操作过程中选择“设置(S)”项，在弹出的“引线设置”对话框中进行相关参数设置，如图 4-40 所示。

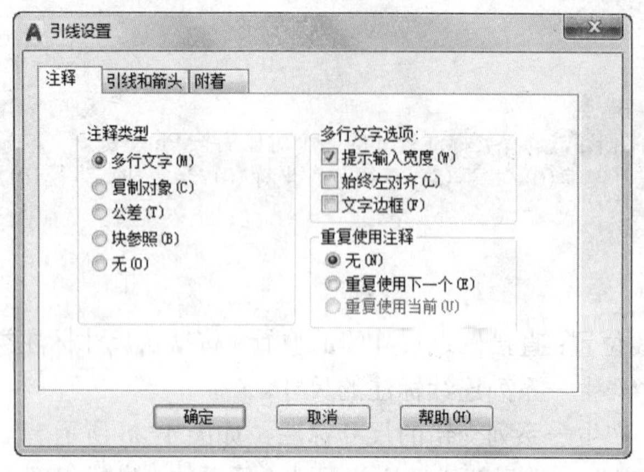

图4-40 “引线设置”对话框

另外还有一个名为LEADER的命令行命令也可以进行引线标注，其与QLEADER命令类似，这里不再赘述。

5. 形位公差标注

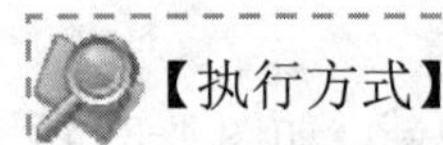
【执行方式】

命令行：TOLERANCE

功能区：单击“注释”选项卡“标注”面板中的“公差”按钮

菜单栏：选择菜单栏中的“标注”→“公差”命令

工具栏：单击“标注”工具栏中的“公差”按钮

【操作格式】

执行上述命令后，系统弹出如图 4-41 所示的“形位公差”对话框。单击“符号”项下面的黑方块，系统弹出如图 4-42 所示的“特征符号” 对话框，可从中选取公差代号。“公

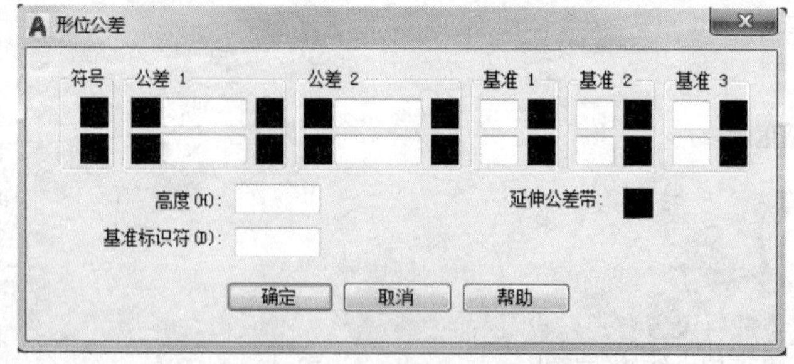

图 4-41 “形位公差”对话框

差 1 (2)”项白色文本框左侧的黑块控制是否在公差值之前加一个直径符号，单击它，则

出现一个直径符号，再单击则又消失。白色文本框用于确定公差值，在其中输入一个具体数值。右侧黑块用于插入“包容条件”符号，单击它，AutoCAD 弹出如图 4-43 所示的“附加符号”对话框，可从中选取所需的符号。

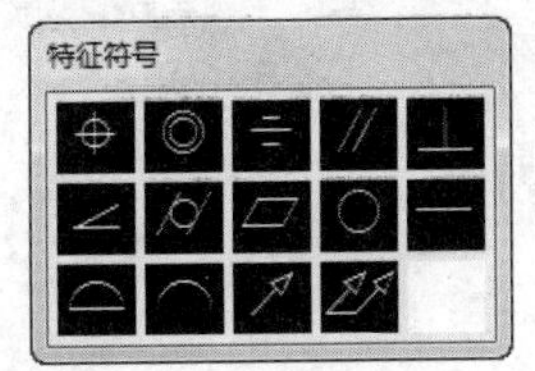

图4-42 “特征符号”对话框

图4-43 “附加符号”对话框

4.2.3 实例——给居室平面图标注尺寸

给如图 4-44 所示的居室平面图标注尺寸。

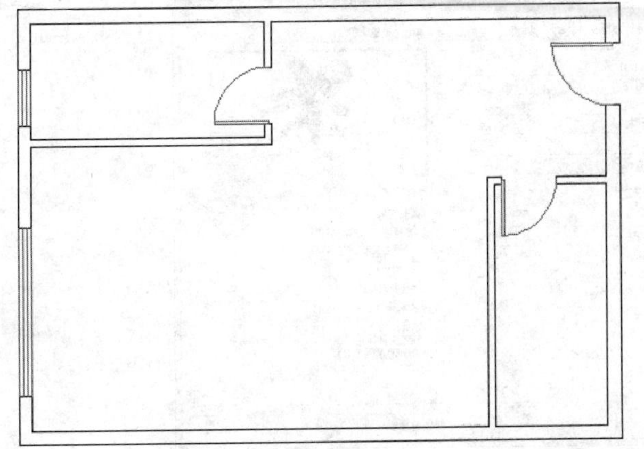

图4-44 居室平面图

实讲实训
多媒体演示

多媒体演示参见配套光盘中的\\动画演示\第4章\给居室平面图标注尺寸.avi。

01 绘制图形。单击“默认”选项卡“绘图”面板中的“直线”按钮、“矩形”按钮和“圆弧”按钮，选择菜单栏中的“绘图”→“多线”命令，并单击“默认”选项卡“修改”面板中的“镜像”按钮、“复制”按钮、“偏移”按钮、“倒角”按钮和“旋转”按钮等绘制图形，结果如图4-44所示。

02 设置尺寸标注样式。单击“默认”选项卡“注释”面板中的“标注样式”按钮，弹出“标注样式管理器”对话框，如图4-45所示。单击“新建”按钮，在弹出的“创建新标注样式”对话框中设置“新样式”名为“S_50_轴线”。单击“继续”按钮，弹出“新建标注样式”对话框。在如图4-46所示的“符号和箭头”选项卡中，设置箭头为“建筑标记”，箭头大小100；在“线”选项卡中设置超出尺寸线为100，起点偏移量为100；在“文字”选项卡中设置文字高度为150。其他采用默认设置，完成后确认退出。

03 标注水平轴线尺寸。将“S_50_轴线”样式设置为当前状态，并把墙体和轴线的上侧放大显示，如图4-47所示。然后单击“默认”选项卡“注释”面板中的“线性”按钮，标注水平方向上的尺寸，结果如图4-48所示。

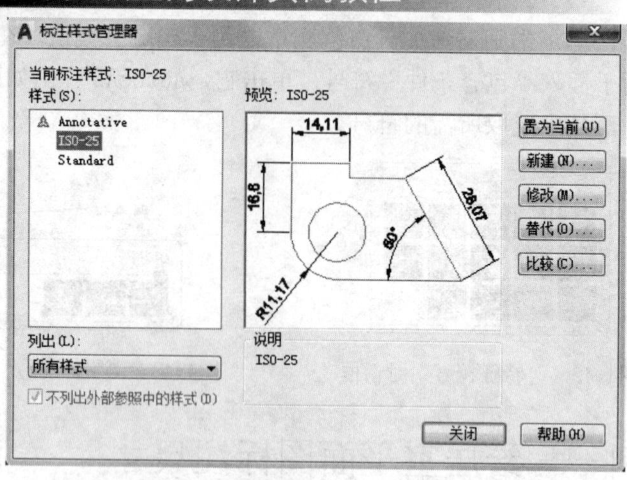

图 4-45 “标注样式管理器”对话框

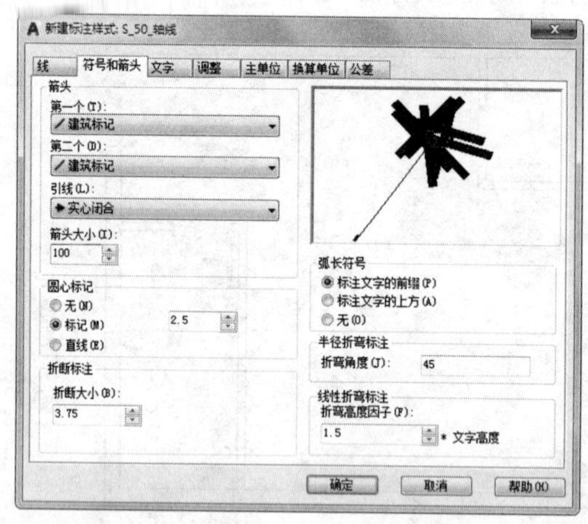

图 4-46 设置“符号和箭头”选项卡

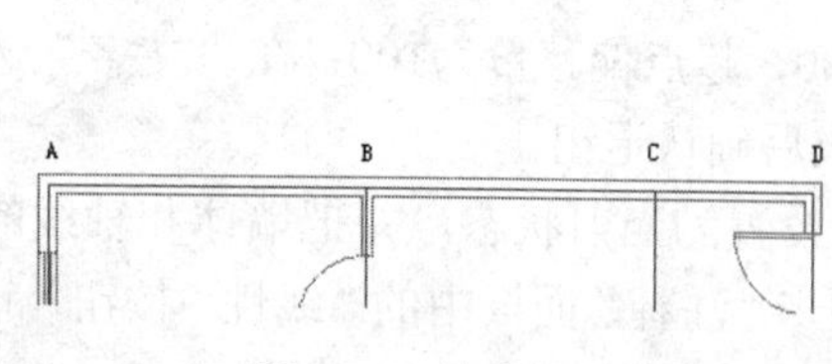

图4-47 放大显示墙体

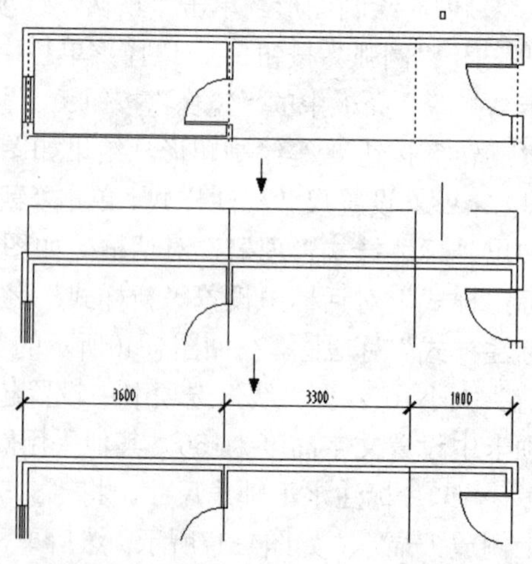

图4-48 水平标注操作过程示意图

04 标注竖向轴线尺寸。按照步骤 03 的方法完成竖向轴线尺寸的标注，结果如图4-49 所示。

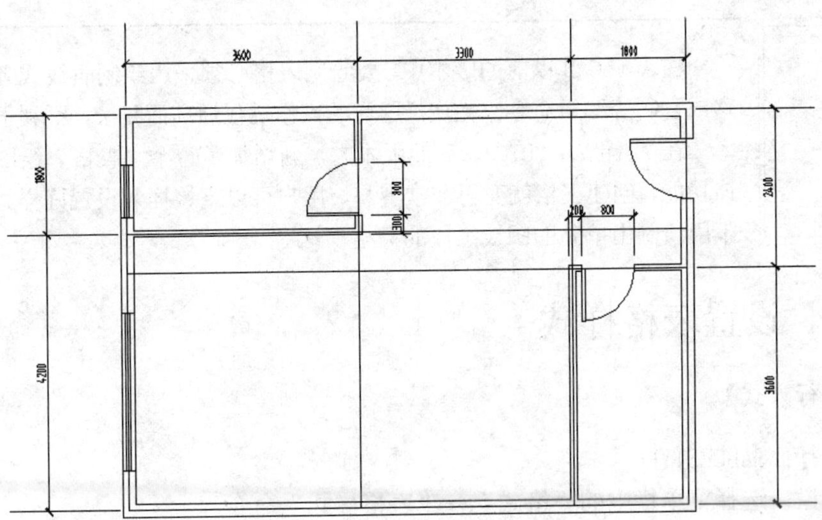

图4-49 完成轴线标注

05 标注窗户尺寸。单击“默认”选项卡“注释”面板中的“线性”按钮，依次点取尺寸的两个界线源点，完成每一个需要标注的尺寸，结果如图4-50所示。

说 明

处理字样重叠的问题，也可以在标注样式中进行相关设置，这样计算机会自动处理，但处理效果有时不太理想，也可以通过单击“标注”工具栏中的“编辑标注文字”按钮来调整文字位置，读者可以试一试。

06 标注其他细部尺寸和总尺寸。按照步骤 05 的方法完成其他细部尺寸和总尺寸的标注，结果如图 4-51 所示。注意总尺寸的标注位置。

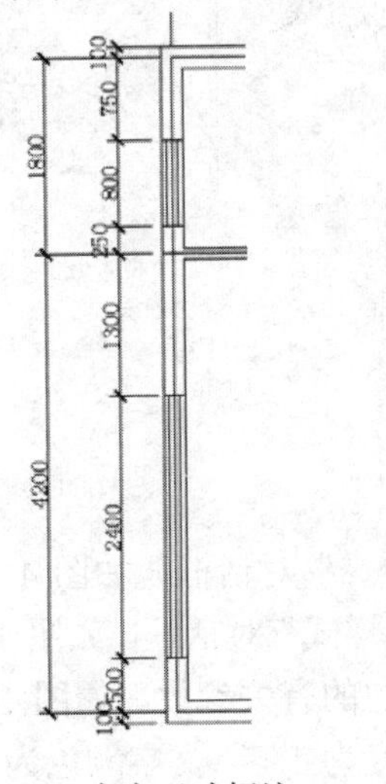

图4-50 窗户尺寸标注

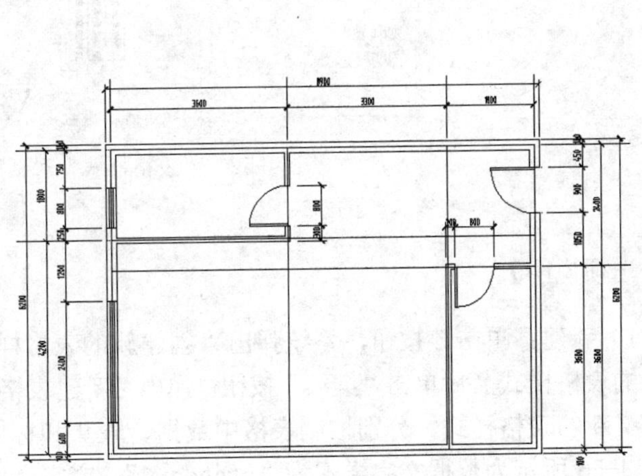

图4-51 标注居室平面图尺寸

4.3 表格

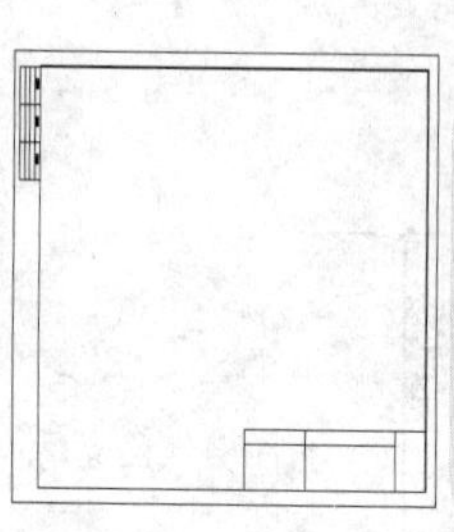

在 AutoCAD 以前的版本中，要绘制表格必须采用绘制表线或者表线结合偏移或复制等编辑命令来完成，这样的操作过程烦琐而复杂，不利于提高绘图效率。在 AutoCAD 2010 以后的版本中，新增加了一个“表格”绘图功能，有了该功能，创建表格就变得非常容易，用户可以直接插入设置好样式的表格，而不用绘制由单独的图线组成的栅格。

4.3.1 设置表格样式

【执行方式】

命令行：TABLESTYLE

菜单栏：选择菜单栏中的“格式”→“表格样式”命令

工具栏：单击“样式”工具栏中的“表格样式管理器”按钮

功能区：默认→注释→表格样式或注释→表格→表格样式下拉菜单中的管理表格样式或注释→表格→对话框启动器

【操作步骤】

执行上述命令后，系统弹出“表格样式”对话框，如图 4-52 所示。

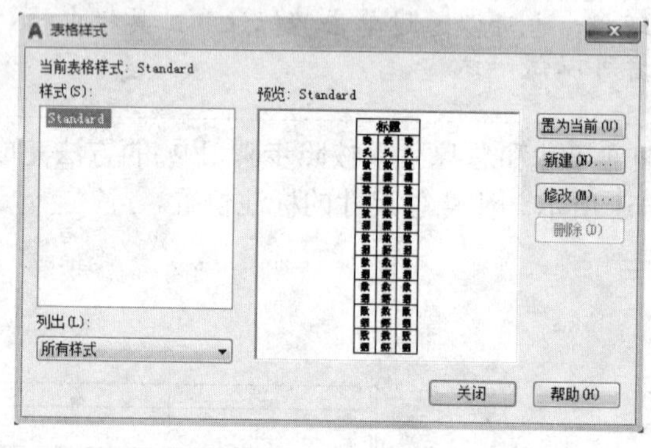

图4-52 “表格样式”对话框

【选项说明】

（1）新建：单击该按钮，系统弹出“创建新的表格样式”对话框，如图 4-53 所示。输入新的表格样式名后单击“继续”按钮，弹出“新建表格样式”对话框，如图 4-54 所示，从中定义新的表格样式，分别控制表格中数据、表头和标题的有关参数，如图 4-55 所示。

图 4-56 所示为数据文字样式为“standard”、文字高度为 4.5、文字颜色为“红色”、填充颜色为“黄色”、对齐方式为“右下”，标题文字样式为“standard”、文字高度为 6、

文字颜色为“蓝色”、填充颜色为“无”、对齐方式为“正中”，表格方向为“上”、水平单元边距和垂直单元边距都为 1.5 的表格样式。

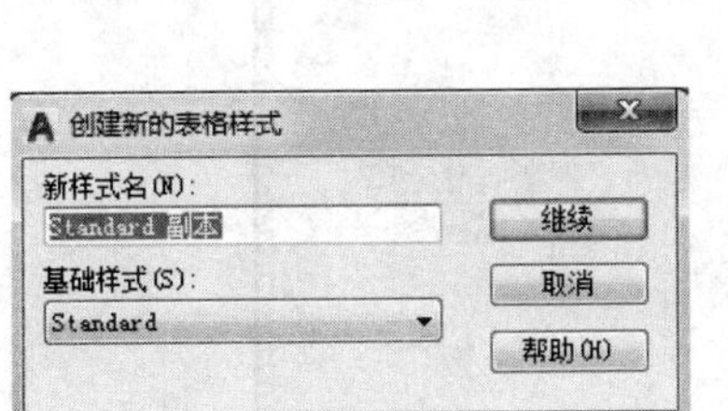

图4-53　“创建新的表格样式”对话框

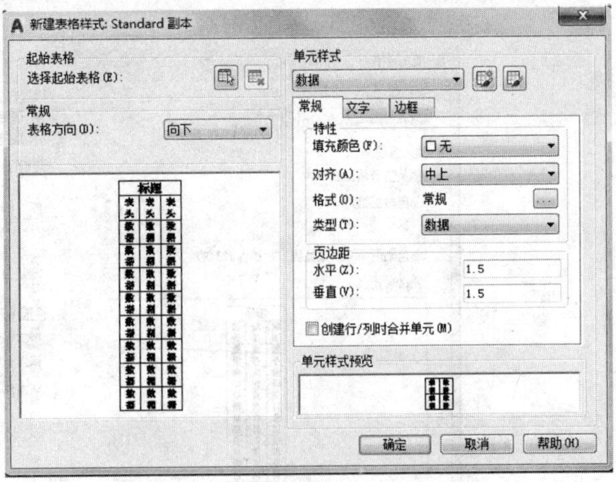

图4-54　“新建表格样式”对话框

标题		
表头	表头	表头
数据	数据	数据
数据	数据	数据
数据	数据	数据
数据	数据	数据
数据	数据	数据
数据	数据	数据

图4-55　表格样式

数据	数据	数据
数据	数据	数据
数据	数据	数据
数据	数据	数据
数据	数据	数据
数据	数据	数据
数据	数据	数据
标题		

图4-56　表格示例

（2）修改：对当前表格样式进行修改，方式与新建表格样式相同。

4.3.2　创建表格

【执行方式】

命令行：TABLE

菜单栏：选择菜单栏中的“绘图”→“表格”命令

工具栏：单击“绘图”工具栏中的“表格”按钮

功能区：单击“默认”选项卡“注释”面板中的“表格”按钮或单击“注释”选项卡“表格”面板中的“表格”按钮

【操作步骤】

执行上述命令后，系统弹出“插入表格”对话框，如图 4-57 所示。

【选项说明】

（1）“指定插入点”单选按钮：指定表格左上角的位置。可以使用定点设备，也可以

在命令行中输入坐标值。如果表样式将表的方向设置为由下而上读取，则插入点位于表的左下角。

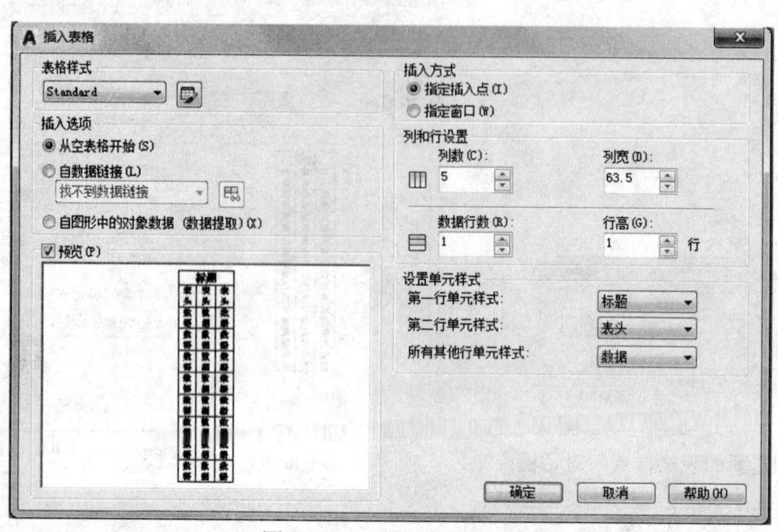

图4-57　“插入表格”对话框

（2）“指定窗口”单选按钮：指定表的大小和位置。可以使用定点设备，也可以在命令行中输入坐标值。选定此选项时，行数、列数、列宽和行高取决于窗口的大小以及列和行的设置。

在图 4-57 所示的“插入表格”对话框中进行相应设置后，单击“确定”按钮，则系统在指定的插入点或窗口自动插入一个空表格，用户可以逐行逐列输入相应的文字或数据，如图 4-58 所示。

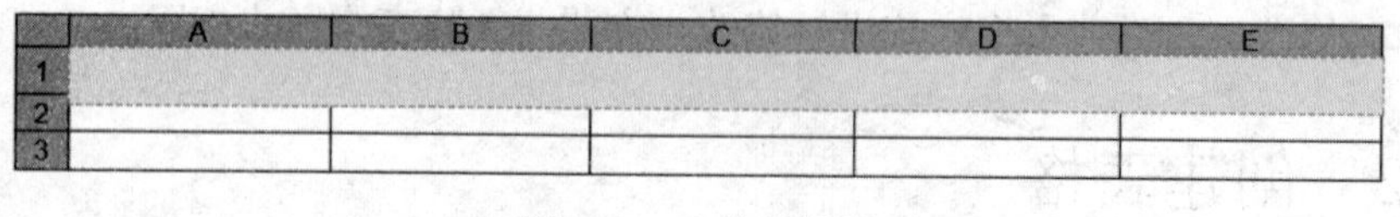

图4-58　表格编辑器

4.3.3　编辑表格文字

【执行方式】

命令行：TABLEDIT

定点设备：表格内双击

快捷菜单：编辑单元文字

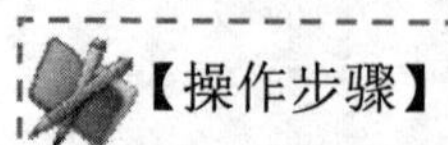
【操作步骤】

执行上述命令后，系统弹出如图 4-58 所示的“多行文字编辑器”对话框，用户可以对指定表格单元的文字进行编辑。

4.3.4 实例——室内设计 A3 图纸样板图

绘制如图 4-59 所示的室内设计 A3 图纸样板图。

实讲实训
多媒体演示

多媒体演示参见配套光盘中的\\动画演示\第4章\室内设计 A3 样板图.avi。

01 设置单位和图形边界。

❶打开 AutoCAD 程序，则系统自动建立新图形文件。

❷选择菜单栏中的“格式”→“单位”命令，系统弹出“图形单位”对话框，如图 4-60 所示。设置“长度”的类型为“小数”、“精度”为 0，设置“角度”的类型为“十进制度数”、“精度”为 0，系统默认逆时针方向为正。单击“确定”按钮。

❸设置图形边界。国家标准对图纸的幅面大小做了严格规定，这里不妨按国家标准 A3 图纸幅面设置图形边界。选择菜单栏中的“格式”→“图形界限”命令，命令行中的提示与操作如下：

```
命令：LIMITS↙
重新设置模型空间界限：
指定左下角点或 [开(ON)/关(OFF)] <0.0000,0.0000>：↙
指定右上角点 <12.0000,9.0000>：420,297↙
```

图4-59 室内设计A3图纸样板图

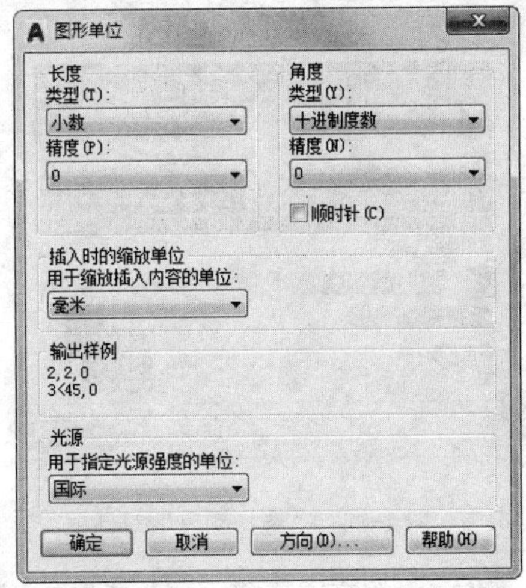

图4-60 “图形单位”对话框

02 设置图层。

❶单击“默认”选项卡“图层”面板中的“图层特性”按钮，系统弹出“图层特性管理器”对话框，如图4-61所示。在该对话框中单击“新建”按钮，建立不同层名的新图层，这些不同的图层分别用来存放不同的图线或图形的不同部分。

❷设置图层颜色。为了区分不同图层上的图线，增加图形不同部分的对比性，可以在“图层特性管理器”对话框中单击相应图层“颜色”标签下的颜色色块，弹出“选择颜色”对话框，如图 4-62 所示。在该对话框中选择需要的颜色。

❸设置线型。在常用的工程图样中通常要用到不同的线型，这是因为不同的线型表示不同的含义。在“图层特性管理器”中单击“线型”标签下的线型选项，弹出“选择线型”对话框，如图 4-63 所示。在该对话框中选择对应的线型。如果在“已加载的线型”列表框中没有需要的线型，可以单击“加载”按钮，在弹出的“加载或重载线型”对话框中加载

线型，如图 4-64 所示。

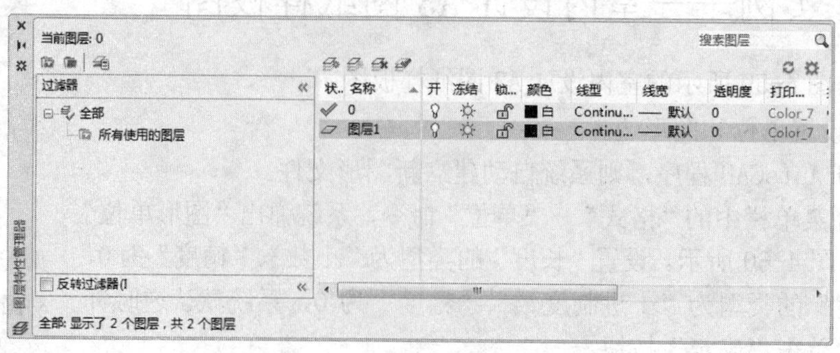

图4-61 “图层特性管理器”对话框

❹设置线宽。在工程图中，不同的线宽也表示不同的含义，因此也要对不同的图层的线宽界线进行设置。单击“图层特性管理器”中“线宽”标签下的选项，弹出“线宽”对话框，如图 4-65 所示。在该对话框中选择适当的线宽。需要注意的是，应尽量保持细线与粗线之间的比例大约为 1:2。

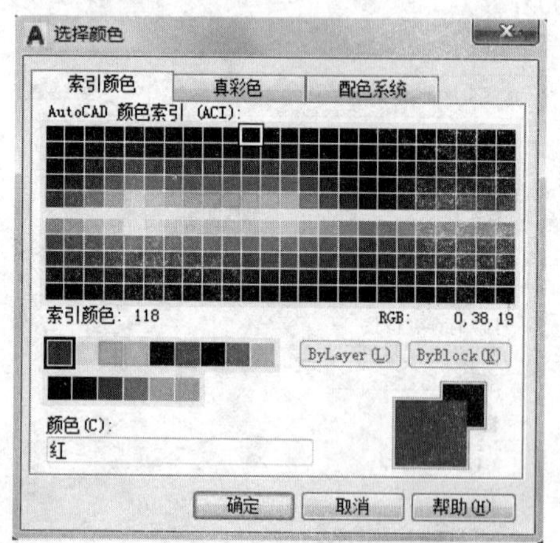

图 4-62 “选择颜色”对话框

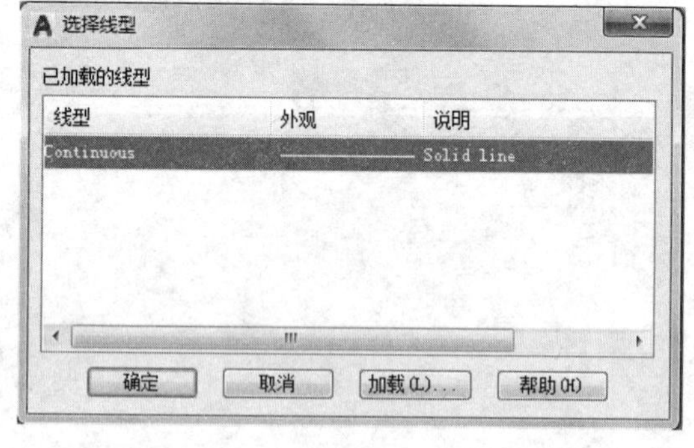

图 4-63 “选择线型”对话框

03 设置文本样式。请按如下约定进行设置：一般注释文本高度 7mm，零件名称 10mm，图标栏和会签栏中其他文字 5mm，尺寸文字 5mm，线型比例 1，图纸空间线型比例 1，单位十进制，小数点后 0 位，角度小数点后 0 位。

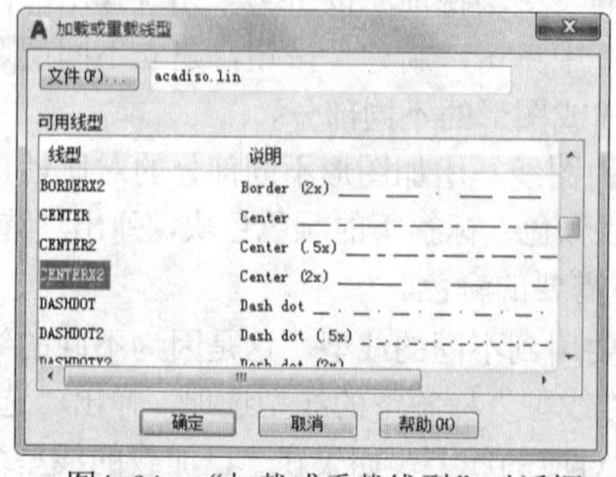

图4-64 “加载或重载线型”对话框

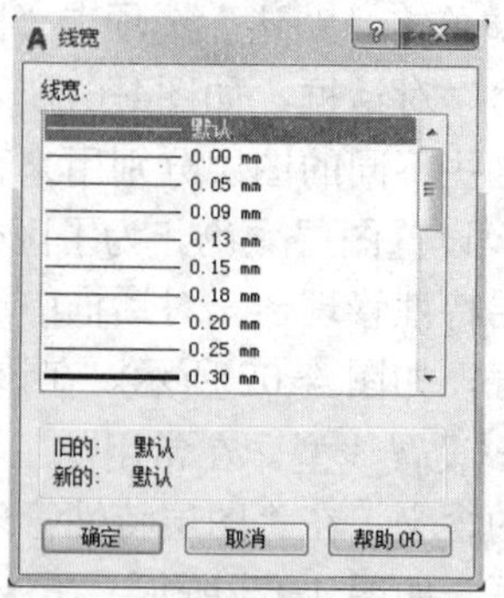

图4-65 “线宽”对话框

可以生成 4 种文字样式，分别用于一般注释、标题块中零件名、标题块注释及尺寸标注。

❶单击“默认”选项卡“注释”面板中的“文字样式”按钮，系统弹出“文字样式”对话框，在该对话框中单击“新建”按钮，系统弹出“新建文字样式”对话框，如图4-66所示。接受默认的“样式1”文字样式名，确认退出。

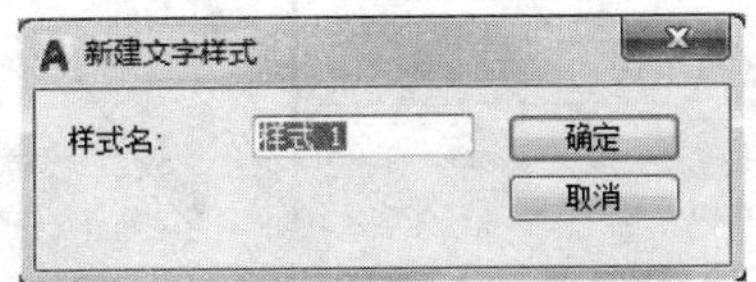

图 4-66 “新建文字样式”对话框

❷系统返回“文字样式”对话框，在“字体名”下拉列表框中选择“宋体”选项；在“宽度因子”文本框中将宽度比例设置为 0.7，将文字高度设置为 5，如图 4-67 所示。单击“应用”按钮，再单击“关闭”按钮。其他文字样式采用类似设置。

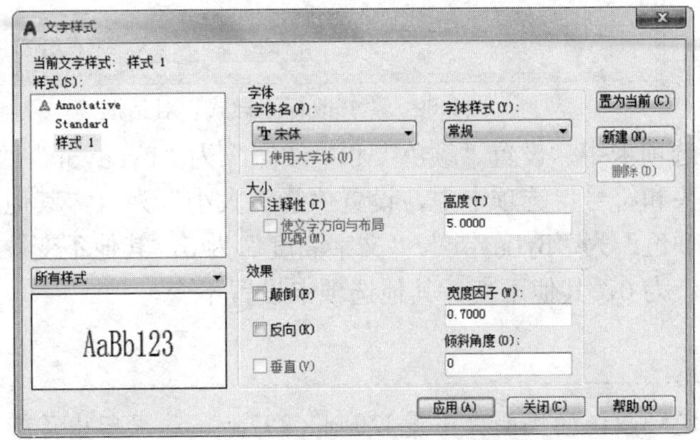

图 4-67 “文字样式”对话框

04 设置尺寸标注样式。

❶单击“默认”选项卡“注释”面板中的“标注样式”按钮，系统弹出“标注样式管理器”对话框，如图4-68所示。在“预览”显示框中显示出标注样式的预览图形。

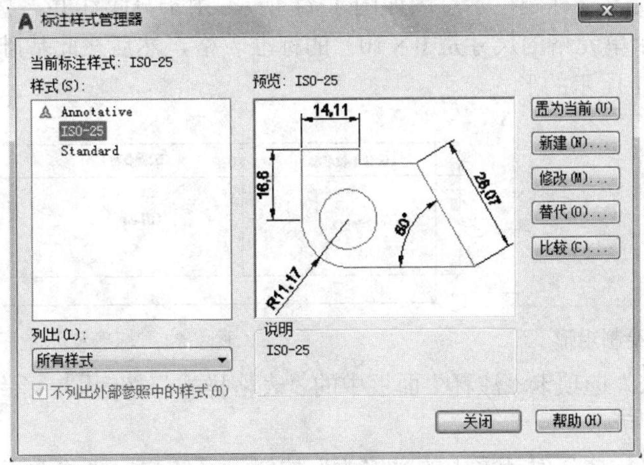

图 4-68 “标注样式管理器”对话框

❷单击“修改”按钮，系统弹出“修改标注样式”对话框，在该对话框中对标注样式的选项按照需要进行修改，如图 4-69 所示。

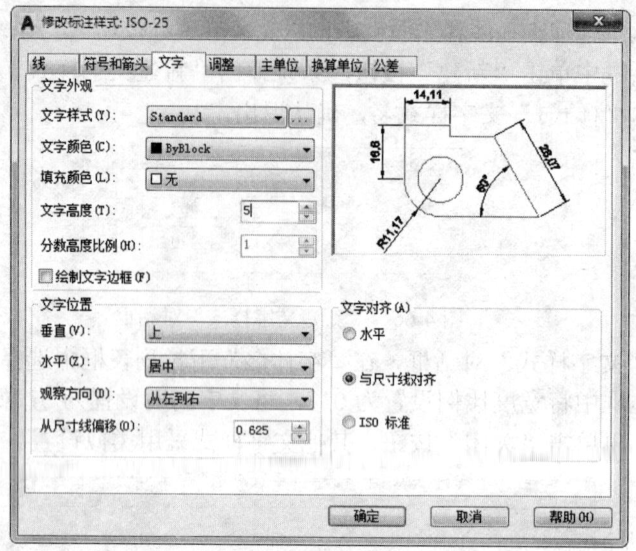

图4-69　“修改标注样式”对话框

❸在“线”选项卡中，设置“颜色”和“线宽”为“ByLayer”，“基线间距”为6，其他不变。在“箭头和符号”选项卡中，设置“箭头大小”为 1，其他不变。在“文字”选项卡中，设置“颜色”为“ByLayer”、“文字高度”为5，其他不变。在“主单位”选项卡中，设置“精度”为0，其他不变。其他选项卡设置不变。

说 明

国家标准规定A3图纸的幅面大小是420mm×297mm，这里留出了带装订边的图框到图纸边界的距离。

05 绘制图框。单击“默认”选项卡“绘图”面板中的“矩形”按钮，绘制角点坐标为（25,10）和（410,287）的矩形，如图4-70所示。

06 绘制标题栏。标题栏示意图如图 4-71 所示. 由于分隔线并不整齐，所以可以先绘制一个 9×4（每个单元格的尺寸是 0×10）的标准表格，然后在此基础上编辑或合并单元格以形成如图 4-71 所示的形式。

图4-70　绘制矩形

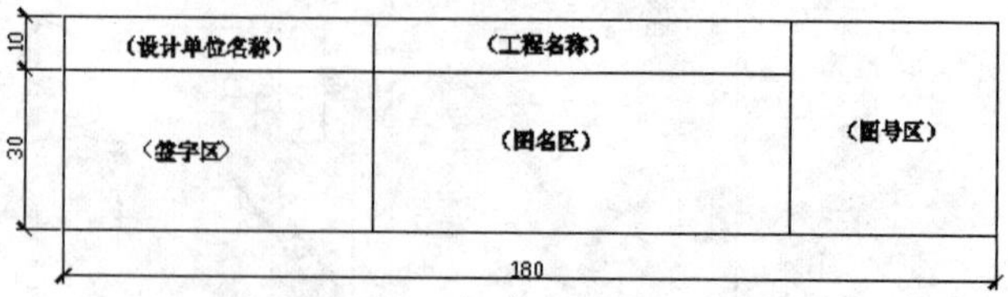

（设计单位名称）　（工程名称）　（签字区）　（图名区）　（图号区）　10　30　180

图4-71　标题栏示意图

❶单击“默认”选项卡“注释”面板中的“表格样式”按钮，系统弹出“表格样式”对话框，如图4-72所示。

❷单击“表格样式”对话框中的“修改”按钮，系统弹出“修改表格样式”对话框，

在“单元样式”下拉列表框中选择“数据”选项，在下面的“文字”选项卡中将“文字高度”设置为6，如图4-73所示。在“常规”选项卡中，将“页边距”选项组中的“水平”和“垂直”都设置为1，如图4-74所示。

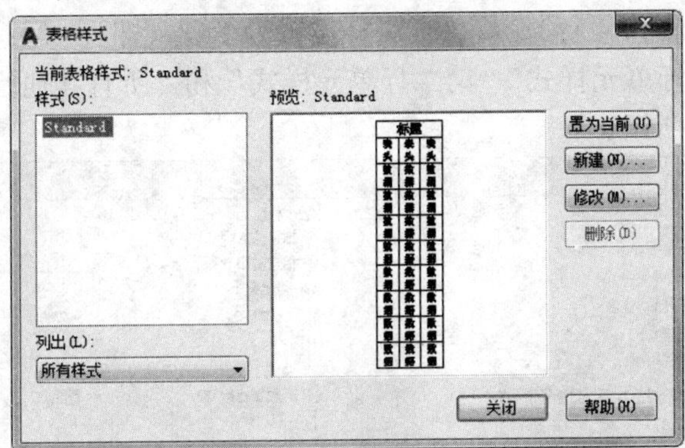

图4-72 “表格样式”对话框

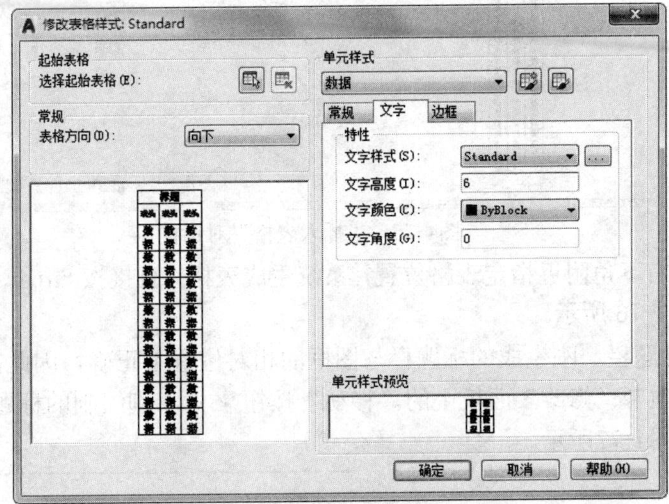

图4-73 “修改表格样式”对话框

图4-74 设置“常规”选项卡

❸系统返回“表格样式”对话框，单击“关闭”按钮退出。

❹单击“绘图”工具栏中的“表格”按钮，系统弹出“插入表格”对话框。在“列和行设置”选项组中将“列”设置为 9，将“列宽”设置为 20，将“数据行数”设置为 2（加上标题行和表头行共 4 行），将“行高”设置为 1 行（即为 10）；在“设置单元样式”选项组中，将“第一行单元样式”“第二行单元样式”和“所有其他行单元样式”都设置为“数据”，如图 4-75 所示。

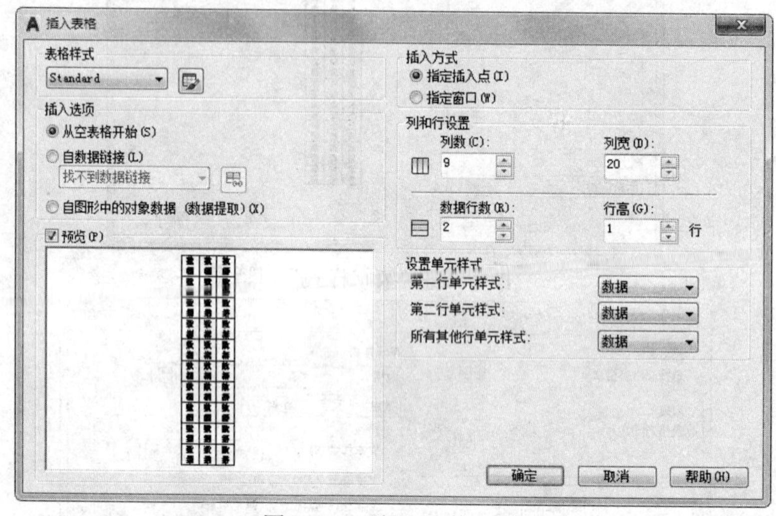

图4-75　“插入表格”对话框

❺在图框线右下角附近指定表格位置，系统生成表格，直接按 Enter 键，不输入文字，生成表格，如图 4-76 所示。

07 移动标题栏。刚生成的标题栏与图框的相对位置不正确，因此需要移动标题栏。单击“默认”选项卡“修改”面板中的“移动”按钮，将刚绘制的标题栏准确放置在图框的右下角，如图4-77所示。

图4-76　生成表格

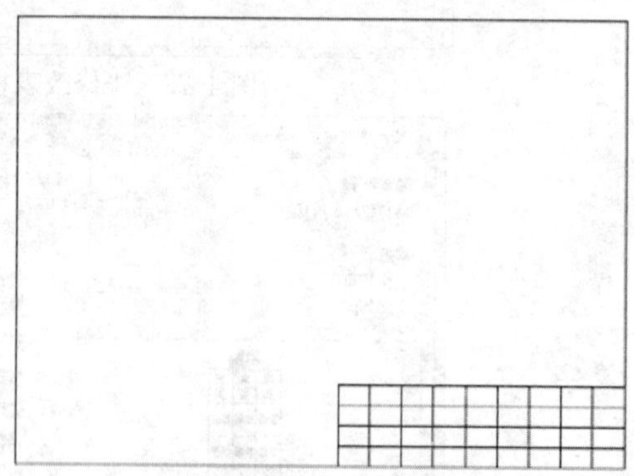

图4-77　移动表格

08 编辑标题栏表格。

❶单击标题栏表格 A 单元格，按住 Shift 键，同时选择 B 和 C 单元格，在“表格单元”选项卡中单击“合并单元格”按钮，在弹出胡下拉菜单中选择“合并全部”命令，如图 4-78 所示。

❷重复上述方法，对其他单元格进行合并，结果如图 4-79 所示。

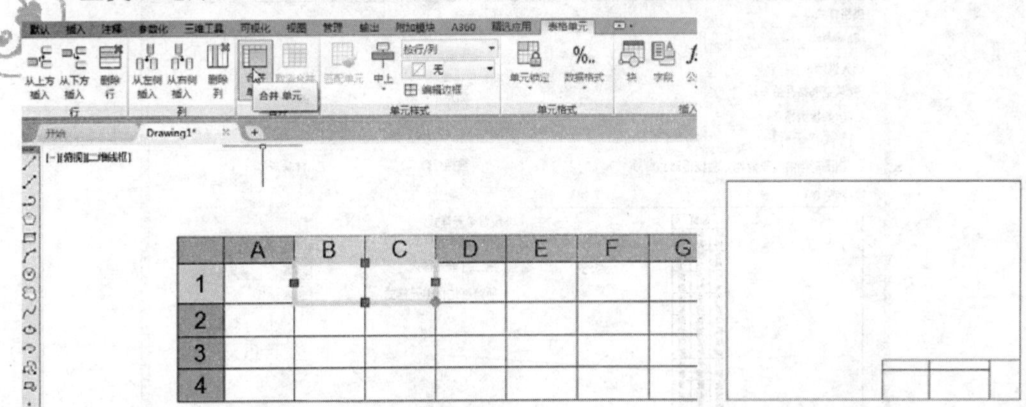

图4-78　合并单元格　　　图4-79　完成标题栏单元格编辑

09 绘制会签栏。会签栏具体大小和样式如图 4-80 所示。用户可以采取和标题栏相同的绘制方法来绘制会签栏。

❶在“修改表格样式”对话框中的“文字”选项卡中，将“文字高度”设置为 4，如图 4-81 所示；再把“常规”选项卡中“页边距”选项组中“水平”和“垂直”都设置为 0.5。

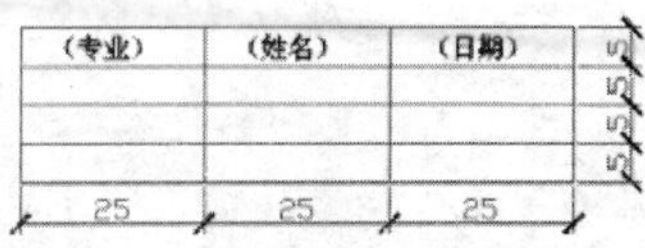

图4-80　会签栏示意图

❷单击“默认”选项卡“注释”面板中的“表格”按钮，系统弹出“插入表格”对话框，在“列和行设置”选项组中，将“列数”设置为3，“列宽”设置为25，“数据行数”设置为2，“行高”设置为1行；在“设置单元样式”选项组中，将“第一行单元样式”“第二行单元样式”和“所有其他行单元样式”都设置为“数据”，如图4-82所示。

图 4-81　设置表格样式

❸在表格中输入文字，结果如图 4-83 所示。

10 旋转和移动会签栏。

❶单击“默认”选项卡“修改”面板中的“旋转”按钮，旋转会签栏，结果如图4-84所示。

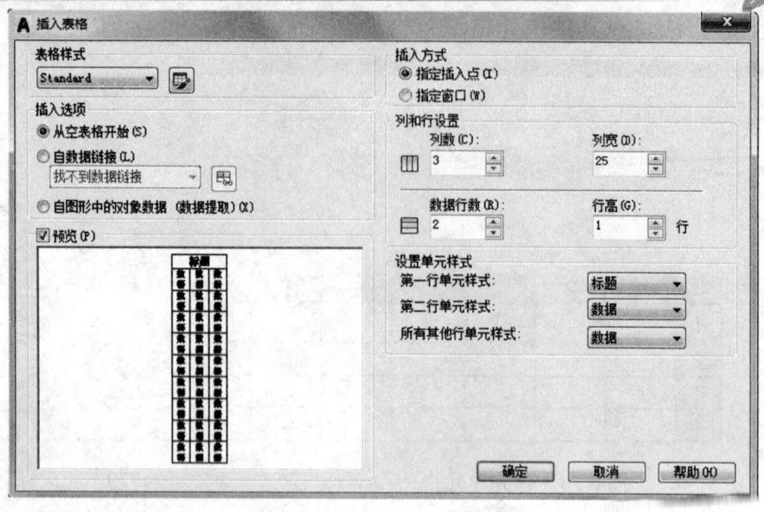

图4-82 设置表格行和列

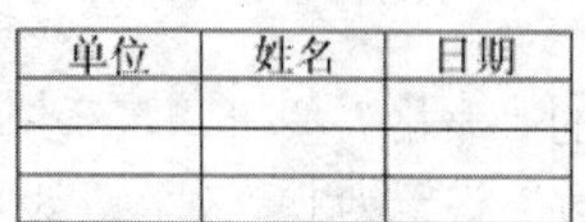

图4-83 会签栏的绘制

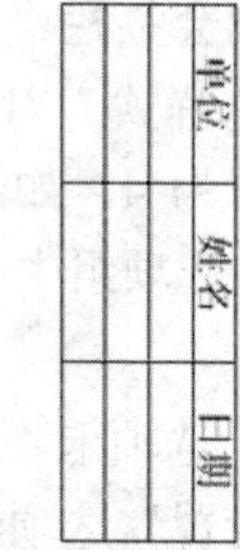

图4-84 旋转会签栏

❷单击“默认”选项卡“修改”面板中的“移动”按钮，将会签栏移动到图框的左上角，结果如图4-85所示。

图4-85 移动会签栏

(11) 绘制外框。单击“默认”选项卡“绘图”面板中的“矩形”按钮，在最外侧绘制一个420×297的外框，最终完成样板图的绘制，如图4-59所示。

(12) 保存样板图。选择菜单栏中的“文件”下的“另存为”命令，系统弹出“图形另存为”对话框，将图形保存为DWG格式的文件即可，如图 4-86 所示。

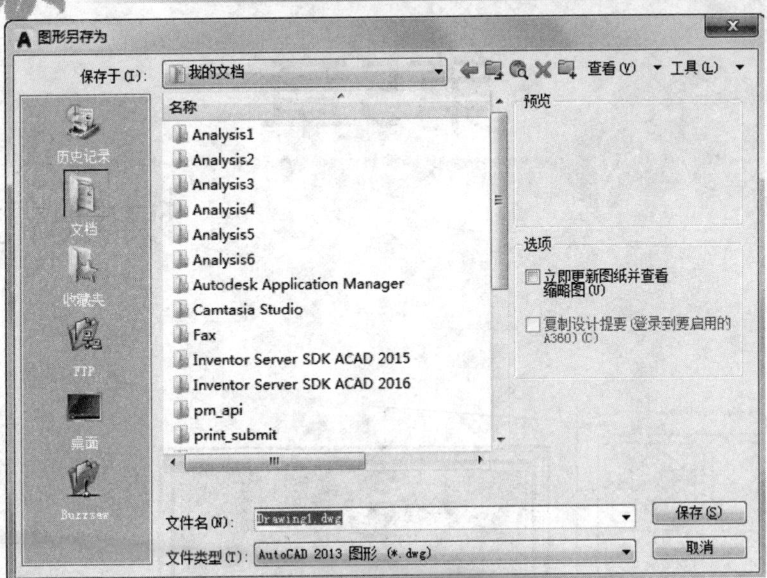

图4-86 “图形另存为”对话框

第5章 模块化绘图

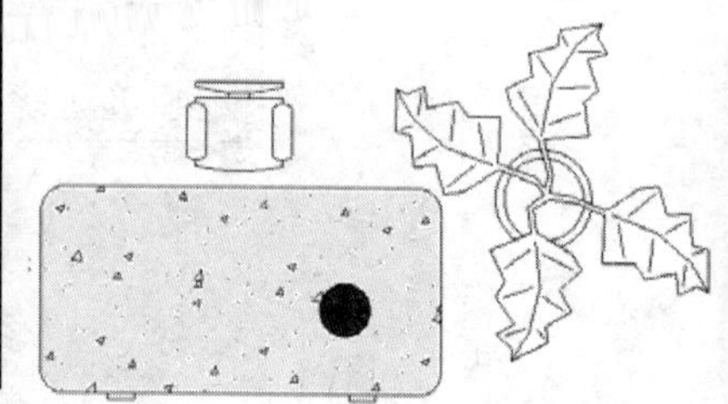

为了方便绘图，提高绘图效率，AutoCAD 提供了一些快速绘图工具，包括图块及其属性、设计中心、工具选项板等。这些工具的一个共同特点是可以将分散的图形单元通过一定的方式组织成一个单元，在绘图时将这些单元插入到图形中，可以达到提高绘图速度和实现图形标准化的目的。

- 图块及其属性
- 附着光栅图像
- 设计中心与工具选项板

5.1 图块及其属性

把一组图形对象组合成图块加以保存，需要的时候可以把图块作为一个整体以任意比例和旋转角度插入到图中任意位置，这样不仅避免了大量的重复工作，提高了绘图速度和工作效率，而且可大大节省磁盘空间。

5.1.1 图块操作

1. 图块定义

【执行方式】

命令行：BLOCK（快捷命令：B）

菜单栏：选择菜单栏中的“绘图”→“块”→“创建”命令

工具栏：单击“绘图”工具栏中的“创建块”按钮

功能区：单击“默认”选项卡“块”面板中的“创建”按钮或单击“插入”选项卡“块定义”面板中的“创建块”按钮

【操作步骤】

执行上述命令后，系统弹出如图 5-1 所示的“块定义”对话框，利用该对话框可以定义对象和基点及其他参数。

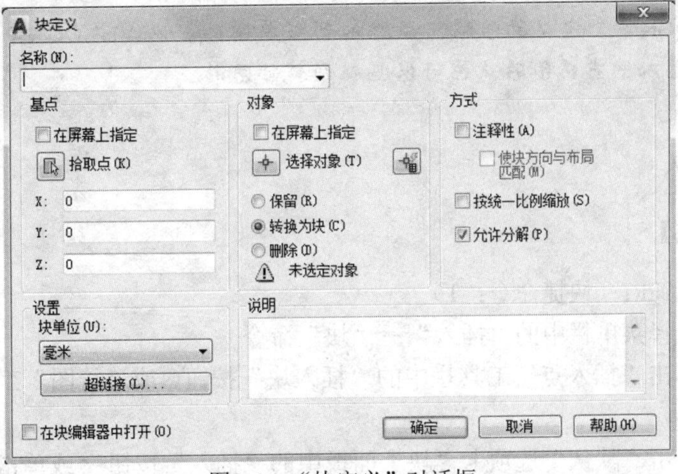

图5-1 “块定义”对话框

2. 图块保存

【执行方式】

命令行：WBLOCK（快捷命令：W）

功能区：单击“插入”选项卡“块定义”面板中的“写块”按钮

【操作步骤】

执行上述命令后，系统弹出如图 5-2 所示的“写块”对话框，利用此对话框可把图形对象保存为图块或把图块转换成图形文件。

图5-2 “写块”对话框

注意

以BLOCK命令定义的图块只能插入到当前图形。以WBLOCK命令保存的图块则既可以插入到当前图形，也可以插入到其他图形。

3. 图块插入

【执行方式】

命令行：INSERT（快捷命令：I）

菜单栏：选择菜单栏中的“插入”→“块”命令

工具栏：单击“插入点”工具栏中的“插入块”按钮或“绘图”工具栏中的“插入块”按钮

功能区：单击“默认”选项卡“块”面板中的“插入”按钮或单击“插入”选项卡“块”面板中的“插入”按钮

执行上述命令后，系统弹出“插入”对话框，如图 5-3 所示，利用此对话框设置了插入点位置、缩放比例以及旋转角度后，可以指定要插入的图块及插入位置。

图 5-4～图 5-6 所示为取不同参数插入的情形。

4. 以矩形阵列形式插入图块

AutoCAD 允许将图块以矩形阵列的形式插入到当前图形中，而且插入时也允许指定缩放比例和旋转角度。例如，图 5-7a 所示是把图 5-7c 所示的图形建立成图块后以 2×3 矩形阵列的形式插入到图 5-7b 中得到的屏风图形。

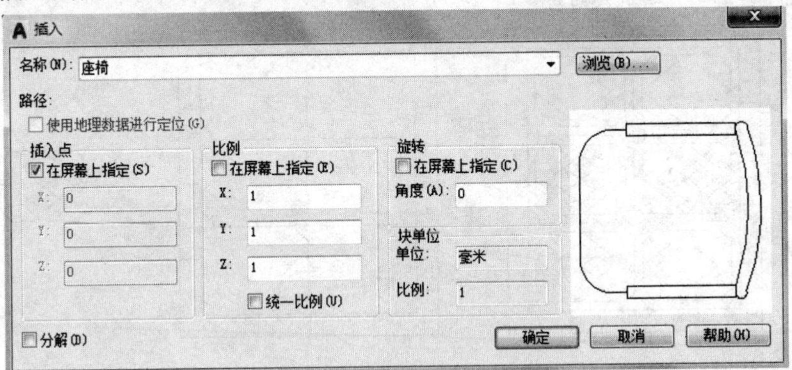

图5-3　“插入”对话框

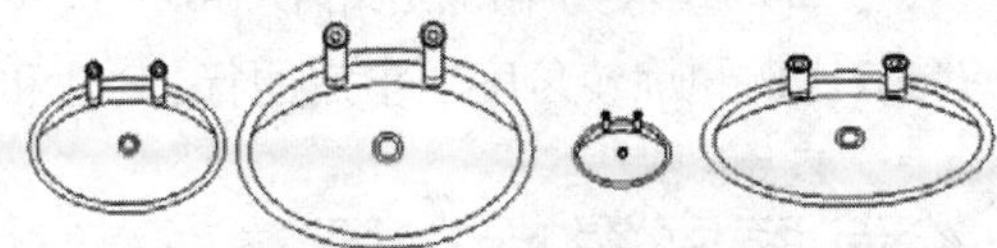

图5-4　取不同缩放比例插入图块的效果

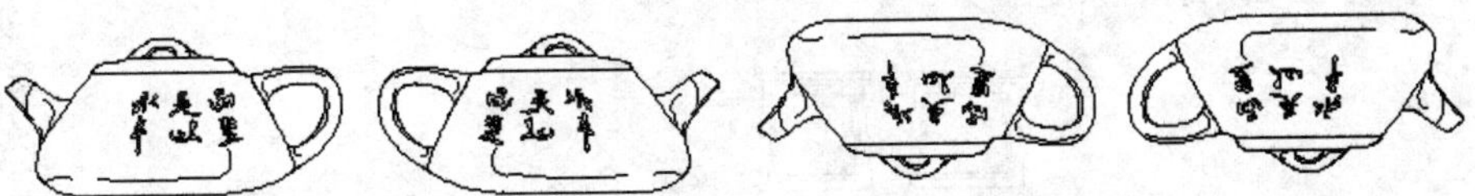

X比例=1，Y比例=1　X比例= -1，Y比例=1　X比例=1，Y比例= -1　X比例= -1，Y比例= -1

图5-5　取缩放比例为负值插入图块的效果

图5-6 以不同旋转角度插入图块的效果

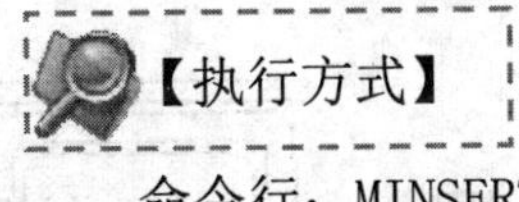【执行方式】

命令行：MINSERT

【操作步骤】

命令：MINSERT↙
输入块名或 [?] <hu3>：(输入要插入的图块名)
指定插入点或 [基点(B)/比例(S)/X/Y/Z/旋转(R)/预览比例(PS)/PX/PY/PZ/预览旋转(PR)]:

在此提示下确定图块的插入点、缩放比例、旋转角度等，各项的含义和设置方法与 INSERT 命令相同。确定了图块插入点之后，AutoCAD 继续提示：

输入行数 (---) <1>：(输入矩形阵列的行数)

输入列数（|||）<1>：（输入矩形阵列的列数）
输入行间距或指定单位单元（---）：（输入行间距）
指定列间距（|||）：（输入列间距）

a）

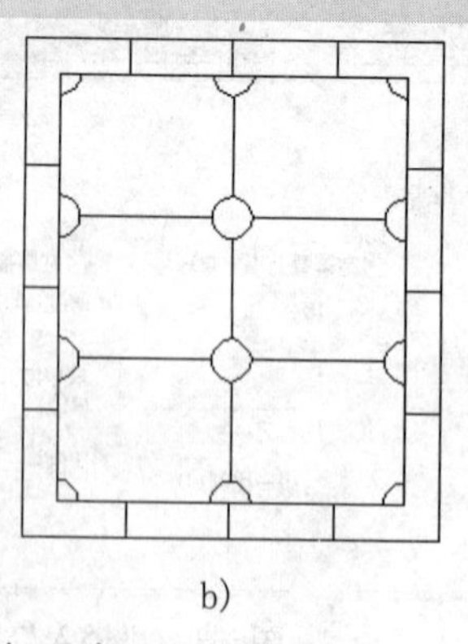
b）

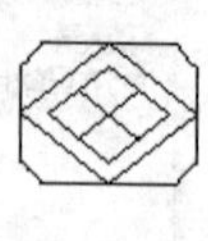
c）

图5-7　以矩形阵列形式插入图块

所选图块按照指定的缩放比例和旋转角度以指定的行、列数和间距插入到指定的位置。

5.1.2 实例——绘制家庭餐桌布局

绘制如图5-8所示的家庭餐桌。

实讲实训
多媒体演示

多媒体演示参见配套光盘中的\\动画演示\第5章\绘制家庭餐桌布局.avi。

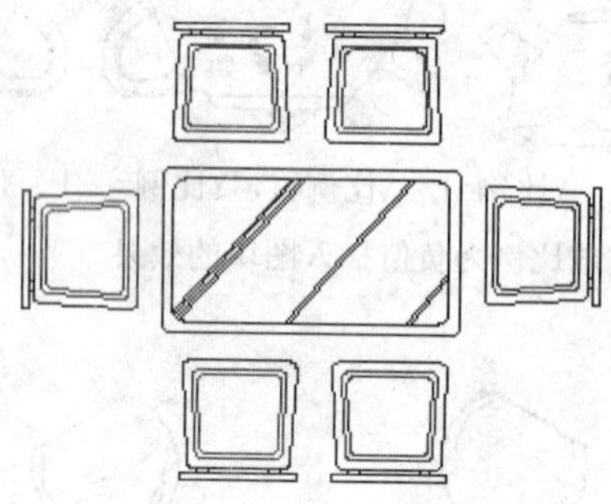

图5-8　家庭餐桌

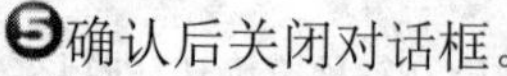

01 绘制椅子图块

❶打开源文件中的椅子，如图5-9所示。单击“默认”选项卡“块”面板中的“创建”按钮，弹出“块定义”对话框，如图5-1所示。

❷在“名称”下拉列表框中输入“椅子”。

❸单击“拾取点”按钮切换到作图屏幕，选择椅子下边直线边的中点为插入基点，返回“块定义”对话框。

❹单击“选择对象”按钮切换到作图屏幕，选择图5-9中的对象后，按Enter键返回“块定义”对话框。

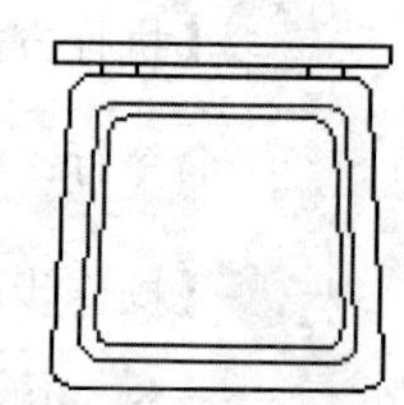

图5-9　绘制图块

❺确认后关闭对话框。

02 保存图块

❶在命令行中输入“WBLOCK”命令，系统弹出如图5-2所示的“写块”对话框。

❷单击“拾取点”按钮切换到作图屏幕，选择椅子下边直线边的中点为插入基点，返

回“写块”对话框。

❸单击“选择对象”按钮切换到作图屏幕，选择图 5-9 中的对象后，按 Enter 键后返回“写块”对话框。

❹选中“对象”单选按钮，如果当前图形中还有别的图形，可以只选择需要的对象；选中“保留”单选按钮，这样就可以不破坏当前图形的完整性。

❺指定“目标”名称为“椅子”并设置保存路径和插入单位。

❻确认关闭对话框。

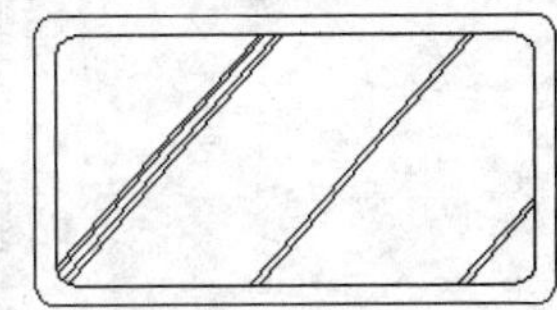

图5-10　餐桌

03 利用前面所学的命令绘制一张餐桌，如图 5-10 所示。

04 单击“默认”选项卡“块”面板中的“插入”按钮，弹出“插入”对话框，如图5-11所示。单击“浏览”按钮找到刚才保存的“椅子”图块，在屏幕上指定插入点和旋转角度，将该图块插入到如图5-12所示的图形中。

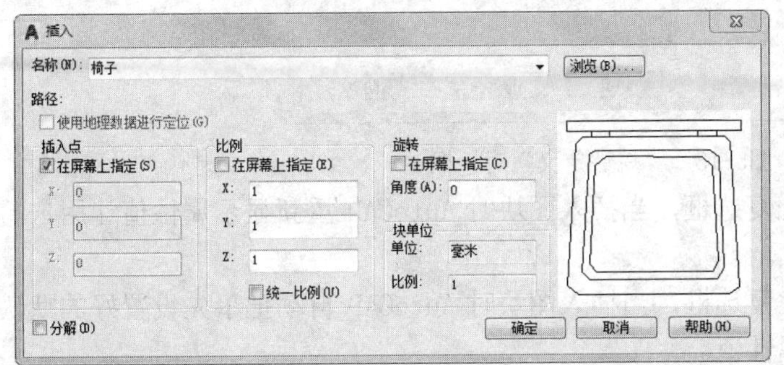

图5-11　“插入”对话框

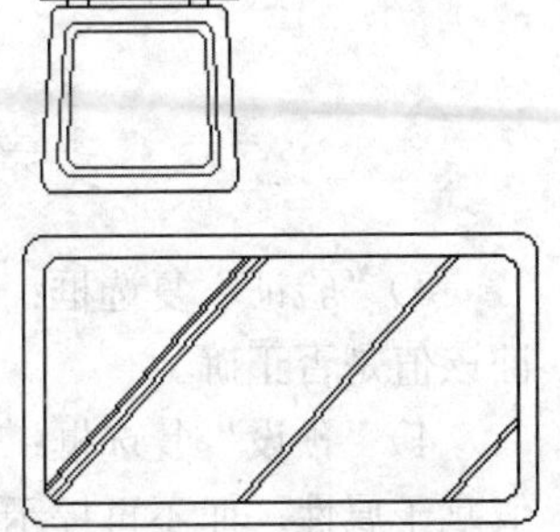

图5-12　插入椅子图块

05 可以继续插入“椅子 1”图块，也可以利用“复制”“移动”和“旋转”命令复制、移动和旋转已插入的图块，绘制另外的椅子，最终图形如图 5-8 所示。

5.1.3　图块的属性

1. 属性定义

【执行方式】

命令行：ATTDEF（快捷命令：ATT）

菜单栏：选择菜单栏中的“绘图”→“块”→“定义属性”命令

功能区：单击“默认”选项卡“块”面板中的“定义属性”按钮或单击“插入”选项卡“块定义”面板中的“定义属性”按钮

【操作步骤】

执行上述命令后，系统弹出“属性定义”对话框，如图 5-13 所示。

该对话框中各项含义如下：

（1）“模式”选项组：

1）“不可见”复选框：选中此复选框则属性为不可见显示方式，即插入图块并输入属性值后，属性值在图中并不显示出来。

2）“固定”复选框：选中此复选框则属性值为常量，即属性值在属性定义时给定，在插入图块时 AutoCAD 不再提示输入属性值。

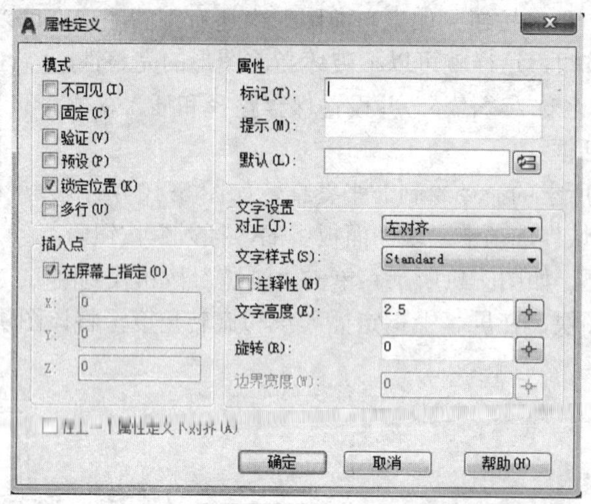

图5-13 “属性定义”对话框

3）“验证”复选框：选中此复选框，当插入图块时 AutoCAD 重新显示属性值让用户验证该值是否正确。

4）“预设”复选框：选中此复选框，当插入图块时 AutoCAD 自动把事先设置好的默认值赋予属性，而不再提示输入属性值。

5）“锁定位置”复选框：锁定块参照中属性的位置。解锁后，属性可以相对于使用夹点编辑的块的其他部分移动，并且可以调整多行文字属性的大小。

6）“多行”复选框：指定属性值可以包含多行文字。选定此选项后，可以指定属性的边界宽度。

（2）“属性”选项组：

1）“标记”文本框：输入属性标签。属性标签可由除空格和感叹号以外的所有字符组成，AutoCAD 自动把小写字母改为大写字母。

2）“提示”文本框：输入属性提示。属性提示是插入图块时 AutoCAD 要求输入属性值的提示，如果不在此文本框内输入文本，则以属性标签作为提示。如果在“模式”选项组中选中“固定”复选框，即设置属性为常量，则不需设置属性提示。

3）“默认”文本框：设置默认的属性值。可把使用次数较多的属性值作为默认值，也可不设默认值。

其他各选项组比较简单，这里不再赘述。

2. 修改属性的定义

【执行方式】

命令行：DDEDIT

菜单栏：选择菜单栏中的“修改”→“对象”→“文字”→“编辑”命令

【操作步骤】

```
命令: DDEDIT↙
选择注释对象或 [放弃(U)]:
```

在此提示下选择要修改的属性定义，AutoCAD 弹出“编辑属性定义”对话框，如图 5-14 所示。可以在该对话框中修改属性的定义。

3. 图块属性编辑

【执行方式】

命令行：ATTEDIT（快捷命令：ATE）

菜单栏：选择菜单栏中的“修改”→“对象”→“属性”→“单个”命令

工具栏：单击“修改 II”工具栏中的“编辑属性”按钮

功能区：单击“默认”选项卡“块”面板中的“编辑属性”按钮

【操作步骤】

```
命令: EATTEDIT↙
选择块:
```

选择块后，系统弹出“增强属性编辑器”对话框，如图 5-15 所示。该对话框不仅可以编辑属性值，还可以编辑属性的文字选项和图层、线型、颜色等特性值。

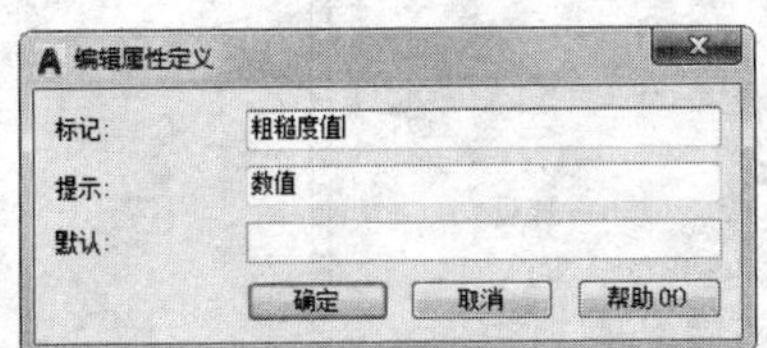

图5-14 “编辑属性定义”对话框

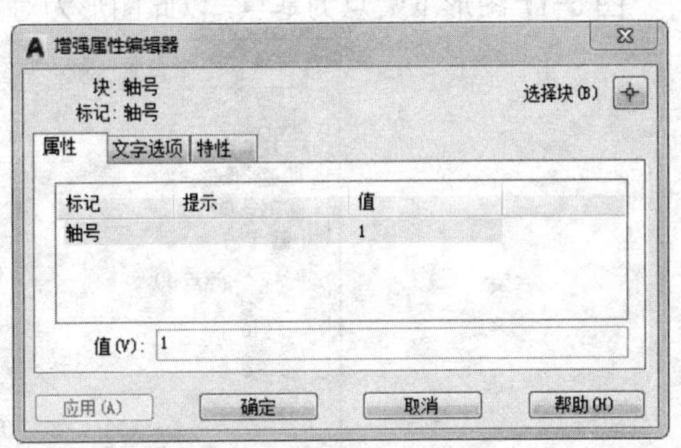

图5-15 “增强属性编辑器”对话框

5.1.4 实例——标注标高符号

标注如图 5-16 所示穹顶展览馆立面图形中的标高符号。

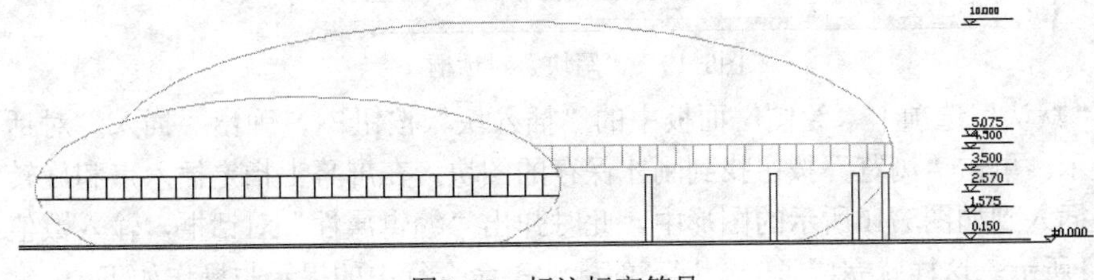

图5-16 标注标高符号

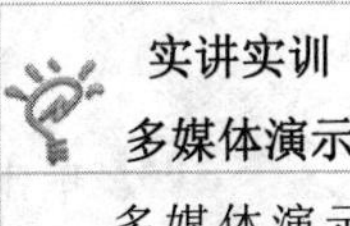
实讲实训
多媒体演示

多媒体演示参见配套光盘中的\\动画演示\第5章\标注标高符号.avi。

01 单击“默认”选项卡“绘图”面板中的“直线”按钮，绘制如图5-17所示的标高符号图形。

02 选择菜单栏中的“绘图”→“块”→“定义属性”命令，系统弹出“属性定义”对话框，进行如图 5-18 所示的设置，其中模式设置为“验证”，插入点设置为表面粗糙度符号水平线中点，确认后退出。

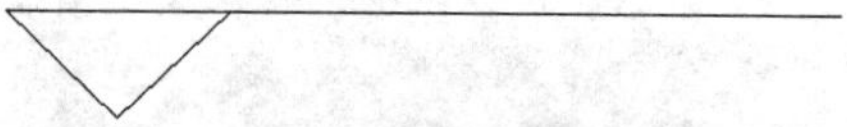

图5-17　绘制标高符号

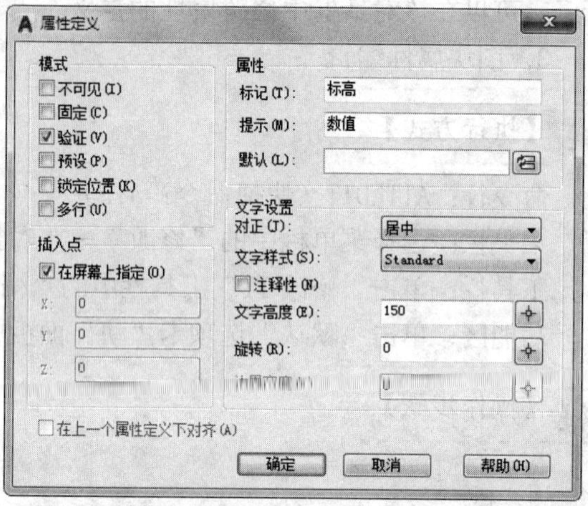

图5-18　“属性定义”对话框

03 在命令行中输入“WBLOCK”命令，弹出“写块”对话框，如图 5-19 所示。拾取图 5-17 图形下尖点为基点，以此图形为对象，输入图块名称并指定路径，确认后退出。

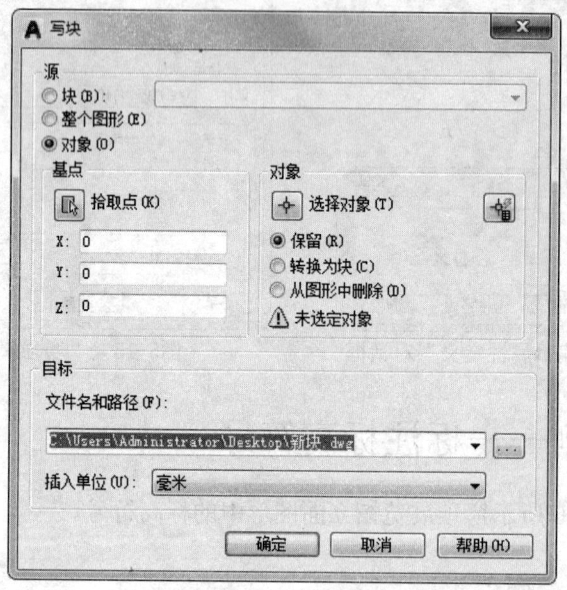

图5-19　“写块”对话框

04 单击“默认”选项卡“绘图”面板中的“插入块”按钮，弹出“插入”对话框，如图5-20所示。单击“浏览”按钮找到刚才保存的图块，在屏幕上指定插入点和旋转角度，将该图块插入到如图5-16所示的图形中，此时弹出“编辑属性”对话框，输入数值0.150，如图5-21所示。这样就完成了一个标高的标注。命令行中的提示与操作如下：

```
命令: INSERT↙
指定插入点或 [基点(b)/比例(S)/X/Y/Z/旋转(R)]
```

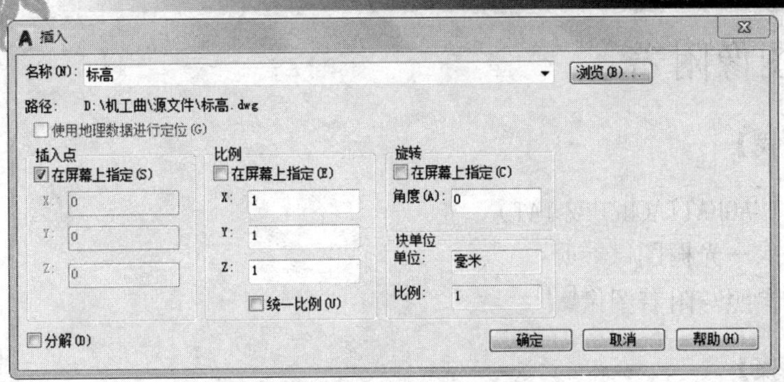

图5-20 “插入”对话框

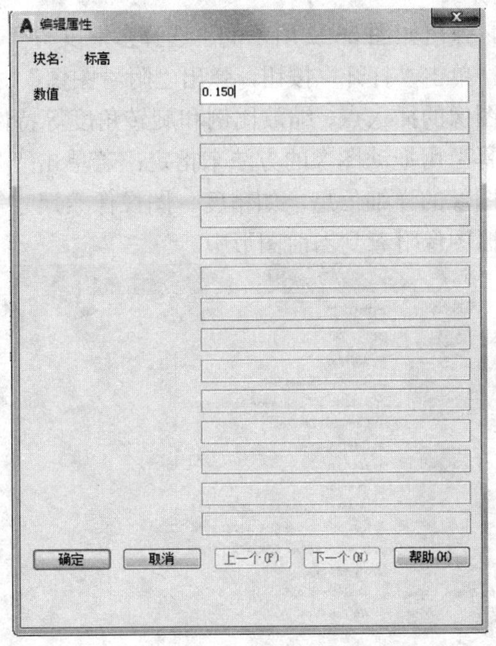

图5-21 “编辑属性”对话框

05 插入标高符号图块，并输入不同的属性值作为标高数值，直到完成所有标高的符号标注。

5.2 附着光栅图像

所谓光栅图像，是指由一些称为像素的小方块或点的矩形栅格组成的图像。AutoCAD 2018 提供了对多数常见图像格式的支持，这些格式包括 bmp、jpeg、gif、pcx 等。

与许多其他 AutoCAD 图形对象一样，光栅图像可以复制、移动或剪裁。也可以通过夹点操作修改图像、调整图像的对比度、用矩形或多边形剪裁图像或将图像用作修剪操作的剪切边。

5.2.1 图像附着

【执行方式】

命令行：IMAGEATTACH（或 IAT）

菜单：插入→光栅图像参照

工具栏：参照→附着图像

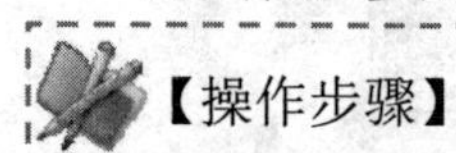

【操作步骤】

命令：IMAGEATTACH↙

执行上述命令后，弹出如图 5-22 所示的“选择参照文件”对话框。在该对话框中选择需要插入的光栅图像，单击“打开”按钮，弹出“附着图像”对话框，如图 5-23 所示。在该对话框中指定光栅图像的插入点、缩放比例和旋转角度等特性，若选中“在屏幕上指定”复选框，则可以在屏幕上用拖动图像的方法来指定；若单击“显示细节”按钮，则对话框将扩展，并列出选中图像的详细信息，如精度、图像像素尺寸等。设置完成后，单击“确定”按钮，即可将光栅图像附着到当前图形中。

图5-22 “选择参照文件”对话框

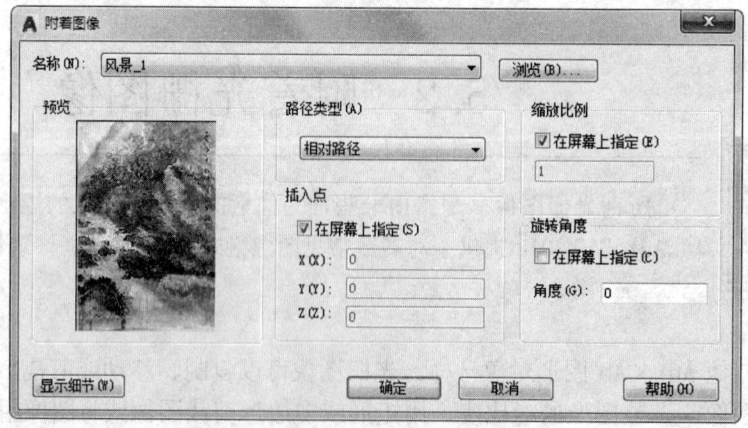

图5-23 “附着图像”对话框

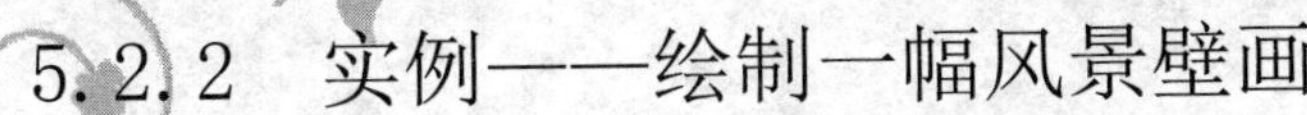

5.2.2 实例——绘制一幅风景壁画

绘制如图 5-24 所示的风景壁画。

图5-24 风景壁画

实讲实训 多媒体演示

多媒体演示参见配套光盘中的\\动画演示\第5章\绘制一幅风景壁画.avi。

01 单击"默认"选项卡"绘图"面板中的"矩形"按钮、"直线"按钮以及"默认"选项卡"修改"面板中的"偏移"按钮，绘制壁画外框的外形初步轮廓，如图5-25所示的。

02 单击"默认"选项卡"修改"面板中的"偏移"按钮，绘制轮廓细部，如图5-26所示。

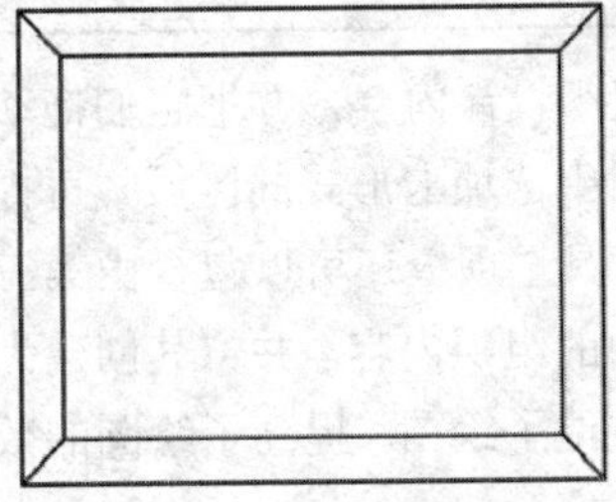

图5-25 初步轮廓

图5-26 绘制轮廓细部

图5-27 完成外框绘制

03 选择最外部矩形框，单击鼠标右键，选择"特性"按钮，弹出"特性"工具板，将最外部矩形框线宽改为 0.30mm，结果如图 5-27 所示。

04 附着山水图片。利用"图像附着"命令打开如图 5-22 所示的"选择参照文件"对话框。在该对话框中选择需要插入的光栅图像，单击"打开"按钮，弹出"附着图像"对话框，如图 5-23 所示。设置后，单击"确定"按钮确认退出。系统提示：

```
指定插入点 <0,0>: (指定一点)
基本图像大小: 宽: 211.666667, 高: 158.750000, Millimeters
指定缩放比例因子或 [单位(U)] <1>: (输入合适的比例)↙
```

附着的图像如图 5-28a 所示。

05 裁剪光栅图像。在命令行中输入"IMAGECLIP"命令，命令行中的提示与操作如下：

```
命令: IMAGECLIP↙
选择要剪裁的图像: (框选整个图形)
指定对角点:
已滤除 1 个。
输入图像剪裁选项 [开(ON)/关(OFF)/删除(D)/新建边界(N)] <新建边界>:↙
```

输入剪裁类型 [多边形(P)/矩形(R)] <矩形>:↙
指定第一角点:(捕捉矩形左下角)
指定对角点:(捕捉矩形右上角)

最终绘制的图形如图 5-28b 所示。

a)

b)

图5-28 附着图像的图形

5.3 设计中心与工具选项板

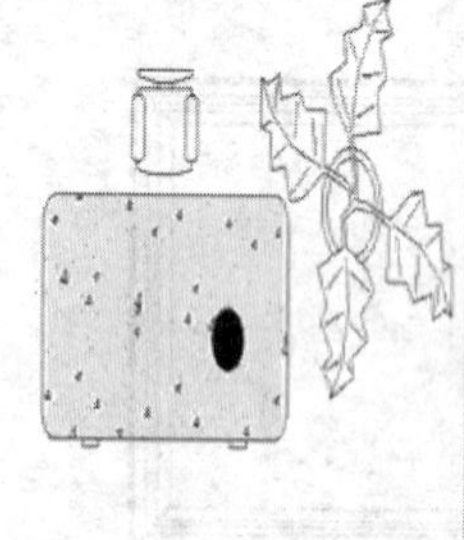

使用 AutoCAD 2018 设计中心可以很容易地组织设计内容，并把它们拖动到当前图形中。工具选项板是“工具选项板”窗口中选项卡形式的区域，可提供组织、共享和放置块及填充图案的有效方法。工具选项板还可以包含由第三方开发人员提供的自定义工具，也可以利用设计中的组织内容，并将其创建为工具选项板。设计中心与工具选项板的使用大大方便了绘图，提高了绘图的效率。

5.3.1 设计中心

1. 启动设计中心

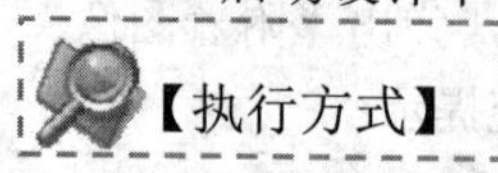
【执行方式】

命令行：ADCENTER（快捷命令：ADC）
菜单栏：选择菜单栏中的“工具”→“选项板”→“设计中心”命令
工具栏：单击“标准”工具栏中的“设计中心”按钮
功能区：单击“视图”选项卡“选项板”面板中的“设计中心”按钮
快捷键：Ctrl+2。

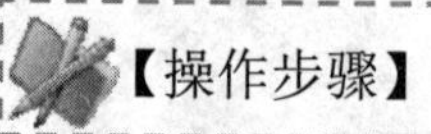
【操作步骤】

执行上述命令后，系统弹出设计中心。第一次启动设计中心时，默认弹出的选项卡为

“文件夹”。内容显示区采用大图标显示，左边的资源管理器采用树状显示方式显示系统的树形结构，浏览资源的同时，在内容显示区显示所浏览资源的有关细目或内容，如图 5-29 所示。也可以搜索资源，方法与 Windows 资源管理器类似。

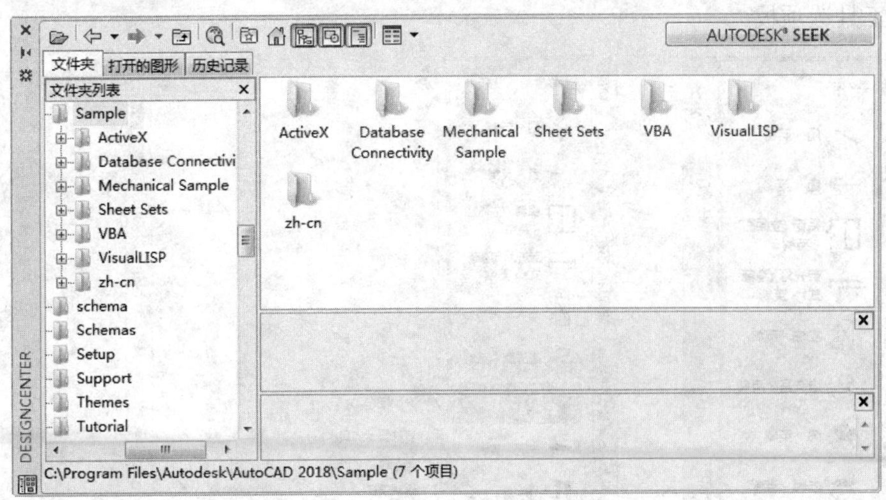

图5-29 AutoCAD 2018设计中心的资源管理器和内容显示区

2. 利用设计中心插入图形

设计中心一个最大的优点是它可以将系统文件夹中的 DWG 图形当成图块插入到当前图形中去。具体方法如下：

1）从文件夹列表或查找结果列表框中选择要插入的对象，拖动对象到弹出的图形。

2）在相应的命令行提示下输入比例和旋转角度等数值。

被选择的对象则根据指定的参数插入到图形当中。

5.3.2 工具选项板

1. 弹出工具选项板

【执行方式】

命令行：TOOLPALETTES（快捷命令：TP）

菜单栏：选择菜单栏中的“工具”→“选项板”→“工具选项板”命令

工具栏：单击“标准”工具栏中的“工具选项板窗口”按钮

功能区：单击“视图”选项卡“选项板”面板中的“工具选项板”按钮

快捷键：Ctrl+3

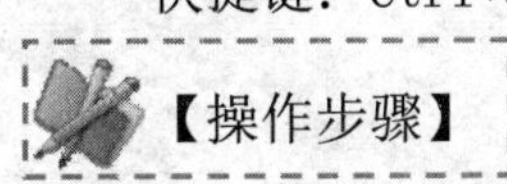

【操作步骤】

执行上述命令后，系统弹出工具选项板窗口，如图 5-30 所示。该工具选项板上有系统预设置的 3 个选项卡。可以右击，在系统弹出的快捷菜单中选择“新建选项板”命令，如图 5-31 所示。系统新建一个空白选项卡，可以命名该选项卡，如图 5-32 所示。

2. 将设计中心内容添加到工具选项板

在设计中心文件夹上右击，系统弹出快捷菜单，从中选择“创建块的工具选项板”命令，如图 5-33 所示。设计中心中储存的图元就出现在工具选项板中新建的 DesignCenter 选项卡上，如图 5-34 所示。这样就可以将设计中心与工具选项板结合起来，建立一个快捷方便的工具选项板。

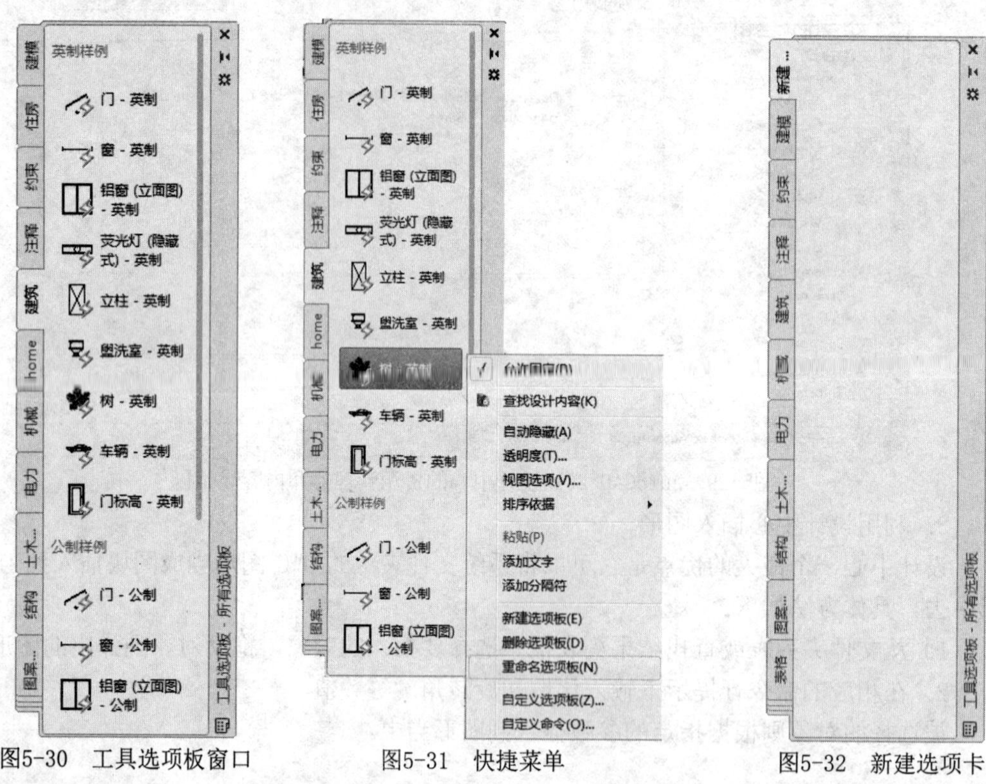

图5-30　工具选项板窗口　　图5-31　快捷菜单　　图5-32　新建选项卡

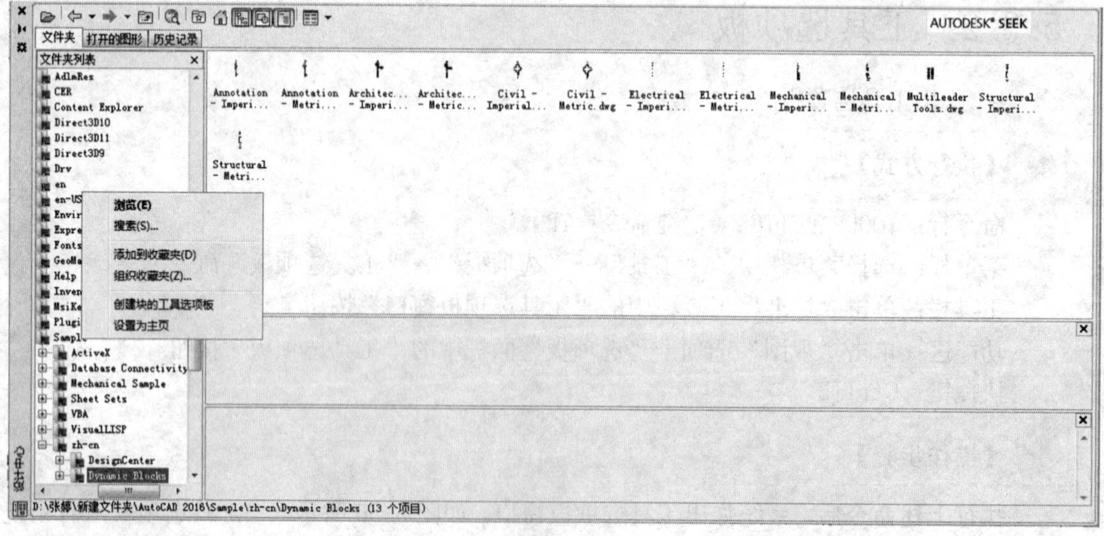

图 5-33　快捷菜单

3. 利用工具选项板绘图

只需要将工具选项板中的图形单元拖动到当前图形，该图形单元就会以图块的形式插入到当前图形中。如图 5-35 所示就是将工具选项板中“办公室样例”选项卡中的图形单元拖动到当前图形绘制的办公室布置图。

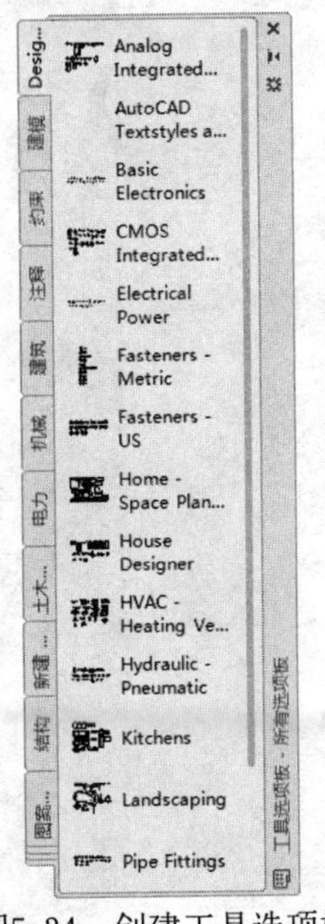

图5-34 创建工具选项板

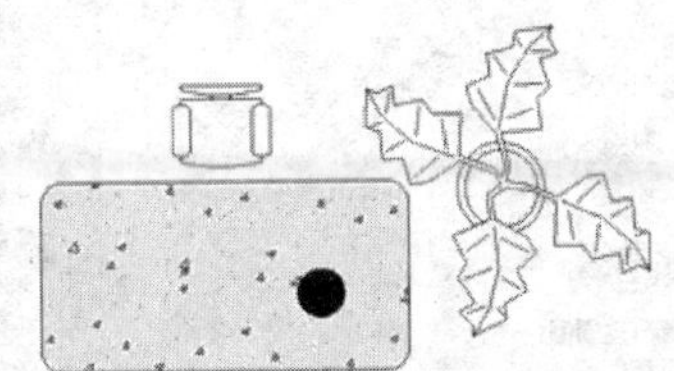

图5-35 办公室布置图

5.3.3 实例——绘制住房布局截面图

利用设计中心中的图块组合绘制如图 5-36 所示的住房布局截面图。

> **实讲实训**
> **多媒体演示**
> 多媒体演示参见配套光盘中的\\动画演示\第5章\绘制住房布局截面图.avi。

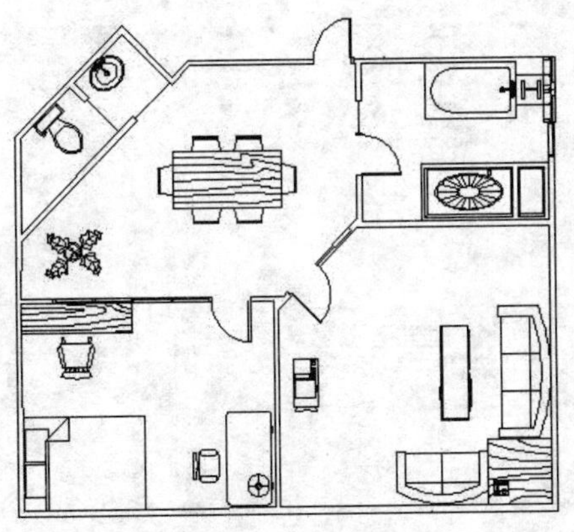

图5-36 住房布局截面图

01 单击“视图”选项卡“选项板”面板中的“工具选项板”按钮，弹出“工具选项板窗口”对话框，如图5-37所示。右击弹出工具选项板菜单，如图5-38所示。

02 新建工具选项板。在工具选项板菜单中选择“新建选项板”命令，建立新的工具选项板选项卡。在新建工具栏名称栏中输入“住房”后确认。新建的“住房”工具选项板选项卡如图 5-39 所示。

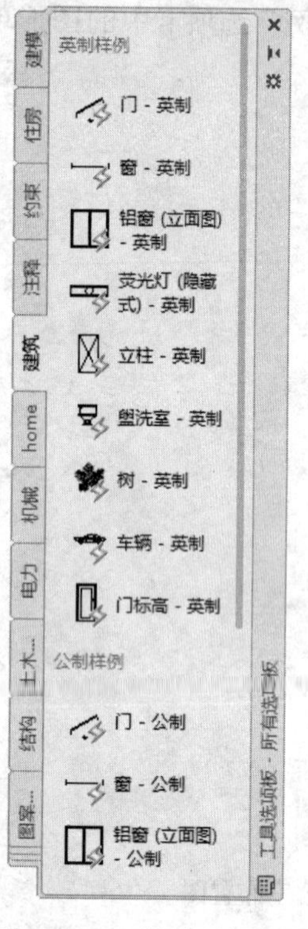

图5-37　工具选项板窗口

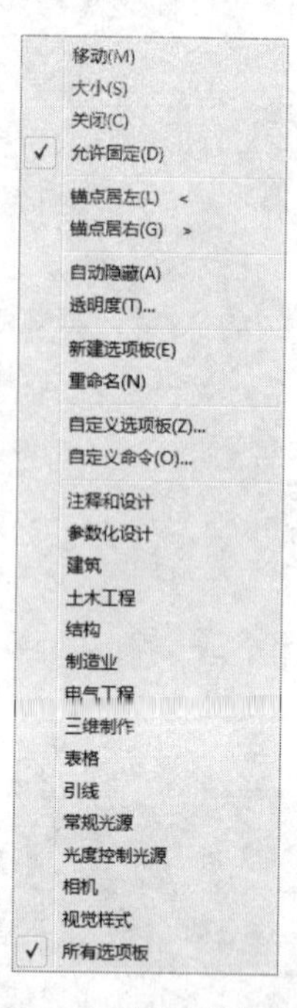

图5-38　工具选项板菜单

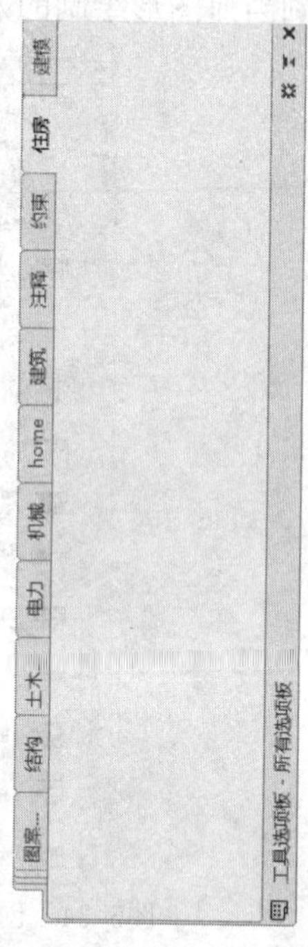

图5-39　“住房”工具选项板选项卡

03 向工具选项板插入设计中心图块。单击“视图”选项卡“选项板”面板中的“设计中心”按钮▦，弹出设计中心，将设计中心中的Kitchens、House Designer、Home Space Planner图块拖动到工具选项板的“住房”选项卡，如图5-40所示。

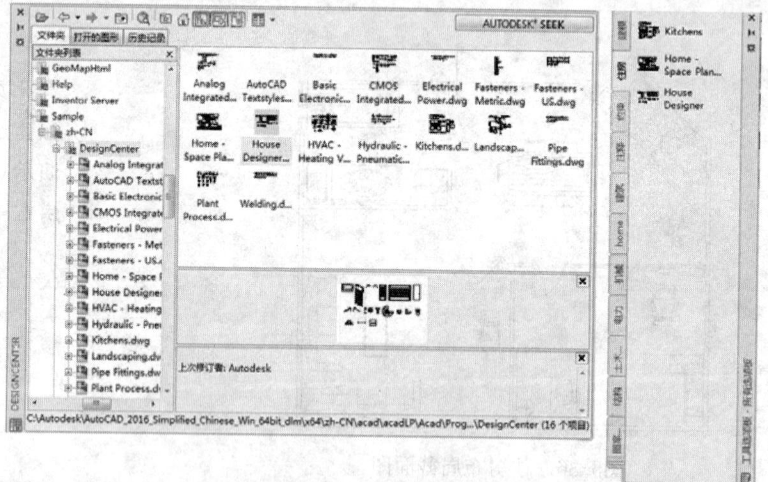

图5-40　向工具选项板插入设计中心图块

04 绘制住房结构截面图。利用以前学过的绘图命令与编辑命令绘制住房结构截面图，结果如图 5-41 所示。其中进门为餐厅，左边为厨房，右边为卫生间，正对为客厅，客厅旁边为寝室。

05 布置餐厅。将工具选项板中的 Home Space Planner 图块拖动到当前图形中，利用缩放命令调整所插入的图块与当前图形的相对大小，如图 5-42 所示。

对该图块进行分解操作，将 Home Space Planner 图块分解成单独的小图块集。将图块集中的“饭桌”和“植物”图块拖动到餐厅适当位置，结果如图 5-43 所示。

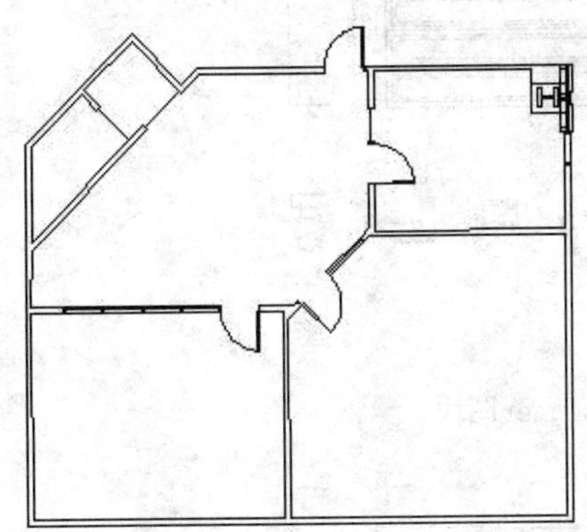

图5-41 住房结构截面图

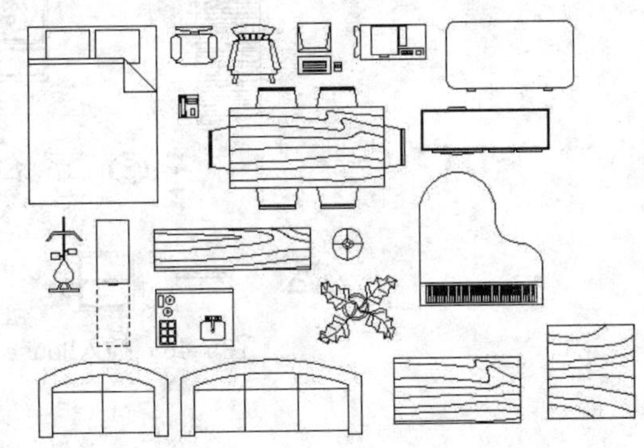

图5-42 将Home Space Planner图块拖动到当前图形中

06 布置寝室。将“双人床”图块移动到当前图形的寝室中，单击“默认”选项卡“修改”面板中的“旋转”按钮和“移动”按钮，进行位置调整。重复“旋转”和“移动”命令，将“琴桌”“书桌”“台灯”和两个“椅子”图块移动并旋转到当前图形的寝室中，如图 5-44 所示。

07 布置客厅。单击“默认”选项卡“修改”面板中的“旋转”按钮和“移动”按钮，将“转角桌”“电视机”“茶几”和两个“沙发”图块移动并旋转到当前图形的客厅中，结果如图 5-45 所示。

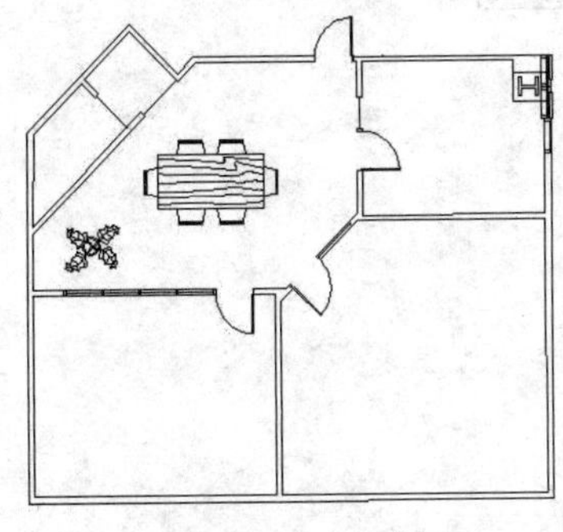

图5-43 布置餐厅

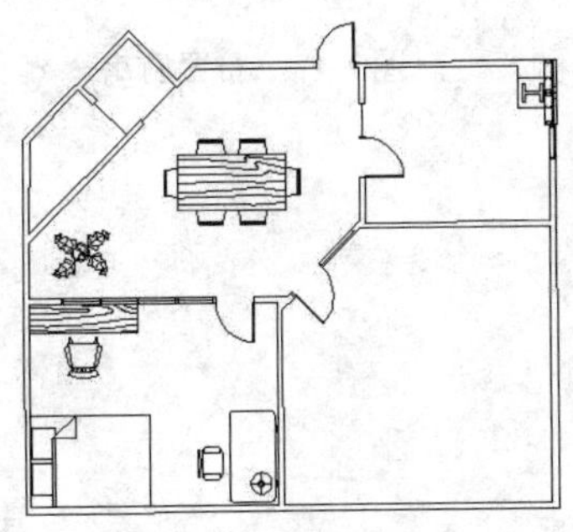

图5-44 布置寝室

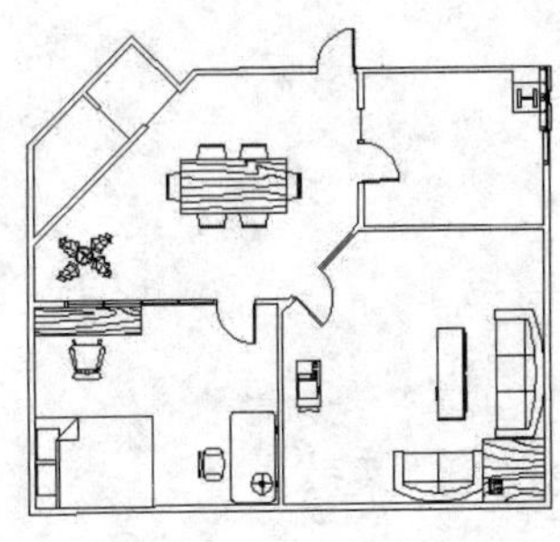

图5-45 布置客厅

08 布置厨房。将工具选项板中的House Designer图块拖动到当前图形中，单击“默认”选项卡“修改”面板中的“缩放”按钮，调整所插入的图块与当前图形的相对大小，如图5-46所示。单击“默认”选项卡“修改”面板中的“分解”按钮，对该图块进行分解操作，将House Designer图块分解成单独的小图块集。单击“默认”选项卡“修改”面板中的“旋转”按钮和“移动”按钮，将“灶台”“洗菜盆”和“水龙头”图块移动并旋转到当前图形的厨房中，结果如图5-47所示。

09 布置卫生间。单击“默认”选项卡“修改”面板中的“旋转”按钮和“移动”按钮，将“坐便器”和“洗脸盆”移动并旋转到当前图形的卫生间中，单击“默认”选项卡“修改”面板中的“复制”按钮，复制“水龙头”图块，重复使用“旋转”和“移动”命令，将其旋转移动到洗脸盆上。单击“默认”选项卡“修改”面板中的“删除”按钮，删除当前图形其他没有用处的图块，最终绘制出的图形如图5-36所示。

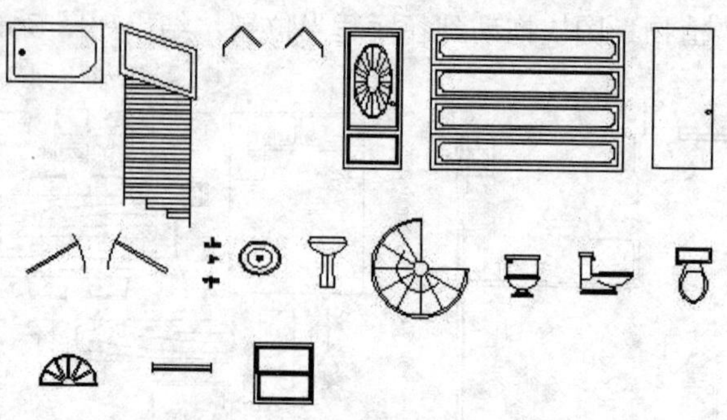

图5-46　插入House Designer图块

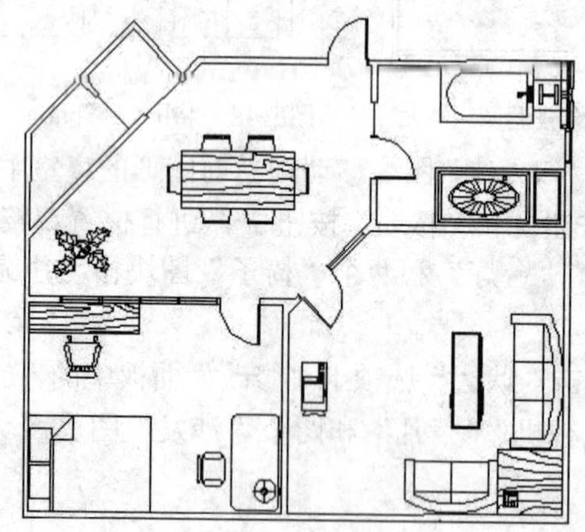

图5-47　布置厨房

第6章 室内设计中主要家具设施的绘制

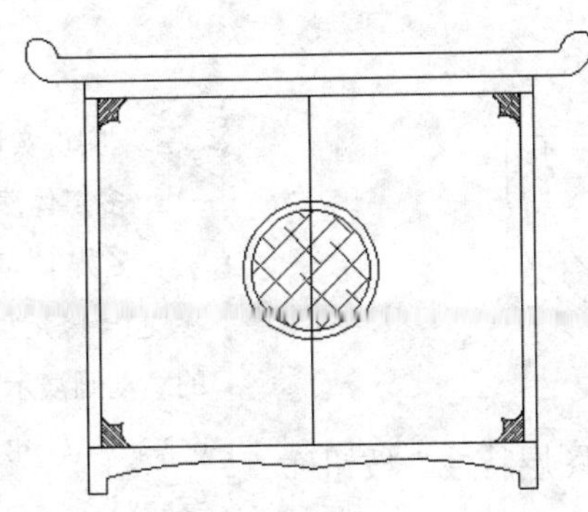

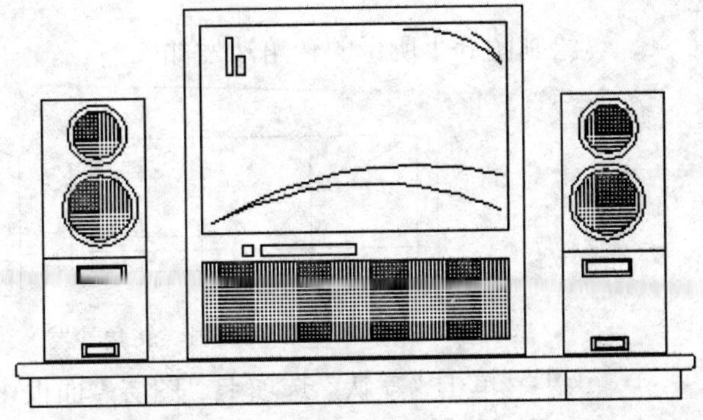

在进行装饰设计时，常常需测绘家具、洁具和橱具等各种设施，以便能更真实和形象地表示装修的效果。本章将介绍室内装饰及其装饰图设计中一些常见的家具及电器设施的绘制方法，所讲解的实例涵盖了在室内设计中经常使用的家具与电器等图形，如沙发、床、计算机桌、洗脸盆和燃气灶等。

- 家具平面配景图绘制
- 电器平面配景图绘制
- 卫浴平面配景图绘制
- 厨具平面配景图绘制

6.1 家具平面配景图绘制

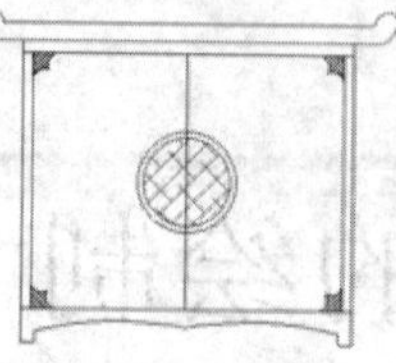

在室内设计中经常会用到家具平面图，特别是在办公室、卧室、客厅等房间的设计中家具是必不可少的内容。下面将以典型的例子说明各种家具的绘制方法。

6.1.1 转角沙发

绘制图6-1所示的转角沙发如。

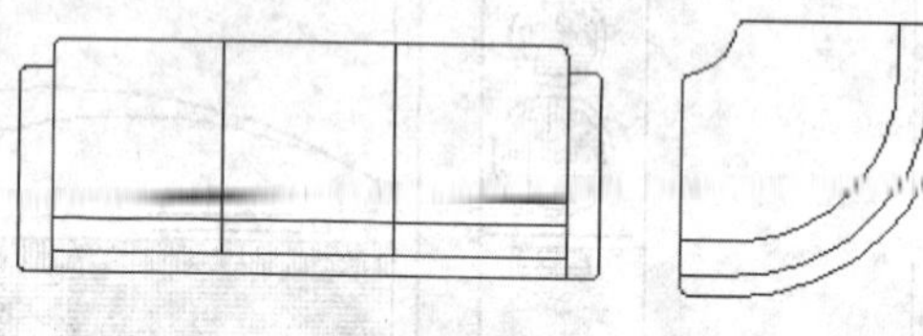

图6-1 转角沙发

> **实讲实训 多媒体演示**
>
> 多媒体演示参见配套光盘中的\\动画演示\第6章\转角沙发.avi。

01 单击“默认”选项卡“图层”面板中的“图层特性”按钮，打开“图层特性管理器”，新建两个图层：

❶“1”图层，颜色设置为蓝色，其余采用属性默认设置。

❷“2”图层，颜色设置为绿色，其余采用属性默认设置。

02 将“2”图层设置为当前图层，单击“默认”选项卡“绘图”面板中的“矩形”按钮，绘制矩形，命令行中的提示与操作如下：

```
命令：_rectang↙
指定第一个角点或 [倒角(C)/标高(E)/圆角(F)/厚度(T)/宽度(W)]:0,0↙
指定另一个角点或 [面积(A)/尺寸(D)/旋转(R)]:@125,750↙
命令：_rectang↙
指定第一个角点或 [倒角(C)/标高(E)/圆角(F)/厚度(T)/宽度(W)]:125,0↙
指定另一个角点或 [面积(A)/尺寸(D)/旋转(R)]:@1950,800↙
命令：_rectang↙
指定第一个角点或 [倒角(C)/标高(E)/圆角(F)/厚度(T)/宽度(W)]:2075,0↙
指定另一个角点或 [面积(A)/尺寸(D)/旋转(R)]:@125,750↙
```

绘制结果如图6-2所示。

03 绘制直线。单击“默认”选项卡“绘图”面板中的“直线”按钮，绘制直线，命令行中的提示与操作如下：

```
命令：line ↙
指定第一个点：125,75 ↙
指定下一点或 [放弃(U)]：@1950,0 ↙
指定下一点或 [放弃(U)]：↙
```

重复“直线”命令，绘制另外4条端点坐标分别为{(125,200)，(@1950,0)}、{(125,275)，(@1950,0)}、{(775,75)，(@0,725)}、{(1425,75)，(@0,725)}的直线，结果如图6-3所示。

04 将“1”图层图置为当前图层，单击“默认”选项卡“绘图”面板中的“多段线”

按钮，绘制多段线。命令行中的提示与操作如下：

图6-2 绘制矩形

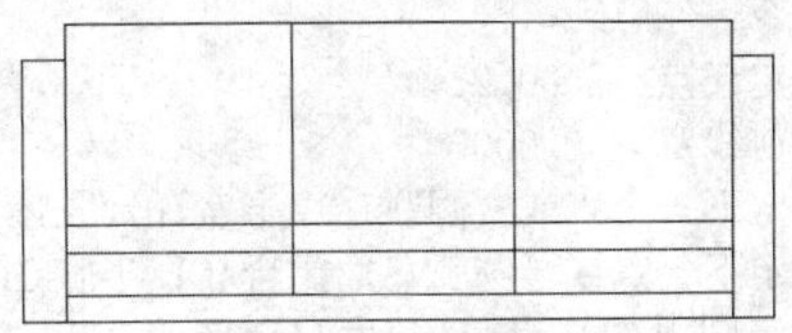
图6-3 绘制直线

命令：_PLINE ↙
指定起点：2500,-50 ↙
当前线宽为 0.0000
指定下一个点或 [圆弧(A)/半宽(H)/长度(L)/放弃(U)/宽度(W)]：@200,0 ↙
指定下一点或 [圆弧(A)/闭合(C)/半宽(H)/长度(L)/放弃(U)/宽度(W)]：A ↙
指定圆弧的端点(按住 Ctrl 键以切换方向)或[角度(A)/圆心(CE)/闭合(CL)/方向(D)/半宽(H)/直线(L)/半径(R)/第二个点(S)/放弃(U)/宽度(W)]：A ↙
指定夹角：90 ↙
指定圆弧的端点(按住 Ctrl 键以切换方向)或 [圆心(CE)/半径(R)]：R ↙
指定圆弧的半径：800 ↙
指定圆弧的弦方向 (按住 Ctrl 键以切换方向)或 <0>：45 ↙
指定圆弧的端点(按住 Ctrl 键以切换方向)或[角度(A)/圆心(CE)/闭合(CL)/方向(D)/半宽(H)/直线(L)/半径(R)/第二个点(S)/放弃(U)/宽度(W)]：L ↙
指定下一点或 [圆弧(A)/闭合(C)/半宽(H)/长度(L)/放弃(U)/宽度(W)]：@0,200 ↙
指定下一点或 [圆弧(A)/闭合(C)/半宽(H)/长度(L)/放弃(U)/宽度(W)]：@-800,0 ↙
指定下一点或 [圆弧(A)/闭合(C)/半宽(H)/长度(L)/放弃(U)/宽度(W)]：A ↙
指定圆弧的端点(按住 Ctrl 键以切换方向)或
[角度(A)/圆心(CE)/闭合(CL)/方向(D)/半宽(H)/直线(L)/半径(R)/第二个点(S)/放弃(U)/宽度(W)]：A ↙
指定夹角：-90 ↙
指定圆弧的端点(按住 Ctrl 键以切换方向)或 [圆心(CE)/半径(R)]：R ↙
指定圆弧的半径：200 ↙
指定圆弧的弦方向 (按住 Ctrl 键以切换方向)或 <180>：225 ↙
指定圆弧的端点(按住 Ctrl 键以切换方向)或指定圆弧的端点或[角度(A)/圆心(CE)/闭合(CL)/方向(D)/半宽(H)/直线(L)/半径(R)/第二个点(S)/放弃(U)/宽度(W)]：L ↙
指定下一点或 [圆弧(A)/闭合(C)/半宽(H)/长度(L)/放弃(U)/宽度(W)]：C ↙

绘制结果如图 6-4 所示。

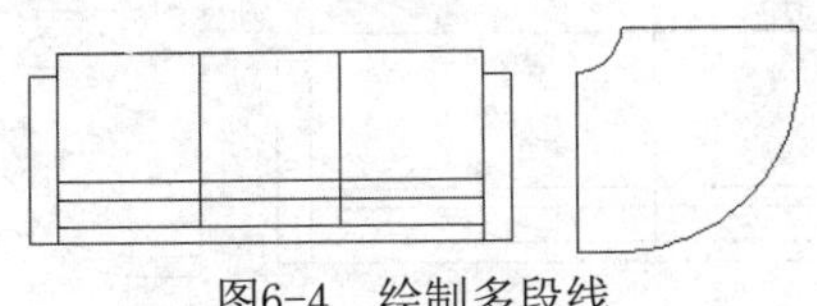
图6-4 绘制多段线

注意

多段线可以绘制直线和圆弧，并且可以指定所要绘制的图形元素的半宽。

绘制直线时与“绘图”→“直线”命令一样，指定下一点即可。绘制圆弧可以运用各种约束条件，如半径、角度、弦长等来绘制。

05 将“2”图层设置为当前图层，单击“默认”选项卡“绘图”面板中的“多段线”

按钮，绘制多段线，命令行中的提示与操作如下：

命令：_PLINE↙
指定起点：2500,25↙
当前线宽为 0.0000
指定下一个点或 [圆弧(A)/半宽(H)/长度(L)/放弃(U)/宽度(W)]：@200,0↙
指定下一点或 [圆弧(A)/闭合(C)/半宽(H)/长度(L)/放弃(U)/宽度(W)]：A↙
指定圆弧的端点或[角度(A)/圆心(CE)/闭合(CL)/方向(D)/半宽(H)/直线(L)/半径(R)/第二个点(S)/放弃(U)/宽度(W)]：A↙
指定夹角：90↙
指定圆弧的端点(按住 Ctrl 键以切换方向)或 [圆心(CE)/半径(R)]：R↙
指定圆弧的半径：725↙
指定圆弧的弦方向(按住 Ctrl 键以切换方向)或 <0>：45↙
指定圆弧的端点(按住 Ctrl 键以切换方向)或[角度(A)/圆心(CE)/闭合(CL)/方向(D)/半宽(H)/直线(L)/半径(R)/第二个点(S)/放弃(U)/宽度(W)]：L↙
指定下一点或 [圆弧(A)/闭合(C)/半宽(H)/长度(L)/放弃(U)/宽度(W)]：@0,200↙
指定下一点或 [圆弧(A)/闭合(C)/半宽(H)/长度(L)/放弃(U)/宽度(W)]：↙
命令：↙
PLINE 指定起点：2500,150↙
当前线宽为 0.0000
指定下一个点或 [圆弧(A)/半宽(H)/长度(L)/放弃(U)/宽度(W)]：@200,0↙
指定下一点或 [圆弧(A)/闭合(C)/半宽(H)/长度(L)/放弃(U)/宽度(W)]：A↙
指定圆弧的端点(按住 Ctrl 键以切换方向)或[角度(A)/圆心(CE)/闭合(CL)/方向(D)/半宽(H)/直线(L)/半径(R)/第二个点(S)/放弃(U)/宽度(W)]：A↙
指定夹角：90↙
指定圆弧的端点(按住 Ctrl 键以切换方向)或 [圆心(CE)/半径(R)]：R↙
指定圆弧的半径：600↙
指定圆弧的弦方向 (按住 Ctrl 键以切换方向)或 <0>：45↙
指定圆弧的端点(按住 Ctrl 键以切换方向)或[角度(A)/圆心(CE)/闭合(CL)/方向(D)/半宽(H)/直线(L)/半径(R)/第二个点(S)/放弃(U)/宽度(W)]：L↙
指定下一点或 [圆弧(A)/闭合(C)/半宽(H)/长度(L)/放弃(U)/宽度(W)]：@0,200↙
指定下一点或 [圆弧(A)/闭合(C)/半宽(H)/长度(L)/放弃(U)/宽度(W)]：↙

绘制结果如图 6-5 所示。

06 圆角处理。单击“默认”选项卡“修改”面板中的“圆角”按钮，将所有圆角半径均设置为37.5，对图形做圆角处理，结果如图6-1所示。

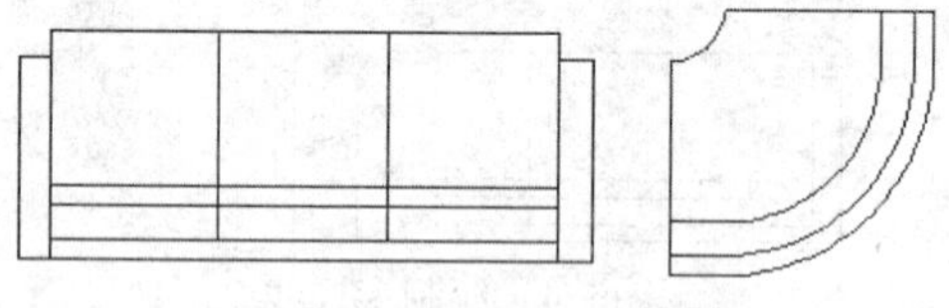

图6-5　绘制多段线

6.1.2　柜子

绘制如图 6-6 所示的柜子。

01 单击“默认”选项卡“图层”面板中的“图层特性”按钮，打开“图层特性管理器”，来新建两个图层：

❶“1”图层，颜色设置为绿色，其余属性采用默认设置。

❷ “2”图层，颜色设置为黑色，其余属性采用默认设置。

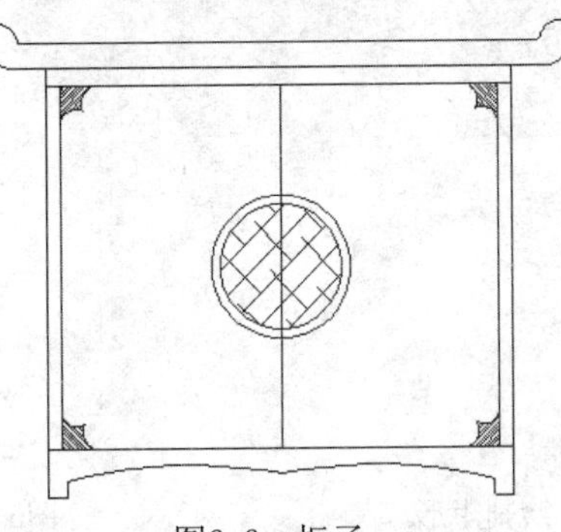

图6-6　柜子

实讲实训
多媒体演示
多媒体演示参见配套光盘中的\\动画演示\第6章\柜子.avi。

02 将“2”图层设置为当前图层，单击“默认”选项卡“绘图”面板中的“直线”按钮，绘制直线，命令行中的提示与操作如下：

```
命令: _line
指定第一个点: 40,32↙
指定下一点或 [放弃(U)]: @0,-32↙
指定下一点或 [放弃(U)]: @-40,0↙
指定下一点或 [闭合(C)/放弃(U)]: @0,100↙
指定下一点或 [闭合(C)/放弃(U)]: ↙
```

重复“直线”命令，绘制两个端点坐标为（30,100）和（@0,760）的直线，绘制结果如图6-7所示。

03 单击“默认”选项卡“绘图”面板中的“矩形”按钮，绘制矩形，命令行中的提示与操作如下：

```
命令: _rectang↙
指定第一个角点或 [倒角(C)/标高(E)/圆角(F)/厚度(T)/宽度(W)]: 0,100↙
指定另一个角点或 [面积(A)/尺寸(D)/旋转(R)]: 500,860↙
```

重复“矩形”命令，绘制角点坐标分别为{（0,860），（1000,900）}和{（-60,900），（1060,950）}的两个矩形，绘制结果如图6-8所示。

04 单击“默认”选项卡“绘图”面板中的“圆弧”按钮，绘制圆弧，命令行中的提示与操作如下：

```
命令: _arc ↙
指定圆弧的起点或 [圆心(C)]: 500,47.4↙
指定圆弧的第二个点或 [圆心(C)/端点(E)]: 269,65↙
指定圆弧的端点: 40,32↙
```

重复“圆弧”命令，绘制三点坐标分别为：{（500,630），（350,480），（500,330）}、{(500,610),(370,480),(500,350)}、{(30,172),(50,150.4),(79.4,152)}、{(79.4,152),(76.9,121.8),(98,100)}、{（30,788），（50,809.6），（79.4,807.7）}、{（79.4,807.7），(73.7,837),(101,860)}、{(-60,900),(-120,924),(-121.6,988.3)}、{(-121.6,988.3),(-81.1,984.7),(-60,950)}的另外8段圆弧，结果如图6-9所示。

05 单击“默认”选项卡“修改”面板中的“镜像”按钮，将图形进行镜像处理．命令行中的提示与操作如下：

```
命令: _mirror
选择对象: (选择如图所示的图形)
```

```
指定镜像线的第一点：500,100
指定镜像线的第二点：500,1000
要删除源对象吗？[是(Y)/否(N)] <否>:↙
```

图6-7　绘制直线

图6-8　绘制矩形

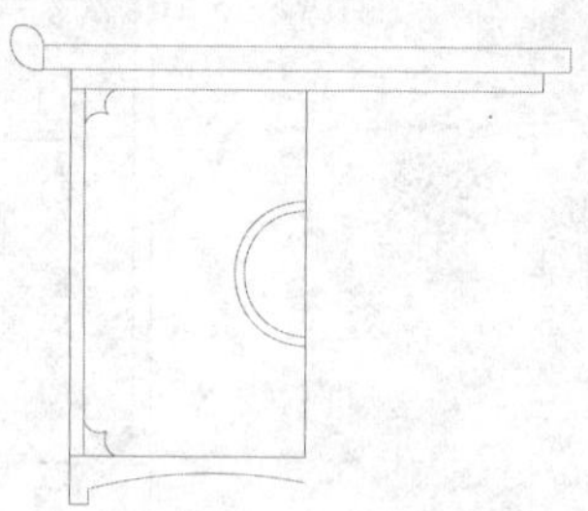

图6-9　绘制圆弧

绘制结果如图 6-10 所示。

06 将“1”图层设置为当前图层，进行图案填充。单击“默认”选项卡“绘图”面板中的“图案填充”按钮，对同心圆区域进行填充，结果如图 6-11 所示。

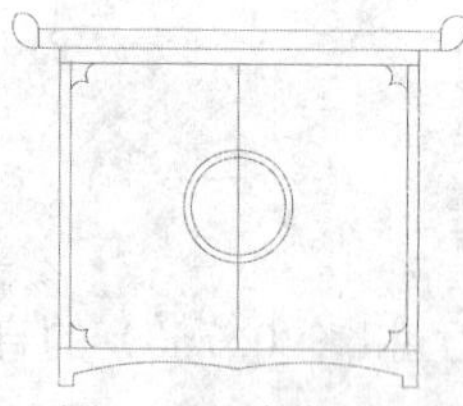

图6-10　镜像处理

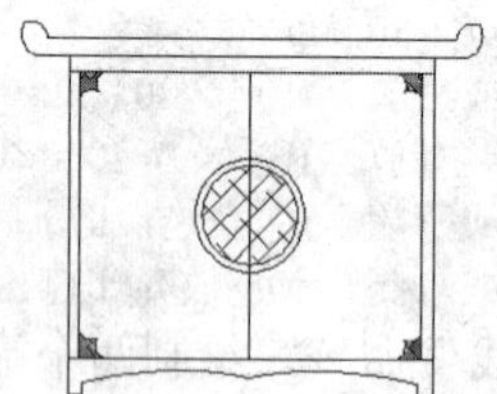

图6-11　图案填充

6.1.3　计算机桌椅

绘制如图 6-12 所示的计算机桌椅。

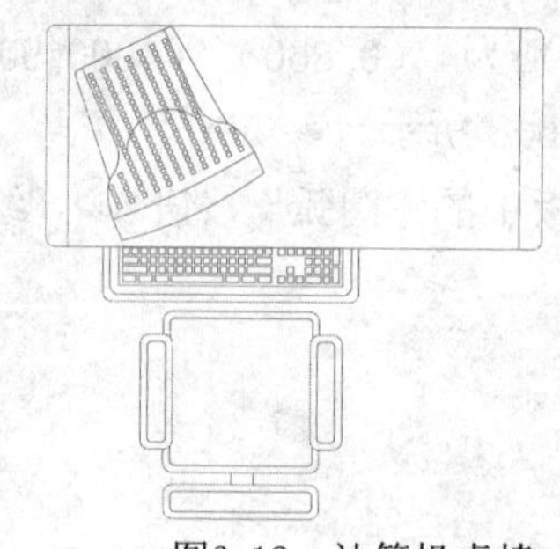

图6-12　计算机桌椅

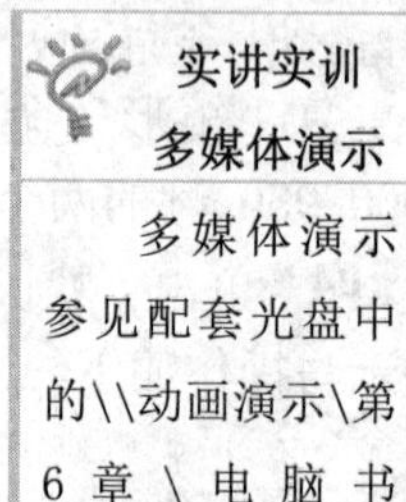

实讲实训
多媒体演示

多媒体演示参见配套光盘中的\\动画演示\第 6 章\电脑书桌.avi。

01 单击“默认”选项卡“图层”面板中的“图层特性”按钮，打开“图层特性管理器”，新建两个图层：

❶“1”图层，颜色设置为黑色，其余属性采用默认设置。

❷“2”图层，颜色设置为蓝色，其余属性采用默认设置。

02 绘制计算机桌。

❶将“2”图层设置为当前图层，单击“默认”选项卡“绘图”面板中的“矩形”按钮，绘制矩形．命令行中的提示与操作如下：

```
命令：_rectang↙
```

```
指定第一个角点或 [倒角(C)/标高(E)/圆角(F)/厚度(T)/宽度(W)]: 0,589↙
指定另一个角点或 [面积(A)/尺寸(D)/旋转(R)]: 1100,1069↙
```

❷重复“矩形”命令，绘制角点坐标分别为{（50,589)，（1050,1069）}，{（129,589)，（700,471）}的另外两个矩形。

❸将“1”图层设置为当前图层，重复“矩形”命令，绘制两角点坐标为{（144,589)，（684,486）}的矩形，结果如图 6-13 所示。

❹单击“默认”选项卡“修改”面板中的“圆角”按钮，设置圆角半径为20，将桌子的拐角与键盘抽屉均做圆角处理，绘制结果如图6-14所示。

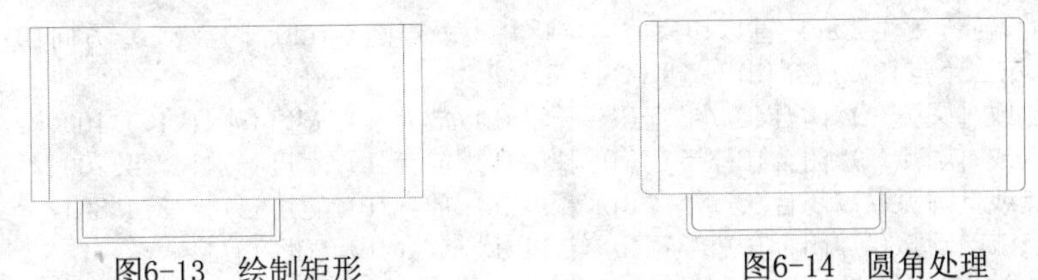

图6-13　绘制矩形　　图6-14　圆角处理

03 绘制座椅。

❶将“2”图层设置为当前图层，单击“默认”选项卡“绘图”面板中的“矩形”按钮，绘制矩形，命令行中的提示与操作如下：

```
命令: _rectang↙
指定第一个角点或 [倒角(C)/标高(E)/圆角(F)/厚度(T)/宽度(W)]: 212,150↙
指定另一个角点或 [面积(A)/尺寸(D)/旋转(R)]: 283,400↙
```

❷重复“矩形”命令，绘制角点坐标分别为{（263,100)，（612,450）}、{（593,150)，（663,400）}、{（418,74)，（468,100）}、{（264,0)，（612,74）}的另外 4 个矩形。

❸将 “1”图层设置为当前图层，重复“矩形”命令，绘制角点坐标分别为{(228,165)，(268,385)}、{(278,115)，(598,435)}、{(608,165)，(647,385)}、{(279,15)，(597,59)}的 4 个矩形，结果如图 6-15 所示。

❹单击“默认”选项卡“修改”面板中的“圆角”按钮，将座椅外围的圆角半径设置为20，内侧矩形的圆角半径设置为10，进行圆角处理，结果如图6-16所示。

❺单击“默认”选项卡“修改”面板中的“修剪”按钮，修剪图形，将图6-16所示的图形修剪成为如图6-17所示的结果。

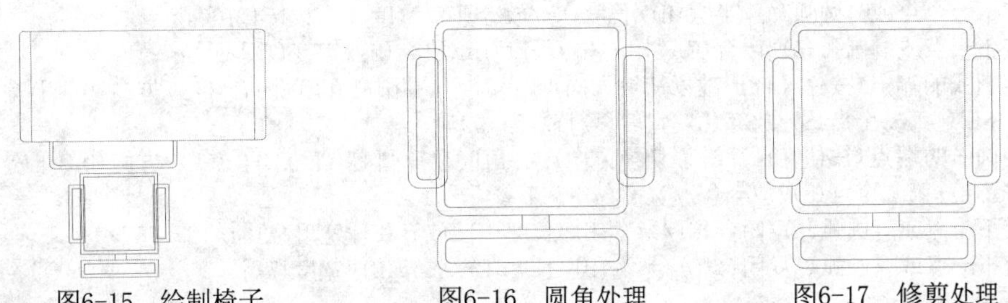

图6-15　绘制椅子　　图6-16　圆角处理　　图6-17　修剪处理

04 绘制计算机.

❶单击“默认”选项卡“绘图”面板中的“多段线”按钮，绘制计算机，命令行中的提示与操作如下：

```
命令: _PLINE↙
```

```
指定起点: 100,627↙
当前线宽为 0.0000
指定下一个点或 [圆弧(A)/半宽(H)/长度(L)/放弃(U)/宽度(W)]: @0,50↙
指定下一点或 [圆弧(A)/闭合(C)/半宽(H)/长度(L)/放弃(U)/宽度(W)]: A↙
指定圆弧的端点(按住 Ctrl 键以切换方向)或[角度(A)/圆心(CE)/闭合(CL)/方向(D)/半宽(H)/直线(L)/半径(R)/第二个点(S)/放弃(U)/宽度(W)]: 128,757↙
指定圆弧的端点(按住 Ctrl 键以切换方向)或[角度(A)/圆心(CE)/闭合(CL)/方向(D)/半宽(H)/直线(L)/半径(R)/第二个点(S)/放弃(U)/宽度(W)]: S↙
指定圆弧上的第二个点: 155,776↙
指定圆弧的端点: 174,824↙
指定圆弧的端点(按住 Ctrl 键以切换方向)或[角度(A)/圆心(CE)/闭合(CL)/方向(D)/半宽(H)/直线(L)/半径(R)/第二个点(S)/放弃(U)/宽度(W)]: L↙
指定下一点或 [圆弧(A)/闭合(C)/半宽(H)/长度(L)/放弃(U)/宽度(W)]: 174,1004↙
指定下一点或 [圆弧(A)/闭合(C)/半宽(H)/长度(L)/放弃(U)/宽度(W)]: 374,1004↙
指定下一点或 [圆弧(A)/闭合(C)/半宽(H)/长度(L)/放弃(U)/宽度(W)]: 374,824↙
指定下一点或 [圆弧(A)/闭合(C)/半宽(H)/长度(L)/放弃(U)/宽度(W)]: A↙
指定圆弧的端点(按住 Ctrl 键以切换方向)或[角度(A)/圆心(CE)/闭合(CL)/方向(D)/半宽(H)/直线(L)/半径(R)/第二个点(S)/放弃(U)/宽度(W)]: S↙
指定圆弧上的第二个点: 390,780↙
指定圆弧的端点: 420,757↙
指定圆弧的端点(按住 Ctrl 键以切换方向)或[角度(A)/圆心(CE)/闭合(CL)/方向(D)/半宽(H)/直线(L)/半径(R)/第二个点(S)/放弃(U)/宽度(W)]: S↙
指定圆弧上的第二个点: 439,722↙
指定圆弧的端点: 449,677↙
指定圆弧的端点(按住 Ctrl 键以切换方向)或[角度(A)/圆心(CE)/闭合(CL)/方向(D)/半宽(H)/直线(L)/半径(R)/第二个点(S)/放弃(U)/宽度(W)]: L↙
指定下一点或 [圆弧(A)/闭合(C)/半宽(H)/长度(L)/放弃(U)/宽度(W)]: 449,627↙
指定下一点或 [圆弧(A)/闭合(C)/半宽(H)/长度(L)/放弃(U)/宽度(W)]: A↙
指定圆弧的端点(按住 Ctrl 键以切换方向)或[角度(A)/圆心(CE)/闭合(CL)/方向(D)/半宽(H)/直线(L)/半径(R)/第二个点(S)/放弃(U)/宽度(W)]: S↙
指定圆弧上的第二个点: 287,611↙
指定圆弧的端点: 100,627↙
指定圆弧的端点(按住 Ctrl 键以切换方向)或[角度(A)/圆心(CE)/闭合(CL)/方向(D)/半宽(H)/直线(L)/半径(R)/第二个点(S)/放弃(U)/宽度(W)]: ↙
命令: _PLINE↙
指定起点: 174,1004↙
当前线宽为 0.0000
指定下一个点或 [圆弧(A)/半宽(H)/长度(L)/放弃(U)/宽度(W)]: 164,1004↙
指定下一点或 [圆弧(A)/闭合(C)/半宽(H)/长度(L)/放弃(U)/宽度(W)]: A↙
指定圆弧的端点(按住 Ctrl 键以切换方向)或[角度(A)/圆心(CE)/闭合(CL)/方向(D)/半宽(H)/直线(L)/半径(R)/第二个点(S)/放弃(U)/宽度(W)]: 154,995↙
指定圆弧的端点(按住 Ctrl 键以切换方向)或[角度(A)/圆心(CE)/闭合(CL)/方向(D)/半宽(H)/直线(L)/半径(R)/第二个点(S)/放弃(U)/宽度(W)]: L↙
指定下一点或 [圆弧(A)/闭合(C)/半宽(H)/长度(L)/放弃(U)/宽度(W)]: 128,757↙
指定下一点或 [圆弧(A)/闭合(C)/半宽(H)/长度(L)/放弃(U)/宽度(W)]: ↙
命令: _PLINE↙
指定起点: 374,1004↙
当前线宽为 0.0000
指定下一个点或 [圆弧(A)/半宽(H)/长度(L)/放弃(U)/宽度(W)]: 384,1004↙
指定下一点或 [圆弧(A)/闭合(C)/半宽(H)/长度(L)/放弃(U)/宽度(W)]: A↙
指定圆弧的端点(按住 Ctrl 键以切换方向)或[角度(A)/圆心(CE)/闭合(CL)/方向(D)/半宽(H)/直
```

线(L)/半径(R)/第二个点(S)/放弃(U)/宽度(W)]: 394,996↙

指定圆弧的端点(按住 Ctrl 键以切换方向)或[角度(A)/圆心(CE)/闭合(CL)/方向(D)/半宽(H)/直线(L)/半径(R)/第二个点(S)/放弃(U)/宽度(W)]: L↙

指定下一点或 [圆弧(A)/闭合(C)/半宽(H)/长度(L)/放弃(U)/宽度(W)]: 420,757↙

指定下一点或 [圆弧(A)/闭合(C)/半宽(H)/长度(L)/放弃(U)/宽度(W)]: ↙

单击“绘图”工具栏中的“圆弧”按钮，绘制圆弧. 命令行中的提示与操作如下：

命令: _ARC 指定圆弧的起点或 [圆心(C)]: 100,677↙

指定圆弧的第二个点或 [圆心(C)/端点(E)]: 272,668↙

指定圆弧的端点: 449,677↙

命令: _ARC 指定圆弧的起点或 [圆心(C)]: 190,800↙

指定圆弧的第二个点或 [圆心(C)/端点(E)]: 275,850↙

指定圆弧的端点: 360,800↙

绘制结果如图 6-18 所示。

❷单击“默认”选项卡“绘图”面板中的“矩形”按钮，绘制两个角点坐标分别为（120,690）和（130,700）的矩形。

❸单击“默认”选项卡“修改”面板中的“矩形阵列”按钮，设置行数为 20、列数为 11、行间距为 15、列间距为 30，将矩形进行阵列，绘制结果如图 6-19 所示。

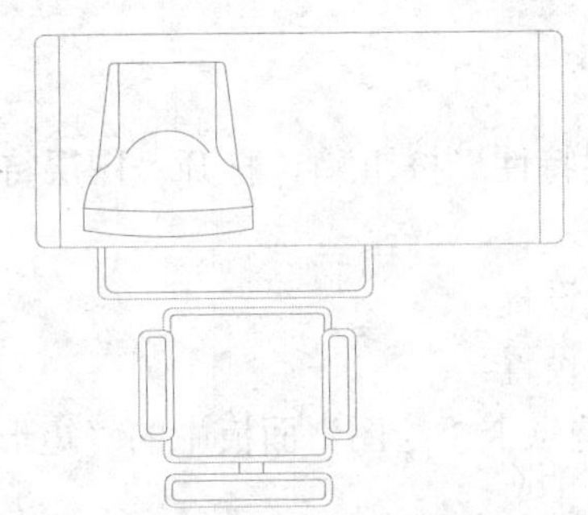

图6-18 绘制计算机

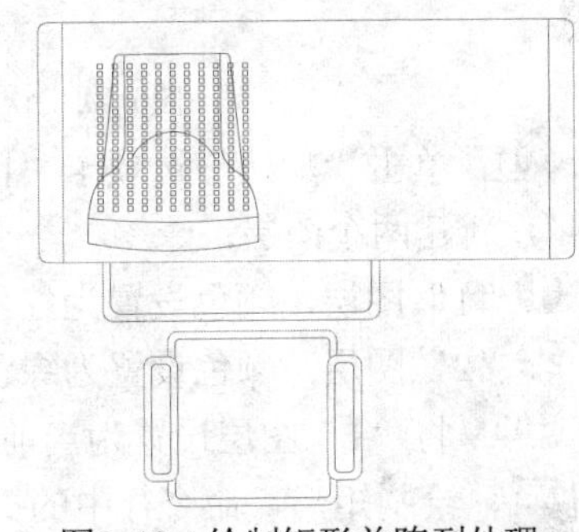

图6-19 绘制矩形并阵列处理

05 删除图形并旋转。单击“默认”选项卡“修改”面板中的“删除”按钮，将多余的矩形删除。单击“默认”选项卡“修改”面板中的“旋转”按钮，将图形旋转25°，结果如图6-20所示。

06 绘制键盘。单击“默认”选项卡“绘图”面板中的“矩形”按钮，绘制键盘图形，结果如图6-21所示。

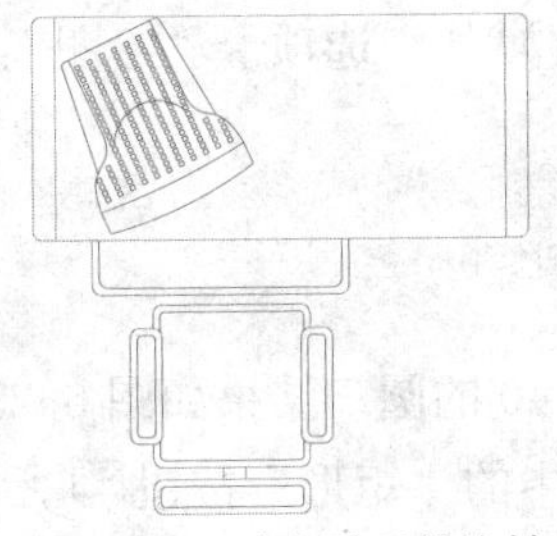

图6-20 删除图形并旋转

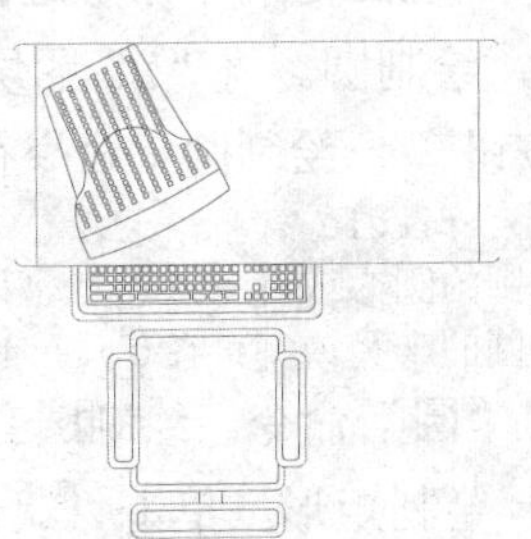

图6-21 计算机桌椅

6.2 电器平面配景图绘制

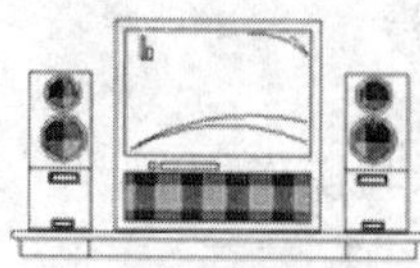

在办公室、卧室和客厅等房间的室内设计中也经常会用到电器平面图。下面将以典型的例子说明各种电器的绘制方法。

6.2.1 饮水机

绘制如图 6-22 所示的饮水机。

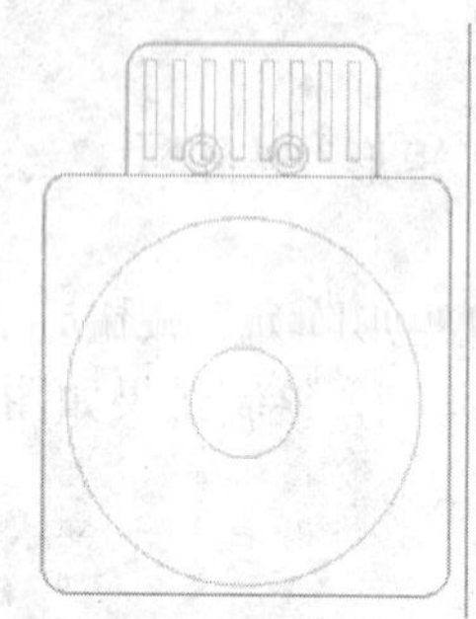

图6-22 饮水机

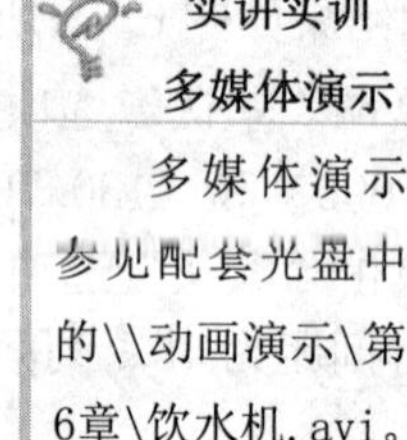

多媒体演示参见配套光盘中的\\动画演示\第6章\饮水机.avi。

01 单击“默认”选项卡“图层”面板中的“图层特性”按钮，打开“图层特性管理器”，新建两个图层：

❶“1”图层，颜色设置为红色，其余属性采用默认设置。

❷“2”图层，颜色设置为绿色，其余属性采用默认设置。

02 将“1”图层设置为当前图层。单击“默认”选项卡“绘图”面板中的“矩形”按钮，绘制矩形，命令行中的提示与操作如下：

```
命令: _rectang↙
指定第一个角点或 [倒角(C)/标高(E)/圆角(F)/厚度(T)/宽度(W)]: -158,-147↙
指定另一个角点或 [面积(A)/尺寸(D)/旋转(R)]: 162,173↙
```

重复“矩形”命令，绘制两个角点坐标为（-94,173）和（105,273）的矩形。

绘制结果如图 6-23 所示。

03 圆角处理。单击“默认”选项卡“修改”面板中的“圆角”按钮，将圆角半径设置为 20，将上述两个矩形进行圆角处理，结果如图 6-24 所示。

04 绘制圆。将“2”图层设置为当前图层，单击“默认”选项卡“绘图”面板中的“圆”按钮，绘制圆。命令行中的提示与操作如下：

```
命令: _circle
指定圆的圆心或 [三点(3P)/两点(2P)/切点、切点、半径(T)]: 0,0↙
指定圆的半径或 [直径(D)]: 42↙
```

重复“圆”命令，绘制圆心坐标为（0,0）、半径为 140 的圆，结果如图 6-25 所示。

05 绘制矩形。单击“默认”选项卡“绘图”面板中的“矩形”按钮，绘制两个角点坐标为（-80,185）和（-70,260）的矩形，结果如图6-26所示。

06 阵列处理。单击“默认”选项卡“修改”面板中的“矩形阵列”按钮，选择

刚绘制的矩形为阵列对象，输入行数为1、列数为8、列间距为23，阵列矩形，结果如图6-27所示。

图6-23 绘制矩形

图6-24 圆角处理

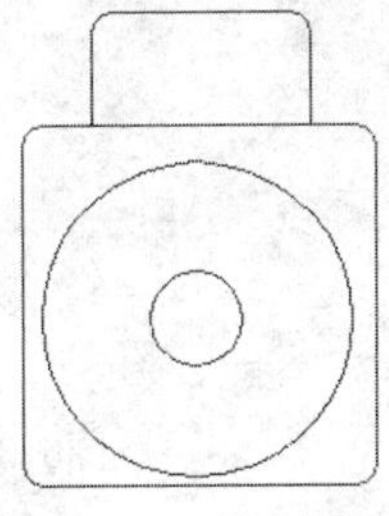
图6-25 绘制圆

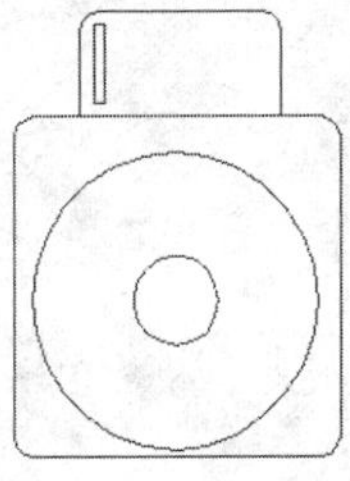
图6-26 绘制矩形

07 绘制圆。单击“默认”选项卡“绘图”面板中的“圆”按钮，绘制圆。命令行中的提示与操作如下：

```
命令: _circle
指定圆的圆心或 [三点(3P)/两点(2P)/切点、切点、半径(T)]: -34,189↙
指定圆的半径或 [直径(D)] <140.0000>: 8.8↙
```

同理，绘制圆心坐标为（-34,189）、半径为15的圆，结果如图6-28所示。

08 镜像处理。单击“默认”选项卡“修改”面板中的“镜像”按钮，将上一步绘制的两个圆进行镜像处理。命令行中的提示与操作如下：

```
命令: _mirror↙
选择对象: （选择上述步骤绘制的两个圆）
指定镜像线的第一点: 0,0↙
指定镜像线的第二点: 0,10↙
要删除源对象吗?[是(Y)/否(N)] <否>:↙
```

绘制结果如图6-29所示。

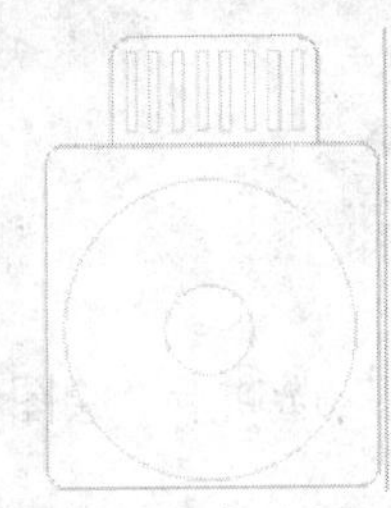
图6-27 阵列处理

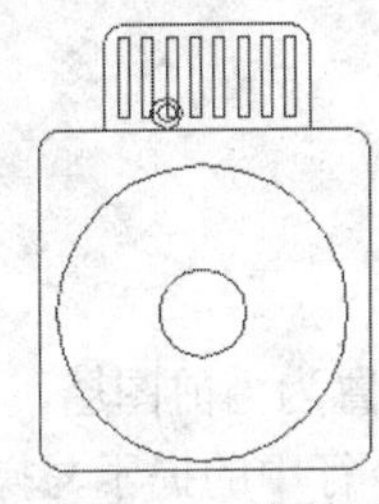
图6-28 绘制圆

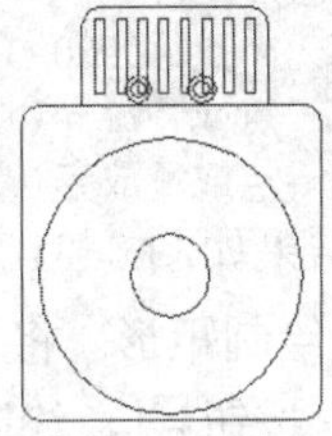
图6-29 饮水机

6.2.2 电视机

> **实讲实训**
> **多媒体演示**
> 多媒体演示参见配套光盘中的\\动画演示\第6章\电视机.avi。

绘制如图6-30所示的电视机。

01 单击“默认”选项卡“图层”面板中的“图层特性”按钮，打开“图层特性管理器”来新建两个图层：

❶“1”图层，颜色设置为黑色，其余属性采用默认设置；

❷“2”图层，颜色设置为蓝色，其余属性采用默认设置。

02 图形缩放。单击“视图”工具栏中的“实时缩放”按钮，将绘图区域缩放到适当大小。

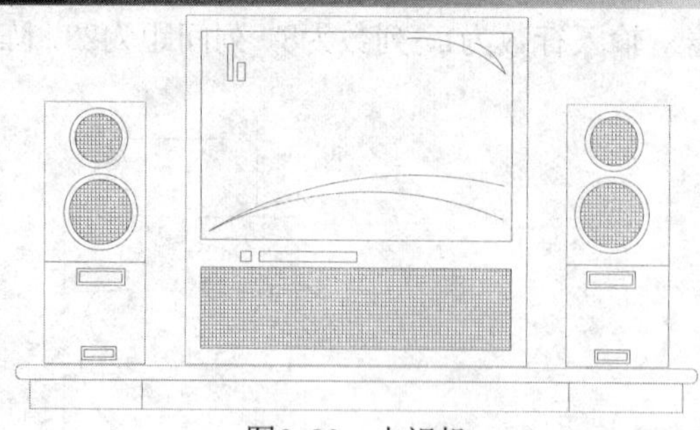

图6-30　电视机

03 绘制轮廓线。

❶将“2”图层设置为当前图层，单击“默认”选项卡“绘图”面板中的“矩形”按钮▭，绘制矩形，命令行中的提示与操作如下：

```
命令：_rectang↙
指定第一个角点或 [倒角(C)/标高(E)/圆角(F)/厚度(T)/宽度(W)]：0,0↙
指定另一个角点或 [面积(A)/尺寸(D)/旋转(R)]：2300,100↙
```

❷重复“矩形”命令，绘制端点坐标分别为{（-50,100），（2350,150）}、{（50,155），（@360,900）}、{（2250,155），（@-360,900）}、{（550,155），（@1200,1200）}的 4 个矩形。

❸单击“默认”选项卡“绘图”面板中的“直线”按钮╱，绘制直线。命令行中的提示与操作如下：

```
命令：_line
指定第一个点：400,0↙
指定下一点或 [放弃(U)]：@0,100↙
指定下一点或 [放弃(U)]：↙
命令：line
指定第一个点：1900,0↙
指定下一点或 [放弃(U)]：@0,100↙
指定下一点或 [放弃(U)]：↙
```

绘制结果如图 6-31 所示。

04 绘制矩形。将“1”图层设置为当前图层，单击“默认”选项卡“绘图”面板中的“矩形”按钮▭，绘制矩形。命令行中的提示与操作如下：

```
命令：_rectang↙
指定第一个角点或 [倒角(C)/标高(E)/圆角(F)/厚度(T)/宽度(W)]：604,585↙
指定另一个角点或 [面积(A)/尺寸(D)/旋转(R)]：@1092,716↙
```

重复“矩形”命令，绘制端点坐标分别为{（605,210），（@1090,280）}、{（745,510），（@37,35）}、{（810,510），（@340,35）}、{（167,426），（@171,57）}、{（177,436），（@151,37）}、{（185,168），（@124,46）}、{（195,178），（@104,26）}、{（2133,426），（@-171,57）}、{（2123,436），（@-151,37）}、{（2115,168），（@-124,46）}、{（2105,178），（@-104,26）}的 11 个矩形，结果如图 6-32 所示。

05 绘制圆。单击“默认”选项卡“绘图”面板中的“圆”按钮⊙，绘制圆。命令行中的提示与操作如下：

```
命令：_circle
指定圆的圆心或 [三点(3P)/两点(2P)/切点、切点、半径(T)]：251,677↙
指定圆的半径或 [直径(D)]：131↙
```

```
命令: circle
指定圆的圆心或 [三点(3P)/两点(2P)/切点、切点、半径(T)]: 251,677↙
指定圆的半径或 [直径(D)] <131.0000>: 111↙
```

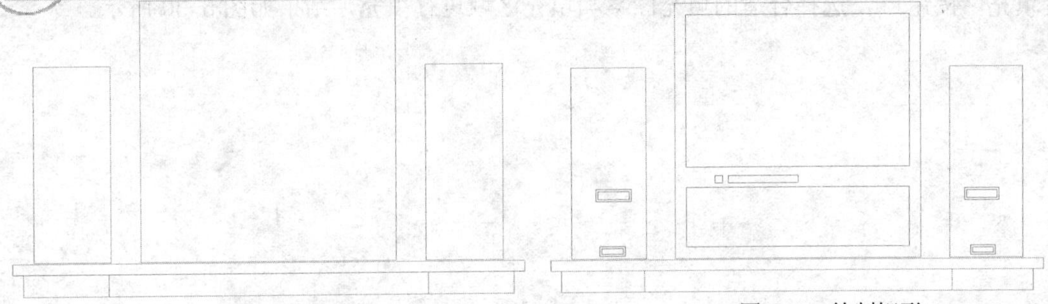

图6-31　绘制轮廓线　　　图6-32　绘制矩形

重复“圆”命令，绘制圆心坐标为（244,930）、圆的半径分别为103，83的同心圆。

重复“圆”命令，绘制圆心坐标为（2049,677）、圆的半径分别为131，111的同心圆。

重复“圆”命令，绘制圆心坐标为（2056,930）、圆的半径分别为103，83的同心圆。

绘制结果如图6-33所示。

06 绘制直线。单击“默认”选项卡“绘图”面板中的“直线”按钮，绘制直线。命令行中的提示与操作如下：

```
命令: line↙
指定第一个点: 50,506↙
指定下一点或 [放弃(U)]: @360,0↙
指定下一点或 [放弃(U)]: ↙
命令: line↙
指定第一个点: 1890,506↙
指定下一点或 [放弃(U)]: @360,0↙
指定下一点或 [放弃(U)]: ↙
```

07 绘制画面图形。单击“默认”选项卡“绘图”面板中的“矩形”按钮和“圆弧”按钮，完成如图6-34所示的图形。

图6-33　绘制圆　　　图6-34　绘制画面图形

08 圆角处理。单击“默认”选项卡“修改”面板中的“圆角”按钮，设置圆角半径为20，进行圆角处理。命令行中的提示与操作如下：

```
命令: _FILLET↙
当前设置: 模式 = 修剪, 半径 = 0.0000
选择第一个对象或 [放弃(U)/多段线(P)/半径(R)/修剪(T)/多个(M)]: R↙
指定圆角半径 <0.0000>: 20↙
选择第一个对象或 [放弃(U)/多段线(P)/半径(R)/修剪(T)/多个(M)]: P↙
选择二维多段线: (选择图 6-34 中的矩形)
```

4 条直线已被圆角.

绘制结果如图 6-35 所示，**09** 图案填充。单击“默认”选项卡“绘图”面板中的“图案填充”按钮，选择合适的填充图案和填充区域进行填充，结果如图 6-30 所示。

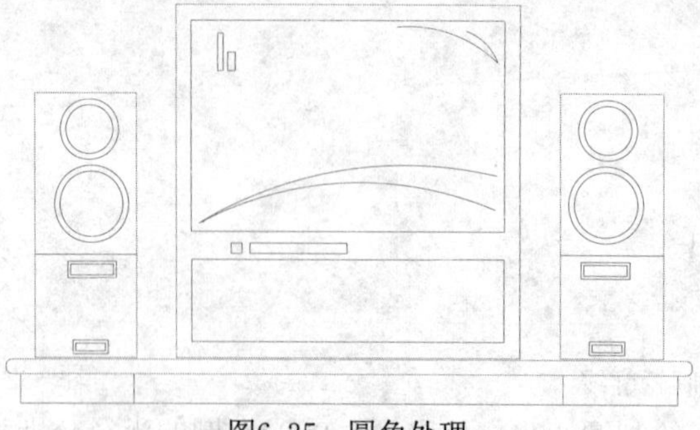

图6-35 圆角处理

6.3 卫浴平面配景图绘制

在室内设计中常见的家居设施除了家具、电器外，还有洁具。下面将以典型的例子说明洁具的绘制方法与技巧。

6.3.1 浴盆

绘制如图 6-36 所示的浴盆。

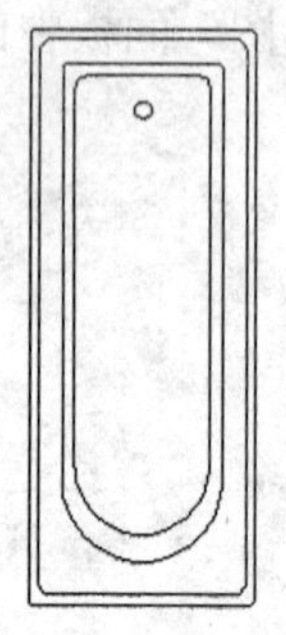

图6-36 浴盆

实讲实训
多媒体演示

多媒体演示参见配套光盘中的\\动画演示\第6章\浴盆.avi。

01 单击“默认”选项卡“图层”面板中的“图层特性”按钮，打开“图层特性管理器”，新建两个图层：

❶“1”图层，颜色设置为绿色，其余属性采用默认设置。

❷“2”图层，颜色设置为黑色，其余属性采用默认设置。

02 图形缩放。单击“视图”工具栏中的“实时缩放”按钮，将图形界面缩放至适当大小。

03 绘制矩形。

❶将“1”图层设置为当前图层，单击“默认”选项卡“绘图”面板中的“矩形”按钮，绘制矩形。命令行中的提示与操作如下：

```
命令: _rectang↙
指定第一个角点或 [倒角(C)/标高(E)/圆角(F)/厚度(T)/宽度(W)]: 0,0↙
指定另一个角点或 [面积(A)/尺寸(D)/旋转(R)]: 630,1530↙
```

❷将“2”图层设置为当前图层，单击“默认”选项卡“绘图”面板中的“矩形”按钮，绘制矩形，命令行中的提示与操作如下：

```
命令: _rectang↙
指定第一个角点或 [倒角(C)/标高(E)/圆角(F)/厚度(T)/宽度(W)]: 27,27↙
指定另一个角点或 [面积(A)/尺寸(D)/旋转(R)]: 606,1503↙
```

❸重复“矩形”命令，绘制端点坐标分别为{（90,340），（540,1441）}、{（126,376），（504,1406）}的另外两个矩形。

绘制结果如图 6-37 所示。

04 单击“默认”选项卡“绘图”面板中的“圆”按钮，绘制圆。命令行中的提示与操作如下：

```
命令: circle↙
指定圆的圆心或 [三点(3P)/两点(2P)/切点、切点、半径(T)]: 315,1316↙
指定圆的半径或 [直径(D)] <23.0000>:↙
```

绘制结果如图 6-38 所示。

05 单击“默认”选项卡“修改”面板中的“分解”按钮，将图形分解，命令行中的提示与操作如下：

```
命令: _explode↙
选择对象:（选择周长最小的两个矩形）↙
选择对象: ↙
```

06 圆角处理。单击“默认”选项卡“修改”面板中的“圆角”按钮，按照图6-39所示的圆角半径将图形做圆角处理。

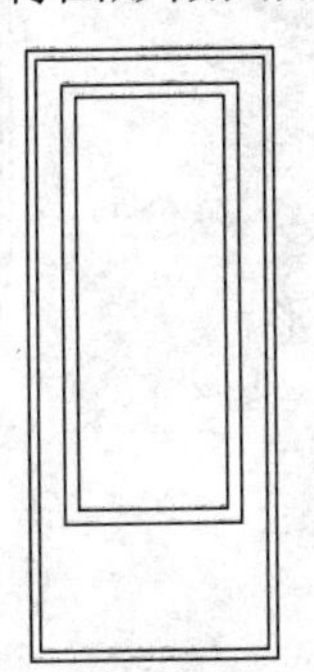

图6-37　绘制矩形

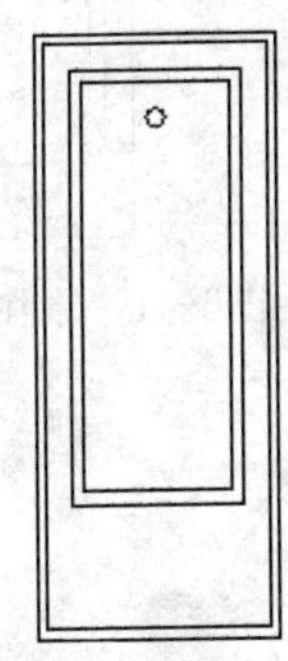

图6-38　绘制圆

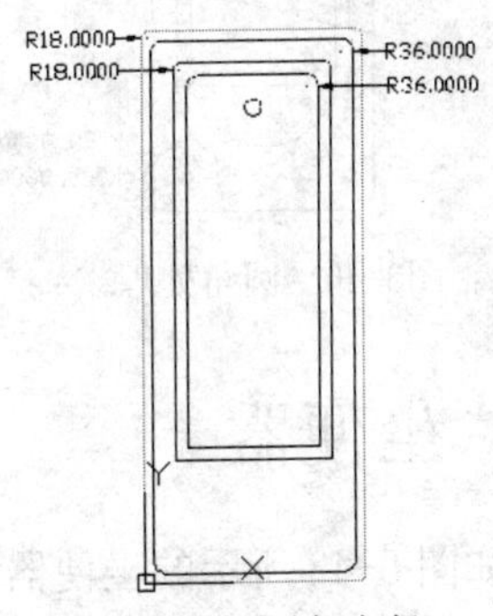

图6-39　圆角半径

对圆角对象 1 和圆角对象 2 分别进行圆角处理，其中圆角对象 1 的两条直线的圆角半径为 225，圆角对象 2 的两条直线的圆角半径为 189，圆角处理后的图形如图 6-40 所示。

07 单击“默认”选项卡“修改”面板中的“删除”按钮，删除多余的图形。命令行中的提示与操作如下：

```
命令: _erase↙
选择对象:（选择两条直线）↙
选择对象: ↙
```

绘制结果如图 6-41 所示。

注意

绘图过程中，如果出现了绘制错误或者不太满意的图形，需要删除的，可以利用标准工具栏中的↶命令，也可以用“修改”→“删除”。

提示：“_erase：”，单击要删除的图形，单击右键就行了。删除命令可以一次删除一个或多个图形，如果删除错误，可以利用↶来补救。

08 单击“默认”选项卡“修改”面板中的“复制”按钮，复制图形，命令行中的提示与操作如下：

```
命令：_copy↙
选择对象：（选择圆弧）找到 1 个
选择对象：
指定基点或 [位移(D) /模式(O)] <位移>:
指定第二个点或 [阵列(A)] <使用第一个点作为位移>: @0,230↙
指定第二个点或 [阵列(A)/退出(E)/放弃(U)] <退出>:
```

最终结果如图 6-42 所示。

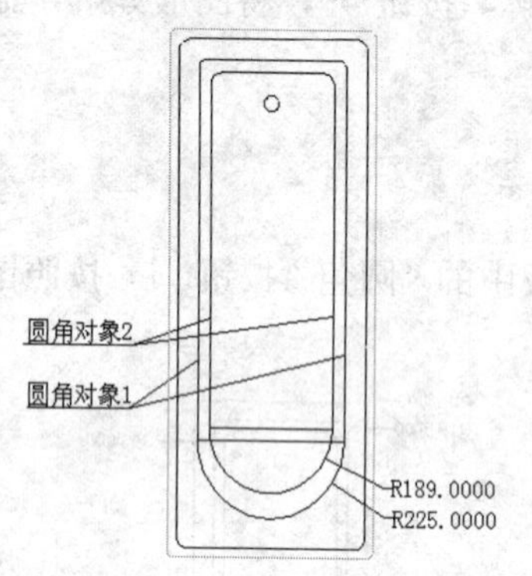

图6-40 圆角处理

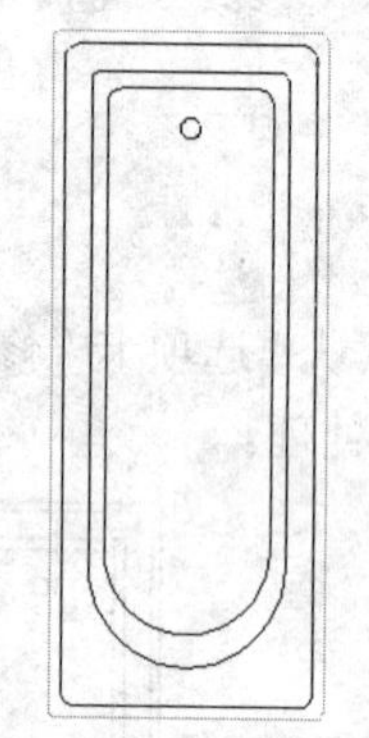

图6-41 删除多余的图形

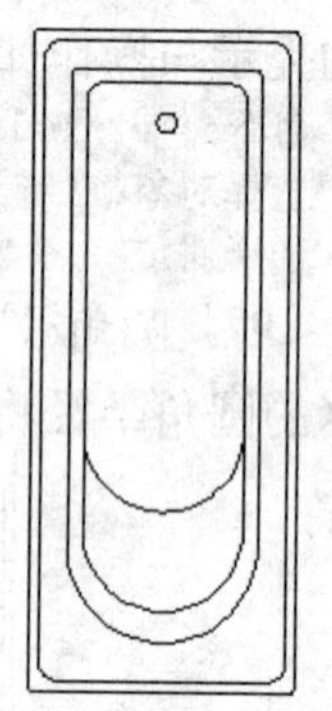

图6-42 浴盆

6.3.2 坐便器

绘制如图 6-43 所示的坐便器。

图6-43 坐便器

实讲实训
多媒体演示

多媒体演示参见配套光盘中的\\动画演示\第6章\坐便器.avi。

01 单击“默认”选项卡“图层”面板中的“图层特性”按钮，打开“图层特性管理器”，新建两个图层：

❶“1”图层，颜色设置为绿色，其余属性采用默认设置。

❷“2”图层，颜色设置为黑色，其余属性采用默认设置。

02 将“1”图层设置为当前图层，单击“默认”选项卡“绘图”面板中的“样条曲线拟合”按钮，绘制轮廓线。命令行中的提示与操作如下：

```
命令: _spline↙
当前设置: 方式=拟合    节点=弦
指定第一个点或 [方式(M)/节点(K)/对象(O)]: 180,3↙
输入下一个点或 [起点切向(T)/公差(L)]: 86.5,28.3↙
输入下一个点或 [端点相切(T)/公差(L)/放弃(U)/闭合(C)]: 22.7,101.2↙
输入下一个点或 [端点相切(T)/公差(L)/放弃(U)/闭合(C)]: 1.3,210.4↙
输入下一个点或 [端点相切(T)/公差(L)/放弃(U)/闭合(C)]: 11.2,321↙
输入下一个点或 [端点相切(T)/公差(L)/放弃(U)/闭合(C)]: 34,384.8↙
输入下一个点或 [端点相切(T)/公差(L)/放弃(U)/闭合(C)]: 38.9,408.5↙
输入下一个点或 [端点相切(T)/公差(L)/放弃(U)/闭合(C)]: 43,500.3↙
输入下一个点或 [端点相切(T)/公差(L)/放弃(U)/闭合(C)]: ↙
```

绘制结果如图 6-44 所示。

03 单击“默认”选项卡“绘图”面板中的“圆弧”按钮，绘制圆弧。命令行中的提示与操作如下：

```
命令:ARC ↙
指定圆弧的起点或 [圆心(C)]: 34,384.8↙
指定圆弧的第二个点或 [圆心(C)/端点(E)]: 91.3,420.8↙
指定圆弧的端点: 178.7,443.8↙
```

绘制结果如图 6-45 所示。

04 单击“默认”选项卡“绘图”面板中的“样条曲线拟合”按钮，绘制样条曲线，命令行中的提示与操作如下：

```
命令: _spline↙
当前设置: 方式=拟合    节点=弦
指定第一个点或 [方式(M)/节点(K)/对象(O)]: 180,400↙
输入下一个点或 [起点切向(T)/公差(L)]: 62.7,323.7↙
输入下一个点或 [端点相切(T)/公差(L)/放弃(U)]: 50,220.5↙
输入下一个点或 [端点相切(T)/公差(L)/放弃(U)/闭合(C)]: 70,114.8↙
输入下一个点或 [端点相切(T)/公差(L)/放弃(U)/闭合(C)]: 112.8,67.3↙
输入下一个点或 [端点相切(T)/公差(L)/放弃(U)/闭合(C)]: 180,53↙
输入下一个点或 [端点相切(T)/公差(L)/放弃(U)/闭合(C)]: ↙
命令: _spline↙
当前设置: 方式=拟合    节点=弦
指定第一个点或 [方式(M)/节点(K)/对象(O)]: 180.320↙
输入下一个点或 [起点切向(T)/公差(L)]: 131.9,289.7↙
输入下一个点或 [起点切向(T)/公差(L)]: 121.2,260.9↙
输入下一个点或 [端点相切(T)/公差(L)/放弃(U)]: 120.8,230↙
输入下一个点或 [端点相切(T)/公差(L)/放弃(U)/闭合(C)]: 180,180↙
输入下一个点或 [端点相切(T)/公差(L)/放弃(U)/闭合(C)]: ↙
```

绘制结果如图 6-46 所示。

05 将“2”图层设置为当前图层，单击“默认”选项卡“绘图”面板中的“圆”按钮⊙，绘制圆。命令行中的提示与操作如下：

```
命令: _circle ↙
指定圆的圆心或[三点(3P)/两点(2P)/切点、切点、半径(T)]:: 80,444↙
指定圆的半径或 [直径(D)]: 8↙
```

绘制结果如图 6-47 所示。

图6-44　绘制轮廓线　　图6-45　绘制圆弧　　图6-46　绘制样条曲线　　图6-47　绘制圆

06 单击"默认"选项卡"修改"面板中的"镜像"按钮，将全部绘制的对象，以过点（180,0）和（180,10）的直线为轴镜像，结果如图6-48所示。

07 单击"默认"选项卡"绘图"面板中的"矩形"按钮，绘制水箱，命令行中的提示与操作如下：

```
命令: _RECTANG↙
指定第一个角点或 [倒角(C)/标高(E)/圆角(F)/厚度(T)/宽度(W)]: 0,500.3↙
指定另一个角点或 [面积(A)/尺寸(D)/旋转(R)]: 360,660↙
```

08 单击"默认"选项卡"绘图"面板中的"多段线"按钮，绘制多段线，命令行中的提示与操作如下：

```
命令: _PLINE↙
指定起点: 140,560↙
当前线宽为 0.0000
指定下一个点或 [圆弧(A)/半宽(H)/长度(L)/放弃(U)/宽度(W)]: @80,0↙
指定下一个点或 [圆弧(A)/闭合(C)/半宽(H)/长度(L)/放弃(U)/宽度(W)]: A↙
指定圆弧的端点(按住 Ctrl 键以切换方向)或[角度(A)/圆心(CE)/闭合(CL)/方向(D)/半宽(H)/直线(L)/半径(R)/第二个点(S)/放弃(U)/宽度(W)]: @0,-20↙
指定圆弧的端点(按住 Ctrl 键以切换方向)或[角度(A)/圆心(CE)/闭合(CL)/方向(D)/半宽(H)/直线(L)/半径(R)/第二个点(S)/放弃(U)/宽度(W)]: L↙
指定下一点或 [圆弧(A)/闭合(C)/半宽(H)/长度(L)/放弃(U)/宽度(W)]: @-80,0↙
指定下一点或 [圆弧(A)/闭合(C)/半宽(H)/长度(L)/放弃(U)/宽度(W)]: A↙
指定圆弧的端点(按住 Ctrl 键以切换方向)或[角度(A)/圆心(CE)/闭合(CL)/方向(D)/半宽(H)/直线(L)/半径(R)/第二个点(S)/放弃(U)/宽度(W)]: @0,20↙
指定圆弧的端点(按住 Ctrl 键以切换方向)或[角度(A)/圆心(CE)/闭合(CL)/方向(D)/半宽(H)/直线(L)/半径(R)/第二个点(S)/放弃(U)/宽度(W)]: ↙
```

绘制结果如图 6-49 所示。

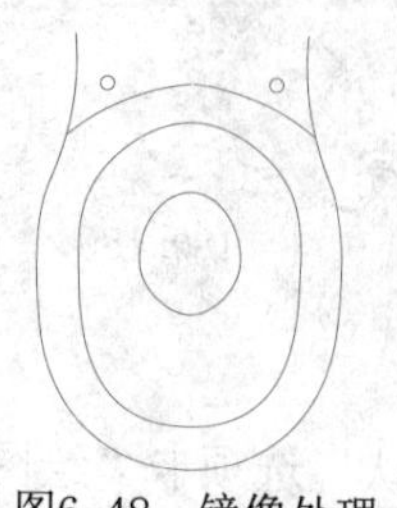

图6-48　镜像处理

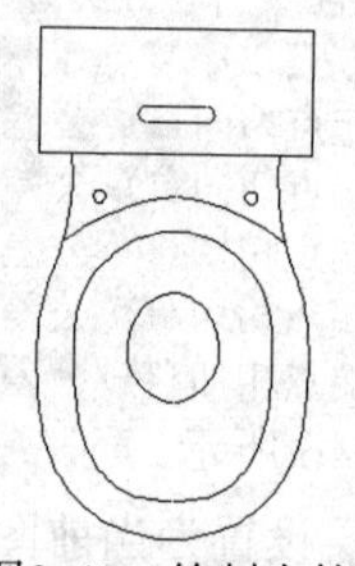

图6-49　绘制水箱

09 单击“默认”选项卡“修改”面板中的“偏移”按钮和“复制”按钮，做细部加工，最终结果如图6-43所示。

6.4 厨具平面配景图绘制

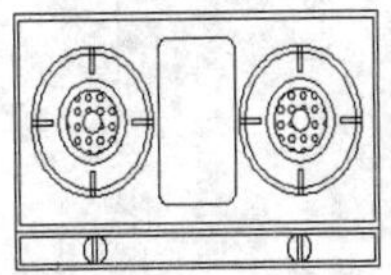

在室内设计常见的厨房设施中，除了电器外，还有厨具。下面将以典型的例子说明厨具的绘制方法与技巧。

6.4.1 燃气灶

绘制如图 6-50 所示的燃气灶。

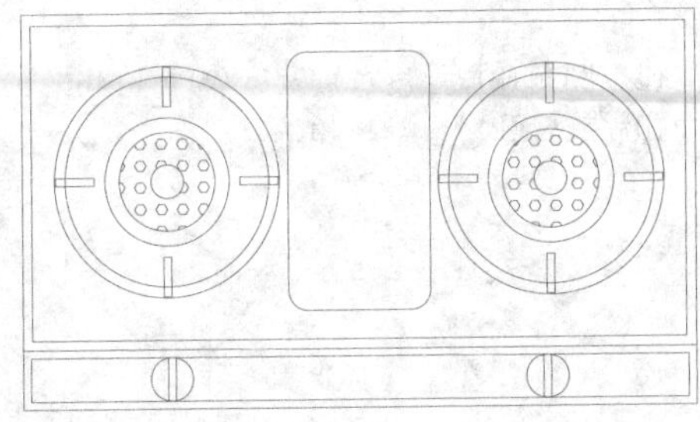

图6-50 燃气灶

实讲实训 多媒体演示

多媒体演示参见配套光盘中的\\动画演示\第6章\燃气灶.avi。

01 单击“默认”选项卡“绘图”面板中的“矩形”按钮，绘制轮廓线，命令行中的提示与操作如下：

```
命令: _rectang↙
指定第一个角点或 [倒角(C)/标高(E)/圆角(F)/厚度(T)/宽度(W)]: 0,0↙
指定另一个角点或 [面积(A)/尺寸(D)/旋转(R)]: 700,400↙
```

重复“矩形”命令，绘制端点坐标分别为{(8,8),(692,52)}、{(9.6,70),(689.8,388.5)}、{(276.4,99),(424.6,360)}的另外 3 个矩形。

02 单击“默认”选项卡“绘图”面板中的“直线”按钮，绘制直线，命令行中的提示与操作如下：

```
命令: _line ↙
指定第一个点: 0,60↙
指定下一点或 [放弃(U)]: @700,0↙
指定下一点或 [放弃(U)]: ↙
```

绘制结果如图 6-51 所示。

03 单击“默认”选项卡“修改”面板中的“圆角”按钮，将上述绘制的最后一个矩形进行圆角处理，设置圆角半径为 20，结果如图 6-52 所示。

04 单击“默认”选项卡“绘图”面板中的“圆”按钮，绘制圆，命令行中的提示与操作如下：

```
命令: _circle ↙
指定圆的圆心或 [三点(3P)/两点(2P)/切点、切点、半径(T)]: 150,230↙
指定圆的半径或 [直径(D)]: 17↙
```

重复“圆”命令，绘制圆心坐标为（150,230），圆的半径分别为 50、65、106、117 的另外 4 个同心圆（作为灶头），结果如图 6-53 所示。

图6-51　绘制轮廓线

图6-52　圆角处理

05 单击“默认”选项卡“绘图”面板中的“矩形”按钮，绘制矩形，命令行中的提示与操作如下：

```
命令: RECTANG↙
指定第一个角点或 [倒角(C)/标高(E)/圆角(F)/厚度(T)/宽度(W)]: 146,346↙
指定另一个角点或 [面积(A)/尺寸(D)/旋转(R)]: @8,-40↙
```

绘制结果如图 6-54 所示。

图6-53　绘制圆

图6-54　绘制矩形

06 单击“默认”选项卡“修改”面板中的“环形阵列”按钮，选择上述绘制的矩形为阵列对象，以坐标（150，230）为阵列中心，设置项目总数为4、填充角度为360，进行阵列处理，结果如图6-55所示。

07 单击“默认”选项卡“绘图”面板中的“多边形”按钮，绘制正六边形，命令行中的提示与操作如下：

```
命令: _POLYGON
输入侧面数 <4>: 6↙
指定正多边形的中心点或 [边(E)]: 100,180↙
输入选项 [内接于圆(I)/外切于圆(C)] <I>:I↙
指定圆的半径: 6↙
```

绘制结果如图 6-56 所示。

08 单击“默认”选项卡“修改”面板中的“矩形阵列”按钮，以上述绘制的正六边形为阵列对象，输入行数为6、列数为6、行间距为22、列间距为22，进行阵列处理，结果如图6-57所示。

09 单击“默认”选项卡“修改”面板中的“删除”按钮和“修剪”按钮，删除与修剪图形，将图6-57所示的图形修改成为如图6-58所示。

图6-55 阵列处理

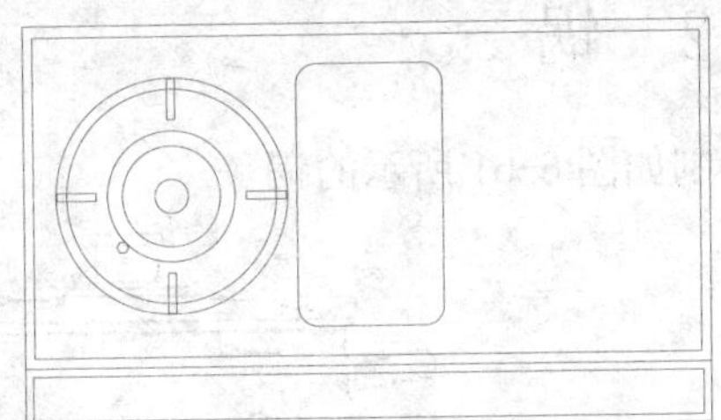

图6-56 绘制正六边形

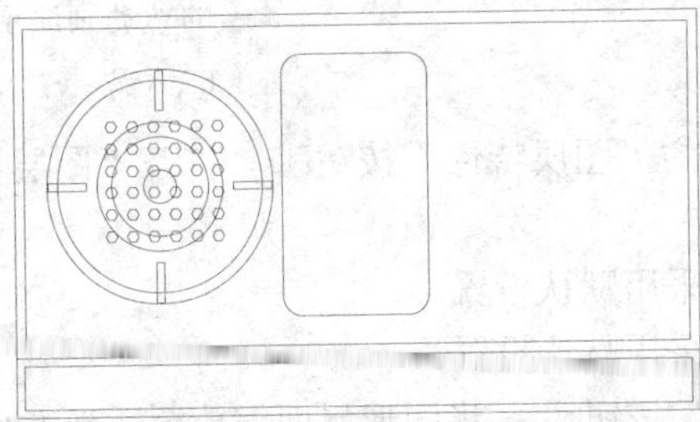

图6-57 阵列处理

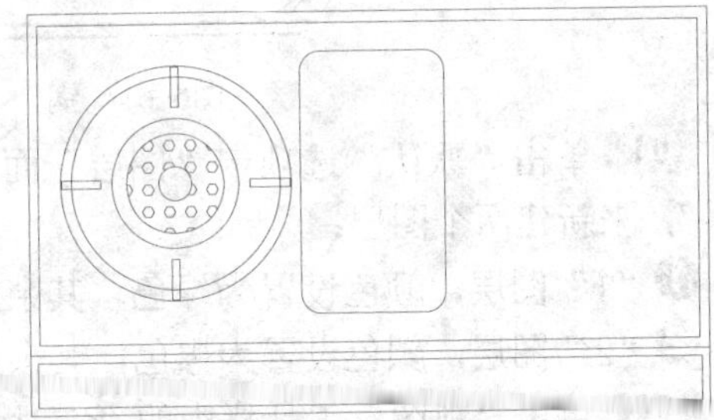

图6-58 删除与修剪图形

10 单击“默认”选项卡“绘图”面板中的“圆”按钮，绘制旋钮。命令行中的提示与操作如下：

```
命令：_circle ↙
指定圆的圆心或 [三点(3P)/两点(2P)/切点、切点、半径(T)]：154,30↙
指定圆的半径或 [直径(D)] <117.0000>：22↙
```

单击“绘图”工具栏中的“矩形”按钮，绘制矩形。命令行中的提示与操作如下：

```
命令：_rectang↙
指定第一个角点或 [倒角(C)/标高(E)/圆角(F)/厚度(T)/宽度(W)]：150,8↙
指定另一个角点或 [面积(A)/尺寸(D)/旋转(R)]：158,52↙
```

绘制结果如图 6-59 所示。

11 单击“默认”选项卡“修改”面板中的“镜像”按钮，进行镜像处理。命令行中的提示与操作如下：

```
命令：_mirror↙
选择对象：（选择灶头与旋钮）↙
选择对象：↙
指定镜像线的第一点：350,0↙
指定镜像线的第二点：350,10↙
要删除源对象吗？[是(Y)/否(N)] <否>：↙
```

绘制结果如图 6-60 所示。

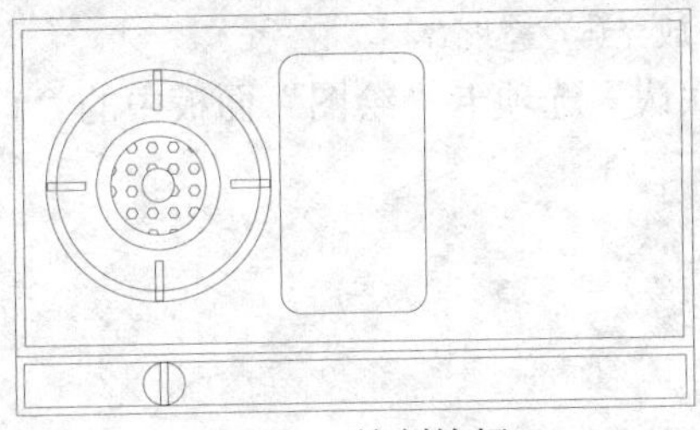

图6-59 绘制旋钮

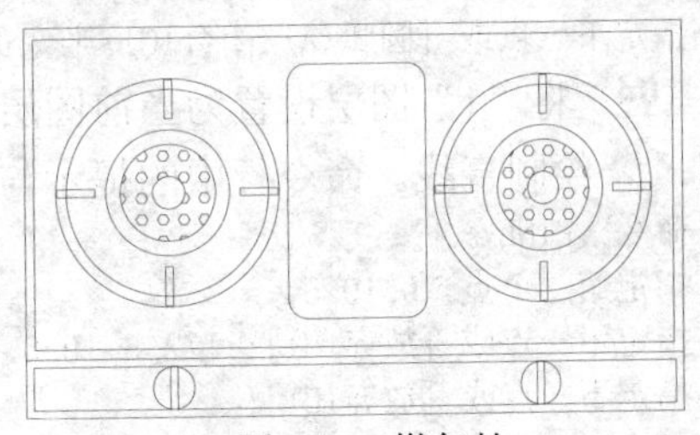

图6-60 燃气灶

6.4.2 锅

绘制如图 6-61 所示的锅。

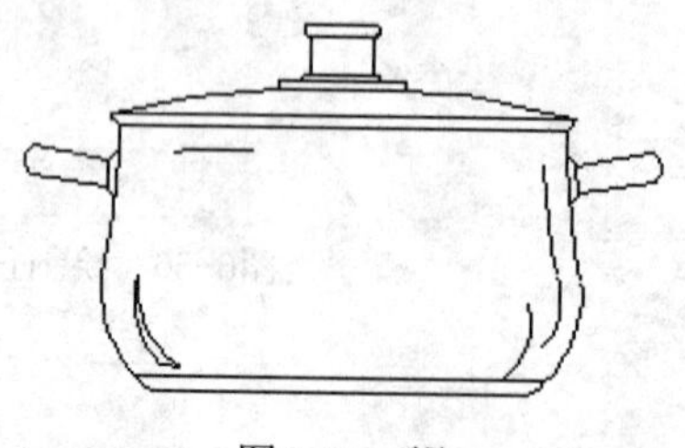

图6-61 锅

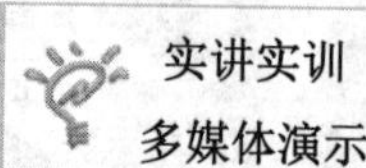

实讲实训
多媒体演示

多媒体演示参见配套光盘中的\\动画演示\第6章\锅.avi。

01 单击“默认”选项卡“图层”面板中的“图层特性”按钮，打开“图层特性管理器”，来新建两个图层：

❶“1”图层，颜色设置为绿色，其余属性采用默认设置。

❷“2”图层，颜色设置为黑色，其余属性采用默认设置。

02 单击“视图”工具栏中的“实时缩放”按钮，将图形界面缩放至适当大小。

03 将“2”图层设置为当前图层，单击“默认”选项卡“绘图”面板中的“多段线”按钮，绘制轮廓线。命令行中的提示与操作如下：

```
命令：_PLINE↙
指定起点：0,0
当前线宽为 0.0000
指定下一个点或 [圆弧(A)/半宽(H)/长度(L)/放弃(U)/宽度(W)]：157.5,0↙
指定下一点或 [圆弧(A)/闭合(C)/半宽(H)/长度(L)/放弃(U)/宽度(W)]：A↙
指定圆弧的端点(按住 Ctrl 键以切换方向)或[角度(A)/圆心(CE)/闭合(CL)/方向(D)/半宽(H)/直线(L)/半径(R)/第二个点(S)/放弃(U)/宽度(W)]：S↙
指定圆弧上的第二个点：196.4,49.2↙
指定圆弧的端点：201.5,94.4↙
指定圆弧的端点(按住 Ctrl 键以切换方向)或 [角度(A)/圆心(CE)/闭合(CL)/方向(D)/半宽(H)/直线(L)/半径(R)/第二个点(S)/放弃(U)/宽度(W)]：S↙
指定圆弧上的第二个点：191,155.6↙
指定圆弧的端点：187.5,217.5↙
指定圆弧的端点(按住 Ctrl 键以切换方向)或[角度(A)/圆心(CE)/闭合(CL)/方向(D)/半宽(H)/直线(L)/半径(R)/第二个点(S)/放弃(U)/宽度(W)]：S↙
指定圆弧上的第二个点：192.3,220.2↙
指定圆弧的端点：195,225↙
指定圆弧的端点(按住 Ctrl 键以切换方向)或[角度(A)/圆心(CE)/闭合(CL)/方向(D)/半宽(H)/直线(L)/半径(R)/第二个点(S)/放弃(U)/宽度(W)]：L↙
指定下一点或 [圆弧(A)/闭合(C)/半宽(H)/长度(L)/放弃(U)/宽度(W)]：0,225↙
指定下一点或 [圆弧(A)/闭合(C)/半宽(H)/长度(L)/放弃(U)/宽度(W)]：↙
```

04 将“1”图层设置为当前图层，单击“默认”选项卡“绘图”面板中的“直线”按钮，绘制直线。命令行中的提示与操作如下：

```
命令：LINE↙
指定第一个点：0,10.5↙
指定下一点或 [放弃(U)]：172.5,10.5↙
指定下一点或 [放弃(U)]：↙
```

重复“直线”命令，绘制两端点分别为（0,217.5）和（187.5,217.5）的另外 1 条直线。

结果如图6-62所示。

05 单击"默认"选项卡"绘图"面板中的"多段线"按钮，绘制扶手。命令行中的提示与操作如下：

```
命令：_PLINE↙
指定起点：188,194.6↙
当前线宽为 0.0000
指定下一个点或 [圆弧(A)/半宽(H)/长度(L)/放弃(U)/宽度(W)]：A↙
指定圆弧的端点(按住 Ctrl 键以切换方向)或[角度(A)/圆心(CE)/方向(D)/半宽(H)/直线(L)/半径(R)/第二个点(S)/放弃(U)/宽度(W)]：S↙
指定圆弧上的第二个点：193.6,192.7↙
指定圆弧的端点：196.7,187.7↙
指定圆弧的端点(按住 Ctrl 键以切换方向)或[角度(A)/圆心(CE)/闭合(CL)/方向(D)/半宽(H)/直线(L)/半径(R)/第二个点(S)/放弃(U)/宽度(W)]：L↙
指定下一点或 [圆弧(A)/闭合(C)/半宽(H)/长度(L)/放弃(U)/宽度(W)]：197.9,165↙
指定下一点或 [圆弧(A)/闭合(C)/半宽(H)/长度(L)/放弃(U)/宽度(W)]：A↙
指定圆弧的端点(按住 Ctrl 键以切换方向)或[角度(A)/圆心(CE)/闭合(CL)/方向(D)/半宽(H)/直线(L)/半径(R)/第二个点(S)/放弃(U)/宽度(W)]：S↙
指定圆弧上的第二个点：195.4,160.5↙
指定圆弧的端点：190.8,158↙
指定圆弧的端点(按住 Ctrl 键以切换方向)或[角度(A)/圆心(CE)/闭合(CL)/方向(D)/半宽(H)/直线(L)/半径(R)/第二个点(S)/放弃(U)/宽度(W)]：↙
命令：PLINE↙
指定起点：196.7,187.7↙
当前线宽为 0.0000
指定下一个点或 [圆弧(A)/半宽(H)/长度(L)/放弃(U)/宽度(W)]：259.2,198.7↙
指定下一点或 [圆弧(A)/闭合(C)/半宽(H)/长度(L)/放弃(U)/宽度(W)]：S↙
指定圆弧的端点(按住 Ctrl 键以切换方向)或[角度(A)/圆心(CE)/闭合(CL)/方向(D)/半宽(H)/直线(L)/半径(R)/第二个点(S)/放弃(U)/宽度(W)]：S↙
指定圆弧上的第二个点：267.3,188.9↙
指定圆弧的端点：263.8,176.7↙
指定圆弧的端点(按住 Ctrl 键以切换方向)或[角度(A)/圆心(CE)/闭合(CL)/方向(D)/半宽(H)/直线(L)/半径(R)/第二个点(S)/放弃(U)/宽度(W)]：l↙
指定下一点或 [圆弧(A)/闭合(C)/半宽(H)/长度(L)/放弃(U)/宽度(W)]：197.9,165↙
指定下一点或 [圆弧(A)/闭合(C)/半宽(H)/长度(L)/放弃(U)/宽度(W)]：↙
```

绘制结果如图6-63所示。

图6-62　绘制轮廓线　　　　图6-63　绘制锅把

06 绘制锅盖。

❶单击"默认"选项卡"绘图"面板中的"圆弧"按钮，绘制弧线，命令行中的提示与操作如下：

```
命令：_ARC
指定圆弧的起点或 [圆心(C)]：195,225↙
指定圆弧的第二个点或 [圆心(C)/端点(E)]：124.5,241.3↙
```

指定圆弧的端点：52.5,247.5↙

❷单击“默认”选项卡“绘图”面板中的“矩形”按钮▭，绘制矩形，命令行中的提示与操作如下：

命令：_RECTANG↙
指定第一个角点或［倒角(C)/标高(E)/圆角(F)/厚度(T)/宽度(W)]：52.5,247.5↙
指定另一个角点或［尺寸(D)]：-52.5,255↙

重复“矩形”命令，绘制两角点坐标分别为（31.4,255）和（@-62.8,6）的另外1个矩形。

❸单击“默认”选项卡“绘图”面板中的“多段线”按钮，绘制多段线。命令行中的提示与操作如下：

命令：_PLINE↙
指定起点：26.3,261↙
当前线宽为 0.0000
指定下一个点或［圆弧(A)/半宽(H)/长度(L)/放弃(U)/宽度(W)]：@0,30↙
指定下一点或［圆弧(A)/闭合(C)/半宽(H)/长度(L)/放弃(U)/宽度(W)]：A↙
指定圆弧的端点(按住 Ctrl 键以切换方向)或[角度(A)/圆心(CE)/闭合(CL)/方向(D)/半宽(H)/直线(L)/半径(R)/第二个点(S)/放弃(U)/宽度(W)]：S↙
指定圆弧上的第二个点：31.5,296.3↙
指定圆弧的端点：26.3,301.5↙
指定圆弧的端点(按住 Ctrl 键以切换方向)或[角度(A)/圆心(CE)/闭合(CL)/方向(D)/半宽(H)/直线(L)/半径(R)/第二个点(S)/放弃(U)/宽度(W)]：L↙
指定下一点或［圆弧(A)/闭合(C)/半宽(H)/长度(L)/放弃(U)/宽度(W)]：0,301.5↙
指定下一点或［圆弧(A)/闭合(C)/半宽(H)/长度(L)/放弃(U)/宽度(W)]：↙

❹单击“默认”选项卡“绘图”面板中的“直线”按钮╱，绘制直线，命令行中的提示与操作如下：

命令：_LINE
指定第一个点：26.3,291↙
指定下一点或［放弃(U)]：@-26.3，0↙
指定下一点或［放弃(U)]：↙

绘制结果如图6-64所示。

07 将“1”图层设置为当前图层，单击“默认”选项卡“修改”面板中的“镜像”按钮，将整个对象以端点坐标为（0,0）和（0,10）的线段为对称线镜像处理，然后再单击“默认”选项卡“绘图”面板中的“圆弧”按钮和“直线”按钮╱，细化图形，绘制结果如图6-65所示。

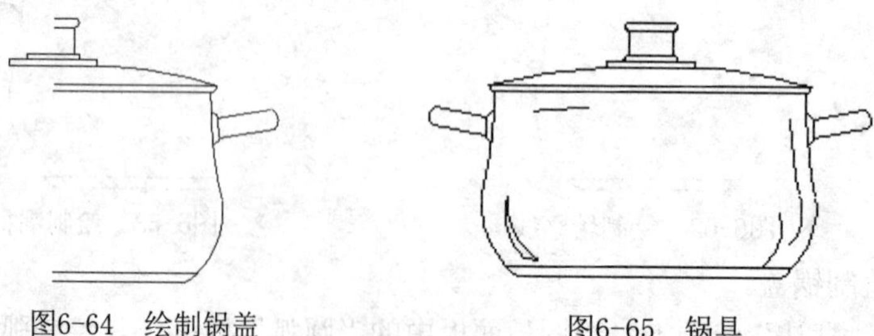

图6-64　绘制锅盖　　　图6-65　锅具

第7章 室内设计制图的准备知识

本章将简要讲述室内装饰及其装饰图设计的一些基本知识，包括室内设计的内容、室内设计中的几个要素以及室内设计的创意与思路等，同时还介绍了室内设计制图基本知识。此外，提供了一些公共建筑和住宅建筑的工程案例，供室内设计学习者和欣赏。

- 室内设计制图基本知识
- 室内装饰设计欣赏

7.1 室内设计基本知识

在进行室内设计前，要对室内设计有大体的了解，包括设计前的准备工作及设计过程中应该考虑到的因素，如空间布局\色彩和材料以及家具的陈设等。

1. 设计前的准备工作

1）明确设计任务及要求：功能要求、工程规模、装修等级标准、总造价、设计期限及进度、室内风格特征及室内氛围趋向、文化内涵等。

2）现场收集实际第一手资料，收集必要的相关工程图样，查阅同类工程的设计资料或现场参观学习同类工程，获取设计素材。

3）熟悉相关标准、规范和法规的要求，熟悉定额标准，熟悉市场的设计收费惯例。

4）与业主签订设计合同，明确双方责任、权利及义务。

5）考虑与各工种协调配合的问题。

2. 两个出发点和一个归宿

室内设计力图满足使用者各种物质上的需求和精神上的需求。在进行室内设计时，应注意两个出发点：一个出发点是室内环境的使用者；另一个出发点是既有的建筑条件，包括建筑空间情况、配套的设备条件（水、暖、电、通信等）及建筑周边环境特征。一个归宿是创造良好的室内环境。

第一个出发点是基于以人为本的设计理念提出的。对于装修工程，小到个人、家庭，大到一个集团的全体职员，都是设计师服务的对象。有的设计师比较倾向于表现个人艺术风格而忽略了这一点。从使用者的角度考察，应注意以下几个方面：

第二个出发点在于仔细把握现有的建筑客观条件，充分利用它的有利因素，局部纠正或规避不利因素。

1）人体尺度。考察人体尺度，可以获得人在室内空间里完成各种活动时所需的动作范围，并以此作为确定构成室内空间的各部分尺度的依据。很多设计手册里都有各种人体尺度的参数，读者在需要时可以查阅。然而，仅仅满足人体活动的空间是不够的，确定空间尺度时还需考虑人的心理需求空间，它的范围比活动空间大。此外，在特意塑造某种空间意象时（如高大、空旷、肃穆等），空间尺度还要做相应的调整。

2）室内功能要求、装修等级标准、室内风格特征及室内氛围趋向、文化内涵要求等。一方面设计师可以直接从业主那里获得这些信息，另一方面设计师也可以就这些问题给业主提出建议或者跟业主协商解决。

3）造价控制及设计进度。室内设计要考虑客户的经济承受能力，否则无法实施。把握好设计期限和进度，有利于按时完成设计任务、保证设计质量。

3. 空间布局

在进行空间布局时，一般要注意动静分区、洁污分区和公私分区等问题。动静分区就是指相对安静的空间和相对嘈杂的空间应有一定程度的分离，以免互相干扰。例如，在住宅里，餐厅、厨房、客厅与卧室相互分离；在宾馆里，客房部与餐饮部相互分离等。洁污分区也叫干湿分区，指的是诸如卫生间、厨房这种潮湿环境应该跟其他清洁、干燥的空间分离。公私分区是针对空间的私密性问题提出来的，空间要体现私密、半私密、公开的层次特征。另外，还有主要空间和辅助空间之分。主要空间应争取布置在具有多个有利因素的位置上，辅助空间布置在次要位置上。这些是在空间布置上的普遍看法，在实际操作中则应具体问题具体分析，做到有理有据，灵活处理。

室内设计师直接参与建筑空间的布局和划分的机会较小。大多情况下，室内设计师面对的是已经布局好了的空间。比如在一套住宅里，起居室、卧室、厨房等空间和它们之间的连接方式基本上已经确定；再如写字楼里，办公区、卫生间、电梯间等空间及相对位置也已确定了。因此，室内设计师在把握建筑师空间布局特征的基础上，需要亲自处理的是更微观的空间布局，如住宅里，应如何布置沙发、茶几、家庭影视设备，如何处理地面、墙面、顶棚等构成要素以完善室内空间；又如将一个建筑空间布置成快餐店，应考虑哪个区域布置就餐区，哪个区域布置服务台，哪个区域布置厨房，如何引导流线等。

4．室内色彩和材料

（1）室内环境的色彩主要反映为空间各部件的表面颜色，以及各种颜色相互影响后的视觉感受，它们还受光源（天然光、人工光）的照度，光色和显色性等因素的影响。

（2）仔细结合材质和光线研究色彩的选用和搭配，使之协调统一，有情趣、有特色，能突出主题。

（3）考虑室内环境使用者的心理需求、文化倾向和要求等因素。

材料的选择，须注意材料的质地、性能、色彩、经济性、健康环保等问题。

5．室内物理环境

（1）室内光环境。室内的光线来源于两个方面：一方面是天然光，另一方面是人工光。天然光由直射太阳光和阳光穿过地球大气层时扩散而成的天空光组成。人工光主要是指各种电光源发出的光线。

尽量争取利用自然光满足室内的照度要求，在不能满足照度要求的地方需辅助人工照明。我国处在北半球，一般情况下，一定量的直射阳光照射到室内，有利于室内杀菌和人的身体健康，特别是在冬天；在夏天，炙热的阳光射到室内会使室内迅速升温，时间长了会使室内陈设物品退色以及变质等，所以应注意遮阳和隔热问题。

照明设计应注意以下几个因素：①合适的照度；②适当的亮度对比；③宜人的光色；④良好的显色性；⑤避免眩光；⑥正确的投光方向。除此之外，在选择灯具时，应注意其发光效率、寿命及是否便于安装等因素。目前国家出台的有关照明设计的标准中规定有各种室内空间的平均照度标准值，许多设计手册中也提供了各种灯具的性能参数，读者可以参阅。

（2）室内声环境。室内声环境的处理主要包括两个方面。一方面是室内音质的设计，如音乐厅、电影院、录音室等，目的是提高室内音质，满足应有的听觉效果；另一方面是隔声与降噪，旨在隔绝和降低各种噪声对室内环境的干扰。

（3）室内热工环境。室内热工环境受室内热辐射及室内温度、湿度、空气流速等因素综合影响。为了满足人们舒适、健康的要求，在进行室内设计时，应结合空间布局、材料构造、家具陈设、色彩和绿化等方面综合考虑。

6．室内家具陈设

家具是室内环境的重要组成部分，也是室内设计需要处理的重点之一。在选购和设计家具时，应该注意以下几个方面：

1）家具的功能、尺度、材料及做工等。

2）形式美的要求，宜与室内风格和主题协调。

3）业主的经济承受能力。

4）充分利用室内空间。

室内陈设一般包括各种家用电器、运动器材、器皿、书籍、化妆品、艺术品及其他个人收藏等。处理这些陈设物品宜适度、得体，避免庸俗化。

7．室内绿化

绿色植物常常是生机盎然的象征，把绿化引进室内有助于塑造室内环境。常见的室内绿化有盆栽、盆景、插花等形式，一些公共室内空间和一些居住空间也综合运用花木、山石和水景等园林手法来达到绿化目的，如宾馆的中庭设计等。

绿化能够改善和美化室内环境，功能灵活多样，可以在一定程度上改善空气质量、改善人的心情，也可以用来分隔空间、引导空间、突出或遮掩局部位置。

进行室内绿化时，应该注意以下因素：

1）植物是否对人体有害。注意植物散发的气味是否对身体有害，或者使用者对植物的气味是否过敏，有刺的植物不应让儿童接近等。

2）植物的生长习性。注意植物喜阴还是喜阳、喜潮湿还是喜干燥、常绿还是落叶等习性，以及土壤需求、花期和生长速度等。

3）植物的形状、大小和叶子的形状、大小、颜色等。注意选择合适的植物和合适的搭配。

4）与环境协调，突出主题。

5）精心设计、精心施工。

8．室内设计制图

不管多么优秀的设计思想都要通过图样来表达。准确、清晰、美观的制图是室内设计不可缺少的部分，对能否中标和指导施工起着重要的作用，也是设计师必备的技能。图 7-1 所示是某个住宅项目装饰方案效果图。图 7-2 所示是某个住宅项目装饰平面施工图。

图 7-1　住宅装饰方案效果图

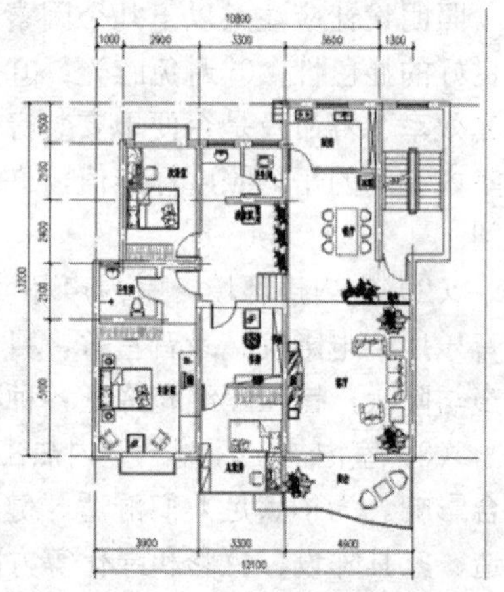

图 7-2　住宅装饰平面施工图

7.2 室内设计制图基本知识

室内设计图样是交流设计思想、传达设计意图的技术文件，是室内装饰施工的依据，所以应该遵循统一的制图规范，在正确的制图理论及方法的指导下完成，否则就会失去图样的意义。因此，即使是在当今大量采用计算机绘图的形势下，仍然有必要掌握基本绘图知识。

7.2.1 室内设计制图的要求及规范

1. 图幅、图标及会签栏

图幅即图面的大小。国家标准中规定，按图面的长和宽的大小确定图幅的等级。室内设计常用的图幅有 A0（也称 0 号图幅，其余类推）、A1、A2、A3 及 A4，每种图幅的长宽尺寸见表 7-1，表 7-1 中尺寸代号的意义如图 7-3 和图 7-4 所示。

表7-1 图幅标准 （单位：mm）

图幅代号 / 尺寸代号	A0	A1	A2	A3	A4
$b\times l$	841×1189	594×841	420×594	297×420	210×297
c	10			5	
A	25				

图 7-3 A0～A3 图幅格式

图标即图纸的图标栏，包括设计单位名称、工程名称、签字区、图名区及图号区等内容。如今不少设计单位采用自己个性化的图标格式，但是仍必须包括这几项内容。一般图标格式如图 7-5 所示。会签栏是为各工种负责人审核后签名用的表格，包括专业、姓名、日期等内容，具体内容可根据需要设置。图 7-6 所示为会签栏格式的一种。对于不需要会签的图样，可以不设此栏。

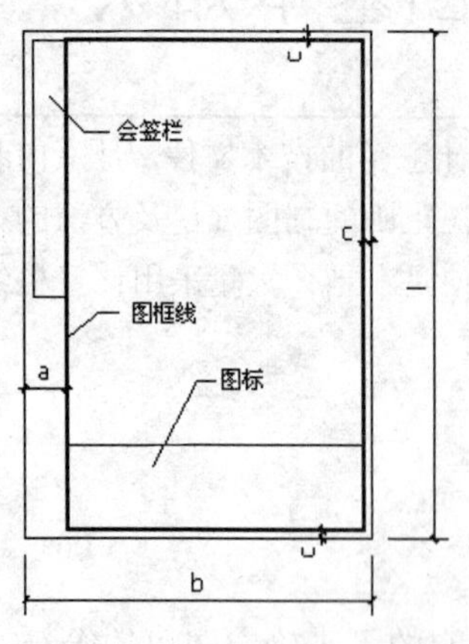

图 7-4　A4 图幅格式

设计单位名称	工程名称区	图号区
签字区	图名区	

180　40(30,50)

图 7-5　图标格式

（专业）	（实名）	（签名）	（日期）

25　25　25　25　100　5　5　5　5　20

图 7-6　会签栏格式

2．线型要求

室内设计图主要由各种线条构成，不同的线型表示不同的对象和不同的部位，代表着不同的含义。为了图面能够清晰、准确、美观地表达设计思想，工程实践中采用了一套常用的线型，并规定了它们的使用范围，常用线型见表 7-2。在 AutoCAD 2018 中，可以通过“图层”中“线型”“线宽”的设置来选定所需线型。

注意

标准实线宽度 b=0.4~0.8mm。

3．尺寸标注

在对室内设计图进行标注时要注意下面一些标注原则：

1）尺寸标注应力求准确、清晰、美观大方。同一张图样中，标注风格应保持一致。

2）尺寸线应尽量标注在图样轮廓线以外，从内到外依次标注从小到大的尺寸，不能将大尺寸标在内，而小尺寸标在外，如图 7-7 所示。

3）最内侧一道尺寸线与图样轮廓线之间的距离不应小于 10mm，两道尺寸线之间的距离一般为 7～10mm。

4）尺寸界线朝向图样的端头距图样轮廓的距离应≥2mm，不宜直接与之相连。

表7-2　常用线型

名称	线　型	线宽	适 用 范 围
线		b	建筑平面图、剖面图、构造详图的被剖切截面的轮廓线；建筑立面图、室内立面图外轮廓线；图框线
		$0.5b$	室内设计图中被剖切的次要构件的轮廓线；室内平面图、顶棚图、立面图、家具三视图中构配件的轮廓线等
		$0.25b$	尺寸线、图例线、索引符号、地面材料线及其他细部刻画用线
虚　线		$0.5b$	主要用于构造详图中不可见的实物轮廓
		$0.25b$	其他不可见的次要实物轮廓线
点画线		$0.25b$	轴线、构配件的中心线、对称线等
折断线		$0.25b$	省画图样时的断开界线
波浪线		$0.25b$	构造层次的断开界线，有时也表示省略画出时的断开界线

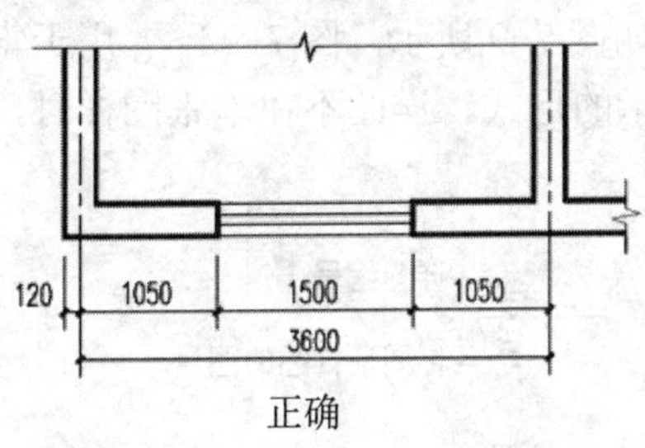

正确

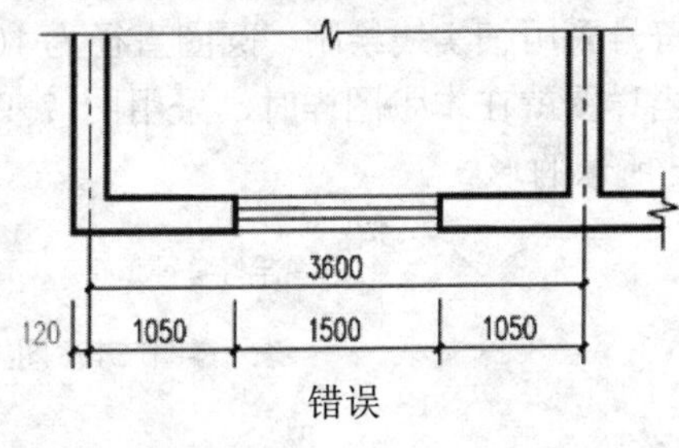

错误

图 7-7　尺寸标注正误对比

5）在图线拥挤的地方应合理安排尺寸线的位置，但不宜与图线、文字及符号相交；可以考虑将轮廓线用作尺寸界线，但不能作为尺寸线。

6）对于连续相同的尺寸，可以采用“均分”或“(EQ)”字样代替，如图 7-8 所示。

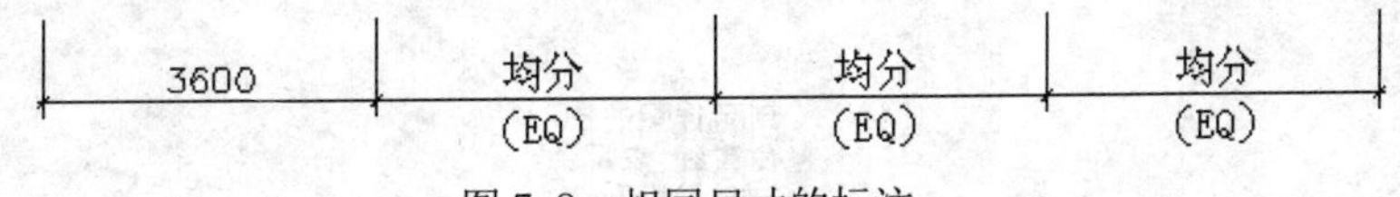

图 7-8　相同尺寸的标注

4. 文字说明

在一幅完整的图样中，用图线方式表现得不充分和无法用图线表示的地方，就需要进行文字说明，例如材料名称、构配件名称、构造做法、统计表及图名等。文字说明是图样内容的重要组成部分，制图规范对文字标注中的字体、字的大小、字体字号搭配等方面做了一些具体规定。

1）一般原则：字体端正，排列整齐，清晰准确，美观大方，避免过于个性化的文字标注。

2）字体：一般标注推荐采用仿宋体，标题可用楷体、隶书、黑体等。例如：

仿宋体：室内设计（小四）室内设计（四号）室内设计（二号）

黑体：室内设计（四号）室内设计（小二）

楷体：室内设计（四号）室内设计（二号）

隶书：室内设计（三号）室内设计（一号）

字母、数字及符号：0123456789abcdefghijk% @ 或

0123456789abcdefghijk%@

3）字的大小：标注的文字高度要适中。同一类型的文字采用同一大小的字。较大的字用于较概括性的说明内容，较小的字用于较细致的说明内容。

4）字体及大小的搭配注意体现层次感。

5．常用图示标志

1）详图索引符号及详图符号。在室内平面图、立面图和剖面图中，在需要另设详图表示的部位标注一个索引符号，以表明该详图的位置，这个索引符号就是详图索引符号。详图索引符号采用细实线绘制，圆圈直径为10mm。如图7-9所示，图7-9d～g用于索引剖面详图，当详图就在本张图样时，采用图7-9a所示的形式，详图不在本张图样时，采用图7-9b～g所示的形式。

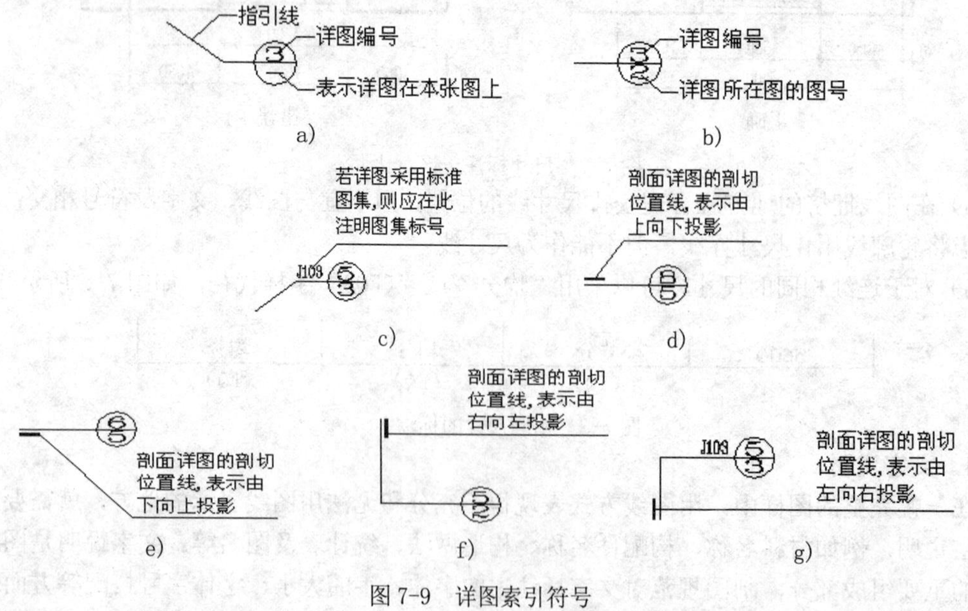

图7-9　详图索引符号

详图符号即详图的编号，用粗实线绘制，圆圈直径为 14mm，如图 7-10 所示。

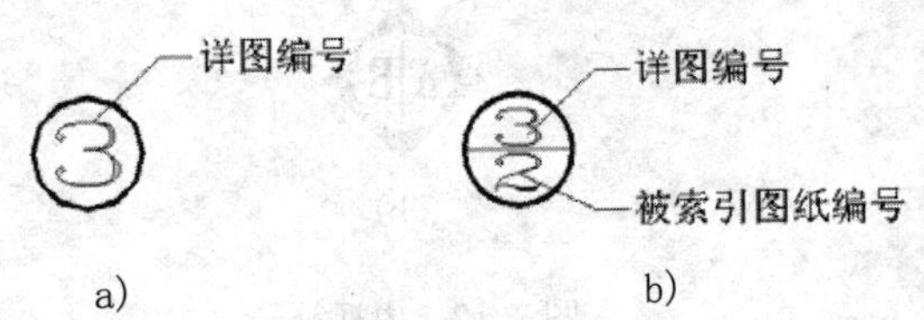

图 7-10 详图符号

2）引出线。由图样引出一条或多条线段指向文字说明，该线段就是引出线。引出线与水平方向的夹角一般采用 0°、30°、45°、60°、90°，常见的引出线形式如图 7-11 所示。图 7-11a～d 所示为普通引出线，图 7-11e～h 所示为多层构造引出线。使用多层构造引出线时，应注意构造分层的顺序要与文字说明的分层顺序一致。文字说明可以放在引出线的端头（见图 7-11a～h），也可放在引出线水平段之上（见图 7-11i）。

3）内视符号。在房屋建筑中，一个特定的室内空间领域总存在竖向分隔（隔断或墙体）来界定。因此，根据具体情况，就有可能绘制一个或多个立面图来表达隔断、墙体及家具、构配件的设计情况。内视符号标注在平面图中，包含视点位置、方向和编号 3 个信息，用于建立平面图和室内立面图之间的联系。内视符号的形式如图 7-12 所示。图 7-12 中立面图编号可用英文字母或阿拉伯数字表示，黑色的箭头指向表示立面的方向。其中，图 7-12a 所示为单向内视符号，图 7-12b 所示为双向内视符号，图 7-12c 所示为四向内视符号，A、B、C、D 顺时针标注。

为了方便读者查阅，将其他常用符号及其意义见表 7-3。

6. 常用材料符号

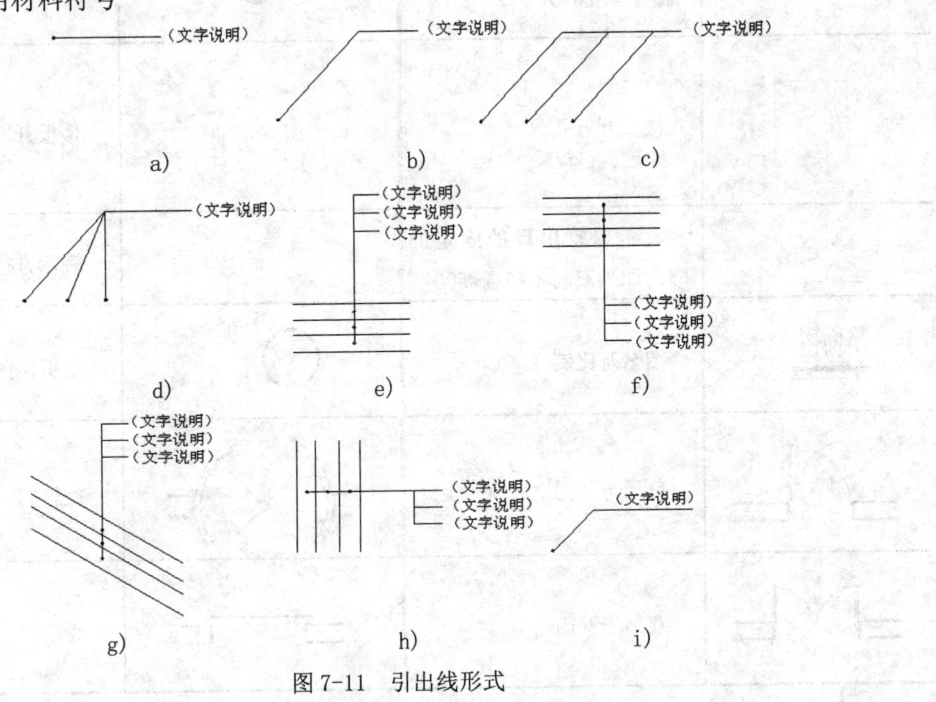

图 7-11 引出线形式

a)

b)

c)

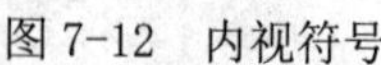

图 7-12 内视符号

表7-3 室内设计图常用符号图例

符 号	说 明	符 号	说 明
3.600 3.600	标高符号，线上数字为标高值，单位为m 右侧的符号在标注位置比较拥挤时采用	i=5%	表示坡度
1 1	标注剖切位置的符号，标数字的方向为投影方向，“1”与剖面图的编号“1-1”对应	2 2	标注绘制断面图的位置，标数字的方向为投影方向，“2”与断面图的编号“2-2”对应
	对称符号。在对称图形的中轴位置画此符号，可以省画另一半图形		指北针
	楼板开方孔		楼板开圆孔
@	表示重复出现的固定间隔，如“双向木格栅@500”	ϕ	表示直径，如 ϕ30
平面图 1:100	图名及比例	1 1：5	索引详图名及比例
	单扇平开门		旋转门
	双扇平开门		卷帘门

（续）

符　号	说　明	符　号	说　明
	子母门		单扇推拉门
	单扇弹簧门		双扇推拉门
	四扇推拉门		折叠门
	窗	上	首层楼梯
下	顶层楼梯	上 下	中间层楼梯

室内设计图中经常应用材料图例来表示材料，在无法用图例表示的地方也采用文字说明。为了方便读者，将常用材料图例汇集见表 7-4。

7. 常用的绘图比例

1）平面图：1:50，1:100 等。

2）立面图：1:20，1:30，1:50，1:100 等。

3）顶棚图：1:50，1:100 等。

4）构造详图：1:1，1:2，1:5，1:10，1:20 等。

7.2.2 室内设计制图的内容

如前所述，一套完整的室内设计图一般包括平面图、顶棚图、立面图、构造详图和透视图。下面简述各种图样的概念及内容。

1. 室内平面图

室内平面图是以平行于地面的切面在距地面 1.5mm 左右的位置，将上部切去而形成的正投影图。室内平面图中应表达的内容有：

1）墙体、隔断及门窗、各空间大小及布局、家具陈设、人流交通路线、室内绿化等；若不单独绘制地面材料平面图，则应该在平面图中表示地面材料。

表7-4　常用材料图例

材料图例	说　明	材料图例	说　明
	自然土壤		夯实土壤
	毛石砌体		普通转
	石材		砂、灰土
	空心砖		松散材料
	混凝土		钢筋混凝土
	多孔材料		金属
	矿渣、炉渣		玻璃
	纤维材料		防水材料 上下两种根据绘图比例大小选用
	木材		液体，须注明液体名称

2）标注各房间尺寸、家具陈设尺寸及布局尺寸，对于复杂的公共建筑，则应标注轴线编号。

3）注明地面材料名称及规格。

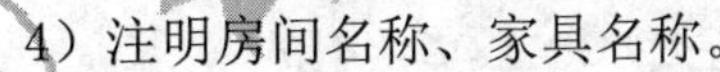

4）注明房间名称、家具名称。

5）注明室内地坪标高。

6）注明详图索引符号、图例及立面内视符号。

7）注明图名和比例。

8）对需要辅助文字说明的平面图，还要注明文字说明、统计表格等。

2．室内顶棚图

室内设计顶棚图是根据顶棚在其下方假想的水平镜面上的正投影绘制而成的镜像投影图。室内顶棚图中应表达的内容有：

1）顶棚的造型及材料说明。

2）顶棚灯具和电器的图例、名称规格等说明。

3）顶棚造型尺寸标注、灯具、电器的安装位置标注。

4）顶棚标高标注。

5）顶棚细部做法的说明。

6）详图索引符号、图名、比例等。

3．室内

以平行于室内墙面的切面将前面部分切去后，剩余部分的正投影图即室内立面图。室内中应表达的内容有：

1）墙面造型、材质及家具陈设所在立面上的正投影图。

2）门窗立面及其他装饰元素立面。

3）立面各组成部分尺寸、地坪吊顶标高。

4）材料名称及细部做法说明。

5）详图索引符号、图名、比例等。

4．构造详图

为了放大个别设计内容和细部做法，多以剖面图的方式表达局部剖开后的情况，这就是构造详图。构造详图表达的内容有：

1）以剖面图的绘制方法绘制出各材料断面、构配件断面及其相互关系。

2）用细线表示出剖视方向上看到的部位轮廓及相互关系。

3）标出材料断面图例。

4）用指引线标出构造层次的材料名称及做法。

5）标出其他构造做法。

6）标注各部分尺寸。

7）标注详图编号和比例。

5．透视图

透视图是根据透视原理在平面上绘制出能够反映三维空间效果的图形，它与人的视觉空间感受相似。室内设计常用的绘制方法有一点透视、两点透视（成角透视）、鸟瞰图 3 种。

透视图可以通过人工绘制，也可以应用计算机绘制，它能直观地表达设计思想和效果，故也称作效果图或表现图。它是一个完整的设计方案中不可缺少的部分。鉴于本书的重点是介绍应用 AutoCAD 2018 绘制二维图形，因此本书中不包含这方面的内容。

7.3 室内装饰设计欣赏

他山之石，可以攻玉。多看，多交流有助于提高设计水平和鉴赏能力。所以在进行室内设计前，先来看看别人的设计效果图。

室内设计要美化环境是无可置疑的。要想达到美化的目的，可采用以下手法：

1）用装饰符号来实现室内设计的效果。

2）采用现代室内设计的手法，即在满足功能要求的情况下，利用材料、色彩、质感、光影等有序地布置创造美。

3）空间分割。组织和划分平面与空间，这是室内设计的一个主要手法。利用该设计手法，可巧妙地布置平面和利用空间，甚至可以突破原有的建筑平面、空间的限制，以满足室内设计美化的需要。另外，该手法还能使室内空间流通，平面灵活多变。

4）民族特色。若要表达民族特色，应采用设计手法，使室内装饰充满民族韵味，而不是民族符号、文字的堆砌。

5）其他设计手法。突出主题、人流导向及制造气氛等都是室内设计的手法。

室内设计人员往往首先拿到的是一个建筑的外壳，这个外壳或许是新建的，或许是老建筑，设计的魅力就在于在原有建筑的各种限制下做出最理想的方案。下面列举一些公共空间和住宅室内装饰的效果图，供读者在室内装饰设计时学习参考和借鉴。

7.3.1 公共建筑空间室内设计效果欣赏

1）大堂装饰效果图，如图 7-13 所示。

2）餐馆装饰效果图，如图 7-14 所示。

图 7-13 大堂装饰效果图

图 7-14 餐馆装饰效果图

3）电梯厅装饰效果图，如图 7-15 所示。

4）商业展厅装饰效果图，如图 7-16 所示。

5）店铺装饰效果图，如图 7-17 所示。

6）办公室装饰效果图，如图 7-18 所示。

图 7-15 电梯厅装饰效果图

图 7-16 商业展厅装饰效果图

图 7-17 店铺装饰效果图

图 7-18 办公室装饰效果图

7.3.2 住宅建筑空间室内装修效果欣赏

1）客厅装饰效果图，如图 7-19 所示。
2）门厅装饰效果图，如图 7-20 所示。

图 7-19 客厅装饰效果图

图 7-20 门厅装饰效果图

3）卧室装饰效果图，如图 7-21 所示。
4）厨房装饰效果图，如图 7-22 所示。
5）卫生间装饰效果图，如图 7-23 所示。
6）餐厅装饰效果图，如图 7-24 所示。
7）玄关装饰效果图，如图 7-25 所示。

8）细部装饰效果图，如图 7-26 所示。

图 7-21　卧室装饰效果图

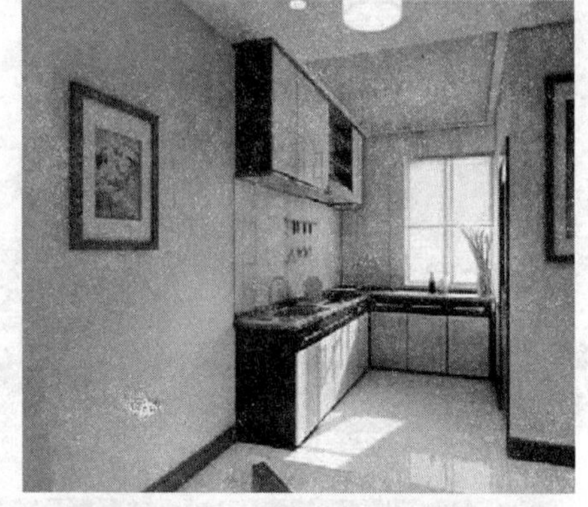

图 7-22　厨房装饰效果图

图 7-23　卫生间装饰效果图

图 7-24　餐厅装饰效果图

图 7-25　玄关装饰效果图

图 7-26　细部装饰效果图

第8章

别墅室内设计图的绘制

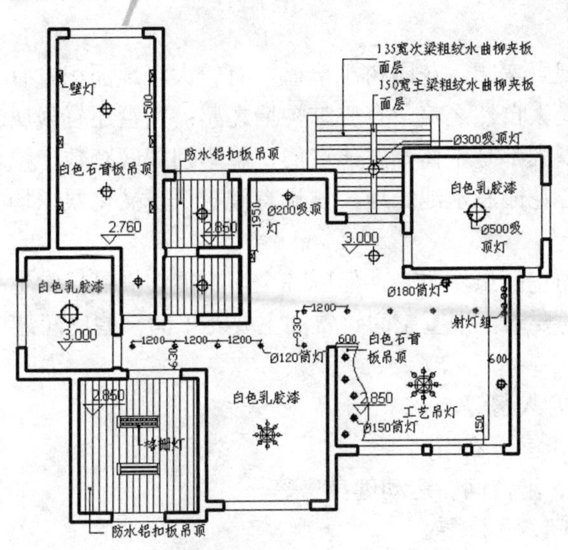

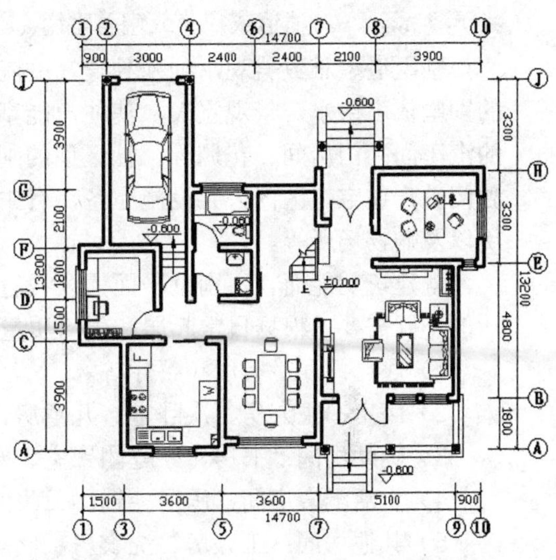

一张室内设计图并不能完全涵盖所有的室内装饰内容。一般来说，室内设计图是指一整套与室内设计相关的图样的集合，包括室内平面图、室内立面图、室内地坪图、顶棚图、电气系统图和节点大样图等。这些图样只是分别表达了室内设计某一方面的情况和数据，只有将它们组合起来，才能形成完整详尽的室内设计资料。本章将以别墅作为实例介绍几种常用的室内设计图的绘制方法。

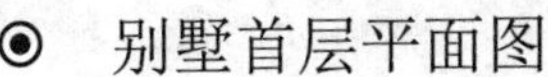

精彩内容

- 别墅首层平面图
- 别墅客厅平面图
- 别墅客厅立面图
- 别墅首层地坪图
- 别墅首层顶棚图

8.1 别墅室内设计概述

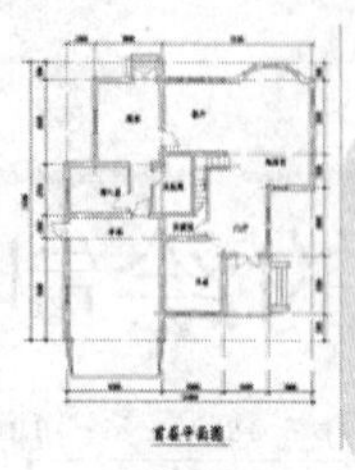

别墅一般有两种类型：一种是住宅型别墅，大多建造在城市郊区，或独立或成群，环境幽雅恬静，有花园绿地，且交通便利，便于出行；另一种是休闲型别墅，建造在人口稀少、风景优美、山清水秀的风景区，供周末、假期度假消遣或疗养或避暑之用。

别墅造型雅致美观，独幢独户，庭院视野宽阔，花园树茂草盛，有较大绿地面积。有的别墅依山傍水，景观宜人，使住户能享受大自然之美，有心旷神怡之感；别墅还有附属的汽车间、门房间、花棚等。社区型的别墅大都是整体开发建造的，整个别墅区有数十幢独门独户住宅，区内公共设施完备，有中心花园和水池绿地，还设有健身房、文化娱乐场所以及购物场所等。

就建筑功能而言，别墅平面需要设置的空间虽然不多，但应齐全，要能够满足日常生活的不同需要。根据日常起居和生活质量的要求，别墅空间设置的主要有下面一些房间：

1）厅：门厅、客厅和餐厅等。

2）卧室：主人房、次卧室、儿童房、客人房等。

3）辅助房间：书房、家庭团聚室、娱乐室、衣帽间等。

4）生活配套房间：厨房、辅助卫生间、淋浴间、运动健身房等。

5）其他房间：工人房、洗衣房、储藏间、车库等。

在上述各个房间中，门厅、客厅、餐厅、厨房、卫生间和淋浴间等多设置在首层平面中，次卧室、儿童房、主人房和衣帽间等多设置在2层或者3层平面中。别墅建筑平面图与普通住宅居室建筑平面图绘制方法类似，同样是先建立各个功能房间的开间和进深轴线，然后按轴线位置绘制各个功能房间的墙体及相应的门窗洞口的平面造型，最后绘制楼梯、阳台及管道等辅助空间的平面图形，同时标注相应的尺寸和文字说明。

8.2 别墅首层平面图的绘制

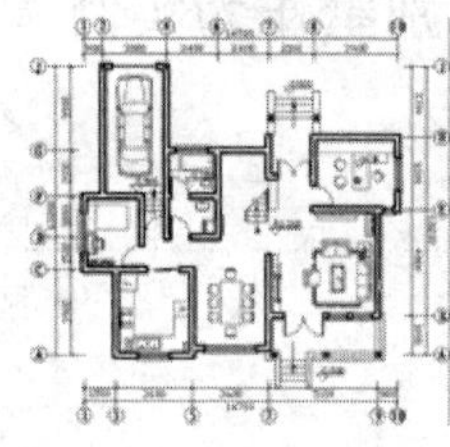

首先绘制别墅的定位轴线，接着在已有轴线的基础上绘出别墅的墙线，然后借助已有图库或图形模块绘制别墅的门窗和室内的家具、洁具，最后进行尺寸和文字标注。以下就按照这个思路绘制别墅的首层平面图（见图 8-1）。

8.2.1 设置绘图环境

01 创建图形文件。

❶双击 AutoCAD 2018 快捷图标，启动 AutoCAD。选择菜单栏中的“格式”→“单位”命令，系统弹出“图形单位”对话框，如图 8-2 所示。该对话框用于定义单位和角度格式，指定测量的长度与角度的当前单位及当前单位的精度。

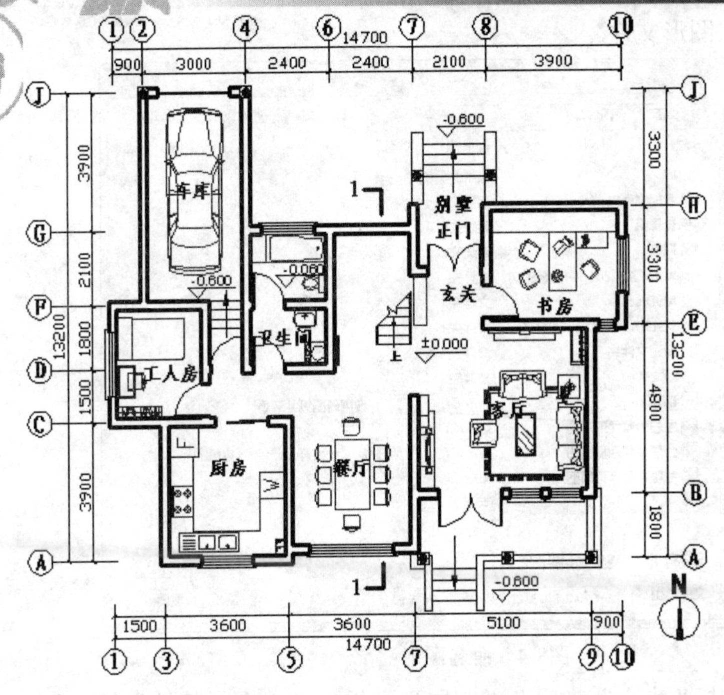

图8-1　别墅的首层平面图

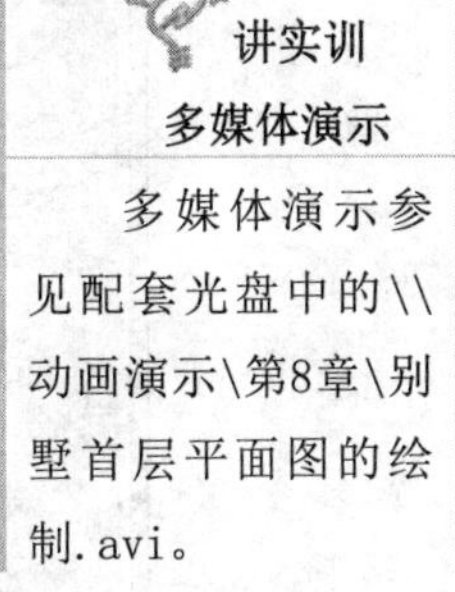
讲实训
多媒体演示
多媒体演示参见配套光盘中的\\动画演示\第8章\别墅首层平面图的绘制.avi。

❷“插入时的缩放单位”下拉列表框。控制使用工具选项板（如 DesignCenter 或 i-drop）拖入当前图形的块的测量单位。如果块或图形创建时使用的单位与该选项指定的单位不同，则在插入这些块或图形时将对其按比例缩放。插入比例是源块或图形使用的单位与目标图形使用的单位之比。如果插入块时不按指定单位缩放，请选择“无单位”。

❸“方向”按钮。单击该按钮，系统弹出“方向控制”对话框，如图 8-3 所示。可以在该对话框中进行方向控制设置。

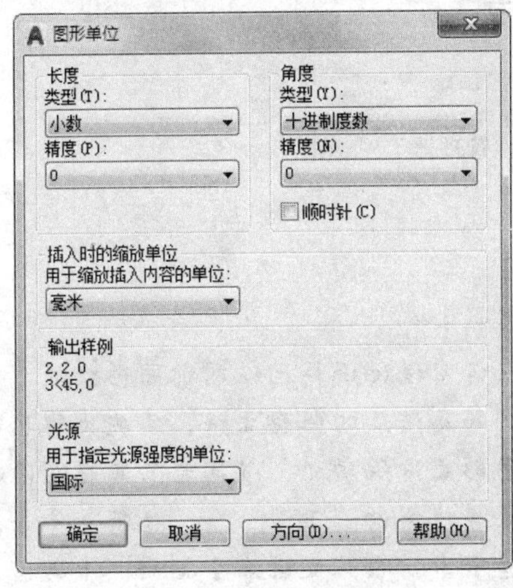

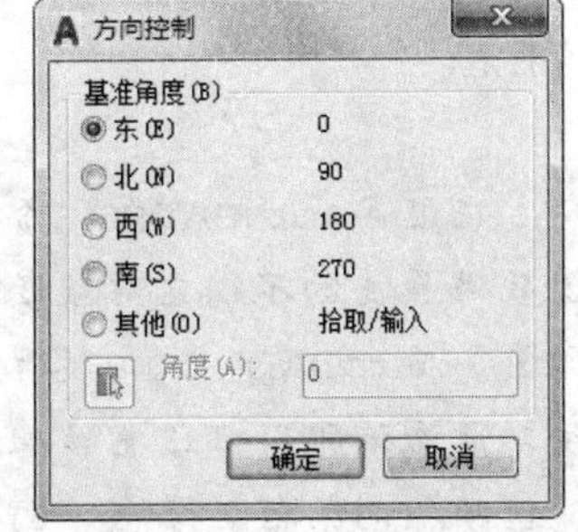

图8-2　“图形单位”对话框　　　　图8-3　“方向控制”对话框

02 命名图形。在“快速访问”工具栏中单击“保存”按钮，弹出“图形另存为”对话框。在“文件名”下拉列表框中输入图形名称“别墅首层平面图.dwg”，如图 8-4 所示。

单击“保存”按钮，建立图形文件。

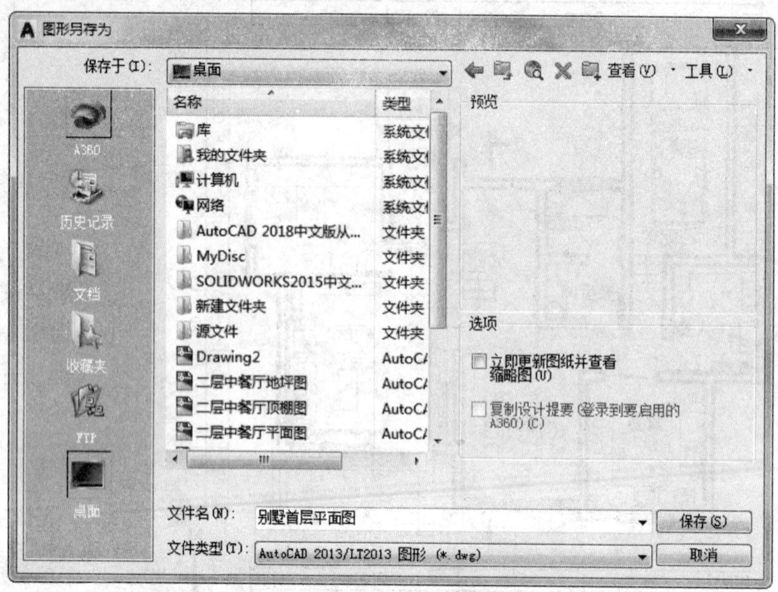

图8-4　命名图形

03 设置图层。单击“默认”选项卡“图层”面板中的“图层特性”按钮，弹出“图层特性管理器”对话框，依次创建平面图中的基本图层，如轴线、墙体、楼梯、门窗、家具、地坪、标注和文字等，如图8-5所示。

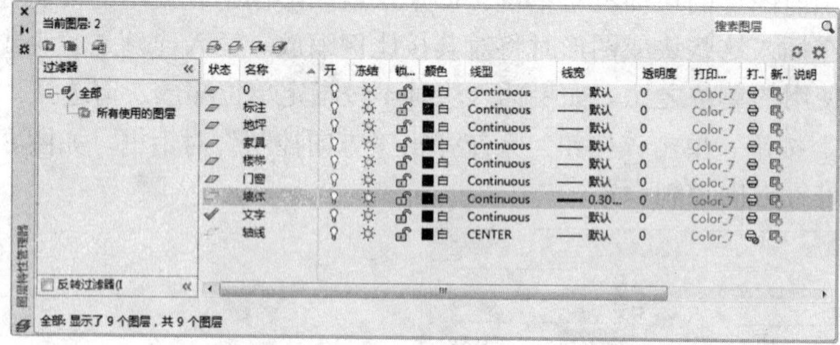

图8-5　“图层特性管理器”对话框

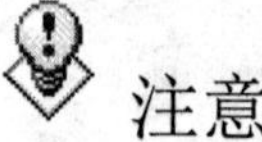

注意

在使用AutoCAD2018绘图过程中，应经常性地保存已绘制的图形文件，以避免因软件系统的不稳定导致软件的瞬间关闭而无法及时保存文件，丢失大量已绘制的信息。AutoCAD 2018软件有自动保存图形文件的功能，使用者只需在绘图时，将该功能激活即可。设置步骤如下：选择菜单栏中的“工具”→“选项”命令，打开“选项”对话框。单击“打开和保存”选项卡，在“文件安全措施”中勾选“自动保存”，根据个人需要输入“保存间隔分钟数”，然后单击“确定”按钮完成设置，如图8-6所示。

8.2.2 绘制建筑轴线

建筑轴线是在绘制建筑平面图时布置墙体和门窗的依据，同样也是建筑施工定位的重要依据。在轴线的绘制过程中，主要使用的绘图命令是“直线”命令和“偏移”命令。

如图 8-7 所示为绘制完成的别墅平面轴线。

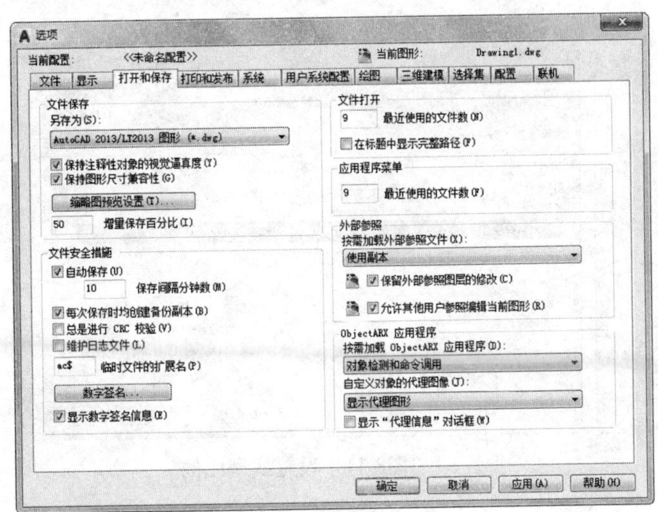

图8-6 “自动保存”设置

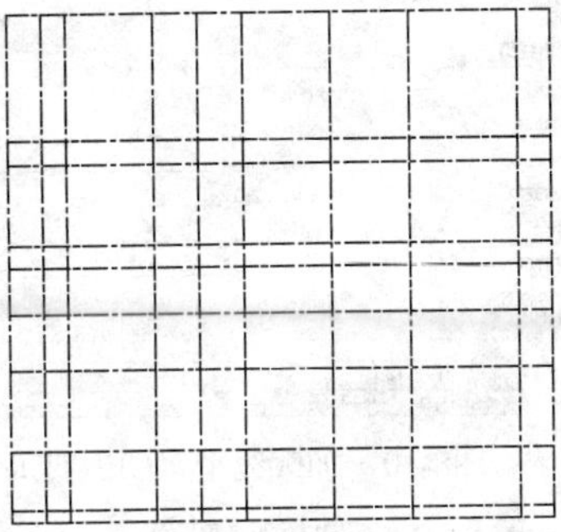

图8-7 别墅平面轴线

具体绘制方法如下：

01 设置“轴线”特性。

❶将“轴线”图层设置为当前图层，如图 8-8 所示。

❷加载线型。单击“默认”选项卡“图层”面板中的“图层特性”按钮，弹出“图层特性管理器”对话框，单击“轴线”图层栏中的“线型”名称，弹出“选择线型”对话框，如图8-9所示。

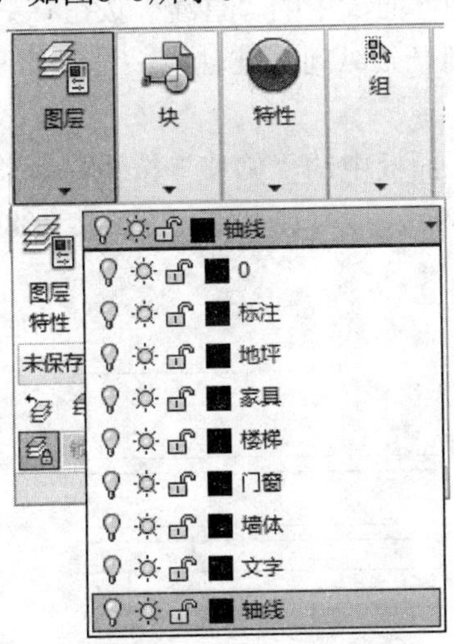

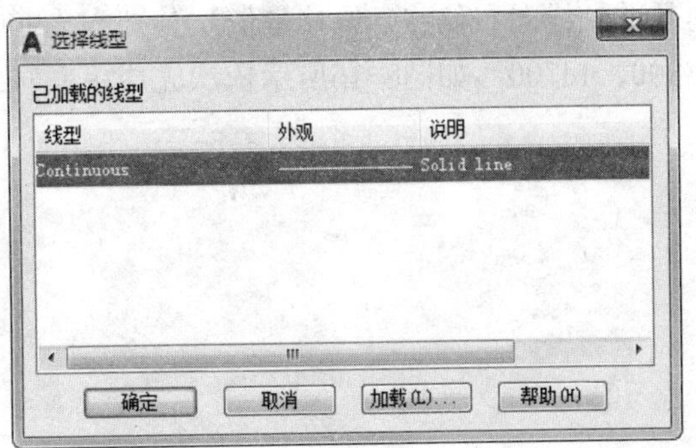

图8-8 将“轴线”图层设置为当前图层

图8-9 “选择线型”对话框

在该对话框中单击“加载”按钮，弹出“加载或重载线型”对话框，在该对话框的“可用线型”栏中选择线型“CENTER”进行加载，如图 8-10 所示；然后，单击“确定”按钮，返回“选择线型”对话框，将线型“CENTER”设置为当前使用线型。

❸设置线型比例。选择菜单栏中的“格式”→“线型”命令，弹出“线型管理器”对话框；选择线型“CENTER”，单击“显示细节”按钮，将“全局比例因子”设置为 20；单击“确定”按钮，完成对轴线线型的设置，如图 8-11 所示。

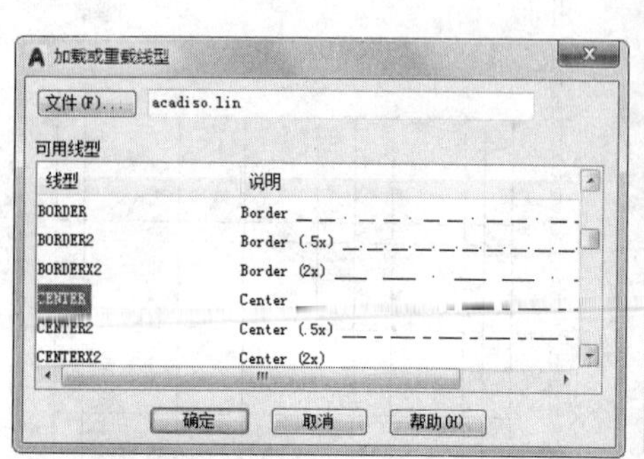

图8-10　加载线型“CENTER”

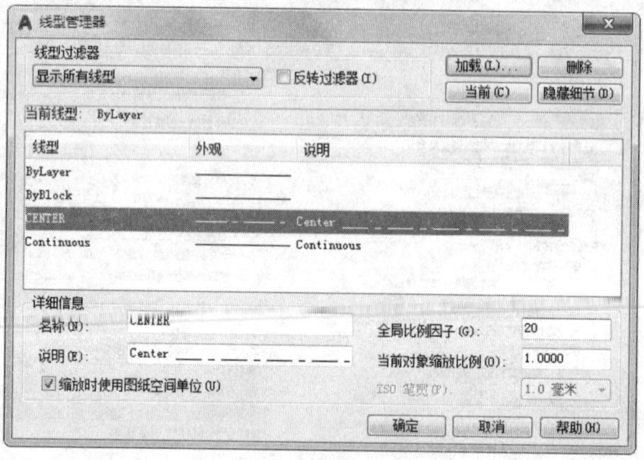

图8-11　设置线型比例

02 绘制横向轴线。

❶绘制横向轴线基准线。单击“默认”选项卡“绘图”面板中的“直线”按钮，绘制一条横向基准轴线，设置长度为14700，如图8-12所示。

❷绘制其余横向轴线。单击“默认”选项卡“修改”面板中的“偏移”按钮，将横向基准轴线向下偏移，偏移量依次分别为3300、3900、6000、6600、7800、9300、11400、13200，如图8-13所示，依次完成横向轴线的绘制。

03 绘制纵向轴线。

❶绘制纵向轴线基准线。单击“默认”选项卡“绘图”面板中的“直线”按钮，以前面绘制的横向基准轴线的左端点为起点，垂直向下绘制一条纵向基准轴线，设置长度为13200，如图8-14所示。

❷绘制其余纵向轴线。单击“默认”选项卡“修改”面板中的“偏移”按钮，将纵向基准轴线向右偏移，偏移量依次分别为为900、1500、3900、5100、6300、8700、10800、13800、14700，如图8-15所示依次完成纵向轴线的绘制。

图8-12　绘制横向基准轴线

图8-13　利用“偏移”命令绘制横向轴线

注意

在绘制建筑轴线时，一般选择建筑横向、纵向的最大长度为轴线长度，但当建筑物形体过于复杂时，太长的轴线往往会影响图形效果，因此，也可以仅在一些需要轴线定位的建筑局部绘制轴线。

图8-14　绘制纵向基准轴线

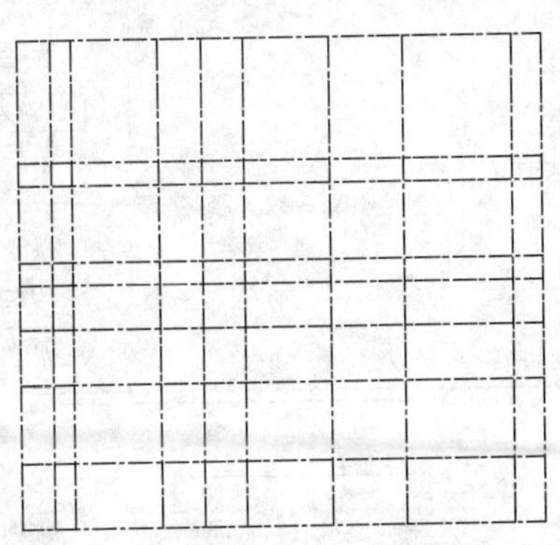

图8-15　利用“偏移”命令绘制纵向轴线

8.2.3　绘制墙体

在建筑平面图中，墙体用双线表示，一般采用轴线定位的方式，因为以轴线为中心具有很强的对称关系。绘制墙线通常有三种方法。

01 单击“默认”选项卡“修改”面板中的“偏移”按钮，直接偏移轴线，将轴线向两侧偏移一定距离，得到双线，然后将所得双线转移至墙线图层。

02 选择菜单栏中的“绘图”→“多线”命令，直接绘制墙线。

03 当墙体要求填充成实体颜色时，也可以单击“默认”选项卡“绘图”面板中的“多段线”按钮，直接绘制墙线，将线宽设置为墙厚即可。

在本例中，笔者推荐选用第二种方法，即选择菜单栏中的“绘图”→“多线”命令绘制墙线，如图8-16所示为绘制完成的别墅首层墙体平面图。

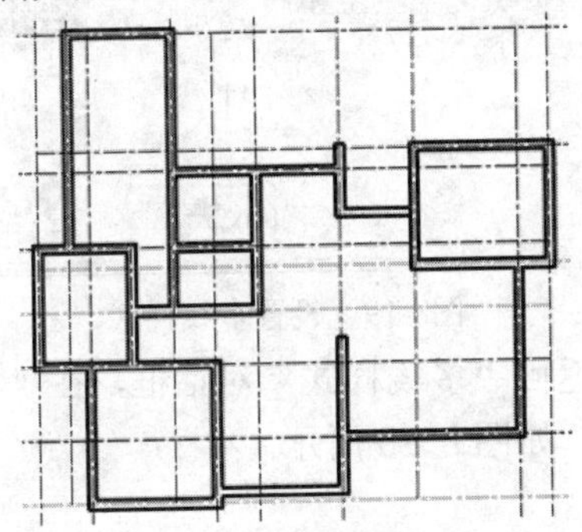

图8-16　绘制别墅首层墙体平面图

❶定义多线样式。选择菜单栏中的“绘图”→“多线”命令绘制墙线前，应首先对多

线样式进行设置。

1）选择菜单栏中的“格式”→“多线样式”命令，弹出“多线样式”对话框，如图8-17所示；单击“新建”按钮，在弹出的“创建新的多线样式”对话框中输入新样式名“240墙”，如图8-18所示。

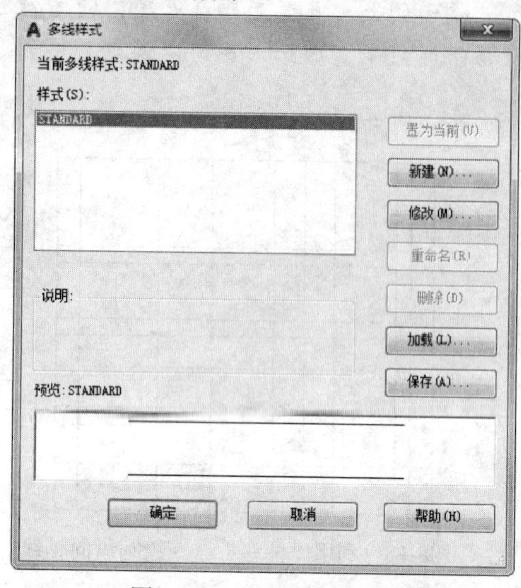

图8-17 “多线样式”对话框

图8-18 命名多线样式

2）单击“继续”按钮，弹出“新建多线样式”对话框，如图8-19所示。在该对话框中进行以下设置：选择直线起点和端点均封口；元素偏移量首行设置为120，第二行设置为-120。

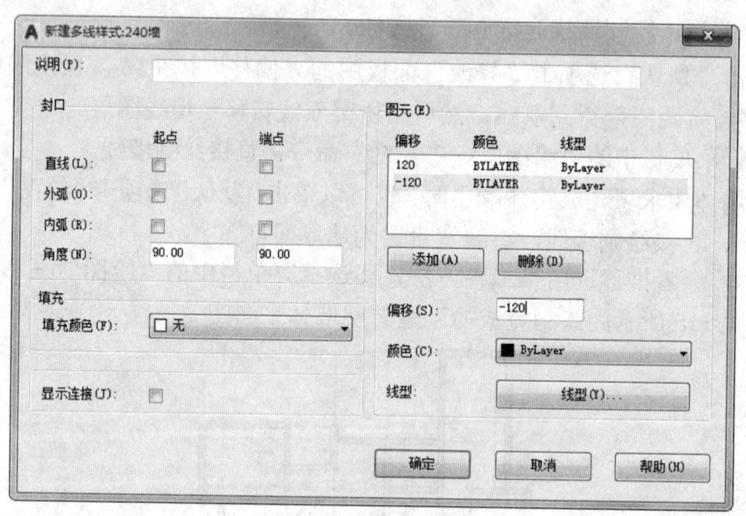

图8-19 设置多线样式

3）单击“确定”按钮，返回“多线样式”对话框，在“样式”列表栏中选择多线样式“240墙”，将其设置为当前，如图8-20所示。

❷绘制墙线。

1）将“墙线”图层设置为当前图层。

2）选择菜单栏中的“绘图”→“多线”命令，绘制墙线，绘制结果如图8-21所示。

命令行提示与操作如下：

命令：_MLINE↙
当前设置：对正 = 上，比例 = 20.00，样式 = 240 墙
指定起点或 [对正(J)/比例(S)/样式(ST)]： J↙（在命令行输入“J”，重新设置多线的对正方式）
输入对正类型 [上(T)/无(Z)/下(B)] <上>： Z↙（在命令行输入“Z”，选择“无”为当前对正方式）
当前设置：对正 = 无，比例 = 20.00，样式 = 240 墙
指定起点或 [对正(J)/比例(S)/样式(ST)]： S↙（在命令行输入“S”，重新设置多线比例）
输入多线比例 <20.00>： 1↙（在命令行输入“1”，作为当前多线比例）
当前设置：对正 = 无，比例 = 1.00，样式 = 240 墙
指定起点或 [对正(J)/比例(S)/样式(ST)]：（捕捉左上部墙体轴线交点作为起点）
指定下一点:………（依次捕捉墙体轴线交点，绘制墙线）
指定下一点或 [放弃(U)]：↙（绘制完成后，单击Ｅｎｔｅｒ键结束命令）

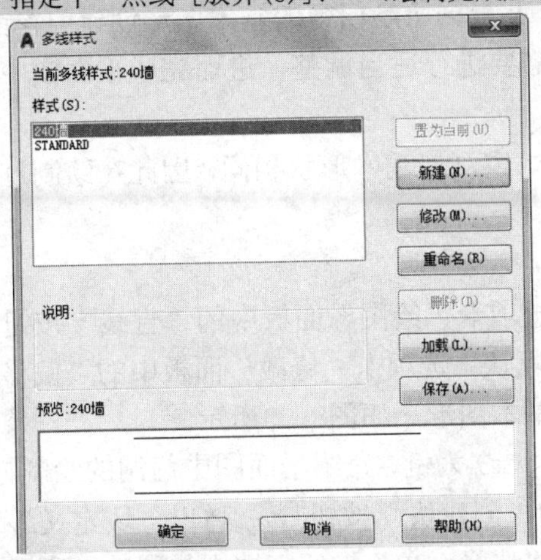

图8-20 将所建“多线样式”设置为当前

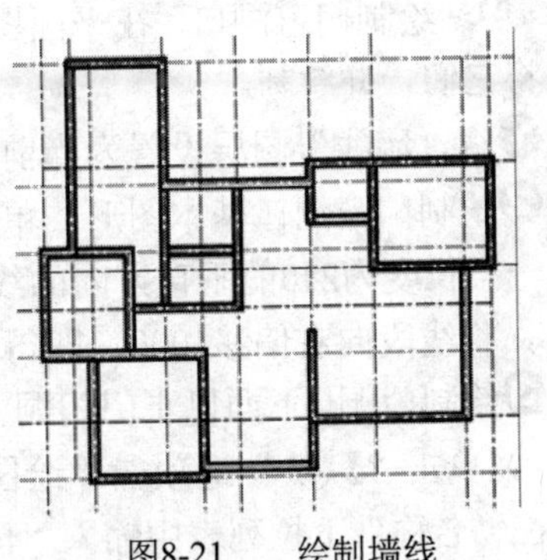

图8-21 绘制墙线

❸编辑和修整墙线。

1）选择菜单栏中的“修改”→“对象”→“多线”命令，弹出“多线编辑工具”对话框，如图 8-22 所示。该对话框中提供了 12 种多线编辑工具，可根据不同的多线交叉方式选择相应的工具进行编辑。

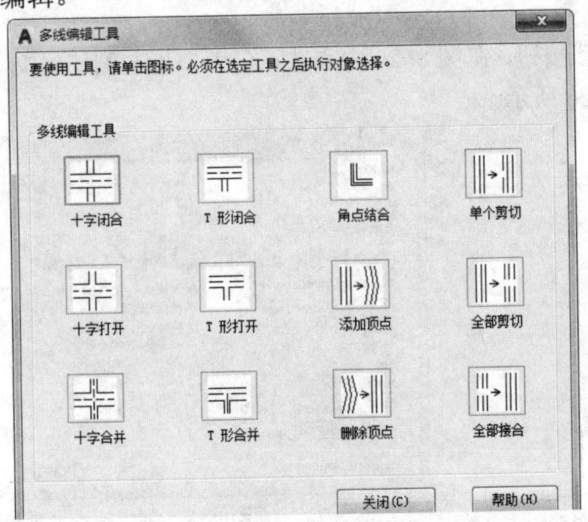

图8-22 “多线编辑工具”对话框

2)少数较复杂的墙线结合处无法找到相应的多线编辑工具进行编辑，此时可以单击“默认”选项卡“修改”面板中的“分解”按钮，将多线分解，然后单击“默认”选项卡“修改”面板中的“修剪”按钮，对该结合处的线条进行修整。

另外，一些内部墙体并不在主要轴线上，可以通过添加辅助轴线，并单击“默认”选项卡“修改”面板中的“修剪”按钮或“延伸”按钮进行绘制和修整。

经过编辑和修整后的墙线如图 8-16 所示。

8.2.4　绘制门窗

建筑平面图中门窗的绘制过程基本如下：首先在墙体相应位置绘制门窗洞口；接着使用直线、矩形和圆弧等工具绘制门窗基本图形，并根据所绘门窗的基本图形创建门窗图块；然后在相应门窗洞口处插入门窗图块，并根据需要进行适当调整，进而完成平面图中所有门和窗的绘制。具体绘制方法如下：

01 绘制门窗洞口。在平面图中，门洞口与窗洞口基本形状相同，因此在绘制过程中可以将它们一并绘制。

❶将“墙线”图层设置为当前图层。

❷绘制门窗洞口基本图形。单击“默认”选项卡“绘图”面板中的“直线”按钮，绘制一条长度为240的垂直方向的线段；单击“默认”选项卡“修改”面板中的“偏移”按钮，将线段向右偏移1000，即得到门窗洞口基本图形，如图8-23所示。

❸绘制门洞。下面以正门门洞（1500mm×240mm）为例，介绍平面图中门洞的绘制方法。

1）单击“默认”选项卡“绘图”面板中的“创建块”按钮，弹出“块定义”对话框，在“名称”下拉列表中输入“门洞”；单击“选择对象”按钮，选中如图8-23所示的图形；单击“拾取点”按钮，选择左侧门洞线上端的端点为插入点；单击“确定”按钮，如图8-24所示，完成图块“门洞”的创建。

2）单击“默认”选项卡“绘图”面板中的“插入块”按钮，弹出“插入”对话框，在“名称”下拉列表中选择“门洞”，在“缩放比例”一栏中将X方向的比例设置为1.5，如图8-25所示。

3）单击“确定”按钮，在图 8-26 中点选正门入口处左侧墙线交点作为基点，插入“门洞”图块，如图 8-26 所示。

图8-23　门窗洞口基本图形

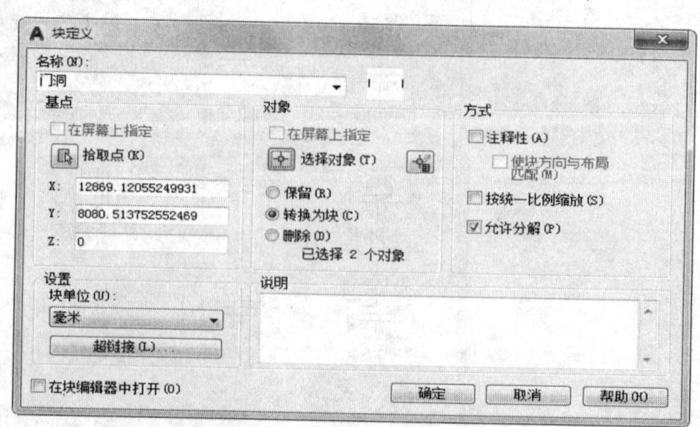

图8-24　“块定义”对话框

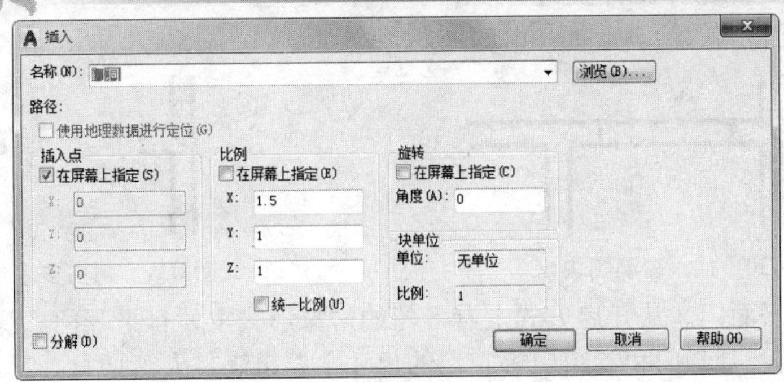

图8-25 "插入"对话框

4）单击"默认"选项卡"修改"面板中的"移动"按钮，在图8-27中点选已插入的正门门洞图块，将其水平向右移动，距离为300，如图8-27所示。

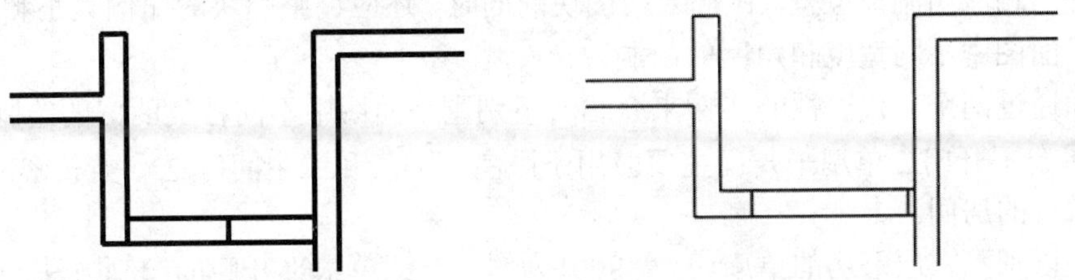

图8-26 插入正门门洞　　图8-27 移动门洞图块

5）单击"默认"选项卡"修改"面板中的"修剪"按钮，修剪洞口处多余的墙线，完成正门门洞的绘制，如图8-28所示。

❹绘制窗洞。下面以卫生间窗户洞口（1500mm×240mm）为例，介绍如何绘制窗洞。

1）单击"默认"选项卡"绘图"面板中的"插入块"按钮，弹出"插入"对话框，在"名称"下拉列表中选择"门洞"，将 X 方向的比例设置为 1.5，如图 8-29 所示（由于门窗洞口基本形状一致，因此没有必要创建新的窗洞图块，可以直接利用已有门窗洞图块进行绘制）。

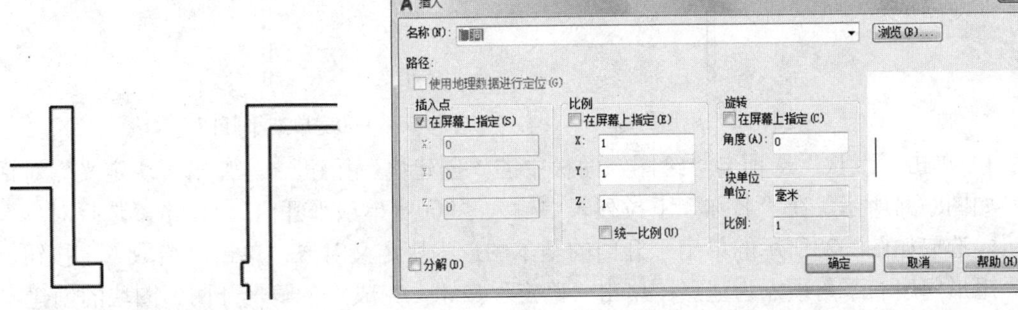

图8-28 修剪多余墙线　　图8-29 "插入"对话框

2）单击"确定"按钮，在图 8-30 中点选左侧墙线交点作为基点，插入"门洞"图块（在本处实为窗洞）。

3）单击"默认"选项卡"修改"面板中的"移动"按钮，在图8-30中点选已插入的窗洞图块，将其向右移动，距离为330，如图8-30所示。

4）单击"默认"选项卡"修改"面板中的"修剪"按钮，修剪窗洞口处多余的墙线，完成卫生间窗洞的绘制，如图8-31所示。

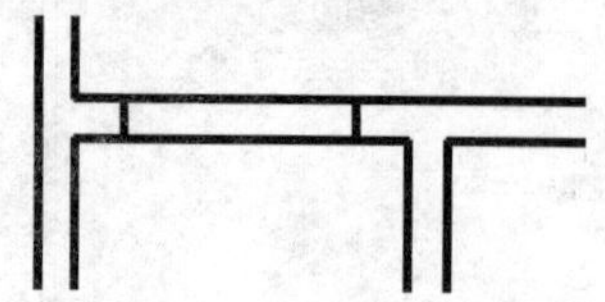

图8-30　插入窗洞图块

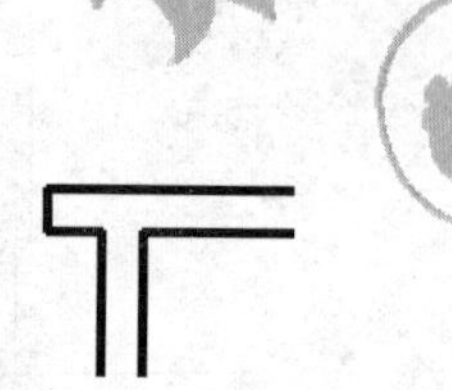

图8-31　修剪多余墙线

02 绘制平面门。从开启方式上看，门的常见形式主要有平开门、弹簧门、推拉门、折叠门、旋转门、升降门和卷帘门等。门的尺寸主要是满足人流通行、交通疏散和家具搬运的要求，而且应符合建筑模数的有关规定。在平面图中，单扇门的宽度一般在 800～1000mm，双扇门则为 1200～1800mm。

门的绘制步骤为：先画出门的基本图形，然后将其创建成图块，最后将门图块插入到已绘制好的相应门洞口位置。在插入门图块的同时，还应调整图块的比例大小和旋转角度，以适应平面图中不同宽度和角度的门洞口。

下面通过两个有代表性的实例来介绍一下别墅平面图中不同种类的门的绘制。

❶单扇平开门。单扇平开门主要应用于卧室、书房和卫生间等这一类私密性较强、来往人流较少的房间。

下面以别墅首层书房的单扇门(宽 900)为例，介绍单扇平开门的绘制方法。

1）将“门窗”图层设置为当前图层。

2）单击“默认”选项卡“绘图”面板中的“矩形”按钮，绘制一个尺寸为40×900的矩形门扇，如图8-32所示。

3）单击“默认”选项卡“绘图”面板中的“圆弧”按钮，以矩形门扇右上角顶点为起点，右下角顶点为圆心，绘制一条夹角为90°，半径为900的圆弧，得到如图8-33所示的单扇平开门图形。

图8-32　矩形门扇　　　　图8-33　900宽单扇平开门

4）单击“默认”选项卡“绘图”面板中的“创建块”按钮，弹出“块定义”对话框，如图8-34所示。在“名称”下拉列表中输入“900宽单扇平开门”；单击“选择对象”按钮，选取如图8-33所示的单扇平开门的基本图形为块定义对象；单击“拾取点”按钮，选择矩形门扇右下角顶点为基点；单击“确定”按钮，完成“单扇平开门”图块的创建。

5）单击“默认”选项卡“修改”面板中的“复制”按钮，将门窗图块复制到书房左侧的适当位置。单击“默认”选项卡“绘图”面板中的“插入块”按钮，弹出“插入”对话框，如图8-35所示，在“名称”下拉列表中选择“900宽单扇平开门”，输入“旋转”角度为-90，然后单击“确定”按钮，在平面图中点选书房门洞下侧墙线的中点作为插入点，插入门图块，单击“默认”选项卡“修改”面板中的“分解”按钮，将门洞图块分解；单击“默认”选项卡“修改”面板中的“移动”按钮，将分解的上边的墙线移动到适当位置；单击“默认”选项卡“修改”面板中的“修剪”按钮，将图形进行修剪，完成书房门的绘制，结果如图8-36所示。

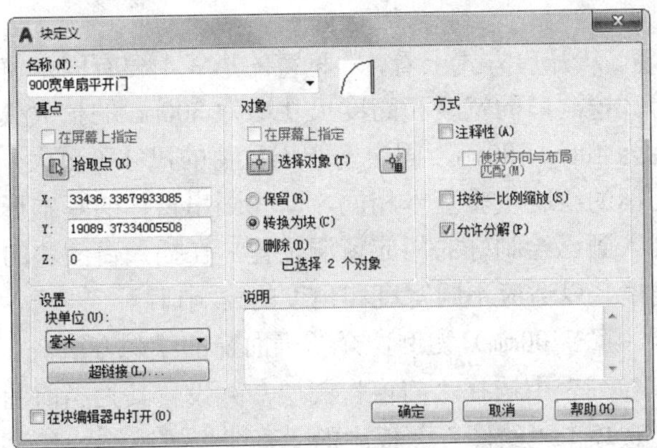

图8-34 “块定义”对话框

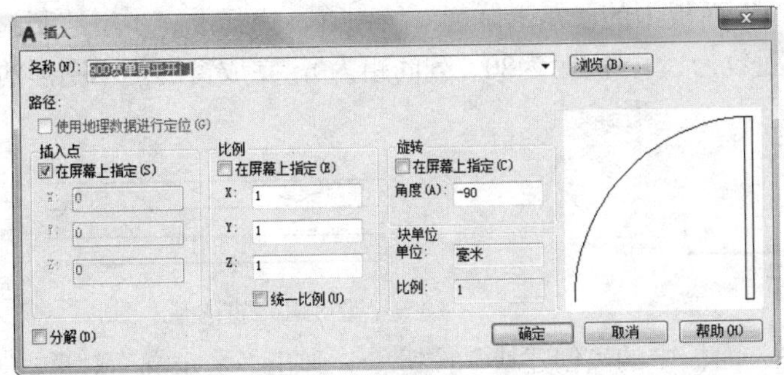

图8-35 “插入”对话框

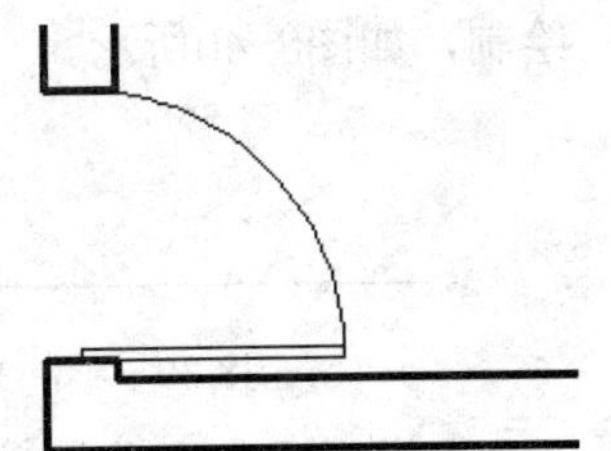

图8-36 绘制书房门

❷双扇平开门：在别墅平面图中，别墅的正门以及客厅的阳台门均设计为双扇平开门。下面以别墅正门（宽 1500mm）为例，介绍双扇平开门的绘制方法。

1）将“门窗”设置为当前图层。

2）参照上面所述单扇平开门的画法，绘制宽度为 750 的单扇平开门。

3）单击“默认”选项卡“修改”面板中的“镜像”按钮，将已绘得的“750宽单扇平开门”进行水平方向的“镜像”操作，得到宽1500的双扇平开门，如图8-37所示。

4）单击“默认”选项卡“绘图”面板中的“创建块”按钮，弹出“块定义”对话框，在“名称”下拉列表中输入“1500宽双扇平开门”；单击“选择对象”按钮，选取如图8-38所示的双扇平开门的基本图形为块定义对象；单击“拾取点”按钮，选择右侧矩形门扇右下角顶点为基点；然后单击“确定”按钮，完成“1500宽双扇平开门”图块的创建。

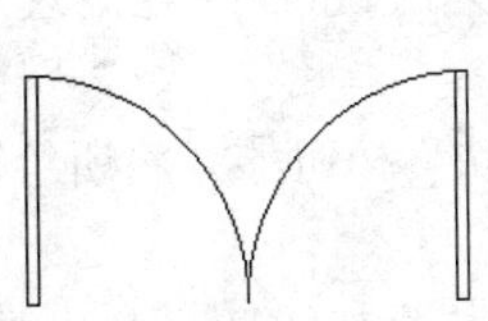

图8-37 1500宽双扇平开门

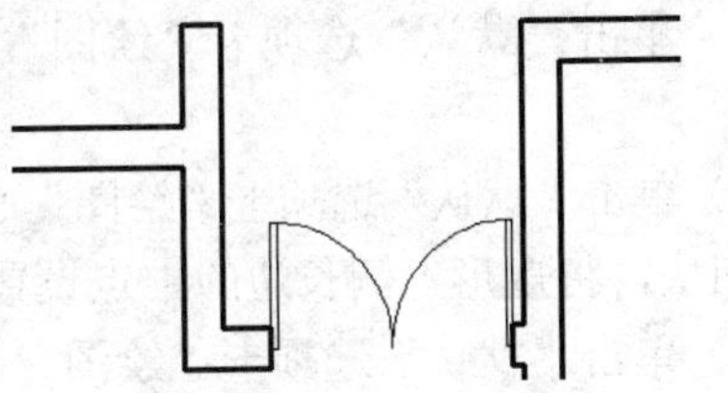

图8-38 绘制别墅正门

5）单击“默认”选项卡“绘图”面板中的“插入块”按钮，弹出“插入”对话框，在“名称”下拉列表中选择“1500宽双扇平开门”，然后单击“确定”按钮，在图8-36中点选正门门洞右侧墙线的中点作为插入点，插入门图块，完成别墅正门的绘制，如图8-38所示。

03 绘制平面窗。从开启方式上看，常见窗的形式主要有固定窗、平开窗、横式旋窗、立式转窗和推拉窗等。窗洞口的宽度和高度尺寸均为300mm的扩大模数。在平面图中，一般平开窗的窗扇宽度为400～600mm，固定窗和推拉窗的尺寸可更大一些。

窗的绘制步骤与门的绘制步骤基本相同，即先画出窗体的基本形状，然后将其创建成图块，最后将图块插入到已绘制好的相应窗洞位置。在插入窗图块的同时，可以调整图块的比例大小和旋转角度，以适应不同宽度和角度的窗洞口。

下面以餐厅外窗（宽2400mm）为例，介绍平面窗的绘制方法。

❶在“图层”下拉列表中选择“门窗”图层，并设置其为当前图层。

❷单击“默认”选项卡“绘图”面板中的“直线”按钮，绘制第一条水平窗线，长度为1000，如图8-39所示。

❸单击“默认”选项卡“修改”面板中的“矩形阵列”按钮，选择上一步所绘制的窗线为阵列对象，设置行数为4、列数为1、行间距为80、列间距为0，完成窗的基本图形的绘制，如图8-40所示。

图8-39 绘制第一条窗线

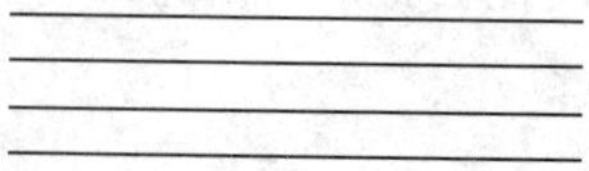

图8-40 窗的基本图形

❹单击“默认”选项卡“绘图”面板中的“创建块”按钮，弹出“块定义”对话框，在“名称”下拉列表中输入“窗”；单击“选择对象”按钮，选取如图8-40所示的窗的基本图形为“块定义对象”；单击“拾取点”按钮，选择第一条窗线左端点为基点；然后单击“确定”按钮，完成“窗”图块的创建。

❺在“图层”下拉列表中选择“墙线”图层，将其设置为当前图层。单击“默认”选项卡“绘图”面板中的“直线”按钮，绘制竖直直线；单击“默认”选项卡“修改”面板中的“偏移”按钮，将绘制的竖直直线向左偏移2400，完成餐厅门洞的绘制。在“图层”下拉列表中选择“门窗”图层，将其设置为当前图层。单击“默认”选项卡“绘图”面板中的“插入块”按钮，弹出“插入”对话框，在“名称”下拉列表中选择“窗”，将X方向的比例设置为2.4；单击“确定”按钮，在图中点选餐厅窗洞左侧墙线的上端点作为插入点，插入窗图块，完成餐厅外窗的绘制，如图8-41所示。

❻绘制窗台。

1）单击“默认”选项卡“绘图”面板中的“矩形”按钮，绘制尺寸为1000×100的矩形。

2）单击“默认”选项卡“绘图”面板中的“创建块”按钮，将所绘矩形定义为“窗台”图块，将矩形上侧长边的中点设置为图块基点。

3）单击“默认”选项卡“绘图”面板中的“插入块”按钮，弹出“插入”对话框，在“名称”下拉列表中选择“窗台”，并将X方向的比例设置为2.6。

4）单击“确定”按钮，点选餐厅窗户最外侧窗线中点作为插入点，插入窗台图块，完成餐厅窗台的绘制，如图 8-42 所示。

图8-41 绘制餐厅外窗

图8-42 绘制窗台

04 绘制其余门和窗。根据以上介绍的平面门窗绘制方法，利用已经创建的门窗图块，完成别墅首层平面所有门和窗的绘制，如图 8-43 所示。

以上介绍的是 AutoCAD 中最基本的门、窗绘制方法，下面介绍另外两种绘制门窗的方法。

❶在建筑设计中，门和窗的样式、尺寸随着房间功能和开间的变化而不同。逐个绘制每一扇门和每一扇窗是既费时又费力的事，因此绘图者常常选择借助图库来绘制门窗。一般来说，在图库中有多种不同样式和大小的门、窗可供选择和调用，这给设计者和绘图者提供了很大的方便。在本例中，笔者推荐使用门窗图库。在本例别墅的首层平面图中共有 8 扇门，其中 4 扇宽为 900 的单扇平开门，2 扇为宽 1500 的双扇平开门，1 扇为推拉门，还有 1 扇为车库升降门。

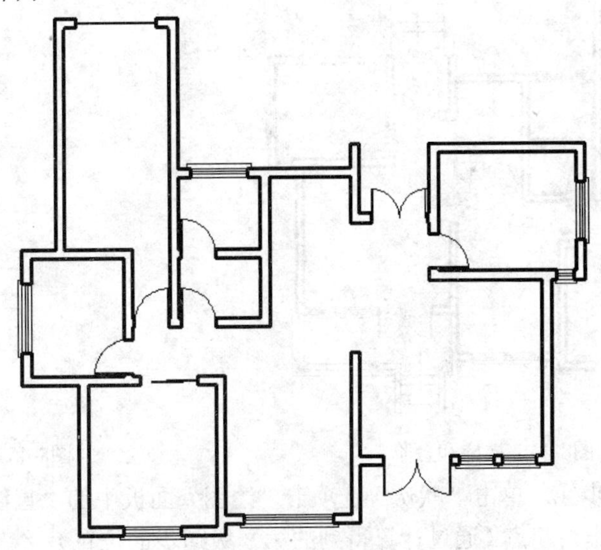

图8-43 绘制别墅首层平面门窗

AutoCAD 图库的使用方法很简单，主要步骤如下：

1）弹出图库文件，在图库中选择所需的图形模块，并将选中对象进行复制。

2）将复制的图形模块粘贴到所要绘制的图纸中。

3）根据实际情况的需要，利用“旋转”命令、“镜像”命令或“比例缩放”命令等工具对图形模块进行适当的修改和调整。

❷在 AutoCAD 2018 中，还可以借助“工具选项板”中“建筑”选项卡提供的“公制样例”来绘制门窗。利用这种方法添加门窗时，可以根据需要直接对门窗的尺寸和角度进行设置和调整，使用起来比较方便。需要注意的是，“工具选项板”中仅提供普通平开门的绘制，而且利用其所绘制的平面窗中玻璃为单线形式，而非建筑平面图中常用的双线形式，因此，不推荐初学者使用这种方法绘制门窗。

8.2.5 绘制楼梯和台阶

楼梯和台阶都是建筑的重要组成部分，是人们在室内和室外进行垂直交通的必要建筑构件。在本例别墅的首层平面中共有一处楼梯和三处台阶，如图 8-44 所示。

01 绘制楼梯。楼梯是上下楼层之间的交通通道，通常由楼梯段、休息平台和栏杆（或栏板）组成。在本例别墅中，楼梯为常见的双跑式。楼梯宽度为 900mm，踏步宽为 260mm，高 175mm；楼梯平台净宽为 960mm。本节只介绍首层楼梯的平面画法，二层楼梯画法将在后面的章节中进行介绍。

首层楼梯平面的绘制过程分为三个阶段：首先绘制楼梯踏步线；然后在踏步线两侧（或一侧）绘制楼梯扶手；最后绘制楼梯剖断线以及用来标识方向的带箭头引线和文字，进而完成楼梯平面的绘制。如图 8-45 所示为首层楼梯平面图。

首层楼梯平面图的绘制方法为：

❶将“楼梯”图层设置为当前图层。

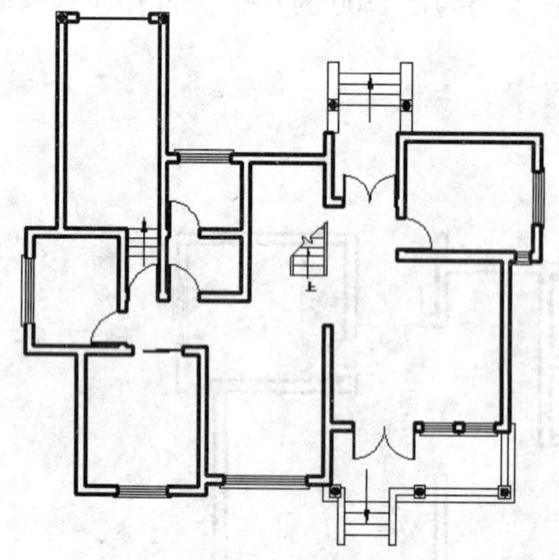

图8-44 楼梯和台阶

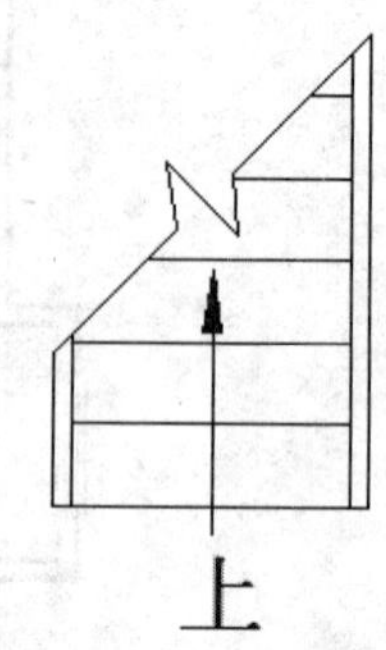

图8-45 首层楼梯平面图

❷绘制楼梯踏步线。单击“默认”选项卡“绘图”面板中的“直线”按钮，以平面图上相应的位置点作为起点（通过计算得到的第一级踏步的位置），绘制长度为1020的水平踏步线；单击“默认”选项卡“修改”面板中的“矩形阵列”按钮，输入行数为6、列数为1、行间距为260、列间距为0；选择已绘制的第一条踏步线为阵列对象；完成踏步线的绘制，如图8-46所示。

❸绘制楼梯扶手。单击“默认”选项卡“绘图”面板中的“直线”按钮，以楼梯第一条踏步线的两侧端点作为起点，分别向上绘制垂直方向线段，长度为1500；单击“默认”选项卡“修改”面板中的“偏移”按钮，将所绘两线段向梯段中央偏移，偏移量为60（即扶手宽度），如图8-47所示。

❹绘制剖断线。单击“默认”选项卡“绘图”面板中的“构造线”按钮，设置角度为45°，绘制剖断线并使其通过楼梯右侧栏杆线，单击“默认”选项卡“绘图”面板中的“直线”按钮，绘制“Z”字形折断线；单击“默认”选项卡“修改”面板中的“修剪”按钮，修剪楼梯踏步线和栏杆线，结果如图8-48所示。

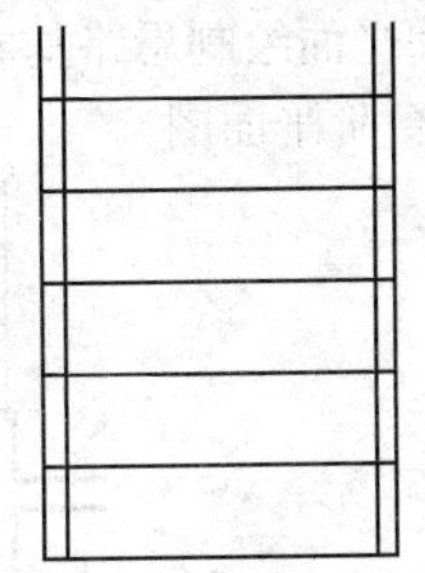

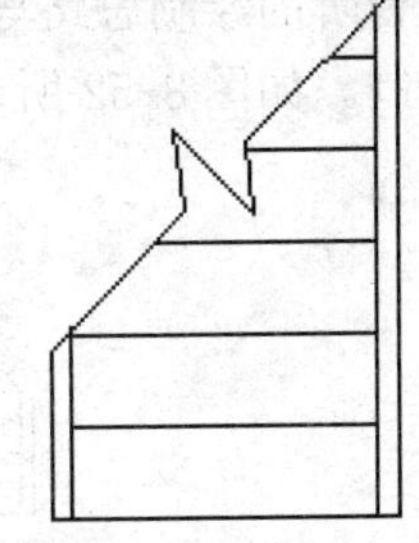

图8-46 绘制楼梯踏步线　　图8-47 绘制楼梯踏步边线　　图8-48 绘制楼梯剖断线

❺绘制带箭头引线。输入“QLEADER”命令，在命令行中输入“S”，设置引线样式；在弹出的“引线设置”对话框中进行如下设置：在“引线和箭头”选项卡中，选择“引线”为“直线”“箭头”为“实心闭合”，如图8-49所示；在“注释”选项卡中，选择“注释类型”为“无”，如图8-50所示。以第一条楼梯踏步线中点为起点，垂直向上绘制长度为750的带箭头引线；单击“默认”选项卡“修改”面板中的“移动”按钮，将引线垂直向下移动60mm，如图8-51所示。

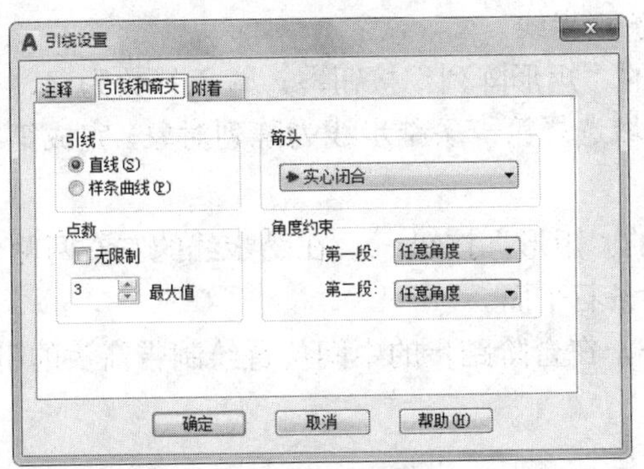

图8-49 设置“引线和箭头”选项卡

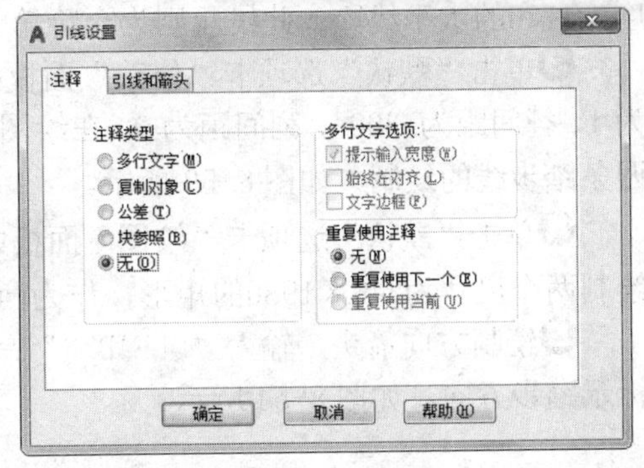

图8-50 设置“注释”选项卡

❻标注文字。单击“默认”选项卡“注释”面板中的“多行文字”按钮A，设置文字高度为300，在引线下端输入文字“上”，如图8-51所示。

02 绘制台阶。本例中有三处台阶，其中室内台阶一处，室外台阶两处。下面以正门处台阶为例，介绍台阶的绘制方法。

注意

楼梯平面图是在距地面1m以上位置，用一个假想的剖切平面沿水平方向剖开（尽量剖到楼梯间的门窗），然后向下做投影得到的投影图。楼梯平面一般来说是分层绘制的，按照特点可分为底层平面、标准层平面和顶层平面。

按国标规定在楼梯平面图中，各层被剖切到的楼梯，均在平面图中以一根45°的折断线表示。在每一梯段处画有一个长箭头，并注写“上”或“下”字标明方向。

楼梯的底层平面图中，只有一个被剖切的梯段及栏板，和一个注有“上”字的长箭头。

台阶的绘制思路与前面介绍的楼梯平面绘制思路基本相似，因此可以参考楼梯画法进行绘制。如图 8-52 所示为别墅正门处台阶平面图。

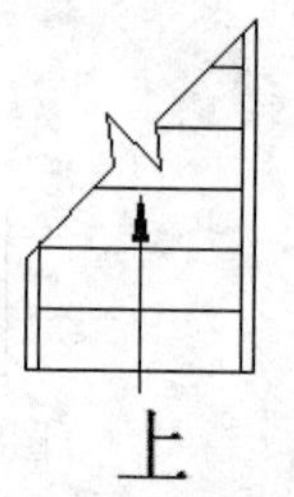

图8-51　添加箭头和文字

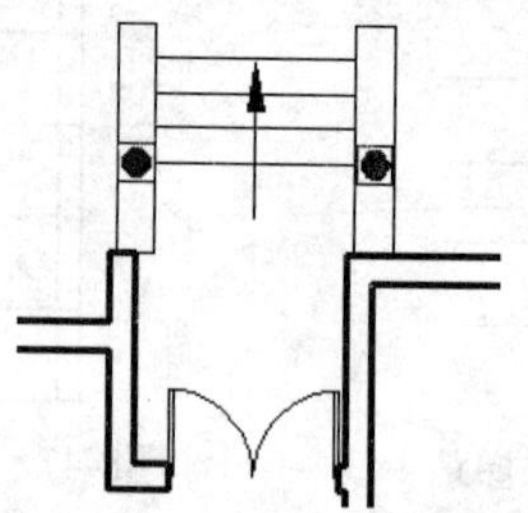

图8-52　正门处台阶平面图

台阶的绘制方法为：

❶单击“默认”选项卡“图层”面板中的“图层特性”按钮，弹出“图层管理器”对话框，在该对话框中创建新图层，将新图层命名为“台阶”，并将其设置为当前图层。

❷单击“默认”选项卡“绘图”面板中的“直线”按钮，以别墅正门中点为起点，垂直向上绘制一条长度为3600的辅助线段；然后以辅助线段的上端点为中点，绘制一条长度为1770的水平线段，此线段则为台阶第一条踏步线。

❸单击“默认”选项卡“修改”面板中的“矩形阵列”按钮，输入行数为 4、列数为 1、行间距为-300 ，列间距为 0；在绘图区域选择第一条踏步线为阵列对象，完成第二～四条踏步线的绘制，如图 8-53 所示。

❹单击“默认”选项卡“绘图”面板中的“矩形”按钮，在踏步线的左右两侧分别绘制两个尺寸为340×1980的矩形，作为两侧条石平面。

❺绘制方向箭头。输入“QLEADER”命令，在台阶踏步的中间位置绘制带箭头的引线，标示踏步方向，如图 8-54 所示。

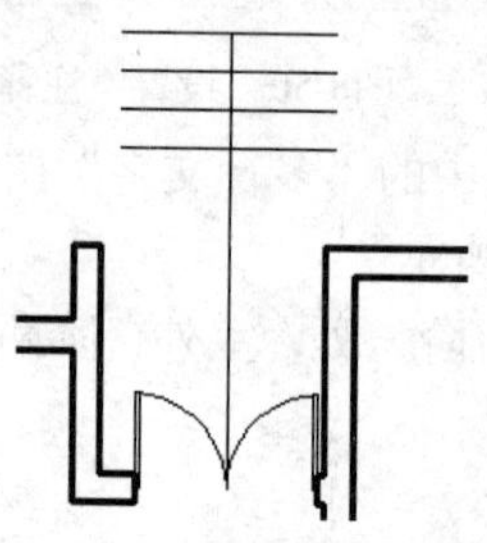

图8-53　绘制台阶踏步线

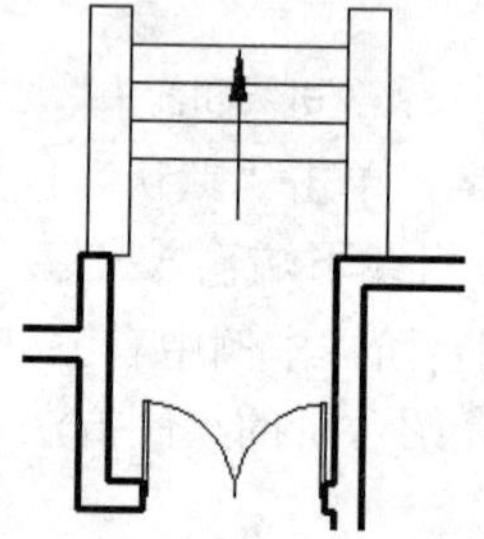

图8-54　添加方向箭头

❻绘制立柱。在本例中，两个室外台阶处均有立柱，其平面形状为圆形，内部填充为实心，下面为方形基座。由于立柱的形状、大小基本相同，可以将其做成图块，再把图块插入各相应点即可。具体绘制方法如下：

1）单击“默认”选项卡“图层”面板中的“图层特性”按钮，弹出“图层特性管理器”对话框，在该对话框中创建新图层，将新图层命名为“立柱”，并将其设置为当前图层。

2）单击“默认”选项卡“绘图”面板中的“矩形”按钮，绘制边长为340的正方形基座。

3）单击“默认”选项卡“绘图”面板中的“圆”按钮，绘制直径为240的圆形柱身平面。

4）单击“默认”选项卡“绘图”面板中的“图案填充”按钮，打开“图案填充创建”选项卡，单击“图案填充图案”选项，在打开的“填充图案”下拉列表框中选择“SOLID”图案，如图8-55所示，单击“拾取点”按钮，在绘图区域选择已绘制的圆形柱身为填充对象，如图8-56所示。

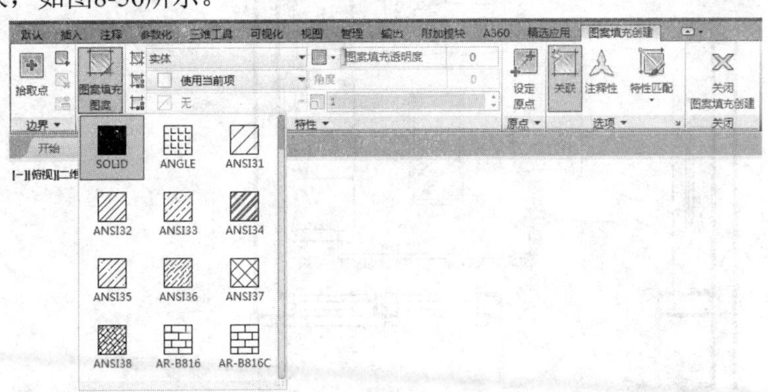

图8-55 图案填充设置

图8-56 绘制立柱平面

5）单击“默认”选项卡“块”面板中的“创建”按钮，将图8-56所示的图形定义为“立柱”图块。

6）单击“默认”选项卡“块”面板中的“插入”按钮，将定义好的“立柱”图块插入平面图中相应位置，完成正门处台阶平面的绘制，如图8-44所示。

8.2.6 绘制家具

在建筑平面图中，通常要绘制室内家具，以增强平面方案的视觉效果。本例别墅的首层平面中共有 7 种不同功能的房间，分别是客厅、工人休息室、厨房、餐厅、书房、卫生间和车库。房间的功能种类不同，其所布置的家具也有所不同，对于这些种类和尺寸都不尽相同的室内家具，如果利用直线、偏移等二维线条编辑工具一一绘制，不仅绘制过程反复繁琐容易出错，而且要花费绘图者很多的时间和精力。因此，笔者推荐借助 AutoCAD 图库来完成平面家具的绘制。

AutoCAD 图库的使用方法在前面介绍门窗画法的时候曾有所提及，下面将结合首层客厅家具和卫生间洁具的绘制实例，详细介绍 AutoCAD 图库的用法。

01 绘制客厅家具。客厅是主人会客和休闲的空间，因此在客厅里通常会布置沙发、茶几、电视柜等家具，如图 8-57 所示。

❶单击“快速访问”工具栏中的“打开”按钮，在弹出的“选择文件”对话框中，通过“光盘：源文件\CAD\图库”路径，找到“CAD 图库.dwg”文件并将其弹出，如图 8-58 所示。

❷在名称为“沙发和茶几”的一栏中选择名称为“组合沙发—002P”的图形模块，如图 8-59 所示，选中该图形模块，然后单击鼠标右键，在弹出的快捷菜单中选择“复制”命令。

❸返回“别墅首层平面图”绘图界面，弹出“编辑”下拉菜单，选择“粘贴为块”命

令，将复制的组合沙发图形插入客厅平面的相应位置。

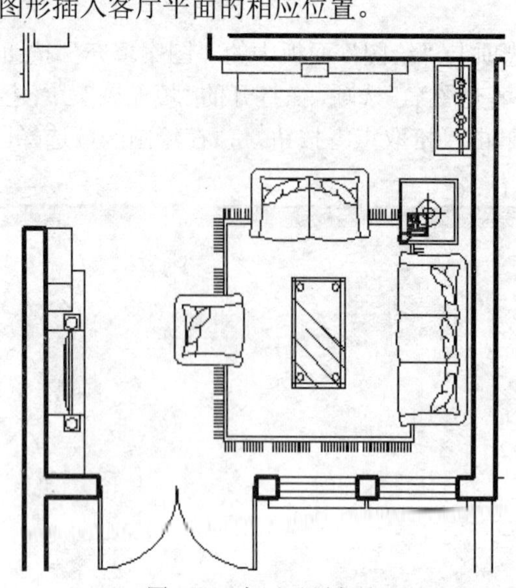

图8-57　客厅平面家具

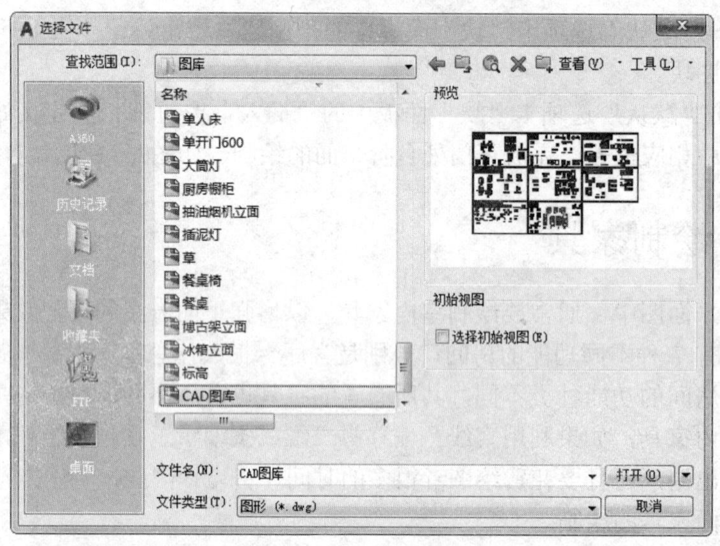

图8-58　弹出图库文件

❹在图库名称为“灯具和电器”的一栏中，选择“电视柜P”图块，如图8-60所示，将其复制并粘贴到首层平面图中；单击“默认”选项卡“修改”面板中的“旋转”按钮，使该图形模块以自身中心点为基点旋转90º，然后将其插入客厅的相应位置。

❺按照同样方法，在图库中选择“电视墙 P”“文化墙 P”“柜子—01P”和“射灯组 P”图形模块并分别进行复制，然后在客厅平面内依次插入这些家具模块，绘制结果如图 8-57 所示。

02 绘制卫生间洁具。卫生间主要是供主人盥洗和沐浴的房间，因此卫生间内应设置浴盆、坐便器、洗手池和洗衣机等设施。如图 8-61 所示的卫生间由两部分组成，在空间安排上，外间设置洗手盆和洗衣机，内间则设置浴盆和坐便器。下面介绍卫生间洁具的绘制步骤。

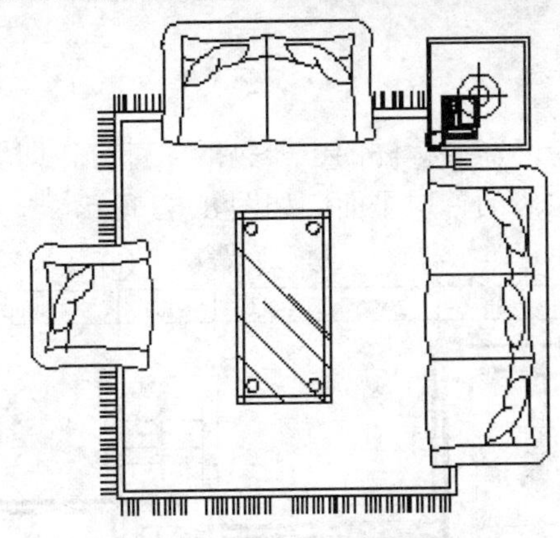

图8-59　组合沙发模块

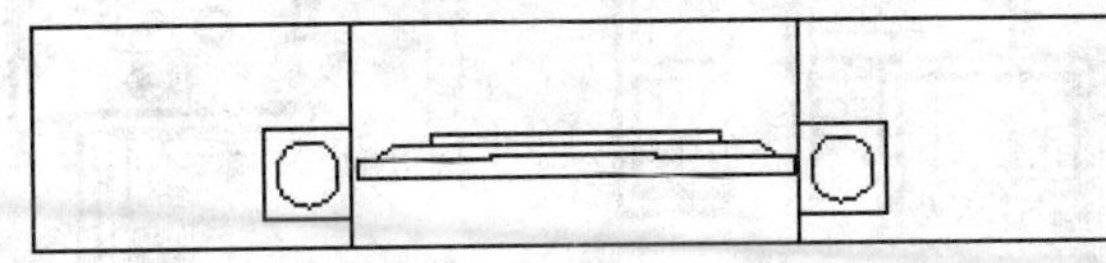

图8-60　电视柜图块

❶将“家具”图层设置为当前图层。

❷弹出 CAD 图库，在“洁具和厨具”一栏中选择合适的洁具模块，进行复制后依次粘贴到平面图中的相应位置，绘制结果如图 8-62 所示。

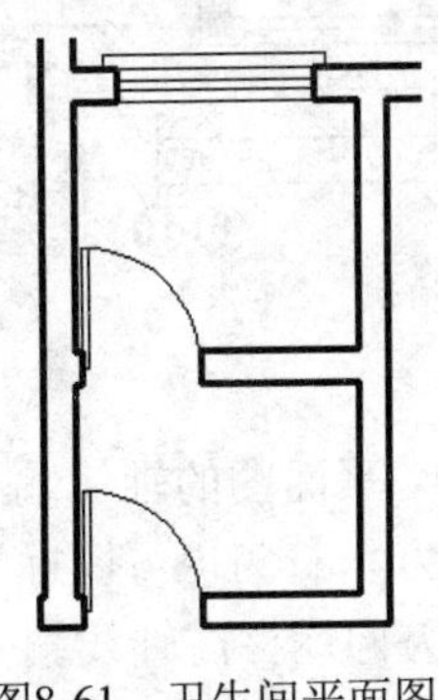

图8-61　卫生间平面图

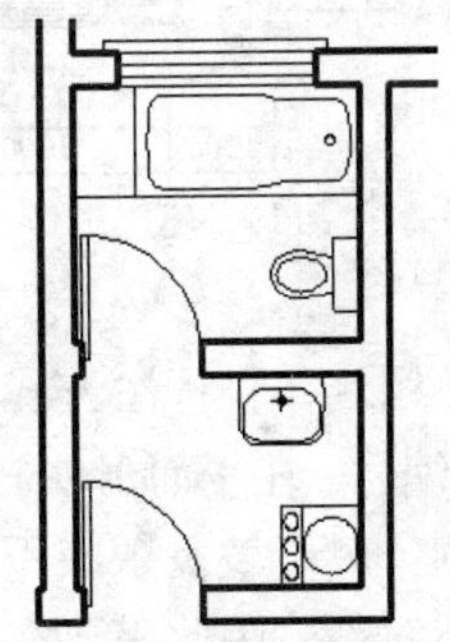

图8-62　绘制卫生间洁具

注意

在图库中，图形模块的名称通常很简要，其组成除汉字外还经常包含英文字母或数字，一般来说，这些名称都是用来表明该家具的特性或尺寸的。例如，前面使用过的图形模块“组合沙发—004P”，其名称中“组合沙发”表示家具的性质，“004”表示该家具模块是同类型家具中的第 4 个，字母“P”则表示这是该家具的平面图形。又如，一个床模块名称为“单人床9×20”，就是表示该单人床宽度为900mm、长度为2000mm。有了这些简单又明了的名称，绘图者就可以依据自己的实际需要来选择有用的图形模块，而无需再辨认及测量了。

8.2.7 平面标注

在别墅的首层平面图中，需要标注的主要包括 4 部分，即轴线编号、平面标高、尺寸标注和文字标注。完成标注后的首层平面图如图 8-63 所示。

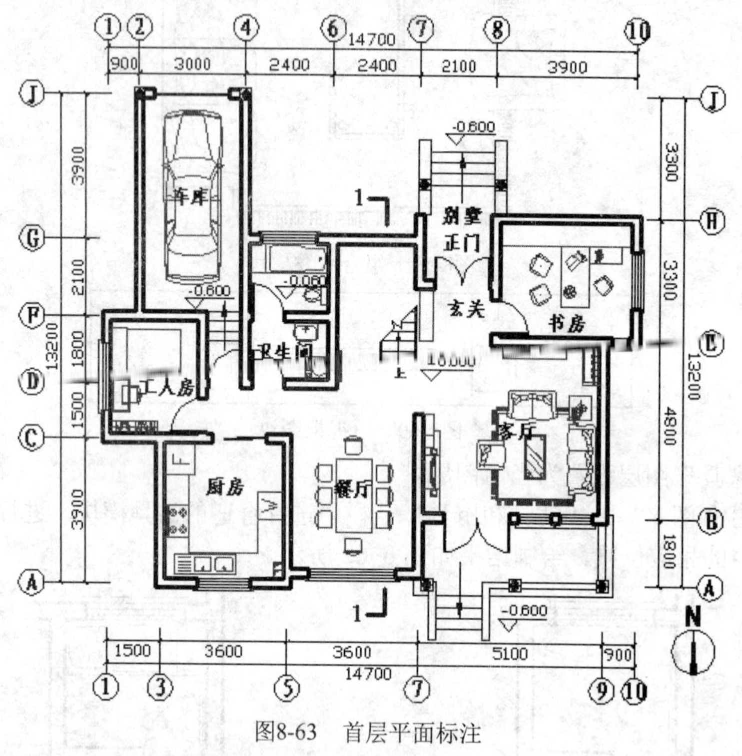

图8-63 首层平面标注

下面依次介绍这 4 种标注方式的绘制方法。

01 轴线编号。在平面形状较简单或对称的房屋中，平面图的轴线编号一般标注在图形的下方及左侧。对于较复杂或不对称的房屋，图形上方和右侧也可以标注。在本例中，由于平面形状不对称，因此需要在上、下、左、右 4 个方向均标注轴线编号。

❶单击“默认”选项卡“图层”面板中的“图层特性”按钮，弹出“图层特性管理器”对话框，选择“轴线”图层，使其保持可见。创建新图层，将新图层命名为“轴线编号”，并将其设置为当前图层。

❷单击平面图上左侧第一根纵轴线，将十字光标移动至轴线下端点处单击，将夹持点激活（此时夹持点成红色），然后鼠标向下移动，在命令行中输入 3000 后按 Enter 键，完成第一条轴线延长线的绘制。

❸单击“默认”选项卡“绘图”面板中的“圆”按钮，以已绘制的轴线延长线端点作为圆心，绘制半径为350的圆。单击“默认”选项卡“修改”面板中的“移动”按钮，向下移动所绘制的圆，移动距离为350，如图8-64所示。

❹重复上述步骤，完成其他轴线延长线及编号圆的绘制。

❺单击“默认”选项卡“注释”面板中的“多行文字”按钮，设置文字“样式”为“仿宋GB2312”、文字高度为300，在每个轴线端点处的圆内输入相应的轴线编号，如图8-65所示。

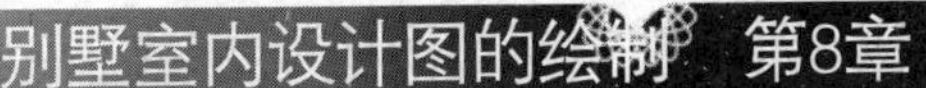

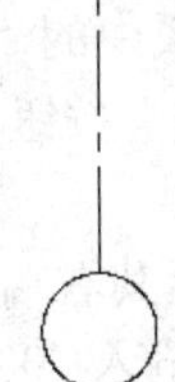

图8-64　绘制第一条轴线的延长线及编号圆

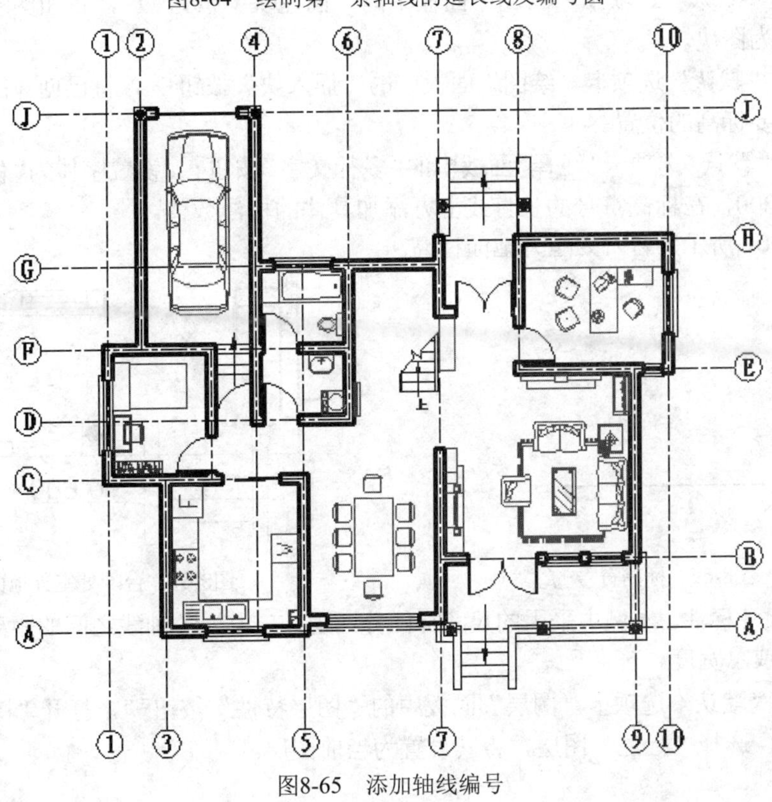

图8-65　添加轴线编号

注意

平面图上水平方向的轴线编号用阿拉伯数字从左向右依次编写，垂直方向的编号用大写英文字母自下而上顺次编写。I、O及Z三个字母不得作为轴线编号，以免与数字1、0及2混淆。

如果两条相邻轴线间距较小而导致它们的编号有重叠时，可以通过“移动”命令将这两条轴线的编号分别向两侧移动少许距离。

02 平面标高。建筑物中的某一部分与所确定的标准基点的高度差称为该部位的标高，其在图样中通常用标高符号结合数字来表示。建筑制图标准规定，标高符号应以直角等腰三角形表示，如图 8-66 所示。

❶将“标注”图层设置为当前图层。

❷单击“默认”选项卡“绘图”面板中的“多边形”按钮，绘制边长为350的正方形。

❸单击“默认”选项卡“修改”面板中的“旋转”按钮，将正方形旋转45°；单击“默认”选项卡“绘图”面板中的“直线”按钮，连结正方形左右两个端点，绘制水平对角线。

❹单击水平对角线，将十字光标移至其右端点处单击，将夹持点激活（此时夹持点成红色），然后鼠标向右移动，在命令行中输入600后按Enter键，完成绘制。

❺单击“默认”选项卡“绘图”面板中的“创建块”按钮，将如图8-66所示的标高符号定义为图块。

❻单击“默认”选项卡“绘图”面板中的“插入块”按钮，将已创建的图块插入到平面图中需要标高的位置。

❼单击“默认”选项卡“注释”面板中的“多行文字”按钮，设置字体为“仿宋GB2312”、文字高度为300，在标高符号的长直线上方添加具体的标注数值。

如图8-67所示为台阶处室外地面标高。

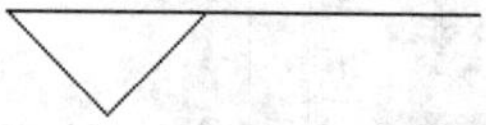

图8-66　标高符号

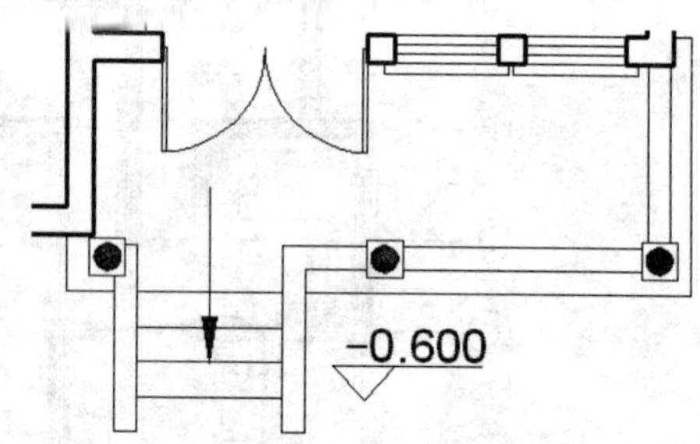

图8-67　台阶处室外地面标高

03 尺寸标注。本例中采用的尺寸标注分两道，一道为各轴线之间的距离，另一道为平面总长度或总宽度。

❶单击“默认”选项卡“图层”面板中的“图层特性”按钮，打开“图层特性管理器”对话框，选择“标注”图层，将其设置为当前图层。

注意

一般来说，在平面图上绘制的标高反映的是相对标高，而不是绝对标高。绝对标高指的是以我国青岛市附近的黄海海平面作为零点面测定的高度尺寸。

通常情况下，室内标高要高于室外标高，主要使用房间标高要高于卫生间、阳台标高。在绘图中，常见的是将建筑首层室内地面的高度设为零点，标作±0.000；低于此高度的建筑部位标高值为负值，在标高数字前加“-”号；高于此高度的部位标高值为正值，标高数字前不加任何符号。

❷设置标注样式。

1）单击菜单栏中“格式”下的“标注样式”按钮，弹出“标注样式管理器”对话框，如图8-68所示；单击“新建”按钮，弹出“创建新标注样式”对话框，在“新样式名”

一栏中输入“平面标注”，如图8-69所示。

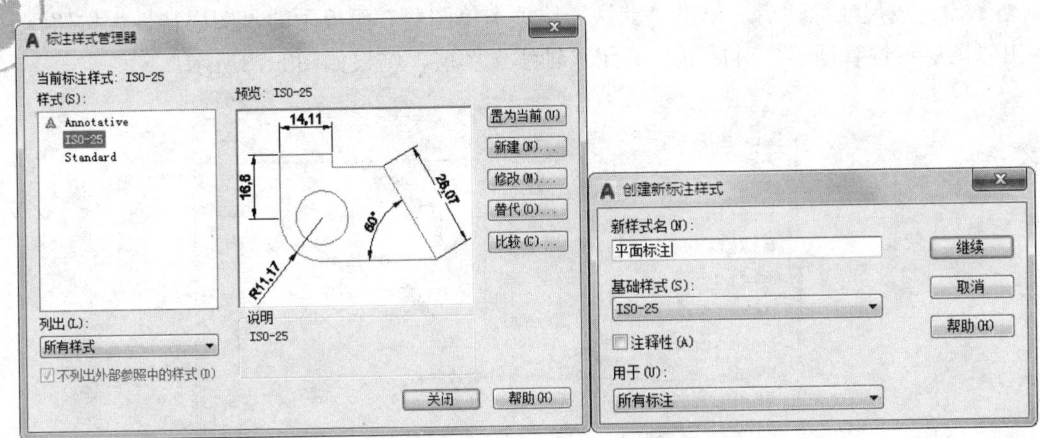

图8-68　“标注样式管理器”对话框　　　　图8-69　“创建新标注样式”对话框

2）单击“继续”按钮，弹出“新建标注样式：平面标注”对话框。

3）选择“符号和箭头”选项卡，在“箭头”选项组中的“第一项”和“第二个”下拉列表中均选择“建筑标记”，在“引线”下拉列表中选择“实心闭合”，在“箭头大小”微调框中输入100，如图8-70所示。

4）选择“文字”选项卡，在“文字外观”选项组中的“文字高度”微调框中输入300，在“从尺寸线偏移”文本框中输入100，如图8-71所示。

5）单击“确定”按钮，回到“标注样式管理器”对话框。在“样式”列表中激活“平面标注”标注样式，单击“置为当前”按钮，如图8-72所示。单击“关闭”按钮，完成标注样式的设置。

❸单击“默认”选项卡“注释”面板中的“线性”按钮和“连续”按钮，标注相邻两轴线之间的距离。

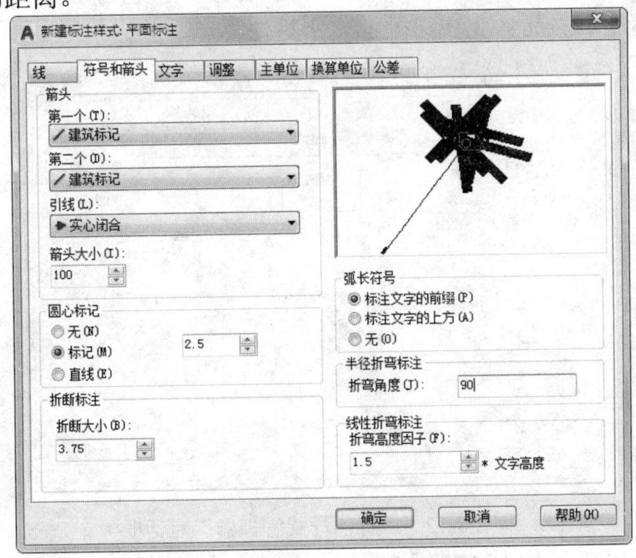

图8-70　“符号和箭头”选项卡

❹重复“线性”标注命令，在已绘制的尺寸标注的外侧，对建筑平面横向和纵向的总

长度进行尺寸标注。

❺完成尺寸标注后，单击“默认”选项卡“图层”面板中的“图层特性”按钮，弹出“图层特性管理器”对话框，关闭“轴线”图层，结果如图8-73所示。

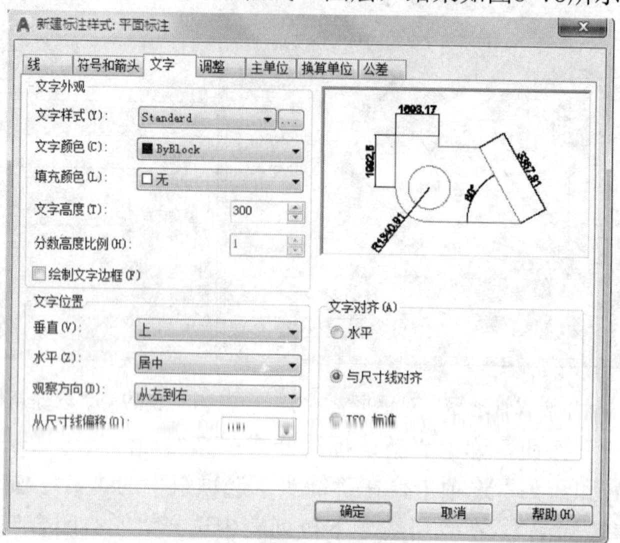

图8-71　“文字”选项卡

04 文字标注。在平面图中，各房间的功能用途可以用文字进行标识。下面以首层平面中的厨房为例，介绍文字标注的具体方法。

❶将“文字”图层设置为当前图层。

❷单击“默认”选项卡“注释”面板中的“多行文字”按钮A，在平面图中指定文字插入位置后弹出“文字编辑器”选项卡，如图8-74所示；在选项卡中设置文字样式为“Standard”、字体为“仿宋GB2312”、文字高度为300。

❸在“文字编辑框”中输入文字“厨房”，并拖动“宽度控制”滑块来调整文本框的宽度，然后单击“确定”按钮，完成该处的文字标注。

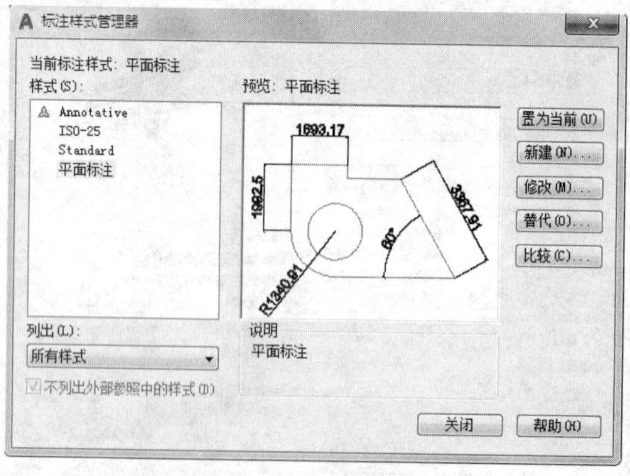

图8-72　“标注样式管理器”对话框

文字标注结果如图 8-75 所示。

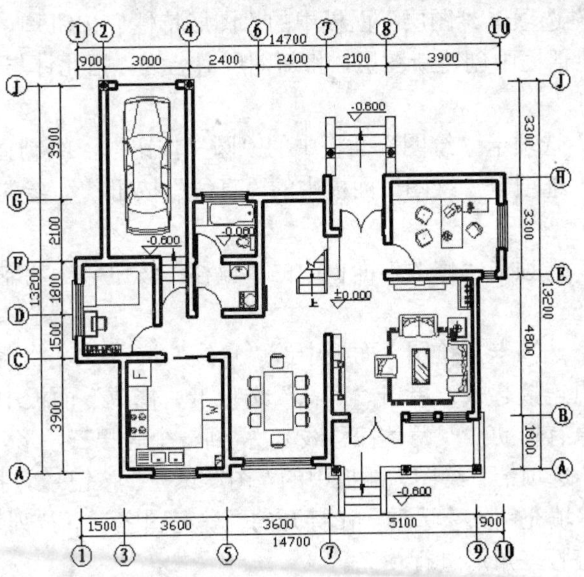

图8-73　添加尺寸标注

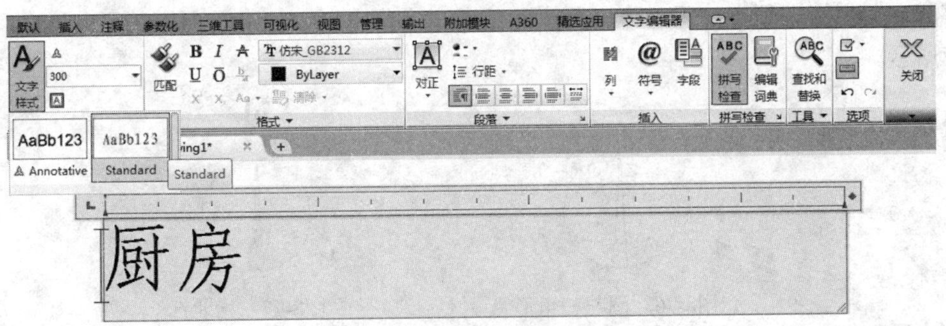

图8-74　“文字编辑器”选项卡

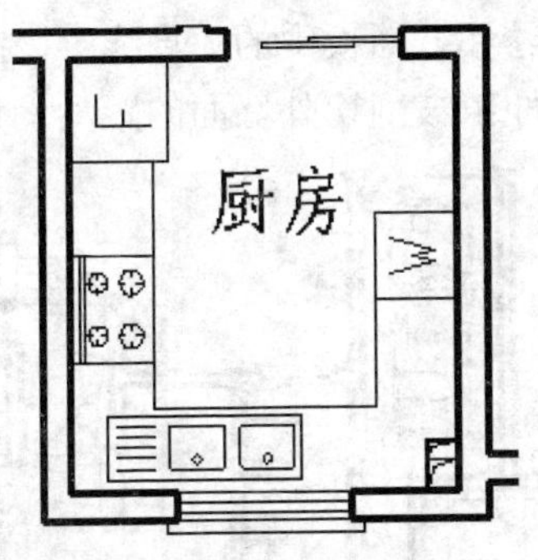

图8-75　标注厨房文字

8.2.8　绘制指北针和剖切符号

在建筑首层平面图中应绘制指北针，以标明建筑方位；如果需要绘制建筑的剖面图，则还应在首层平面图中画出剖切符号，以标明剖面的剖切位置。

01 绘制指北针。

❶单击“默认”选项卡“图层”面板中的“图层特性”按钮，弹出“图层特性管理器”对话框，在该对话框中创建新图层，将新图层命名为“指北针与剖切符号”，并将其设置为当前图层。

❷单击“默认”选项卡“绘图”面板中的“圆”按钮，绘制直径为1200的圆。

❸单击“默认”选项卡“绘图”面板中的“直线”按钮，绘制圆的垂直方向直径作为辅助线。

❹单击“默认”选项卡“修改”面板中的“偏移”按钮，将辅助线分别向左右两侧偏移，偏移量均为75。

❺单击“默认”选项卡“绘图”面板中的“直线”按钮，将两条偏移线与圆的下方交点和辅助线上端点连接起来；单击“默认”选项卡“修改”面板中的“删除”按钮，删除三条辅助线（原有辅助线及两条偏移线），得到一个等腰三角形，如图8-76所示。

❻单击“默认”选项卡“绘图”面板中的“图案填充”按钮，打开“图案填充创建”选项卡，单击“图案填充图案”选项，在打开的“填充图案”下拉列表框中选择“SOLID”图案，对刚绘制的等腰三角形进行填充。

❼单击“默认”选项卡“注释”面板中的“多行文字”按钮，设置文字高度为500，在等腰三角形上端顶点的正上方书写大写的英文字母“N”，标示平面图的正北方向，如图8-77所示。

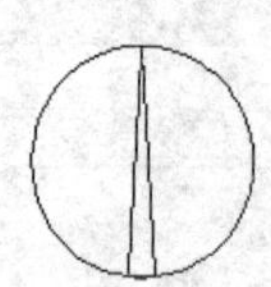

图8-76　圆与三角形

图8-77　指北针

02 绘制剖切符号。

❶单击“默认”选项卡“绘图”面板中的“直线”按钮，在平面图中绘制剖切面的定位线，并使得该定位线两端伸出被剖切外墙面的距离均为1000，如图8-78所示。

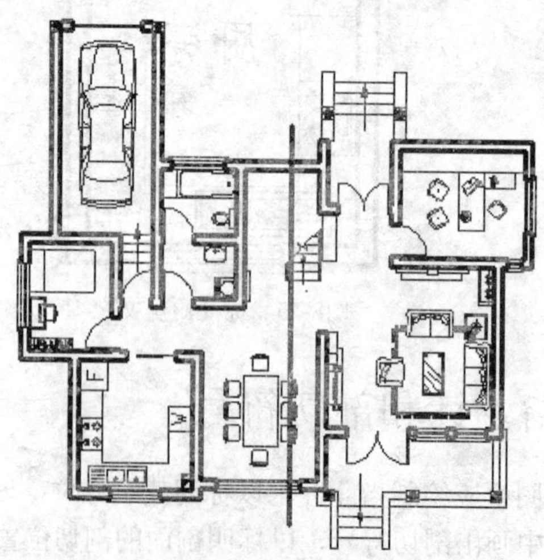

图8-78　绘制剖切面定位线

❷单击“默认”选项卡“绘图”面板中的“直线”按钮，分别以剖切面定位线的两端点为起点，向剖面图投影方向绘制剖视方向线，长度为500。

❸单击“默认”选项卡“绘图”面板中的“圆”按钮，分别以定位线两端点为圆心，绘制两个半径为700的圆。

❹单击“默认”选项卡“修改”面板中的“修剪”按钮，修剪两圆之间的投影线条；然后删除两圆，得到两条剖切位置线。

❺将剖切位置线和剖视方向线的线宽都设置为 0.30mm。

❻单击“默认”选项卡“注释”面板中的“多行文字”按钮，设置文字高度为300mm，在平面图两侧剖视方向线的端部书写剖面剖切符号的编号为1。完成首层平面图中剖切符号的绘制，如图8-79所示。

注意

剖面的剖切符号应由剖切位置线及剖视方向线组成，均应以粗实线绘制。剖视方向线应垂直于剖切位置线，长度应短于剖切位置线，绘图时，剖面剖切符号不宜与图面上的图线相接触。

剖面剖切符号的编号宜采用阿拉伯数字，按顺序由左至右、由下至上连续编排，并应注写在剖视方向线的端部。

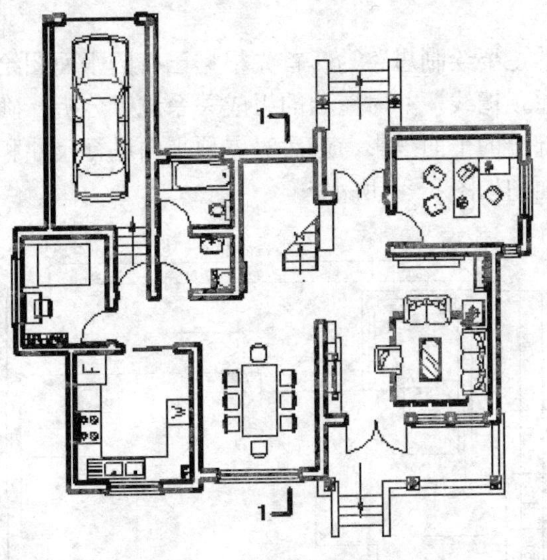

图8-79 绘制剖切符号

8.2.9 别墅二层平面图与屋顶平面图绘制

在本例别墅中，二层平面图与首层平面图在设计中有很多相同之处，两层平面的基本轴线关系是一致的，只有部分墙体形状和内部房间的设置存在着一些差别。因此，可以在首层平面图的基础上对已有图形元素进行修改和添加，进而完成别墅二层平面图的绘制，如图 8-80 所示。

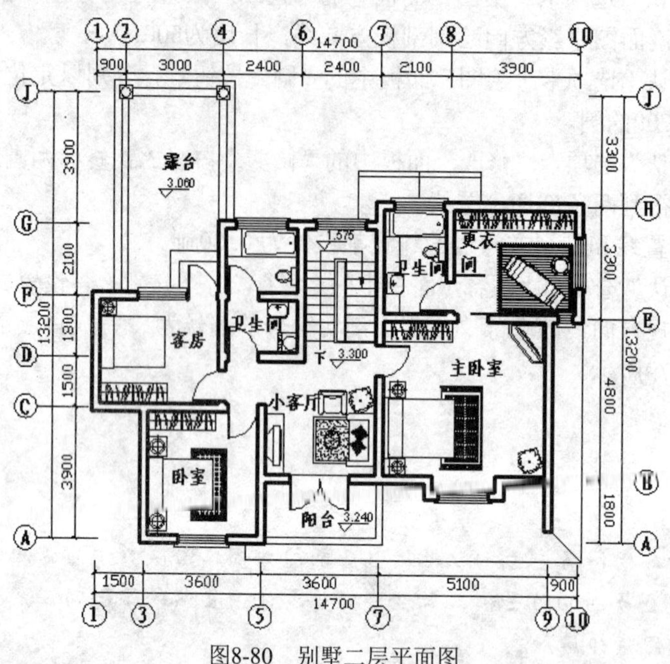

图8-80　别墅二层平面图

在本例中，别墅的屋顶设计为复合式坡顶，由几个不同大小、不同朝向的坡屋顶组合而成。因此在绘制过程中，应该认真分析它们之间的结合关系，并将这种结合关系准确地表现出来。

别墅屋顶平面图的主要绘制思路为：首先根据已有的平面图绘制出外墙轮廓线，接着偏移外墙轮廓线得到屋顶檐线，并对屋顶的组成关系进行分析，确定屋脊线条，然后绘制烟囱平面和其他可见部分的平面投影，最后对屋顶平面进行尺寸和文字标注。按照这个思路绘制的别墅屋顶平面图如图 8-81 所示。

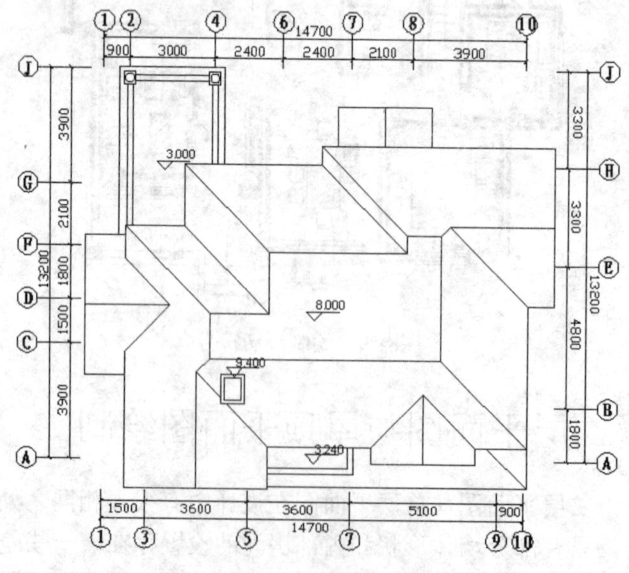

图8-81　屋顶平面图

8.3 别墅客厅平面布置图的绘制

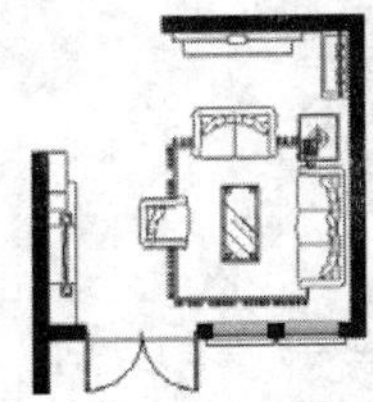

客厅平面布置图的主要绘制思路大致为：首先利用已绘制的首层平面图生成客厅平面图轮廓，然后在客厅平面图中添加各种家具图形；最后对所绘制的客厅平面图进行尺寸标注。如有必要，还需添加室内方向索引符号进行方向标识。下面按照这个思路绘制别墅客厅平面布置图（见图 8-82）。

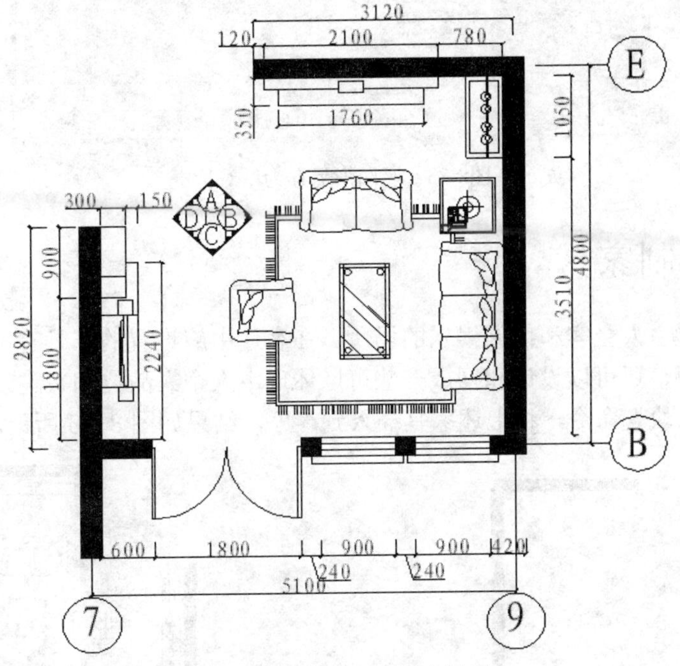

图8-82　别墅客厅平面布置图

8.3.1 设置绘图环境

01 创建图形文件。打开随书源文件中的“别墅首层平面图.dwg”文件，选择“快速访问”工具栏中的“文件”→“另存为”命令，弹出“图形另存为”对话框。在“文件名”下拉列表框中输入新的图形文件名称“客厅平面图.dwg”，如图 8-83 所示。单击“保存”按钮，建立图形文件。

> **实讲实训**
> **多媒体演示**
>
> 多媒体演示参见配套光盘中的\\动画演示\第8章\客厅平面布置图的绘制.avi。

02 清理图形元素。

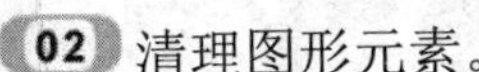

❶单击“默认”选项卡“修改”面板中的“删除”按钮，删除平面图中多余的图形元素，仅保留客厅四周的墙线及门窗。

❷单击“默认”选项卡“绘图”面板中的“图案填充”按钮，打开“图案填充创建”选项卡，单击“图案填充图案”选项，在打开的“填充图案”下拉列表框中选择填充图案为“SOLID”，填充客厅墙体，结果如图8-84所示。

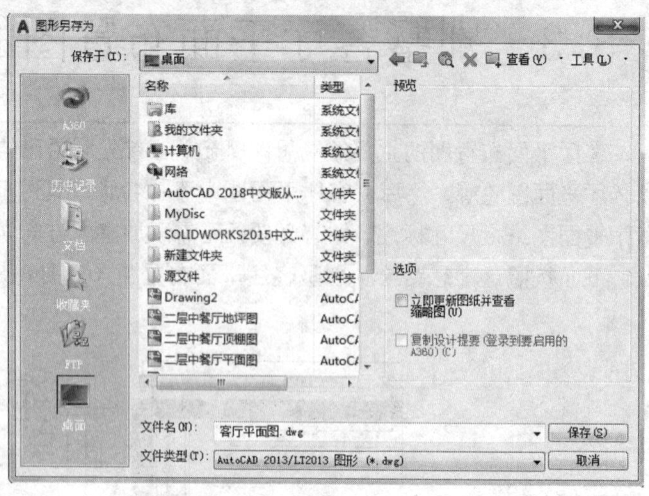

图8-83 “图形另存为”对话框

8.3.2 绘制家具

客厅是别墅主人会客和休闲娱乐的场所。在客厅中应设置的家具有沙发、茶几和电视柜等。除此之外，还可以设计和摆放一些可以体现主人个人品位和兴趣爱好的室内装饰物品。利用“插入块”命令，将上述家具插入到客厅，结果如图 8-85 所示。

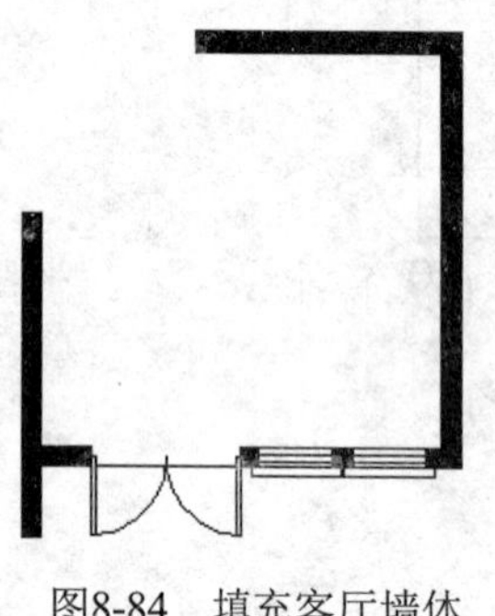

图8-84 填充客厅墙体

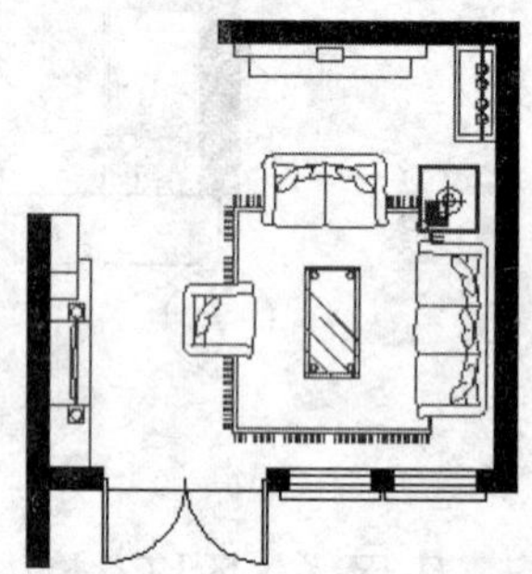

图8-85 绘制客厅家具

8.3.3 室内平面图标注

01 轴线标识。单击“默认”选项卡“图层”面板中的“图层特性”按钮，弹出“图层特性管理器”对话框，选择“轴线”和“轴线编号”图层并将它们弹出，除保留客厅相关轴线与轴号外，删除所有多余的轴线和轴号图形。

02 尺寸标注。

❶将“标注”图层设置为当前图层。

❷单击菜单栏中“格式”下的“标注样式”命令，弹出“标注样式管理器”对话框，创建新的标注样式，并将其命名为“室内标注”。

❸单击“继续”按钮，弹出“新建标注样式：室内标注”对话框，进行以下设置：选

择“符号和箭头”选项卡，在“箭头”选项组中的“第一项”和“第二个”下拉列表中均选择“建筑标记”，在“引线”下拉列表中选择“点”，在“箭头大小”微调框中输入50；选择“文字”选项卡，在“文字外观”选项组中的“文字高度”微调框中输入150。

❹完成设置后，将新建的“室内标注”设置为当前标注样式。

❺单击“默认”选项卡“注释”面板中的“线性”按钮，对客厅平面中的墙体尺寸、门窗位置和主要家具的平面图尺寸进行标注，结果如图8-86所示。

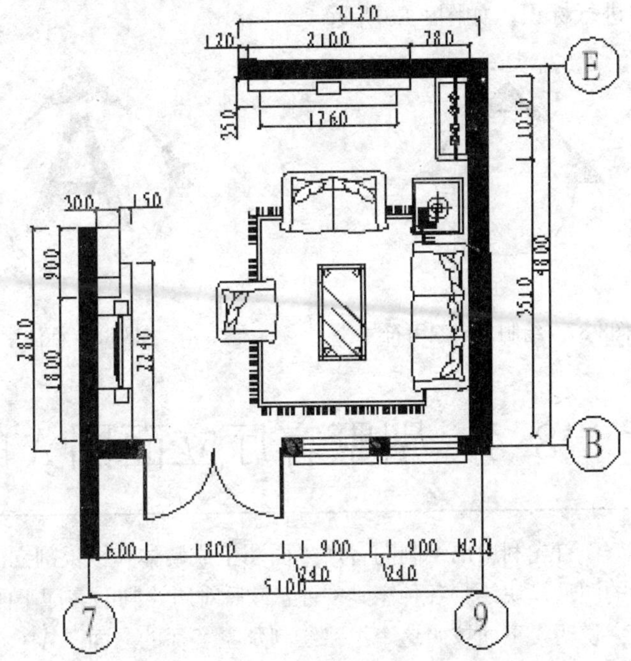

图8-86 添加轴线标识和尺寸标注

03 方向索引。在绘制一组室内设计图样时，为了统一室内方向标识，通常要在平面图中添加方向索引符号。

❶将“标注”图层设置为当前图层。

❷单击“默认”选项卡“绘图”面板中的“矩形”按钮，绘制一个边长为300的正方形；接着，单击“默认”选项卡“绘图”面板中的“直线”按钮，绘制正方形对角线；然后，单击“默认”选项卡“修改”面板中的“旋转”按钮，将所绘制的正方形旋转45°。

❸单击“默认”选项卡“绘图”面板中的“圆”按钮，以正方形对角线交点为圆心，绘制半径为150mm的圆，该圆与正方形内切。

❹单击“默认”选项卡“修改”面板中的“分解”按钮，将正方形进行分解，并删除正方形下半部的两条边和垂直方向的对角线，剩余图形为等腰直角三角形与圆；然后，利用“修剪”命令，结合已知圆，修剪正方形水平对角线。

❺单击“默认”选项卡“绘图”面板中的“图案填充”按钮，打开“图案填充创建”选项卡，单击“图案填充图案”选项，在打开的“填充图案”下拉列表框中选择填充图案为“SOLID”，对等腰三角形中未与圆重叠的部分进行填充，得到如图8-87所示的方向索

引符号。

❻单击“默认”选项卡“块”面板中的“创建”按钮，将所绘方向索引符号定义为图块，命名为“室内索引符号”。

❼单击“默认”选项卡“块”面板中的“插入”按钮，在平面图中插入方向索引符号，并根据需要调整符号角度。

❽单击“默认”选项卡“注释”面板中的“多行文字”按钮A，在方向索引符号圆内添加字母或数字进行标识，如图8-88所示。

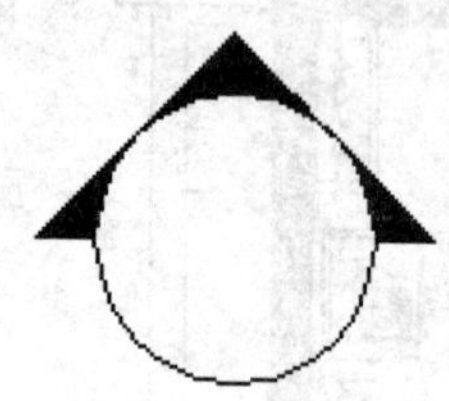

图8-87　绘制方向索引符号

图8-88　标注字母

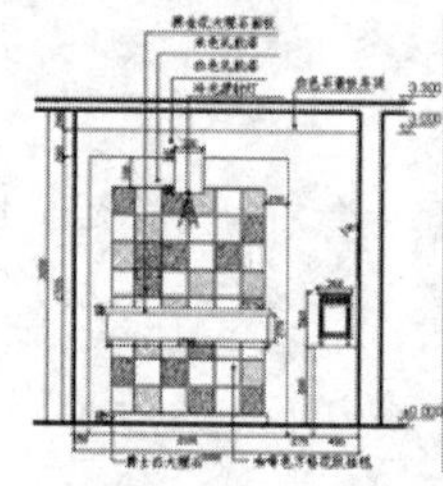

8.4　别墅客厅立面图A的绘制

首先利用已绘制的客厅平面图生成墙体和楼板剖立面图，然后利用图库中的图形模块绘制各种家具立面；最后对所绘制的客厅平面图进行尺寸标注和文字说明。下面按照这个思路绘制别墅客厅的立面图A（见图8-89）。

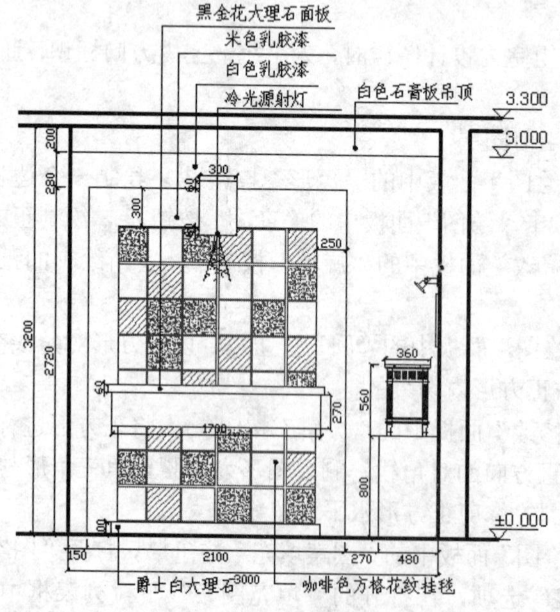

图8-89　客厅立面图A

实讲实训
多媒体演示

多媒体演示参见配套光盘中的\\动画演示\第8章\客厅立面图A的绘制.avi。

8.4.1 设置绘图环境

01 创建图形文件。打开已绘制的“客厅平面图.dwg”文件，选择“快速访问”工具栏中的“文件”→“另存为”命令，弹出“图形另存为”对话框。在“文件名”下拉列表框中输入新的图形文件名称“客厅立面图 A.dwg”。单击“保存”按钮，建立图形文件。

02 清理图形元素。

❶单击“默认”选项卡“图层”面板中的“图层特性”按钮，弹出“图层特性管理器”对话框，关闭与绘制对象相关不大的图层，如“轴线”和“轴线编号”图层等。

❷单击“默认”选项卡“修改”面板中的“修剪”按钮，清理平面图中多余的家具和墙体线条。

❸清理后的平面图形如图 8-90 所示。

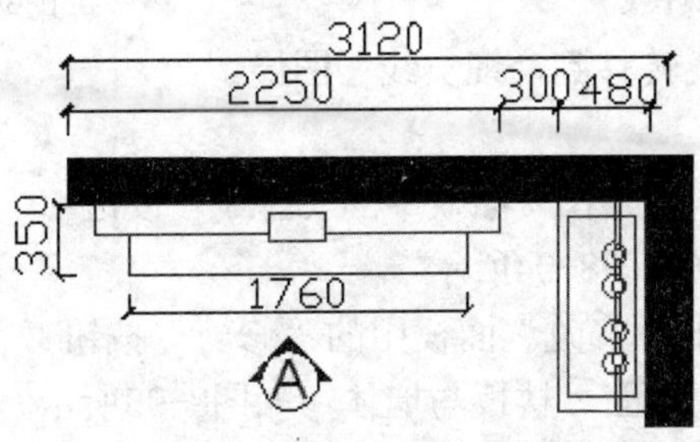

图8-90 清理后的平面图形

8.4.2 绘制地面、楼板与墙体

在室内立面图中，被剖切的墙线和楼板线都用粗实线表示。

01 绘制室内地坪。

❶单击“默认”选项卡“图层”面板中的“图层特性”按钮，弹出“图层特性管理器”对话框，创建新图层，将新图层命名为“粗实线”，设置该图层线宽为0.30mm，并将其设置为当前图层。

❷单击“默认”选项卡“绘图”面板中的“直线”按钮，在平面图上方绘制长度为4000的室内地坪线，其标高为±0.000，如图8-91所示。

图 8-91 绘制地坪线

02 绘制楼板线和梁线。

❶单击“默认”选项卡“修改”面板中的“偏移”按钮，将室内地坪线连续向上偏移两次，偏移量依次为3200和100，得到楼板定位线，如图8-92所示。

❷单击“默认”选项卡“图层”面板中的“图层特性”按钮，弹出“图层特性管理器”对话框，创建新图层，将新图层命名为“细实线”，并将其设置为当前图层。

❸单击“默认”选项卡“修改”面板中的“偏移”按钮，将室内地坪线向上偏移3000mm，

得到梁底面定位线，如图8-93所示。

图8-92　偏移地坪线　　　　图8-93　偏移地坪线

❹将所绘梁底面定位线转移到“细实线”图层。

03 绘制墙体。

❶单击“默认”选项卡“绘图”面板中的“直线”按钮，由平面图中的墙体位置生成立面图中的墙体定位线，如图8-94所示。

❷单击“默认”选项卡“修改”面板中的“修剪”按钮，对墙线、楼板线以及梁底面定位线进行修剪，得到地面、楼板与墙体，如图8-95所示。

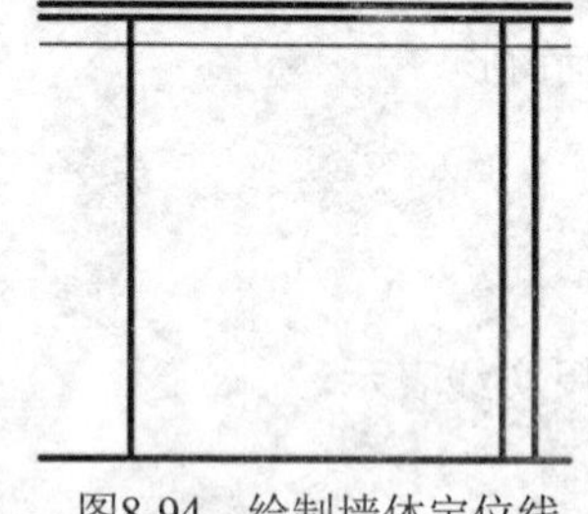

图8-94　绘制墙体定位线

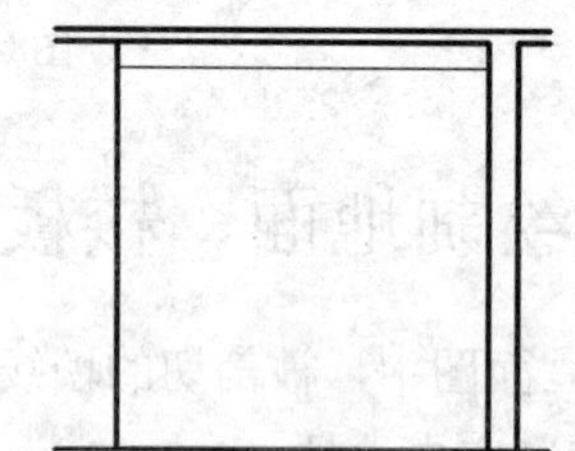

图8-95　绘制地面、楼板与墙体

8.4.3　绘制文化墙

01 绘制墙体。

❶单击“默认”选项卡“图层”面板中的“图层特性”按钮，弹出“图层特性管理器”对话框，创建新图层，将新图层命名为“文化墙”，并将其设置为当前图层。

❷单击“默认”选项卡“修改”面板中的“偏移”按钮，将左侧墙线向右偏移，偏移量为150，得到文化墙左侧定位线，如图8-96所示。

❸单击“默认”选项卡“绘图”面板中的“矩形”按钮，以定位线与室内地坪线交点为左下角点绘制“矩形1”，尺寸为2100×2720；然后利用“删除”命令删除定位线。

❹单击“默认”选项卡“绘图”面板中的“矩形”按钮，依次绘制绘制“矩形2”“矩形3”“矩形4”“矩形5”和“矩形6”，各矩形尺寸依次为1600×2420、 1700×100、300×420、1760×60和1700×270；使得各矩形底边中点均与“矩形1”底边中点重合。

❺单击“默认”选项卡“修改”面板中的“移动”按钮，依次向上移动“矩形4”“矩

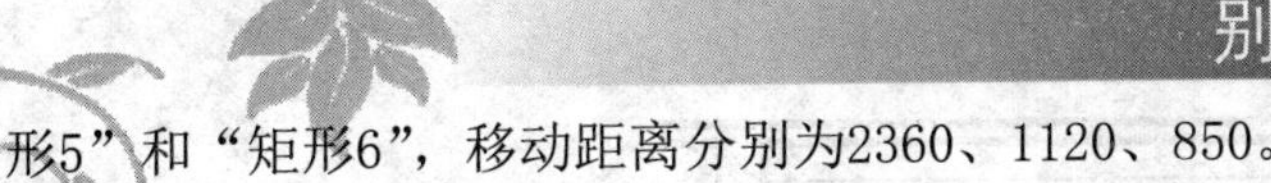

形5”和“矩形6”，移动距离分别为2360、1120、850。

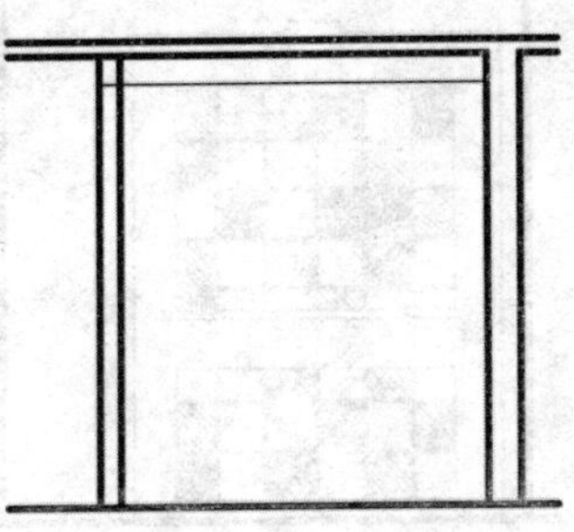

图8-96　偏移墙线

❻单击“默认”选项卡“修改”面板中的“修剪”按钮，修剪多余线条，结果如图8-97所示。

02 绘制装饰挂毯。

❶单击“快速访问”工具栏中的“打开”按钮，在弹出的“选择文件”对话框中选择“光盘：\ 图库”路径，找到“CAD 图库.dwg”文件并将其弹出。

❷在名称为“装饰”的一栏中选择“挂毯”图形模块进行复制，如图 8-98 所示。

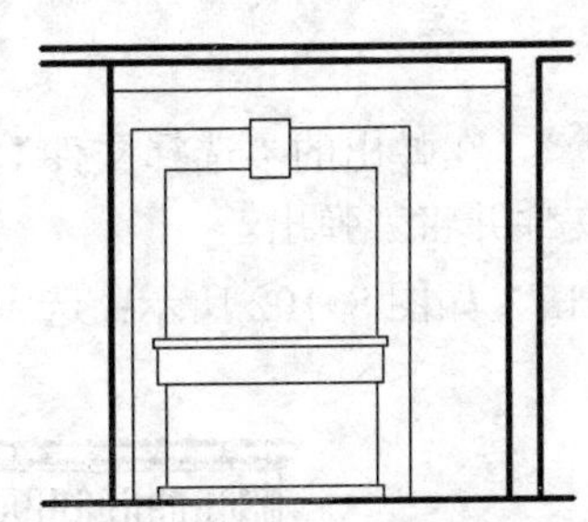

图8-97　绘制文化墙墙体

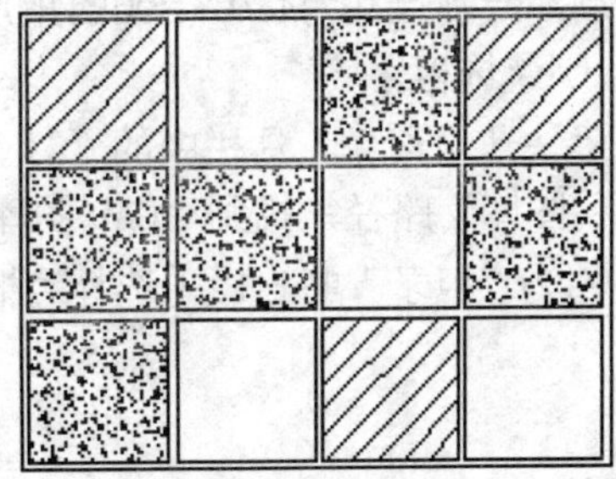

图8-98　挂毯模块

返回“客厅立面图”的绘图界面，将复制的图形模块粘贴到立面图右侧空白区域。

❸由于“挂毯”模块尺寸为 1140×840，小于铺放挂毯的矩形区域（1600×2320），因此，有必要对挂毯模块进行重新编辑。

1）单击“默认”选项卡“修改”面板中的“修剪”按钮，将“挂毯”图形模块进行分解。

2）利用“复制”命令，以挂毯中的方格图形为单元，复制并拼贴成新的挂毯图形。

3）将编辑后的挂毯图形填充到文化墙中央矩形区域，绘制结果如图 8-99 所示。

03 绘制筒灯。

❶单击“快速访问”工具栏中的“打开”按钮，在弹出的“选择文件”对话框中选择“光盘：\ 图库”路径，找到“CAD 图库.dwg”文件并将其弹出。

❷在名称为“灯具和电器”的一栏中选择“筒灯立面”，如图 8-100 所示；选中该图形后，单击鼠标右键，在弹出的快捷菜单中单击“带基点复制”命令，点取筒灯图形上端顶点作为基点。

❸返回“客厅立面图”的绘图界面，将复制的“筒灯立面”模块粘贴到文化墙中“矩形 4”的下方，如图 8-101 所示。

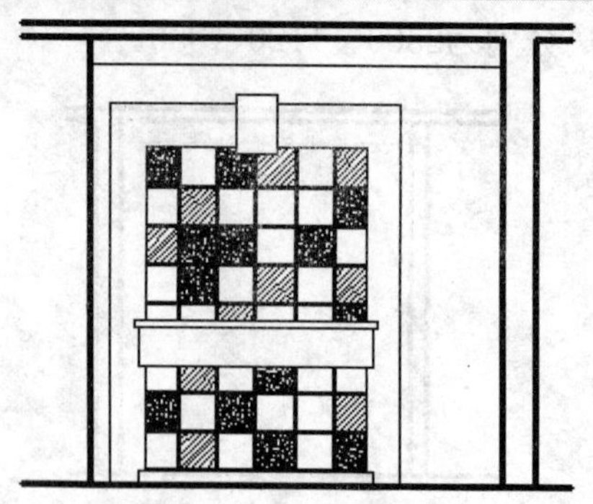

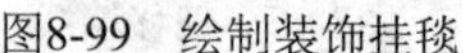

图8-99　绘制装饰挂毯

8.4.4　绘制家具

01 绘制柜子底座。

❶将“家具”图层设置为当前图层。

❷单击“默认”选项卡“绘图”面板中的“矩形”按钮，以右侧墙体的底部端点为矩形右下角点，绘制尺寸为480×800的矩形。

02 绘制装饰柜。

❶单击“快速访问”工具栏中的“打开”按钮，在弹出的“选择文件”对话框中选择“光盘：\ 图库”路径，找到“CAD 图库.dwg”文件并将其弹出。

❷在名称为“柜子”的一栏中选择“柜子—01CL”，如图 8-102 所示；选中该图形，将其复制。

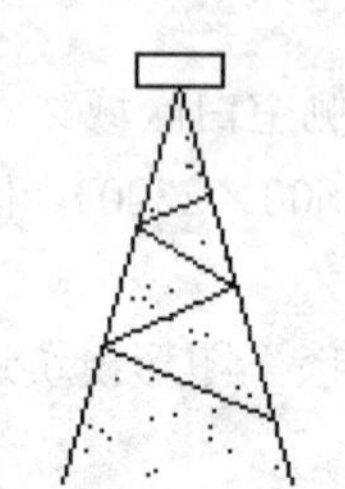

图8-100　筒灯立面

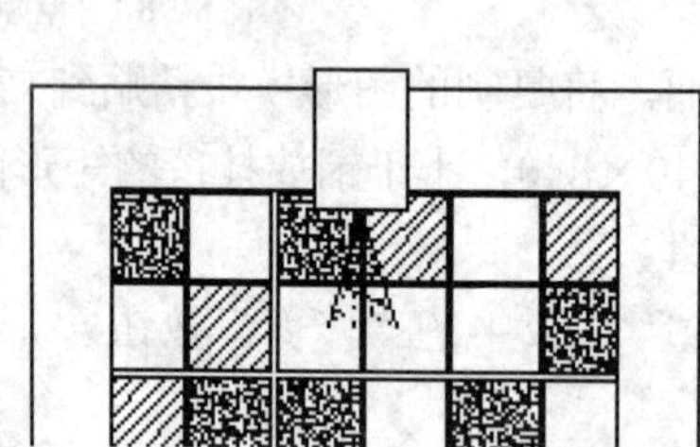

图8-101　绘制筒灯

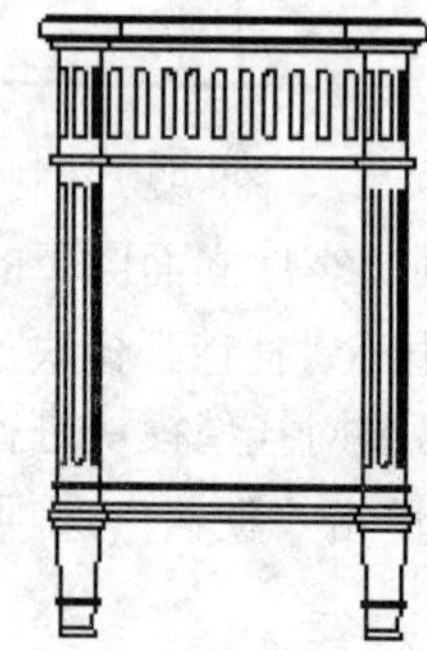

图8-102　“柜子—01CL”图形模块

❸返回“客厅立面图 A”的绘图界面，将复制的图形粘贴到已绘制的柜子底座上方。

03 绘制射灯组。

❶单击“默认”选项卡“修改”面板中的“偏移”按钮，将室内地坪线向上偏移，偏移量为2000mm，得到射灯组定位线。

❷单击“快速访问”工具栏中的“打开”按钮，在弹出的“选择文件”对话框中选择“光盘：\ 图库”路径，找到“CAD 图库.dwg”文件并将其弹出。

❸在名称为“灯具”的一栏中，选择“射灯组 CL”，如图 8-103 所示；选中该图形后，在单击鼠标右键弹出的快捷菜单中选择“复制”命令。

❹返回“客厅立面图 A”的绘图界面，将复制的“射灯组 CL”模块粘贴到已绘制的定位线处。

❺单击“默认”选项卡“修改”面板中的“删除”按钮，删除定位线。

04 绘制装饰画。在装饰柜与射灯组之间的墙面上挂有裱框装饰画一幅。在本图中，只能看到该装饰画框的侧面，其立面图可用相应大小的矩形来表示。

具体绘制方法为：

❶单击“默认”选项卡“修改”面板中的“偏移”按钮，将室内地坪线向上偏移，偏移量为1500，得到画框底边定位线。

❷单击“默认”选项卡“绘图”面板中的“矩形”按钮，以定位线与墙线交点作为矩形右下角点，绘制尺寸为30×420的画框侧面。

❸单击“默认”选项卡“修改”面板中的“删除”按钮，删除定位线。

如图 8-104 所示为以装饰柜为中心的家具组合立面图。

8.4.5 室内立面图标注

01 室内立面图标高。

❶将“标注”图层设置为当前图层。

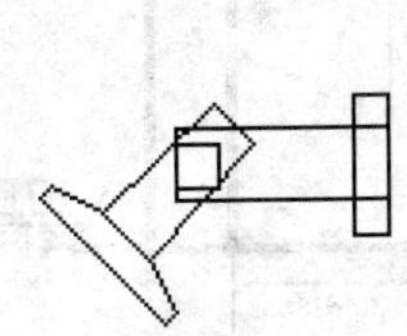
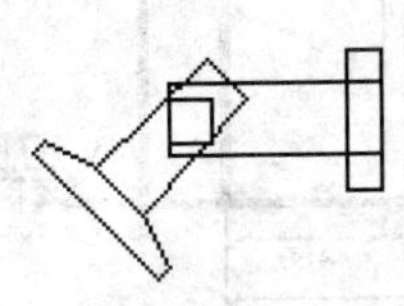

图8-103 “射灯组CL”图形模块

图8-104 以装饰柜为中心的家具组合

❷单击“默认”选项卡“绘图”面板中的“插入块”按钮，在立面图中地坪、楼板和梁的位置插入标高符号。

❸单击“默认”选项卡“注释”面板中的“多行文字”按钮A，在标高符号的长直线上方添加标高数值。

02 尺寸标注。在室内立面图中，对家具的尺寸和空间位置关系都要使用“线性标注”命令进行标注。

❶将“标注”图层设置为当前图层。

❷单击“默认”选项卡“注释”面板中的“标注样式”按钮，弹出“标注样式管理器”对话框，选择“室内标注”作为当前标注样式。

❸单击“默认”选项卡“注释”面板中的“线性”按钮，对家具的尺寸和空间位置关系进行标注。

03 文字说明。在室内立面图中通常用文字说明来表达各部位表面的装饰材料和装修做法。

❶将“文字”图层设置为当前图层。

❷在命令行输入“QLEADER”命令，绘制标注引线。

❸单击“默认”选项卡“注释”面板中的“多行文字”按钮A，设置字体为“仿宋GB2312”、文字高度为100，在引线一端添加文字说明。标注的结果如图8-105所示。

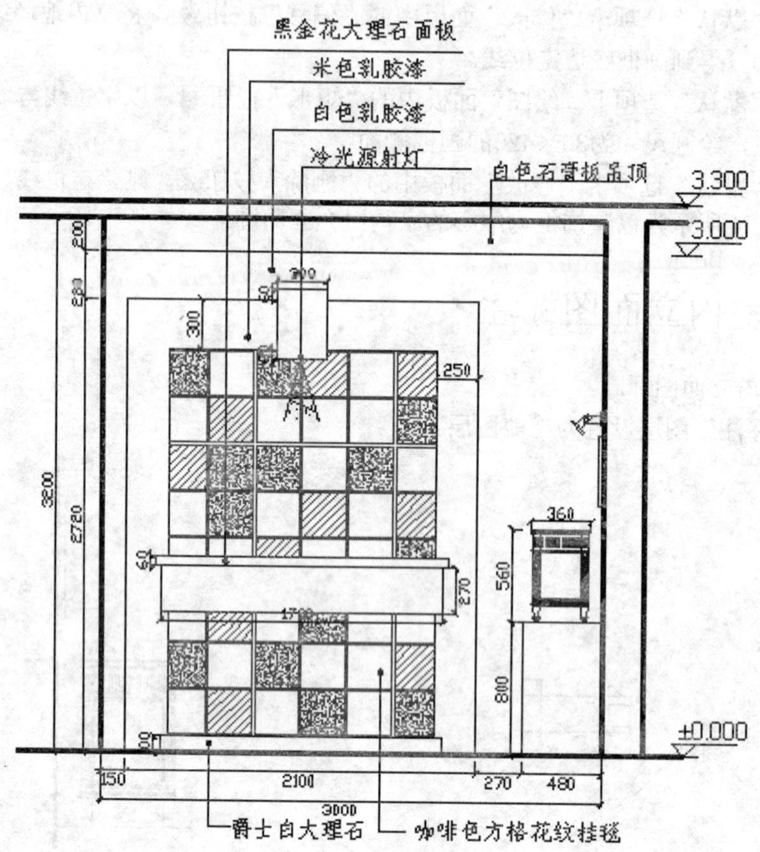

图8-105　室内立面图标注

8.5　别墅客厅立面图 B 的绘制

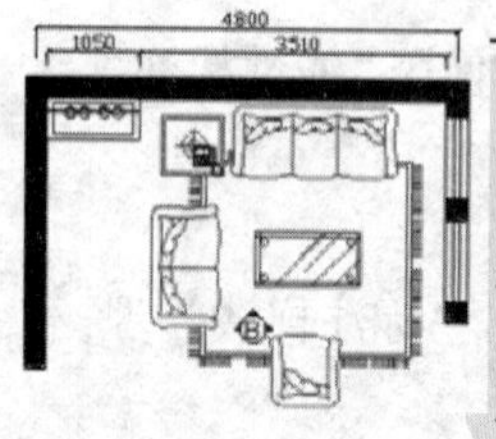

客厅立面图 B 的主要绘制思路为：首先利用已绘制的客厅平面图生成墙体和楼板，然后利用图库中的图形模块绘制各种家具和墙面装饰，最后对所绘制的客厅平面图进行尺寸标注和文字说明。下面按照这个思路绘制别墅客厅的立面图 B（见图 8-106）。

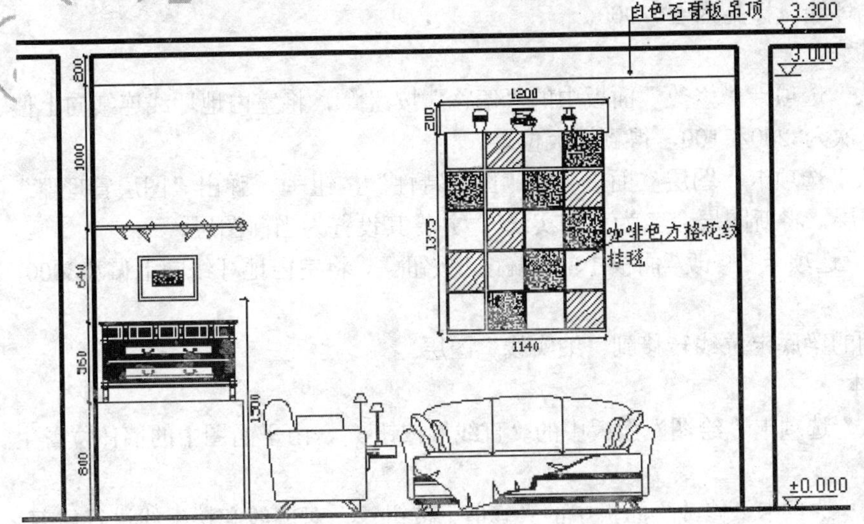

图8-106 客厅立面图B

> **实讲实训 多媒体演示**
>
> 多媒体演示参见配套光盘中的\\动画演示\第8章\客厅立面图B的绘制.avi。

8.5.1 设置绘图环境

01 创建图形文件。打开“客厅平面图.dwg”文件，选择菜单栏中的“文件”→“另存为”命令，弹出“图形另存为”对话框。在“文件名”下拉列表框中输入新的图形文件名称“客厅立面图B.dwg”。单击“保存”按钮，建立图形文件。

02 清理图形元素。

❶单击“默认”选项卡“图层”面板中的“图层特性”按钮，弹出“图层特性管理器”对话框，关闭与绘制对象相关不大的图层，如“轴线”和“轴线编号”图层等。

❷单击“默认”选项卡“修改”面板中的“旋转”按钮，将平面图进行旋转，旋转角度为90°。

❸单击“默认”选项卡“修改”面板中的“删除”按钮和“修剪”按钮，清理平面图中多余的家具和墙体线条。

❹清理后的平面图形如图8-107所示。

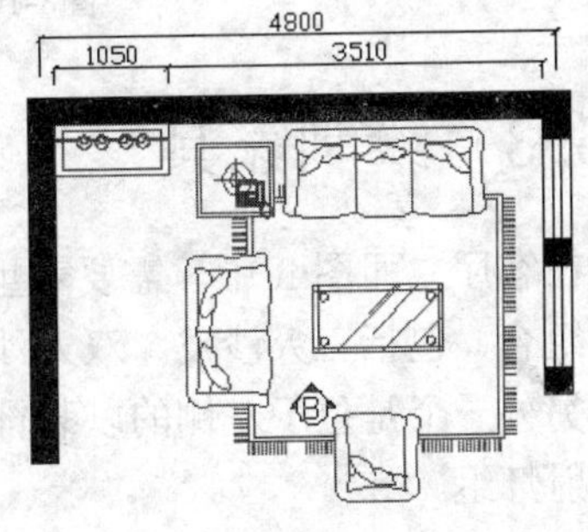

图8-107 清理后的平面图形

8.5.2 绘制地坪、楼板与墙体

01 绘制室内地坪。

❶单击“默认”选项卡“图层”面板中的“图层特性”按钮，弹出“图层特性管理器”对话框，创建新图层，将新图层命名为“粗实线”，设置图层线宽为0.30mm，并将其设置为当前图层。

❷单击“默认”选项卡“绘图”面板中的“直线”按钮，在平面图上方绘制长度为

6000的客厅室内地坪线，标高为±0.000。

02 绘制楼板。

❶单击“默认”选项卡“修改”面板中的“偏移”按钮，将室内地坪线连续向上偏移两次，偏移量依次为3200和100，得到楼板位置。

❷单击“默认”选项卡“图层”面板中的“图层特性”按钮，弹出“图层管理器”对话框，创建新图层，将新图层命名为“细实线”，并将其设置为当前图层。

❸单击“默认”选项卡“修改”面板中的“偏移”按钮，将室内地坪线向上偏移3000，得到梁底定位线。

❹将偏移得到的梁底定位线转移到“细实线”图层。

03 绘制墙体。

❶单击“默认”选项卡“绘图”面板中的“直线”按钮，由平面图中的墙体位置生成立面墙体定位线。

❷单击“默认”选项卡“修改”面板中的“修剪”按钮，对墙线和楼板线进行修剪，得到地坪、楼板与墙体轮廓，如图8-108所示。

图8-108　绘制地坪、楼板与墙体轮廓

8.5.3　绘制家具

在客厅立面图B中，需要着重绘制的是两个家具装饰组合：第一个是以沙发为中心的家具组合，包括三人沙发、双人沙发、长茶几和位于沙发侧面用来摆放电话和台灯的小茶几；另外一个是位于左侧的以装饰柜为中心的家具组合，包括装饰柜及其底座、裱框装饰画和射灯组。

下面就分别来介绍这些家具及组合的绘制方法。

01 绘制沙发与茶几。

❶将“家具”图层设置为当前图层。

❷单击“快速访问”工具栏中的“打开”按钮，在弹出的“选择文件”对话框中选择“光盘：\图库”路径，找到“CAD图库.dwg”文件并将其弹出。

❸在名称为“沙发和茶几”的一栏中选择“沙发—002B”“沙发—002C”“茶几—03L”和“小茶几与台灯”4个图形模块，分别对它们进行复制。

❹返回“客厅立面图B”的绘图界面，按照平面图中提供的各家具之间的位置关系，将复制的家具模块依次粘贴到立面图中的相应位置，如图8-109所示。

❺由于各图形模块在此方向上的立面投影有交叉重合现象，因此有必要对这些家具进行重新组合。具体方法为：

1）将图中的沙发和茶几图形模块分别进行分解。

2）根据平面图中反映的各家具间的位置关系，删去家具模块中被遮挡的线条，仅保留立面投影中可见的部分。

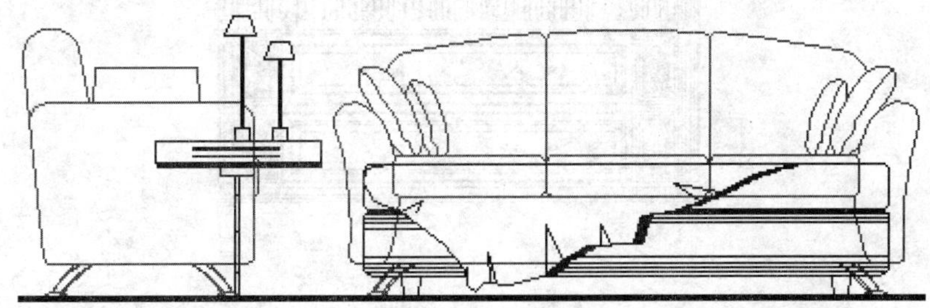

图8-109　粘贴沙发和茶几等图形模块

3）将编辑后的图形组合定义为块。

❻如图 8-110 所示为绘制完成的以沙发为中心的家具组合。

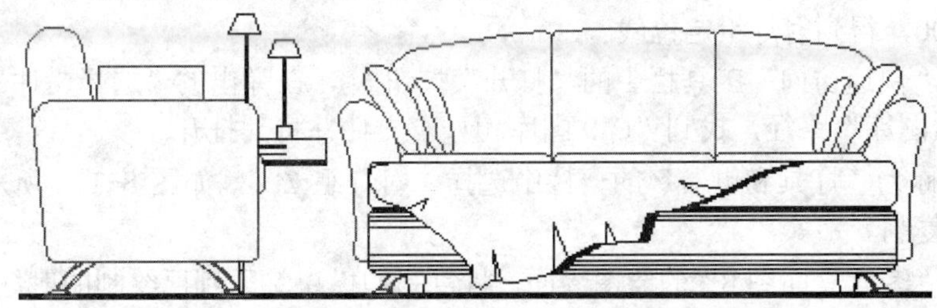

图8-110　以沙发为中心的家具组合

02 绘制装饰柜。

❶单击“默认”选项卡“绘图”面板中的“矩形”按钮，以左侧墙体的底部端点为矩形左下角点，绘制尺寸为1050×800的矩形底座。

❷单击“快速访问”工具栏中的“打开”按钮，在弹出的“选择文件”对话框中，选择“光盘：\ 图库”路径，找到“CAD 图库.dwg”文件并将其弹出。

注意

在图库中，很多家具图形模块都是以个体为单元进行绘制的，因此当多个家具模块被选取并插入到同一室内立面图中时，由于投影位置的重叠，不同家具模块间难免会出现互相重叠和相交的情况，线条变得繁多且杂乱。对于这种情况，可以采用重新编辑模块的方法进行绘制，具体步骤如下：

首先，利用“分解”命令，将相交或重叠的家具模块分别进行分解。

然后，利用“修剪”和“删除”命令，根据家具立面图投影的前后次序，清除图形中被遮挡的线条，仅保留家具立面图投影的可见部分。

最后，将编辑后得到的图形定义为块，从而避免了因分解后的线条过于繁杂而影响图形的绘制。

❸在名称为“装饰”的一栏中选择装饰柜“柜子—01ZL”，如图 8-111 所示，选中该图形模块进行复制。

图8-111　装饰柜

❹返回“客厅立面图 B”的绘图界面，将复制的图形模块粘贴到已绘制的柜子底座上方。

03 绘制射灯组与装饰画。

❶单击“默认”选项卡“修改”面板中的“偏移”按钮，将室内地坪线向上偏移，偏移量为2000，得到射灯组定位线。

❷单击“快速访问”工具栏中的“打开”按钮，在弹出的“选择文件”对话框中选择“光盘：\图库”路径，找到“CAD 图库.dwg”文件并将其打开。

❸在名称为“灯具和电器”的一栏中选择“射灯组 ZL”，如图 8-112 所示；选中该图形模块进行复制。

❹返回“客厅立面图 B”的绘图界面，将复制的模块粘贴到已绘制的射灯组定位线处。

❺单击“默认”选项卡“修改”面板中的“删除”按钮，删除定位线。

❻打开图库文件，在名称为“装饰”的一栏中选择“装饰画 01”，如图 8-113 所示；对该模块进行“带基点复制”，复制基点为画框底边中点。

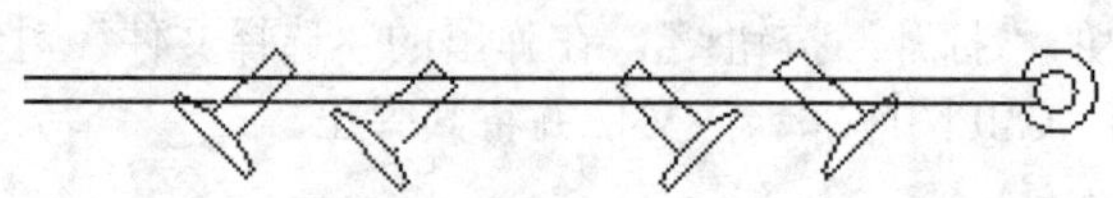

图8-112　射灯组

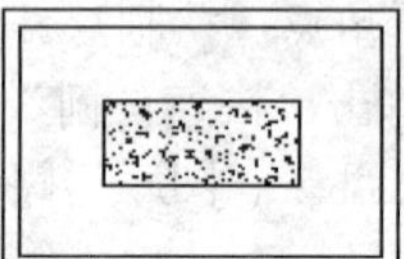

图8-113　装饰画

❼返回“客厅立面图 B”的绘图界面，以装饰柜底座的底边中点为插入点，将复制的模块粘贴到立面图中。

❽单击“默认”选项卡“修改”面板中的“移动”按钮，将装饰画模块垂直向上移动，移动距离为1500。

❾如图 8-114 所示为绘制完成的以装饰柜为中心的家具组合。

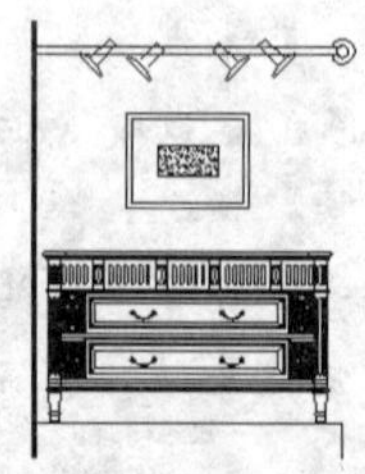

图8-114　以装饰柜为中心的家具组合

8.5.4 绘制墙面装饰

01 绘制条形壁龛。

❶单击“默认”选项卡“图层”面板中的“图层特性”按钮，弹出“图层特性管理器”对话框，创建新图层，将新图层命名为“墙面装饰”，并将其设置为当前图层。

❷单击“默认”选项卡“修改”面板中的“偏移”按钮，将梁底面投影线向下偏移180，得到“辅助线1”；再次利用“偏移”命令，将右侧墙线向左偏移900，得到“辅助线2”。

❸单击“默认”选项卡“绘图”面板中的“矩形”按钮，以“辅助线1”与“辅助线2”的交点为矩形右上角点，绘制尺寸为1200×200的矩形壁龛。

❹单击“默认”选项卡“修改”面板中的“删除”按钮，删除两条辅助线。

02 绘制挂毯。在壁龛下方垂挂一条咖啡色挂毯作为墙面装饰。此处挂毯与客厅立面图 A 中文化墙内的挂毯均为同一花纹样式，不同的是此处挂毯面积较小。因此，可以继续利用前面章节中介绍过的挂毯图形模块进行绘制。

❶重新编辑挂毯模块。将挂毯模块进行分解，然后以挂毯表面花纹方格为单元，重新编辑模块，得到规格为 4×6 的方格花纹挂毯模块（4、6 分别指方格的列数与行数），如图 8-115 所示。

❷绘制挂毯垂挂效果。挂毯的垂挂方式是将挂毯上端伸入壁龛，用壁龛内侧的细木条将挂毯上端压实固定，并使其下端垂挂在壁龛下方墙面上。

1）单击“默认”选项卡“修改”面板中的“移动”按钮，将绘制好的新挂毯模块移动到条形壁龛下方，使其上侧边线中点与壁龛下侧边线中点重合。

2）单击“默认”选项卡“修改”面板中的“移动”按钮，将挂毯模块垂直向上移动40。

3）单击“默认”选项卡“修改”面板中的“偏移”按钮，将壁龛下侧边线向上偏移，偏移量为10。

4）单击“默认”选项卡“修改”面板中的“分解”按钮，将新挂毯模块进行分解，并利用“修剪”和“删除”命令，以偏移线为边界，修剪并删除挂毯上端的多余部分。

❸绘制结果如图 8-116 所示。

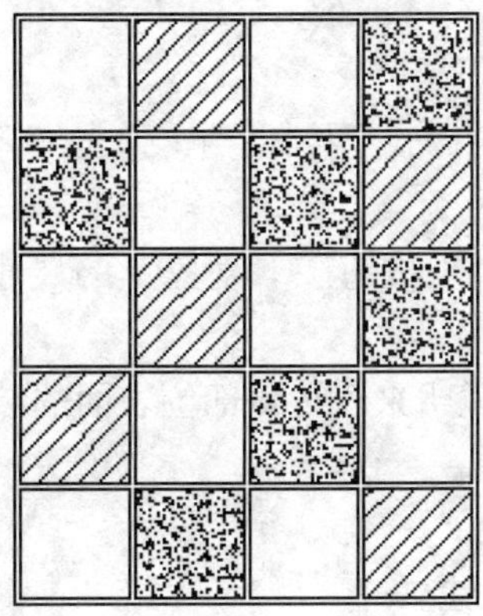

图8-115 重新编辑挂毯模块

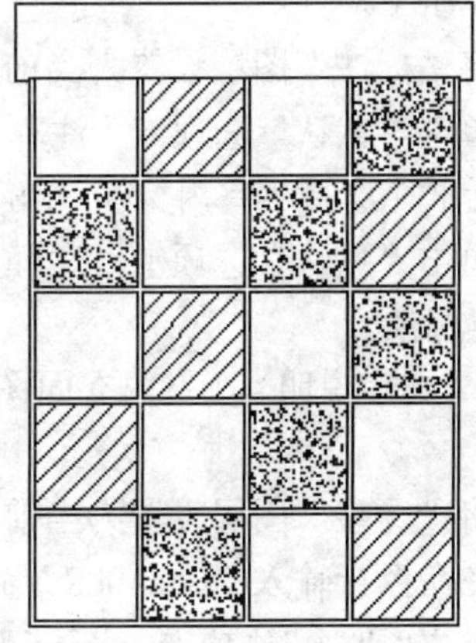

图8-116 垂挂的挂毯

03 绘制瓷器。

❶在“图层”下拉列表中选择“墙面装饰”图层，将其设置为当前图层。

❷单击“快速访问”工具栏中的“打开”按钮，在弹出的“选择文件”对话框中选择“光盘：\图库”路径，找到“CAD 图库.dwg”文件并将其打开。

❸在名称为“装饰”的一栏中选择“陈列品 6”“陈列品 7”和“陈列品 8”模块，对选中的图形模块进行复制，并将其粘贴到客厅立面图 B 中。

❹根据壁龛的高度，分别对每个图形模块的尺寸比例进行适当调整，然后将它们依次插入壁龛中，结果如图 8-117 所示。

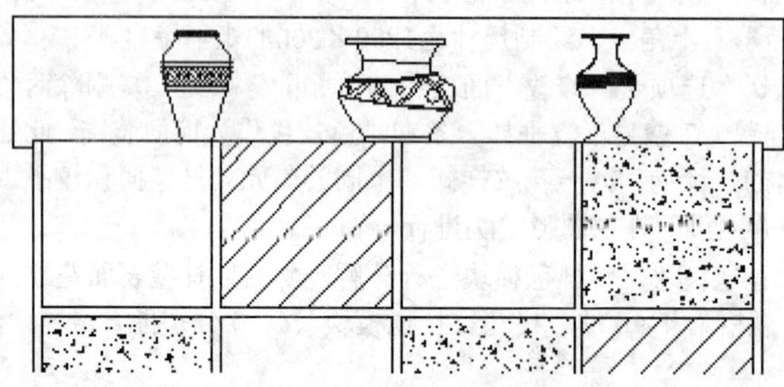

图8-117　绘制壁龛中的瓷器

8.5.5　立面标注

01 室内立面标高。

❶将“标注”图层设置为当前图层。

❷单击“默认”选项卡“绘图”面板中的“插入块”按钮，在立面图中地坪、楼板和梁的位置插入标高符号。

❸单击“默认”选项卡“注释”面板中的“多行文字”按钮A，在标高符号的长直线上方添加标高数值。

02 尺寸标注。在室内立面图中，对家具的尺寸和空间位置关系都要使用“线性标注”命令进行标注。

❶将“标注”图层设置为当前图层。

❷单击“默认”选项卡“注释”面板中的“标注样式”按钮，弹出“标注样式管理器”对话框，选择“室内标注”作为当前标注样式。

❸单击“默认”选项卡“注释”面板中的“线性”按钮，对家具的尺寸和空间位置关系进行标注。

03 文字说明。在室内立面图中，通常用文字说明来表达各部位表面的装饰材料和装修做法。

❶将“文字”图层设置为当前图层。

❷在命令行输入“QLEADER”命令，绘制标注引线。

❸单击“默认”选项卡“注释”面板中的“多行文字”按钮A，设置字体为“仿宋GB2312”，文字高度为100，在引线一端添加文字说明。标注结果如图8-106所示。

8.6 别墅首层地坪图的绘制

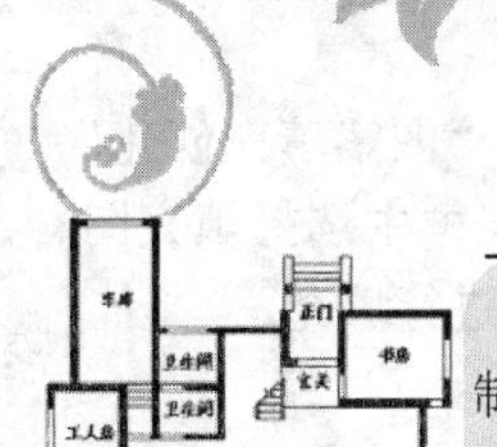

首先，由已知的首层平面图生成平面墙体轮廓；接着，各门窗洞口位置绘制投影线；然后，根据各房间地面材料类型，选取适当的填充图案对各房间地面进行填充；最后，添加尺寸和文字标注。下面就按照这个思路绘制别墅的首层地坪图（见图 8-118）。

8.6.1 设置绘图环境

01 创建图形文件。打开已绘制的“别墅首层平面图.dwg”文件，在“文件”菜单中选择“另存为”命令，弹出“图形另存为”对话框。在“文件名”下拉列表框中输入新的图形名称为“别墅首层地坪图.dwg”。单击“保存”按钮，建立图形文件。

02 清理图形元素。

❶单击“默认”选项卡“图层”面板中的“图层特性”按钮，弹出“图层特性管理器”对话框，关闭“轴线”“轴线编号”和“标注”图层。

❷单击“默认”选项卡“修改”面板中的“删除”按钮，删除首层平面图中所有的家具和门窗图形。

❸选择菜单栏中的“文件”→“绘图实用程序”→“清理”命令，清理无用的图形元素。清理后的平面图如图 8-119 所示。

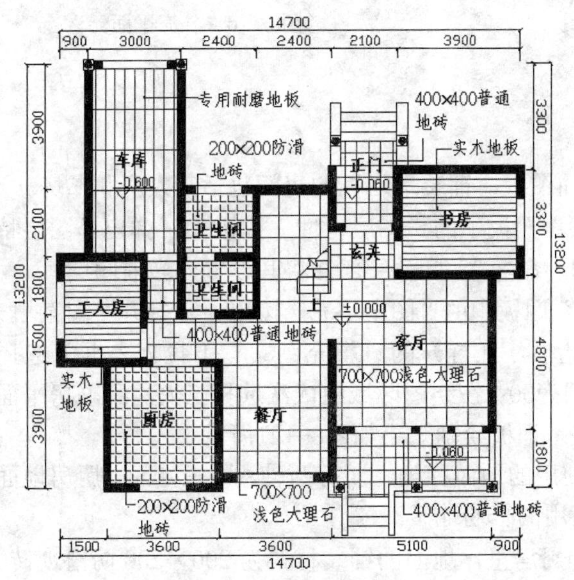

图8-118 别墅首层地坪图

实讲实训
多媒体演示

多媒体演示参见配套光盘中的\\动画演示\第8章\别墅首层地坪图的绘制.avi。

8.6.2 补充平面元素

01 填充平面墙体。

❶将“墙体”图层设置为当前图层。

❷单击“默认”选项卡“绘图”面板中的“图案填充”按钮，打开“图案填充创建”选项卡，单击“图案填充图案”选项，在打开的“填充图案”下拉列表框中选择填充图案为“SOLID”，在绘图区域中拾取墙体内部点，选择墙体作为填充对象进行填充。

02 绘制门窗投影线。

❶将“门窗”图层设置为当前图层。

❷单击“默认”选项卡“绘图”面板中的“直线”按钮，在门窗洞口处绘制洞口平面投影线，如图8-120所示。

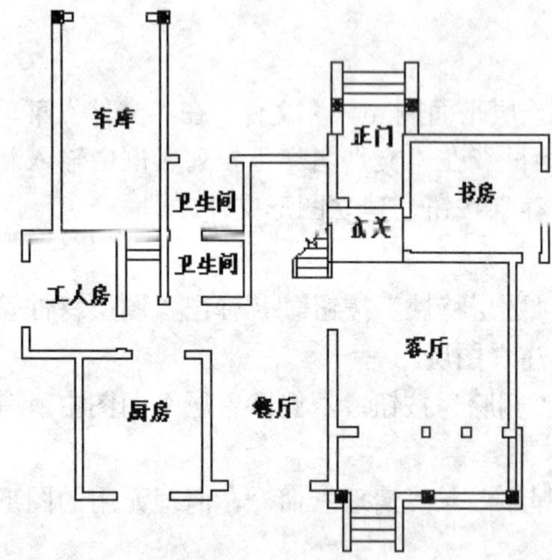

图8-119　清理后的平面图

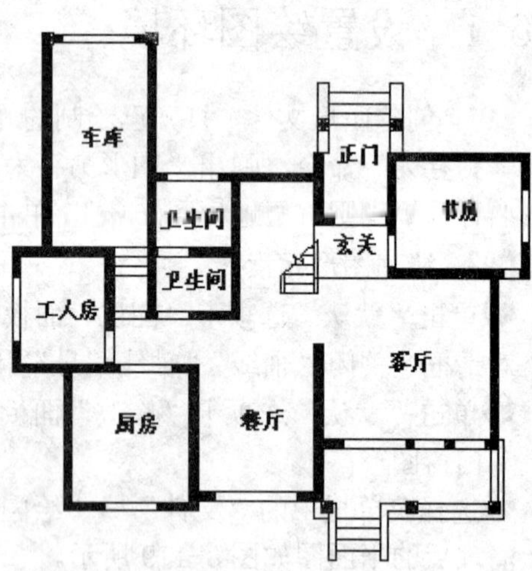

图8-120　补充平面元素

8.6.3　绘制地板

01 绘制木地板。在首层平面图中，铺装木地板的房间包括工人房和书房。

❶单击“默认”选项卡“图层”面板中的“图层特性”按钮，弹出“图层特性管理器”对话框，创建新图层，将新图层命名为“地坪”，并将其设置为当前图层。

❷单击“默认”选项卡“绘图”面板中的“图案填充”按钮，打开“图案填充创建”选项卡，单击“图案填充图案”选项，在打开的“填充图案”下拉列表框中选择填充图案为“LINE”，并设置图案填充比例为60；在绘图区域中依次选择工人房和书房平面作为填充对象，进行地板图案填充。书房木地板绘制效果如图8-121所示。

02 绘制地砖。在本例中，使用的地砖种类主要有两种，即卫生间、厨房地面使用的防滑地砖和入口、阳台等处地面使用的普通地砖。

❶绘制防滑地砖。在卫生间和厨房里，地面的铺装材料为200×200防滑地砖。

1）单击“默认”选项卡“绘图”面板中的“图案填充”按钮，打开“图案填充创建”选项卡，单击“图案填充图案”选项，在打开的“填充图案”下拉列表框中选择填充图案为“ANGEL”，并设置图案填充比例为30。

2）在绘图区域中依次选择卫生间和厨房平面作为填充对象，进行防滑地砖图案的填充。卫生间防滑地砖绘制效果如图 8-122 所示。

图8-121　绘制书房木地板

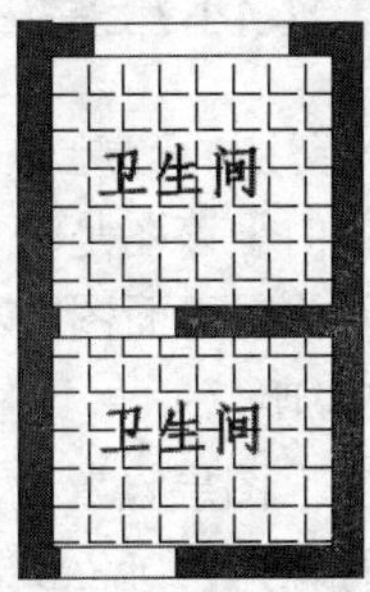

图8-122　绘制卫生间防滑地砖

❷绘制普通地砖。在别墅的入口和外廊处，地面的铺装材料为400×400普通地砖。

单击“默认”选项卡“绘图”面板中的“图案填充”按钮，打开“图案填充创建”选项卡，单击“图案填充图案”选项，在打开的“填充图案”下拉列表框中选择填充图案为“NET”，并设置图案填充比例为120。在绘图区域中依次选择入口和外廊平面作为填充对象，进行普通地砖图案的填充。入口处地砖绘制效果如图8-123所示。

03 绘制大理石地面。通常客厅和餐厅的地面材料可以有很多种选择，如普通地砖、耐磨木地板等。在本例中，设计者选择在客厅、餐厅和走廊地面铺装光亮、易清洁而且耐磨损的浅色大理石材料。

❶单击“默认”选项卡“绘图”面板中的“图案填充”按钮，打开“图案填充创建”选项卡，单击“图案填充图案”选项，在打开的“填充图案”下拉列表框中选择填充图案为“NET”，并设置图案填充比例为210。

❷在绘图区域中依次选择客厅、餐厅和走廊平面作为填充对象，进行大理石地面图案的填充。客厅大理石绘制效果如图8-124所示。

04 绘制车库地板。本例中车库地板材料采用的是车库专用耐磨地板。

❶单击“默认”选项卡“绘图”面板中的“图案填充”按钮，打开“图案填充创建”选项卡，单击“图案填充图案”选项，在打开的“填充图案”下拉列表框中选择填充图案为“GRATE”、并设置图案填充角度为90°、比例为400。

❷在绘图区域中选择车库平面作为填充对象，进行车库地面图案的填充，结果如图8-125所示。

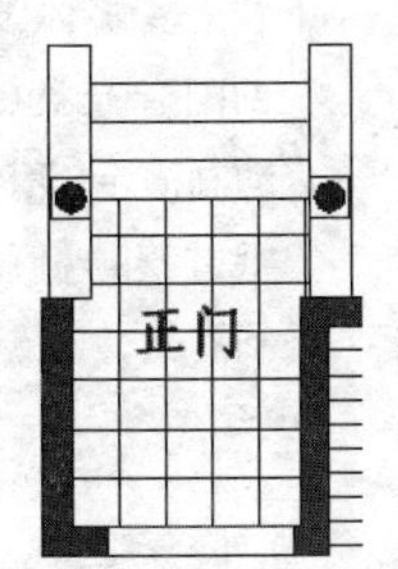

图8-123　绘制入口处地砖

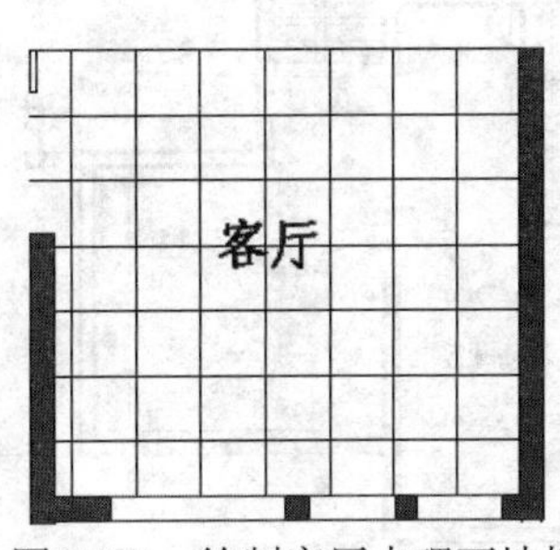

图8-124　绘制客厅大理石地板

图8-125　绘制车库地板

8.6.4 尺寸标注与文字说明

01 尺寸标注与标高。在别墅首层地坪图中，尺寸标注和平面标高的内容及要求与平面图基本相同。由于该图是基于已有的首层平面图基础上绘制生成的，因此图中的尺寸标注可以直接沿用首层平面图的标注结果。

02 文字说明。

❶将“文字”图层设置为当前图层。

❷在命令行输入“QLEADER”命令，并设置引线的箭头形式为“点”，箭头大小为60。

❸单击“默认”选项卡“注释”面板中的“多行文字”按钮A，设置字体为“仿宋GB2312”、文字高度为300，在引线一端添加表明该房间地面的铺装材料和做法的文字说明，结果如图8-118所示。

8.7 别墅首层顶棚图的绘制

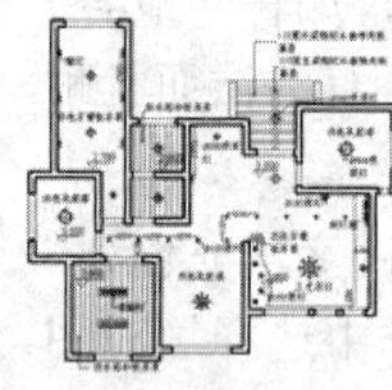

首先，清理首层平面图，留下墙体轮廓，并在各门窗洞口位置绘制投影线；然后绘制吊顶并根据各房间选用的照明方式绘制灯具；最后，进行文字说明和尺寸标注。下面按照这个思路绘制别墅首层顶棚平面图（见图8-126）。

8.7.1 设置绘图环境

01 创建图形文件。打开已绘制的“别墅首层平面图.dwg”文件，在“文件”菜单中选择“另存为”命令，弹出“图形另存为”对话框，在“文件名”下拉列表框中输入新的图形文件名称为“别墅首层顶棚平面图.dwg”。单击“保存”按钮，建立图形文件。

02 清理图形元素。

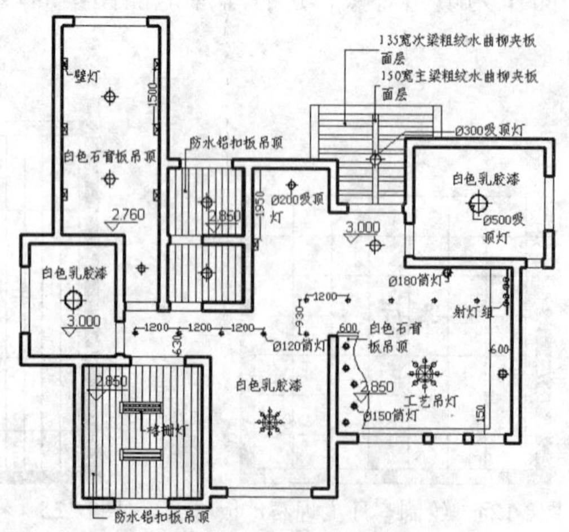

图8-126 别墅首层顶棚图

实讲实训 多媒体演示

多媒体演示参见配套光盘中的\\动画演示\第8章\别墅首层顶棚图的绘制.avi。

❶单击“默认”选项卡“图层”面板中的“图层特性”按钮，弹出“图层特性管理器”对话框，关闭“轴线”“轴线编号”和“标注”图层。

❷单击“默认”选项卡“修改”面板中的“删除”按钮，删除首层平面图中的家具、门窗图形以及所有文字。

❸选择菜单栏中的“文件”→“绘图实用程序”→“清理”命令，清理无用的图层和其他图形元素。清理后的平面图如图 8-127 所示。

8.7.2 补绘平面轮廓

01 绘制门窗投影线。

❶将“门窗”图层设置为当前图层。

❷单击“默认”选项卡“绘图”面板中的“直线”按钮，在门窗洞口处绘制洞口投影线。

02 绘制入口雨篷轮廓线。

❶单击“默认”选项卡“图层”面板中的“图层特性”按钮，弹出“图层特性管理器”对话框，创建新图层，将新图层命名为“雨篷”，并将其设置为当前图层。

❷单击“默认”选项卡“绘图”面板中的“直线”按钮，以正门外侧投影线中点为起点向上绘制长度为2700的雨篷中心线；然后以中心线的上侧端点为中点，绘制长度为3660的水平边线。

❸单击“默认”选项卡“修改”面板中的“偏移”按钮，将屋顶中心线分别向两侧偏移，偏移量均为1830，得到屋顶两侧边线。

❹重复“偏移”命令，将所有边线均向内偏移 240mm，得到入口雨篷轮廓线，如图 8-128 所示。

经过补绘后的雨篷平面图如图 8-129 所示。

8.7.3 绘制吊顶

在别墅首层平面图中，有三处需做吊顶设计，即卫生间、厨房和客厅。其中，卫生间和厨房是出于防水或防油烟的需要，安装铝扣板吊顶；在客厅上方局部安装石膏板吊顶，这样既美观大方又为各种装饰性灯具的设置和安装提供了方便。下面分别介绍这三处吊顶的绘制方法。

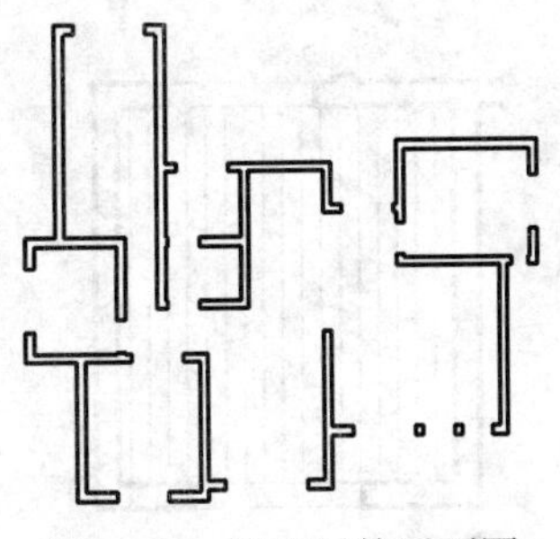

图8-127 清理后的平面图

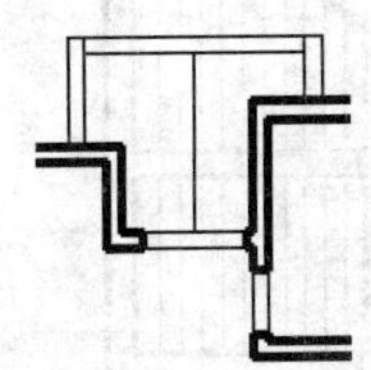

图8-128 绘制入口雨篷投影轮廓

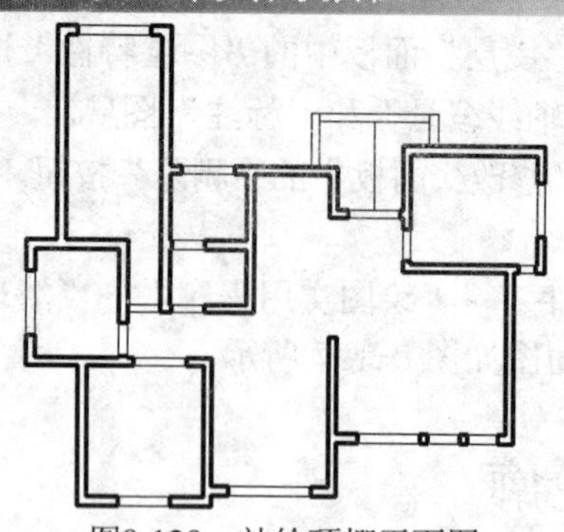

图8-129　补绘顶棚平面图

01 绘制卫生间吊顶。基于卫生间使用过程中的防水要求，在卫生间顶部安装铝扣板吊顶。

❶单击“默认”选项卡“图层”面板中的“图层特性”按钮，弹出“图层管理器”对话框，创建新图层，将新图层命名为“吊顶”，并将其设置为当前图层。

❷单击“默认”选项卡“绘图”面板中的“图案填充”按钮，打开“图案填充创建”选项卡，单击“图案填充图案”选项，在打开的“填充图案”下拉列表框中选择填充图案为“LINE”，并设置图案填充角度为90°、比例为60。

❸在绘图区域中选择卫生间顶棚平面作为填充对象，进行图案填充，结果如图 8-130所示。

02 绘制厨房吊顶。基于厨房使用过程中的防水和防油烟的要求，在厨房顶部安装铝扣板吊顶。

❶将“吊顶”图层设置为当前图层。

❷单击“默认”选项卡“绘图”面板中的“图案填充”按钮，打开“图案填充创建”选项卡，单击“图案填充图案”选项，在打开的“填充图案”下拉列表框中选择填充图案为“LINE”，并设置图案填充角度为90°、比例为60。

❸在绘图区域中选择厨房顶棚平面作为填充对象，进行图案填充，如图 8-131 所示。

03 绘制客厅吊顶。客厅吊顶的方式为周边式，不同于前面介绍的卫生间和厨房所采用的完全式吊顶。客厅吊顶的重点部位在西面电视墙的上方。

❶单击“默认”选项卡“修改”面板中的“偏移”按钮，将客厅顶棚东、南两个方向轮廓线向内偏移，偏移量分别为600和150，得到“轮廓线1”和“轮廓线2”。

❷单击“默认”选项卡“绘图”面板中的“样条曲线拟合”按钮，以客厅西侧墙线为基准线，绘制样条曲线，如图8-132所示。

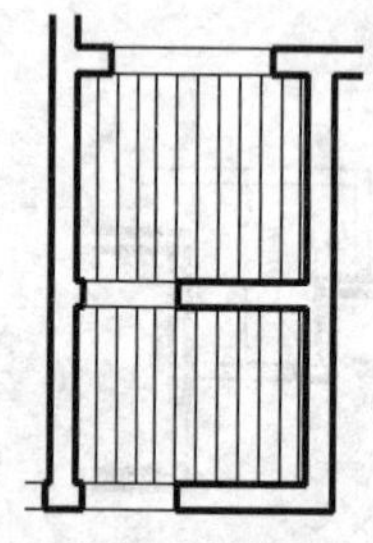

图8-130　绘制卫生间吊顶

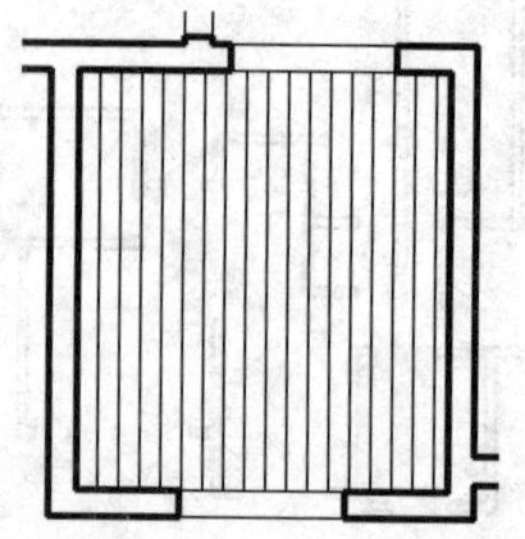

图8-131　绘制厨房吊顶

❸单击“默认”选项卡“修改”面板中的“移动”按钮，将样条曲线水平向右移动，移动距离为600。

❹单击“默认”选项卡“绘图”面板中的“直线”按钮，连结样条曲线与墙线的端点。

❺单击“默认”选项卡“修改”面板中的“修剪”按钮，修剪吊顶轮廓线条，完成客厅吊顶的绘制，如图8-133所示。

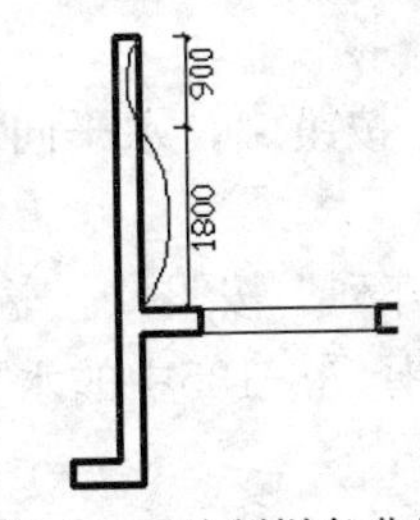

图8-132　绘制样条曲线

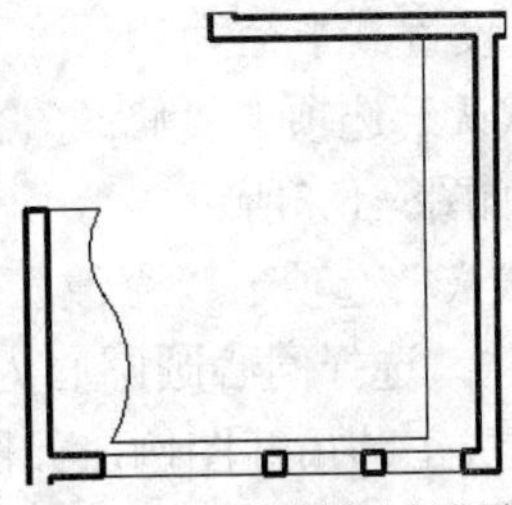

图8-133　绘制客厅吊顶

8.7.4　绘制入口雨篷顶棚

别墅正门入口处雨篷的顶棚由一条水平的主梁和两侧数条对称布置的次梁组成。

具体绘制方法为：

01 单击“默认”选项卡“图层”面板中的“图层特性”按钮，弹出“图层特性管理器”对话框，创建新图层，将新图层命名为“顶棚”，并将其设置为当前图层。

02 绘制主梁。单击“默认”选项卡“修改”面板中的“偏移”按钮，将雨篷中心线依次向左、右两侧进行偏移，偏移量均为75；然后单击“默认”选项卡“修改”面板中的“删除”按钮，将原有中心线删除。

03 绘制次梁。单击“默认”选项卡“绘图”面板中的“图案填充”按钮，打开“图案填充创建”选项卡，单击“图案填充图案”选项，在打开的“填充图案”下拉列表框中选择填充图案为“STEEL”，并设置图案填充角度为135°、比例为135。

04 在绘图区域选择中心线两侧矩形区域作为填充对象，进行图案填充，结果如图 8-134 所示。

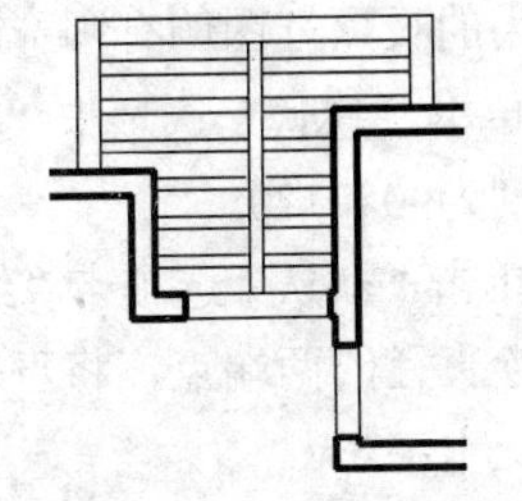

图8-134　绘制入口处雨篷的顶棚

8.7.5　绘制灯具

不同种类的灯具由于材料和形状的差异，其平面图形也大不相同。在本别墅实例中，灯具种类主要包括：工艺吊灯、吸顶灯、筒灯、射灯和壁灯等。在 AutoCAD 图样中并不需要详细描绘出各种灯具的具体式样，一般情况下，每种灯具都是用灯具图例来表示的。下面分别介绍几种灯具图例的绘制方法。

01 绘制工艺吊灯。工艺吊灯仅在客厅和餐厅使用，与其他灯具相比，形状比较复杂。

❶单击“默认”选项卡“绘图”面板中的“图案填充”按钮，弹出“图层特性管理

器”对话框，创建新图层，将新图层命名为“灯具”，并将其设置为当前图层。

❷单击“默认”选项卡“绘图”面板中的“圆”按钮，绘制两个同心圆，设置圆的半径分别为150和200。

❸单击“默认”选项卡“绘图”面板中的“直线”按钮，以圆心为端点，向右绘制一条长度为400的水平线段。

❹单击“默认”选项卡“绘图”面板中的“圆”按钮，以线段右端点为圆心，绘制一个较小的圆，设置其半径为50。

❺单击“默认”选项卡“修改”面板中的“移动”按钮，水平向左移动小圆，移动距离为100mm，如图8-135所示。

❻单击“默认”选项卡“修改”面板中的“环形阵列”按钮，输入项目总数为8、填充角度为360°；选择同心圆圆心为阵列中心点，选择图8-135中的水平线段和右侧小圆为阵列对象，生成工艺吊灯图例，如图8-136所示。

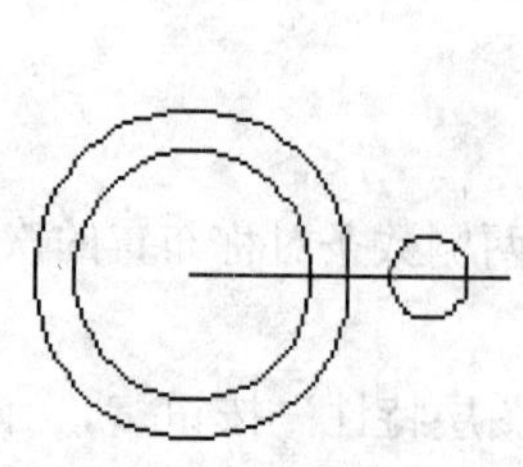

图8-135　绘制第一个吊灯单元

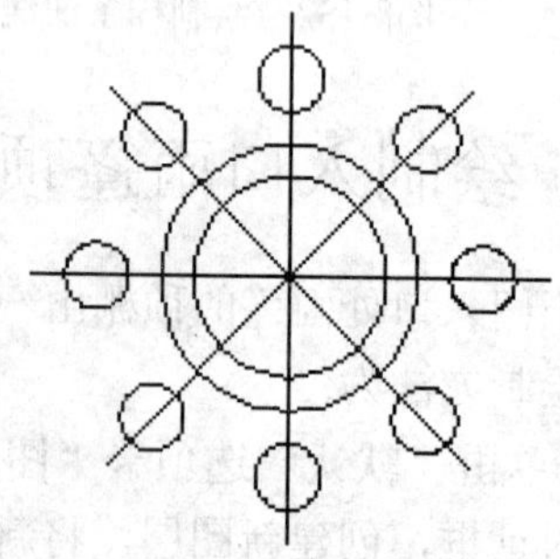

图8-136　工艺吊灯图例

02 绘制吸顶灯。在别墅首层平面中，使用最广泛的灯具为吸顶灯，其中别墅入口、卫生间和卧室的房间都使用吸顶灯来进行照明。

常用的吸顶灯图例有圆形和矩形两种。这里主要介绍圆形吸顶灯图例。

❶单击“默认”选项卡“绘图”面板中的“圆”按钮，绘制两个同心圆，设置圆的半径分别为90和120。

❷单击“默认”选项卡“绘图”面板中的“直线”按钮，绘制两条互相垂直的直径；激活已绘直径的两端点，将直径向两侧分别拉伸，每个端点处的拉伸量均设置为40，得到一个正交十字。

❸单击“默认”选项卡“绘图”面板中的“图案填充”按钮，打开“图案填充创建”选项卡，单击“图案填充图案”选项，在打开的“填充图案”下拉列表框中选择填充图案为“SOLID”，对同心圆中的圆环部分进行填充。

绘制完成的吸顶灯图例如图 8-137 所示。

03 绘制格栅灯。在别墅中，格栅灯是专用于厨房的照明灯具。

❶单击“默认”选项卡“绘图”面板中的“矩形”按钮，绘制尺寸为1200×300 的矩形格栅灯轮廓。

❷单击“默认”选项卡“修改”面板中的“分解”按钮，将矩形分解；单击“默认”选项卡“修改”面板中的“偏移”按钮，将矩形两条短边分别向内偏移，偏移量均为80。

❸单击“默认”选项卡“绘图”面板中的“矩形”按钮，绘制两个尺寸为1040 ×

45的矩形灯管，设置两个灯管的平行间距为70。

❹单击“默认”选项卡“绘图”面板中的“图案填充”按钮，打开“图案填充创建”选项卡，单击“图案填充图案”选项，在打开的“填充图案”下拉列表框中选择填充图案为“ANSI32”，并设置填充比例为10，对两矩形灯管区域进行填充。

绘制完成的格栅灯图例如图 8-138 所示。

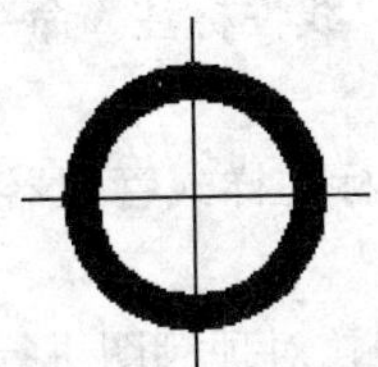

图8-137 吸顶灯图例

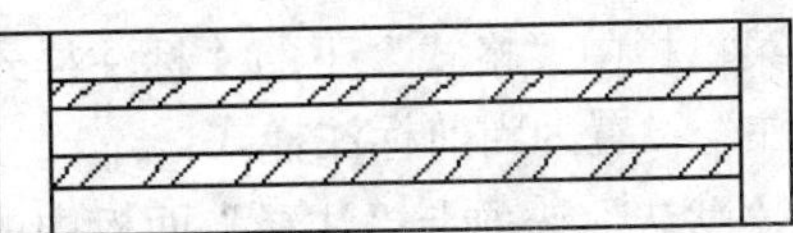

图8-138 格栅灯图例

04 绘制筒灯。筒灯体积较小，主要应用于室内装饰照明和走廊照明。

常见筒灯图例由两个同心圆和一个十字组成。

❶单击“默认”选项卡“绘图”面板中的“圆”按钮，绘制两个同心圆，设置圆的半径分别为45和60。

❷单击“默认”选项卡“绘图”面板中的“直线”按钮，绘制两条互相垂直的直径；

❸激活已绘两条直径的所有端点，将两条直径分别向其两端方向拉伸，每个方向拉伸量均为 20mm，得到正交的十字。

绘制完成的筒灯图例如图 8-139 所示。

05 绘制壁灯。在别墅中，车库和楼梯侧墙面都通过设置壁灯来辅助照明。本图中使用的壁灯图例由矩形及其两条对角线组成。

❶单击“默认”选项卡“绘图”面板中的“矩形”按钮，绘制尺寸为300mm×150mm的矩形。

❷单击“默认”选项卡“绘图”面板中的“直线”按钮，绘制矩形的两条对角线。

如图 8-140 所示为绘制完成的壁灯图例。

06 绘制射灯组。射灯组的平面图例在绘制客厅平面图时已做过介绍，具体绘制方法可参看前面章节的内容。

07 在顶棚图中插入灯具图例。

❶单击“默认”选项卡“绘图”面板中的“创建块”按钮，将所绘制的各种灯具图例分别定义为图块。

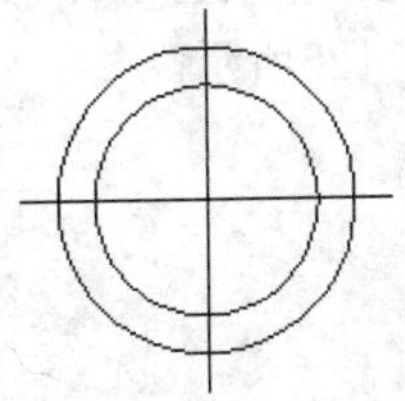

图8-139 筒灯图例

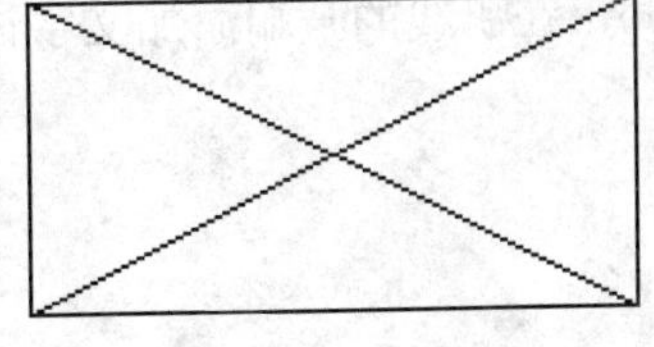

图8-140 壁灯图例

❷单击“默认”选项卡“绘图”面板中的“插入块”按钮，根据各房间或空间的功能选择适合的灯具图例并根据需要设置图块比例，然后将其插入顶棚中的相应位置。

客厅顶棚灯具布置效果如图 8-141 所示。

8.7.6 尺寸标注与文字说明

01 尺寸标注。在别墅首层顶棚图中，尺寸标注的内容主要包括灯具和吊顶的尺寸以及它们的水平位置。这里的尺寸标注依然同前面一样，是通过“线性标注”命令来完成的。

❶将“标注”图层设置为当前图层。

❷单击菜单栏中“格式”下的“标注样式”命令，打开“标注样式管理器”对话框，将“室内标注”设置为当前标注样式。

❸单击“默认”选项卡“注释”面板中的“线性”按钮，对顶棚图进行尺寸标注。

02 标高标注。在别墅首层顶棚图中，各房间顶棚的高度均需要通过标高来表示。

❶单击“默认”选项卡“绘图”面板中的“插入块”按钮，将标高符号插入到各房间顶棚位置。

❷单击“默认”选项卡“注释”面板中的“多行文字”按钮A，在标高符号的长直线上方添加相应的标高数值。

❸标注结果如图 8-142 所示。

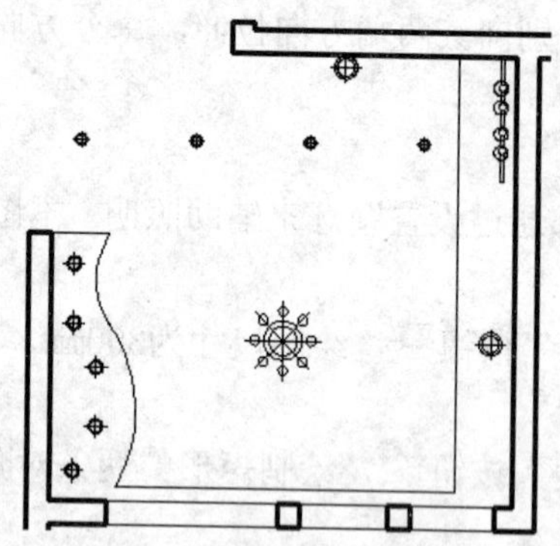

图8-141　客厅顶棚灯具布置效果

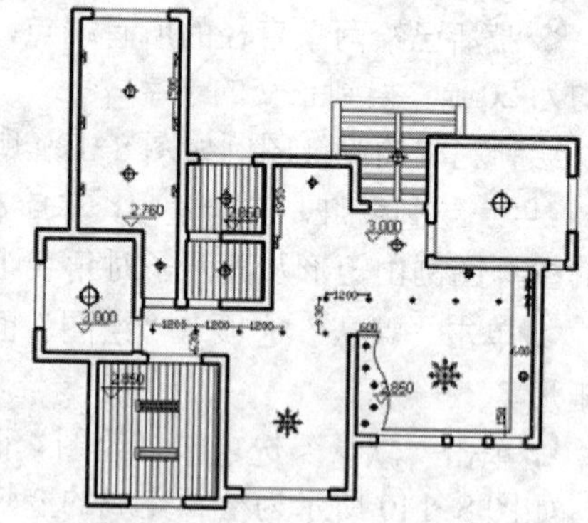

图8-142　添加尺寸标注与标高

03 文字说明。在别墅首层顶棚图中，各房间的顶棚材料做法和灯具类型都是通过文字说明来表达的。

❶将“文字”图层设置为当前图层。

❷在命令行输入“QLEADER”命令，并设置引线箭头大小为 60。

❸单击“默认”选项卡“注释”面板中的“多行文字”按钮A，设置字体为“仿宋GB2312”、文字高度为300，在引线的一端添加文字说明，结果如图8-126所示。

第9章

住宅室内设计平面图的绘制

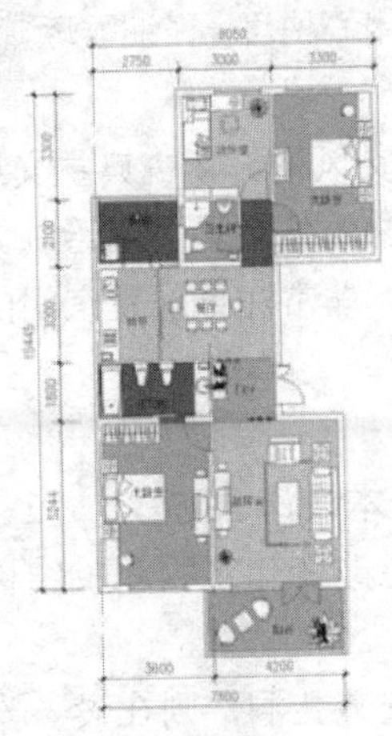

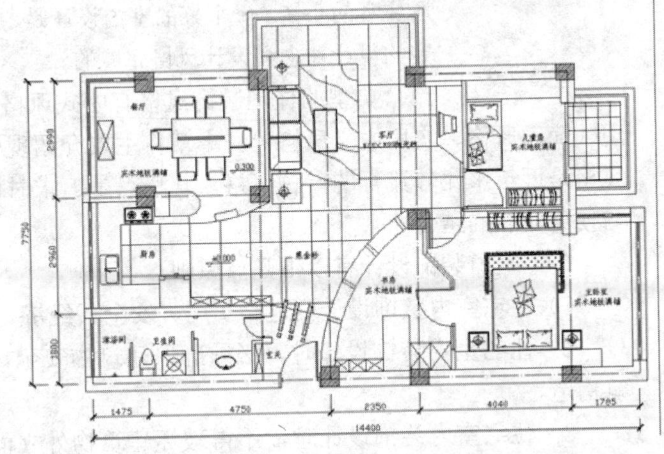

本章将以三居室住宅建筑室内设计为例，详细介绍住宅室内设计平面图的绘制过程。在本实例中，将逐步带领读者完成平面图的绘制，并讲述关于住宅平面设计的相关知识和技巧。本章包括住宅平面图绘制的知识要点、平面图绘制、装饰图块的插入和尺寸文字标注等内容。

- 绘制轴线、绘制墙线
- 绘制门、绘制非承重墙、绘制装饰
- 尺寸文字标注

9.1 住宅设计思想

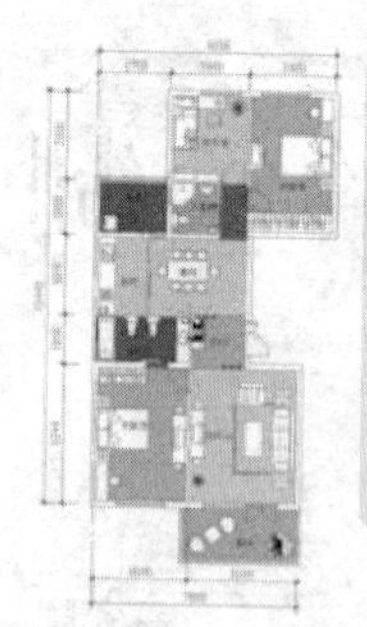

住宅自古以来就是人类生活的必需品，随着社会的发展，其使用功能以及风格流派也不断的变化和衍生。现代居室不仅仅是人类居住的环境和空间，同时也是房屋居住者的一种品位的体现及其生活理念的象征。装饰设计精良的住宅不仅能给居住者提供舒适的居住环境，而且还能营造良好的生活气氛，改变居住者的心情。一个好的室内设计是通过设计师精心构思，仔细雕琢，根据一定的设计理念和设计风格完成的。

典型的住宅装饰风格有中式风格、古典主义风格、新古典主义风格、现代简约风格、实用主义风格等。本章将主要介绍现代简约风格的住宅平面图绘制。简约风格是近年来比较流行的一种风格，其特点是追求时尚与潮流，非常注重居室空间的布局与使用功能的结合。

住宅室内装饰设计有以下几点原则：

1）住宅室内装饰设计应遵循实用、安全、经济、美观的基本设计原则。

2）住宅室内装饰设计时，必须确保建筑物安全，不得任意改变建筑物承重结构和建筑构造。

3）住宅室内装饰设计时，不得破坏建筑物外立面，若开安装孔洞，则在设备安装后必须修整，保持原建筑立面效果。

4）住宅室内装饰设计应在住宅的分户门以内的住房面积范围里进行，不得占用公用部位。

5）住宅装饰室内设计时，在考虑客户的经济承受能力的同时，宜采用新型的节能型和环保型装饰材料及用具，不得采用有害人体健康的伪劣建材。

6）住宅室内装饰设计应贯彻国家颁布、实施的建筑、电气等设计规范的相关规定。

7）住宅室内装饰设计必须贯彻现行的国家和地方有关防火、环保、建筑、电气、给排水等标准的有关规定。

9.1.1 住宅室内设计特点

构思、立意可以说是室内设计的灵魂。在当前大多数居民住宅面积不大、工作紧张、生活节奏较快、经济并不宽裕等情况下，家庭的室内装饰仍以简洁、淡雅为好。因为简洁、淡雅的装饰风格有利于扩大空间，形成恬静怡人、轻松舒适的室内居住环境。一些室内空间较大、宽敞的居室，其装潢风格造型的处理手法及变化可能更多一些。

在如图 9-1 所示的户型中，其功能房间有起居室、餐厅、主卧室及其卫生间、次卧室、厨房、公用卫生间（客卫）、阳台等。通常所说的住宅类型有一室一厅、三室两厅一卫和三室两厅两卫等。其建筑平面图的绘制方法是，先建立各个功能房间的开间和进深轴线，然后按轴线位置绘制各个功能房间墙体及相应的门窗洞口的平面造型，接着绘制阳台及管道等辅助空间的平面图形，最后标注相应的尺寸和文字说明。

住宅的基本功能不外乎睡眠、休息、饮食、盥洗、家庭团聚、会客、视听、娱乐、学习、工作等。这些功能是相对的，其中又有静或闹、私密或外向等不同特点，如睡眠、学习的房间要求静，其中睡眠的房间又有私密性的要求。

1. 室内设计平面图

如图 9-2 所示，绘制室内设计平面图时，合理的插入家具同样是装修设计的关键。住宅的室内环境由于空间的结构划分已经确定，在界面处理、家具设置和装饰插入之前，除了厨房和厕所已有固定安装的设施之外，其余房间的使用功能或一个房间内的功能划分均应以住宅内部空间使用方便合理为依据来进行。在装潢前事先进行研究、构思十分重要。一个杂乱的、不协调的室内环境往往与在装潢前缺乏构思有关。门厅作为一个过渡性空间，插入鞋柜等简单家具即可，其吊顶则可以通过设计一个造型来进行美化；餐厅是家庭就餐的空间，需插入大小合适的餐桌；起居室则可以安排造型别致的沙发和电视柜；主卧室房间较大，可以插入床、衣柜、梳妆台或写字台等家具；次卧室根据面积大小进行插入；主、次卫生间除了坐便器和洗脸盆外，还应插入洗浴设施。

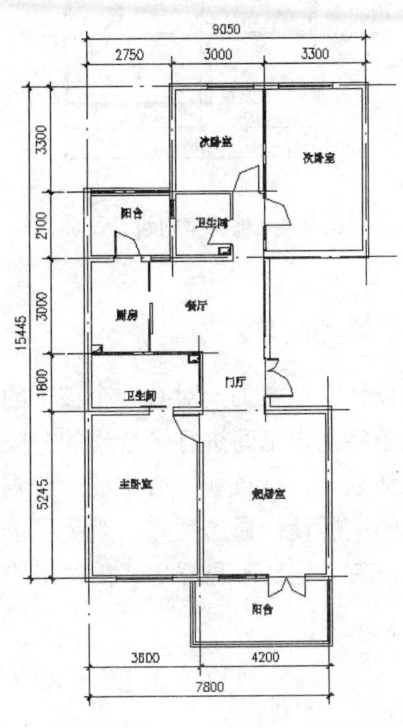

图 9-1 建筑平面图

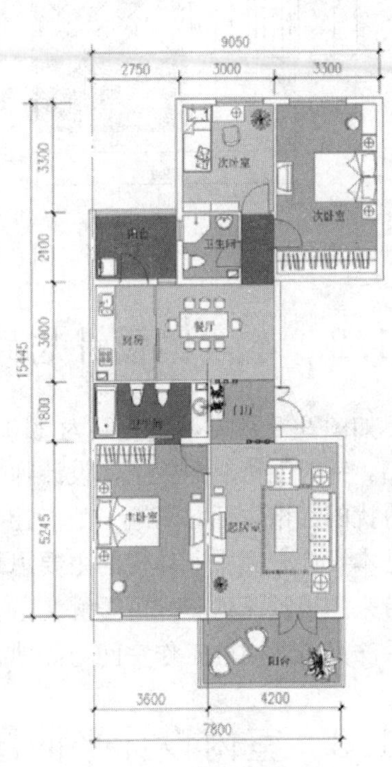

图 9-2 室内设计平面图

2. 地坪和顶棚室内设计平面图

地坪和顶棚室内设计平面图中，可以通过选择不同图案填充来表示其不同的材质。例如，地坪装修材料为地砖、实木地板和复合木地板等，其中门厅、餐厅和起居室、厨房和卫生间等采用地砖地面，而主次卧室则采用地板地面，如图 9-3 所示。在进行顶棚绘制时，只需在门厅和餐厅处设计局部造型，其他房间，如卫生间和厨房采用铝扣板吊顶，卧室和起居室等房间吊顶采用乳胶漆，不需绘制特别的图形，仅插入照明灯或造型灯即可，如图 9-4 所示。

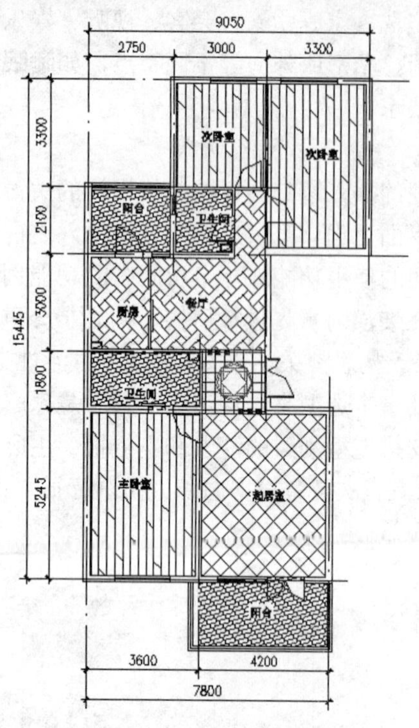

图 9-3　地坪室内设计平面图

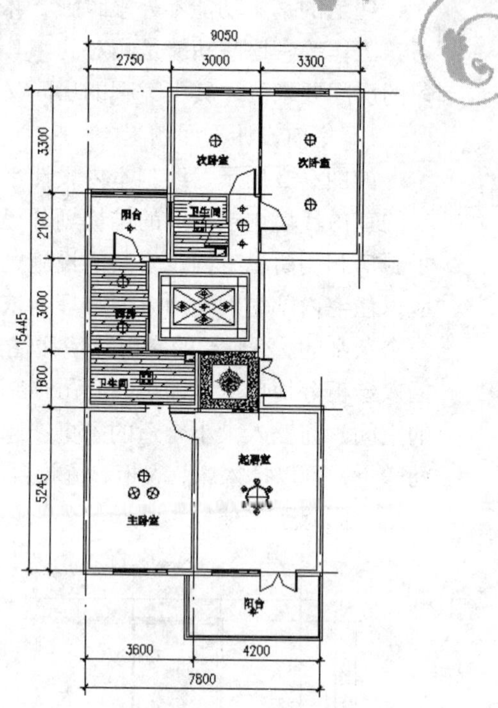

图 9-4　顶棚室内设计平面图

9.1.2　本案例设计思路

如图 9-5 所示，本方案为 110m²三室一厅的居室设计。业主为一对有一个孩子的年轻夫妇。针对上班族的业主，设计师采用简约明朗的线条将室内空间进行了合理的分隔。面对纷扰的都市生活，营造一处能让心灵静谧沉淀的生活空间，是该业主心中的一份渴望，也是本设计方案中所体现的主要思想。例如，开放式的大厅设计通透敞亮，避免了墙壁给人带来的视觉压迫感，可缓解业主工作一天的疲惫；没有夸张、不显浮华，简洁干净的设计手法又将业主的工作空间巧妙地融入到生活空间。

9.1.3　室内设计平面图绘图过程

室内设计平面图同建筑平面图类似，是将住宅结构利用水平剖切的方法，俯视得到的平面图。其作用是详细说明住宅建筑内部结构、装饰材料、平面形状、位置以及大小等，同时还表明室内空间的构成、各个主体之间的布置形式以及各个装饰结构之间的相互关系等。

下面将逐步完成三居室建筑装饰平面图的绘制。在学习过程中，将循序渐进地学习室内设计的基本知识以及 AutoCAD 的基本操作方法。

01 绘制轴线。首先绘制平面图的轴线，定好位置以便绘制墙线及室内装饰的其他内容。在此绘图过程中将熟悉“直线”“定位”“捕捉”和“修剪”等绘图基本命令。

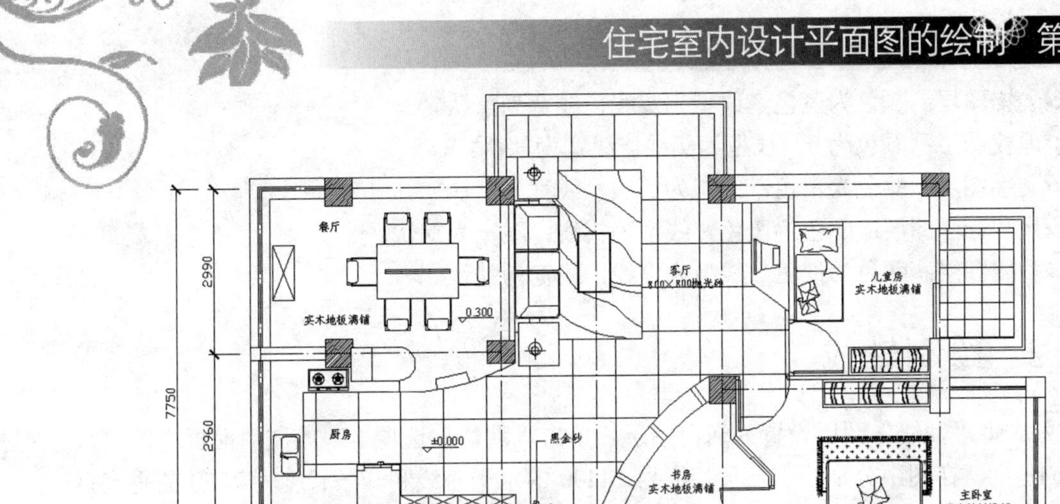

图 9-5 住宅室内平面图

02 绘制墙线。在绘制好的轴线上绘制墙线，逐步熟练“多线”“多线样式”“修剪”和“偏移”等绘图编辑命令。

03 装饰部分。绘制室内装饰及门窗等部分，掌握“弧线”“块”的操作等绘图编辑命令。

04 文字说明。添加平面图中必要的文字说明，学习文字的编辑、多行文字和文字样式的创建等操作。

05 尺寸标注。添加平面图中的尺寸标注，学习内容包括尺寸线的绘制、尺寸标注样式的修改和连续标注等操作。

9.2 绘制轴线

本节将介绍绘制轴线的过程，其基本思路是：先设置图层，然后利用“直线”“偏移”和“修剪”等命令按设计尺寸绘制轴线。

实讲实训
多媒体演示

多媒体演示参见配套光盘中的\\动画演示\第9章\住宅室内设计平面图.avi。

9.2.1 绘图准备

新建文件后，单击“默认”选项卡“图层”面板中的“图层特性”按钮，弹出“图层特性管理器”对话框，新建下列图层：

❶墙线图层：颜色为白色，线型为实线，线宽为 0.3mm。

❷门窗图层：颜色为蓝色，线型为实线：线宽为默认。

❸装饰图层：颜色为蓝色，线型为实线，线宽为默认。

❹地板图层：颜色为 9，线型为实线，线宽为默认。

❺文字图层：颜色为白色，线型为实线，线宽为默认。

❻尺寸标注图层：颜色为蓝色，线型为实线，线宽为默认。

❼轴线图层：颜色为红色，线型为虚线，线宽为默认。

9.2.2 绘制轴线

01 将“轴线”图层设置为当前图层。单击“默认”选项卡“绘图”面板中的“直线”按钮，在图中分别绘制一条长度为 14400 的水平直线和一条长度为 7750 的垂直直线，如图 9-6 所示。

图 9-6 绘制轴线

此时，轴线的线型虽然为点划线，但是由于比例太小，显示出来还是实线的形式，此时选择刚刚绘制的轴线，然后单击鼠标右键，在弹出的快捷菜单中选取“特性”命令，如图 9-7 所示；打开特性对话框，如图 9-8 所示。将“线型比例”设置为“30”，按 Enter 键确认，关闭“特性”对话框。此时刚刚绘制的轴线如图 9-9 所示。

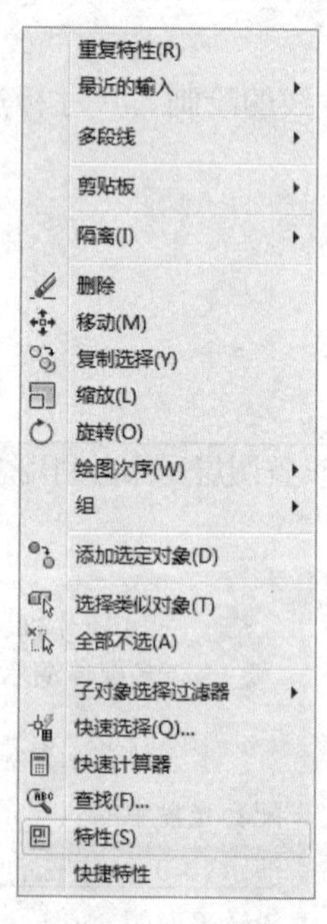

图 9-7 下拉菜单

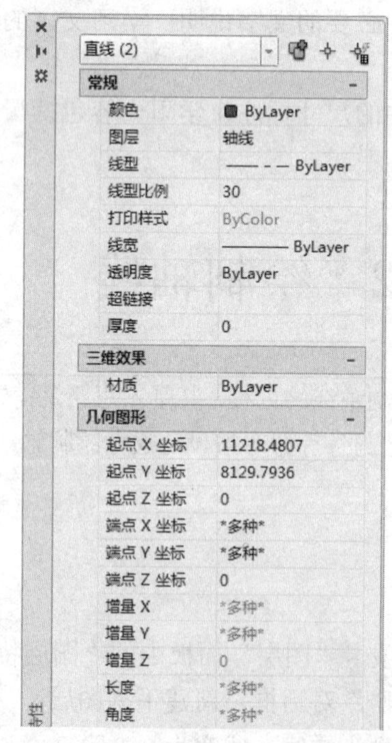

图 9-8 特性对话框

图 9-9 轴线显示

02 单击“默认”选项卡“修改”面板中的“偏移”按钮，将垂直直线向右偏移1475，结果如图 9-10 所示。

注意

通过全局修改或单个修改每个对象的线型比例因子，可以以不同的比例使用同一个线型。

默认情况下，全局线型和单个线型比例均设置为1.0。比例越小，每个绘图单位中生成的重复图案就越多。例如，设置为0.5时，每一个图形单位在线型定义中显示重复两次的同一图案。不能显示完整线型图案的短线段显示为连续线。对于太短，甚至不能显示一个虚线小段的线段，可以使用更小的线型比例。

03 单击“默认”选项卡“修改”面板中的“偏移”按钮，继续偏移其他轴线，偏移的尺寸分别为：水平直线向上偏移 1800、4240、4760、7750；垂直直线向右偏移 4465、6225、8575、12615、14400，结果如图 9-11 所示。

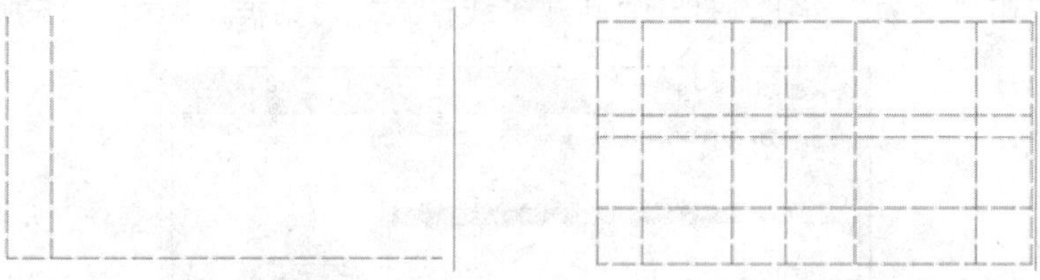

图 9-10　偏移垂直线　　　图 9-11　偏移轴线

04 单击“快速访问”工具栏中的“保存”按钮，将文件保存。

05 单击“默认”选项卡“修改”面板中的“修剪”按钮，然后选择图 9-11 中左数第 5 条垂直直线作为修剪的基准线，单击鼠标右键，再单击从上数第 3 条水平直线左端上一点，删除左半部分，如图 9-12 所示。重复“修剪”命令，删除上数第 2 条水平线的右半段及其他多余轴线，结果如图 9-13 所示。

图 9-12　修剪水平线

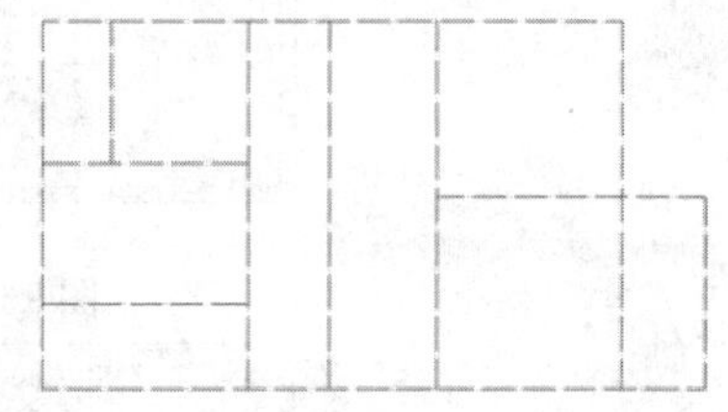

图 9-13　修剪轴线

注意

注意及时保存绘制的图形，以免出现意外时丢失已有的图形数据。

9.3 绘制墙线

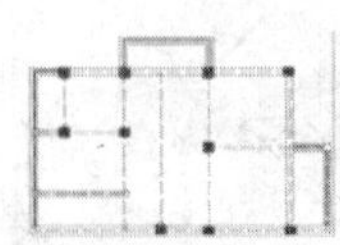

本节将介绍绘制墙线的过程，其基本思路是：先设置多线样式，再利用“多线”命令绘制基本墙线轮廓，然后利用“矩形”“图案填充”和“复制”等命令绘制柱子，接着利用“多线”命令绘制窗线，最后利用“多线编辑”命令对墙线和窗线进行编辑。

9.3.1 设置多线样式

一般建筑结构的墙线均是单击 AutoCAD 中的多线命令按钮绘制的，本例中将利用“多线”“修剪”和“偏移”命令来完成绘制。

01 将墙线图层设置为当前图层。选择菜单栏中的“格式”→“多线样式”命令，弹出“多线样式”对话框，如图 9-14 所示。单击右侧的“新建”按钮，弹出“创建新的多线样式”对话框，如图 9-15 所示。在新样式名的空白文本框中输入“wall_1”，作为多线的名称。单击“继续”按钮，打开“新建多线样式”对话框，如图 9-16 所示。

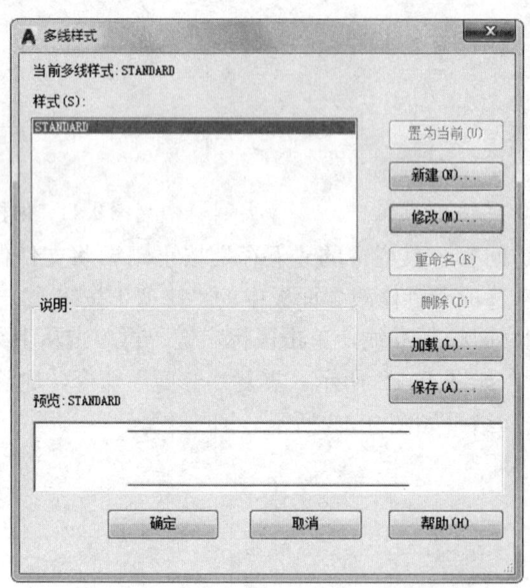

图 9-14 “多线样式”对话框

图 9-15 “创建新的”多线样式

02 “wall_1”为绘制外墙时应用的多线样式，由于外墙的宽度为370，所以如图 9-16 所示，将“偏移”栏中分别修改为 185 和-185，并将左端“封口”选项栏中“直线”后面的两个复选框选中，单击“确定”按钮，回到“多线样式”对话框中，再单击“确定”按钮回到绘图状态。

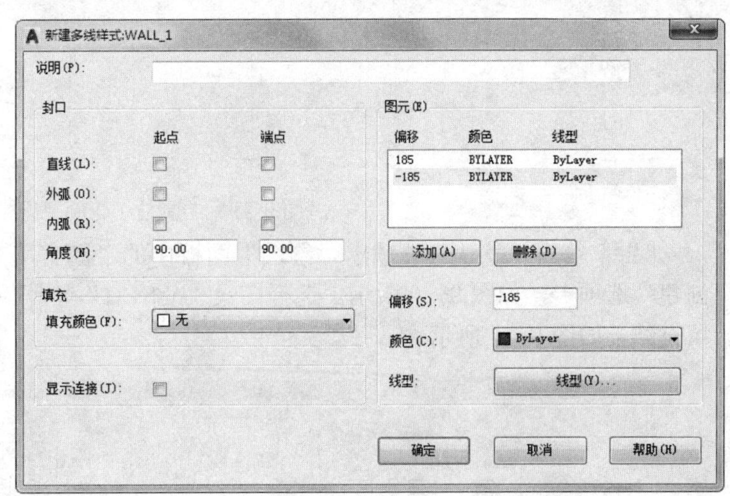

图 9-16 设置：新建多线样式“对话框

9.3.2 绘制墙线

01 选取菜单栏“绘图”→“多线”命令，以“wall_1”为多线样式绘制外墙墙线，结果如图 9-17 所示。

02 按照前面的方法，再次新建多线样式，并命名为“wall_2”，并将偏移量设置为 120 和-120，作为内墙墙线的多线样式，然后在图中绘制内墙墙线，结果如图 9-18 所示。

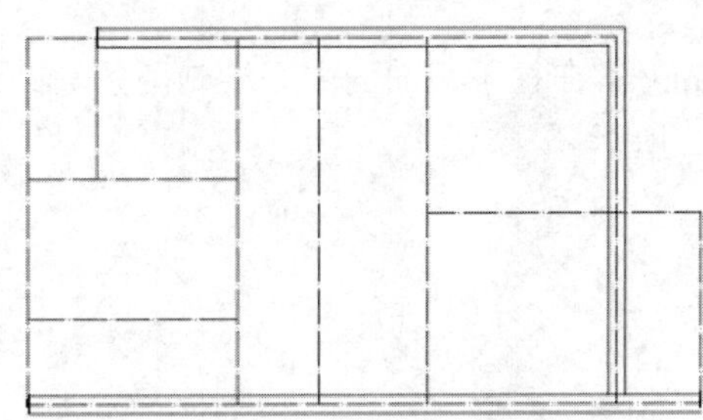

图 9-17 绘制外墙墙线

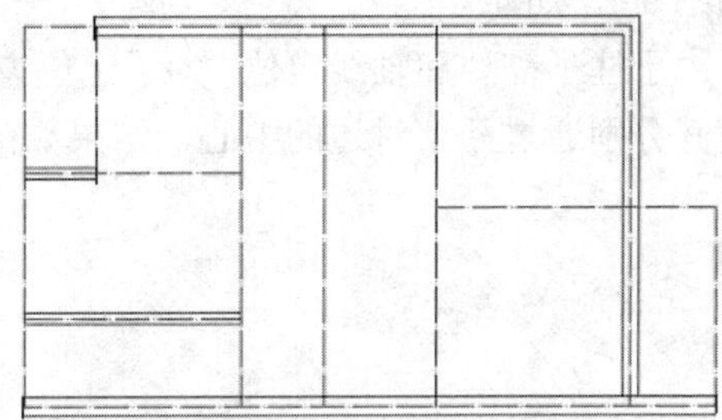

图 9-18 绘制内墙墙线

注意

居室的墙体厚度一般设置为外墙240mm，隔墙为120mm，根据具体情况而定。

9.3.3 绘制柱子

本例中柱子的尺寸有 500×500 和 500×400 两种，首先在空白处将柱子绘制好，然后再移动到适当的轴线位置上。

01 单击“默认”选项卡“绘图”面板中的“矩形”按钮，在图中绘制边长为 500×500

和 500×400 的两个矩形，作为柱子的轮廓，如图 9-19 所示。

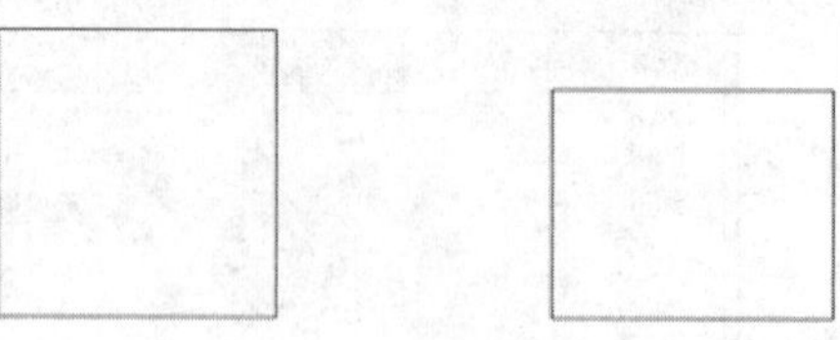

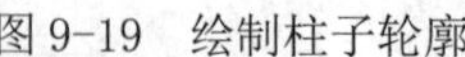

图 9-19　绘制柱子轮廓

02 单击“默认”选项卡“绘图”面板中的“图案填充”按钮，弹出“图案填充创建”选项卡，如图 9-20 所示。选择图案“ANSI31”，“比例”设置为“15”，进行填充，填充结果如图 9-21 所示。

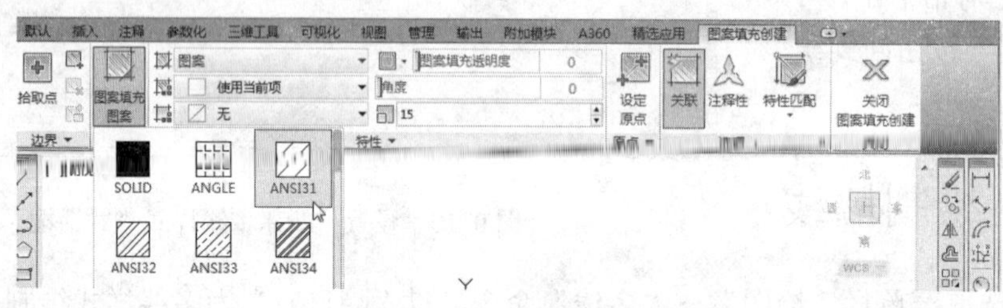

图 9-20　图案填充设置

03 采用同样的方法，填充另外一个矩形。注意不能同时填充两个矩形，因为如果同时填充，填充的图案将是一个对象，两个矩形的位置就无法变化，不利于编辑。填充结果如图 9-21 所示。

由于柱子需要和轴线定位，为了定位方便和准确，在柱子截面的中心绘制两条辅助线，并使其分别通过两个对边的中心，结果如图 9-22 所示。

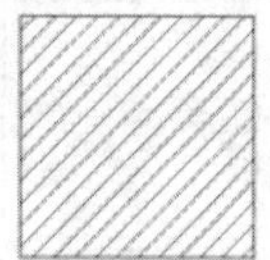
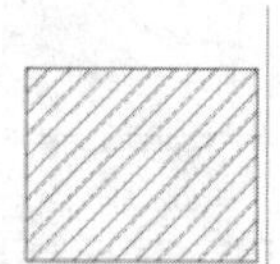

图 9-21　填充图形

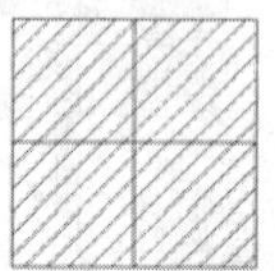
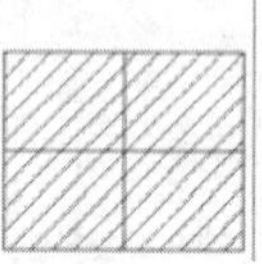

图 9-22　绘制辅助线

04 单击“默认”选项卡“修改”面板中的“复制”按钮，将 500×500 截面的柱子以矩形的辅助线上端与边的交点为基点，复制到如图 9-23 所示的位置。

05 采用同样的方法，将其他柱子截面插入到轴线图中，结果如图 9-23 所示。

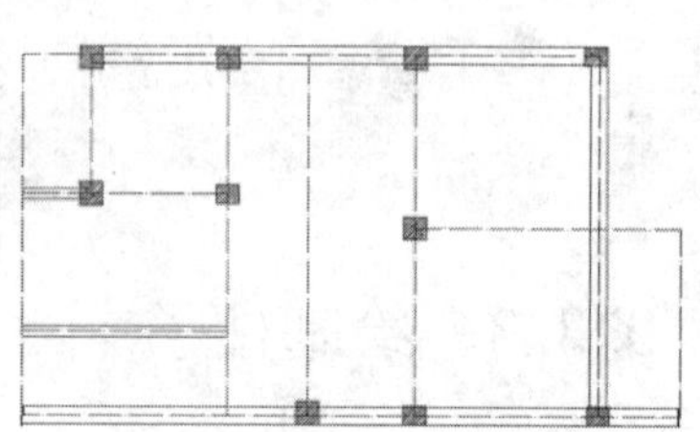

图 9-23　插入柱子

9.3.4　绘制窗线

01 选择菜单栏中的“格式”→“多线样式”命令，在系统弹出的“多线样式”对话框中单击“新建”按钮，系统弹出“创建新的多线样式”对话框，在该对话框中输入新样式名为“window”，如图 9-24 所示。在弹出的“新建多线样式“对话框中设置“window”样式，如图 9-25 所示。

02 单击“新建多线样式“对话框右侧中部的“添加”按钮两次，添加两条线段，将 4 条线的偏移距离分别修改为 185、30、-30、-185，同时也将“封口“选项选中，如图 9-26 所示。

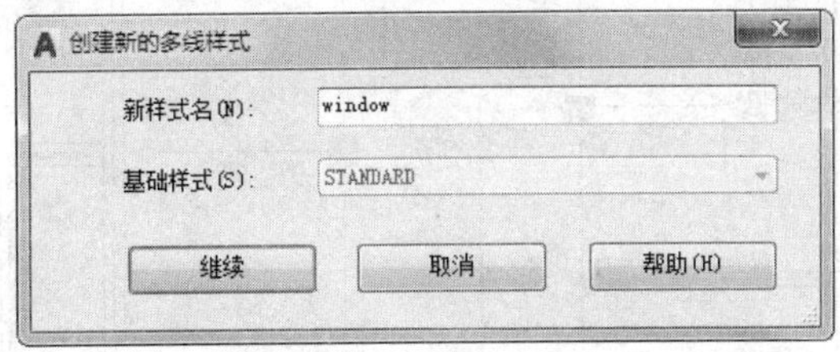

图 9-24 “创建新的多线样式“对话框

图 9-25 “新建多线样式“对话框

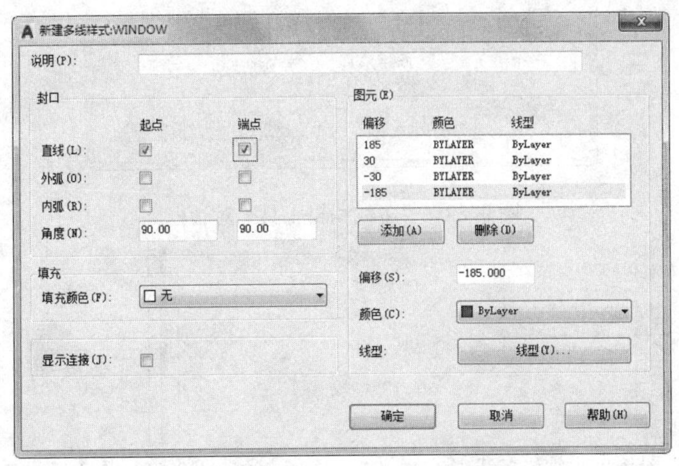

图 9-26 设置“新建多线样式“对话框

03 选择菜单栏中的“绘图”→“多线”命令，将多线样式修改为“window”，然后设置比例为 1、对正方式为无，绘制窗线，结果如图 9-27 所示。

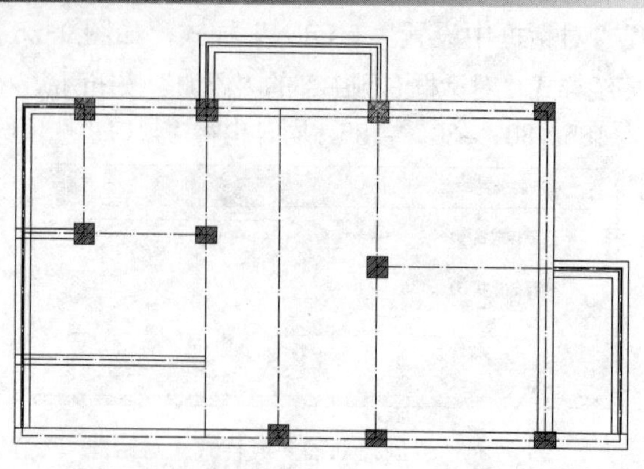

图 9-27　绘制窗线

9.3.5　编辑墙线及窗线

01 选择菜单栏中的“修改”→“对象”→“多线”命令，弹出“多线编辑工具”对话框，如图 9-28 所示。单击第一个多线样式“十形闭合”，然后选择如图 9-29 所示的多线。首先选择垂直多线，然后选择水平多线，修改后的多线交点如图 9-30 所示。

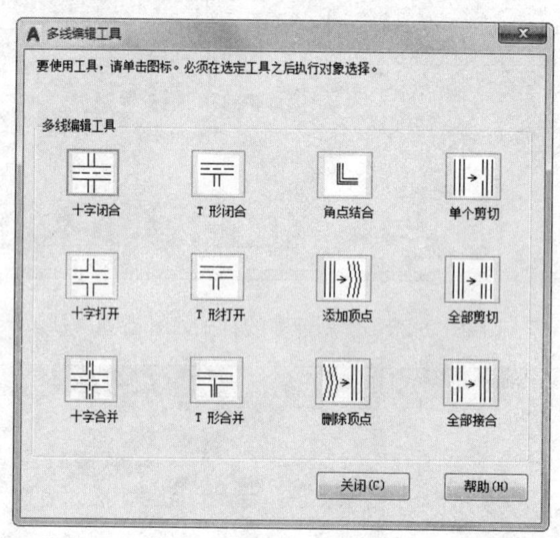

图 9-28　“多线编辑工具“对话框

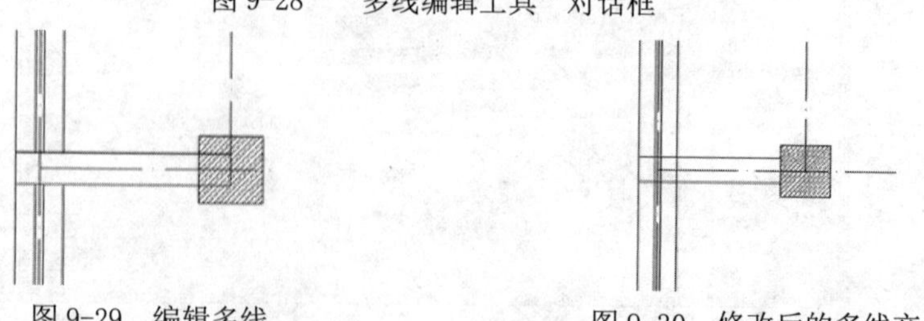

图 9-29　编辑多线　　　图 9-30　修改后的多线交点

02 采用同样的方法，修改其他多线的交点。图 9-30 中的水平多线与柱子的交点需要编辑，具体方法是：单击水平多线，可以看到多线显示出其编辑点（蓝色小方块），如

图 9-31 所示。单击右边的编辑点，将其移动到柱子边缘，如图 9-32 所示。

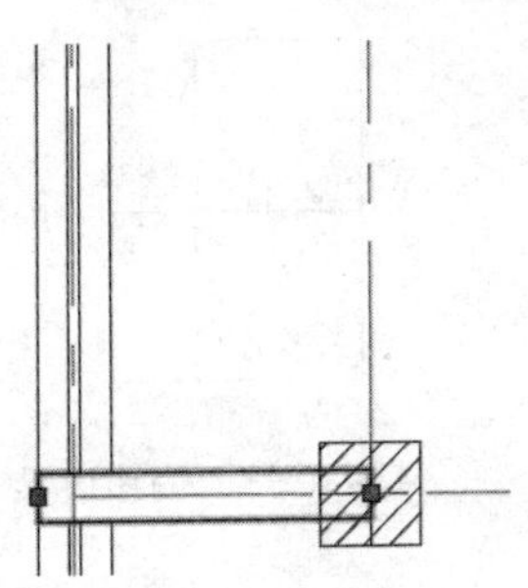

图 9-31 编辑多线

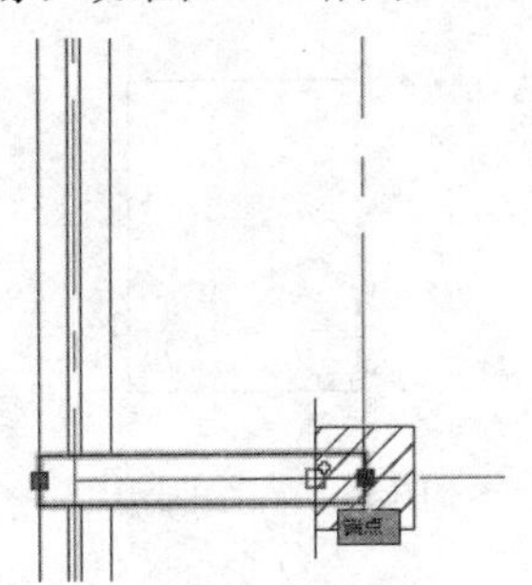

图 9-32 移动端点

03 多线编辑结果如图 9-33 所示。

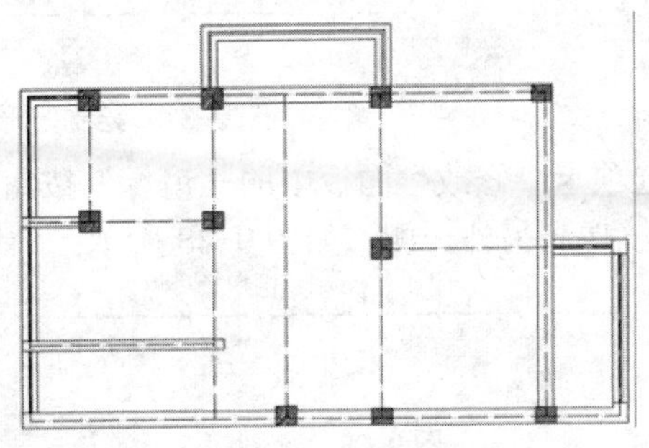

图 9-33 多线编辑结果

9.4 绘制门

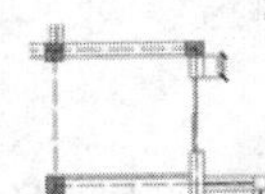

本节将介绍绘制门的一般方法，包括单扇门和推拉门。绘制完成后将其保存为图块，用到时插入到户型图形中即可。

9.4.1 绘制单扇门

本例中共有 5 扇单开式门和 3 扇推拉门。可以首先绘制出一个门，将其保存为图块，在需要的时候通过插入图块的方法调用，以节省绘图时间。

01 将图层设置为“门窗”图层，然后开始绘制。单击“默认”选项卡“绘图”面板中的“矩形”按钮，在绘图区中绘制一个边长为 60×80 的矩形作为单开门的图块，如图 9-34 所示。

02 单击“默认”选项卡“修改”面板中的“分解”按钮，然后选择刚刚绘制的矩形，按 Enter 键确认，再单击“默认”选项卡“修改”面板中的“偏移”按钮，将矩形的左侧边界和上侧边界分别向右和向下偏移 40，结果如图 9-35 所示。

03 单击“默认”选项卡“修改”面板中的“修剪”按钮，然后将矩形右上部分及内部的直线修剪掉，如图 9-36 所示。此图形即为单扇门的门垛，再在门垛的上部绘制一个边长为920×40的矩形，如图9-37所示。

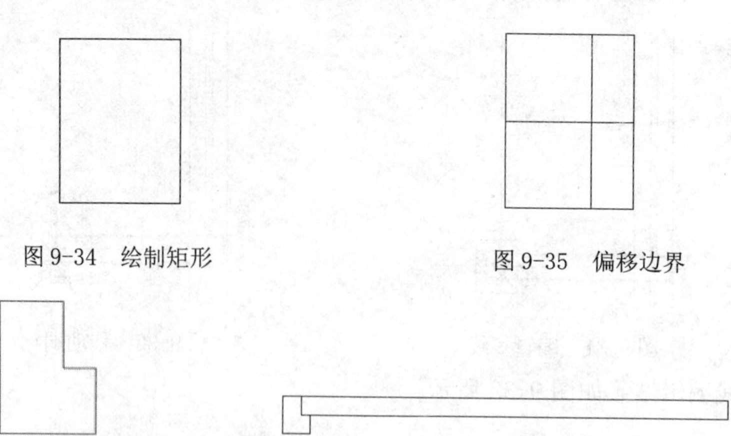

图9-34　绘制矩形

图9-35　偏移边界

图9-36　修剪图形

图9-37　绘制矩形

04 单击“默认”选项卡“修改”面板中的“镜像”按钮，选择门垛，以矩形的中轴作为基准线，将门垛镜像到另外一侧，如图9-38所示。

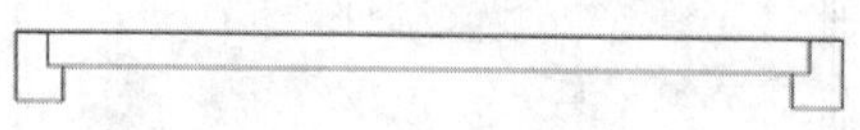

图9-38　绘制门

注意

默认情况下，镜像文字、属性和属性定义时，它们在镜像图像中不会反转或倒置。文字的对齐和对正方式在镜像对象前后相同。

05 单击“默认”选项卡“修改”面板中的“旋转”按钮，然后选择中间的矩形（即门扇），以右上角的点为轴，将门扇顺时针旋转90°，如图9-39所示。再单击“默认”选项卡“绘图”面板中的“圆弧”按钮，以矩形的角点为圆弧的起点，以矩形下方角点为圆心，绘制门的开启线，如图9-40所示。

图9-39　旋转门扇

图9-40　绘制开启线

06 绘制完成后，在命令行中输入“wblock”命令，弹出“写块”对话框，如图9-41所示。基点在图形上选择一点，然后选取保存块的路径，将名称修改为“单扇门”，选择刚刚绘制的门图块，并选中该按钮下的删除选项。

07 单击“确定”按钮，保存该图块。

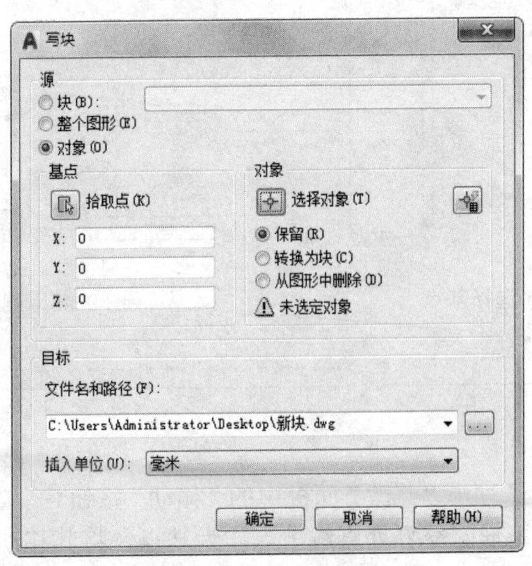

图 9-41 “写块”对话框

08 将当前图层设置为“门窗”图层，单击“默认”选项卡“绘图”面板中的“插入块”按钮，弹出“插入”对话框，如图 9-42 所示。在“名称栏中选取“单扇门”，单击“确定”按钮，按照如图 9-43 所示的位置将其插入到刚刚绘制的平面图中。此时选择基点时，为了绘图方便，可将基点选择在右侧门垛的中点位置，如图 9-44 所示，这样便于插入定位。

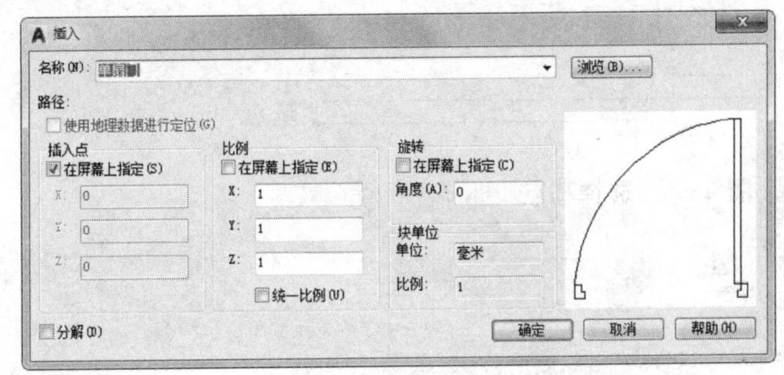

图 9-42 “插入”对话框

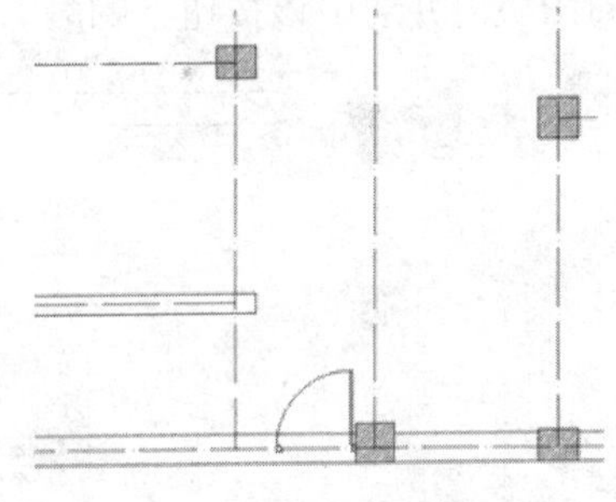

图 9-43 插入门图块

09 单击“默认”选项卡“修改”面板中的“修剪”按钮，将门图块中间的墙线删除，并在左侧的墙线处绘制封闭直线，如图 9-45 所示。

9.4.2 绘制推拉门

01 将当前图层设置为“门窗”图层，单击“默认”选项卡“绘图”面板中的“矩形”按钮，然后在图中绘制一个边长为 1000×60 的矩形，如图 9-46 所示。

02 单击“默认”选项卡“修改”面板中的“复制”按钮，选择刚绘制的矩形，将其复制到右侧，基点选择时首先选择左侧角点，然后选择右侧角点，结果如图 9-47 所示。

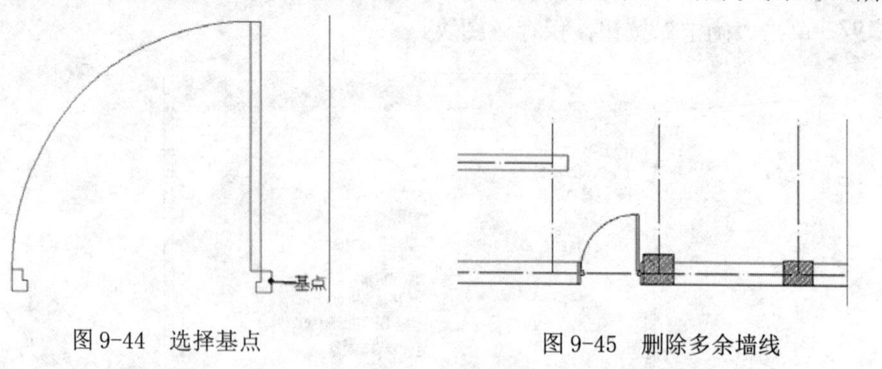

图 9-44　选择基点

图 9-45　删除多余墙线

图 9-46　绘制矩形

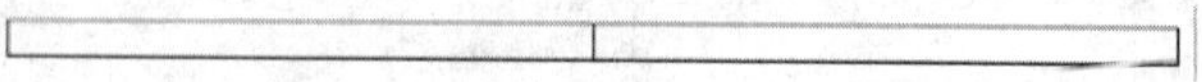

图 9-47　复制矩形

03 单击“默认”选项卡“修改”面板中的“移动”按钮，选择右侧矩形，按 Enter 键确认，然后选择两个矩形的交界处直线上点作为基点，将其移动到直线的下端点，如图 9-48 所示，移动图形结果如图 9-49 所示。

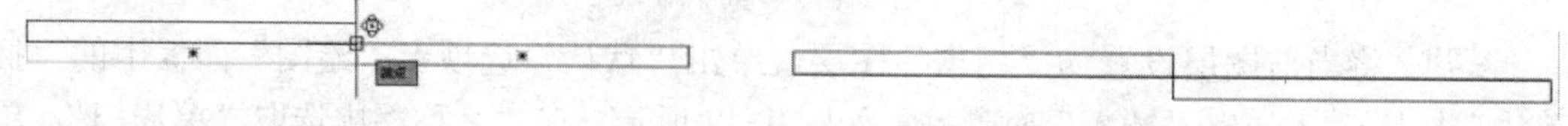

图 9-48　基点选择

图 9-49　移动矩形

04 在命令行中输入“wlock”命令，弹出“写块”对话框。基点在图形上选择一如图 9-50 所示的位置，然后选取保存块的路径，将名称修改为“推拉门”，选择刚刚绘制的门图块，并选中该按钮下的删除选项，如图 9-51 所示。

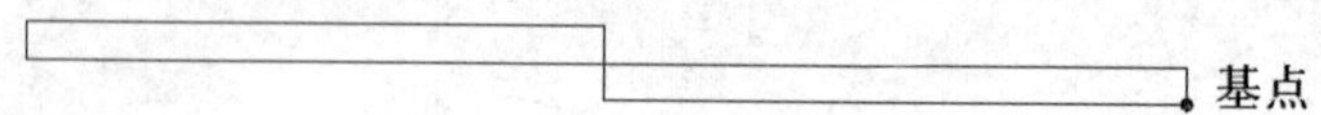

图 9-50　选择基点

图 9-51　修改名称

05 单击“默认”选项卡“块”面板中的“插入”按钮，弹出“插入”对话框，在“名称”栏中选取“推拉门”，如图 9-52 所示。单击“确定”按钮，将其插入到如图 9-53 所示的位置。

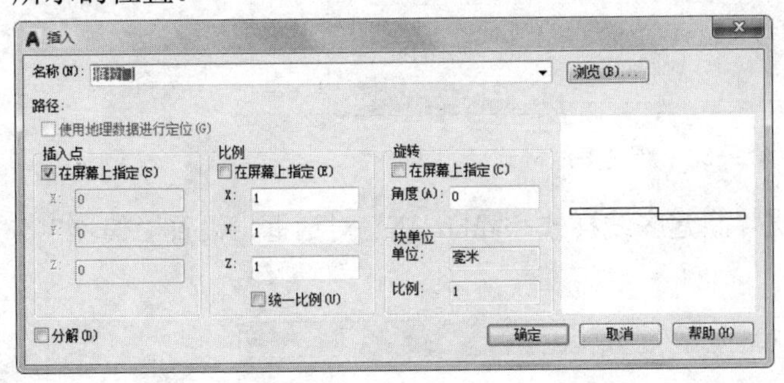

图 9-52 在“名称”栏中选取“推拉门”

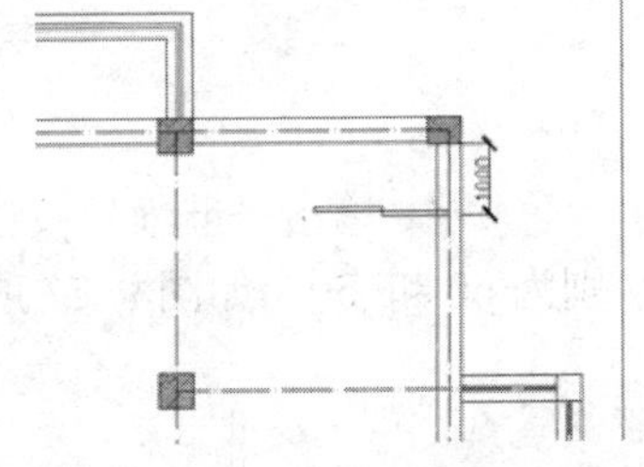

图 9-53 插入推拉门图块

06 单击“默认”选项卡“修改”面板中的“旋转”按钮，选择插入的推拉门图块，然后以插入点为基点，旋转-90°，如图 9-54 所示。

07 单击“默认”选项卡“修改”面板中的“修剪”按钮，将门图块间的多余墙线删除，如图 9-55 所示。

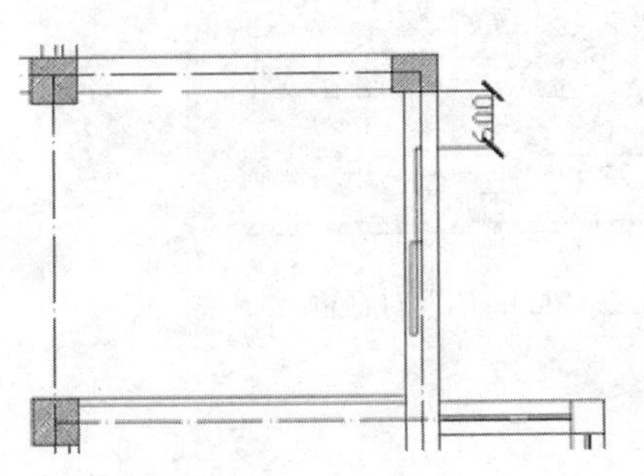

图 9-54 旋转图块

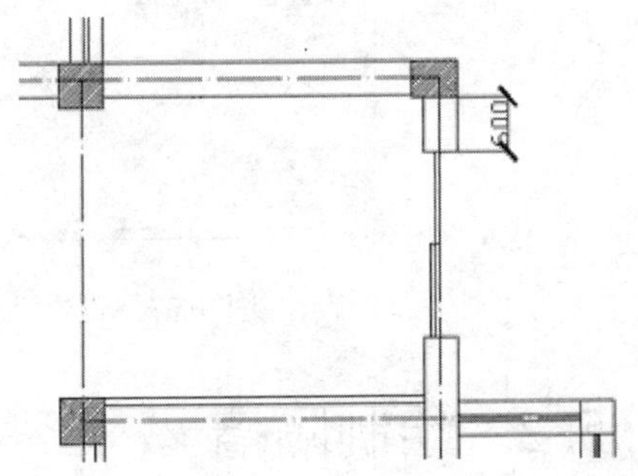

图 9-55 删除多余墙线

9.5 绘制非承重墙

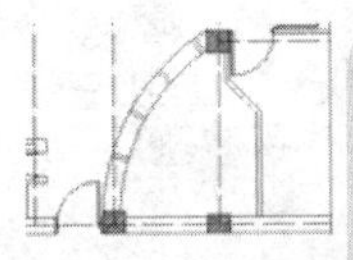

建筑结构包括承载受力的承重墙以及用来分割空间、美化环境的非承重墙。在前面介绍了承载受力的承重墙和柱子结构的绘制，这一节将绘制非承重墙。

9.5.1 设置隔墙线型

01 选取菜单栏“格式”→“多线样式”命令，弹出“多线样式”对话框，可以看到在绘制承重墙时创建的几种线型。单击“新建”按钮，新建一个多线样式，命名为“wall_in”，如图 9-56 所示。

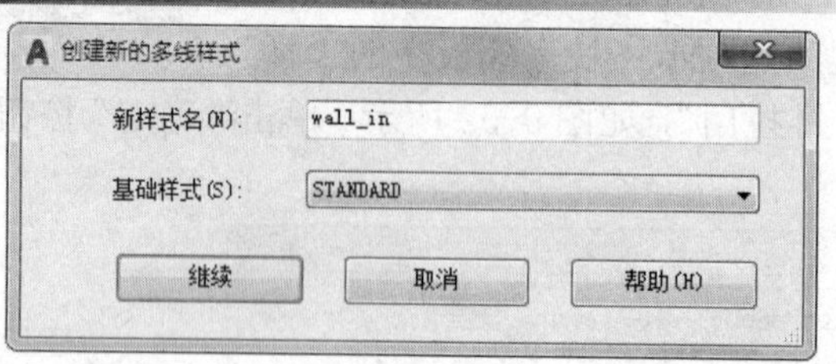

图 9-56　新建多线样式

02 单击“继续”按钮，弹出“新建多线样式：WALL_IN”对话框，设置“偏移”分别为 50 和-50，如图 9-57 所示。

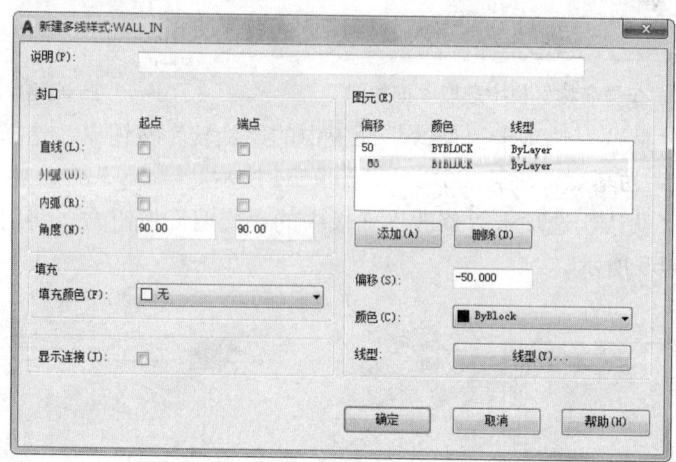

图 9-57　设置“新建多线样式：WALL_IN”对话框

9.5.2　绘制隔墙

01 设置好多线样式后，将当前图层设置为“墙线”图层，按照如图 9-58 所示的位置绘制隔墙，绘制时方法与外墙类似。隔墙①的绘制方法为：选取菜单栏“绘图”→“多线”命令，设置多线样式为“wall_in”、比例为 1、对正方式为上，由 A 向 B 进行绘制。结果如图 9-59 所示。

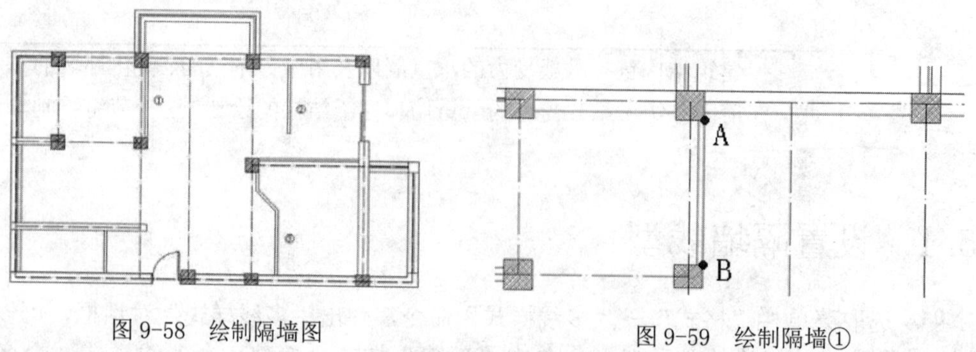

图 9-58　绘制隔墙图

图 9-59　绘制隔墙①

02 绘制隔墙②时，多线样式已经修改过了，选取菜单栏“绘图”→“多线”命令，当系统提示时，首先单击如图 9-60 所示的 A 点，然后回车或单击鼠标右键，选择取消。再次选取菜单栏“绘图”→“多线”命令，在命令行中依次输入“@1100，0”和“@0，-2400”，绘制结果如图 9-60 所示。

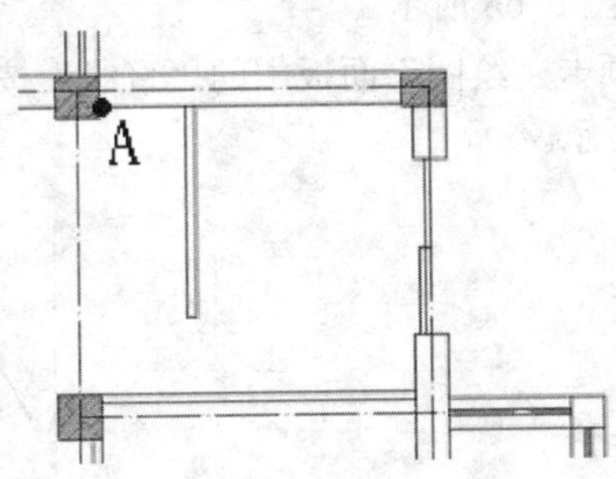

图 9-60 绘制隔墙②

03 绘制隔墙③的方法同前两种类似。选取菜单栏“绘图”→“多线”命令，单击如图 9-61 所示的 A 点，在命令行中依次输入“@0, -600”、“@700, -700”，单击图中点 B，即完成绘制，如图 9-61 所示。采用同样的方法绘制其他隔墙，结果如图 9-58 所示。单击“默认”选项卡“修改”面板中的“移动”按钮和“修剪”按钮，将门插入到图中，结果如图 9-62 所示。

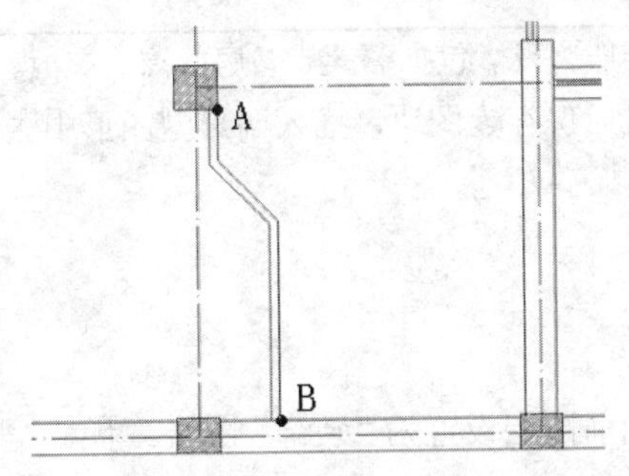

图 9-61 绘制隔墙③

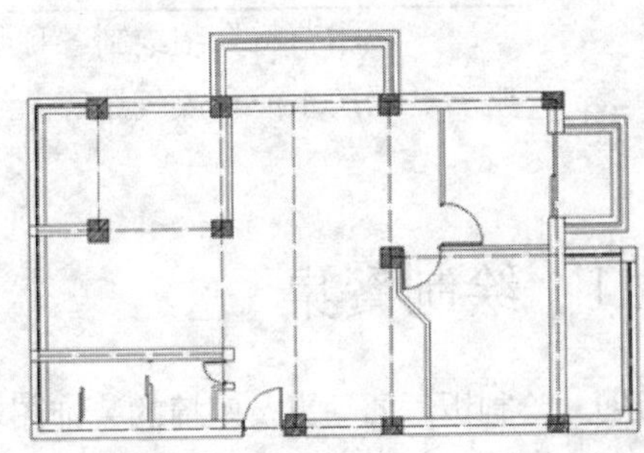

图 9-62 插入门

04 单击“默认”选项卡“绘图”面板中的“圆弧”按钮，绘制如图 9-63 所示的阴影部分（即书房区域），其隔墙为弧形。

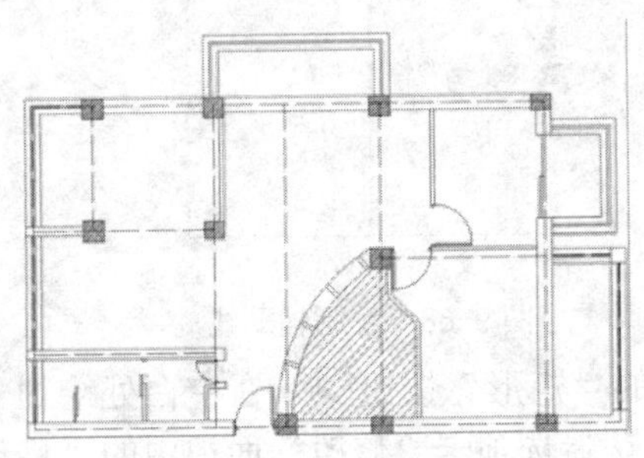

图 9-63 书房位置

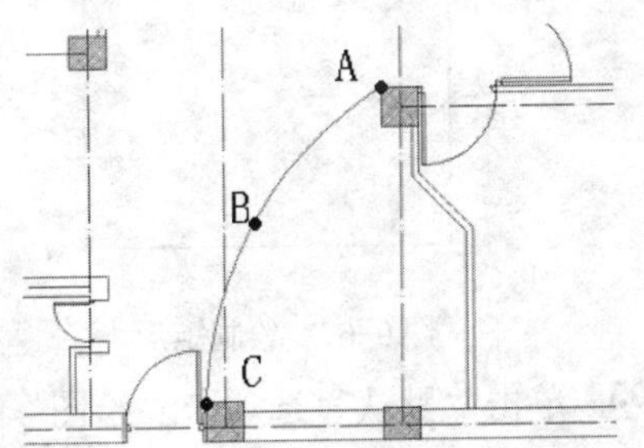

图 9-64 绘制弧线

05 将当前图层设置为“墙线”图层，然后单击“默认”选项卡“绘图”面板中的

“圆弧”按钮，以柱子的角点为基点，依次单击图中的A、B、C点，绘制弧线，如图9-64所示。

06 单击“默认”选项卡“修改”面板中的“偏移”按钮，将弧线向右偏移380，然后选择弧线，绘制结果如图9-65所示。

07 单击“默认”选项卡“绘图”面板中的“直线”按钮，在两条弧线中间绘制小分割线，结果如图9-66所示。

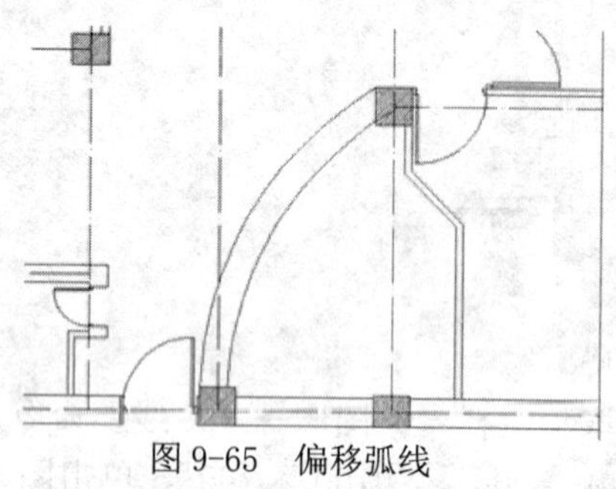
图9-65 偏移弧线

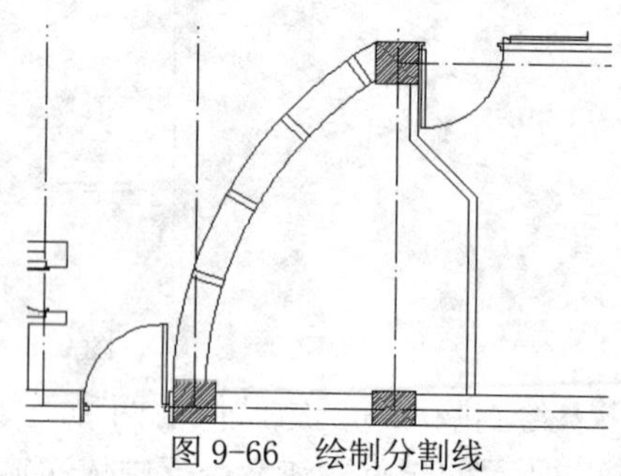
图9-66 绘制分割线

9.6 绘制装饰

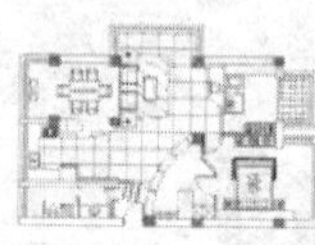

本节将介绍绘制各种装饰的一般方法，包括餐桌、书房门窗、衣柜、橱柜、吧台、厨房水池和煤气灶等。绘制完成后保存为图块，插入到户型图形中去。

9.6.1 绘制餐桌

01 绘制饭厅的餐桌及座椅的装饰图块。将当前图层设置为“装饰”图层。单击“默认”选项卡“绘图”面板中的“矩形”按钮，绘制一个长为1500×1000的矩形，如图9-67所示。

02 单击“默认”选项卡“绘图”面板中的“直线”按钮，在矩形的长边和短边方向的中点各绘制一条直线作为辅助线，如图9-68所示。

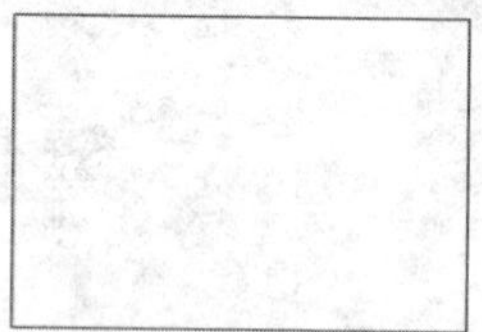
图9-67 绘制矩形1

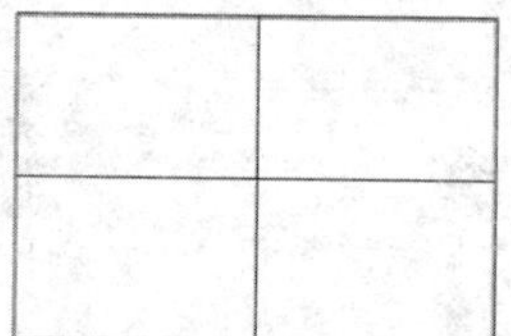
图9-68 绘制辅助线

03 单击“默认”选项卡“绘图”面板中的“矩形”按钮，在空白处绘制一个长为1200×40的矩形，如图9-69所示。单击“默认”选项卡“修改”面板中的“移动”按钮，以矩形底边中点为基点，移动矩形至刚刚绘制的辅助线交叉处，如图9-70所示。

04 单击“默认”选项卡“修改”面板中的“镜像”按钮，将刚刚移动的矩形以

水平辅助线为轴，镜像到下侧，如图 9-71 所示。

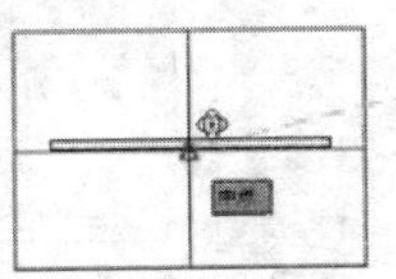

图 9-69 绘制矩形 2　　　图 9-70 移动矩形

05 单击“默认”选项卡“绘图”面板中的“矩形”按钮，在空白处绘制边长为 500 的正方形，如图 9-72 所示。

06 单击“默认”选项卡“修改”面板中的“偏移”按钮，偏移距离设置为 20，将刚绘制的正方形向内偏移，如图 9-73 所示。单击“默认”选项卡“绘图”面板中的“矩形”按钮，在矩形的上侧空白处，绘制一个长为 400×200 的矩形，如图 9-74 所示。

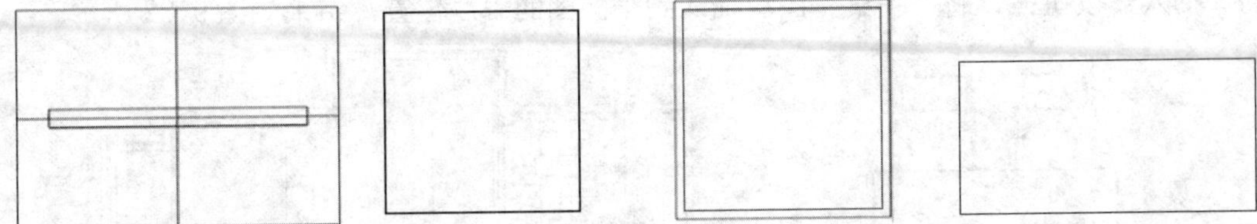

图 9-71 镜像正方形　　图 9-72 绘制正方形　　图 9-73 偏移矩形　　图 9-74 绘制矩形

07 单击“默认”选项卡“修改”面板中的“圆角”按钮，设置矩形的圆角半径为 50。重复“圆角”命令，将矩形的 4 个角进行圆角处理，结果如图 9-75 所示。

08 单击“默认”选项卡“修改”面板中的“移动”按钮，将将刚进行圆角处理的矩形移动到刚刚绘制的正方形的一边的中心，如图 9-76 所示。

09 单击“默认”选项卡“修改”面板中的“修剪”按钮，将矩形内部的直线删除，结果如图 9-77 所示。

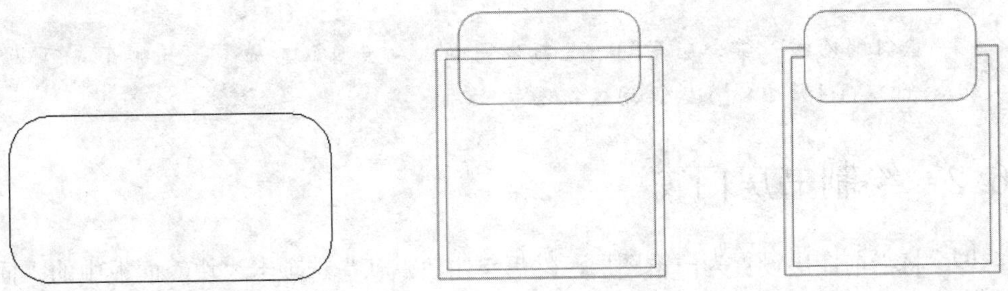

图 9-75 设置倒角　　图 9-76 移动矩形　　图 9-77 删除多余直线

10 单击“默认”选项卡“绘图”面板中的“直线”按钮，在矩形的上方绘制直线，直线的端点及位置如图 9-78 所示。此时椅子的图块绘制完成。单击“默认”选项卡“修改”面板中的“移动”按钮，移动的基点选定为内部正方形的下侧角点，并使其与餐桌的外边重合，如图 9-79 所示。再单击“默认”选项卡“修改”面板中的“修剪”按钮，修剪餐桌边缘内部的多余线段，结果如图 9-80 所示。

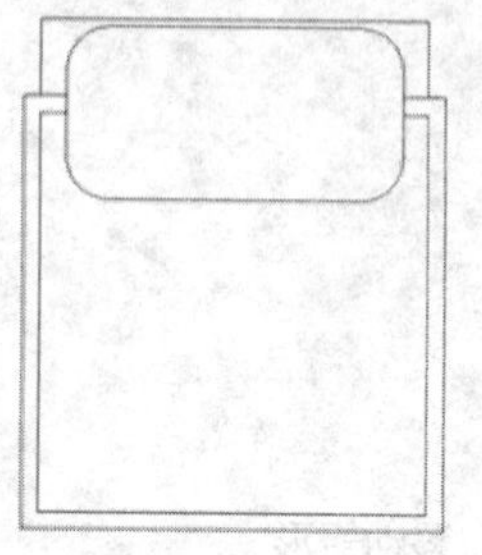

图 9-78　绘制直线

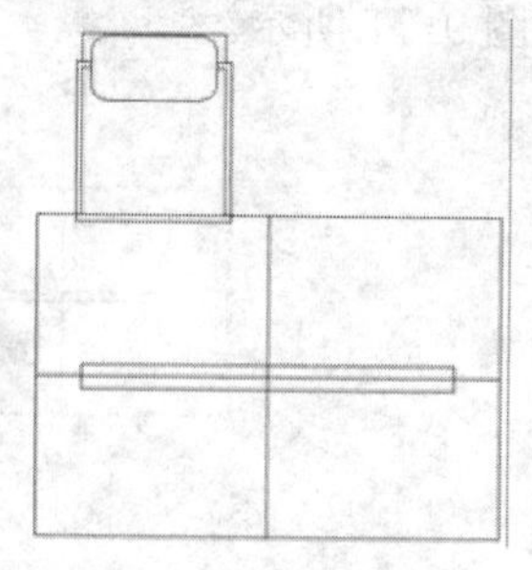

图 9-79　移动图块

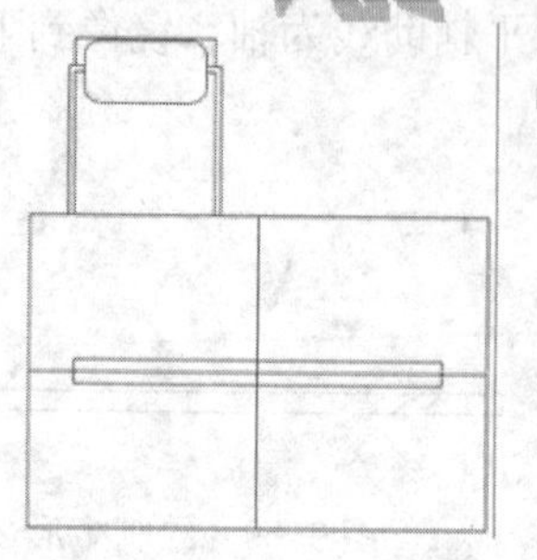

图 9-80　删除直线

11 单击“默认”选项卡“修改”面板中的“镜像”按钮及“旋转”按钮，将椅子的图形复制在图 9-81 所示的位置。单击“默认”选项卡“修改”面板中的“删除”按钮，删除辅助线，结果如图 9-81 所示。

12 将图形命名为“餐桌”并保存为图块，然后单击“默认”选项卡“块”面板中的“插入”按钮，将“餐桌”图块插入到平面图的餐厅位置，结果如图 9-82 所示。

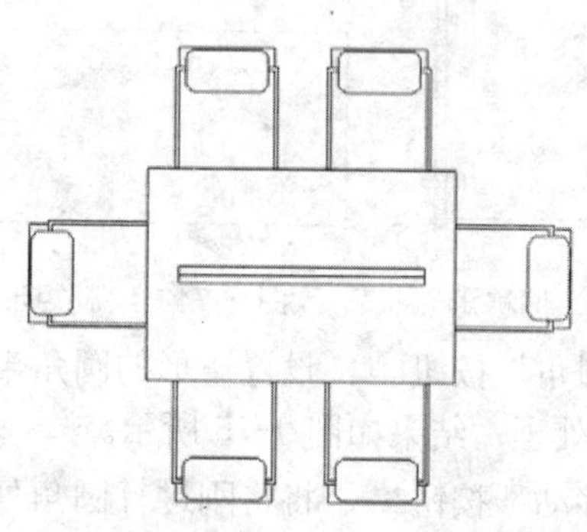

图 9-81　复制椅子图块

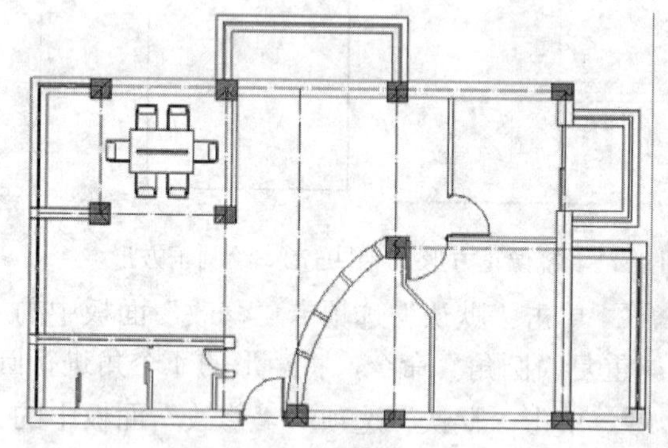

图 9-82　插入餐桌图块

注意

建筑制图时，常会应用到一些标准图块，如卫具和桌椅等，此时用户可以从AutoCAD设计中心直接调用建筑图块。

9.6.2　绘制书房门窗

01 将当前图层设置为门窗图层，然后单击“默认”选项卡“块”面板中的“插入”按钮，将单扇门图块插入图中，并保证基点插入到如图 9-83 所示的 A 点。

02 单击“默认”选项卡“修改”面板中的“旋转”按钮，以刚才插入的 A 点为基点旋转 90°，结果如图 9-84 所示。

03 单击“默认”选项卡“修改”面板中的“移动”按钮，将图块向下移动 200，结果如图 9-85 所示。单击“默认”选项卡“绘图”面板中的“直线”按钮，在门垛的两侧分别绘制一条直线，作为分割的辅助线，如图 9-86 所示。

04 单击“默认”选项卡“修改”面板中的“修剪”按钮，以辅助线为修剪的边界，修剪隔墙的多线，并单击“默认”选项卡“修改”面板中的“删除”按钮，删除辅助线，结果如图 9-87 所示。

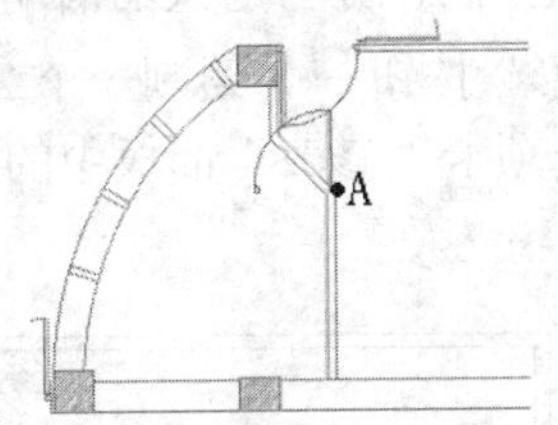

图 9-83　插入门图块

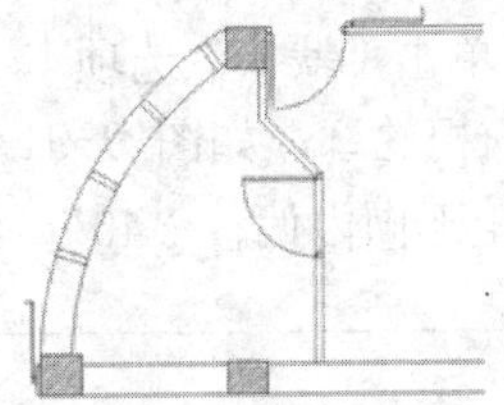

图 9-84　旋转图块

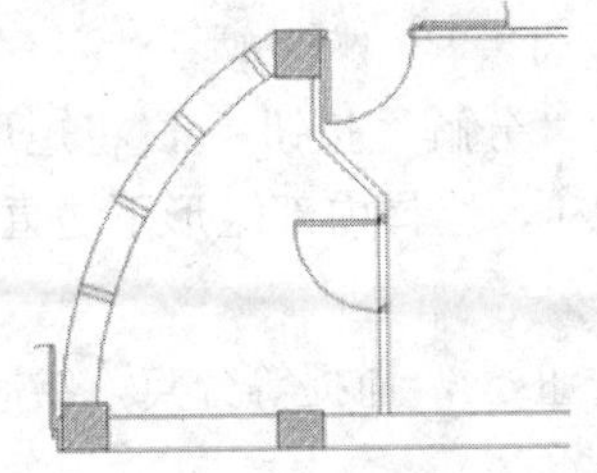

图 9-85　移动图块

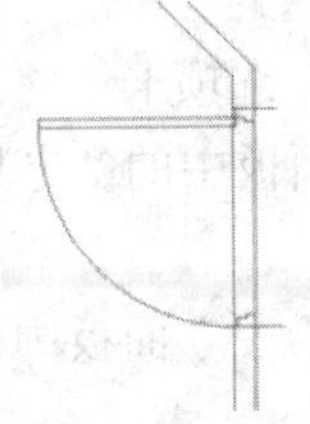

图 9-86　绘制辅助线

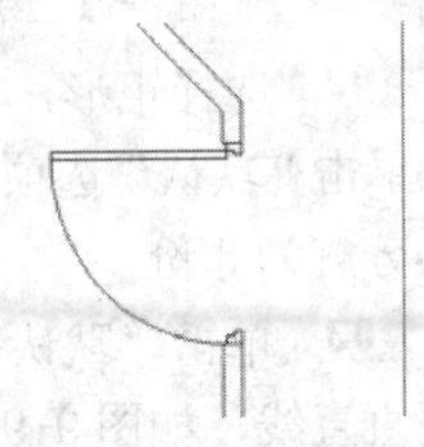

图 9-87　删除隔墙线

05 选择菜单栏中的“格式”→“多线样式”命令，弹出“多线样式”对话框，以隔墙类型为基准，新建多线样式“window2”，如图 9-88 所示。在两条多线中间添加一条线，方法是在“新建多线样式：window2” 对话框中将偏移量分别设置为 50、0、-50，如图 9-89 所示。在刚刚插入的门两侧绘制多线作为窗线，结果如图 9-90 所示。

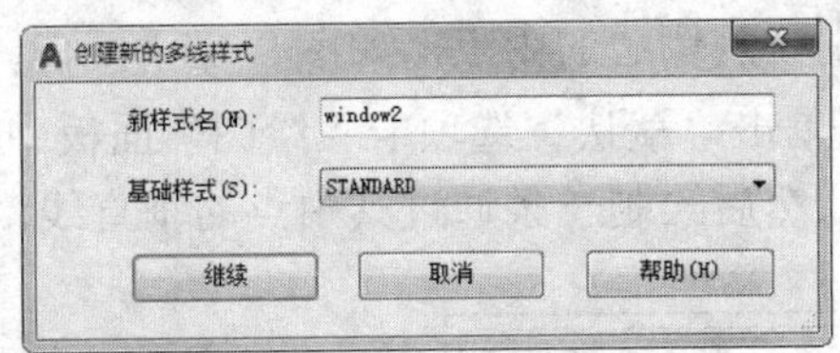

图 9-88　新建多线样式

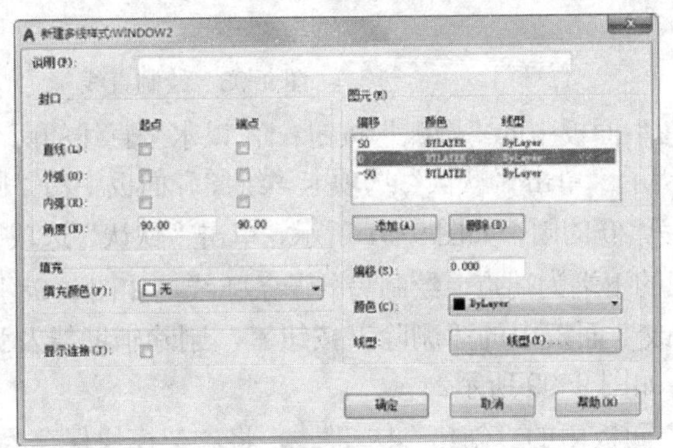

图 9-89　设置“新建多线样式：window2” 对话框

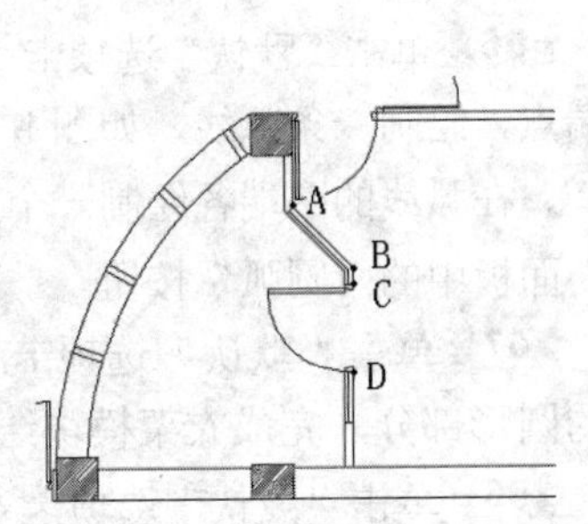

图 9-90　绘制窗线

9.6.3 绘制衣柜

衣柜是卧室中必不可少的家具，设计时要充分注意空间，并考虑人的活动范围。

01 单击“默认”选项卡“绘图”面板中的“矩形”按钮，绘制一个 2000×500 的矩形作为衣柜轮廓，如图 9-91 所示。单击“默认”选项卡“修改”面板中的“偏移”按钮，将矩形向内偏移“40”，结果如图 9-92 所示。

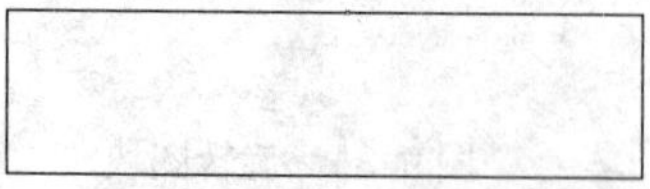

图 9-91　绘制衣柜轮廓

图 9-92　偏移矩形

02 选择矩形，单击“默认”选项卡“修改”面板中的“分解”按钮，将矩形分解。单击“默认”选项卡“绘图”面板中的“定数等分”按钮，选择内部矩形下边直线，将其分解为 3 份。

03 单击“默认”选项卡“绘图”面板中的“直线”按钮，捕捉等分点，绘制 2 条垂直直线，如图 9-93 所示。

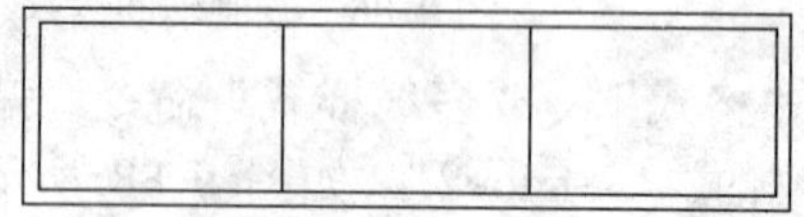

图 9-93　绘制垂直线

04 单击“默认”选项卡“绘图”面板中的“直线”按钮，在矩形内部绘制一条水平直线，直线两端点分别在两侧边的中点，如图 9-94 所示。

05 绘制衣架图块。单击“默认”选项卡“绘图”面板中的“直线”按钮，绘制一条长为 400 的水平直线，然后绘制一条通过其中点的垂直线，如图 9-95 所示。

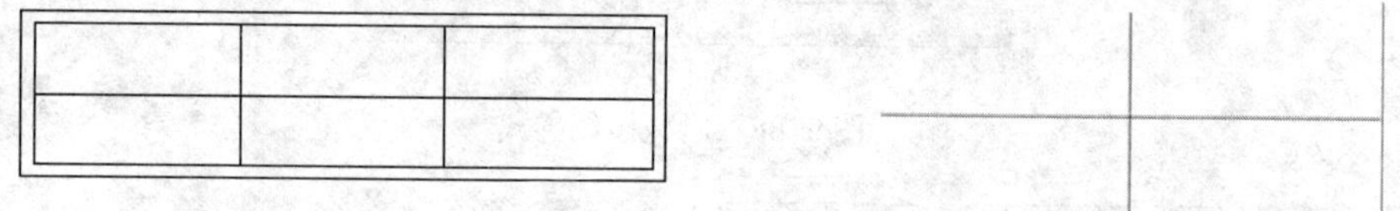

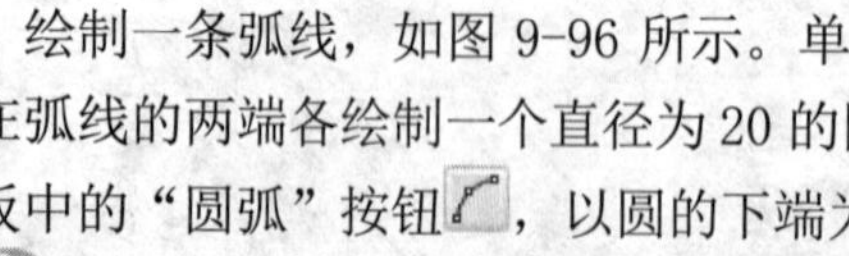

图 9-94　绘制水平线

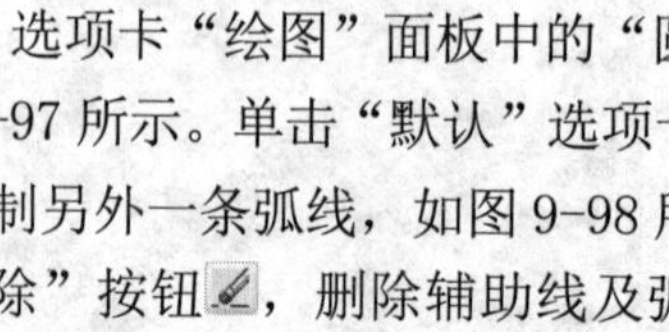

图 9-95　绘制直线

06 单击“默认”选项卡“绘图”面板中的“圆弧”按钮，以水平直线的两个端点为端点，绘制一条弧线，如图 9-96 所示。单击“默认”选项卡“绘图”面板中的“圆”按钮，在弧线的两端各绘制一个直径为 20 的圆，如图 9-97 所示。单击“默认”选项卡“绘图”面板中的“圆弧”按钮，以圆的下端为端点，绘制另外一条弧线，如图 9-98 所示。

07 单击“默认”选项卡“修改”面板中的“删除”按钮，删除辅助线及弧线内部的圆形部分，完成衣架模块绘制，如图 9-99 所示。

08 单击“默认”选项卡“块”面板中的“创建”按钮，将衣架模块保存为图块，并将插入点设置为弧线的中点；然后单击“默认”选项卡“块”面板中的“插入”按钮，将其插入到衣柜模块中，结果如图 9-100 所示。

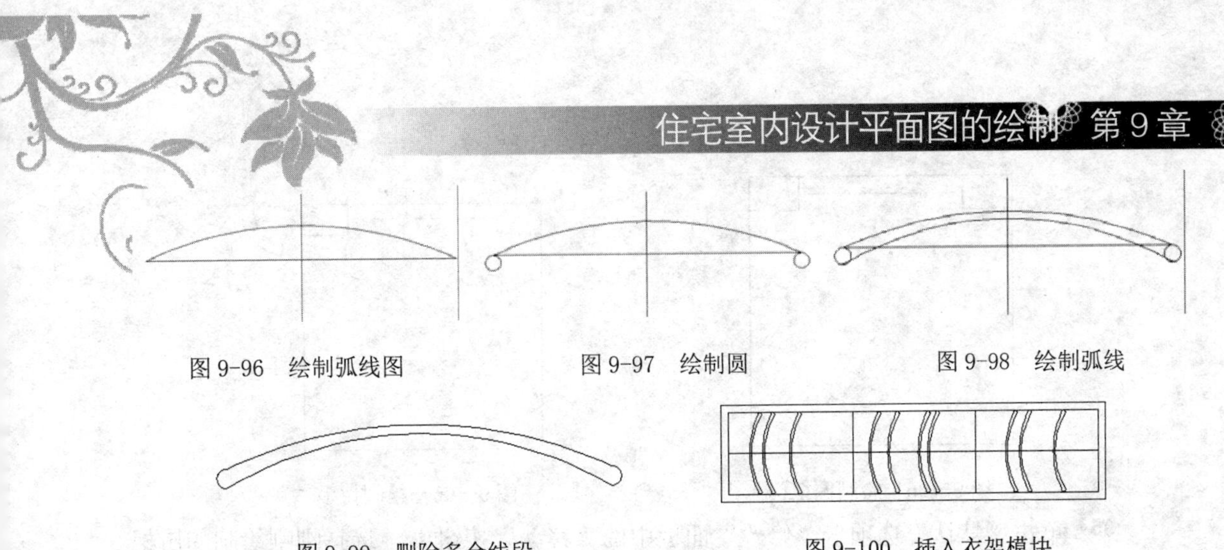

图 9-96　绘制弧线图　　图 9-97　绘制圆　　图 9-98　绘制弧线

图 9-99　删除多余线段　　图 9-100　插入衣架模块

09 将衣柜模块插入到当前图中。采用相同的方法绘制另外一个衣柜模块，并将其插入到当前图中，如图 9-101 所示。

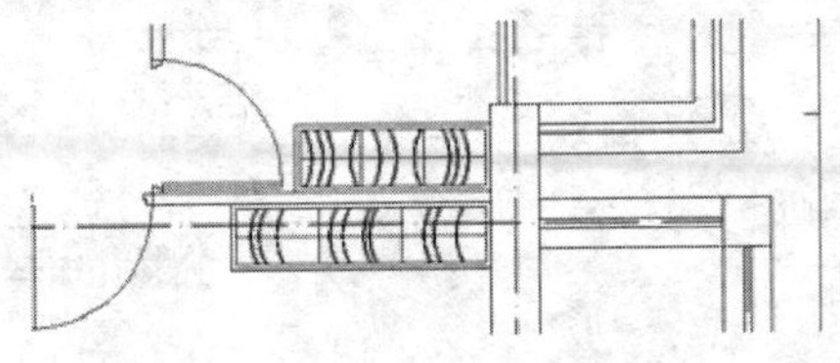

图 9-101　插入衣柜图形

9.6.4　绘制橱柜

01 单击“默认”选项卡“绘图”面板中的“矩形”按钮，绘制一个边长为 800 的正方形，如图 9-102 所示。

02 单击“默认”选项卡“绘图”面板中的“矩形”按钮，绘制一个 150×100 的小矩形，结果如图 9-103 所示。

03 单击“默认”选项卡“修改”面板中的“镜像”按钮，选择刚刚绘制的小矩形为镜像对象，以大矩形的上边中点为基点，引出垂直对称轴，将小矩形镜像复制到另外一侧，如图 9-104 所示。

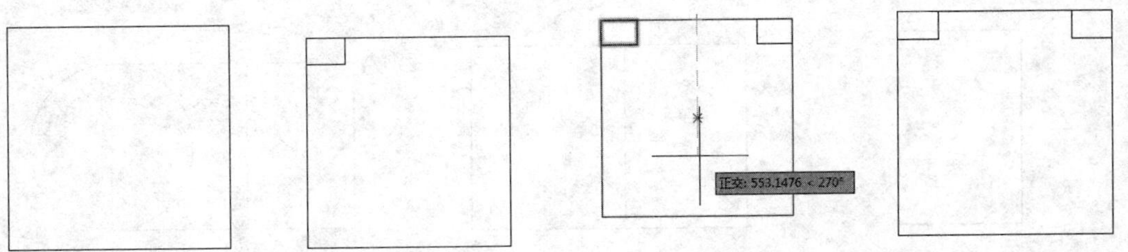

图 9-102　绘制正方形　　图 9-103　绘制小矩形　　图 9-104　复制矩形

04 单击“默认”选项卡“绘图”面板中的“直线”按钮，选择左上角矩形右边的中点为起点，绘制一条水平直线，作为橱柜的门，如图 9-105 所示。在橱柜门的右侧绘制一条垂直直线，单击“默认”选项卡“绘图”面板中的“矩形”按钮，在直线上侧绘制两个边长为 50 的小正方形，作为柜门的拉手，如图 9-106 所示。

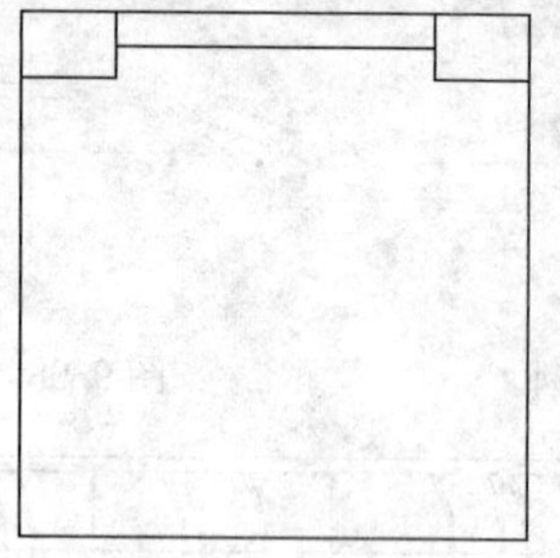

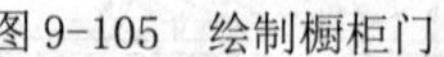

图 9-105　绘制橱柜门

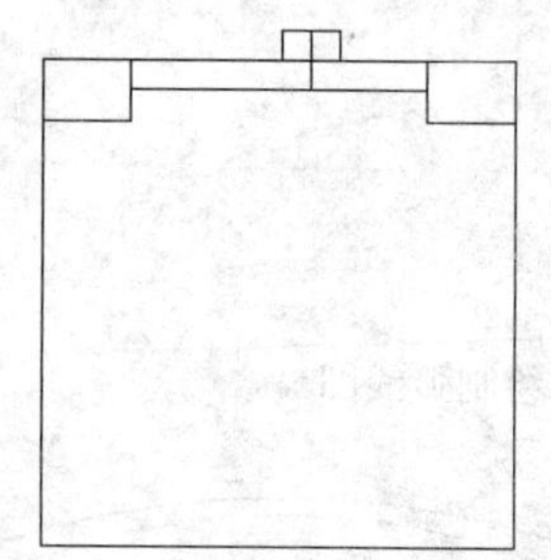

图 9-106　绘制拉手

05 单击“默认”选项卡“修改”面板中的“移动”按钮，选择刚刚绘制的厨柜模块，将其移动至厨房的厨柜位置，如图 9-107 所示。

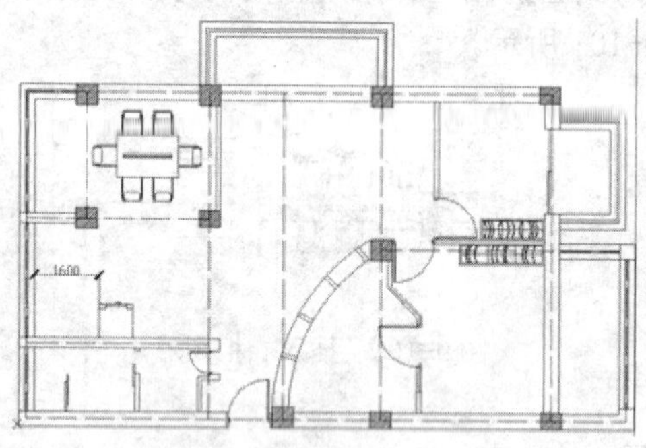

图 9-107　插入厨柜模块

9.6.5　绘制吧台

01 单击“默认”选项卡“绘图”面板中的“矩形”按钮，绘制一个边长为 400×600 的矩形，如图 9-108 所示。然后在其右侧绘制一个边长为 500×600 的矩形，如图 9-109 所示。

02 单击“默认”选项卡“绘图”面板中的“圆”按钮，以矩形右侧的边缘中点为圆心，绘制半径为 300 的圆，如图 9-110 所示。

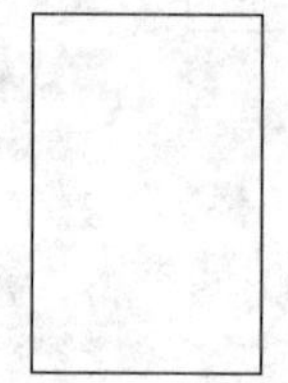

图 9-108　绘制矩形 1

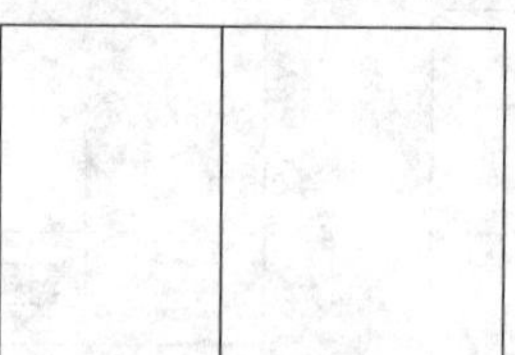

图 9-109　绘制矩形 2

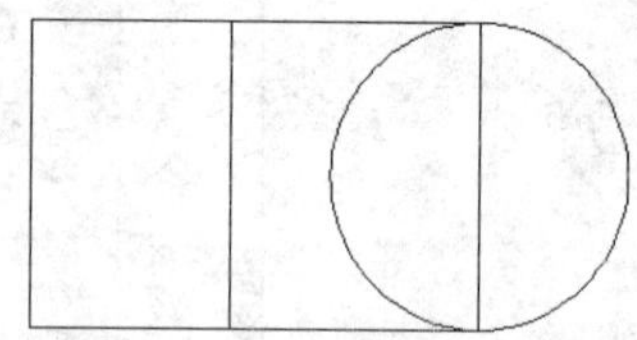

图 9-110　绘制圆

03 选择右侧矩形和圆，单击“默认”选项卡“修改”面板中的“分解”按钮，将其分解，并删除右侧的垂直边，如图 9-111 所示。再单击“默认”选项卡“修改”面板中的“修剪”按钮，选择上下两条水平直线作为基准线，修剪圆的左侧，完成吧台的绘制，如图 9-112 所示。单击“默认”选项卡“修改”面板中的“移动”按钮，将吧台移至如图 9-113 所示的位置。

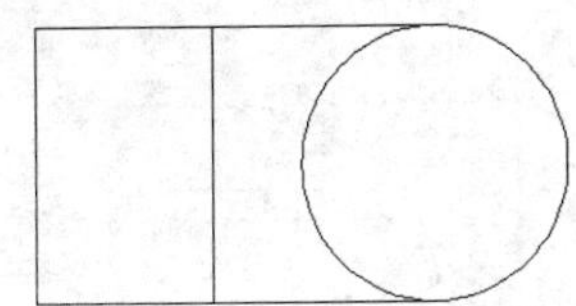

图 9-111 删除直线

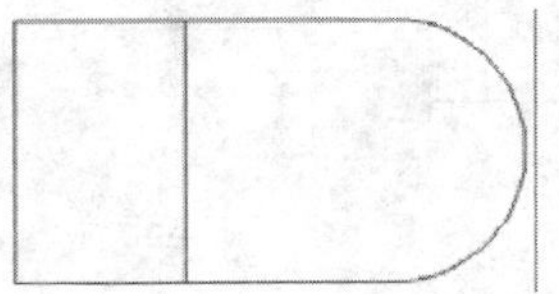

图 9-112 删除半圆

04 选择与吧台重合的柱子，单击“默认”选项卡“修改”面板中的“分解”按钮，将其分解，然后单击“默认”选项卡“修改”面板中的“修剪”按钮，删除吧台内的部分，如图 9-114 所示。

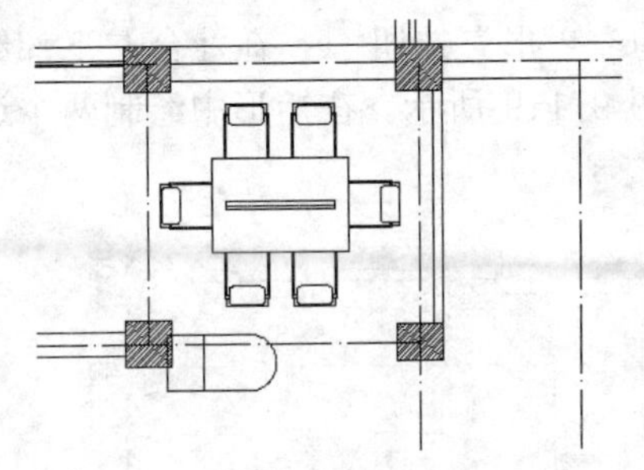

图 9-113 移动吧台

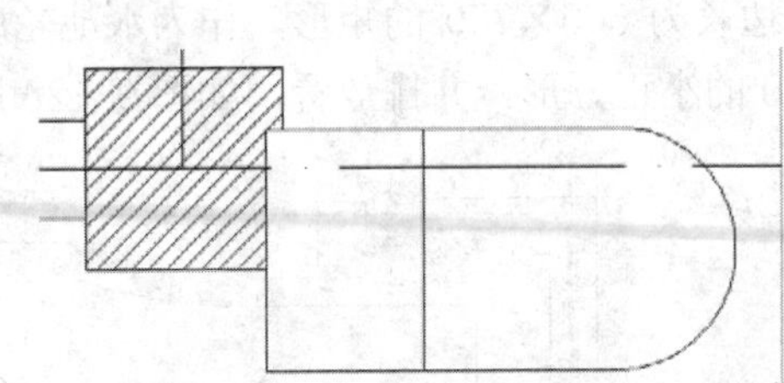

图 9-114 删除多余直线

9.6.6 绘制厨房水池和煤气灶

01 单击“默认”选项卡“绘图”面板中的“直线”按钮，在橱柜模块底部的左端点单击鼠标，如图 9-115 所示。依次在命令行中输入端点坐标：“@0”“600”“@-1000，0”“@0，1520”和“@1800，0”，然后将各端点与吧台相连，完成厨房灶台的绘制，结果如图 9-116 所示。

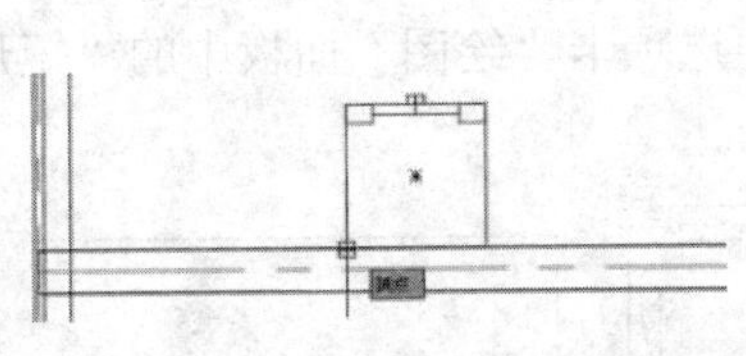

图 9-115 直线起始点

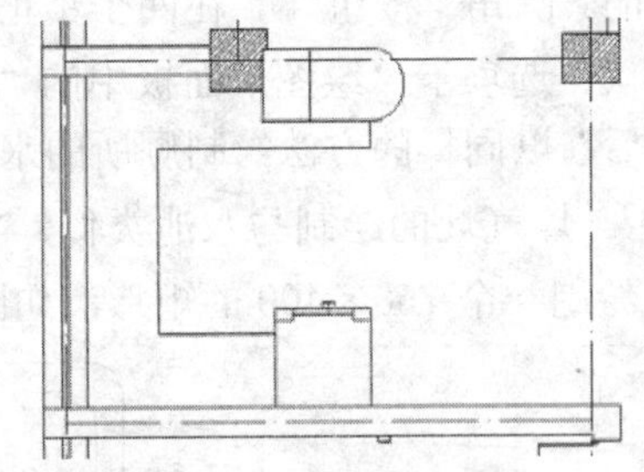

图 9-116 绘制灶台

02 单击“默认”选项卡“绘图”面板中的“圆弧”按钮，单击刚刚绘制的灶台线结束点，然后在图中绘制如图 9-117 所示的弧线，作为客厅与餐厅的分界线，同时也表示一级台阶。

03 选择弧线，单击“默认”选项卡“修改”面板中的“偏移”按钮，在命令按钮行中输入偏移距离为 200，代表台阶宽度为 200mm。将弧线偏移，单击“默认”选项卡“修改”面板中的“修剪”按钮和“默认”选项卡“绘图”面板中的“直线”按钮，绘制第二级台阶，结果如图 9-118 所示。

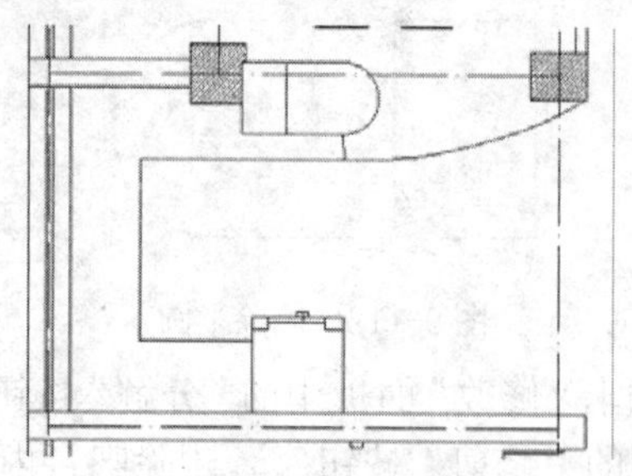

图 9-117　绘制一级台阶

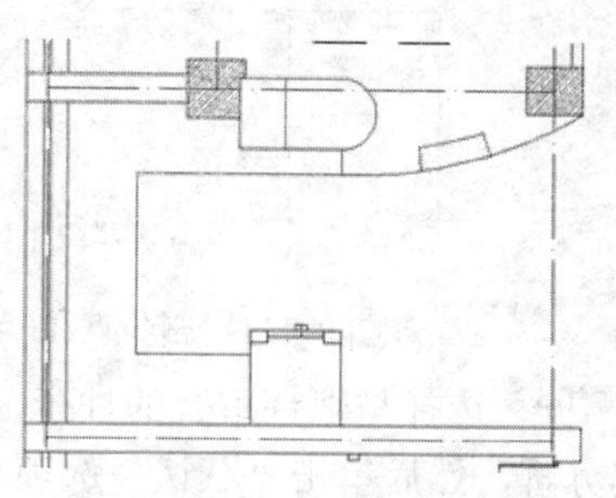

图 9-118　绘制二级台阶

04 单击“默认”选项卡“绘图”面板中的“矩形”按钮，在灶台左下部绘制一个边长为 500×750 的矩形，作为水池轮廓，如图 9-119 所示。在矩形中绘制两个边长为 300 的小正方形，并排放置，如图 9-120 所示。

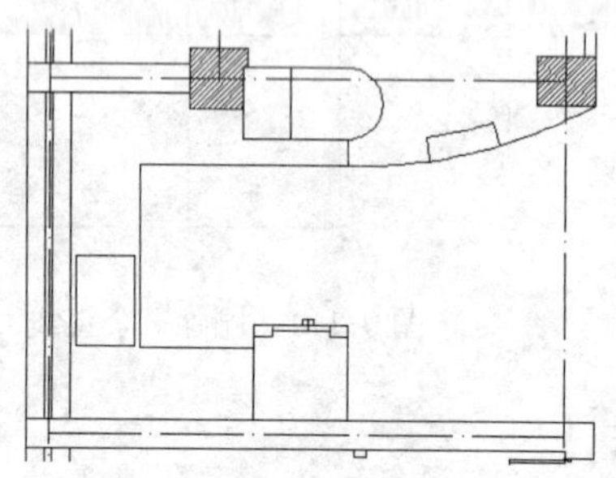

图 9-119　绘制水池轮廓

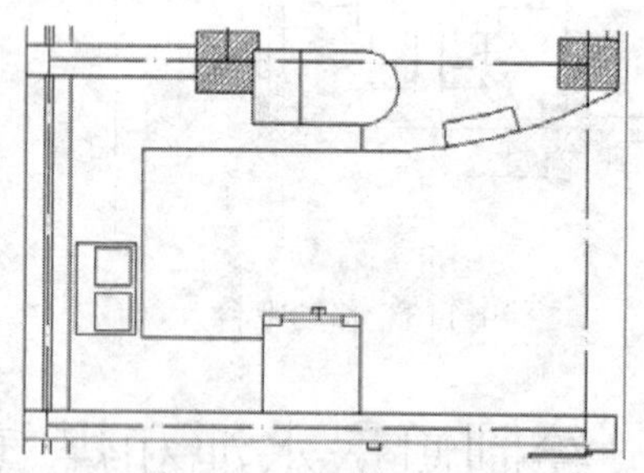

图 9-120　绘制小正方形

05 单击“默认”选项卡“修改”面板中的“圆角”按钮，设置圆角的半径为 50，将小正方形的角均修改为圆角，如图 9-121 所示。

06 单击“默认”选项卡“绘图”面板中的“直线”按钮、“圆”按钮和“修改”面板中的“圆角”按钮，在两个小正方形的中间部位绘制水龙头，如图 9-122 所示。单击“默认”选项卡“绘图”面板中的“创建块”按钮，将刚绘制的图形保存为水池图块。然后，以同样的方法绘制厕所的水池和便池。

07 煤气灶的绘制与水池类似，单击“默认”选项卡“绘图”面板中的“矩形”按钮，绘制一个 750×400 的矩形，如图 9-123 所示。

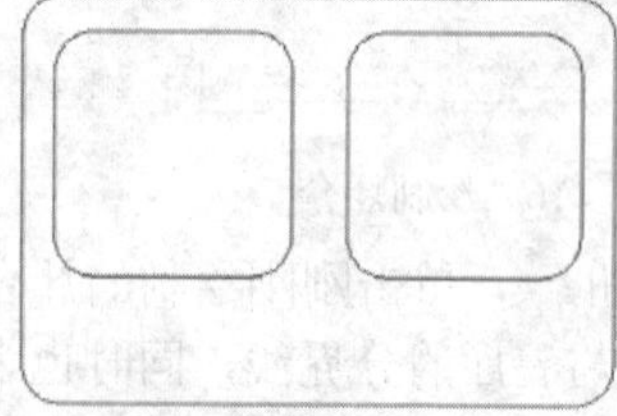

图 9-121　修改为圆角

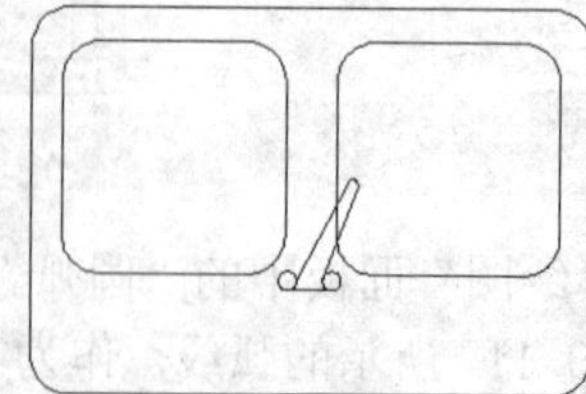

图 9-122　绘制水龙头

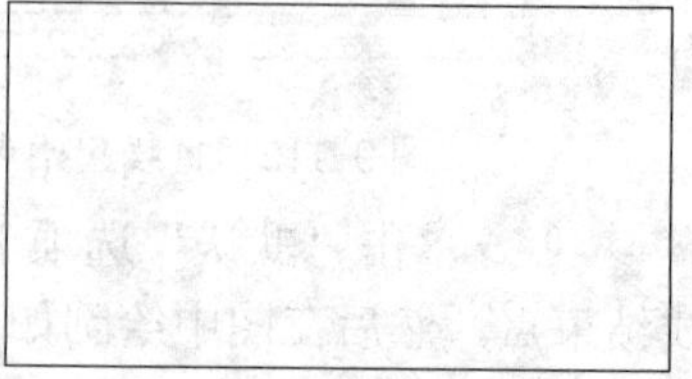

图 9-123　绘制矩形

08 单击“默认”选项卡“绘图”面板中的“直线”按钮，在距离底边 50 的位置绘制一条水平直线，如图 9-124 所示，作为控制板与灶台的分界线。单击“默认”选项卡“绘图”面板中的“直线”按钮，在控制板的中心位置绘制一条垂直直线，作为辅助线。

再单击“默认”选项卡“绘图”面板中的“矩形”按钮，绘制一个边长为 70×40 的矩形，将其放置在辅助线的中点，再单击“默认”选项卡“修改”面板中的“删除”按钮，将辅助线删除，结果如图 9-125 所示。采用与之前相同的方法（见 6.1.4 节“燃气灶”），在刚绘制的矩形左侧绘制控制旋钮（见图 9-126）。

图 9-124　绘制直线

图 9-125　绘制显示窗口

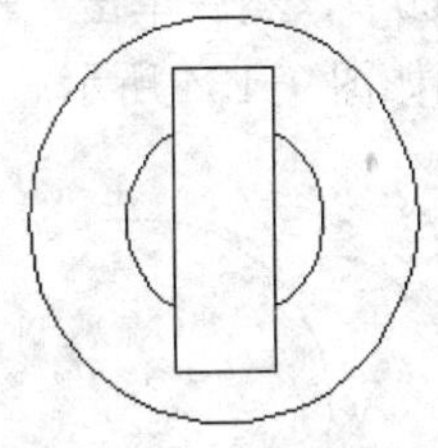

图 9-126　控制旋钮

09 单击“默认”选项卡“修改”面板中的“复制”按钮，将控制旋钮复制到另外一侧，对称轴为显示窗口的中线，如图 9-127 所示。

10 单击“默认”选项卡“绘图”面板中的“矩形”按钮，在空白处绘制一个 700×300 的矩形，并单击“默认”选项卡“绘图”面板中的“直线”按钮，绘制中线作为辅助线，如图 9-128 所示。然后在刚绘制的燃气灶上边的中点绘制一条垂直直线作为辅助线，如图 9-129 所示。

图 9-127　复制控制旋钮

图 9-128　绘制直线

11 单击“默认”选项卡“修改”面板中的“移动”按钮，选择刚绘制的矩形的中心交点为基点，将其移动到燃气灶的辅助线中点处，然后单击“默认”选项卡“修改”面板中的“圆角”按钮，将矩形的 4 个角修改为圆角，设置圆角直径为 30，再单击“默认”选项卡“修改”面板中的“删除”按钮，删除多余的辅助直线，结果如图 9-130 所示。

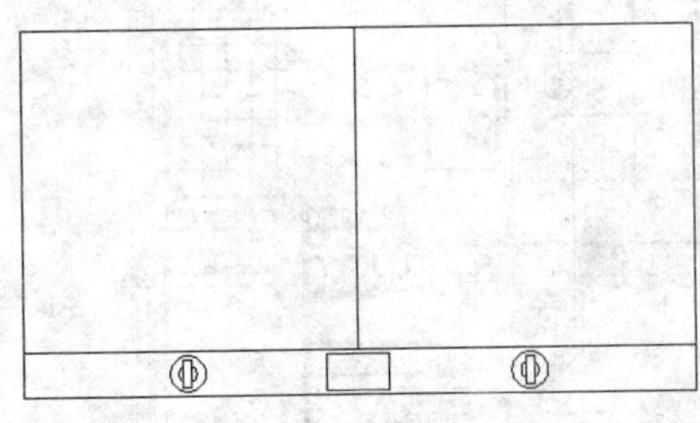

图 9-129　绘制辅助线

图 9-130　移动矩形

12 绘制燃气灶的炉口。首先单击“默认”选项卡“绘图”面板中的“圆”按钮，绘制一个直径为 200 的圆，如图 9-131 所示。然后单击“默认”选项卡“修改”面板中的“偏移”按钮，将圆依次向内偏移 50、70、90，结果如图 9-132 所示。

13 单击“默认”选项卡“绘图”面板中的“矩形”按钮，在图中绘制一个边长为 20×60 的矩形，并单击“默认”选项卡“修改”面板中的“修剪”按钮，修剪多余的线，结果如图 9-133 所示。单击“默认”选项卡“修改”面板中的“环形阵列”按钮，将刚刚绘制的矩形进行阵列操作，设置阵列的中心点为同心圆的圆心、项目数为 5、角度为 360°，然后单击“默认”选项卡“修改”面板中的“修剪”按钮，将多余的线修剪，结果如图 9-134 所示。

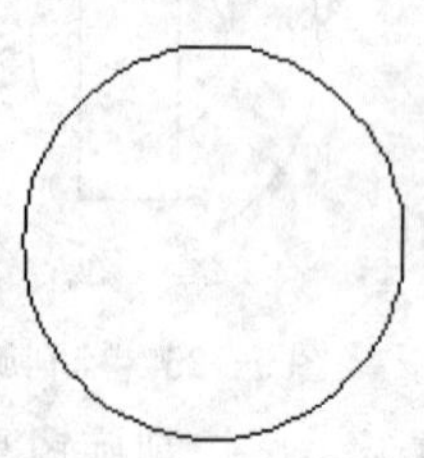

图 9-131　绘制圆

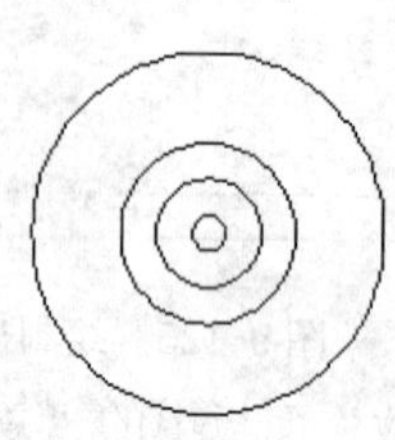

图 9-132　偏移圆形

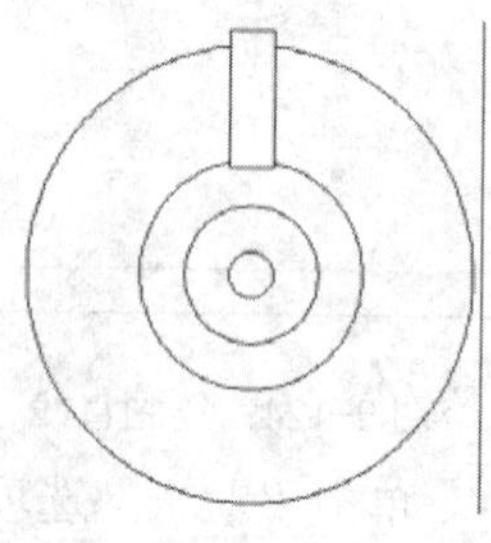

图 9-133　绘制矩形

14 单击“默认”选项卡“修改”面板中的“移动”按钮和“复制”按钮，将绘制好的图形移动到燃气灶图块的左侧，然后对其进行复制操作，并复制到另外对称一侧，如图 9-135 所示。将燃气灶图形保存为燃气灶图块，方便以后绘图时使用。

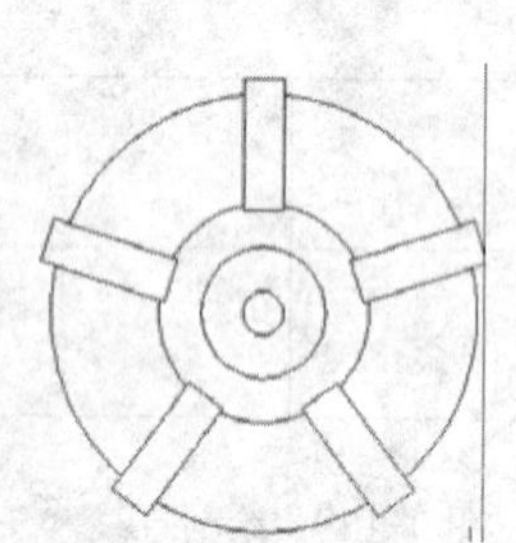

图 9-134　复制矩形

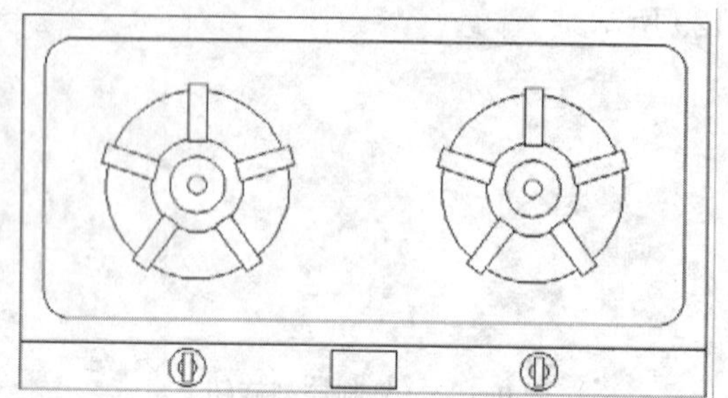

图 9-135　燃气灶图块

按照步骤 1～步骤 12 的方法，绘制其他房间的装饰图形，最终图形如图 9-136 所示。

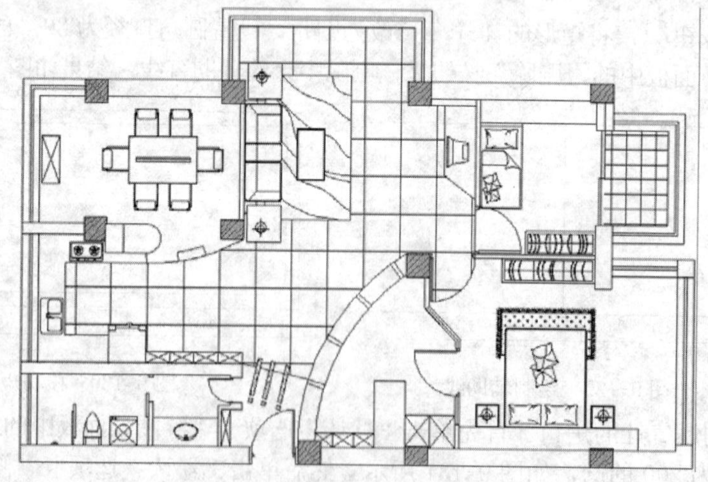

图 9-136　图形绘制结果

9.7 尺寸文字标注

尺寸和文字标注是室内设计必不可少的组成部分，本节将介绍尺寸和文字标注的一般方法。

9.7.1 尺寸标注

01 单击“默认”选项卡“注释”面板中的“标注样式”按钮，弹出“标注样式管理器”对话框，如图9-137所示。

02 单击“修改”按钮，弹出“修改标注样式”对话框。单击“线”选项卡，按如图9-138所示修改标注样式参数。单击“符号和箭头”选项卡，按照图9-139所示的设置进行修改，其中箭头样式选择“建筑标记”，箭头大小修改为150。在“文字”选项卡中设置“文字高度”为150、“从尺寸线偏移”为50，如图9-140所示。

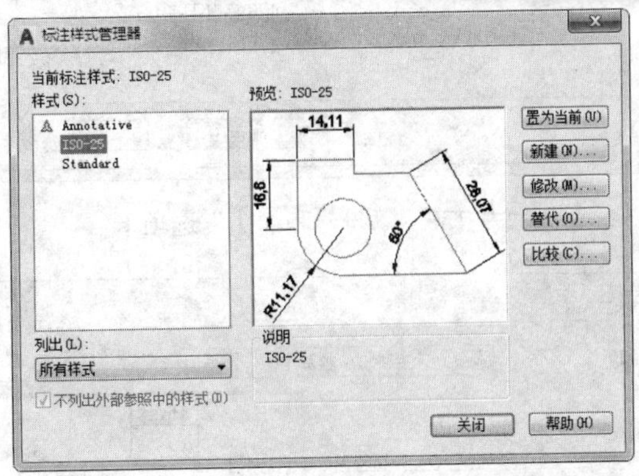

图9-137 “标注样式管理器”对话框

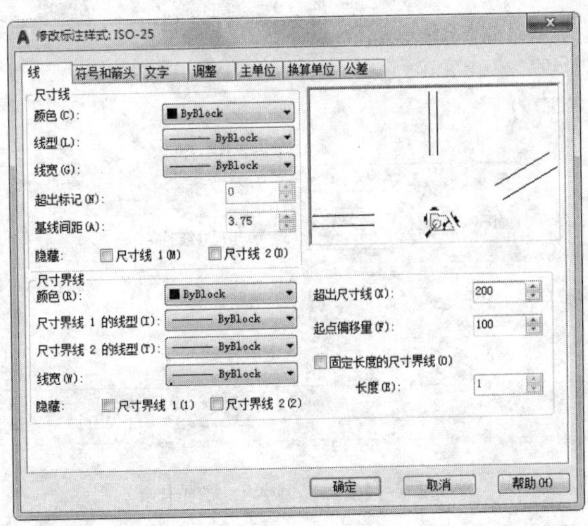

图9-138 “线”选项卡

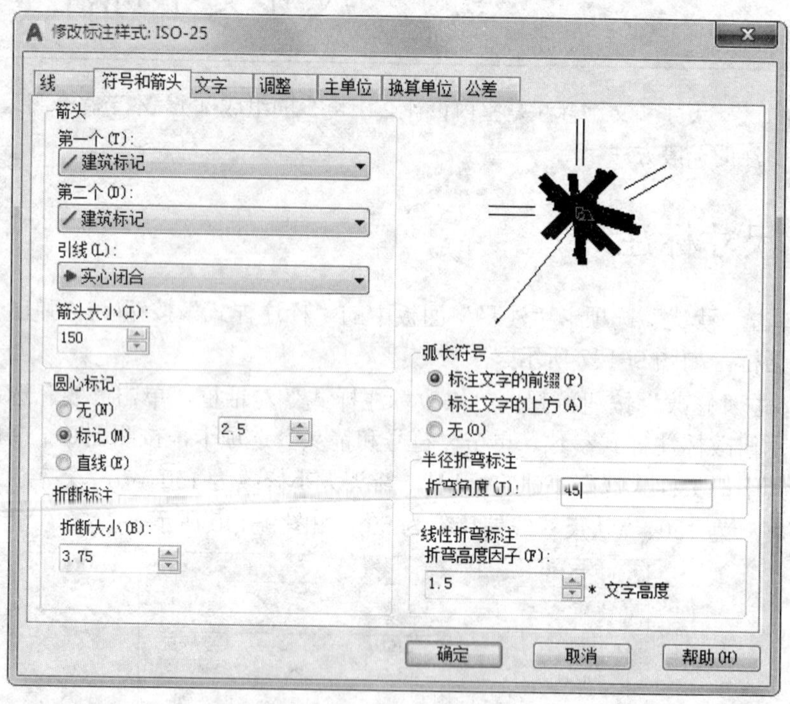

图 9-139 “符号和箭头”选项卡

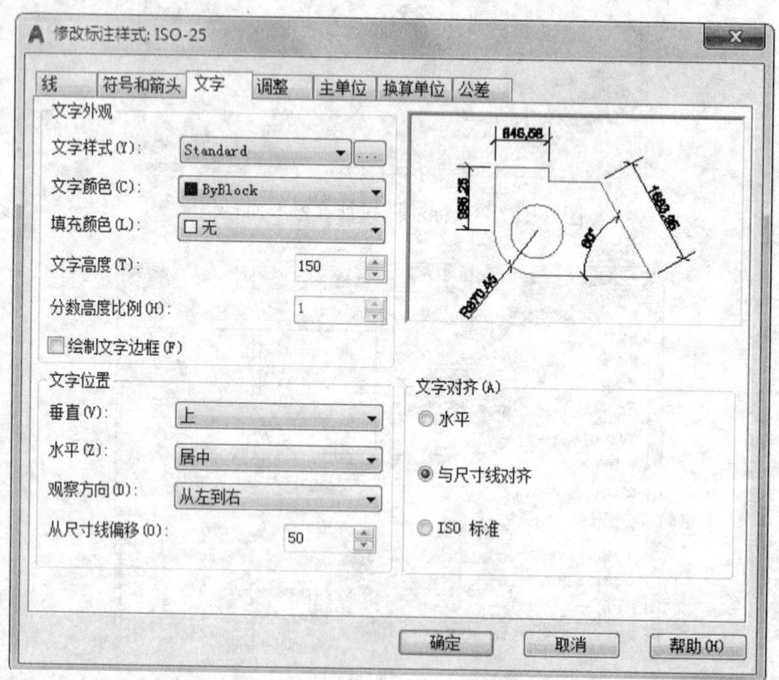

图 9-140 “文字”选项卡

03 单击“默认”选项卡“注释”面板中的“线性”按钮，标注轴线间的距离，如图 9-141 所示。

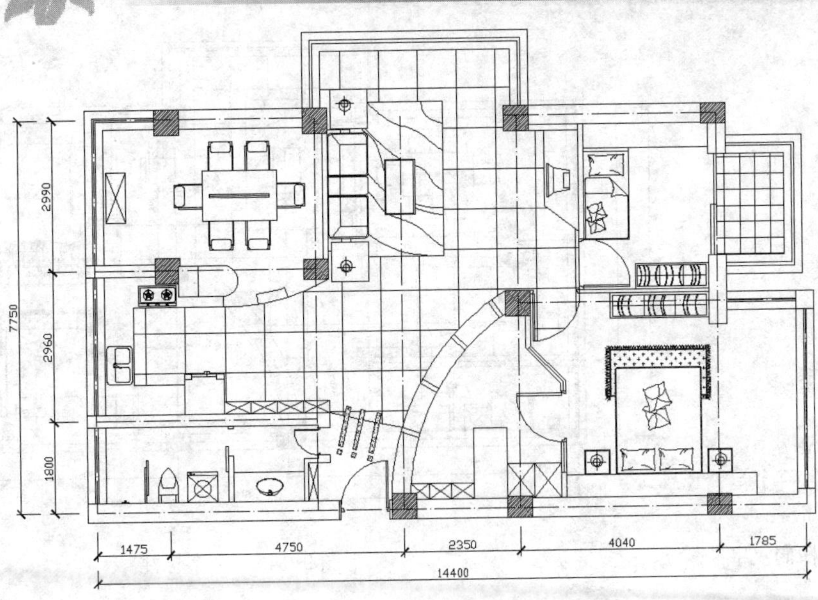

图 9-141 尺寸标注

9.7.2 文字标注

01 单击“默认”选项卡“注释”面板中的“文字样式”按钮，弹出“文字样式”对话框，设置新建文字样式为“说明”，选择“宋体”选项，设置“高度”为150。

注意

在CAD中输入汉字时可以选择不同的字体。在“字体名”下拉列表中，有些字体前面有“@”标记，如“@仿宋_GB2312”，这说明该字体是为横向输入汉字用的，即输入的汉字逆时针旋转90°，如图9-142所示。如果要输入正向的汉字，则不能选择前面带“@”标记的字体。

02 在图 9-141 中相应位置输入需要标注的文字，结果如图 9-143 所示。

注意

不要选择前面带“@”的字体，因为带“@”的字体本来就是侧倒的。另外，在使用CAD时，除了默认的Standard字体外，一般只有两种字体定义；一种是常规定义，字体宽度为0.75，一般所有的汉字、英文字都采用这种字体；第二种字体定义采用与第一种同样的字库，但是字体宽度为0.5，这种字体是在尺寸标注时所采用的专用字体，因为在大多数施工图中有很多细小的尺寸挤在一起，采用较窄的字体进行标注就会减少很多相互重叠的情况发生。

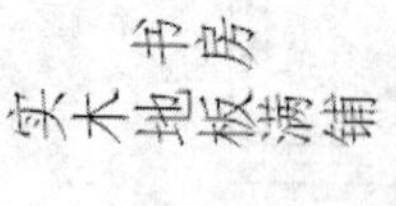

书房
实木地板满铺

图 9-142　横向汉字

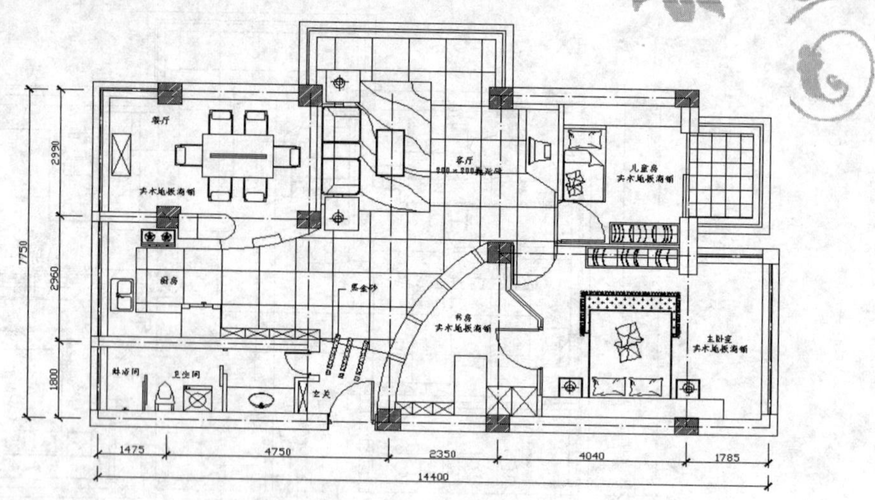

图 9-143　文字标注

9.7.3　标高

01 单击“默认”选项卡“注释”面板中的“文字样式”按钮，弹出“文字样式”对话框，新建样式“标高”，将文字字体设置为“宋体”。

02 采用与之前相同的方法，绘制标高符号，结果如图 9-144 所示。在图 9-143 中插入标高符号，最终结果如图 9-5 所示。

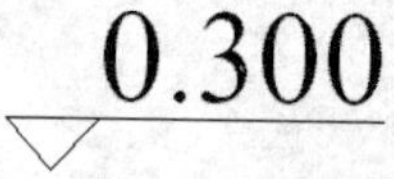

0.300

图 9-144　标高符号

第 10 章 住宅顶棚布置图和立面图绘制

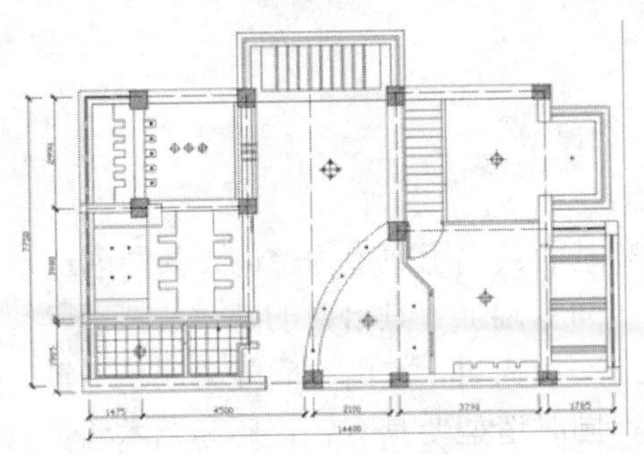

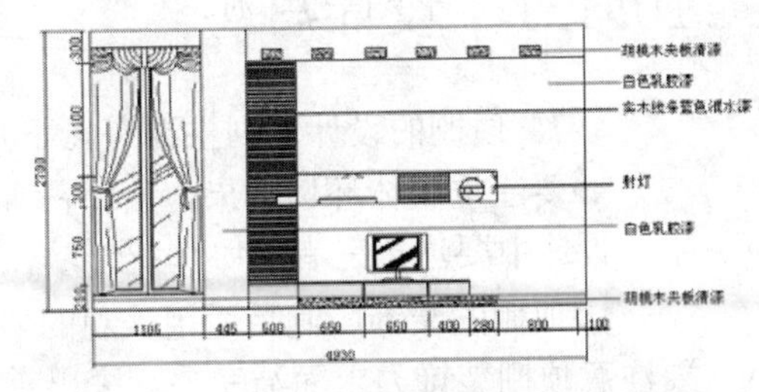

本章将在第 9 章平面图的基础上绘制三居室住宅顶棚布置图和立面图。本章不仅介绍了住宅平面图绘制的知识要点、顶棚布置的概念和样式，以及顶棚布置图绘制方法。还介绍了客厅立面图、厨房立面图、书房立面图，以及部分陈设立面图的绘制方法。在本实例中，将逐步带领读者完成顶棚图和立面图的绘制，并介绍关于住宅顶棚平面设计和立面图的相关知识和技巧。

- 住宅顶棚图
- 住宅立面图

10.1 住宅顶棚图

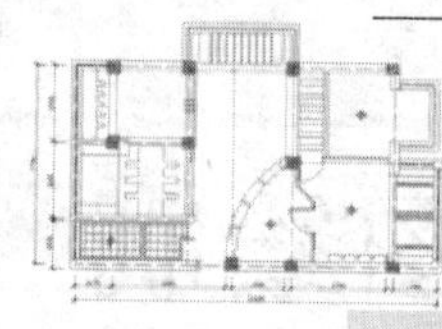

顶棚是室内装饰不可缺少的重要组成部分，也是室内空间装饰中最富有变化及引人注目的部分。顶棚设计的好坏直接影响到房间整体特点、氛围的体现。例如，古典风格的顶棚要显得高贵典雅，而简约风格的顶棚则要充分体现现代气息。不同的室内装饰应从不同的角度出发，依据设计理念进行合理搭配。

10.1.1 设计思想

01 顶棚的设计原则主要有以下几点：

❶要注重整体环境效果。顶棚、墙面和基面共同组成室内空间，共同创造室内环境效果，设计中要注意三者的协调统一，在统一的基础上各具自身的特色。

❷顶棚的装饰应满足适用美观的要求。一般来讲，室内空间效果应是下重上轻，所以要注意顶棚装饰力求简洁完整，突出重点，同时造型要具有轻快感和艺术感。

❸顶棚的装饰应保证顶棚结构的合理性和安全性，不能单纯追求造型而忽视安全。

02 顶棚设计主要有以下几种形式：

❶平整式顶棚。这种顶棚构造简单，外观朴素大方，装饰便利，适用于教室、办公室和展览厅等，它的艺术感染力来自顶棚的形状、质地、图案及灯具的有机配置。

❷凹凸式顶棚。这种顶棚造型华美富丽，立体感强，适用于舞厅、餐厅和门厅等，要注意各凹凸层的主次关系和高差关系，不宜变化过多，要强调自身节奏韵律感以及整体空间的艺术性。

❸悬吊式顶棚。在屋顶承重结构下面悬挂各种折板、平板或其他形式的吊顶，这种吊顶往往是为了满足声学和照明等方面的要求或为了追求某些特殊的装饰效果，常用于体育馆和电影院等。近年来，在餐厅、茶座、商店等建筑中也常用这种形式的顶棚，从而产生特殊的美感和情趣。

❹井格式顶棚。这种顶棚是结合结构梁形式、主次梁交错以及井字梁的关系，配以灯具和石膏花饰图案的一种顶棚，特点是朴实大方，节奏感强。

❺玻璃顶棚。现代大型公共建筑的门厅、中厅等常用这种形式，主要解决大空间采光及室内绿化的需要，使室内环境更富于自然情趣，为大空间增加活力。其形式一般有圆顶形、锥形和折线形。

本章绘制的住宅顶棚布置图如图 10-1 所示。

10.1.2 绘图准备

顶棚图是在平面图的基础上进行绘制的，本节将介绍大户型住宅顶棚图绘制的相关准备工作，包括图形复制及图层设置等工作。

01 复制图形。

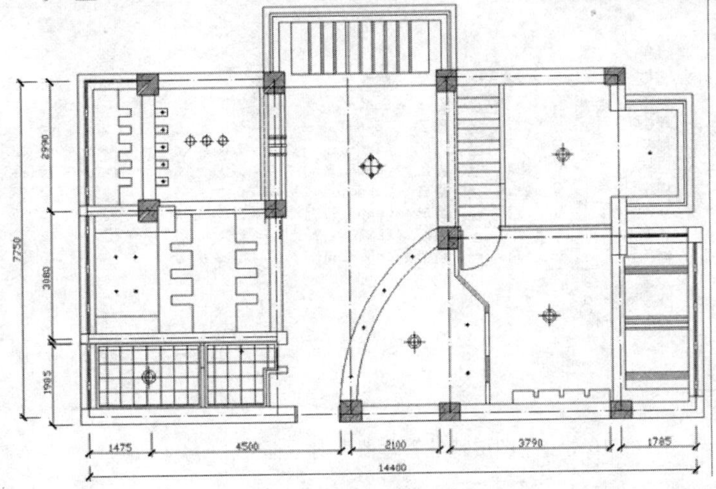

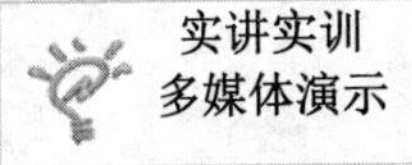

多媒体演示参见配套光盘中的\\动画演示\第10章\住宅顶棚布置图.avi。

图 10-1　住宅顶棚布置图

❶建立新文件，将其命名为“顶棚布置图”，并保存到适当的位置。

❷打开第 9 章中绘制的平面图，将“装饰”“文字”和“地板”图层关闭，结果如图 10-2 所示。

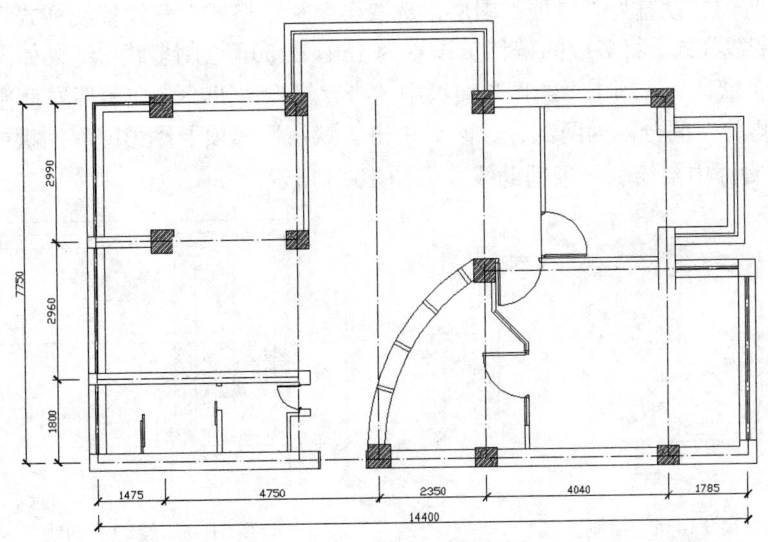

图 10-2　关闭图层后的图形

❸选中图中的所有图形，然后按快捷键 Ctrl+C 进行复制，再单击菜单栏中的“窗口”菜单，切换到“顶棚布置图”中，按快捷键 Ctrl+V 进行粘贴，将图形复制到当前的文件中。

02 设置图层.

❶单击“默认”选项卡“图层”面板中的“图层特性”按钮，弹出“图层特性管理器”对话框，可以看到，随着图形的复制，图形所在的图层也同样复制到本文件中，如图 10-3 所示。

❷单击“新建图层”按钮，新建“屋顶”“灯具”2 个图层。

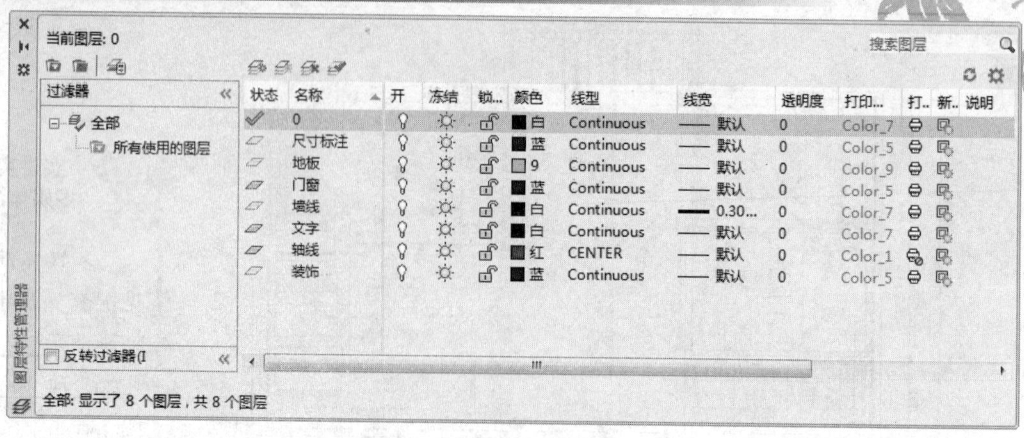

图 10-3 “图层特性管理器”对话框

10.1.3 绘制屋顶

下面将简要介绍绘制各个屋顶的方法。

01 绘制餐厅屋顶。

❶将当前图层设置为“屋顶”图层，选取菜单栏“格式”→“多线样式”命令，新建“ceiling”多线样式，将多线的偏移量设置为 150、-150，绘制多线，结果如图 10-4 所示。

❷单击“默认”选项卡“绘图”面板中的“直线”按钮，在餐厅左侧空间绘制一条垂直直线，再将空间分割为两部分。然后单击“默认”选项卡“绘图”面板中的“直线”按钮，在餐厅中部绘制一条辅助线，如图 10-5 所示。

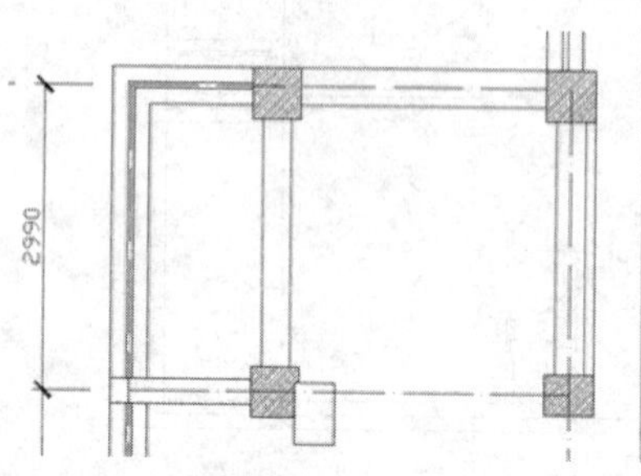

图 10-4 绘制多线

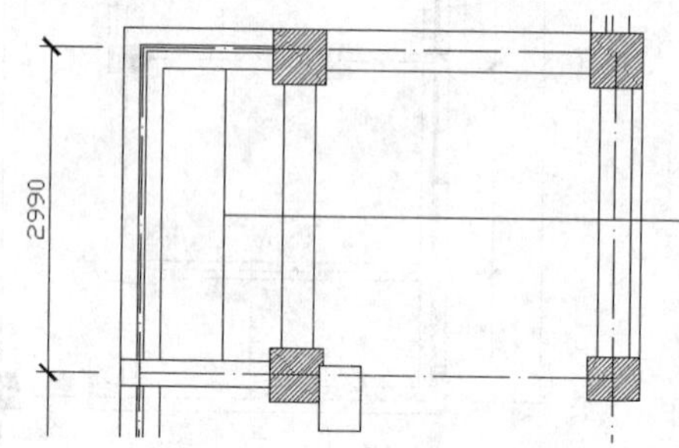

图 10-5 绘制辅助线

❸单击“默认”选项卡“绘图”面板中的“矩形”按钮，在空白处绘制一个边长为 300×180 的矩形，如图 10-6 所示。单击“默认”选项卡“修改”面板中的“移动”按钮，将刚绘制的矩形移动到如图 10-7 所示的位置。

❹单击“默认”选项卡“修改”面板中的“复制”按钮，复制矩形，选择一个基点，在命令行中输入坐标“@0，400”，将矩形进行复制。继续采用同样的方法，复制其他矩形，结果如图 10-8 所示。

❺单击“默认”选项卡“修改”面板中的“分解”按钮，选择 5 个矩形，将矩形分解，单击“默认”选项卡“修改”面板中的“修剪”按钮，将多余的线修剪，结果如图 10-9 所示。

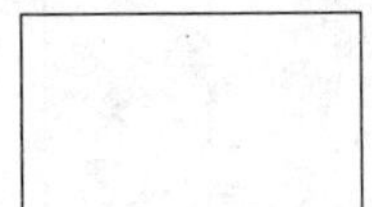

图 10-6　绘制矩形

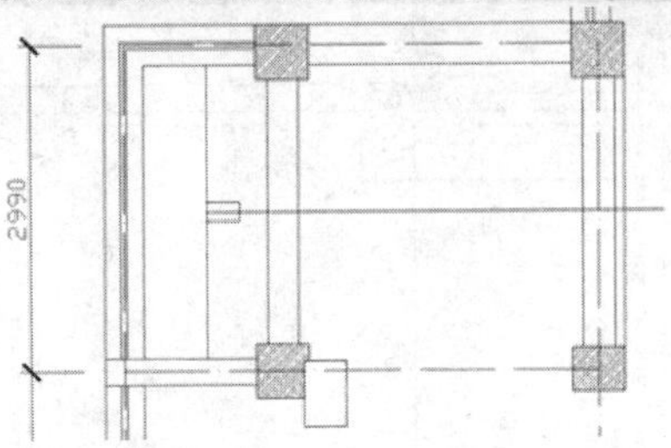

图 10-7　移动矩形

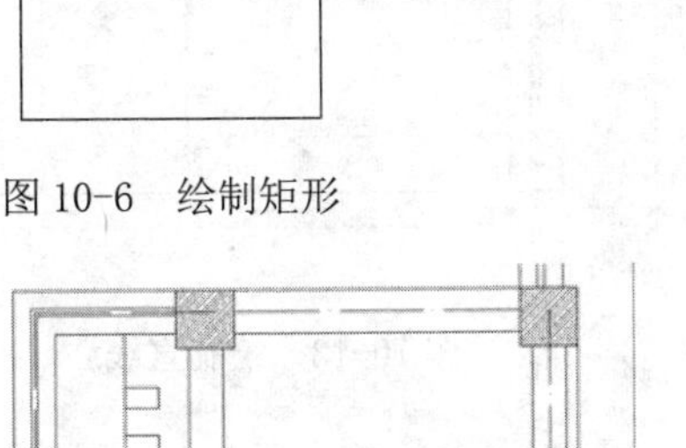

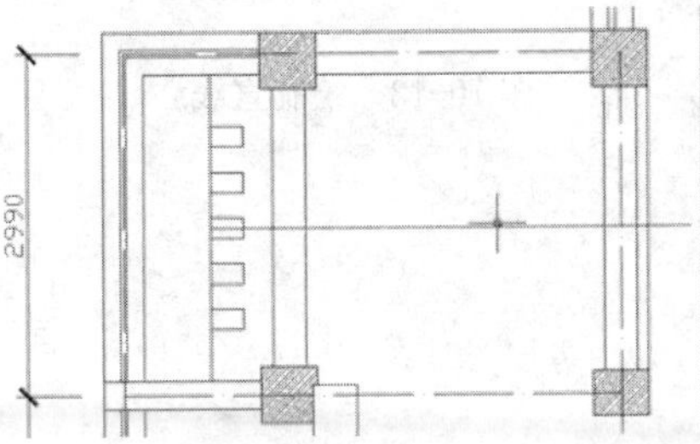

图 10-8　复制矩形

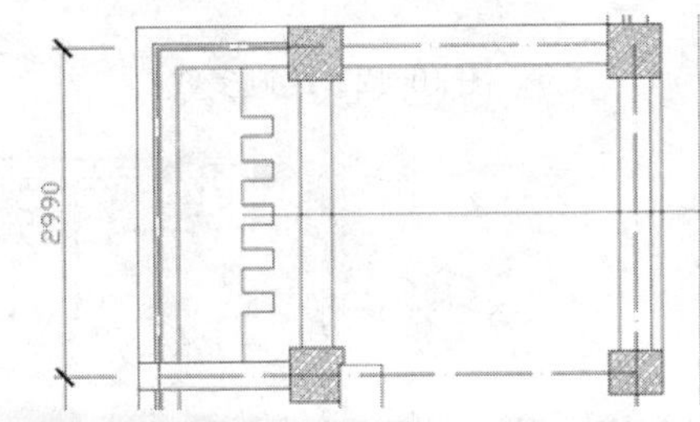

图 10-9　修剪图形

❻单击“默认”选项卡“绘图”面板中的“矩形”按钮、“修改”面板中的“复制”按钮以及“移动”按钮，绘制一个边长为 420×50 的矩形，复制 3 个，移动到如图 10-10 所示的位置，并删除多余的线段，绘图过程和上面的方法类似。

02 绘制厨房屋顶。

❶单击“默认”选项卡“绘图”面板中的“直线”按钮，将厨房顶棚分割为如图 10-11 所示的几个部分。

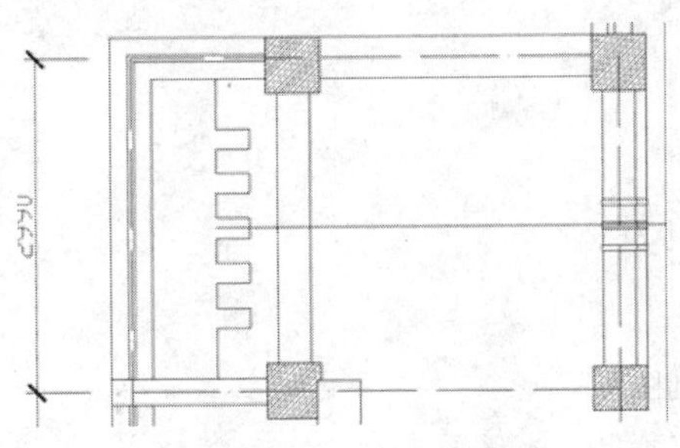

图 10-10　绘制矩形装饰

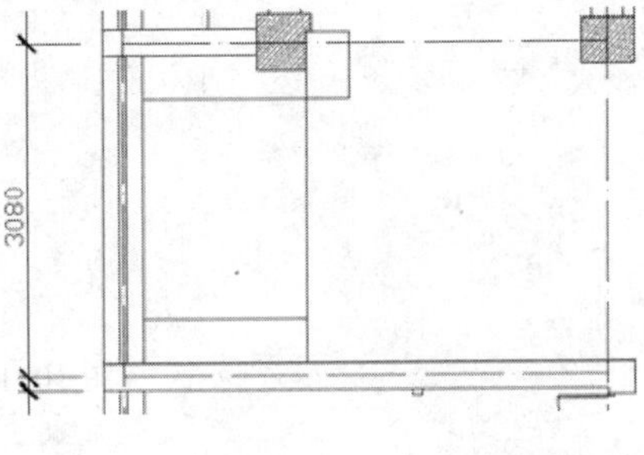

图 10-11　分割屋顶

❷选择菜单栏中的“绘图”→“多线”命令，选择多线样式为“ceiling”，绘制多线，如图 10-12 所示。单击“默认”选项卡“修改”面板中的“分解”按钮，将多线分解，删除多余直线。单击“默认”选项卡“绘图”面板中的“直线”按钮，在厨房右侧的空间绘制两条垂直直线，如图 10-13 所示。

❸单击“默认”选项卡“绘图”面板中的“矩形”按钮，同餐厅的屋顶样式一样，绘制边长为 500×200 的矩形，并修改为如图 10-14 所示的样式。

❹单击“默认”选项卡“绘图”面板中的“矩形”按钮，绘制一个边长为 60×60 的矩形，再单击“默认”选项卡“修改”面板中的“移动”按钮，将其移动到右侧柱子下方，如图 10-15 所示。

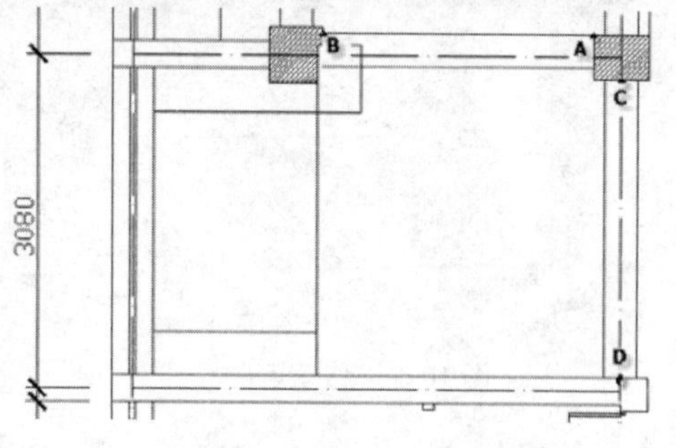

图 10-12　绘制多线

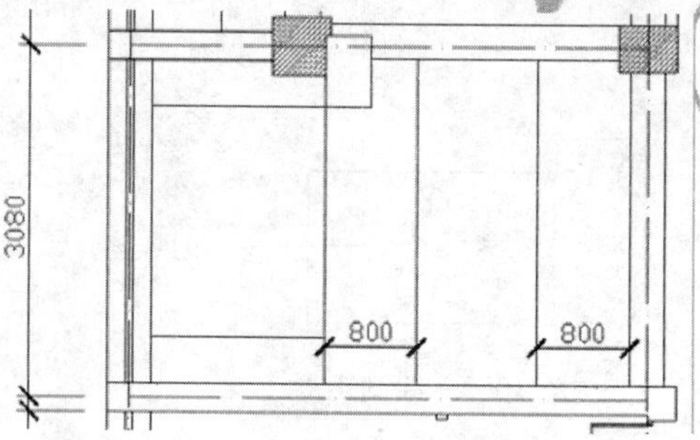

图 10-13　绘制直线

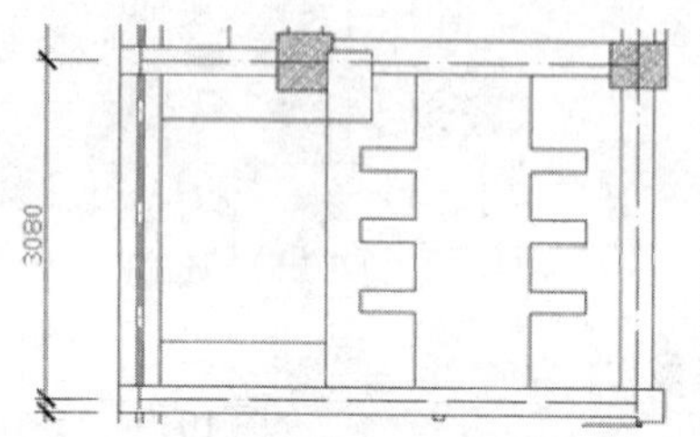

图 10-14　绘制屋顶图形

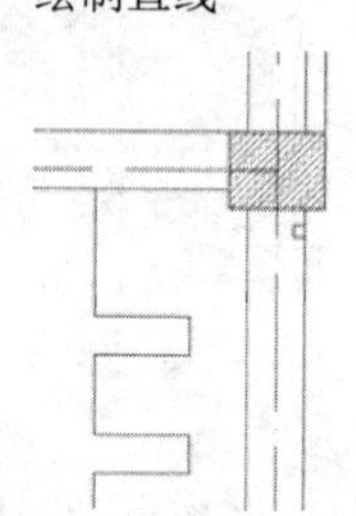

图 10-15　绘制矩形

❺单击“默认”选项卡“修改”面板中的“矩形阵列”按钮▦，行数设置为 4，列数设置为 1，行间距设置为-120，在图中选择刚刚绘制的小矩形，阵列图形，结果如图 10-16 所示。

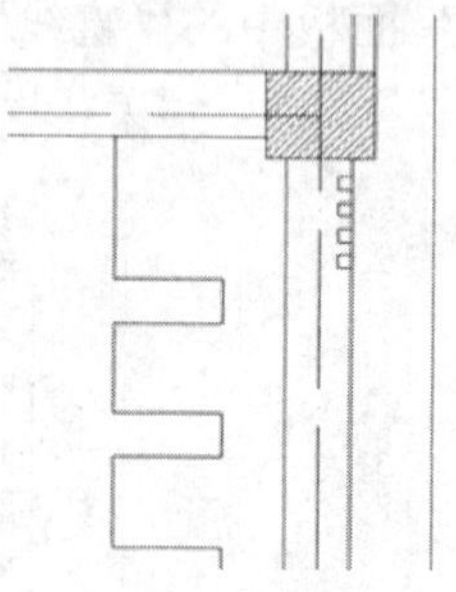

图 10-16　阵列图形

注意

厨房的顶棚造型应与餐厅协调一致。

03 绘制卫生间屋顶

❶选择菜单栏中的“格式”→“多线样式”命令，弹出“创建新的多线样式”对话框，新建“t_ceiling”多线样式，设置多线的偏移距离分别为 25 和-25。

❷单击“默认”选项卡“修改”面板中的“删除”按钮，删除复制图形时的门窗，结果如图 10-17 所示。

❸选取菜单栏中的“绘图”→“多线”命令，在图中绘制顶棚图案。如图 10-18 所示。

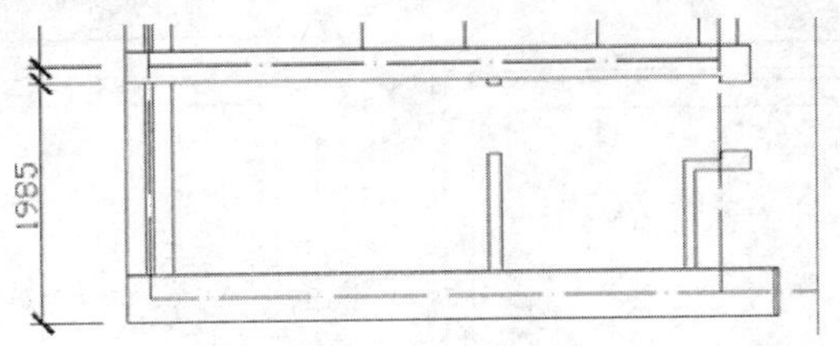

图 10-17　删除门窗

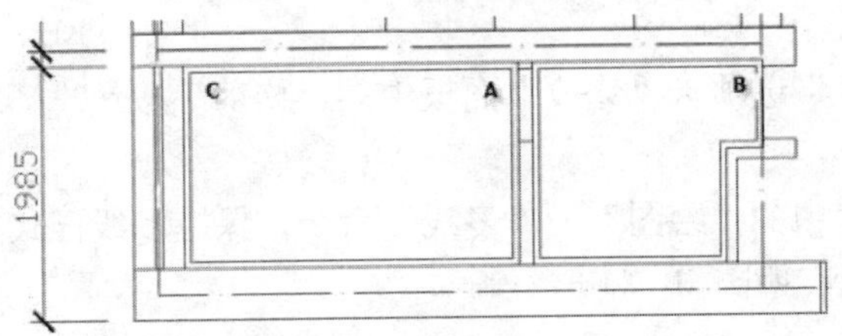

图 10-18　绘制多线

❹单击“默认”选项卡“绘图”面板中的“图案填充”按钮，设置“NET”为填充图案，其他设置如图 10-19 所示。将填充比例设置为 100，进行填充，结果如图 10-20 所示。

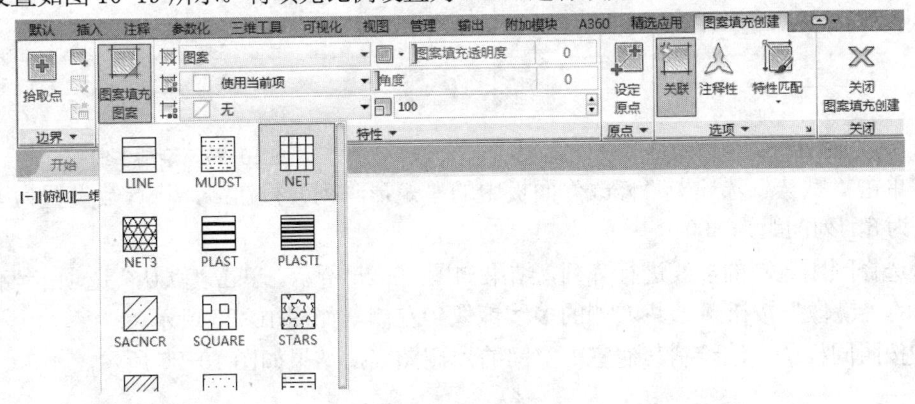

图 10-19　选择填充图案

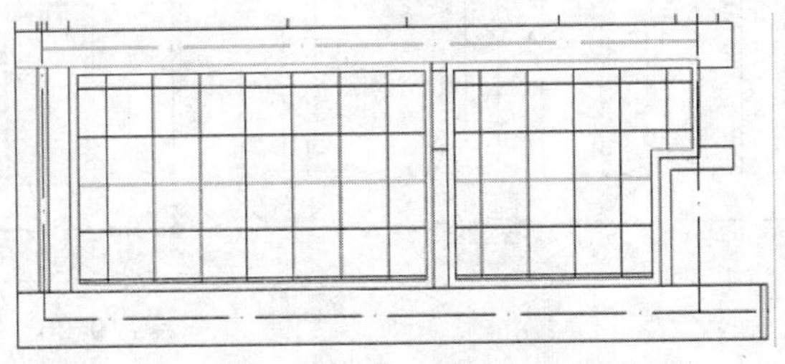

图 10-20　填充顶棚图案

04 绘制客厅阳台屋顶。

❶单击“默认”选项卡“绘图”面板中的“直线”按钮和“修改”面板中的“修剪”按钮，绘制水平直线，如图 10-21 所示。

❷单击阳台的多线，再单击“默认”选项卡“修改”面板中的“分解”按钮，将多线分解。单击“默认”选项卡“修改”面板中的“偏移”按钮，将刚刚绘制的水平直

线和阳台轮廓的内侧两条垂直线向内偏移 300，结果如图 10-22 所示。

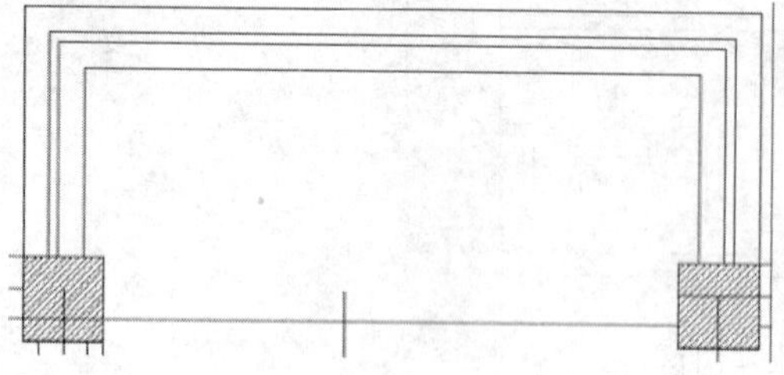

图 10-21　绘制直线

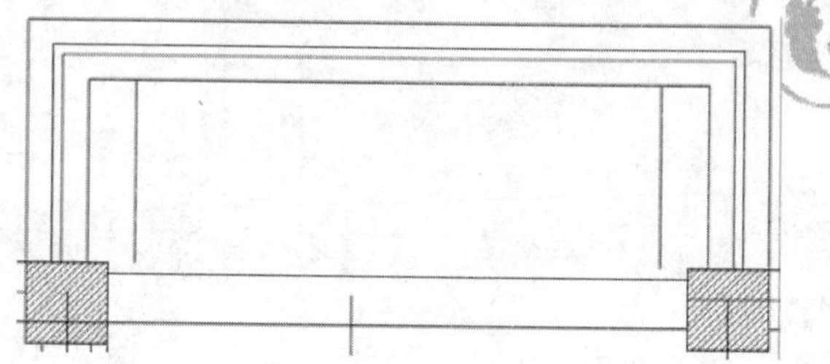

图 10-22　偏移直线

❸单击“默认”选项卡“修改”面板中的“修剪”按钮，将直线修改为如图 10-23 所示的形状。

❹选取菜单栏中的“绘图”→“多线”命令，保持多线样式为“t_ceiling”，在水平线的中点绘制多线，如图 10-24 所示。

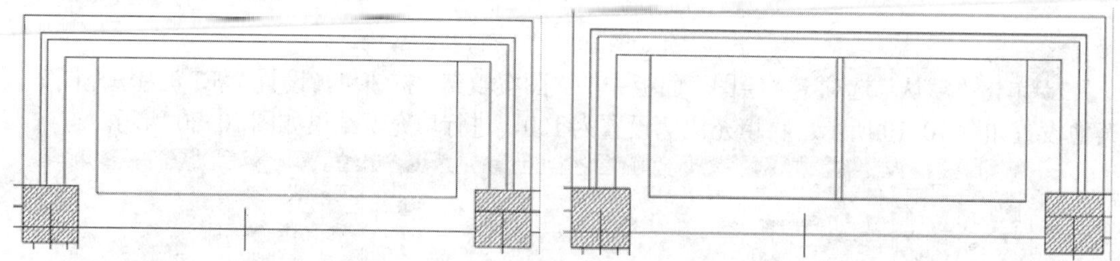

图 10-23　修改直线

图 10-24　绘制多线

❺单击“默认”选项卡“修改”面板中的“矩形阵列”按钮，将行数设置为 1，列数设置为 5，列间距为 300。

❻选择刚刚绘制的多线进行阵列，结果如图 10-25 所示。单击“默认”选项卡“修改”面板中的“镜像”按钮，将右侧的多线镜像到左侧，如图 10-26 所示。

❼按照同样的方法绘制其他室内空间的顶棚图案，结果如图 10-27 所示。

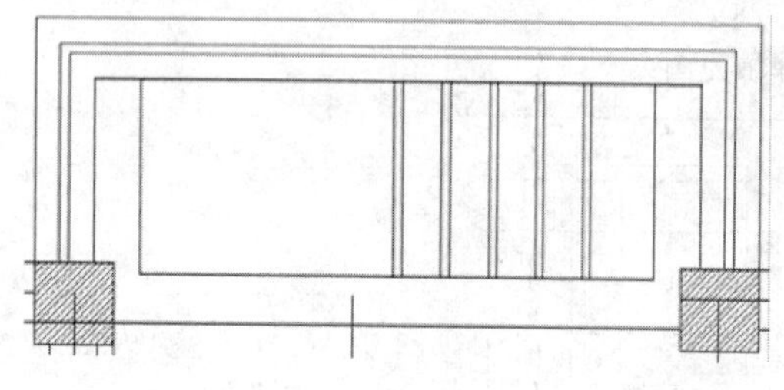

图 10-25　阵列多线

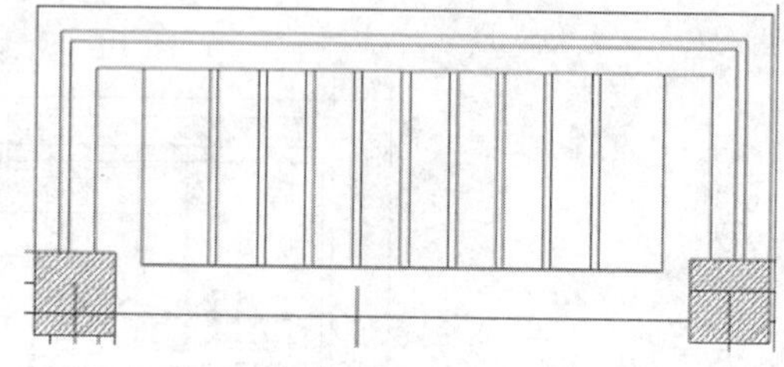

图 10-26　镜像多线

10.1.4　绘制灯具

下面简单介绍绘制各种灯具的方法。

01 绘制吸顶灯。

❶将当前图层设置为“灯具”图层，单击“默认”选项卡“绘图”面板中的“圆”按钮，在图中绘制一个直径为 300 的圆，如图 10-28 所示。

❷单击“默认”选项卡“修改”面板中的“偏移”按钮，将偏移量设置为 50，将圆向内偏移，如图 10-29 所示。单击“默认”选项卡“绘图”面板中的“直线”按钮，在空白处绘制一条长为 500 的水平直线，再绘制一条长为 500 的垂直直线，然后单击“默认”选项卡“修改”面板中的“移动”按钮，将其中点对齐，移动至圆心位置，如图 10-30 所示。选择该图形，单击“默认”选项卡“绘图”面板中的“创建块”按钮，弹出“块定义”对话框，如图 10-31 所示。在“名称”文本框中输入“吸顶灯”，将拾取点选择为圆心，其他采用默认设置，单击“确定”按钮，将该图形保存为“吸顶灯”图块。

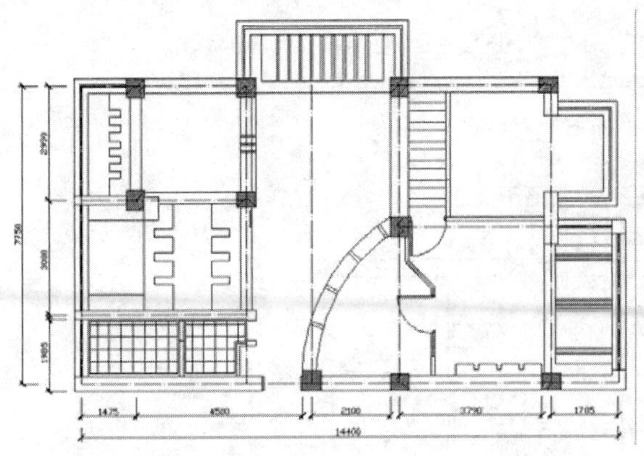

图 10-27　屋顶绘制

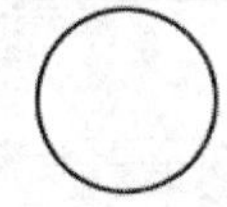

图 10-28　绘制圆

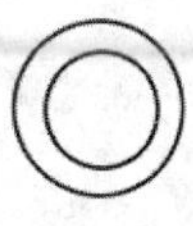

图 10-29　偏移圆形

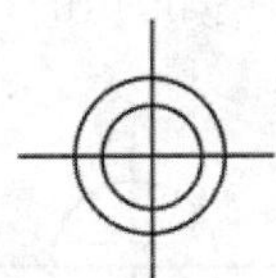

图 10-30　绘制十字图形

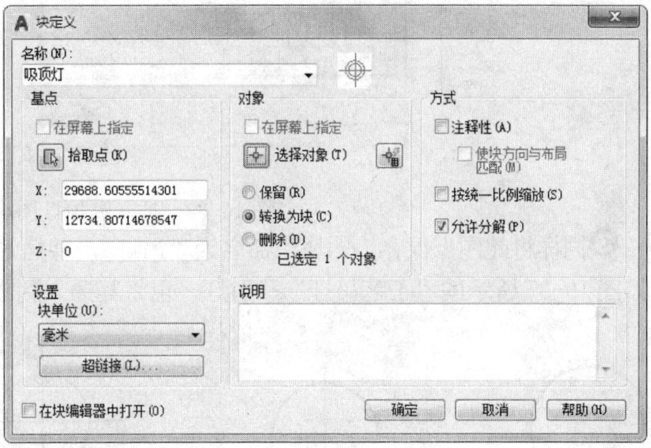

图 10-31　“块定义”对话框

❸单击“默认”选项卡“绘图”面板中的“插入块”按钮，弹出“插入”对话框，如图 10-32 所示。选择“吸顶灯”，将其插入到图 10-27 中的固定位置，结果如图 10-33 所示。

02 绘制吊灯。

❶单击“默认”选项卡“绘图”面板中的“圆”按钮，绘制一个直径为 400 的圆，如图 10-34 所示。单击“默认”选项卡“绘图”面板中的“直线”按钮，绘制两条长度均为 600 的相交直线，如图 10-35 所示。

❷单击“默认”选项卡“绘图”面板中的“圆”按钮，以直线和圆的交点作为圆心，绘制 4 个直径为 100 的小圆，如图 10-36 所示。

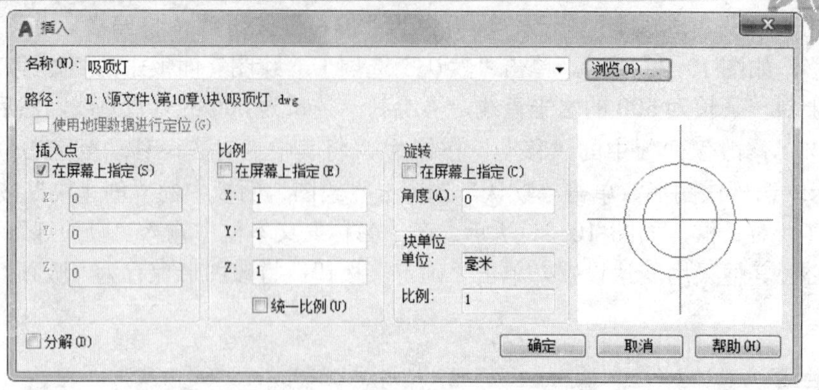

图 10-32 “插入”对话框

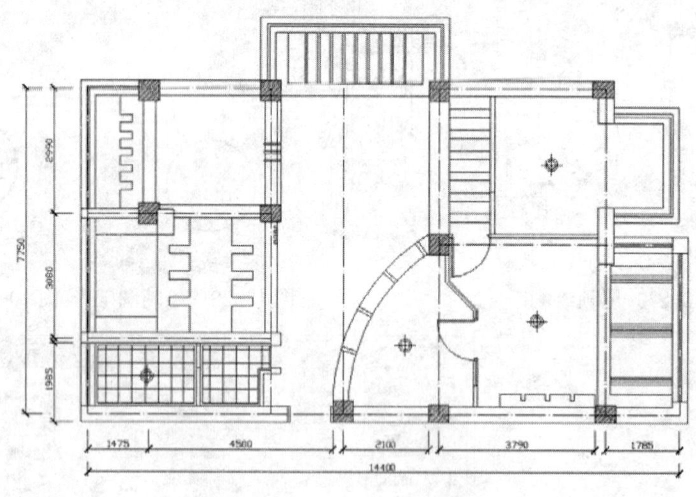

图 10-33 插入吸顶灯图块

❸同样将此图形保存为图块，命名为“吊灯”，并插入到图 10-33 中相应的位置。接着绘制如图 10-37 所示的“工艺吊灯”和射灯，也将其插入到图 10-33 中，结果如图 10-1 所示。

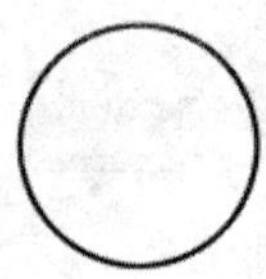

图 10-34 绘制圆

图 10-35 绘制相交直线

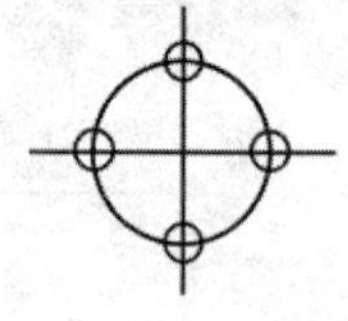

图 10-36 绘制小圆

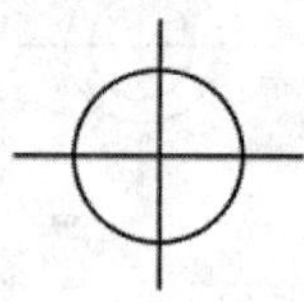

图 10-37 工艺吊灯

10.2 住宅立面图

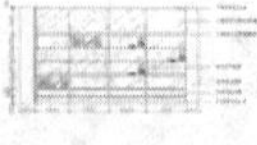

建筑立面图是指用正投影法对建筑的各个外墙面进行投影所得到的正投影图。

10.2.1 设计思想

与平面图一样，建筑的立面图也是表达建筑物的基本图样之一，它主要反映建筑物的外观情况，这是因为建筑物给人的外表美感主要来自其立面的造型和装修。建筑立面图是用来研究建筑立面的造型和装修的。反映主要入口或是比较显著地反映建筑物外貌特征的一面的立面图叫做正立面图，其余面的立面图相应地称为背立面图和侧立面图。如果按照房屋的朝向，可以称为南立面图、东立面图、西立面图和北立面图。如果按照轴线编号来分，也可以分为①～⑥立面图和Ⓐ～Ⓓ立面图等。建筑立面图会使用大量图例来表示很多细部，这些细部的构造和做法一般都另有详图。如果建筑物有一部分立面不平行于投影面，可以将这一部分展开到与投影面平行，再画出其立面图，然后在图名后注写“展开”字样。

本案例住宅室内设计涉及到的立面图很多，包括各个房间单元的墙面等。这些墙面有的很简单，不需要单独绘制立面图来表达，对那些装饰比较多或结构相对复杂的立面，则需要配合平面图进行绘制。

下面重点介绍客厅的两个立面、厨房立面以及书房立面。

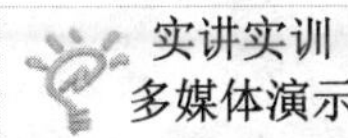

实讲实训
多媒体演示

多媒体演示参见配套光盘中的\\动画演示\第10章\客厅立面图.avi。

10.2.2 客厅立面图

下面简单介绍一下绘制客厅立面图的方法。

01 客厅立面一。

客厅立面一如图 10-38 所示。

❶建立新文件，命名为“立面图”，并保持到适当的位置。

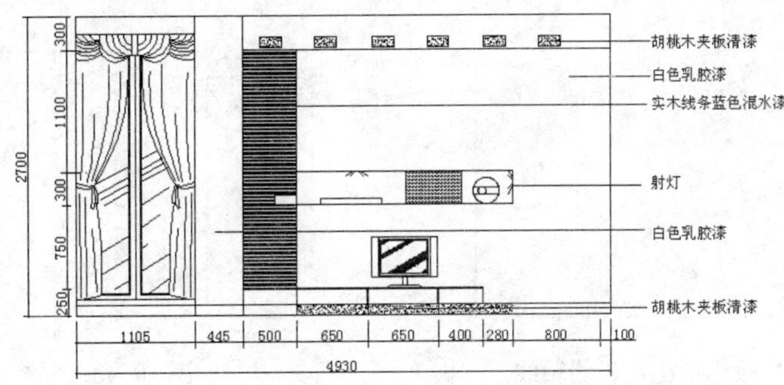

图 10-38 客厅立面一

❷绘制客厅正面的立面图。单击“默认”选项卡“图层”面板中的“图层特性”按钮，弹出“图层特性管理器”对话框，建立新图层，设置结果如图 10-39 所示。

❸将当前图层设置为 0 层，即默认层。单击“默认”选项卡“绘图”面板中的“矩形”按钮，在图中绘制边长为 4930×2700 的矩形，作为正立面的绘图区域，如图 10-40 所示。

❹将当前图层修改为“轴线”图层，单击“默认”选项卡“绘图”面板中的“直线”按钮，在矩形的左下角点单击鼠标左键，在命令行中依次输入“@1105，0”和“@0，2700”，绘制轴线如图 10-41 所示。此时轴线的线型虽设置为“点划线”，但是由于线型比例设置的问题，在图中仍然显示为实线。选择刚刚绘制的直线，右击鼠标，在弹出的快捷菜单中

选择“属性”，将“线型比例”修改为 10，修改线型比例后的轴线如图 10-42 所示。

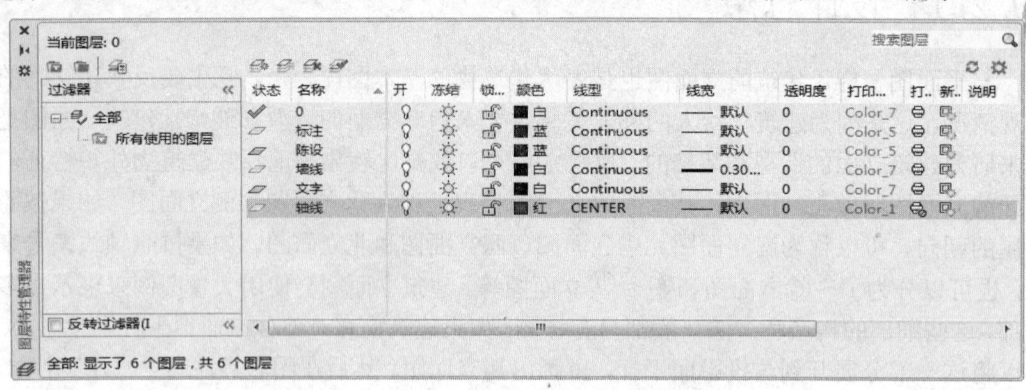

图 10-39　设置新图层

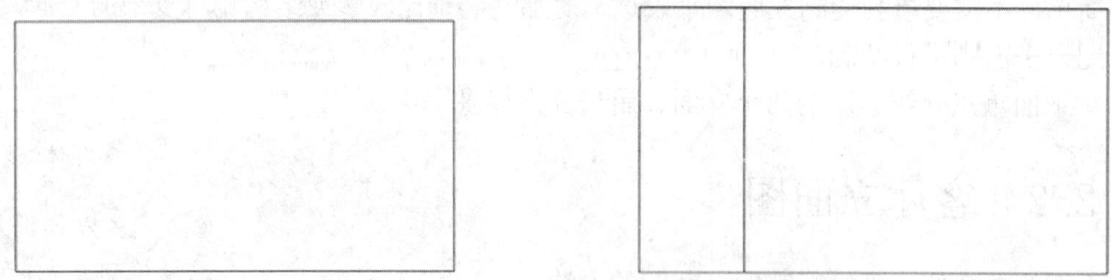

图 10-40　绘制矩形　　　　图 10-41　绘制轴线

❺单击“默认”选项卡“修改”面板中的“偏移”按钮，选择刚绘制的轴线，以下端点为基点，向右偏移轴线，偏移量依次为 445、500、650、650、400、280 和 800，结果如图 10-43 所示。

图 10-42　修改线型比例后的轴线

图 10-43　复制轴线

❻按照步骤❹和❺绘制距矩形下侧边 300 的水平轴线，然后将水平轴线向上偏移，设置偏移量分别为 1100、300 和 750，结果如图 10-44 所示。

❼将当前图层设置为“墙线”图层，在第一条和第二条垂直轴线上绘制柱线，如图 10-45 所示。

注意

也可以借助平面图的相关图线作为参照绘制立面图。

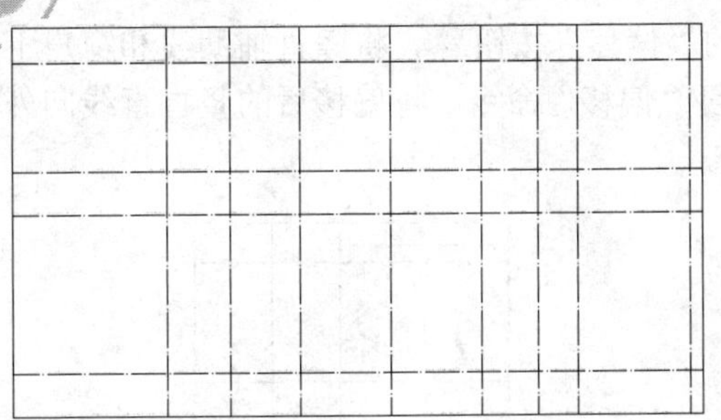

图 10-44　绘制水平轴线

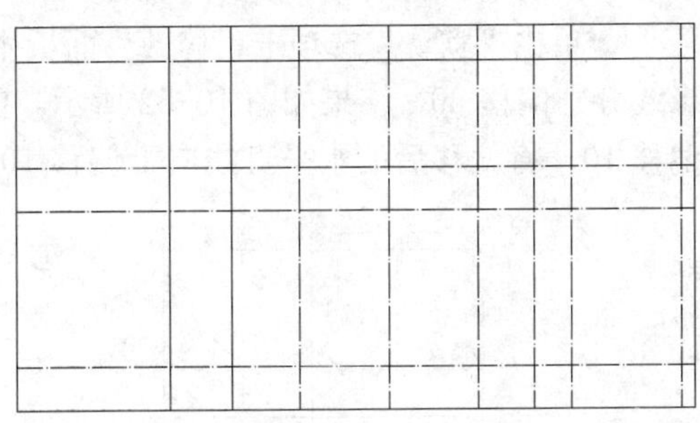

图 10-45　绘制柱线

❽单击“默认”选项卡“绘图”面板中的“直线”按钮，在矩形地面绘制一条距底边为 100 的直线，作为地脚线，如图 10-46 所示。重复“直线”命令，在柱左侧距上边缘 150 绘制直线，作为屋顶线，如图 10-47 所示。

图 10-46　绘制地脚线

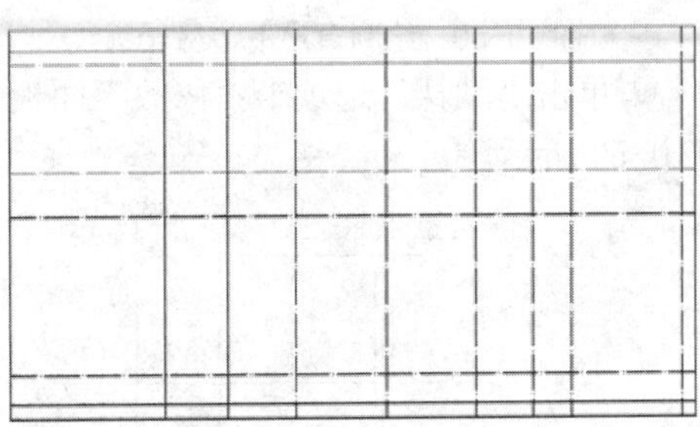

图 10-47　绘制屋顶线

❾将当前图层设置为“陈设”图层，绘制装饰图块。柱左侧为落地窗，需绘制窗框和窗帘。首先绘制辅助线，单击“默认”选项卡“绘图”面板中的“直线”按钮，绘制一条通过左侧屋顶线中点的直线，如图 10-48 所示。单击“默认”选项卡“绘图”面板中的“矩形”按钮，在其上部绘制一个长为 50、高为 200 的矩形，作为窗帘，如图 10-49 所示。

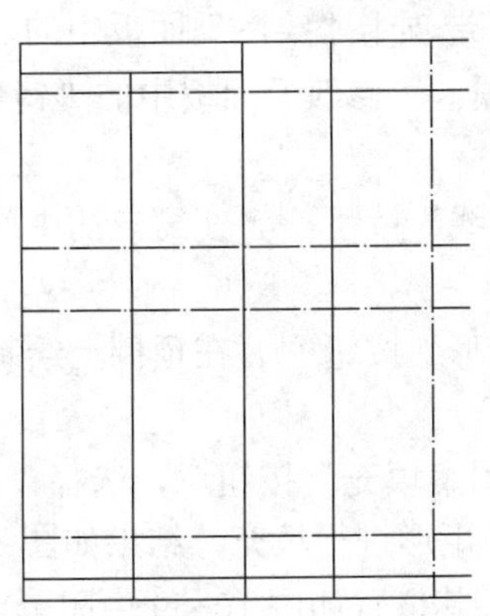

图 10-48　绘制辅助线

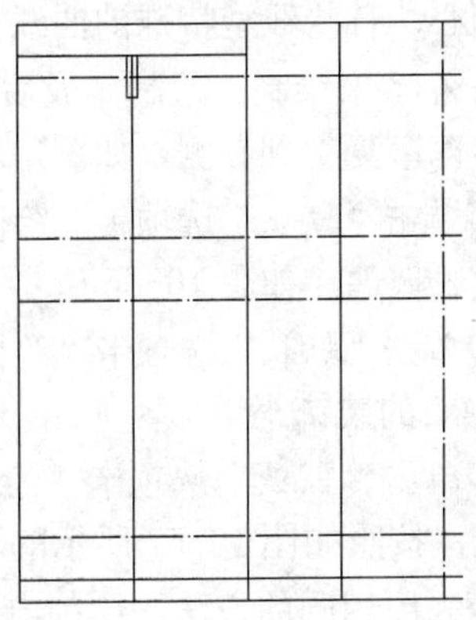

图 10-49　绘制窗帘夹

❿单击“默认”选项卡“绘图”面板中的“直线”按钮，在窗户下的地脚线上 50

高度处绘制一条水平直线，作为窗户的下边缘轮廓线，如图10-50所示。单击“默认”选项卡“修改”面板中的“修剪”按钮，将多余直线修剪，结果如图10-51所示。

⑪单击“默认”选项卡“修改”面板中的“偏移”按钮，将竖直辅助线和窗户下边缘线分别偏移50，结果如图10-52所示。重复“偏移”命令，将偏移后的竖直直线向外侧偏移10，将偏移后的水平直线向上偏移10。

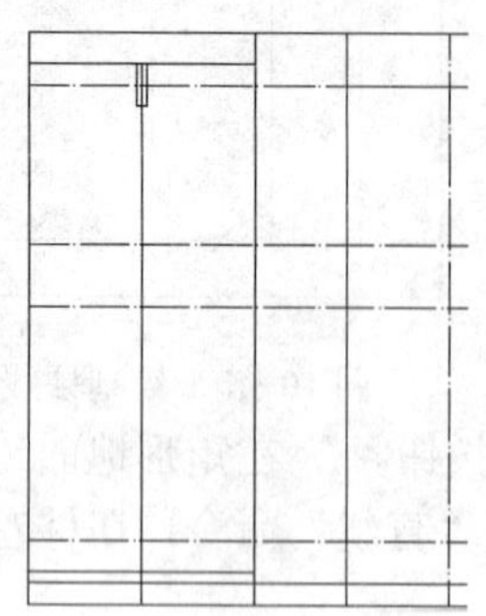

图10-50 绘制窗户下边缘轮廓线

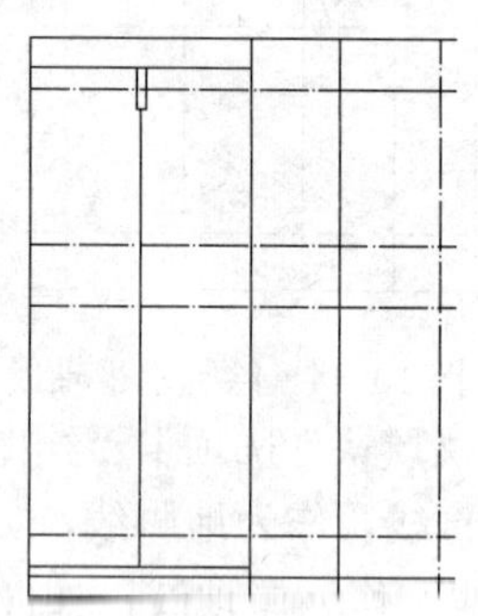

图10-51 修剪直线

⑫单击“默认”选项卡“修改”面板中的“偏移”按钮，将多余线段删除，结果如图10-53所示。

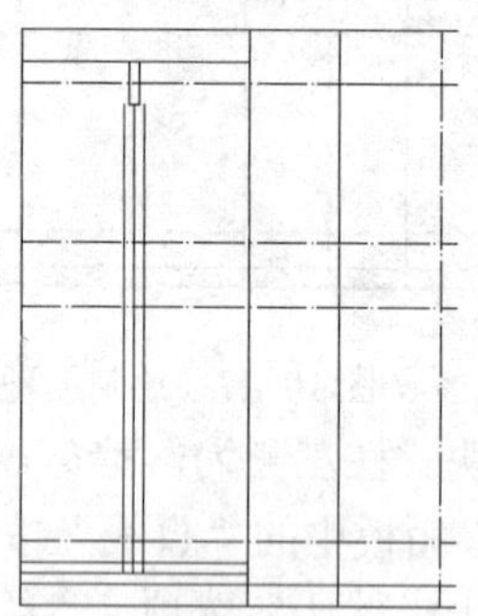

图10-52 偏移线段

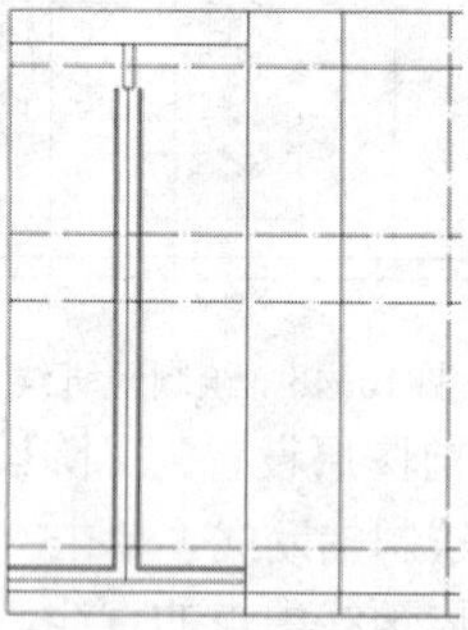

图10-53 偏移并修剪

⑬单击“默认”选项卡“绘图”面板中的“圆弧”按钮，绘制窗帘的轮廓线，绘制时要细心，有些线型特殊的曲线可以单击“默认”选项卡“绘图”面板中的“样条曲线拟合”按钮来绘制。绘制完成后单击“默认”选项卡“修改”面板中的“镜像”按钮，将左侧窗帘复制到右侧，如图10-54所示。

⑭单击“默认”选项卡“绘图”面板中的“直线”按钮，在窗户的中间绘制倾斜直线，代表玻璃，如图10-55所示。

⑮单击“默认”选项卡“绘图”面板中的“矩形”按钮，在顶棚上绘制6个边长为200×100的装饰小矩形，如图10-56所示。

⑯单击“默认”选项卡“绘图”面板中的“图案填充”按钮，选择“AR-SAND”填充图案，按照如图10-57所示的设置对刚绘制的小矩形进行填充，结果如图10-58所示。

⑰采用相同的方法，绘制电视柜的外轮廓线，其位置如图10-59中阴影部分所示。

⑱单击“默认”选项卡“绘图”面板中的“直线”按钮和“修改”面板中的“偏移”按钮，绘制电视柜的隔板（设置偏移量均为10），如图10-60所示。

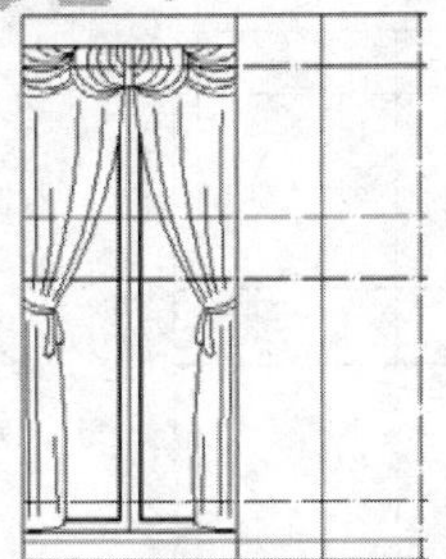

图 10-54　绘制窗帘

图 10-55　绘制玻璃装饰

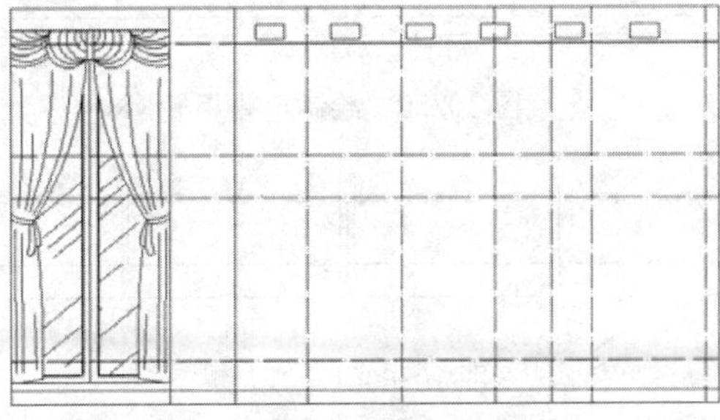

图 10-56　绘制矩形

图 10-57　填充设置

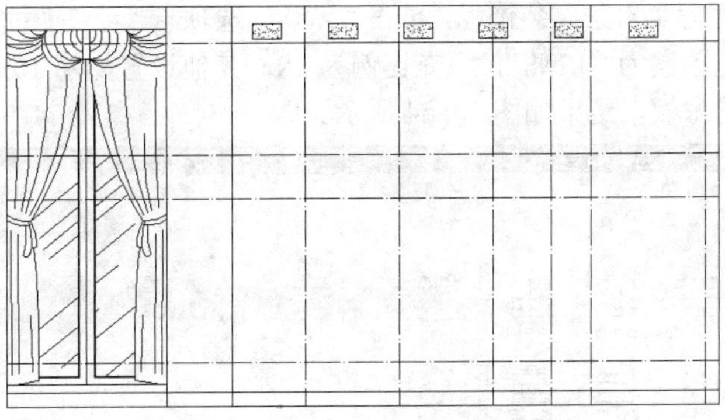

图 10-58　填充装饰图案

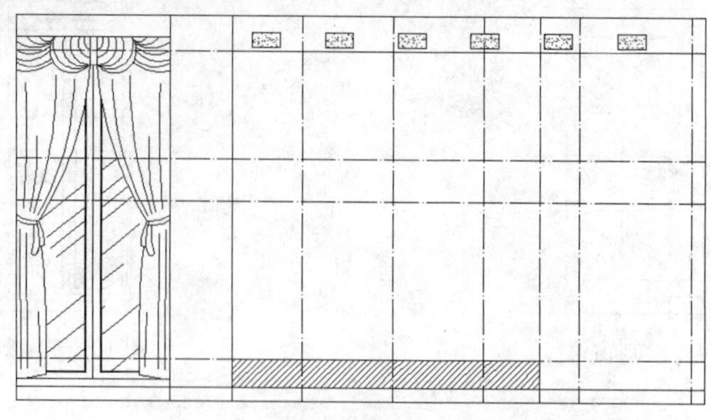

图 10-59　绘制电视柜轮廓

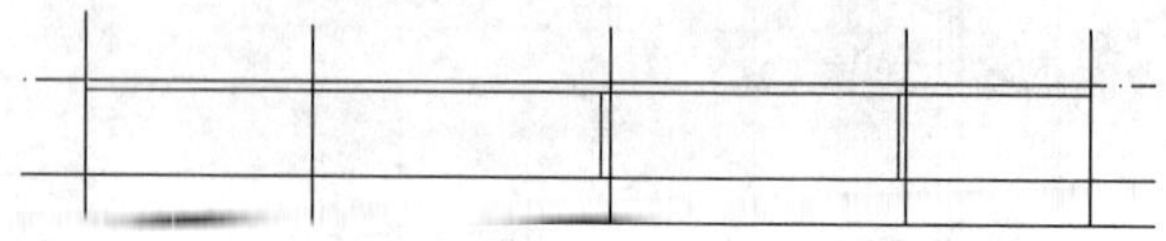

图 10-60　电视柜

⑲先依照轴线的位置绘制一条垂直直线，再单击“默认”选项卡“绘图”面板中的“矩形”按钮，在图 10-59 的中部绘制一个边长为 200×80 的矩形，如图 10-61 所示。

⑳单击“默认”选项卡“修改”面板中的“分解”按钮，将矩形分解，再单击“默认”选项卡“修改”面板中的“修剪”按钮，修剪矩形右侧直线，结果如图 10-62 所示。

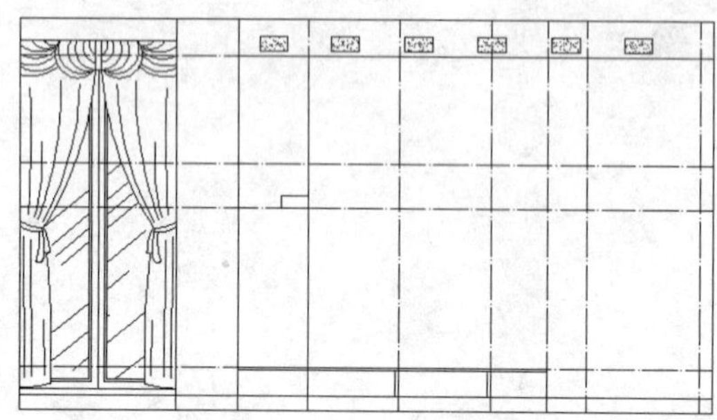

图 10-61　绘制矩形

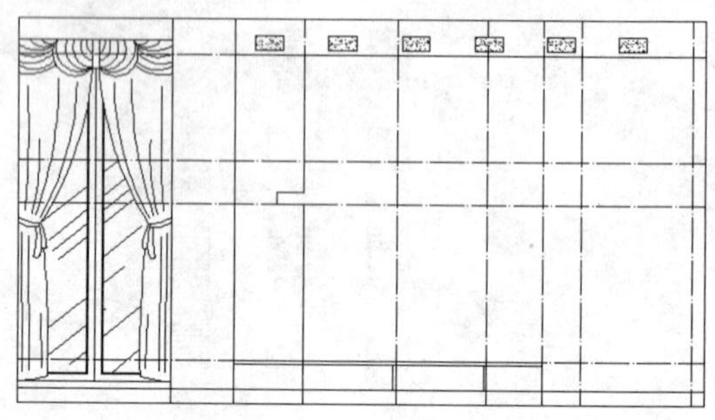

图 10-62　修剪直线

㉑电视柜左侧为实木条纹装饰板。单击“默认”选项卡“绘图”面板中的“图案填充”按钮，选择填充图案为“LINE”，填充比例为 10，其他设置如图 10-63 所示，然后选择填充区域填充装饰木板，结果如图 10-64 所示。

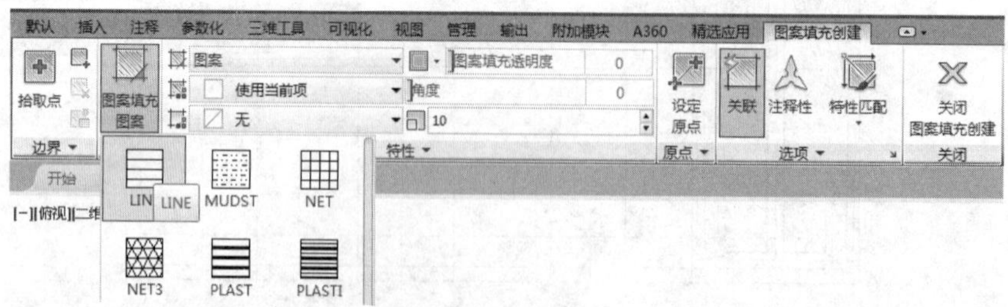

图 10-63　填充设置

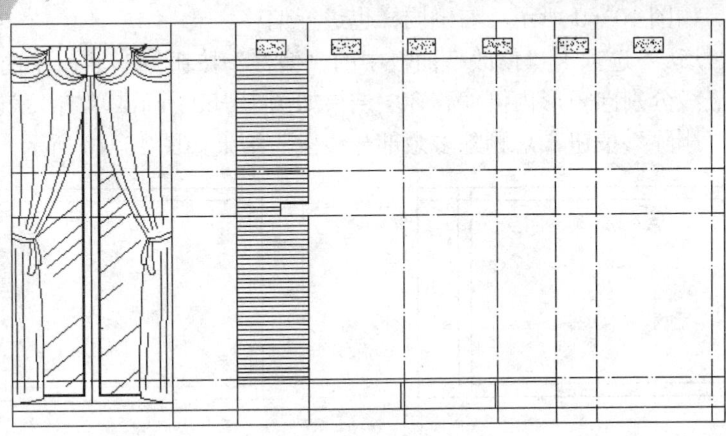

图 10-64　填充装饰木板

㉒本住宅设计时在客厅正面墙面中部设置了起装饰作用的凹陷部分。绘制时，单击“默认”选项卡“绘图”面板中的“矩形”按钮，再单击轴线的交点，绘制矩形，如图 10-65 所示。

㉓将刚绘制的矩形进行填充，选择填充图案为“DOTS”，设置填充比例为 20，然后在台阶上绘制墙壁装饰和灯具，结果如图 10-66 所示。

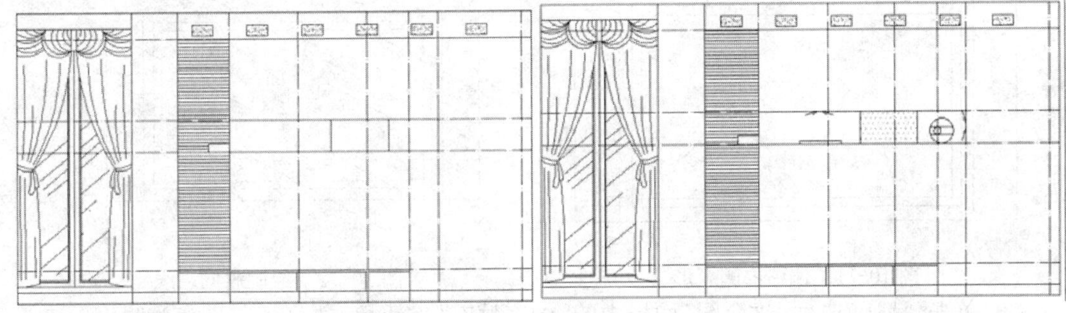

图 10-65　绘制矩形　　　　图 10-66　绘制墙壁装饰

㉔绘制电视模块。

1）单击“默认”选项卡“绘图”面板中的“矩形”按钮，在空白处绘制边长为 1000 ×600 的矩形，如图 10-68 所示。

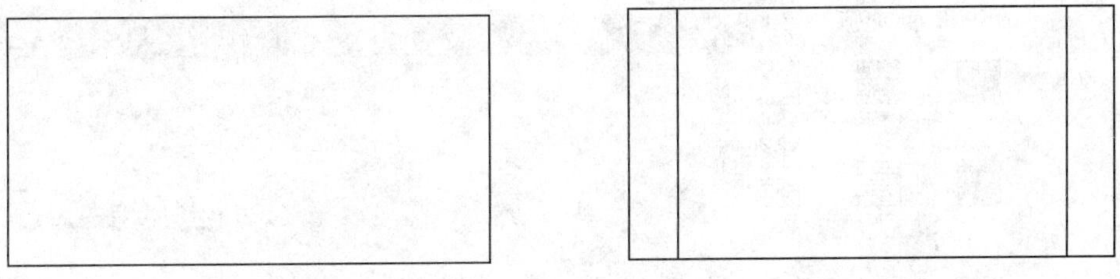

图 10-67　绘制矩形　　　　图 10-68　偏移垂直边

2）单击“默认”选项卡“修改”面板中的“分解”按钮，将矩形分解。选择左侧竖直边，单击“默认”选项卡“修改”面板中的“偏移”按钮，偏移量设置为 100，将边缘向内偏移，如图 10-69 所示。右侧同样也进行偏移。

3）单击“默认”选项卡“修改”面板中的“偏移”按钮，将水平的两个边及偏移后的内侧两个竖线分别向矩形内侧偏移 30，结果如图 10-69 所示。单击“默认”选项卡“修改”面板中的“删除”按钮，删除多余部分线段，结果如图 10-70 所示。

图 10-69　偏移水平边

图 10-70　修剪图形

4）单击“默认”选项卡“修改”面板中的“偏移”按钮，将内侧的矩形向内再次偏移，设置偏移量为 20，结果如图 10-71 所示。

5）单击“默认”选项卡“绘图”面板中的“直线”按钮，在内侧矩形中绘制斜向直线，可以先绘制一条斜线，然后再将其复制，结果如图 10-72 所示。

图 10-71　偏移内侧矩形

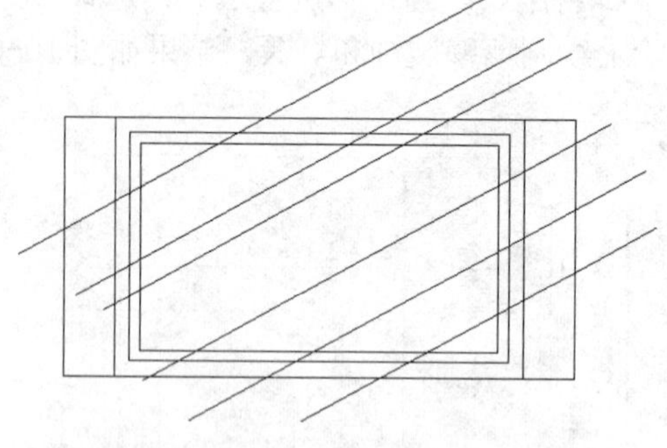

图 10-72　绘制斜向直线

6）单击“默认”选项卡“绘图”面板中的“图案填充”按钮，选择填充图案为“AR-SAND”，将图案的比例设置为 0.5，如图 10-73 所示。填充后删除斜向直线，结果如图 10-74 所示。

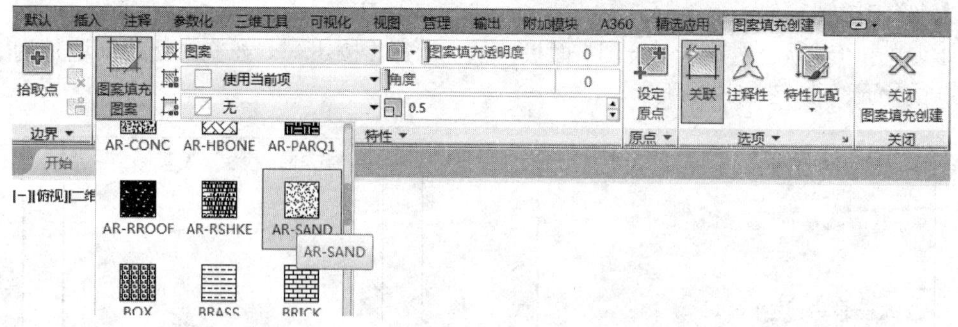

图 10-73　填充设置

7）单击“默认”选项卡“绘图”面板中的“矩形”按钮和“直线”按钮，在电视下部绘制台座。绘制完成后插入到立面图中，结果如图 10-75 所示。

㉕将当前图层设置为“文字”图层，单击“默认”选项卡“注释”面板中的“文字样

式”按钮，命名新建文字样式为“文字标注”，取消“使用大字体”的复选框，在字体名下拉列表中选择“宋体”，设置文字高度为 100。

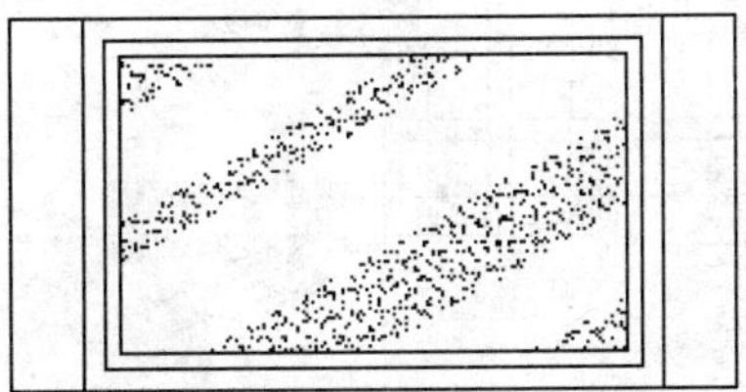

图 10-74 填充图案

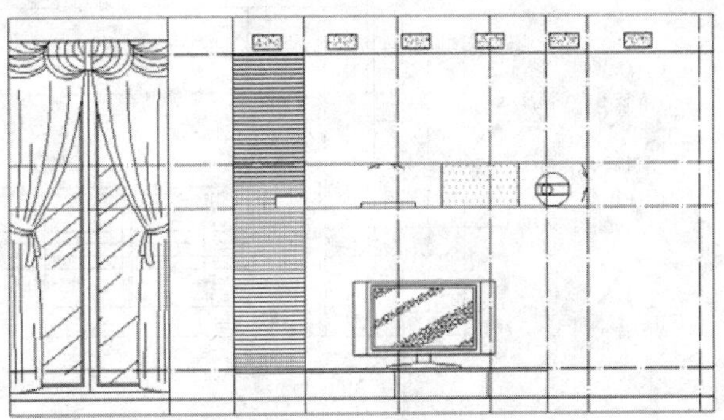

图 10-75 插入电视

㉖将文字标注插入到图中，结果如图 10-76 所示。

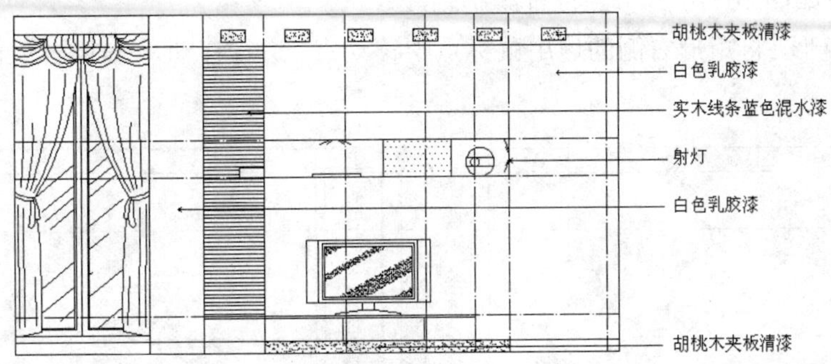

图 10-76 添加文字标注

㉗单击“默认”选项卡“注释”面板中的“标注样式”按钮，弹出“标注样式编辑”对话框，单击“新建”按钮，命名为“立面标注”，编辑标注样式。

标注的基本参数如下：超出尺寸线为 50；起点偏移量为 50；箭头样式为建筑标记；箭头大小为 25；文字大小为 100。

㉘单击“默认”选项卡“注释”面板中的“线性”按钮，标注尺寸。标注后关闭轴线图层，结果如图 10-38 所示。

注意

> 对立面图绘制步骤需要说明的是，并不是将所有的辅助线绘制好后才绘制图样，一般是由总体到局部、由粗到细，一项一项地完成。如果将所有的辅助线一次绘出，则会密密麻麻，无法分清。

02 客厅立面二。

客厅的背立面为客厅与餐厅的隔断，绘制时多为直线的搭配。本设计采用栏杆和吊灯进行分隔，既达到了美观简洁的效果又考虑了采光和通风的要求，如图 10-77 所示。

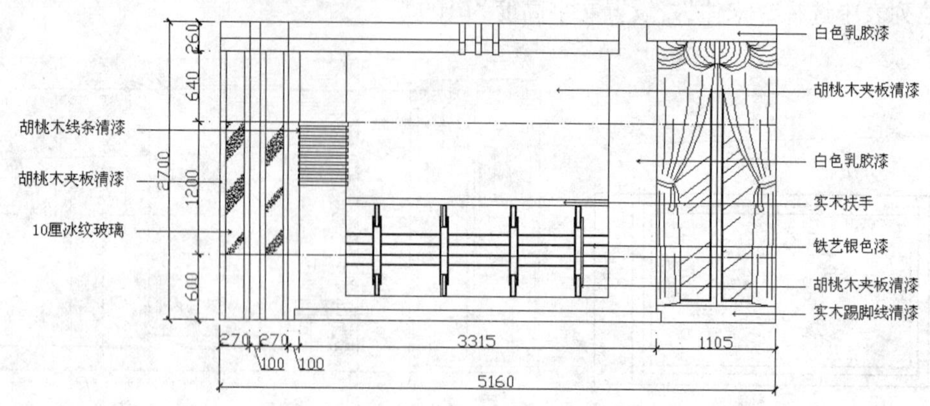

图 10-77　客厅立面二

❶复制刚刚绘制的客厅立面一的轮廓矩形，作为绘图区域。将当前图层设置为轴线图层，然后按照如图 10-78 所示的位置绘制轴线。

❷选择矩形，将矩形右侧的边用鼠标点中移动点，进行移动，与轴线重合，如图 10-79 所示。

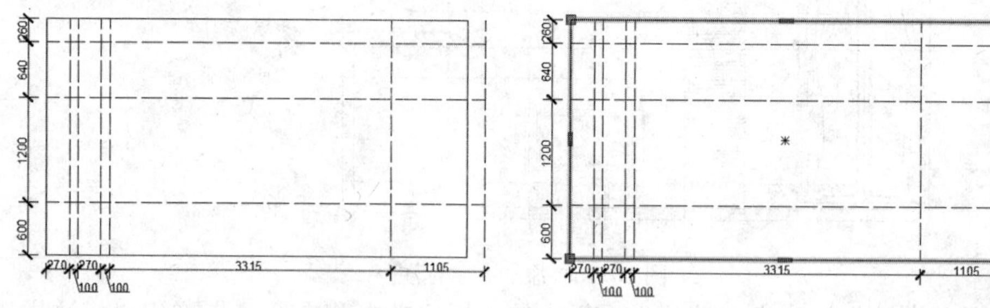

图 10-78　绘制轴线　　　　图 10-79　修改矩形

❸单击“默认”选项卡“修改”面板中的“延伸”按钮，将轴线延伸到矩形的侧边，结果如图 10-80 所示。

❹将当前图层设置为“墙线”图层，单击“默认”选项卡“绘图”面板中的“矩形”按钮，以左上角为起点，绘制边长为 3700×260 的矩形，再单击“默认”选项卡“修改”面板中的“偏移”按钮，在其中间绘制距离上边缘 150 的直线，如图 10-81 所示。

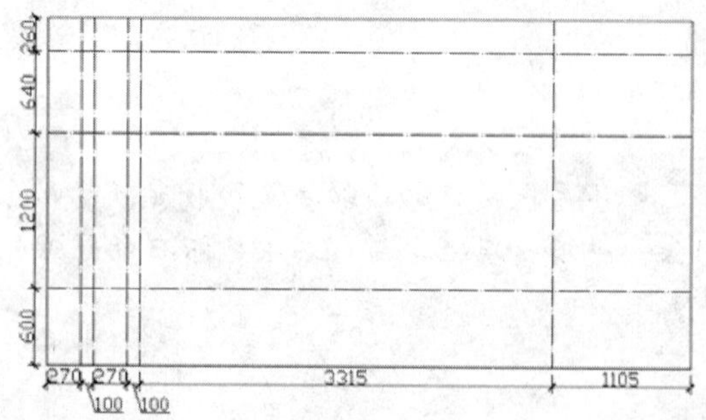

图 10-80　延伸轴线

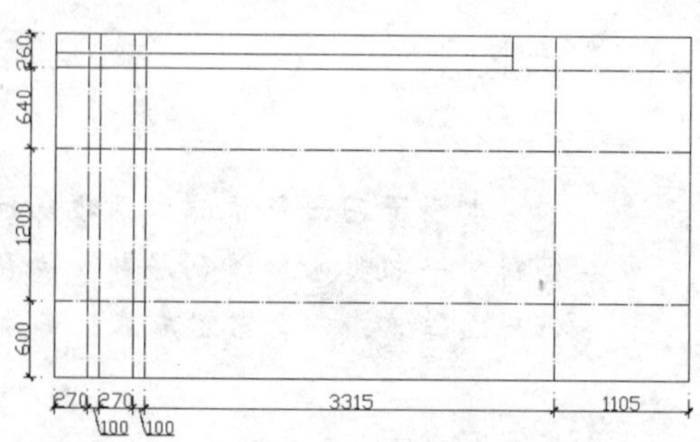

图 10-81　绘制矩形

❺单击“默认”选项卡“绘图”面板中的“矩形”按钮▭，在右侧绘制边长为1200×150的矩形，作为窗户顶面，如图10-82所示。

❻选择客厅立面一中的窗户，单击“默认”选项卡“修改”面板中的“复制”按钮，将其复制到客厅立面二中，如图10-83所示。

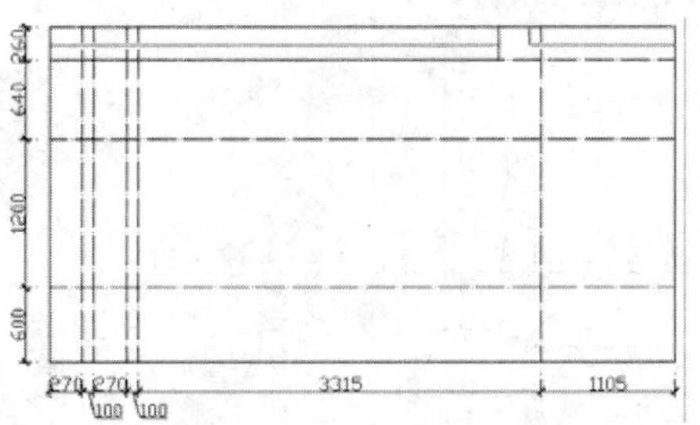

图10-82 绘制窗户顶面

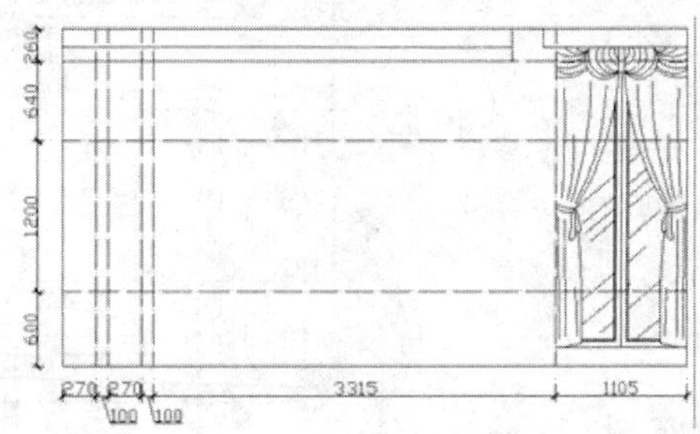

图10-83 复制窗户图形

❼单击“默认”选项卡“绘图”面板中的“直线”按钮，在左侧绘制隔断边界和柱子轮廓，如图10-84所示。

❽单击“默认”选项卡“绘图”面板中的“矩形”按钮▭，在两个柱子地面绘制高度为100、宽度为3400的矩形，作为地脚线，如图10-85所示。

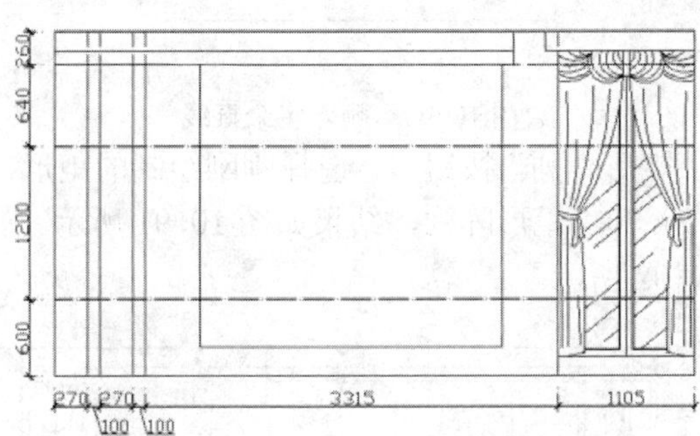

图10-84 绘制隔断边界和柱子

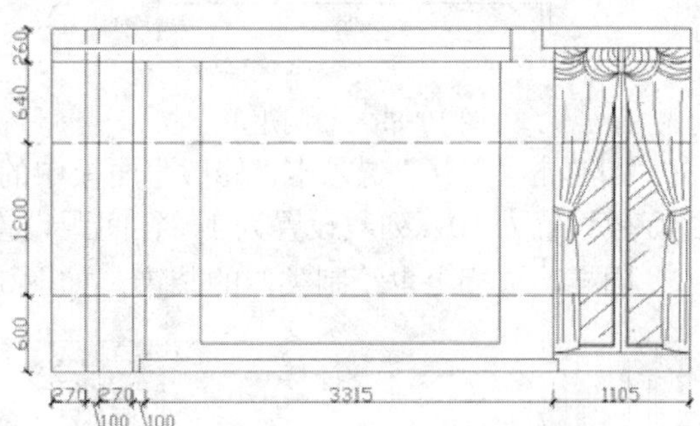

图10-85 绘制地脚线

❾单击“默认”选项卡“修改”面板中的“偏移”按钮，将左侧的隔断线条向两侧各偏移50，如图10-86所示。

❿将当前图层设置为“陈设”图层，在隔断线的中间单击轴线，绘制玻璃边界，并绘制斜线，作为填充的辅助线，如图10-87所示。

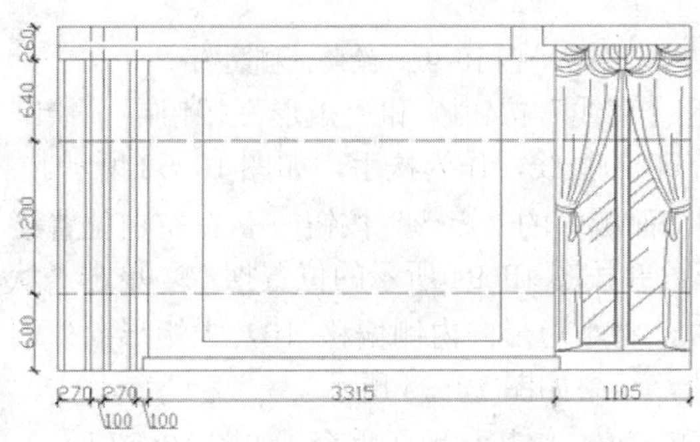

图10-86 绘制隔断线

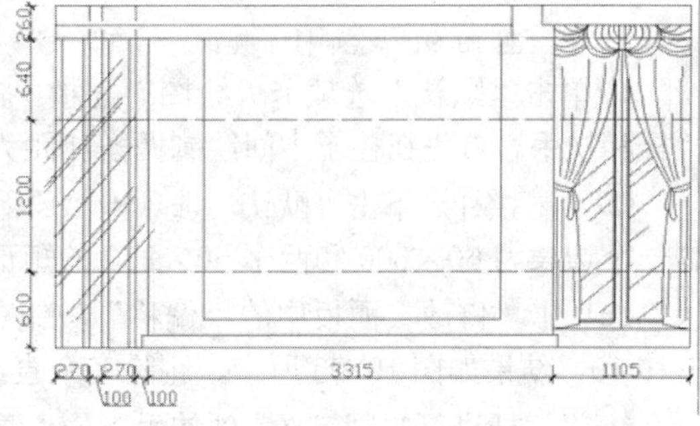

图10-87 绘制玻璃

⑪单击“默认”选项卡“绘图”面板中的“图案填充”按钮，将填充图案选择为“AR-SAND”，设置填充比例为 0.5，填充斜线间的空间，并删除辅助线，结果如图 10-88 所示。

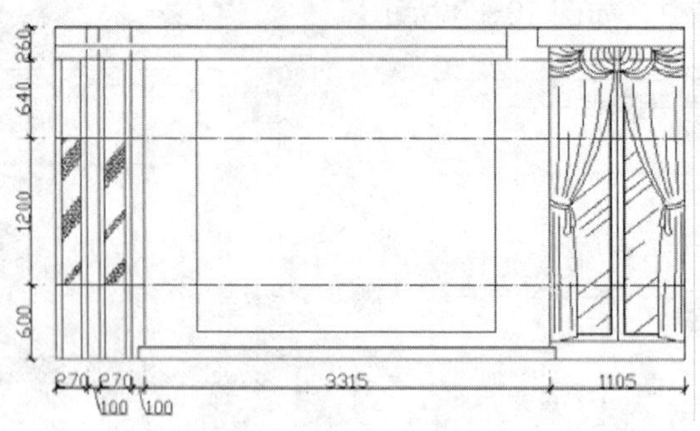

图 10-88　填充玻璃图案

⑫单击“默认”选项卡“绘图”面板中的“矩形”按钮，在左侧柱子上绘制边长为 460×30 的矩形，如图 10-89 所示。单击“默认”选项卡“修改”面板中的“修剪”按钮，将矩形内部的柱子轮廓线修剪，如图 10-90 所示。

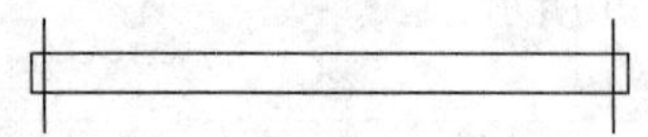

图 10-89　绘制矩形

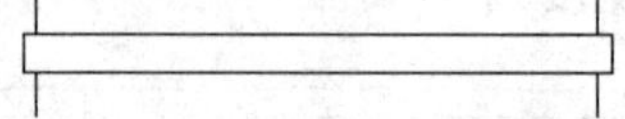

图 10-90　删除多余直线

⑬单击“默认”选项卡“修改”面板中的“矩形阵列”按钮，选择刚刚绘制的矩形，将行数设置为 10，列数设置为 1，行间距设置为-60，矩形阵列，结果如图 10-91 所示。

同样，顶棚上也绘制类似的装饰，如图 10-92 所示。

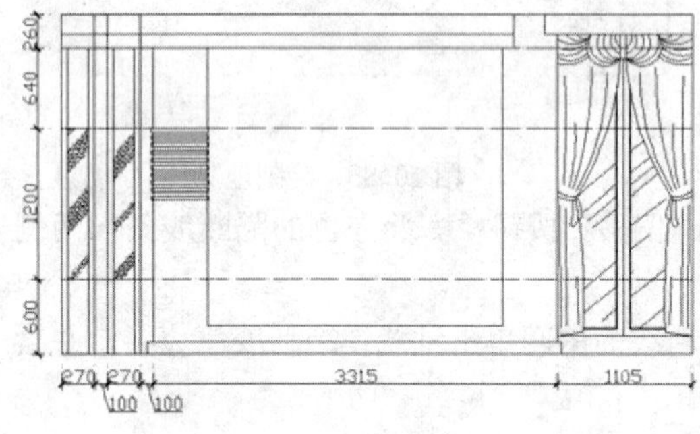

图 10-91　绘制柱子装饰

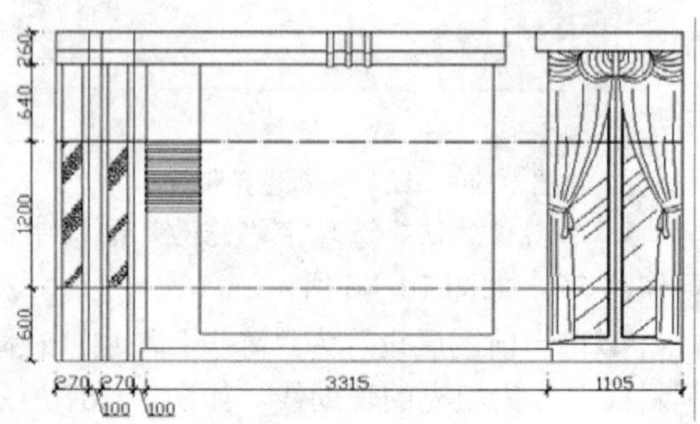

图 10-92　绘制顶棚装饰

⑭单击“默认”选项卡“绘图”面板中的“直线”按钮和“矩形”按钮，绘制栏杆和扶手。首先在柱子中间绘制两条相距为 50 的直线，作为扶手，如图 10-93 所示。

⑮绘制栏杆。单击“默认”选项卡“绘图”面板中的“矩形”按钮，在空白位置绘制一个边长为 60×600 和两个 50×200 的矩形，并按图 10-94 所示的位置摆放。单击“默认”选项卡“修改”面板中的“偏移”按钮，将小矩形向内侧偏移 10，大矩形向外侧偏移 10，结果如图 10-95 所示。删除多余直线，结果如图 10-96 所示。

⑯将栏杆进行复制，放置到扶手下面，调整高度，使其与地面重合，如图 10-97 所示。

⑰选取菜单栏中的“格式”→“多线样式”命令，弹出“多线编辑器”对话框，新建

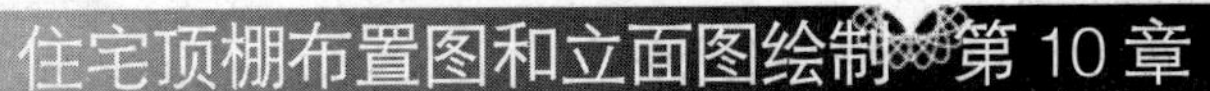

多线样式，命名为“langan”，偏移量设置为 5 和－5。

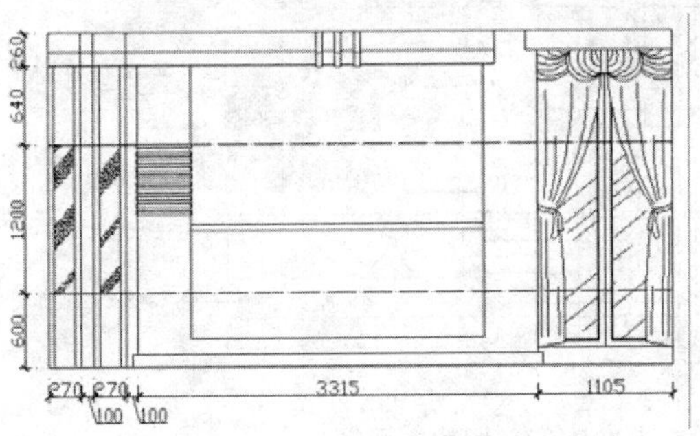

图 10-93　绘制扶手

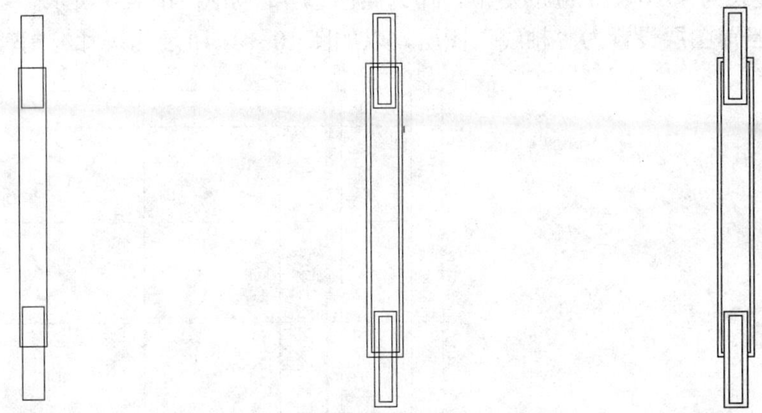

图 10-94　绘制矩形　　图 10-95　偏移矩形　　图 10-96　删除直线

⓲选取菜单栏中的“绘图”→“多线”命令，绘制水平的栏杆，如图 10-98 所示。

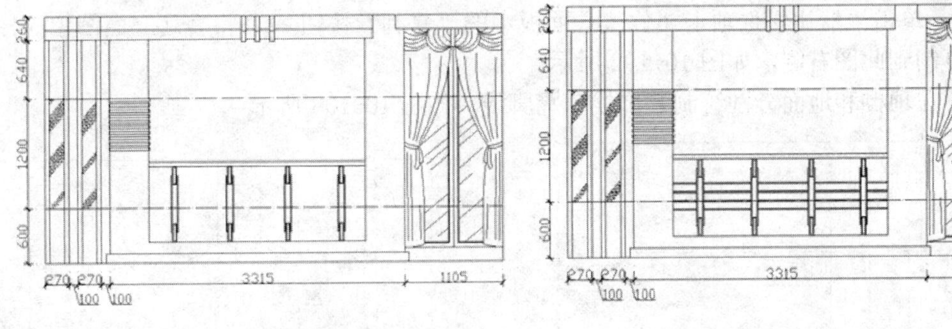

图 10-97　复制栏杆　　图 10-98　绘制水平栏杆

⓳最后添加文字标注和尺寸标注，客厅立面二绘制完成，如图 10-77 所示。

10.2.3　厨房立面图

下面简单介绍一下绘制厨房立面图（见图 10-99）的方法。

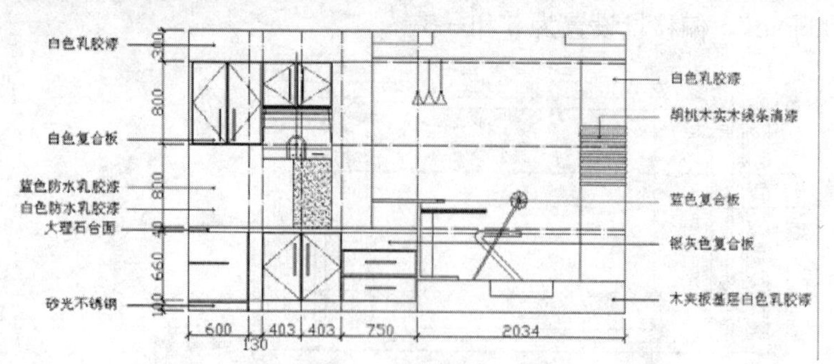

图 10-99　厨房立面图

实讲实训 多媒体演示

多媒体演示参见配套光盘中的\\动画演示\第10章\厨房立面图.avi。

01 将当前图层设置为 0 图层，单击“默认”选项卡“绘图”面板中的“矩形”按钮，绘制边长为4320×2700 的矩形，作为绘图边界，如图 10-100 所示。

02 将当前图层设置为“轴线”图层，以如图 10-101 所示的尺寸绘制轴线。

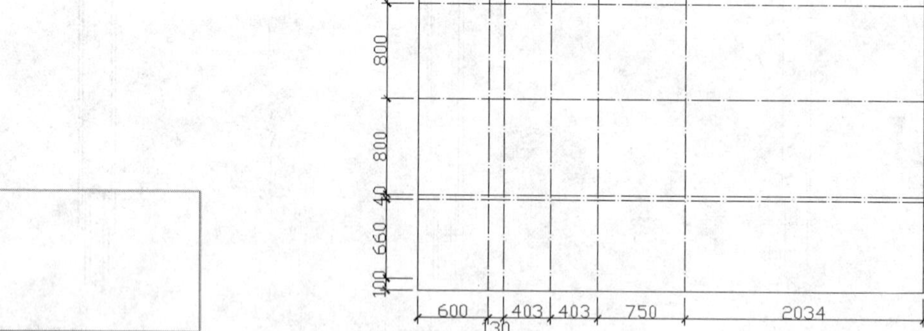

图 10-100　绘制绘图边界

图 10-101　绘制轴线

03 单击“默认”选项卡“修改”面板中的“复制”按钮，将客厅立面图中的柱子图形复制到此图右侧，如图 10-102 所示。

同样在顶棚和地面分别绘制装饰线和踢脚线，如图 10-103 所示。

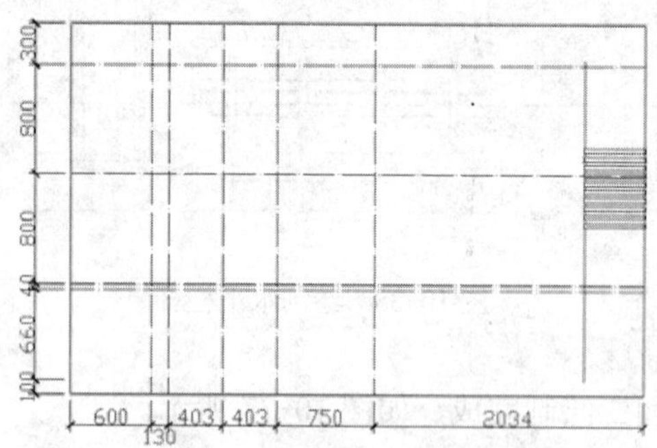

图 10-102　复制柱子

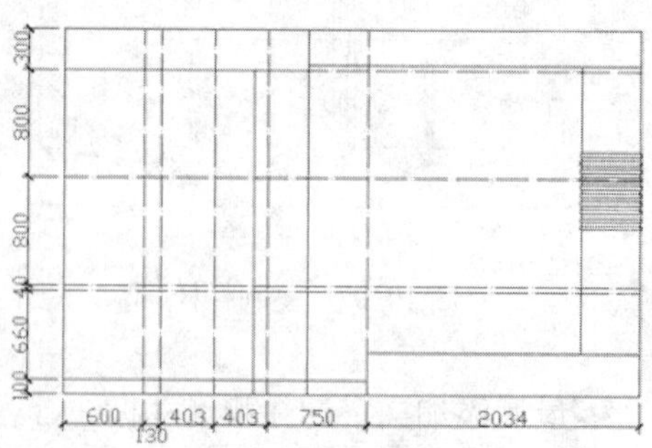

图 10-103　绘制顶棚和踢脚线

04 将当前图层设置为“陈设”图层，单击“默认”选项卡“绘图”面板中的“矩形”按钮，通过轴线的交点绘制灶台的边缘线，并删除多余的柱线，结果如图 10-104 所示。

05 单击“默认”选项卡“绘图”面板中的“矩形”按钮，单击轴线的边界，绘制灶台下面的柜门，以及分割空间的挡板，如图 10-105 所示。

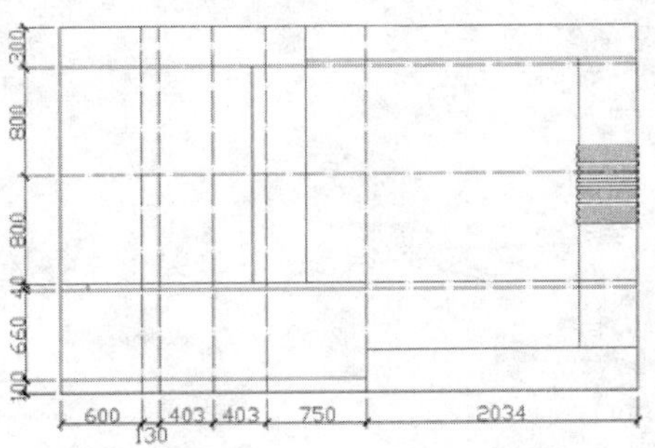

图 10-104　绘制灶台

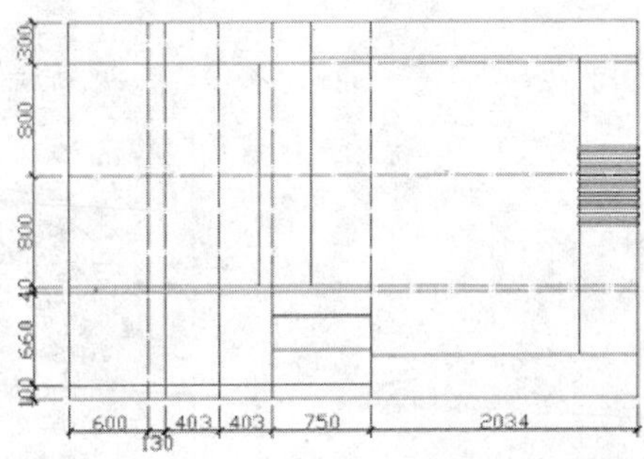

图 10-105　绘制柜门

06 单击“默认”选项卡“修改”面板中的“偏移”按钮，选择柜门，向内偏移10，结果如图 10-106 所示。

单击线型下拉菜单，从菜单中选择点画线线型，如果没有，可以选择“其他”进行加载，参看以前章节。

07 单击“默认”选项卡“绘图”面板中的“直线”按钮，单击柜门中间的上角点（即图 10-107 中 A 点），选择柜门侧边的中点，绘制柜门的装饰线，如图 10-107 所示。选取刚刚绘制的装饰线，单击右键，在弹出的快捷菜单中选择“特性”，弹出“特性”对话框，将“线型比例”设置为 10，如图 10-108 所示。

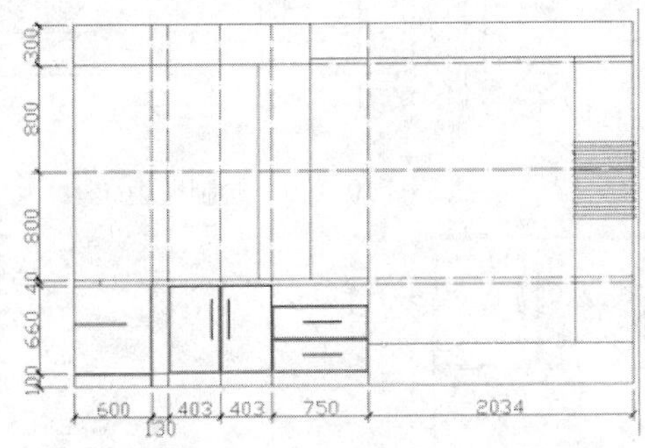

图 10-106　绘制柜门偏移操作

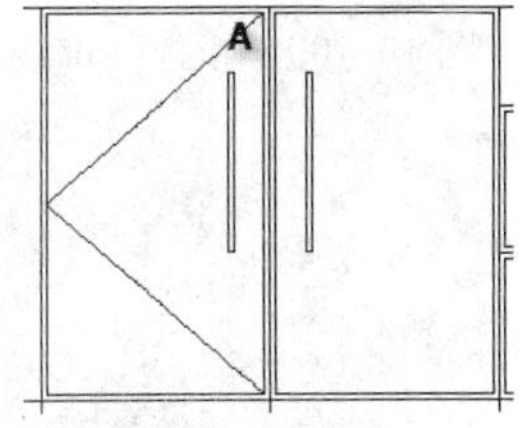

图 10-107　绘制装饰线

08 单击“默认”选项卡“修改”面板中的“镜像”按钮，选取刚刚绘制的装饰线，以柜门的中轴线为基准线，镜像到另外一侧，结果如图 10-109 所示。

按照同样的方法，绘制灶台上面的壁柜，结果如图 10-110 所示。

09 单击“默认”选项卡“绘图”面板中的“矩形”按钮，以上壁柜的交点为起始点，绘制一个边长为 700×500 的矩形，作为抽油烟机的外轮廓，如图 10-111 所示。

10 选取刚刚绘制的矩形，单击“默认”选项卡“修改”面板中的“分解”按钮，将矩形分解。再单击“默认”选项卡“修改”面板中的“偏移”按钮，将矩形的下边向上偏移 100，结果如图 10-112 所示。

图 10-108　“特性”对话框

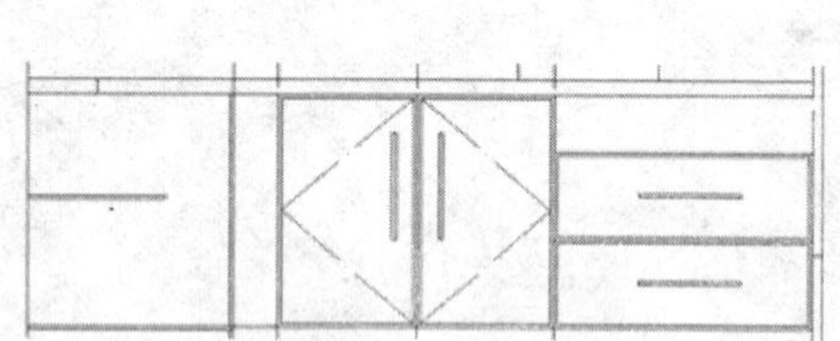

图 10-109　镜像装饰线

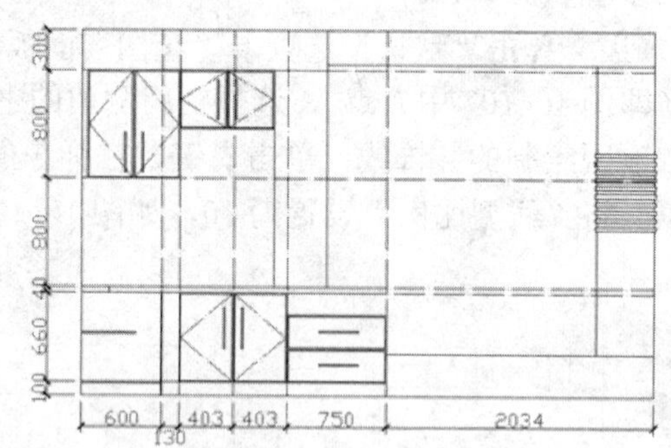

图 10-110　绘制壁柜

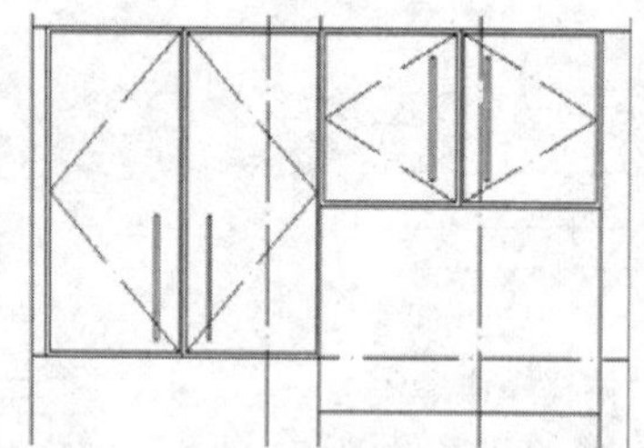

图 10-111　绘制抽油烟机

11 单击“默认”选项卡“绘图”面板中的“直线”按钮，选择偏移后直线的左侧端点，在命令行中输入“@30，400”，按 Enter 键确认；再单击“默认”选项卡“绘图”面板中的“直线”按钮，选择直线的右侧端点，在命令行中输入“@-30，400”，按 Enter 键确认，绘制结果如图 10-113 所示。

12 选择下部的水平直线，单击“默认”选项卡“修改”面板中的“复制”按钮，选择直线的左端点，然后在命令行中输入复制图形移动的距离“@0，200”“@0，280”“@0，

330”“@0，350”“@0，380”“@0，390”“@0，395”，如图 10-114 所示。

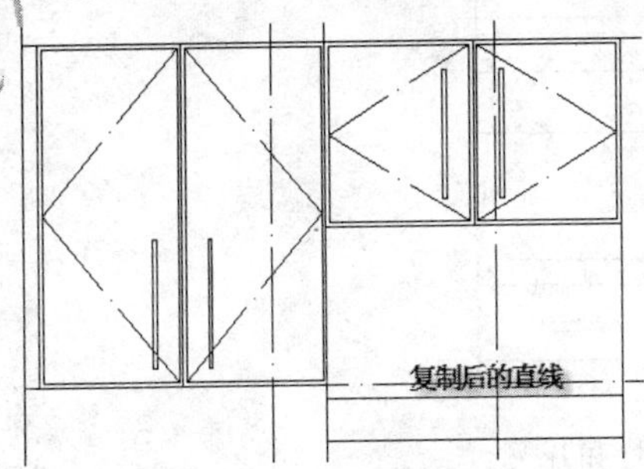

图 10-112　偏移直线

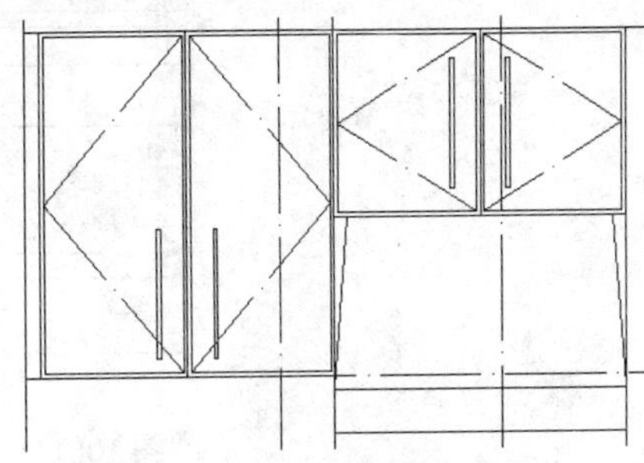
图 10-113　绘制斜线

13 单击“默认”选项卡“绘图”面板中的“直线”按钮，绘制辅助线，如图 10-115 所示。重复“直线”命令，在辅助线左边绘制一条长度为 200 的垂直线。再单击“默认”选项卡“修改”面板中的“镜像”按钮，选择辅助线为对称轴，将刚刚绘制的垂直线复制到另外一侧。

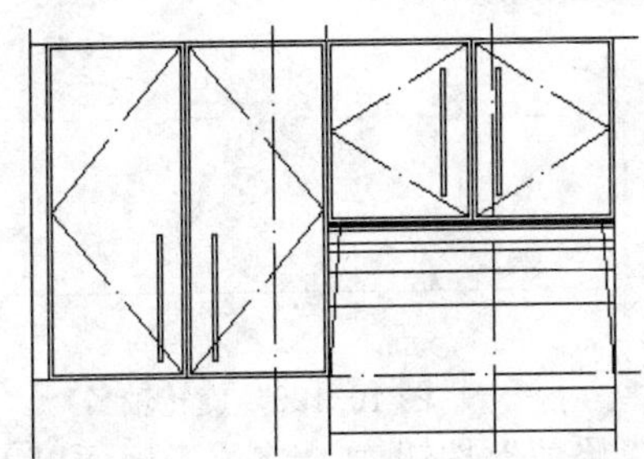
图 10-114　绘制波纹线

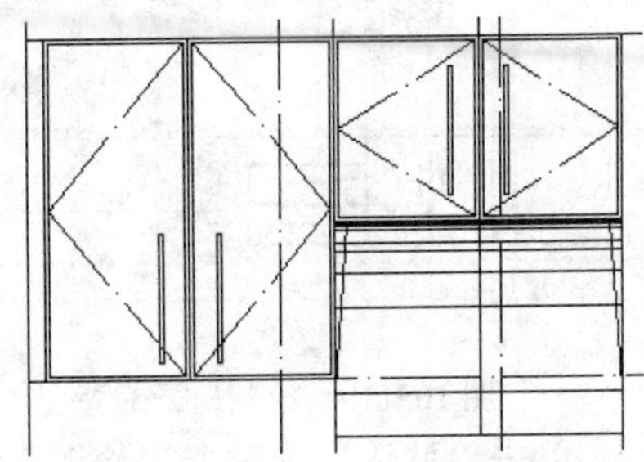
图 10-115　绘制辅助线

14 单击“默认”选项卡“绘图”面板中的“圆弧”按钮和“直线”按钮，绘制直线和圆弧，如图 10-116 所示。再单击“默认”选项卡“修改”面板中的“偏移”按钮，设置偏移量为 20，选择两个短垂直线和弧线，然后在内部单击，结果如图 10-117 所示。

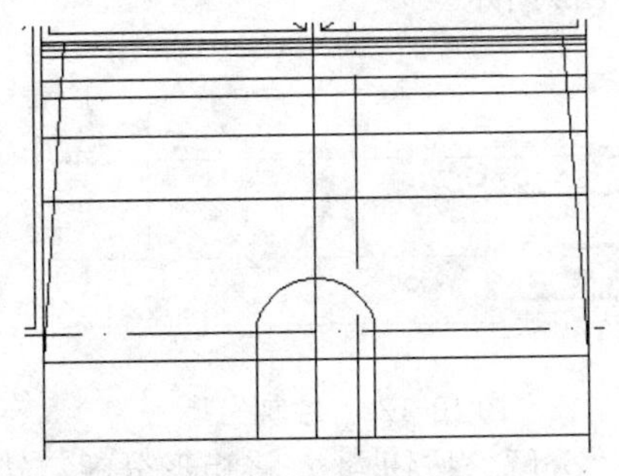
图 10-116　绘制弧线

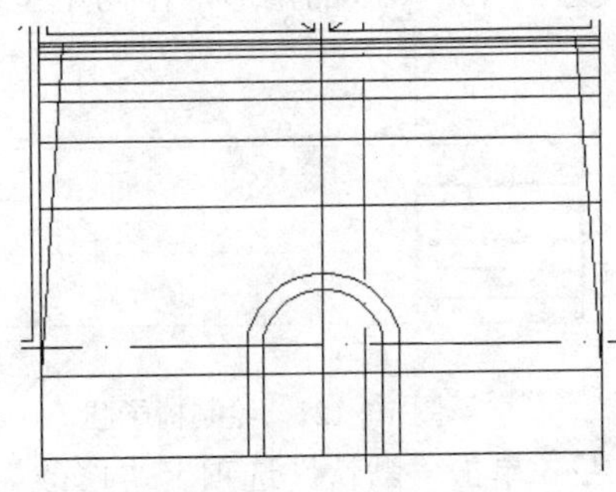
图 10-117　偏移弧线及垂直线

15 单击“默认”选项卡“绘图”面板中的“圆”按钮，在弧线下面绘制直径为 30 和 10 的圆形，作为抽油烟机的指示灯，再在右侧绘制开关，如图 10-118 所示。

16 在右侧绘制椅子模块。单击“默认”选项卡“绘图”面板中的“矩形”按钮，在右侧绘制一个边长为 20×900 的矩形，如图 10-119 所示。

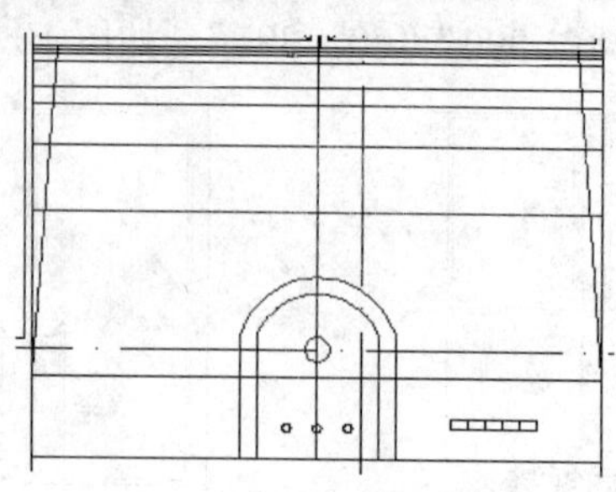

图 10-118　绘制指示灯和开关

17 单击“默认”选项卡“修改”面板中的“旋转”按钮，选择矩形，以图 10-120 中 A 点作为旋转轴，顺时针旋转 30°。

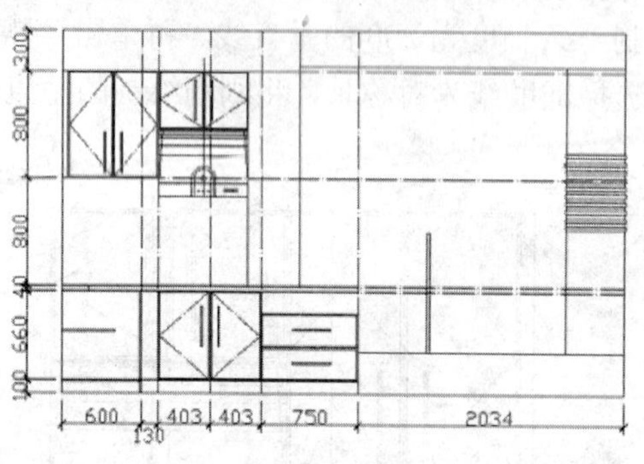

图 10-119　绘制椅子靠背

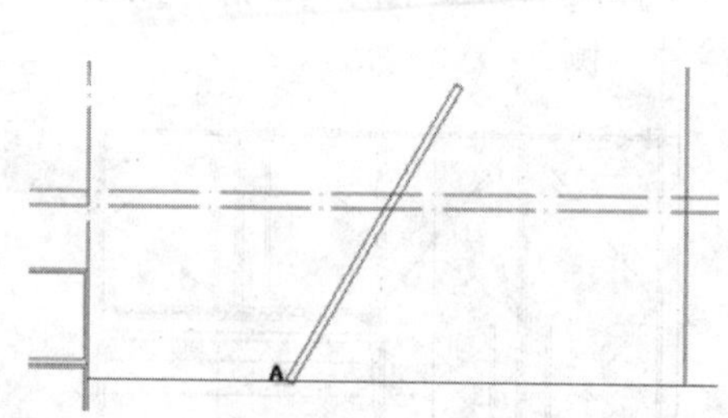

图 10-120　旋转轴

18 单击“默认”选项卡“修改”面板中的“修剪”按钮，将位于地面以下的椅子部分删除。

19 单击“默认”选项卡“绘图”面板中的“矩形”按钮，在右侧绘制一个边长为 50×600 的矩形，再单击“默认”选项卡“修改”面板中的“旋转”按钮，将矩形逆时针旋转 45°，作为椅子腿，如图 10-121 所示。

20 单击“默认”选项卡“绘图”面板中的“矩形”按钮，在短矩形的顶部绘制一个尺寸为 400×50 的矩形，作为坐垫，如图 10-122 所示。

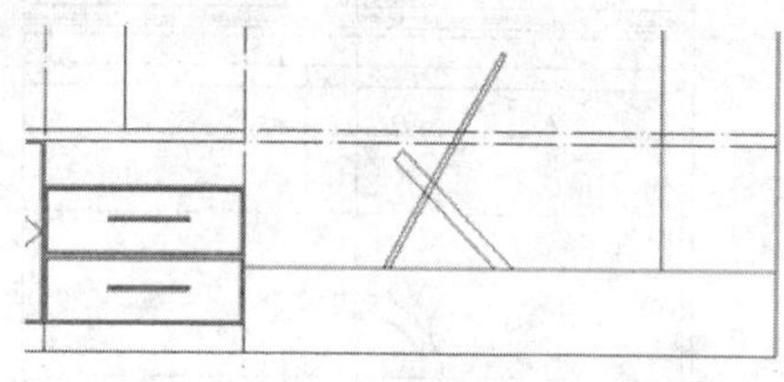

图 10-121　绘制椅子腿

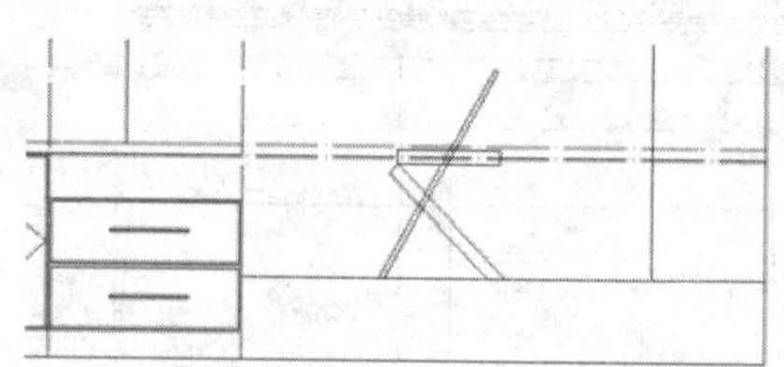

图 10-122　绘制坐垫

21 单击“默认”选项卡“修改”面板中的“分解”按钮，将矩形分解，然后单击“默认”选项卡“修改”面板中的“圆角”按钮，选择相交的边，将外侧倒角半径设置为 50，内侧倒角半径设置为 20，结果如图 10-123 所示。

22 单击“默认”选项卡“绘图”面板中的“圆”按钮，以椅背的顶端中点为圆心，绘制一个半径为 80 的圆，再击“默认”选项卡“绘图”面板中的“直线”按钮，再绘制直线进行装饰，作为椅背的靠垫，结果如图 10-124 所示。

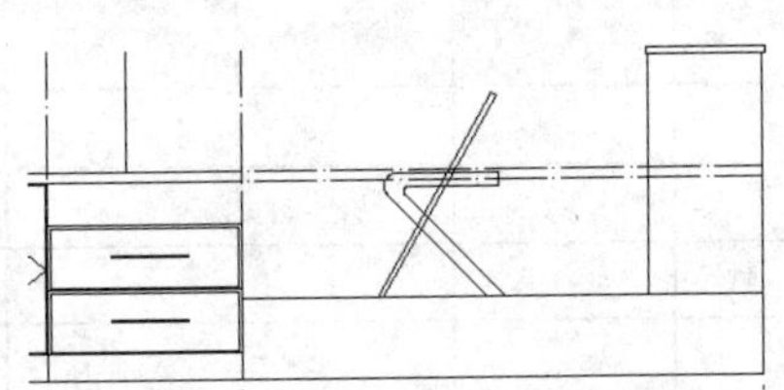

图 10-123　倒角

图 10-124　完成椅子绘制

23 按照同样的方法，绘制厨房立面图的其他设施并插入图中，结果如图 10-125 所示。

24 将当前图层设置为“文字”图层，添加文字标注，如图 10-99 所示。

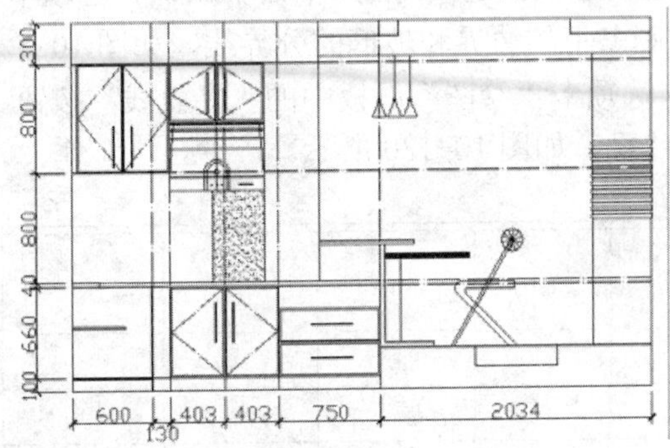

图 10-125　绘制其他设施

10.2.4　书房立面图

下面简单介绍一下绘制书房立面图（见图 10-126）的方法。

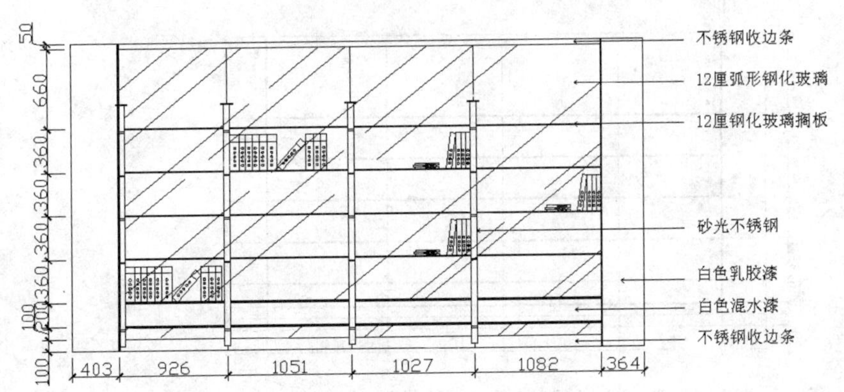

图 10-126　书房立面图

> **实讲实训 多媒体演示**
>
> 多媒体演示参见配套光盘中的\\动画演示\第 10 章\书房立面图.avi。

01 绘制书房的书柜平面图。将当前图层设置为 0 层，选取菜单栏“格式”→“图层界限”命令，绘制绘图边界，尺寸为 4853×2550，如图 10-127 所示。

02 将当前图参设置为“轴线”图层，绘制轴线，如图 10-128 所示。

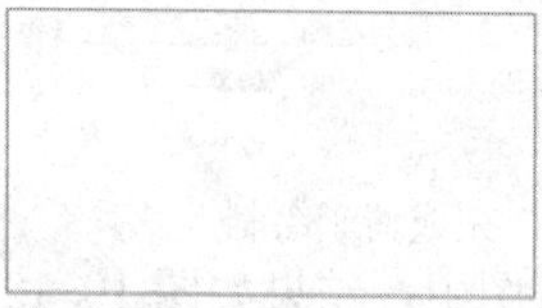

图 10-127　绘制绘图边界

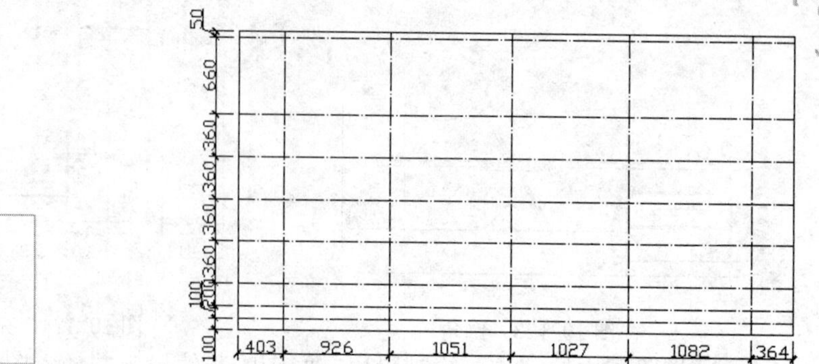

图 10-128　绘制轴线

03 将当前图层设置为“陈设”图层，单击“默认”选项卡“绘图”面板中的“直线”按钮，沿轴线绘制书柜的边界和玻璃的分界线，如图 10-129 所示。

04 单击“默认”选项卡“绘图”面板中的“多段线”按钮，设置线宽为 10，绘制书柜的水平板及两侧边缘，如图 10-130 所示。

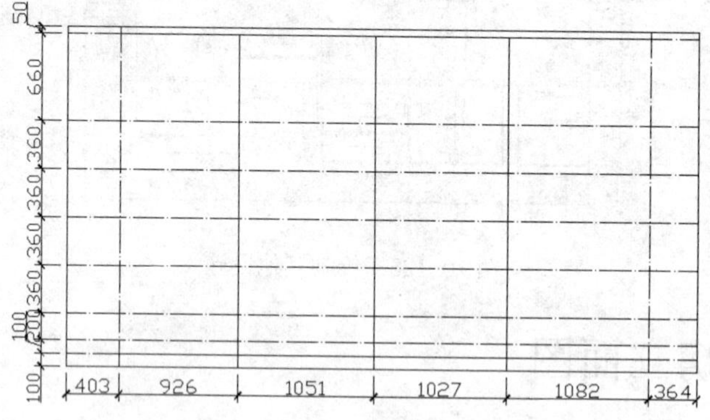

图 10-129　绘制书柜边界和玻璃分界线

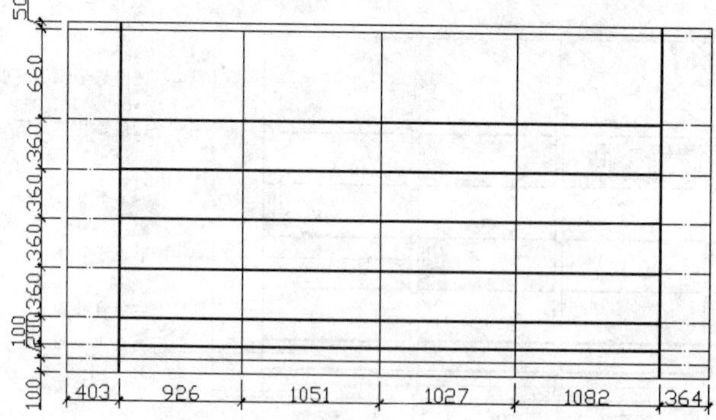

图 10-130　绘制书柜水平板及两侧边缘

05 单击“默认”选项卡“绘图”面板中的“矩形”按钮，绘制一个边长为 50×2000 的矩形，然后在其上端绘制一个边长为 100×10 的矩形，作为书柜隔挡，如图 10-131 所示。

06 选取菜单栏“格式”→“多线样式”命令，弹出“多线样式”对话框，新建多线样式，如图 10-132 所示进行设置，然后在隔挡中绘制多线，其中上部间距 360，最下层间距 560，如图 10-133 所示。将隔挡复制到书柜的竖线上，然后删除多余线段，结果如图 10-134 所示。

图 10-131 绘制书柜隔挡

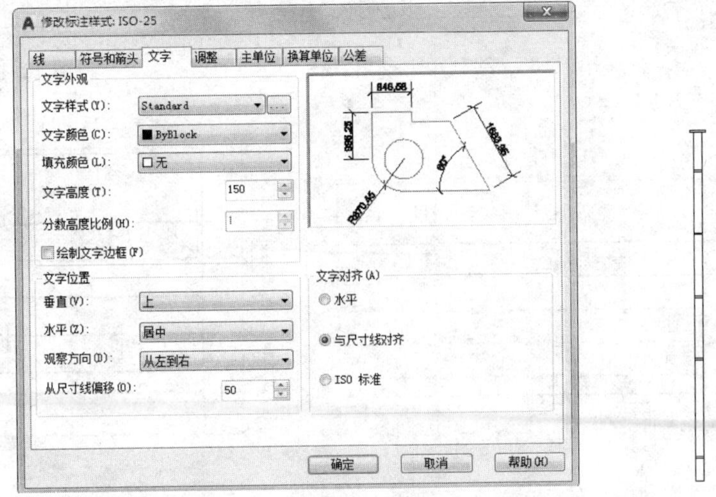

图 10-132 设置多线样式

图 10-133 绘制横线

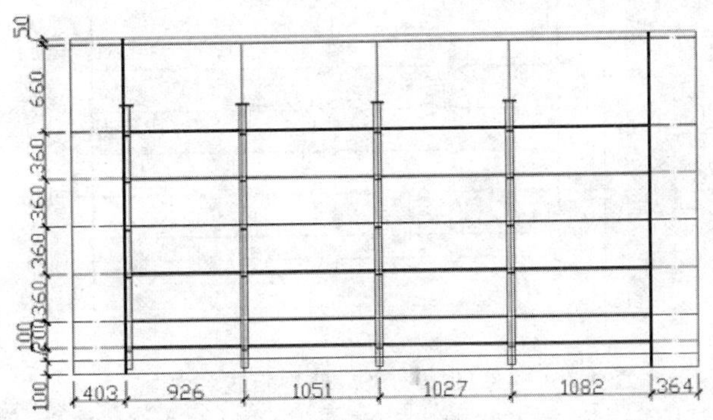

图 10-134 复制隔挡

07 单击“默认”选项卡“绘图”面板中的“矩形”按钮，在空白处绘制一个边长为 400×300 的矩形，再单击“默认”选项卡“绘图”面板中的“直线”按钮，然后在其中绘制垂直直线，间距自己定义即可，如图 10-135 所示。

08 单击“默认”选项卡“绘图”面板中的“直线”按钮，绘制一条水平直线，单击“默认”选项卡“绘图”面板中的“圆”按钮，在刚绘制的直线下方绘制圆形图形代表书名，如图 10-136 所示。采用同样方法绘制其他书的造型并插入图中，如图 10-137 所示。

09 绘制玻璃纹路。单击“默认”选项卡“绘图”面板中的“直线”按钮，绘制斜向 45° 的直线，如图 10-138 所示。

10 单击“默认”选项卡“修改”面板中的“修剪”按钮，将书柜轮廓外部和底部抽屉处的斜线剪切掉，结果如图 10-139 所示。

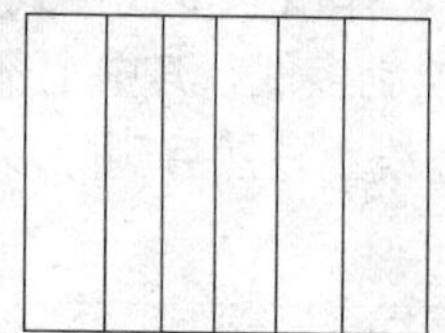

图 10-135　绘制矩形及垂直线

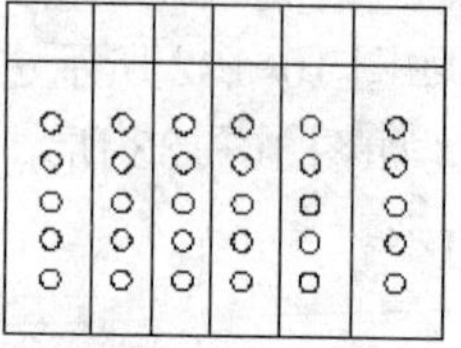

图 10-136　绘制书造型

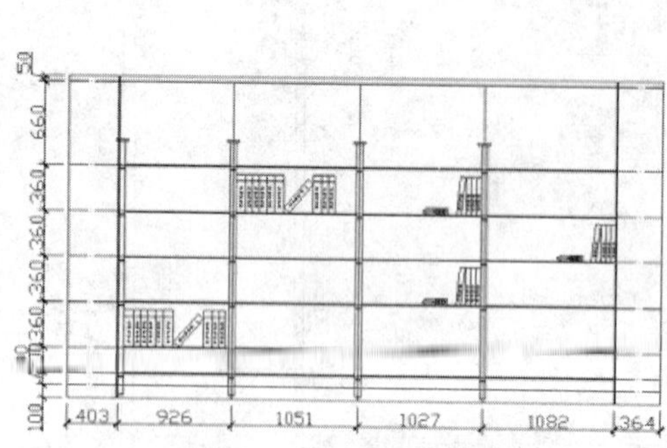

图 10-137　插入图书造型

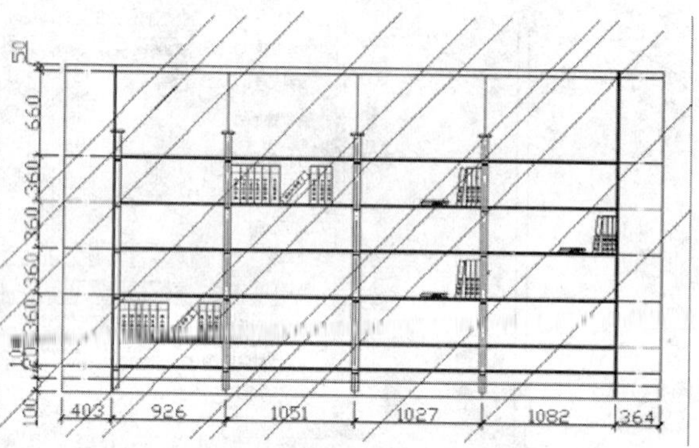

图 10-138　绘制斜线

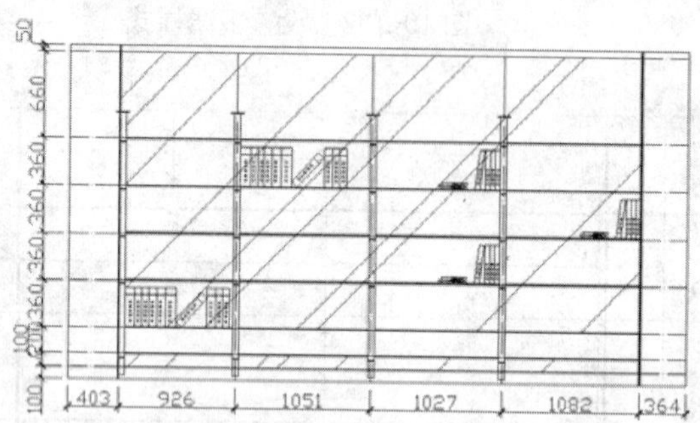

图 10-139　修剪斜线

11 单击“默认”选项卡“修改”面板中的“打断”按钮，将图中的部分斜线打断，作为玻璃纹路绘制结果如图 10-140 所示。

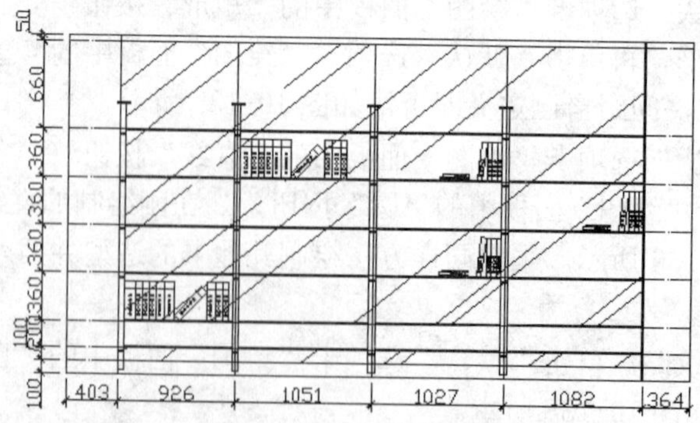

图 10-140　绘制玻璃纹路

12 将当前图层设置为“文字”图层，添加文字标注，结果如图 10-126 所示。

第11章 董事长室平面图的绘制

导读

办公空间室内设计是现代室内设计非常重要的部分。本章将以董事长室室内设计为例，详细讲述办公空间室内设计平面图的绘制方法。在本实例中，将逐步带领读者完成平面图的绘制，并介绍关于办公空间平面设计的相关知识和技巧。

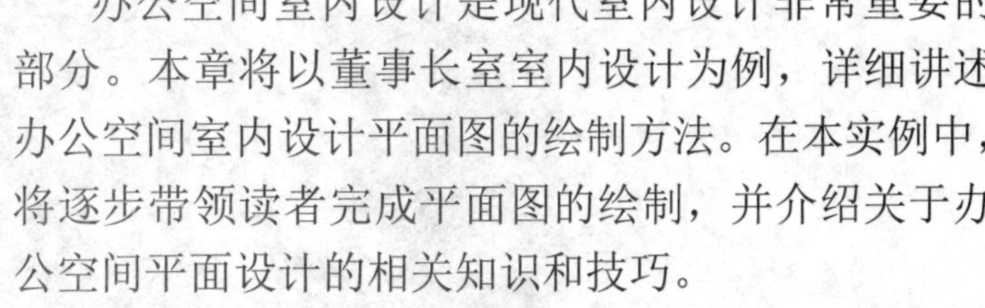
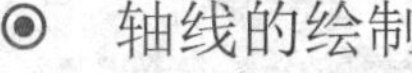

精彩内容

- 轴线的绘制
- 墙线的绘制
- 楼梯的绘制
- 室内装饰的绘制
- 尺寸及文字的标注

11.1 办公空间室内设计概述

办公空间是展示一个企业或单位部门形象的最主要的窗口。好的办公空间室内设计不仅能够为员工提供一个舒适愉悦的办公场所，大大提高工作效率，还能在外来访客面前大大提升公司的形象，促进合作交流。随着经济的发展，企业或单位之间的公务交流活动越来越频繁，所以办公空间室内设计是任何企业和单位所不能忽视的。

办公室设计是指对布局、格局、空间的物理和心理分割。办公空间设计需要考虑多方面的问题，涉及科学、技术、人文和艺术等诸多因素。办公空间室内设计的最大目标就是要为工作人员创造一个舒适、方便、卫生、安全及高效的工作环境，以便最大限度地提高员工的工作效率。这一目标在当前行业竞争日益激烈的情况下显得更加重要，它是办公空间设计的基础，也是办公空间室内设计的首要目标。

办公空间应根据使用性质、建筑规模和规格标准的不同来合理设计各类空间。办公空间一般由办公用房、公共用房、服务用房和其他附属设施用房等组成。完善的办公空间应体现管理上的秩序性及空间系统的协调性。设计时应先分析各个空间的动静关系与主次关系，还要考虑采用隔声、吸声等措施来满足管理人员和会议室等重要空间隔声的需求。在办公空间的装饰和陈设设计上，特别要把空间界面的装饰和陈设与整个办公空间的办公风格及色调统一协调处理。图 11-1 所示为某办公室室内设计效果图。

图11-1　办公室室内设计效果图

11.1.1 办公空间的设计目标

办公室设计有三个层次的目标。

1．经济实用

一方面要满足实用要求，给办公人员的工作带来方便，另一方面要尽量低费用，追求最佳的功能费用比。

2．美观大方

能够充分满足人的生理和心理需要，创造出一个赏心悦目的良好工作环境。

3．独具品味

办公室是企业文化的物质载体，要努力体现企业物质文化和精神文化，反映企业的特色和形象，对置身其中的工作人员产生积极的、和谐的影响。

这三个层次的目标虽然由低到高、由易到难，但它们不是孤立的、而是有着紧密的内在联系，出色的办公室设计应该努力同时实现这三个目标。

11.1.2 办公空间的布置格局

在任何企业里，办公室布置都应该因其使用人员的岗位职责、工作性质及使用要求等不同而有所区别。

对于企业决策层的董事长、执行董事、或正副厂长（总理经）、党委书记等主要领导，由于他们的工作对企业的生存发展有着重大作用，能否有一个良好的日常办公环境，对决策效果、管理水平都有很大影响；此外，他们的办公室环境在保守企业机密、传播企业形象等方面也有一些特殊的需要。因此，这类人员的办公室布置有如下特点：

1．相对封闭

一般是一人一间单独的办公室，有不少企业都将高层领导的办公室安排在办公大楼的最高层或平面结构最深处，目的就是创造一个安静、安全且少受打扰的环境。

2．相对宽敞

除了考虑使用面积略大之外，一般采用较矮的办公家具设计，目的是为了扩大视觉空间，因为过于拥挤的环境会束缚人的思维，带来心理上的焦虑等问题。

3．方便工作

一般要把接待室、会议室和秘书办公室等安排在靠近决策层人员办公室的位置，如有不少企业的厂长（经理）办公室都建成套间，外间就作为接待室或秘书办公室。

4．特色鲜明

企业领导的办公室要反映企业形象，具有企业特色，如墙面色彩采用企业标准色、办公桌上摆放国旗和企业旗帜以及企业标志、墙角安置企业吉祥物等。另外，办公室设计布置要追求高雅而非豪华，切勿给人留下俗气的印象。图 11-2 所示为某董事长办公室室内设计效果图。

图11-2 董事长办公室室内设计效果图

对于一般管理人员和行政人员，许多现代化的企业常用大办公室、集中办公的方式，办公室设计的目的是增加沟通、节省空间、便于监督及提高效率。这种大办公室的缺点是相互干扰较大，为此，一般采取以下方法进行设计：

1）按部门或小部门分区，同一部门的人员一般集中在一个区域。

2）采用低隔断（高度 1.2～1.5m），为的是给每一名员工创造相对封闭和独立的工作空间，减少相互间的干扰。

（3）有专门的接待区和休息区，不致因为一位客户的来访而影响其他人的安静工作。

这种大办公室方式在三资企业和一些高科技企业中采用得比较多，对于创造性劳动为主的技术人员和社交工作较多的公共关系人员，他们的办公室则不宜采用这一布置方式。图 11-3 所示为某企业中层管理人员办公室室内设计效果图。

图11-3　企业中层管理人员办公室室内设计效果图

11.1.3　配套用房的布置和办公室设计的关系

配套用房主要指会议室、接待室（会客室）和资料室等。

会议室是企业必不可少的办公配套用房，一般分为大、中、小不同类型，有的企业还会有多间中小会议室。大会议室常采用教室或报告厅式布局，座位分主席台和听众席；中小会议室常采用圆桌或长条桌式布局，与会人员围座，利于开展讨论。

会议室布置应简单朴素，光线充足，空气流通。可以采用企业标准色装修墙面，或在里面悬挂企业旗帜，或在讲台、会议桌上摆放企业标志（物），以突出本企业特点。有些企业会议多、效率低，为解决这一问题，除企业领导和会议召集人要引起注意以外，可以在办公室布置上采取以下措施：一是不设沙发（软椅）等供长时间坐着的家具，甚至不设椅子和凳子，提倡站着开会；二是在会议室显著位置摆放或悬挂时钟，以提示会议进行时间；三是减少会议室数量，这样既可提高会议效率，又提高了会议室的利用率。

接待室（会客室）设计是企业对外交往的窗口，设置的数量、规格要根据企业公共关系活动的实际情况而定。接待室要提倡公用，以提高利用率。接待室的布置要干净、美观、大方，可摆放一些企业标志物、绿色植物及鲜花，以体现企业形象和烘托室内气氛。图 11-4 所示为某公司接待室室内设计效果图。

图 11-4　公司接待室室内设计效果图

11.1.4　本例设计思想与绘制思路

1．设计思想

董事长是企业的最高领导，其办公室设计要突出其地位的尊贵，主要体现在 3 个方面：方便、私密、舒适。

董事长办公室设置在里面，外面是秘书室，这样既突出了董事长办公室的私密性，也体现了方便性，有外人拜访要先经过秘书室，得到秘书同意才能进来，同时董事长有什么事情吩咐，秘书就在外间。秘书室设置办公桌和一组沙发茶几，便于秘书和客人交流以及客人在外间等候董事长的召见。

董事长办公室设置两组沙发茶几，便于和不同的客人进行交流。董事长办公桌后面设置一道屏风，绕过去可以到达洗手间和休息室，体现了方便性和舒适性。

2．绘制思路

下面将逐步介绍董事长室平面图的绘制，并在绘图过程中循序渐进地介绍室内设计的基本知识以及 AutoCAD 的基本操作方法。

董事长室平面图的最终结果如图 11-5 所示。

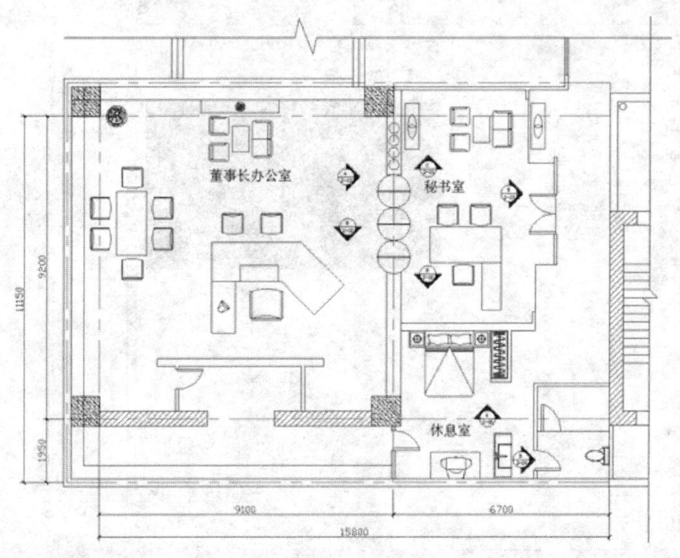

图11-5　董事长室平面图

实讲实训

多媒体演示

多媒体演示参见配套光盘中的\\动画演示\第9章\董事长室室内设计平面图.avi。

3．绘图过程如下：

1）绘制轴线。首先绘制平面图的轴线，定好位置以便绘制墙线及室内装饰的其他内容。在绘图过程中逐步熟悉“直线”“定位”“捕捉”和“修剪”等绘图基本命令。

2）绘制墙线。在绘制好的轴线上绘制墙线。逐步熟悉“修剪”和“偏移”等绘图编辑命令。

3）装饰部分。绘制室内装饰及门窗等部分。掌握弧线和块的基本操作方法。

4）室内装饰部分。绘制室内装饰图块，定义图块及插入图块。

5）文字说明。添加平面图中必要的文字说明。学习文字编辑和文字样式的创建等操作。

6）尺寸标注。添加平面图中的尺寸标注。学习尺寸线的绘制、尺寸标注样式的修改及连续标注等操作。

11.2 绘制轴线

在进行平面图的绘制之前必须先进行绘图准备，做好绘图准备工作会给后续的设计工作带来方便。

11.2.1 绘图准备

打开 AutoCAD2018 应用程序，单击“快速访问”工具栏中的“新建”按钮，弹出“选择样板”对话框，如图 11-6 所示，单击“打开（O）”右侧的下拉按钮，在下拉列表中选择“无样板打开-公制（M）”，建立新文件，并保存到适当的位置。

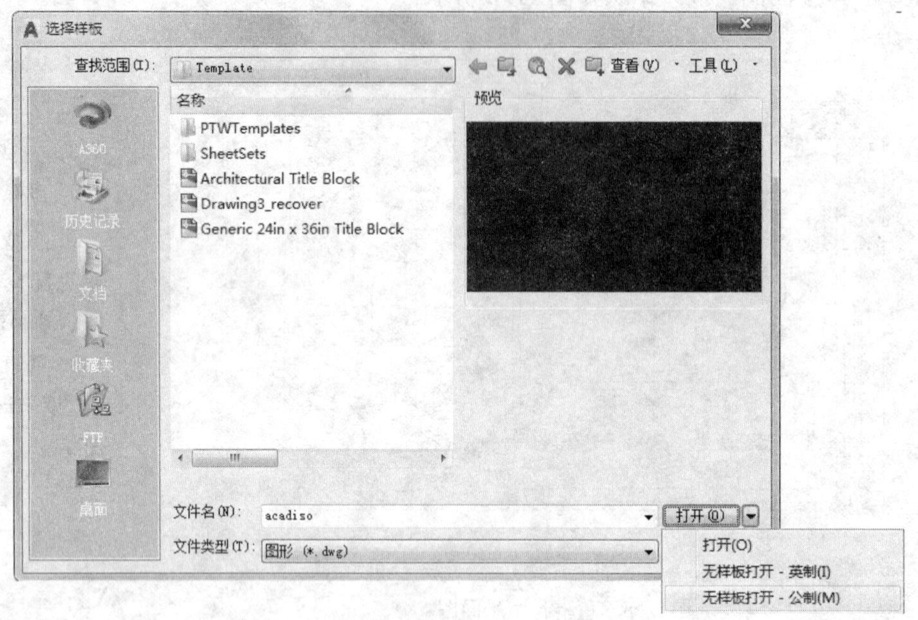

图11-6 “选择样板”对话框

新建文件时，可以选用样板文件，这样可以省去很多设置。

在绘图过程中往往有不同的绘图内容，如轴线、墙线、装饰布置图块、地板、标注和文字等，如果将这些内容放置在一起，绘图之后如果要删除或编辑某一类型图形，将带来选取上的困难。AutoCAD 提供了图层功能，为编辑带来了极大的方便。具体创建过程如下：

01 单击“默认”选项卡“图层”面板中的“图层特性”按钮，弹出“图层特性管理器”对话框，如图11-7所示。

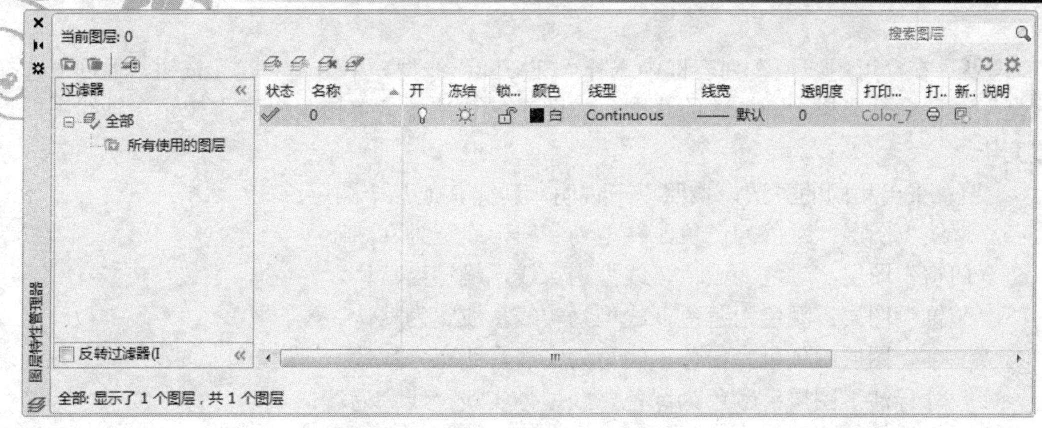

图11-7 “图层特性管理器”对话框

02 单击“图层特性管理器”对话框中的“新建图层”按钮，新建图层，如图 11-8 所示。

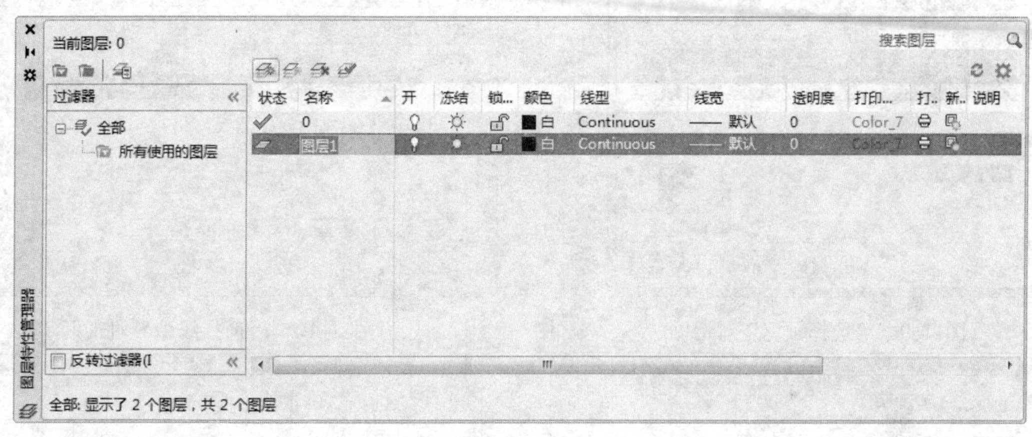

图11-8 新建图层

03 新建图层的图层名称默认为“图层 1”，将其修改为“轴线”。图层名称后面的选项由左至右依次为：“开/关图层”“在所有视口中冻结/解冻图层”“锁定/解锁图层”“图层默认颜色”“图层默认线型”“图层默认线宽”和“打印样式”等。其中，编辑图形时最常用的是“图层的开/关”“锁定以及图层颜色”和“线型的设置”等选项。

04 单击新建的“轴线”图层“颜色”栏中的色块，弹出“选择颜色”对话框，如图 11-9 所示，选择红色为轴线图层的默认颜色。单击“确定”按钮，返回“图层特性管理器”对话框。

05 单击“线型”栏中的选项，弹出“选择线型”对话框，如图 11-10 所示。轴线一般在绘图中应用点划线进行绘制，因此应将“轴线”图层的默认线型设为中心线。单击“加载”按钮，弹出“加载或重载线型”对话框，如图 11-11 所示。

说 明

在绘图初期可以建立不同的图层，将不同类型的图形绘制在不同的图层当中，在编辑时可以利用图层的显示和隐藏功能、锁定功能来操作图层中的图形，便于编辑运用。

06 在“可用线型”列表框中选择“CENTER”线型，单击“确定”按钮，返回“选择线型”对话框。选择刚刚加载的线型，如图 11-12 所示，单击“确定”按钮，轴线图层设置完毕。

07 采用相同的方法，按照以下说明，新建其他几个图层：

“墙线”图层：颜色为白色，线型为实线，线宽为 0.3mm。

“门窗”图层：颜色为蓝色，线型为实线，线宽为默认。

“装饰”图层：颜色为蓝色，线型为实线，线宽为默认。

“文字”图层：颜色为白色，线型为实线，线宽为默认。

“尺寸标注”图层：颜色为绿色，线型为实线，线宽为默认。

图11-9　“选择颜色”对话框

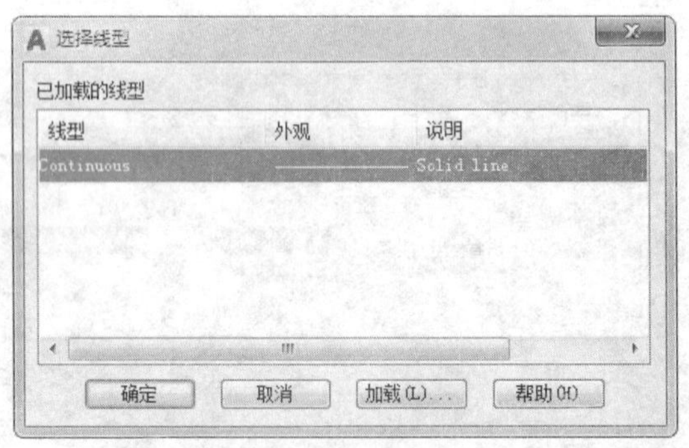

图11-10　“选择线型”对话框

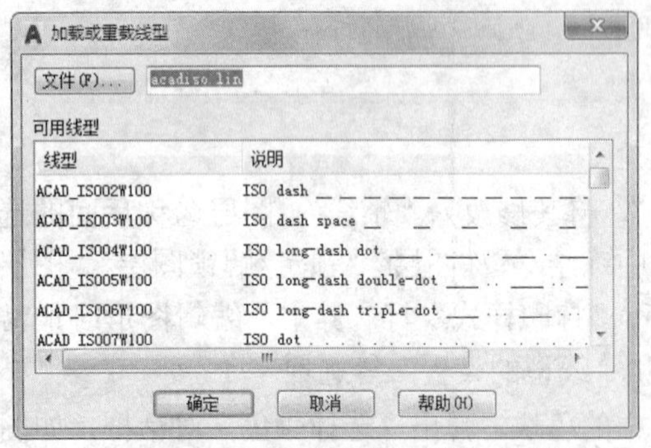

图11-11　“加载或重载线型”对话框

图11-12　选择加载的线型

在绘制的平面图中包括轴线、门窗、装饰、文字和尺寸标注几项内容，分别按照上面所介绍的方式设置图层。其中，颜色可以依照读者的绘图习惯自行设置，并没有具体的要求。设置完成后的“图层特性管理器”对话框如图 11-13 所示。

说 明

有时在绘制过程中需要删除使用不到的图线，我们可以将无用的图线所在的图层关闭，当全选图形图线并将其复制粘贴至一新文件中时，那些无用的图层就不会粘贴过来。如果曾经在这个关闭的图层中定义过块，又在另一图层中插入了这个块，那么这个图层是不能用这种方法删除的。

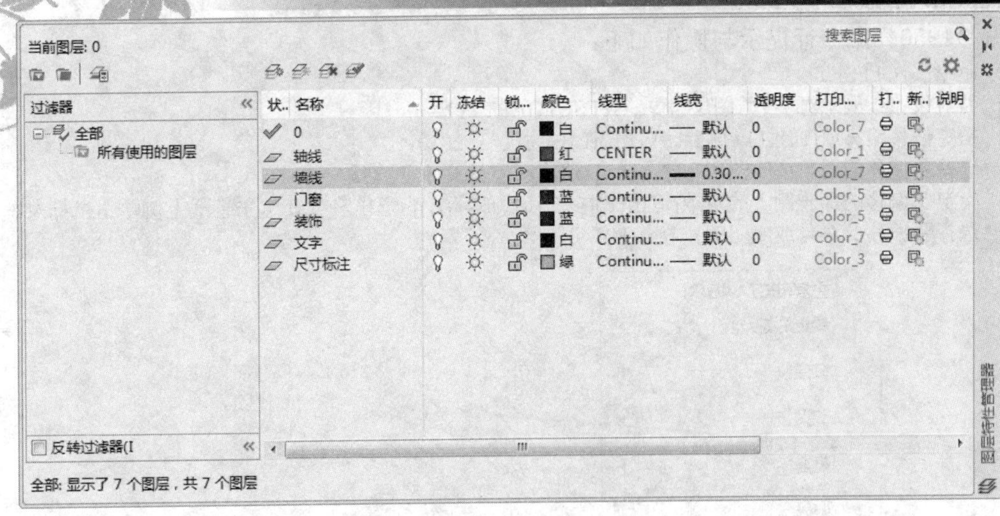

图11-13　设置图层

11.2.2　绘制轴线

01 将“轴线”图层视作为当前图层，如图 11-14 所示。

轴线　红　CENTER　— 默认　0　Color_1

图11-14　设置当前图层

02 单击“默认”选项卡“绘图”面板中的“直线”按钮，绘制一条长度为12150的竖直轴线和一条长度为16800的水平轴线，如图11-15所示。

图11-15　绘制轴线

03 轴线的线型虽然为中心线，但是由于比例太小，显示出来的还是实线形式。选择刚刚绘制的轴线并右键单击，在弹出的如图 11-16 所示的快捷菜单中选择“特性”命令，弹出“特性”对话框，如图 11-17 所示。将“线型比例”设置为 50，轴线显示如图 11-18 所示。

说 明

使用“直线”命令时，若为正交轴网，可按下状态栏上的“正交”按钮，根据正交方向提示直接输入下一点的距离即可，而不需要输入@符号，若为斜线，则可按下“极轴”按钮，设置斜线角度，此时，图形即进入了自动捕捉所需角度的状态，其可大大提高制图时直线输入距离的速度。注意，两者不能同时使用。

04 单击“默认”选项卡“修改”面板中的“偏移”按钮，然后在“偏移距离”文本框中输入1950，按Enter键确认后选择水平直线，在直线上侧单击鼠标左键，将直线向上偏移1950。命令行提示与操作如下：

命令：_OFFSET
当前设置：删除源=否　图层=源　OFFSETGAPTYPE=0
指定偏移距离或[通过(T)/删除(E)/图层(L)]<通过>：1950↙
选择要偏移的对象或[退出(E)/放弃(U)]<退出>：（选择水平直线）
指定要偏移的那一侧上的点或[退出(E)/多个(M)/放弃(U)]<退出>：（在水平直线上侧单击鼠标左键）
选择要偏移的对象或[退出(E)/放弃(U)]<退出>：↙

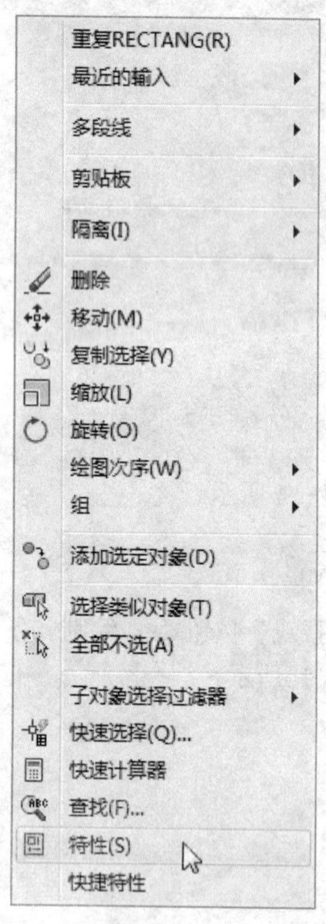

图11-16　快捷菜单

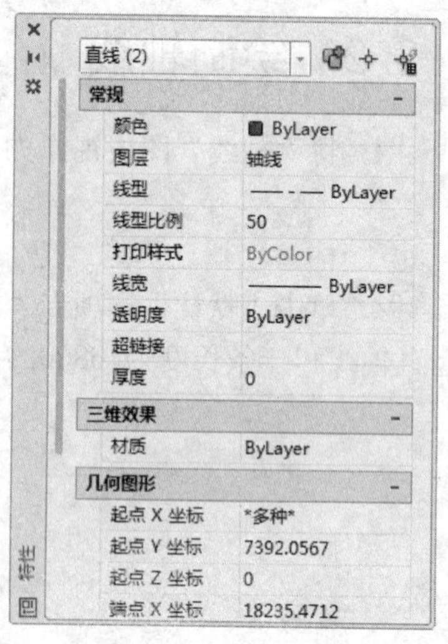

图11-17　“特性”对话框

05 按照以上方式继续偏移其他轴线，偏移量分别为：水平直线向上偏移 9200、1000、垂直直线向左偏移 6700、9100、1000。最后结果如图 11-19 所示。

图11-18　修改线型比例后的轴线

图11-19　偏移直线

说 明

通过全局修改或单个修改每个对象的线型比例因子，可以以不同的比例使用同一个线型。默认情况下，全局线型和单个线型比例均设置为 1.0。比例越小，每个绘图单位中生成的重复图案就越多。例如，线型比例设置为0.5时，每一个图形单位在线型定义中显示重复两次的同一图案。不能显示完整线型图案的短线段显示为连续线。对于太短，甚至不能显示一个虚线小段的线段，可以使用更小的线型比例。

11.3 绘制外部墙线

一般的建筑结构的墙线均利用 AutoCAD 中的多线命令绘制。本例中将利用“多线”“修剪”和“偏移”命令完成绘制。

11.3.1 编辑多线

01 将“墙线”图层设置为当前图层，如图 11-20 所示。

02 设置隔墙线型。建筑结构包括承载受力的承重结构和用来分割空间、美化环境的非承重墙。

❶选择菜单栏中的“格式”→“多线样式”命令，弹出“多线样式”对话框，如图 11-21 所示。

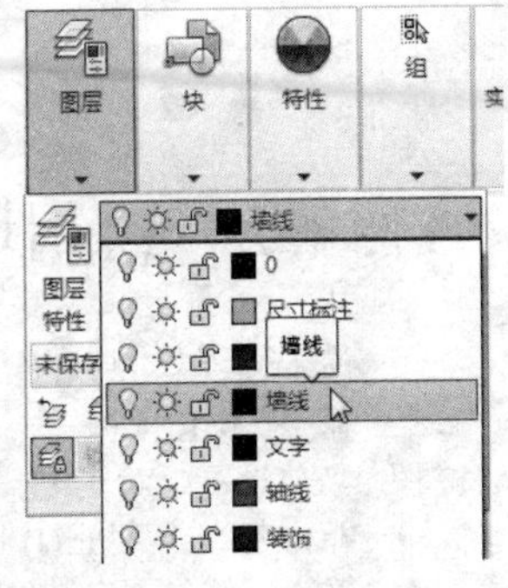

图11-20 设置当前图层

❷在“多线样式”对话框中，可以看到“样式”栏中只有系统自带的“STANDARD”样式。单击右侧的“新建”按钮，弹出“创建新的多线样式”对话框，如图 11-22 所示。在“新样式名”的文本框中输入“wall_1”，作为多线的名称。单击“继续”按钮，弹出“新建多线样式”对话框，如图 11-23 所示。

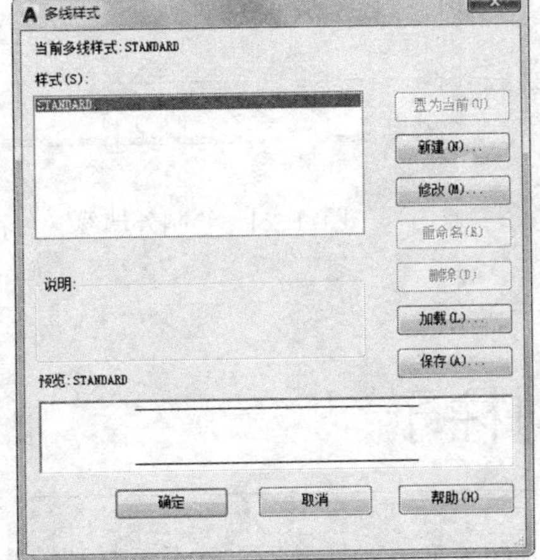

图11-21 “多线样式”对话框

图11-22 “创建新的多线样式”对话框

❸“WALL”为绘制外墙时应用的多线样式，由于外墙的宽度为 240，所以按照图 11-23

所示，将偏移量分别修改为 120 和-120，并将左端“封口”选项栏中的“直线”后面的两个复选框选中，单击“确定”按钮，回到“多线样式”对话框中，单击“确定”按钮，回到绘图状态。

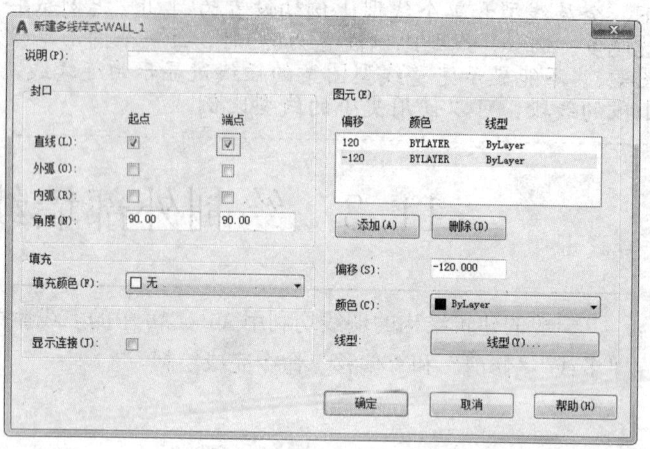

图11-23 “新建多线样式”对话框

11.3.2 绘制墙线

选择菜单栏中的“绘图”→“多线”命令，命令行提示与操作如下：

```
命令：MLINE
当前设置：对正=上，比例=20.00，样式=STANDARD
指定起点或[对正(J)/比例(S)/样式(ST)]：ST（设置多线样式）
输入多线样式名或[?]：wall_1（多线样式为 wall_1）
当前设置：对正=上，比例=20.00，样式=WALL_1
指定起点或[对正(J)/比例(S)/样式(ST)]：J
输入对正类型[上(T)/无(Z)/下(B)]<上>：Z（设置对中模式为无）
当前设置：对正=无，比例=20.00，样式=WALL_1
指定起点或[对正(J)/比例(S)/样式(ST)]：S
输入多线比例<20.00>：1（设置线型比例为 1）
当前设置：对正=无，比例=1.00，样式=WALL_1
指定起点或[对正(J)/比例(S)/样式(ST)]：(选择底端水平轴线左端)
指定下一点：(选择底端水平轴线右端)
指定下一点或[放弃(U)]：
```

图11-24 绘制外墙线

绘制结果如图11-24所示。

11.4 绘制柱子

绘制柱子首先要绘制矩形，再进行图案填充，最后将柱子复制到轴线上。

01 单击“默认”选项卡“绘图”面板中的“矩形”按钮，在空白处任选一点为矩形起点，绘制一个900×900的矩形，如图11-25所示。

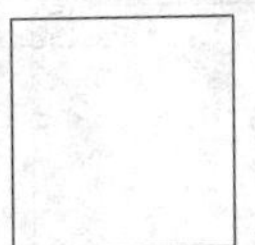

图11-25 绘制矩形

02 单击“默认”选项卡“绘图”面板中的“图案填充”按钮，打开“图案填充创建”选项卡，如图11-26所示。单击“图案填充图案”选项，在打开“填充图案”下拉列表框中选择“ANSI31”图案，并将“角度”设置为90，“比例”设置为30，如图11-27所示，单击左侧“拾取点”按钮，在矩形里面单击鼠标，按Enter键完成图案填充。

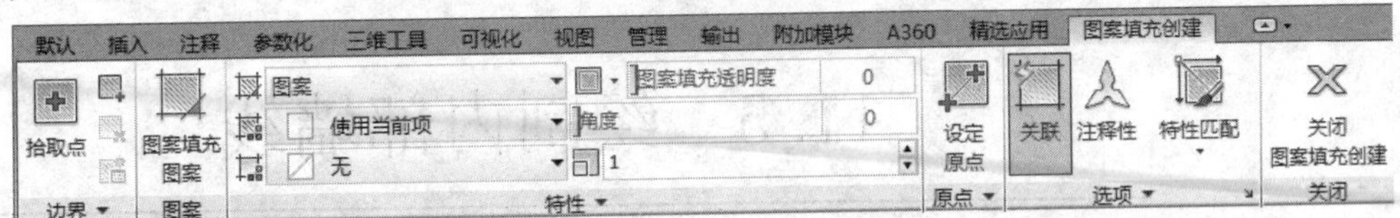

图11-26 “图案填充创建”选项卡

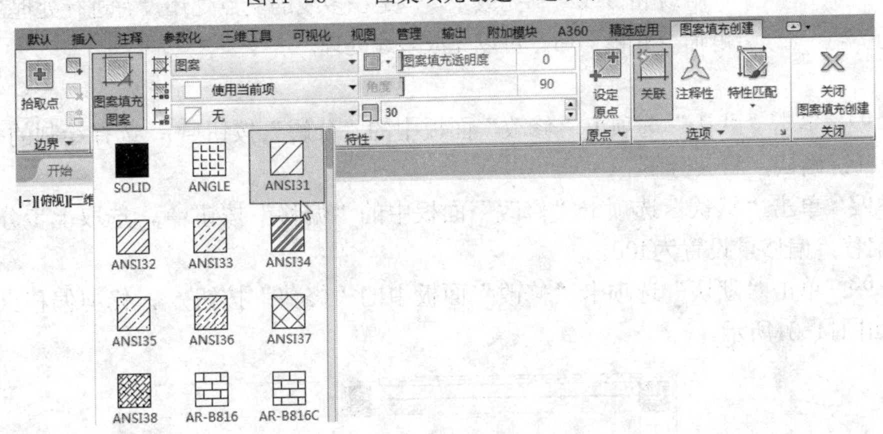

图11-27 “图案填充图案”选项卡

03 采用同样方法对矩形填充图案“AR-CONC”。将“角度”标签下的数值修改为0，“比例”标签下的数值修改为1，单击“确定”按钮，结果如图 11-28 所示。

04 单击“默认”选项卡“修改”面板中的“复制”按钮，然后单击900×900截面的柱子，选择任意一点为复制基点，将其复制到轴线的位置，如图11-29所示。

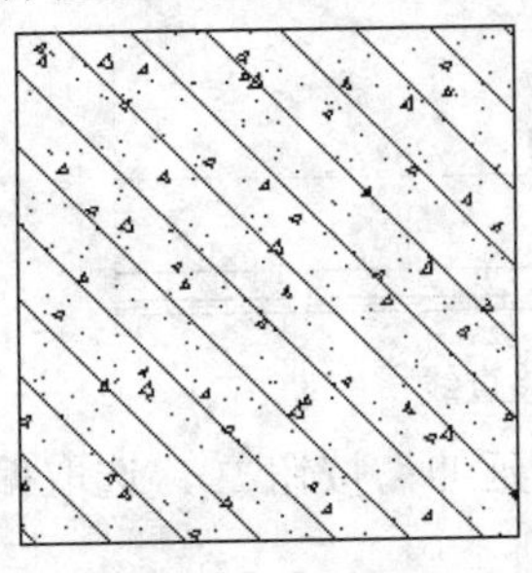

图11-28 填充矩形

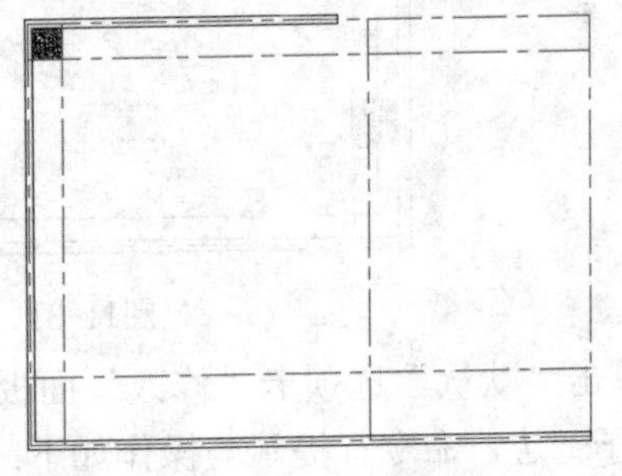

图11-29 复制图形

05 单击“默认”选项卡“修改”面板中的“复制”按钮，将其他柱子截面复制后插入到轴线图中，结果如图11-30所示。

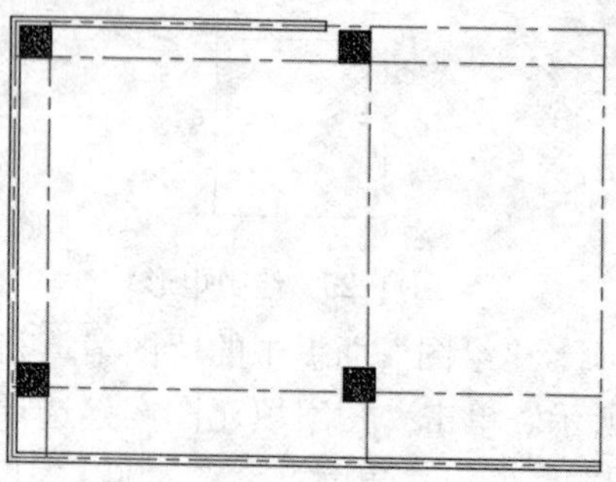

图11-30 插入柱子

11.5 绘制内部墙线

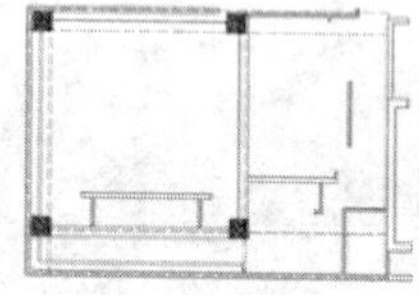

墙线和窗线绘制完成了，但是在多线的交点处还没有进行处理，下面运用分解命令和修剪命令可以完成多线处理。

01 单击“默认”选项卡“修改”面板中的“分解”按钮，选择绘制的多线墙体，按Enter键确认，将其分解。

02 单击“默认”选项卡“修改”面板中的“偏移”按钮，选取上步分解的墙线向内偏移，偏移量设置为400。

03 单击“默认”选项卡“修改”面板中的“修剪”按钮，修剪偏移直线交叉部分，如图11-31所示。

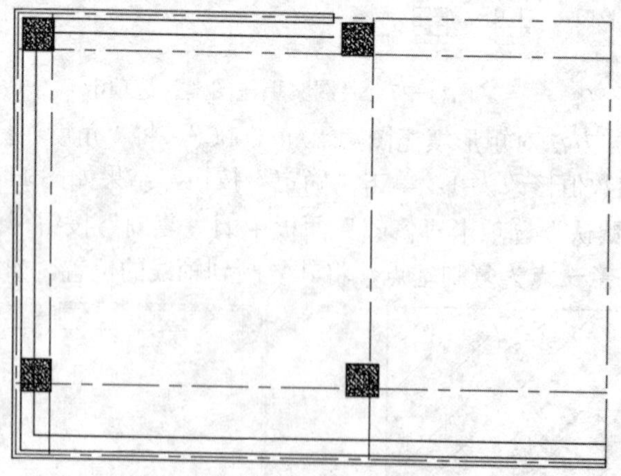

图11-31 修剪偏移直线

04 单击“默认”选项卡“修改”面板中的“延伸”按钮，选取偏移墙线，将墙线延伸至柱子一边，命令行提示与操作如下：

命令：_EXTEND

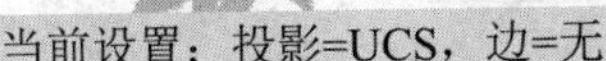

当前设置：投影=UCS，边=无
选择边界的边...
选择对象或<全部选择>：(选择矩形柱子边为延伸边界)
选择对象：↙
选择要延伸的对象或按住 Shift 键选择要修剪的对象或[栏选(F)/窗交(C)/投影(P)/边(E)/放弃(U)]：(选择墙线进行延伸)
……
选择要延伸的对象或按住 Shift 键选择要修剪的对象或[栏选(F)/窗交(C)/投影(P)/边(E)/放弃(U)]：

结果如图 11-32 所示。

05 选择菜单栏中的“格式”→“多线样式”命令，在系统弹出的“多线样式”对话框中单击“新建”按钮，系统弹出“创建新的多线样式”对话框，在对话框中输入新样式名为“内墙”，如图 11-33 所示。在弹出的“编辑”对话框中设置“内墙”样式。

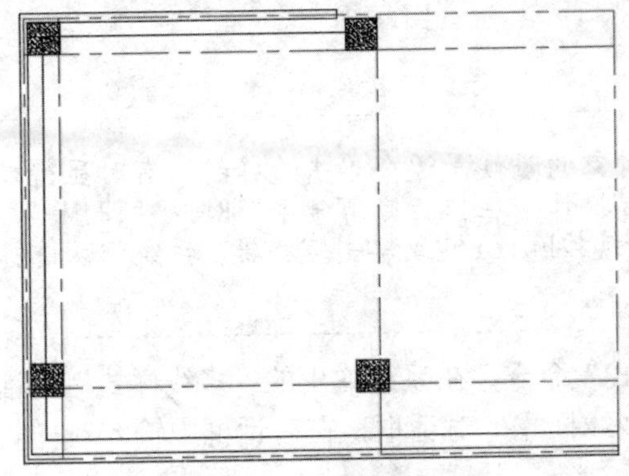

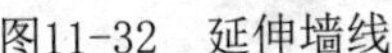

图11-32　延伸墙线

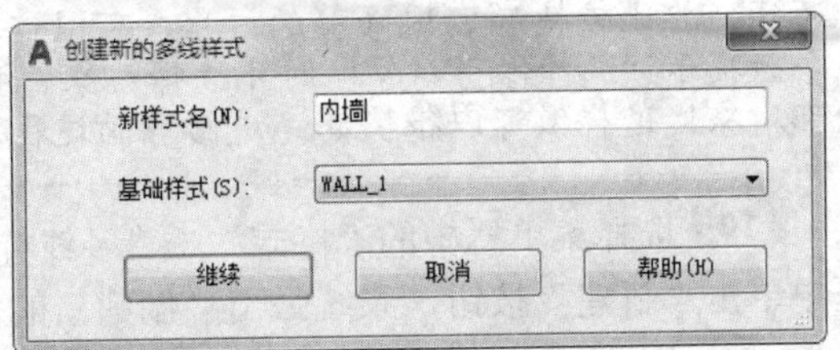

图11-33　新建多线样式

06 将偏移量分别修改为 50、-50，同时将“封口”选项栏中的“直线”后面的两个复选框选中，如图 11-34 所示。

07 选择菜单栏中的“绘图”→“多线”命令，然后将“比例”设置为 1，“对正方式”设置为“下”，绘制内墙线，绘制时注意对准轴线，结果后如图 11-35 所示。

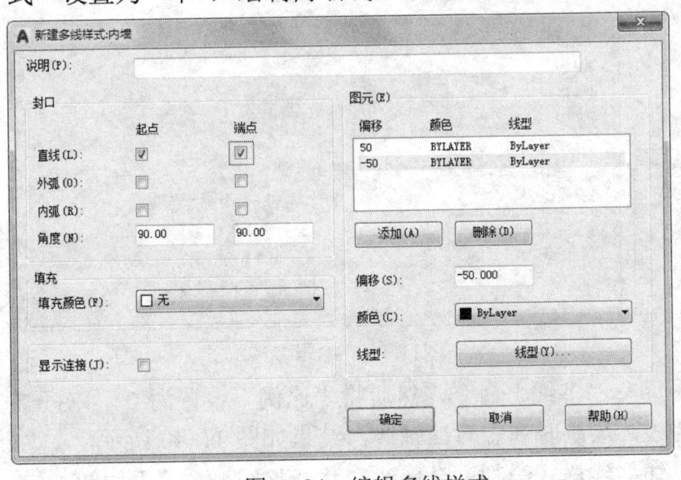

图11-34　编辑多线样式

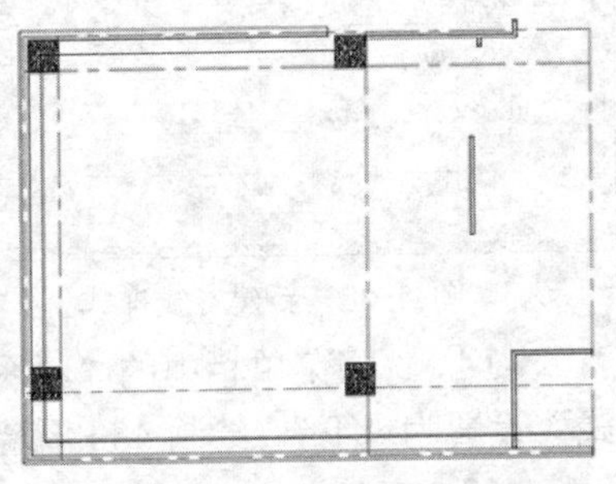

图11-35　绘制内墙线

08 单击“默认”选项卡“绘图”面板中的“直线”按钮，绘制一条垂直直线，如图11-36所示。

09 单击“默认”选项卡“修改”面板中的“修剪”按钮，修剪过长直线，如图

11-37所示。

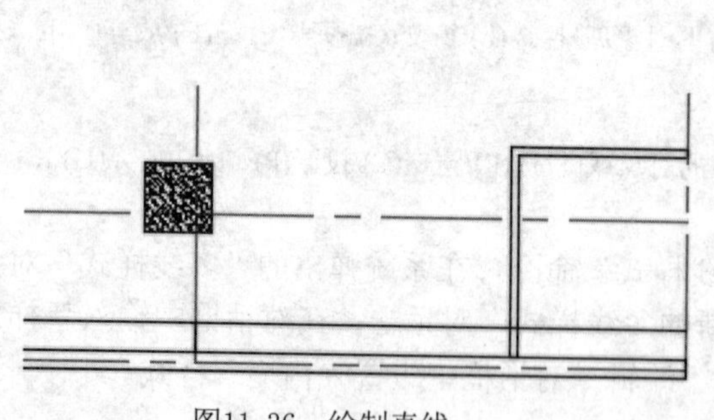
图11-36　绘制直线

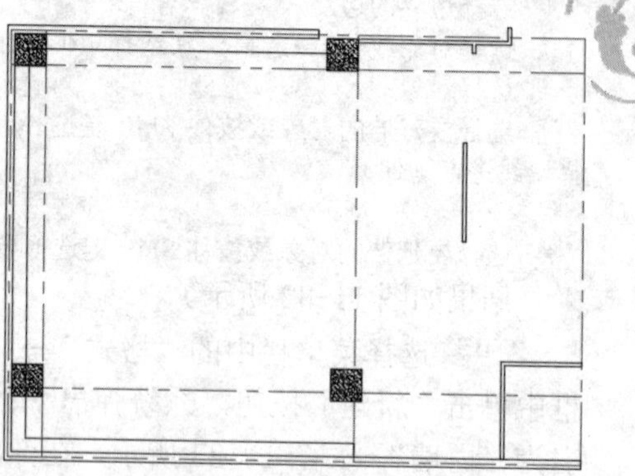
图11-37　修剪直线

说 明

在使用修剪命令的时候，通常在选择修剪对象的时候是逐个单击选择的，有时显得效率不高，要比较快的实现修剪的过程，可以这样操作：在执行修剪命令"TR"或“TRIM”，命令行提示“选择修剪对象”时不选择对象，继续按Enter键或单击空格键，系统默认选择全部对象！这样做可以很快的完成修剪的过程。

10 选择菜单栏中的“格式”→“多线样式”命令，在系统弹出的“多线样式”对话框中单击“新建”按钮，系统弹出“创建新的多线样式”对话框，在对话框中输入新样式名为450，如图11-38所示。

11 将偏移量分别修改为225、-225，同时也“封口”选项栏中“直线”后面的“起点”和“端点”选项进行勾选，如图11-39所示。

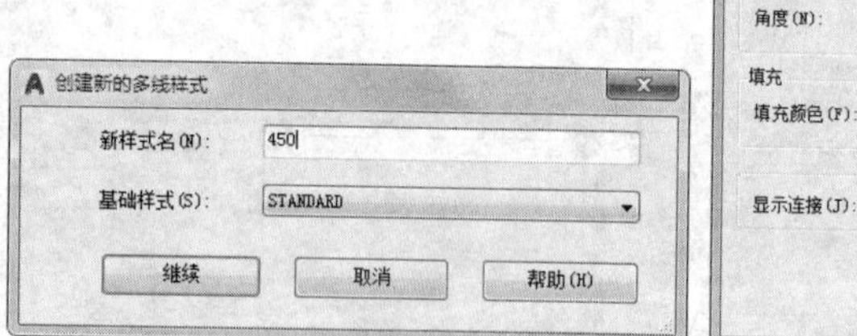

图11-38　新建多线样式

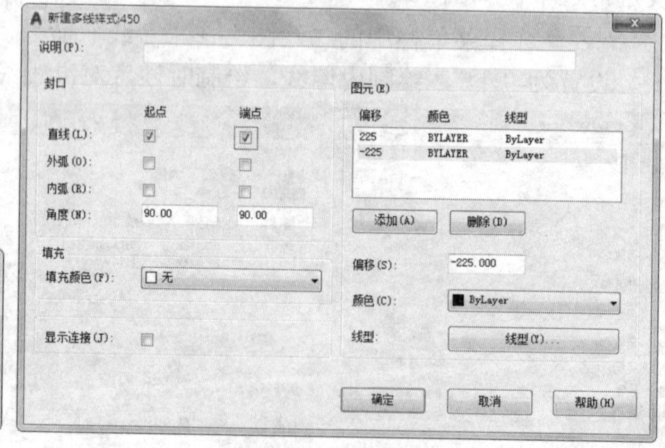

图11-39　编辑多线样式

12 选择菜单栏中的“绘图”→“多线”命令，然后将“比例”设置为1，“对正方式”设置为“下”，绘制450厚墙线，绘制时注意对准轴线，结果如图11-40所示。

13 采用上述方法，利用已知多线样式绘制剩余墙线，并调整图形，结果如图11-41所示。

14 选择菜单栏中的“修改”→“对象”→“多线”命令，弹出“多线编辑工具”对话框，如图11-42所示。其中共包含了12种多线样式，用户可以根据自己的需要对多线进行编辑。本例中将要对多线与多线的交点进行编辑。

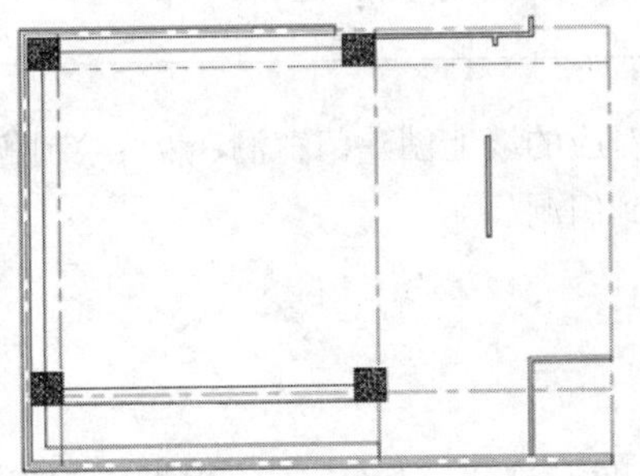

图11-40 绘制450厚墙线

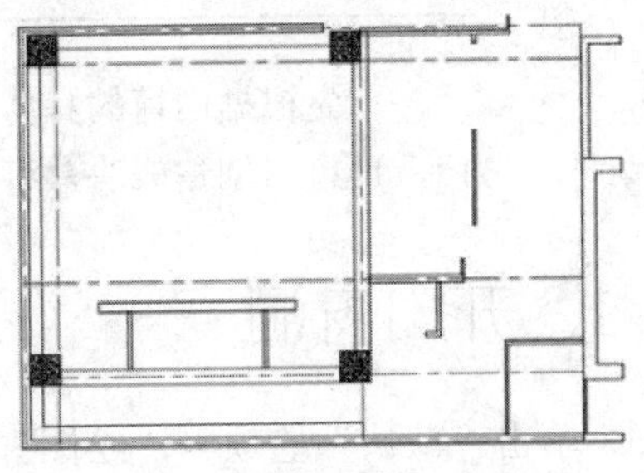

图11-41 绘制剩余墙线

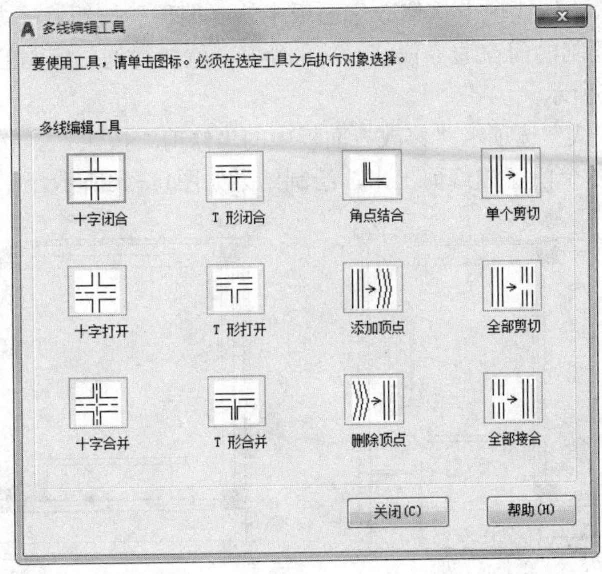

图11-42 “多线编辑工具”对话框

15 单击多线样式“T 形打开”，然后选择图 11-41 中所示的多线。首先选择垂直多线，再选择水平多线，多线交点变成如图 11-43 所示。

16 采用上述方法修改其他多线的交点，如图 11-44 所示。

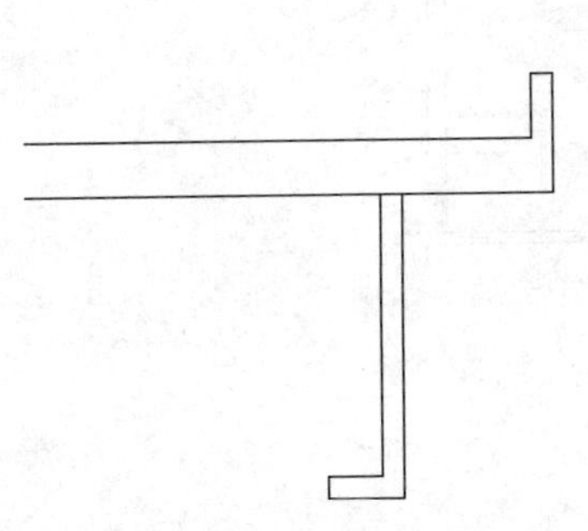

图11-43 修改后多线

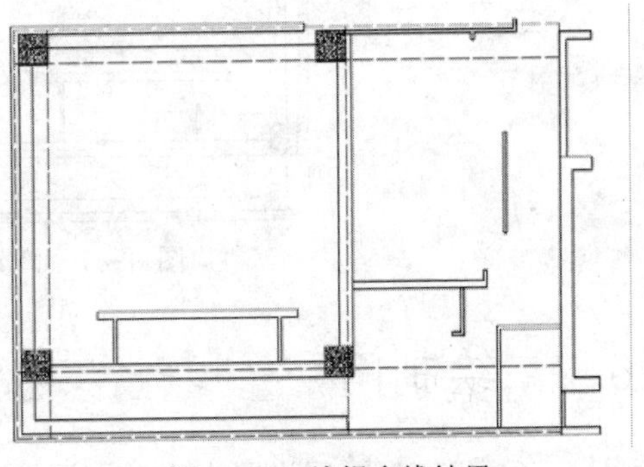

图11-44 编辑多线结果

11.6 绘制门窗

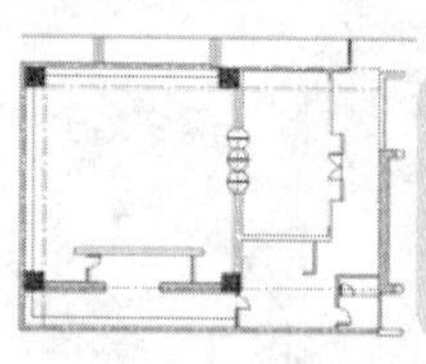

首先根据门窗的具体位置在对应的墙上创建门窗洞，然后绘制各种型号的门，再将门创建成块，将其插入到门洞。

11.6.1 开门窗洞

01 单击“默认”选项卡“绘图”面板中的“直线”按钮，根据门和窗户的具体位置，在对应的墙上绘制出门窗的一边边界。

02 单击“默认”选项卡“修改”面板中的“偏移”按钮，根据各个门和窗户的具体大小，将前边绘制的门窗边界偏移对应的距离，就能得到门窗洞的在图上的具体位置，绘制结果如图11-45所示。

03 单击“默认”选项卡“修改”面板中的“修剪”按钮，按下Enter键选择自动修剪模式，然后把各个门窗洞修剪出来，绘制结果如图11-46所示。

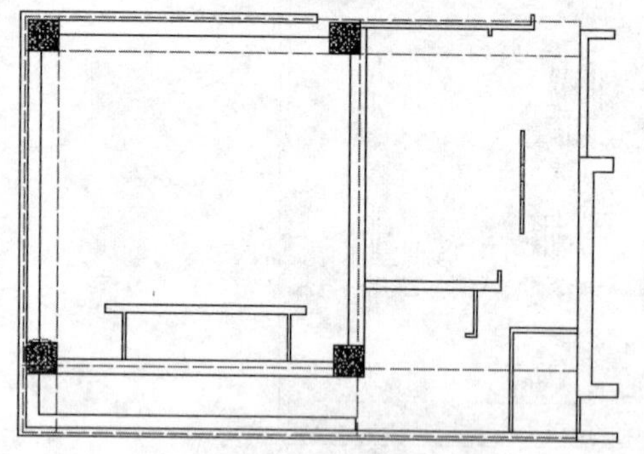

图11-45 绘制门窗洞线

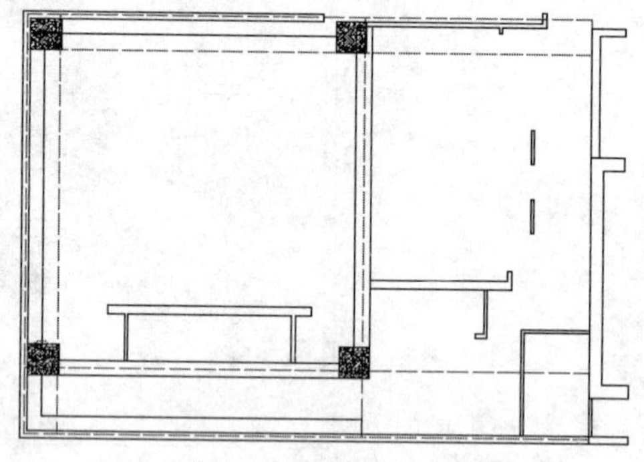

图11-46 修剪门窗洞

04 采用上述方法修剪出所有门窗洞，结果如图 11-47 所示。

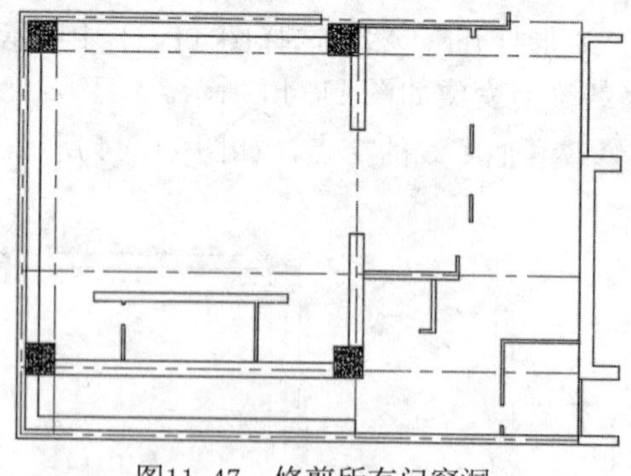

图11-47 修剪所有门窗洞

11.6.2 绘制门

01 将“门窗”图层设置为当前图层，如图 11-48 所示。

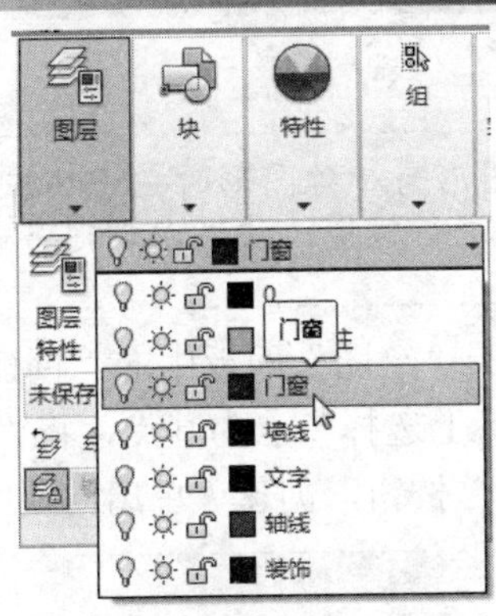

图11-48 设置当前图层

02 单击“默认”选项卡“绘图”面板中的“矩形”按钮，选择墙体中线为起点，绘制一个边长为60×800的矩形。如图11-49所示，完成双扇门门垛的绘制。

03 单击“默认”选项卡“绘图”面板中的“圆弧”按钮，利用“起点、端点、角度”绘制一段角度为90°的圆弧，命令行提示与操作如下：

```
命令: _ARC
指定圆弧的起点或 [圆心(C)]:（矩形上步端点）
指定圆弧的第二个点或 [圆心(C)/端点(E)]: _E（任选一点）
指定圆弧的端点:
指定圆弧的中心点(按住 Ctrl 键以切换方向)或[角度(A)/方向(D)/半径(R)]: _A 指定夹角 A
需要有效的数值角度或第二点。
指定夹角(按住 Ctrl 键以切换方向): 90
```

结果如图 11-50 所示。

绘制圆弧时要注意指定合适的端点或圆心，指定端点的时针方向（也即为绘制圆弧的方向）。例如，要绘制图１１－５０所示的下半圆弧，则起始端点应在左侧，终端点应在右侧，此时端点的时针方向为逆时针，便可得到相应的逆时针圆弧。

04 单击“默认”选项卡“修改”面板中的“镜像”按钮，选择上步绘制的门垛，按Enter键后再单击“捕捉到中点”按钮，选择矩形的中轴作为基准线，镜像到另外一侧，如图11-51所示。

05 单扇门的绘制方法与双扇门基本相同，在这里不在详细阐述。单扇门绘制结果如图 11-52 所示。

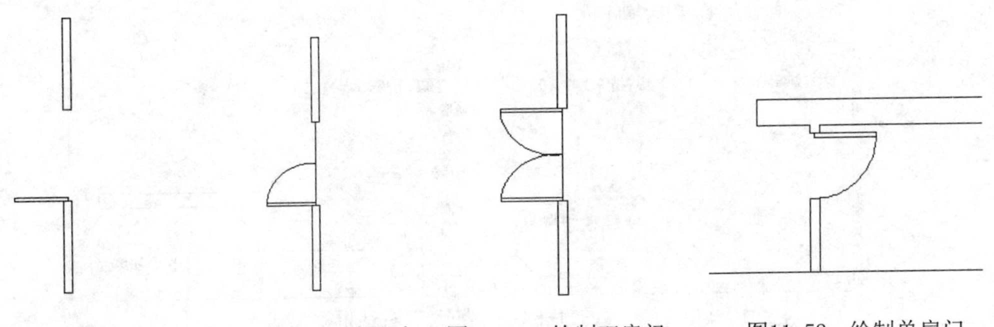

图11-49 绘制矩形　图11-50 绘制圆弧　图11-51 绘制双扇门　图11-52 绘制单扇门

为了绘图简单，当绘制图形为对称图形时，可以首先创建表示半个图形的对象，然后选择这些对象并沿指定的轴线进行镜像，便可以创建另一半。

06 单击“默认”选项卡“绘图”面板中的“创建块”按钮，弹出“块定义”对话框。如图11-53所示。在图形上选择一点为基点，将“名称”修改为“单扇门”，选择刚刚绘制的门图块，单击“确定”按钮，创建“单扇门”图块。

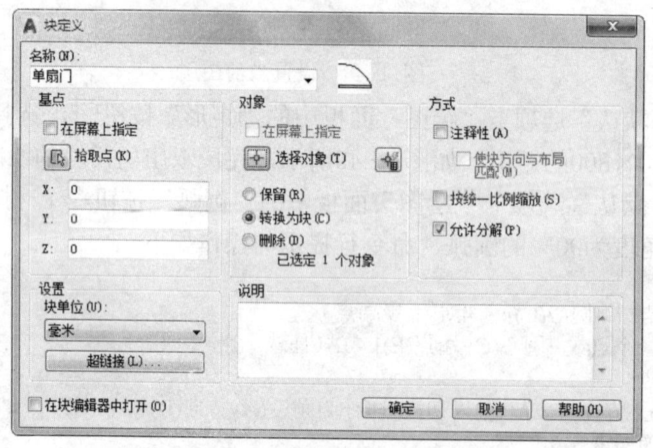

图11-53 “块定义”对话框

07 单击“默认”选项卡“绘图”面板中的“插入块”按钮，弹出“插入”对话框，如图11-54所示。在“名称”下拉菜单中选取“单扇门”，单击“确定”按钮，将“单扇门”图块按照图11-55所示的位置插入到刚刚绘制的平面图中（选择基点时为了绘图方便，可将基点选择在右侧门垛的中点位置，这样便于插入定位）。

说 明

指定块的名称时，名称最多可以包含255个字符，包括字母、数字、空格，以及操作系统或程序未做他用的任何特殊字符。块名称及块定义保存在当前图形中。

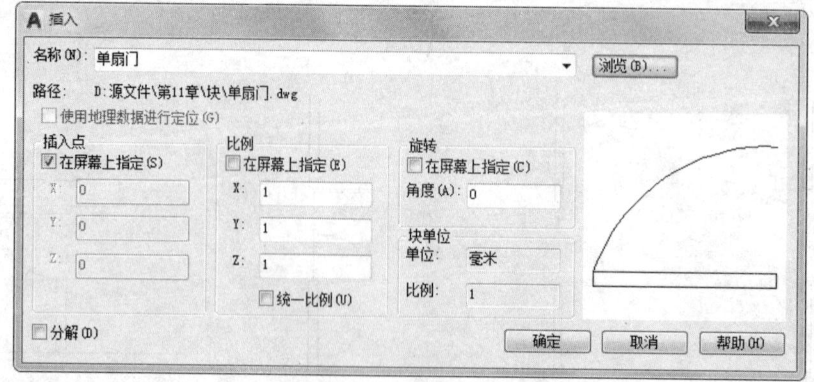

图11-54 “插入”对话框

08 利用前面介绍的绘制墙体的方法绘制两段100厚的墙体，结果如图11-56所示。

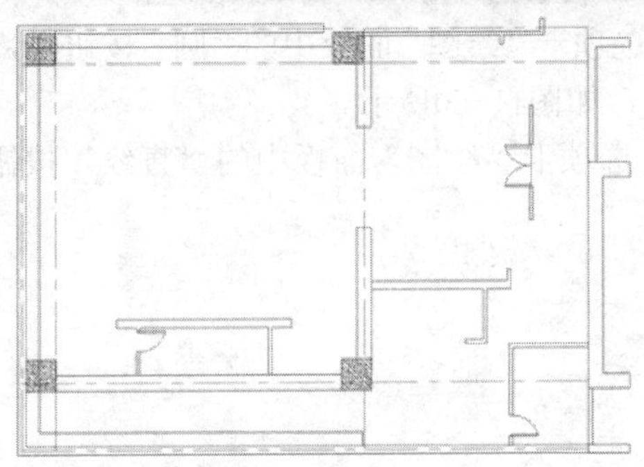

图11-55 插入门图形

09 单击“默认”选项卡“绘图”面板中的“插入块”按钮，继续插入门图块，结果如图11-57所示。

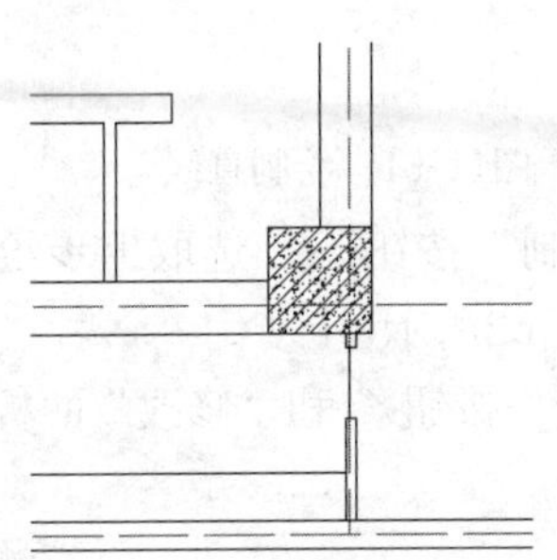

图11-56 绘制100厚墙体

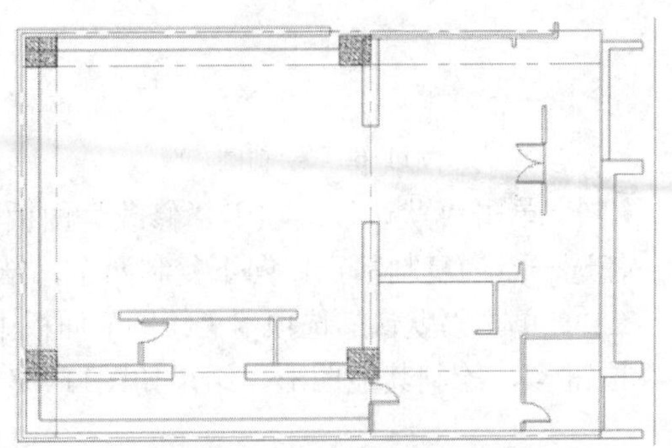

图11-57 插入门图块

说 明

插入块的位置取决于 UCS 的方向。

10 单击“默认”选项卡“绘图”面板中的“直线”按钮，在平面图内适当位置绘制一条水平直线，如图11-58所示。

11 单击“默认”选项卡“绘图”面板中的“插入块”按钮，选择已定义的“单扇门”图块插入到平面图中，结果如图11-59所示。

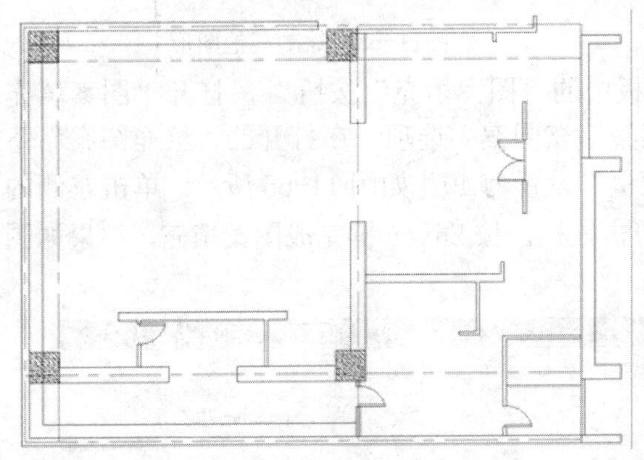

图11-58 绘制直线

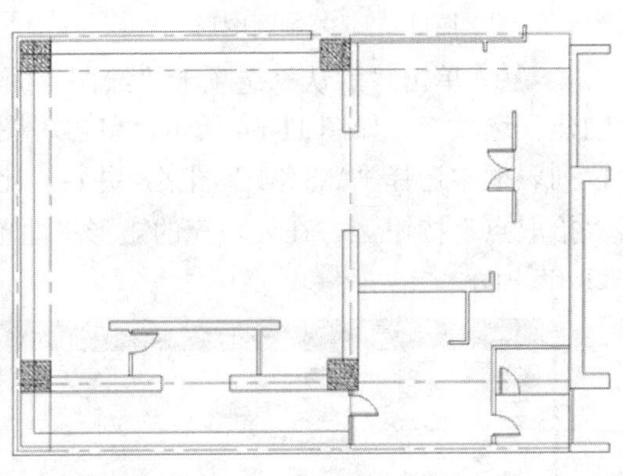

图11-59 插入门图块

12 单击“默认”选项卡“绘图”面板中的“圆”按钮，在轴线上选取一点为圆心，绘制一个半径为500的圆，如图11-60所示。

13 单击“默认”选项卡“绘图”面板中的“直线”按钮，在圆内绘制两条水平直线，如图11-61所示。

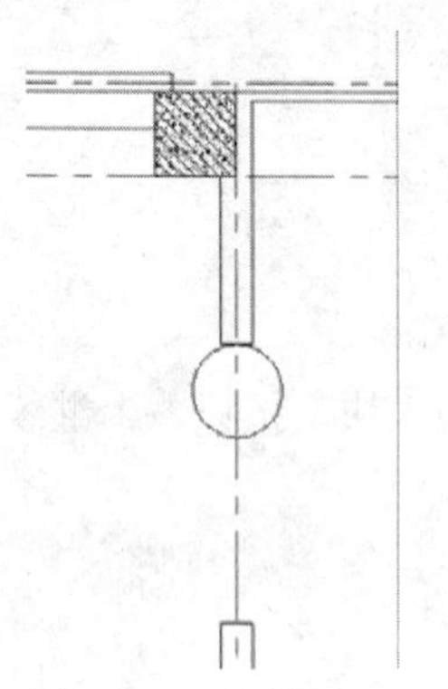

图11-60　绘制圆

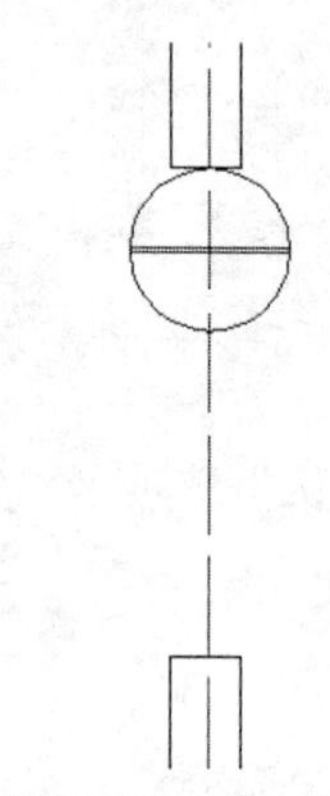

图11-61　绘制直线

14 单击“默认”选项卡“修改”面板中的“复制”按钮，选取上步绘制的圆图形，任选一点为复制基点，向下复制两个，结果如图11-62所示。

15 单击“默认”选项卡“绘图”面板中的“直线”按钮和“修改”面板中的“偏移”按钮，绘制其他图形，结果如图11-63所示。

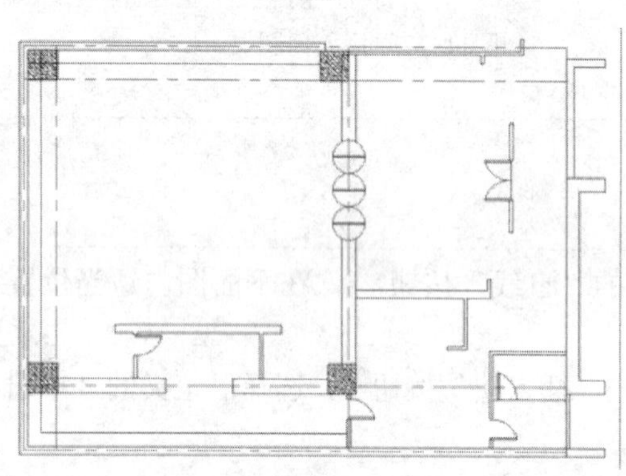

图11-62　复制圆图形

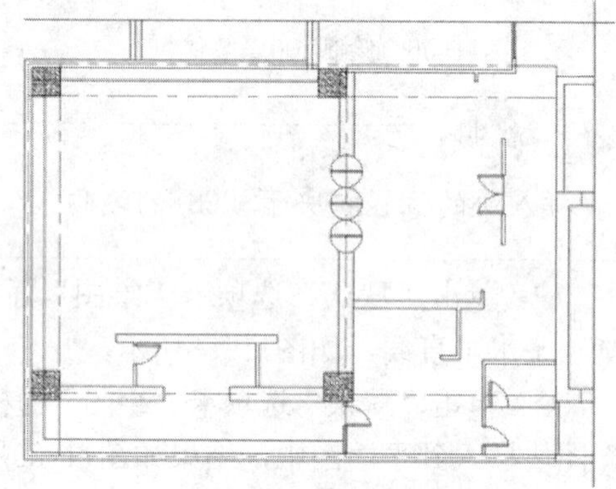

图11-63　绘制其他图形

16 单击“默认”选项卡“绘图”面板中的“图案填充”按钮，打开“图案填充创建”选项卡，如图 11-64 所示。单击“图案填充图案”选项，在打开的“填充图案”下拉列表框中选择“ANSI31”图案，并将“比例”设置为 40，如图 11-65 所示。单击左侧的“拾取点”按钮，在要填充的矩形里面单击鼠标，按 Enter 键完成图案填充，结果如图 11-66 所示。

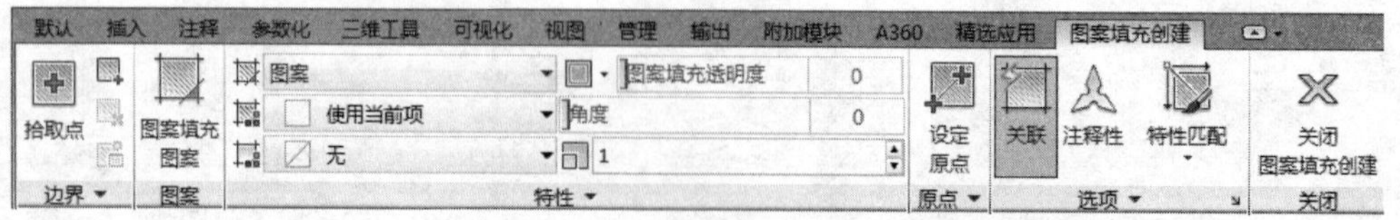

图11-64　“图案填充创建”选项卡

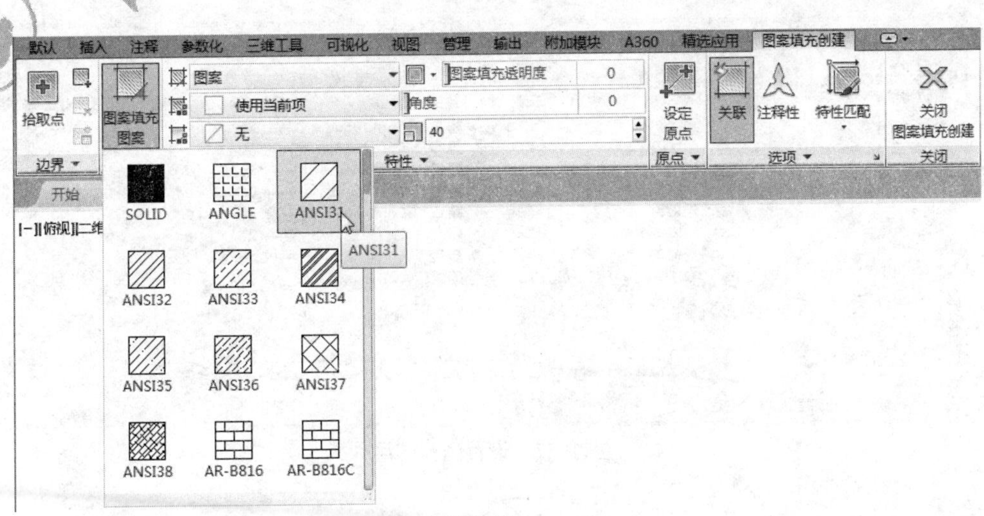

图11-65 “图案填充图案”选项卡

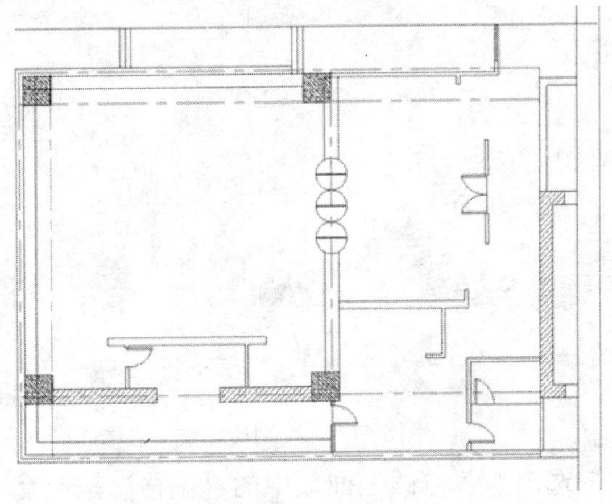

图11-66 填充图形

11.7 绘制楼梯

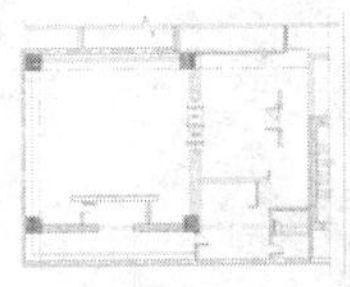

绘制楼梯时需要知道以下参数：楼梯形式（单跑、双跑、直行、弧形等）；楼梯各部位长、宽、高3个方向的尺寸，包括楼梯总宽、总长、楼梯宽度、踏步宽度、踏步高度和平台宽度等；楼梯的安装位置。下面简单介绍楼梯的具体绘制步骤。

01 新建“楼梯”图层，设置颜色为“蓝”，其余属性采用默认设置。并将楼梯图层设为当前图层，如图11-67所示。

02 单击“默认”选项卡“绘图”面板中的“直线”按钮，绘制一条水平直线作为楼梯的梯段线，如图11-68所示。

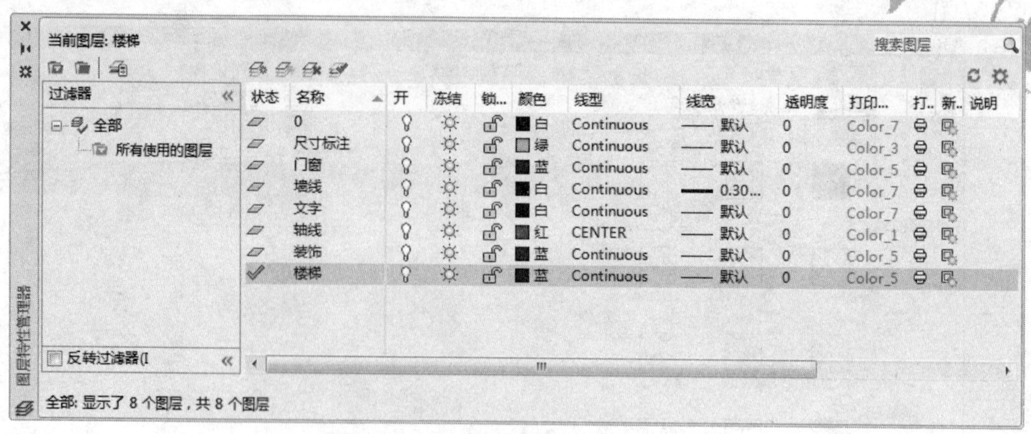

图11-67　设置当前图层

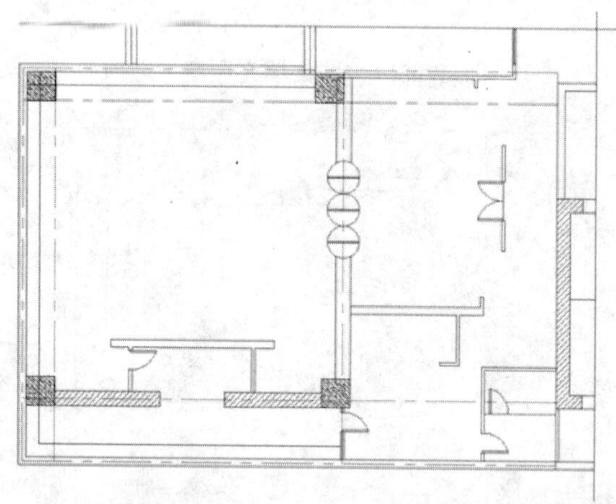

图11-68　绘制楼梯线

03 单击“默认”选项卡“修改”面板中的“偏移”按钮，选取上步绘制的楼梯梯段线，分别向上及向下偏移6次，设置偏移量为250，结果如图11-69所示。

04 单击“默认”选项卡“绘图”面板中的“直线”按钮，绘制折弯线。单击“默认”选项卡“修改”面板中的“修剪”按钮，修剪折弯线，结果如图11-70所示。

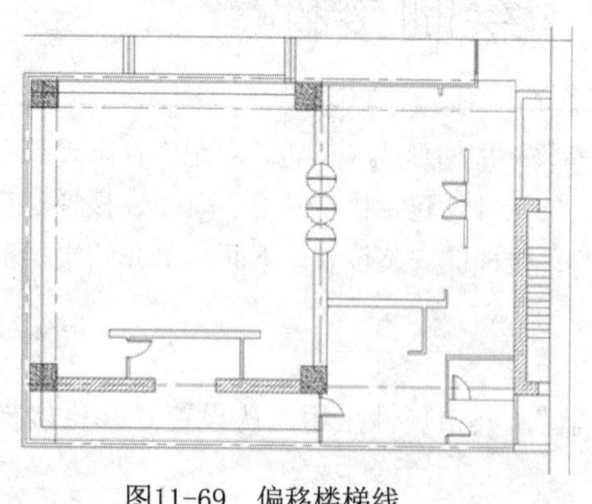

图11-69　偏移楼梯线

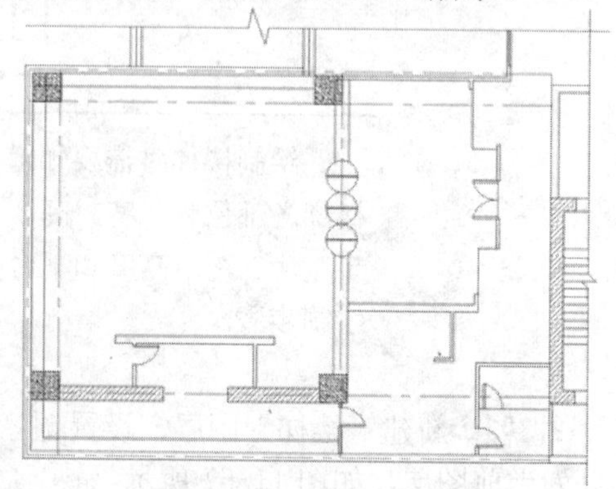

图11-70　绘制折弯线

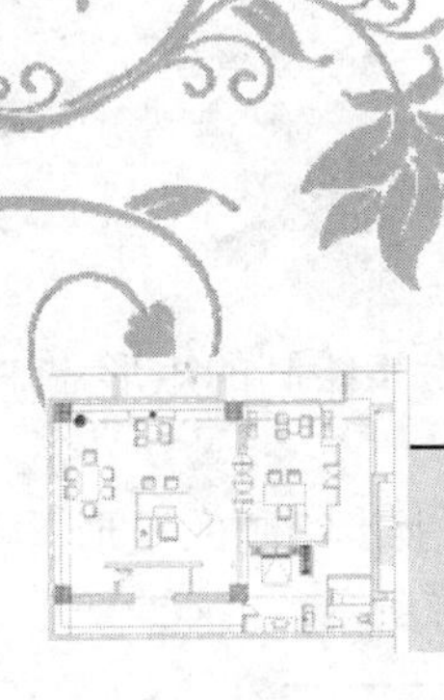

11.8 绘制室内装饰

下面绘制装饰中所需的设施模块，如沙发茶几组合、餐桌椅组合、床和床头柜、衣柜等。

11.8.1 绘制沙发茶几组合

01 在“图层”的下拉列表中选择“装饰”图层并将其设置为当前图层，如图 11-71 所示。

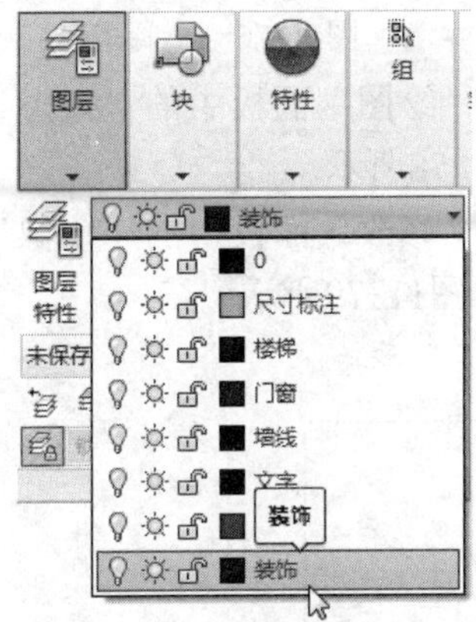

图11-71 设置当前图层

02 单击“默认”选项卡“绘图”面板中的“矩形”按钮，在空白处绘制边长为600×550的矩形，如图11-72所示。

03 单击“默认”选项卡“绘图”面板中的“矩形”按钮，在上步绘制的矩形内绘制三个480×50的矩形，如图11-73所示。

04 单击“默认”选项卡“修改”面板中的“修剪”按钮，修剪上步绘制的矩形，结果如图11-74所示。

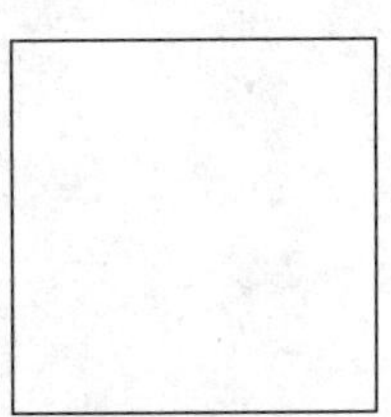

图11-72 绘制矩形

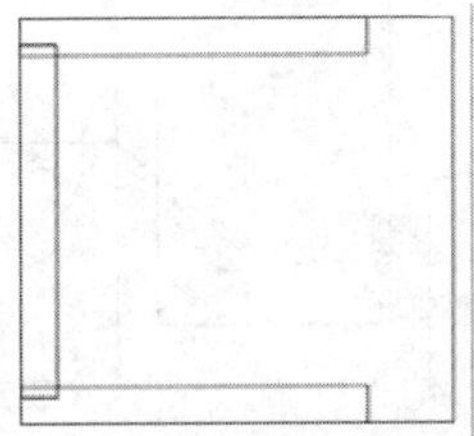

图11-73 绘制3个矩形

图11-74 修剪矩形

05 单击“默认”选项卡“修改”面板中的“分解”按钮，选取上步绘制的矩形，按enter键确认，完成分解。

06 单击“默认”选项卡“修改”面板中的“圆角”按钮，对矩形两短边进行圆角处理，设置圆角半径为25，结果如图11-75所示。

07 单击“默认”选项卡“绘图”面板中的“矩形”按钮，在图形内在绘制一个矩形，如图11-76所示。

08 单击“默认”选项卡“修改”面板中的“分解”按钮，选取上步绘制的矩形，按enter键确认，分解矩形。

09 单击“默认”选项卡“修改”面板中的“圆角”按钮，选取上步绘制的矩形的4条边进行圆角处理，设置圆角半径为7.5，完成椅子的绘制，如图11-77所示。

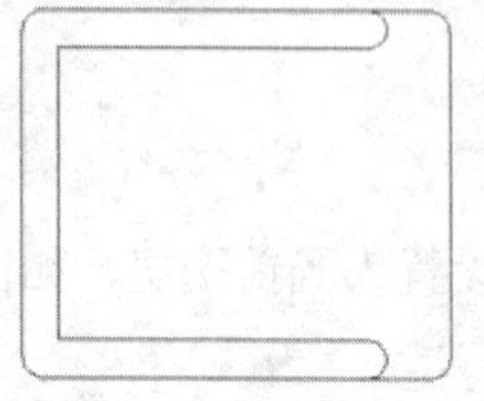
图11-75　圆角处理

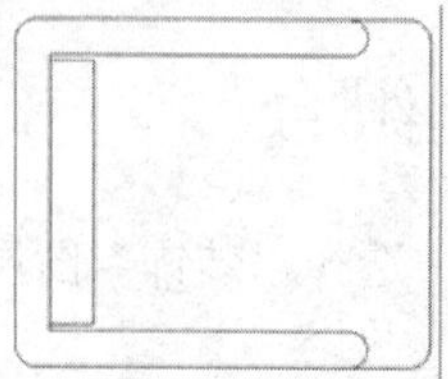
图11-76　绘制矩形

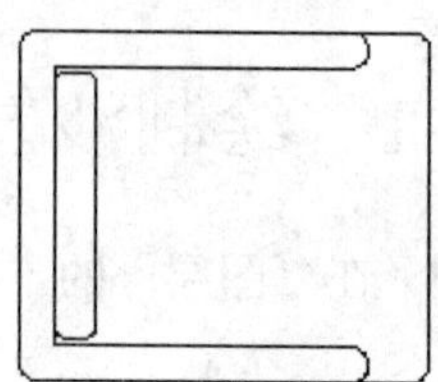
图11-77　圆角处理

10 单击“默认”选项卡“绘图”面板中的“矩形”按钮，在绘制的椅子前方绘制一个520×800的矩形，如图11-78所示。

11 单击“默认”选项卡“修改”面板中的“镜像”按钮，以矩形的长边中点为镜像轴，镜像椅子图形，结果如图11-79所示。

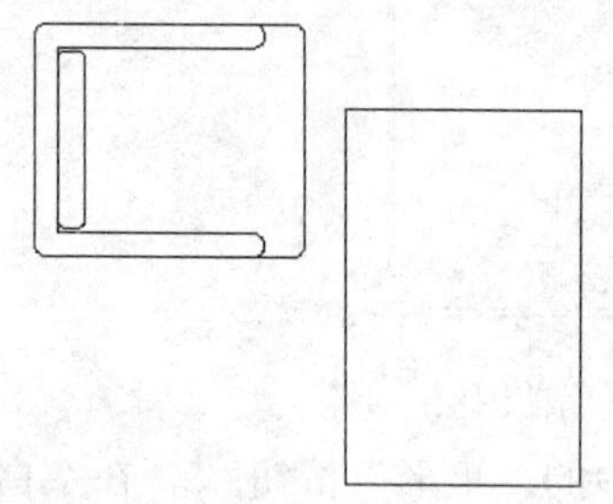
图11-78　绘制矩形

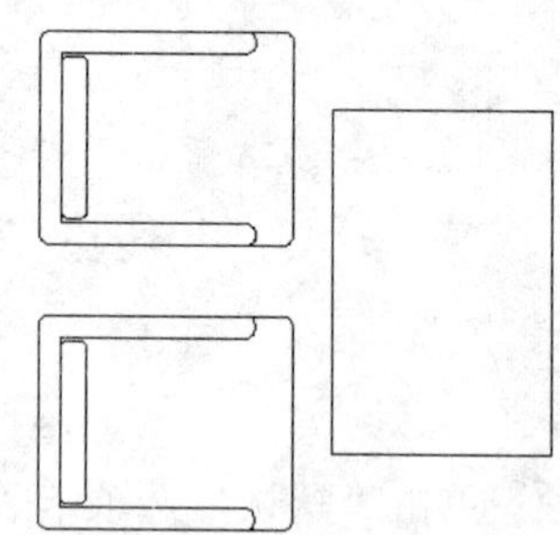
图11-79　镜像椅子

12 选取上步的两个椅子图形，以矩形短边中点为镜像轴，进行镜像，结果如图 11-80所示。

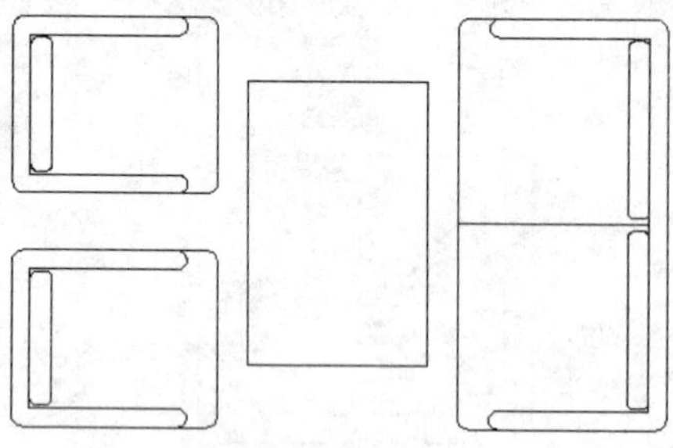
图11-80　绘制完成沙发茶几组合

11.8.2　绘制餐桌椅组合

01 单击“默认”选项卡“绘图”面板中的“直线”按钮，绘制连续线段，如图11-81所示。

02 单击“默认”选项卡“绘图”面板中的“圆弧”按钮，绘制两段圆弧，完成椅子的绘制，如图11-82所示。命令行提示与操作如下：

```
命令: _ARC
指定圆弧的起点或 [圆心(C)]:（选取左端内侧竖直直线下端点）
指定圆弧的第二个点或 [圆心(C)/端点(E)]: _E
指定圆弧的端点:（选取右侧内部竖直直线下端点）
指定圆弧的中心点(按住 Ctrl 键以切换方向) [角度(A)/方向(D)/半径(R)]: A↙
指定夹角(按住 Ctrl 键以切换方向):90↙
```

03 单击“默认”选项卡“绘图”面板中的“矩形”按钮，在椅子前方选一点为起始点，绘制一个矩形，如图11-83所示。

04 单击“默认”选项卡“修改”面板中的“复制”按钮，选取椅子图形，任选一点为复制基点向下复制椅子。

05 单击“默认”选项卡“修改”面板中的“旋转”按钮，选取椅子底部圆弧中点为旋转基点，将椅子图形旋转90°。

06 单击“默认”选项卡“修改”面板中的“镜像”按钮，分别以矩形长边和短边中点为镜像点，对椅子进行镜像，完成餐桌椅的绘制，结果如图11-84所示。

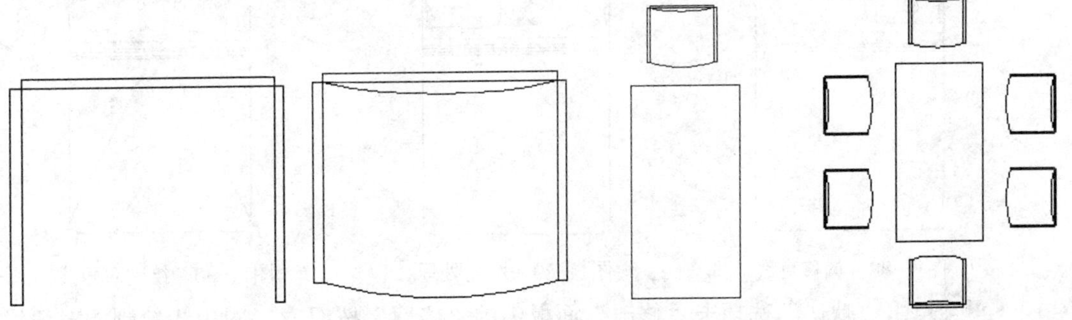

图11-81 绘制连续直线　图11-82 绘制圆弧　图11-83 绘制一个矩形　图11-84 绘制完成餐桌椅组合

11.8.3 绘制床和床头柜组合

01 单击“默认”选项卡“绘图”面板中的“矩形”按钮，绘制一个2000×1500的矩形作为床，如图11-85所示。

02 单击“默认”选项卡“绘图”面板中的“样条曲线拟合”按钮，绘制枕头图形的外部轮廓。然后单击“默认”选项卡“绘图”面板中的“直线”按钮，绘制枕头图形内部的细节线条。

03 单击“默认”选项卡“修改”面板中的“复制”按钮，选取上步绘制完成的枕头图形向右复制，结果如图11-86所示。

04 单击“默认”选项卡“绘图”面板中的“直线”按钮，在上步绘制完的枕头图形下方绘制一条直线，如图11-87所示。

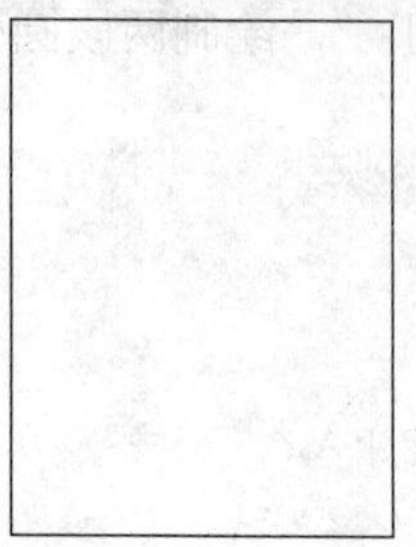

图11-85　绘制矩形

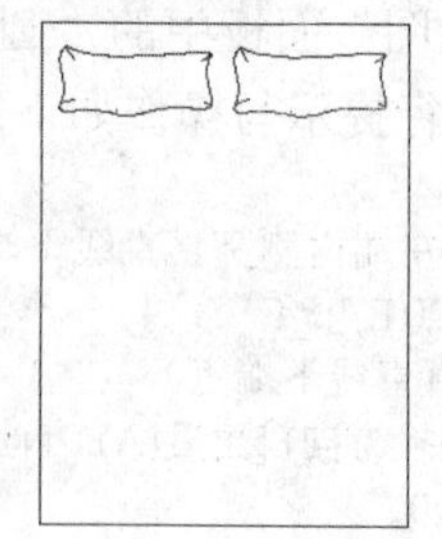

图11-86　绘制枕头

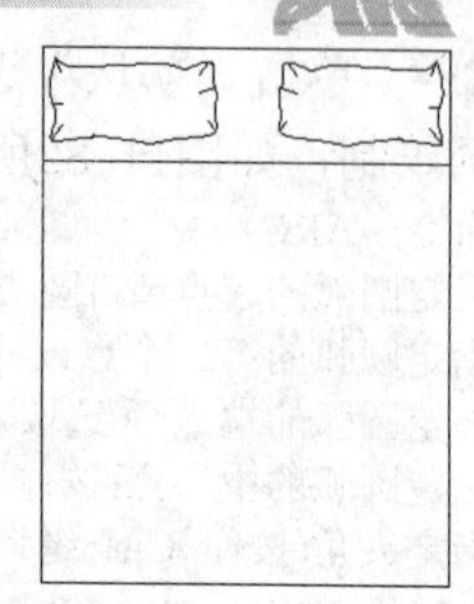

图11-87　绘制直线

05 单击“默认”选项卡“修改”面板中的“偏移”按钮，选择上步绘制的直线向下偏移，设置偏移量依次为60、30、30、30，结果如图11-88所示。

06 单击“默认”选项卡“修改”面板中的“圆角”按钮，对矩形底边进行圆角处理，设置圆角半径为100，结果如图11-89所示。

07 单击“默认”选项卡“绘图”面板中的“直线”按钮，绘制矩形底边对角线，如图11-90所示。

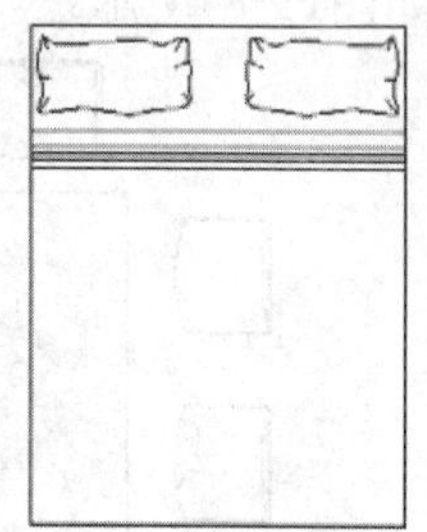

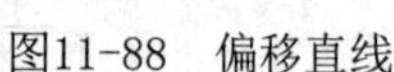

图11-88　偏移直线

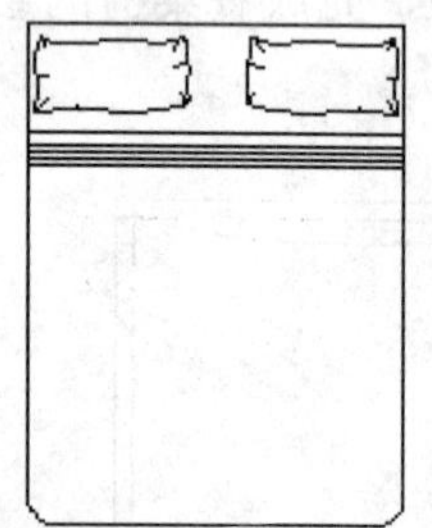

图11-89　圆角处理

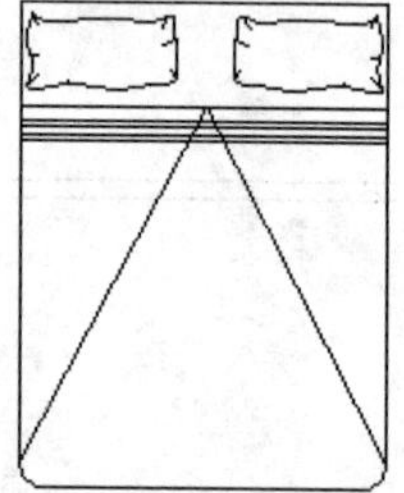

图11-90　绘制对角线

08 单击“默认”选项卡“修改”面板中的“修剪”按钮，对上步绘制的对角线与水平直线相交部分的多余线段进行修剪，完成床设置，结果如图11-91所示。

09 单击“默认”选项卡“绘图”面板中的“矩形”按钮，以床图形外部矩形上端点为起点绘制一个500×500的矩形，如图11-92所示。

10 单击“默认”选项卡“修改”面板中的“偏移”按钮，选取刚绘制的矩形向内偏移，设置偏移量为50，结果如图11-93所示。

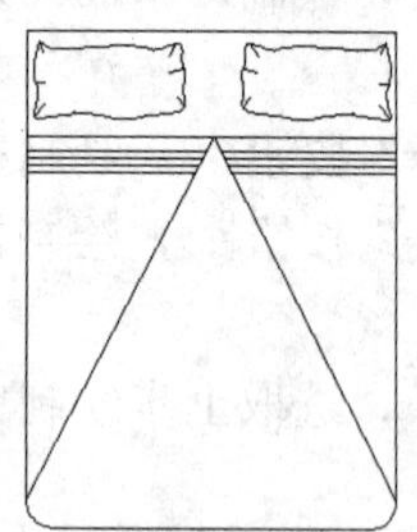

图11-91　修剪多余线段

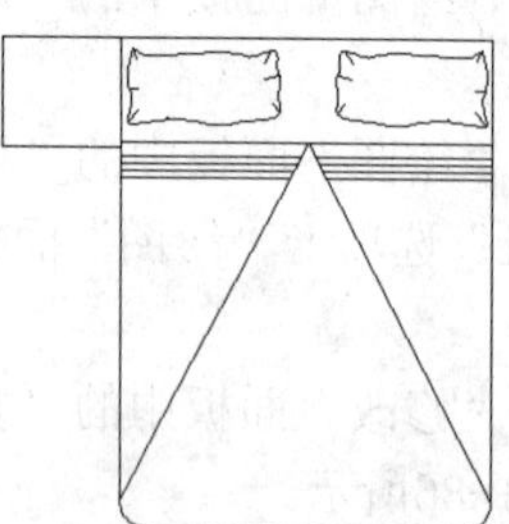

图11-92　绘制一个矩形

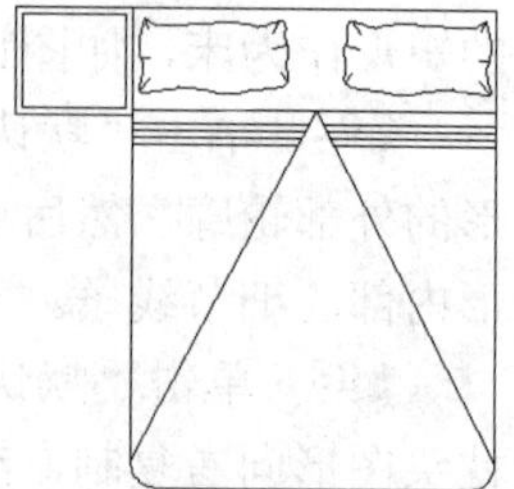

图11-93　偏移矩形

11 单击“默认”选项卡“绘图”面板中的“直线”按钮，绘制矩形的水平中心线和垂直中心线，如图11-94所示。

12 单击“默认”选项卡“绘图”面板中的“圆”按钮，以中心线交点为圆心，绘制一个半径为100的圆，如图11-95所示。

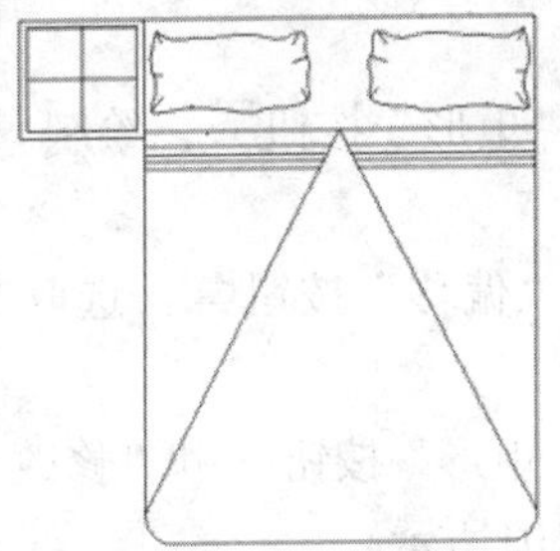

图11-94 绘制中心线

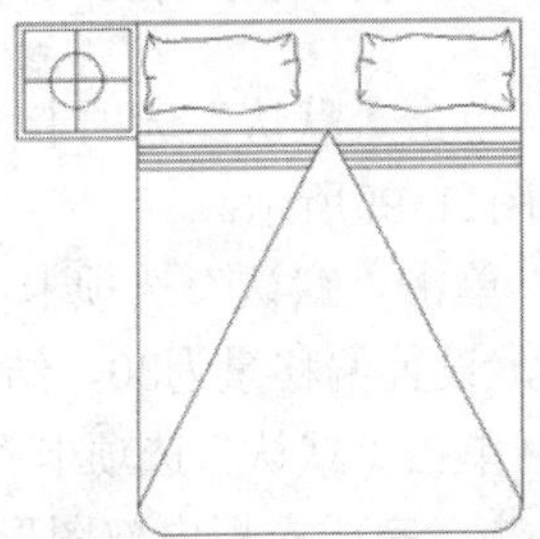

图11-95 绘制圆

13 单击“默认”选项卡“修改”面板中的“偏移”按钮，将圆向外偏移，设置偏移量为20，结果如图11-96所示。

14 单击“默认”选项卡“修改”面板中的“打断”按钮，将两条中心线进行打断处理，完成床头柜的绘制，结果如图11-97所示。

AUTOCAD会沿逆时针方向将圆上从第一断点到第二断点之间的那段线段删除。

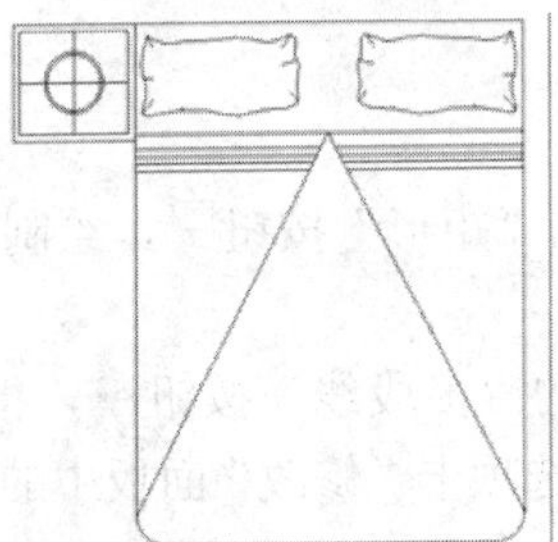

图11-96 偏移圆

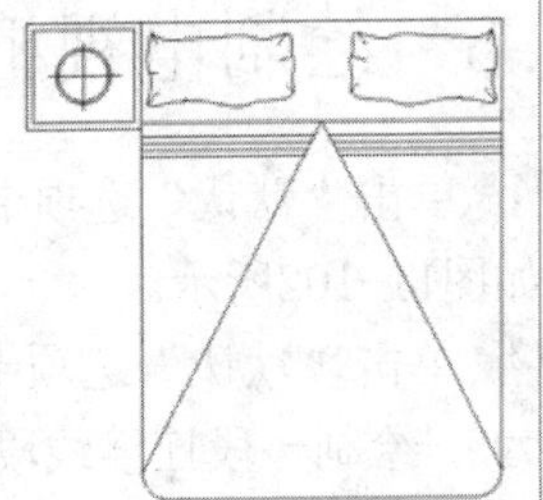

图11-97 打断线段

15 单击“默认”选项卡“修改”面板中的“镜像”按钮，选取已经绘制完的床头柜图形，以床外边矩形中点为镜像轴线进行镜像，完成右侧床头柜图形的绘制，如图11-98所示。

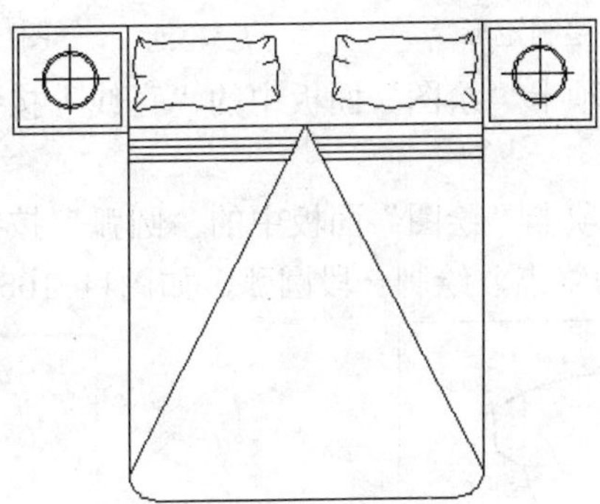

图11-98 绘制完成床和床头柜组合

11.8.4 绘制衣柜

01 单击“默认”选项卡“绘图”面板中的“矩形”按钮，绘制一个520×1460的矩形，如图11-99所示。

02 单击“默认”选项卡“修改”面板中的“偏移”按钮，选取上步绘制的矩形向内偏移，设置偏移量为30，结果如图11-100所示。

03 单击“默认”选项卡“绘图”面板中的“矩形”按钮和“修改”面板中的“偏移”按钮，完成衣柜内部图形的绘制，如图11-101所示。

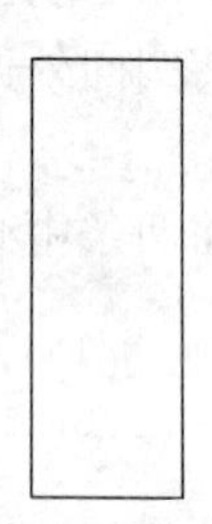

图11-99 绘制矩形

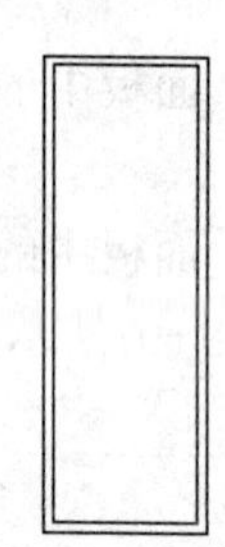

图11-100 偏移矩形

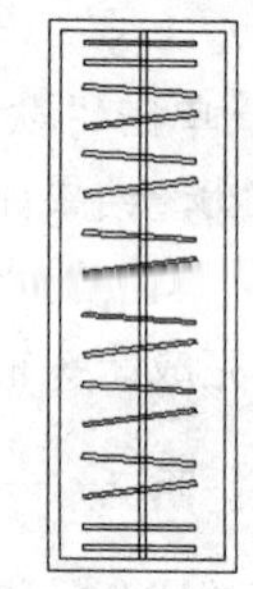

图11-101 绘制衣柜内部线段

11.8.5 绘制电视柜

01 单击“默认”选项卡“绘图”面板中的“矩形”按钮，绘制一个1550×800的矩形，如图11-102所示。

02 单击“默认”选项卡“绘图”面板中的“多段线”按钮，指定起点宽度和端点宽度为5，绘制一段连续线段，再单击“默认”选项卡“修改”面板中的“镜像”按钮，镜像左侧刚绘制的图形，结果如图11-103所示。

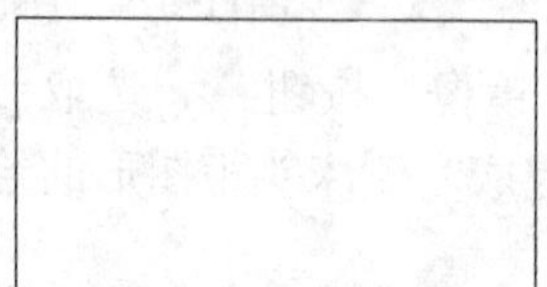

图11-102 绘制矩形

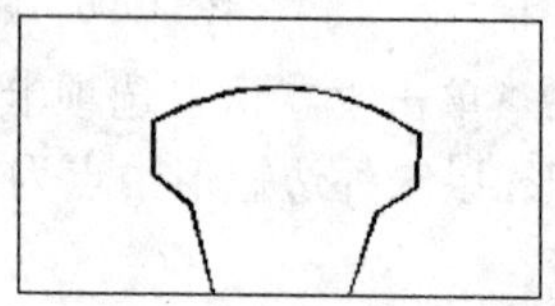

图11-103 绘制连续多段线

03 单击“默认”选项卡“绘图”面板中的“直线”按钮，在多段线内绘制连续直线，如图11-104所示。

04 单击“默认”选项卡“绘图”面板中的“圆弧”按钮，以上步绘制的连续直线左端点为起点、右端点为终点，绘制一段圆弧，如图11-105所示，完成电视柜的绘制。

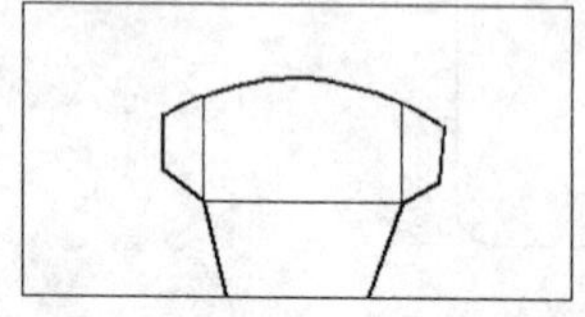

图11-104 绘制连续直线

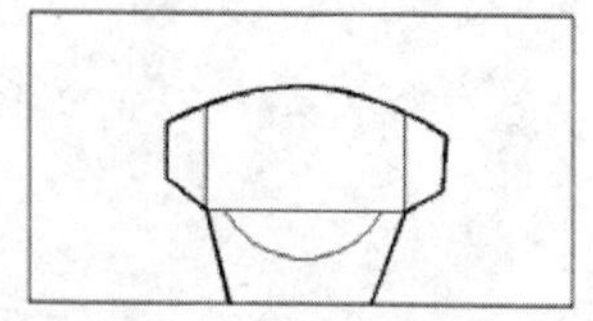

图11-105 绘制圆弧

11.8.6 绘制洗手盆

01 单击“默认”选项卡“绘图”面板中的“矩形”按钮，绘制一个730×420的矩形，如图11-106所示。

02 单击“默认”选项卡“修改”面板中的“偏移”按钮，选取上步绘制的矩形并向内偏移，设置偏移量为15，结果如图11-107所示。

03 单击“默认”选项卡“绘图”面板中的“圆”按钮，在矩形上方适当位置绘制两个半径为30的圆，如图11-108所示。

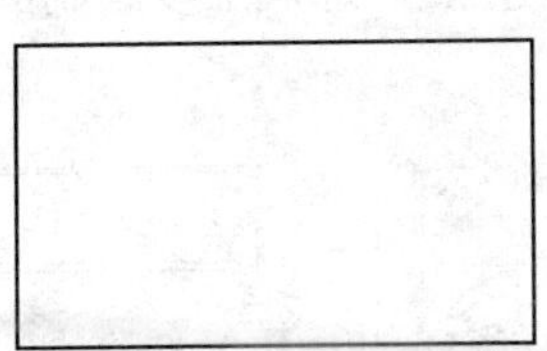

图11-106 绘制矩形

图11-107 偏移矩形

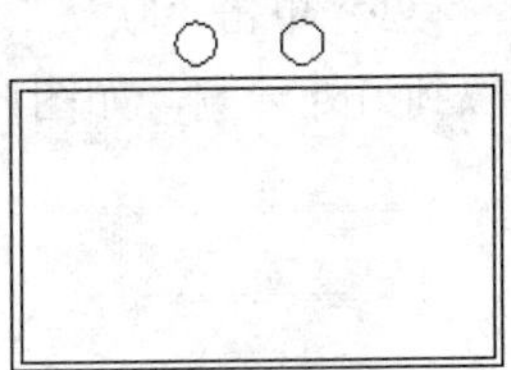

图11-108 绘制两个圆

04 单击“默认”选项卡“绘图”面板中的“矩形”按钮，在上步绘制的两个圆之间绘制一个35×280的矩形，如图11-109所示。

05 单击“默认”选项卡“修改”面板中的“修剪”按钮，修剪矩形和矩形相交线段，结果如图11-110所示。

06 单击“默认”选项卡“绘图”面板中的“圆”按钮，在矩形下方适当位置绘制，一个半径为16的圆，如图11-111所示，完成洗手盆的绘制。

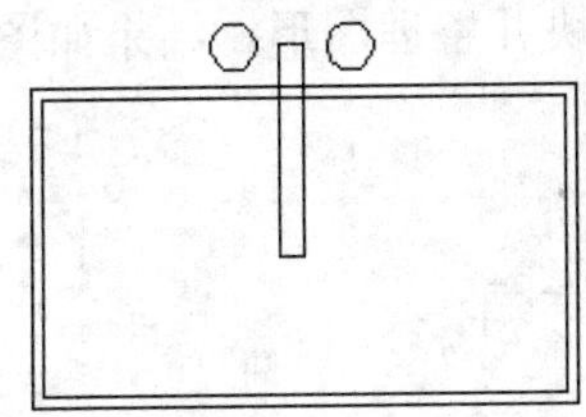

图11-109 绘制矩形

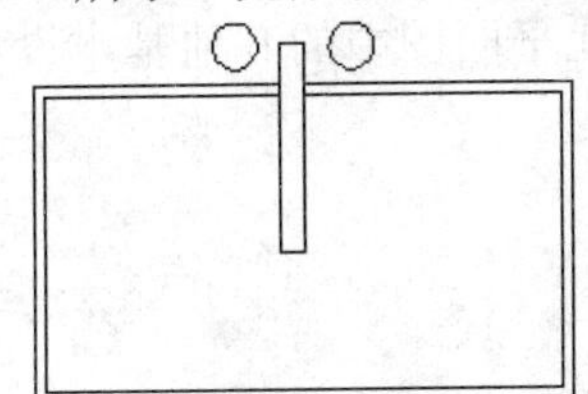

图11-110 修剪图形

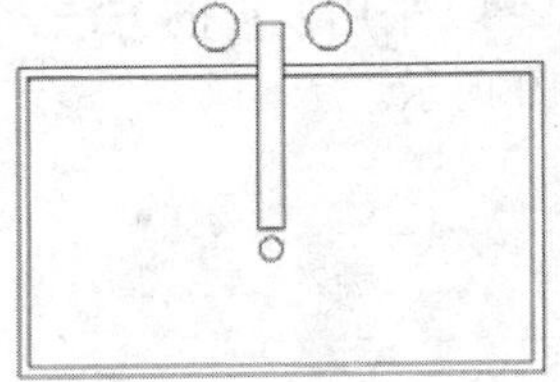

图11-111 绘制一个圆

11.8.7 绘制坐便器

01 单击“默认”选项卡“绘图”面板中的“多段线”按钮，绘制一段连续线段，起点宽度和端点宽度默认为0，如图11-112所示。

02 单击“默认”选项卡“修改”面板中的“偏移”按钮，选取上步绘制的多段线向内偏移，结果如图11-113所示。

03 单击“默认”选项卡“绘图”面板中的“椭圆”按钮，指定适当起点和端点，并指定适当半轴长度，绘制一个椭圆图形，命令行提示与操作如下：

```
命令: _ellipse
指定椭圆的轴端点或 [圆弧(A)/中心点(C)]:
指定轴的另一个端点:
指定另一条半轴长度或 [旋转(R)]:
```

绘制结果如图 11-114 所示。

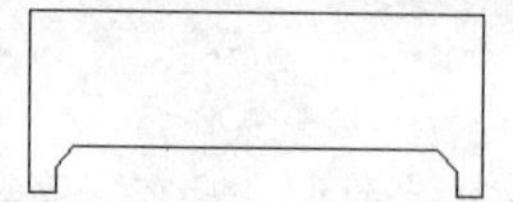

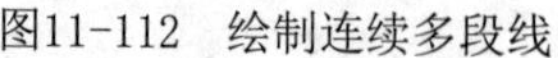

图11-112　绘制连续多段线

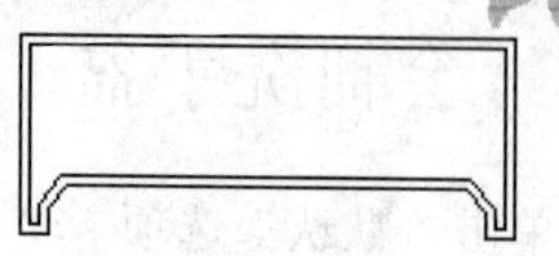

图11-113　偏移多段线

04 单击“默认”选项卡“修改”面板中的“偏移”按钮，选取上步绘制的椭圆向内偏移，结果如图11-115所示。

05 单击“默认”选项卡“绘图”面板中的“圆弧”按钮，绘制一段圆弧连接绘制的两图形，如图11-116所示。

06 单击“默认”选项卡“修改”面板中的“镜像”按钮，选取上步绘制的圆弧，镜像到另外一侧，如图11-117所示。

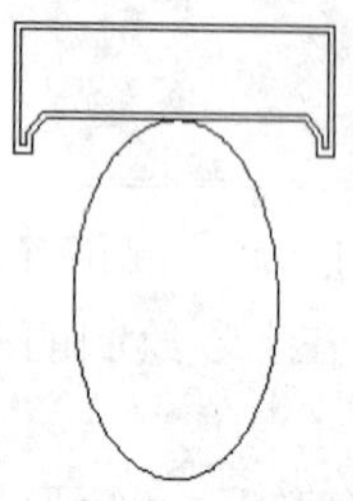

图11-114　绘制一个椭圆

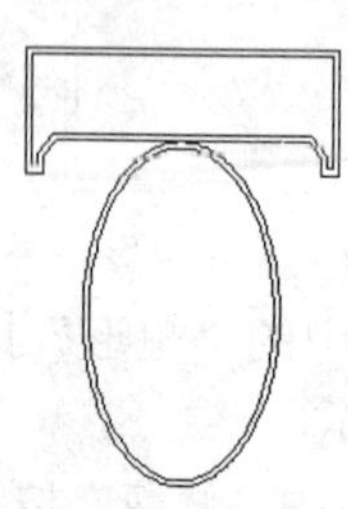

图11-115　偏移椭圆图形

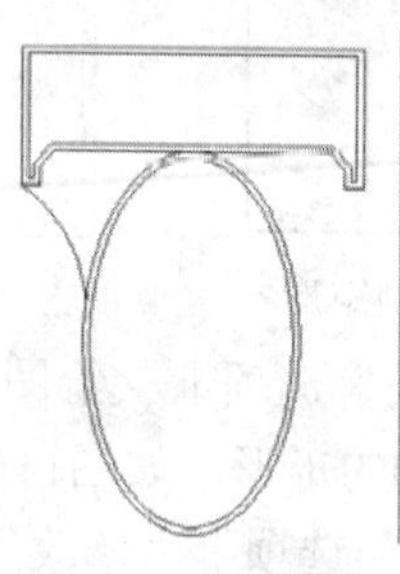

图11-116　绘制圆弧

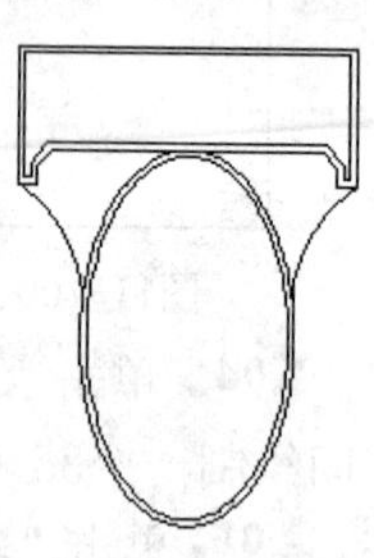

图11-117　镜像圆弧

07 单击“默认”选项卡“修改”面板中的“移动”按钮和“复制”按钮，选取已经绘制好的图形布置到室内平面图中，如图11-118所示。

08 采用同样的方法，绘制此平面图中的其他基本设施模块并整理图形，结果如图11-119 所示。

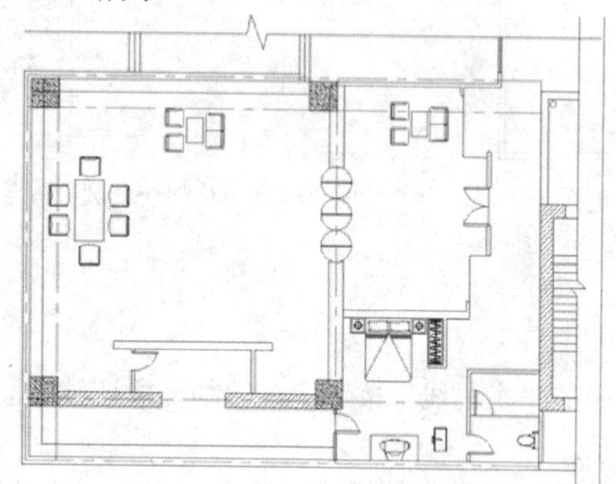

图11-118　布置绘制好的图形

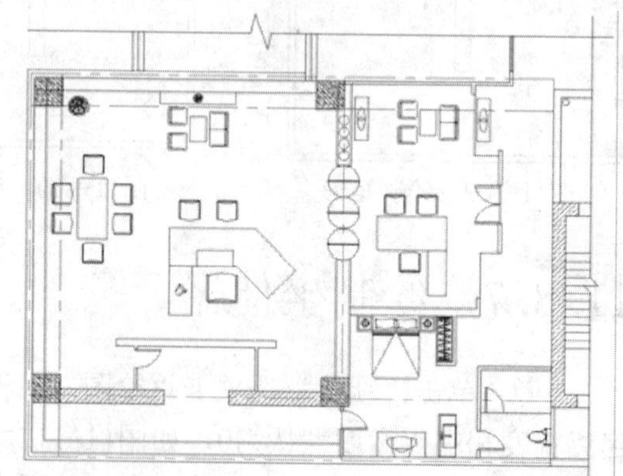

图11-119　布置其他基本设施模块

11.9　尺寸、文字标注

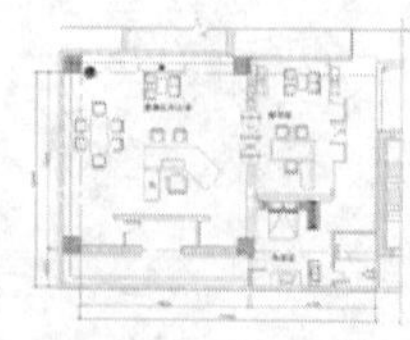

绘制完图形后，还需要对一些重要的尺寸进行标注。首先设置标注样式，然后对图形进行尺寸标注，最后标注文字。

11.9.1 尺寸标注

01 在“图层”的下拉列表中选择“尺寸标注”图层并将其设置为当前图层，如图 11-120 所示。

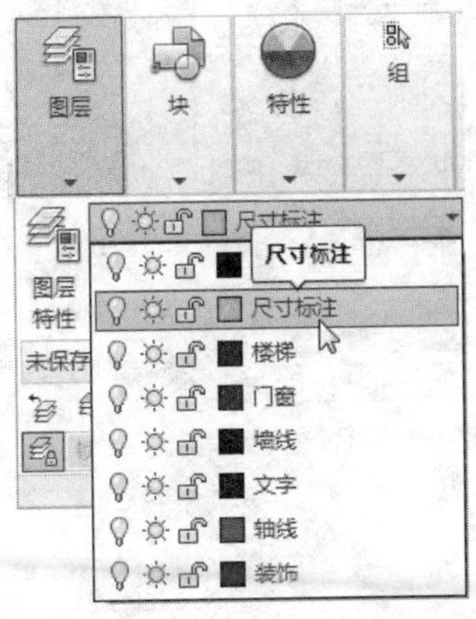

图11-120 设置当前图层

02 选择菜单栏中的“格式”下的“标注样式”命令，弹出“标注样式管理器”对话框，如图 11-121 所示。

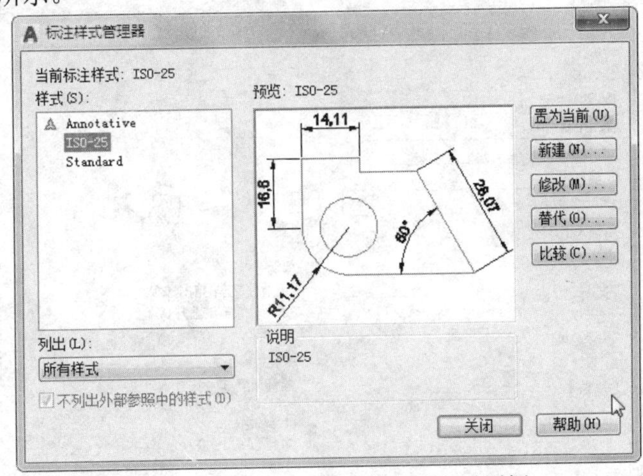

图11-121 “标注样式管理器”对话框

03 单击“修改”按钮，弹出“修改标注样式”对话框。单击“线”选项卡，对话框显示如图 11-122 所示，按照图中的参数修改标注样式。单击“符号和箭头”选项卡，按照图 11-123 所示进行设置，“箭头”样式选择为“建筑标记”，“箭头大小”修改为 100。在“文字”选项卡中设置“文字高度”为 150，“从尺寸线偏移”设置为 50，如图 11-124 所示。单击“主单位”选项卡，按照图 11-125 所示进行设置。

本例尺寸分为两道，第一道为轴线间距，第二道是总尺寸。本例不需要标注轴号。

方法一：DIMSCALE 决定了尺寸标注的比例，其值为整数，默认为 1，在图形有了一定比例缩放时，最好将其改为缩放比例。

方法二：格式—标注样式（选择要修改的标注样式）—修改—主单位—比例因子，修改即可。

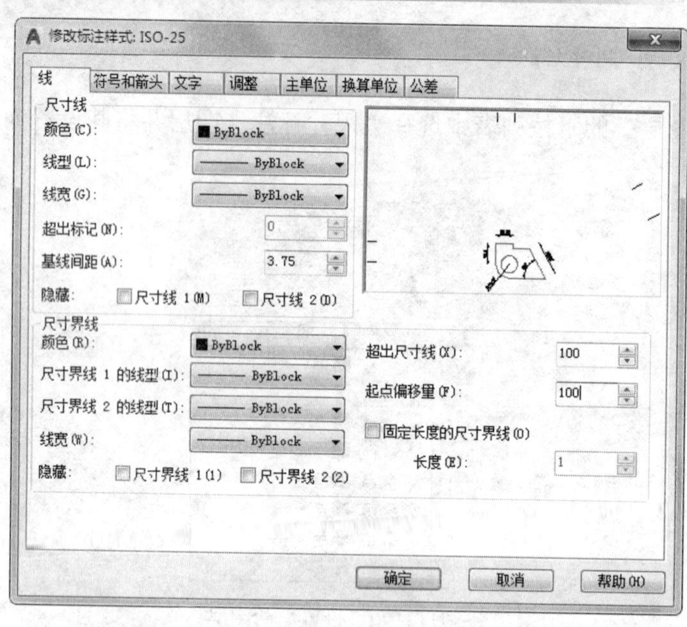

图11-122 “线”选项卡

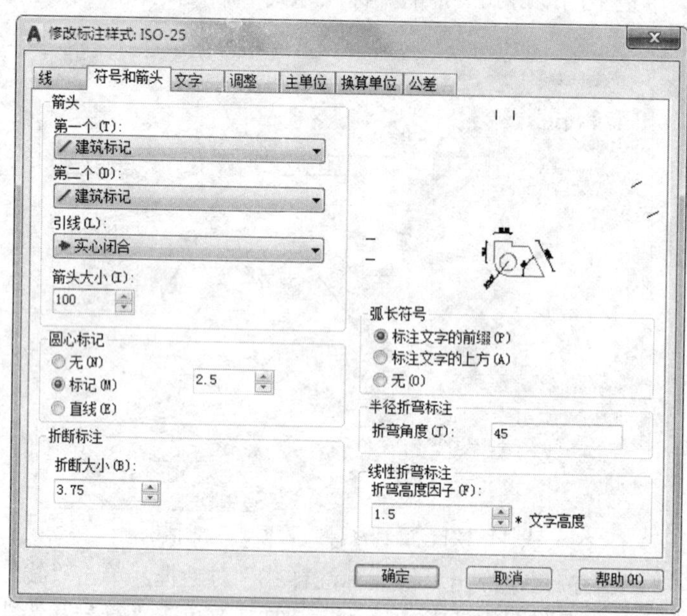

图11-123 “符号和箭头”选项卡

04 单击“默认”选项卡“注释”面板中的“线性”按钮，标注轴线间的距离，命令行提示与操作如下：

```
命令：DIMLINEAR
指定第一个尺寸界线原点或 <选择对象>：
指定第二条尺寸界线原点：  <正交 开>
指定尺寸线位置或[多行文字(M)/文字(T)/角度(A)/水平(H)/垂直(V)/旋转(R)]：
标注文字：
```

尺寸标注结果如图 11-126 所示。

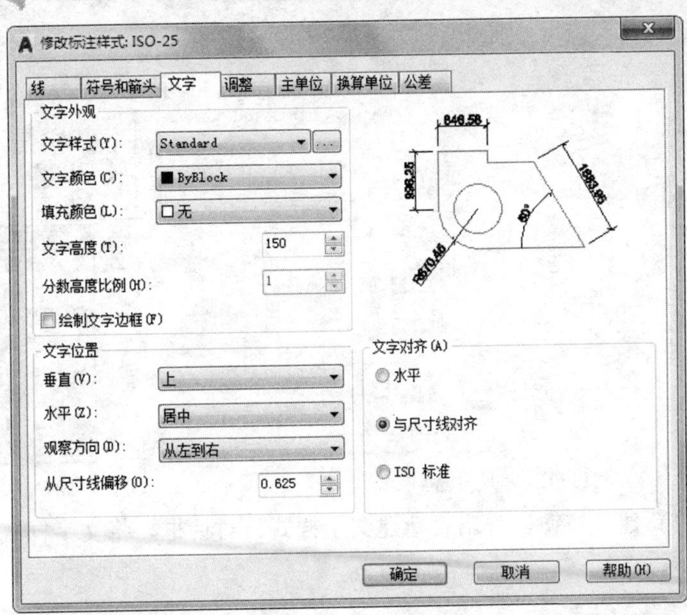

图11-124 “文字”选项卡

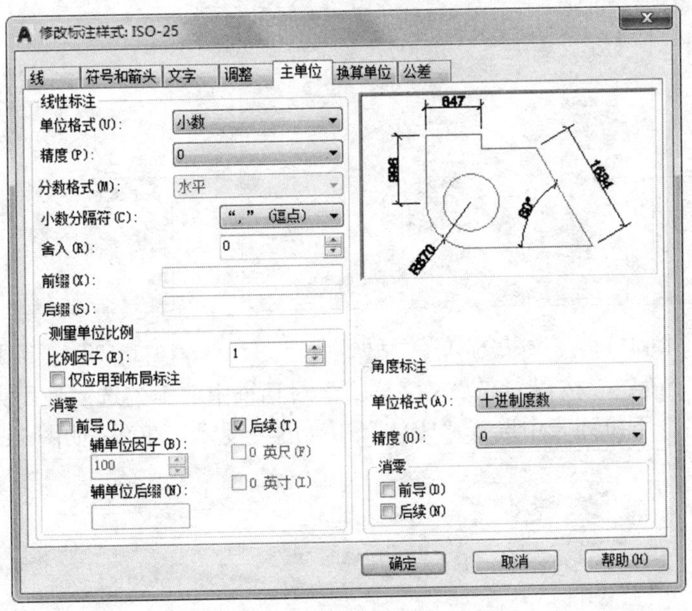

图11-125 “主单位”选项卡

11.9.2 文字标注

01 在“图层”的下拉列表中选择“文字”图层并将其设置为当前图层，如图 11-127 所示。

02 选择菜单栏中的“格式”下的“文字样式”命令，弹出“文字样式”对话框，如图 11-128 所示。

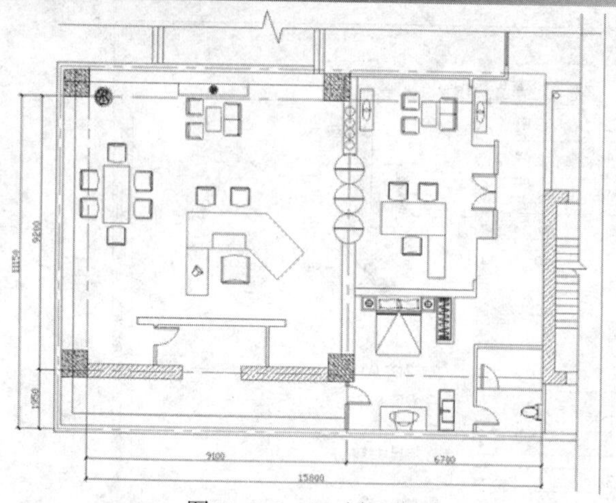
图11-126　尺寸标注

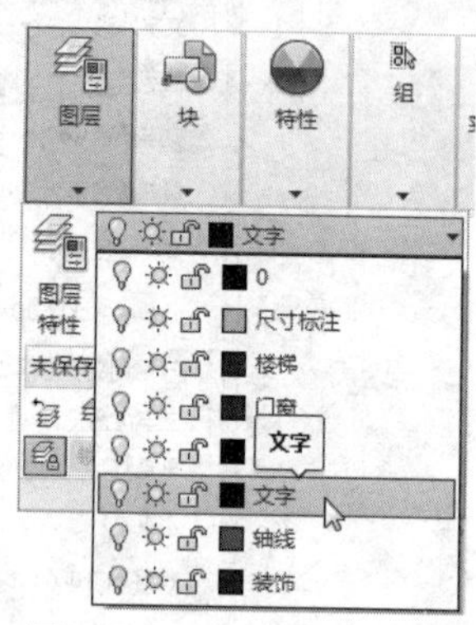
图11-127　设置当前图层

03 单击“新建”按钮，弹出“新建文字样式”对话框，将文字样式命名为“说明”，如图 11-129 所示。

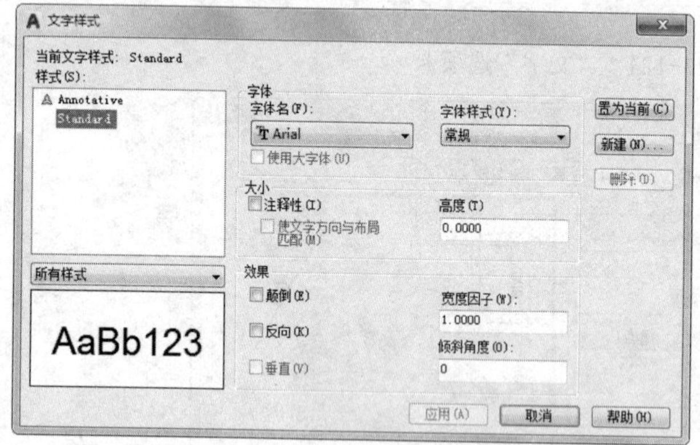
图11-128　“文字样式”对话框

图11-129　“新建文字样式”对话框

04 单击“确定”按钮，在“文字样式”对话框中取消勾选“使用大字体”复选框，然后在“字体名”下拉列表中选择“宋体”，“高度”设置为 300，如图 11-130 所示。

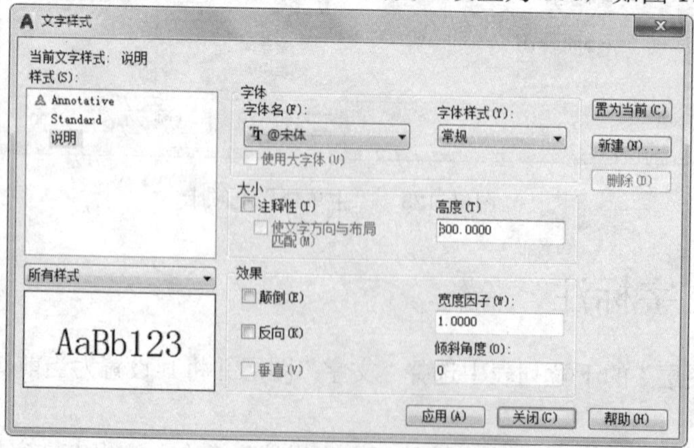
图11-130　修改文字样式

在 CAD 中输入汉字时，可以选择不同的字体。在打开“字体名”下拉列表时，有些字体前面有“@”标记，如“@仿宋_GB2312”，这说明该字体是为横向输入汉字用的，即输入的汉字逆时针旋转 90°。如果要输入正向的汉字，不能选择前面带“@”标记的字体。

05 将“文字”图层设置为当前图层，在图中相应位置输入需要标注的文字，如图 11-131 所示。

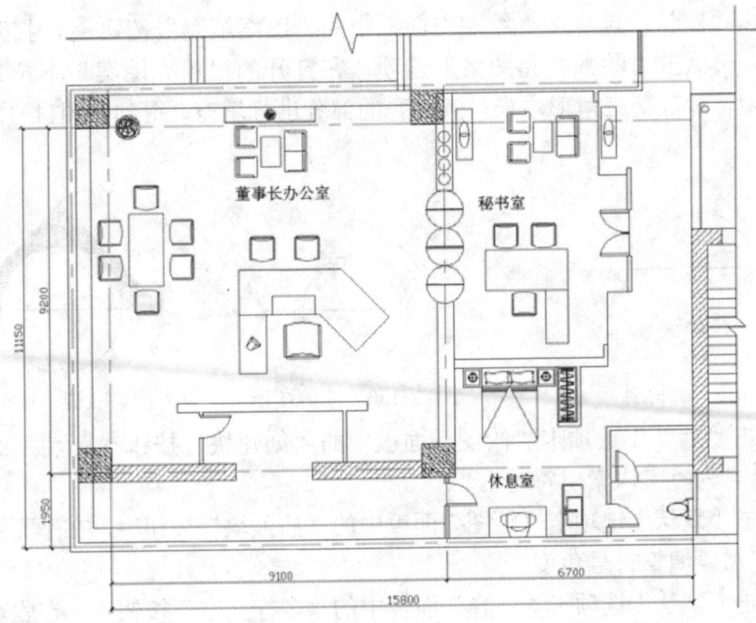

图11-131 文字标注

11.9.3 方向索引

01 在绘制一组室内设计图时，为了统一室内方向标识，通常要在平面图中添加方向索引符号。

02 单击“默认”选项卡“绘图”面板中的“矩形”按钮，绘制一个边长为600的正方形，如图11-132所示，单击“默认”选项卡“修改”面板中的“旋转”按钮，将所绘制的正方形旋转45°，如图11-133所示。单击“默认”选项卡“绘图”面板中的“直线”按钮，绘制正方形的对角线，如图11-134所示。

图11-132 绘制正方形

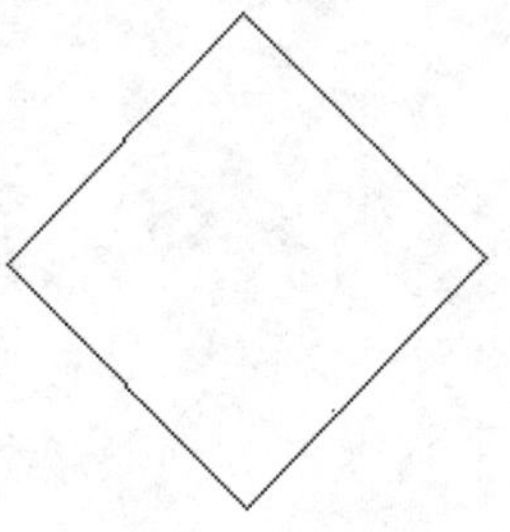

图11-133 旋转45°

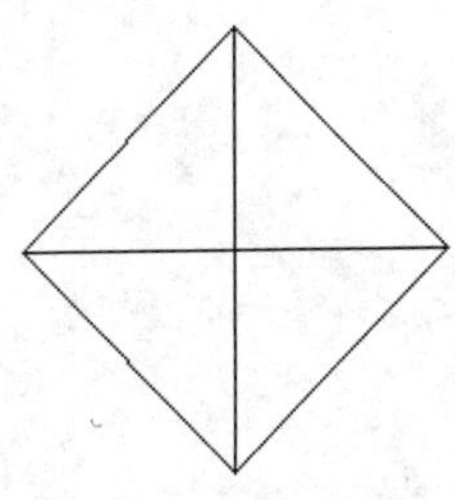

图11-134 绘制对角线

03 单击“默认”选项卡“绘图”面板中的“圆”按钮，以正方形对角线交点为圆心，绘制直径为250的圆，如图11-135所示。

04 单击“默认”选项卡“修改”面板中的“分解”按钮，将正方形进行分解，并删除正方形下半部的两条边和垂直方向的对角线，剩余图形为等腰直角三角形与圆；然后，单击“默认”选项卡“修改”面板中的“修剪”按钮，结合已知圆，修剪正方形水平对角线。如图11-136所示。

05 单击“默认”选项卡“绘图”面板中的“图案填充”按钮，打开“图案填充创建”选项卡，单击“图案填充图案”选项，在打开的“填充图案”下拉列表框中选择“SOLID”图案，对等腰三角形中未与圆重叠的部分进行填充，得到如图11-137所示的索引符号。

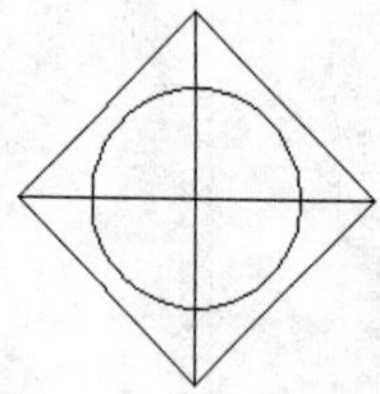

图11-135　绘制圆

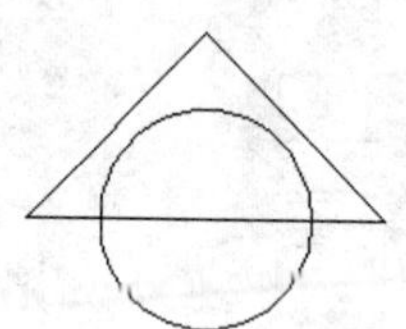

图11-136　修剪图形

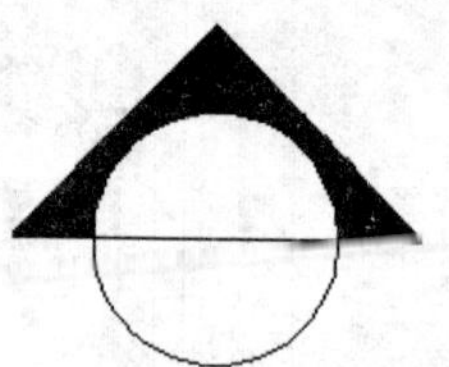

图11-137　填充图形

06 单击“默认”选项卡“绘图”面板中的“创建块”按钮，将所绘索引符号定义为图块，命名为“室内索引符号”。

07 单击“默认”选项卡“绘图”面板中的“插入块”按钮，在平面图中插入索引符号，并根据需要调整符号角度。

08 单击“默认”选项卡“注释”面板中的“多行文字”按钮A，在索引符号的圆内添加字母或数字进行标识。

第12章

董事长室立面图的绘制

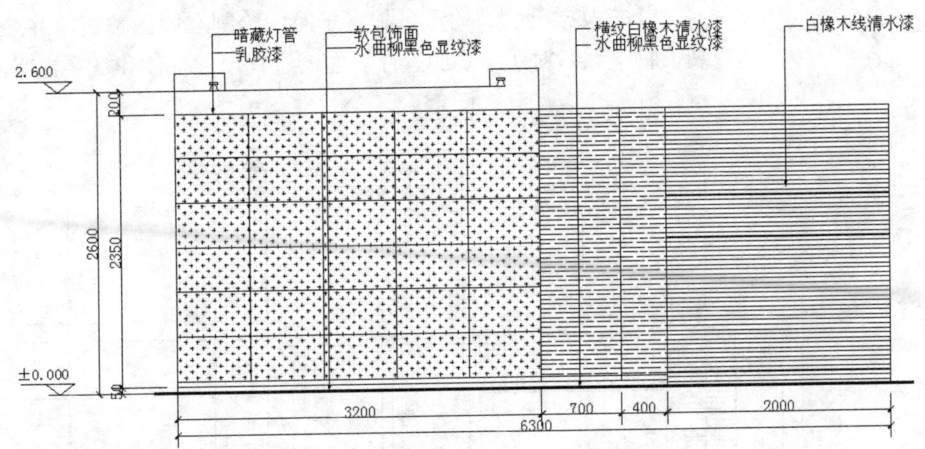

在进行平面设计时要同时考虑立面的合理性和可行性，在立面设计时可能也会发现一些新问题，需要结合平面来综合处理。

作为一套完整的室内设计图，在必要时应该绘制所有立面的立面图。本书为了节约篇幅，只挑三个具有代表性的立面图来进行介绍。

本章将逐步介绍董事长室中各立面图的绘制，包括董事长室 A 立面图、董事长秘书室 B 立面图以及董事长休息室 B 立面图。本章还将讲解部分陈设的立面图绘制方法。读者通过本章的学习，可掌握装饰图中立面图的基本画法，并初步学会住宅建筑立面的布置方法。

精彩内容

- 董事长室立面图的绘制
- 董事长秘书室立面图的绘制
- 董事长休息室立面图的绘制

12.1 绘制董事长室A立面图

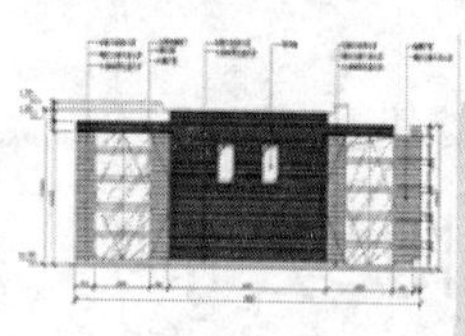

为了符合董事长室的特点，本例室内立面图将着重表现庄重典雅、具有文化气息的设计风格，并考虑与室内地面的协调。装饰的重点在于墙面、屏风造型及其交接部位，采用的材料主要为天然石材、木材、不锈钢和局部软包等。

首先根据已绘制的董事长室平面图绘制立面图轴线，并绘制立面墙上的装饰物；然后对所绘制的客厅立面图进行尺寸标注和文字说明，如图12-1所示。

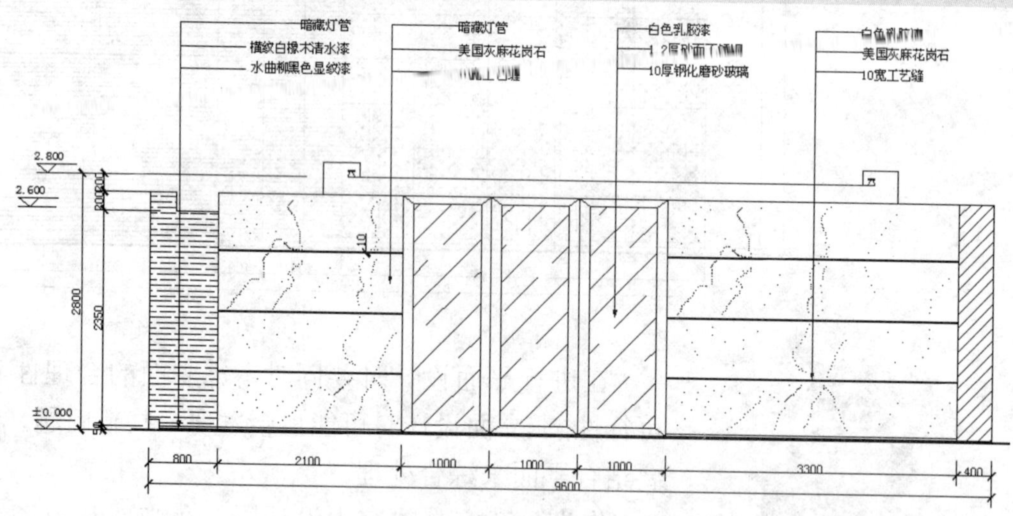

图12-1　董事长室A立面图

12.1.1 绘制A立面图

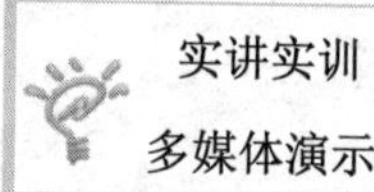

多媒体演示参见配套光盘中的\\动画演示\第12章\董事长室A立面图.avi。

01 将当前图层设置为0层，即默认层。

02 单击“默认”选项卡“绘图”面板中的“多段线”按钮，指定起点宽度为10，端点宽度为10，绘制长度为10000的水平直线作为地坪线，结果如图12-2所示。

图12-2　绘制地坪线

03 单击“默认”选项卡“绘图”面板中的“直线”按钮，绘制一条长为2600的竖直直线，如图12-3所示。

04 单击“默认”选项卡“修改”面板中的“偏移”按钮，将竖直直线向右偏移，设置偏移量为300，命令行提示与操作如下：

```
命令：_offset
```

当前设置：删除源=否　图层=源　OFFSETGAPTYPE=0
指定偏移量或[通过(T)/删除(E)/图层(L)]<通过>：300（设置偏移量为 300）
选择要偏移的对象或[退出(E)/放弃(U)]<退出>：（选择竖直中线）
指定要偏移的那一侧上的点或[退出(E)/多个(M)/放弃(U)]<退出>：（在中线右侧单击）

图12-3　绘制竖直直线

说 明

使用直线时,若为正交直线，可单击“正交”按钮，根据正交方向提示，直接输入下一点的距离即可，而不需要输入@符号；若为斜线，则可单击“极轴”按钮，弹出窗口，可设置斜线的捕捉角度，此时，图形即进入了自动捕捉所需角度的状态，其可大大提高制图时输入直线长度的效率。

05 按照以上方式，继续偏移其他轴线，将垂直直线向右偏移 500、2100、1000、1000、1000、3300、400,水平直线向上偏移 25、25、2350、200，结果如图 12-4 所示。

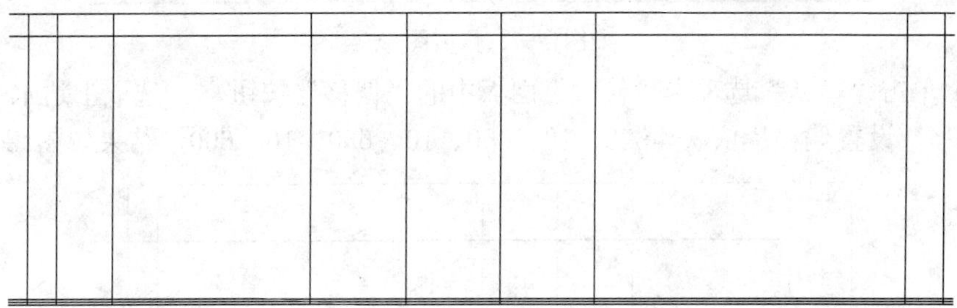

图12-4　偏移直线

06 单击“默认”选项卡“修改”面板中的“修剪”按钮，将偏移后的线段进行修剪，命令行提示与操作如下：

命令: TRIM
当前设置:投影=UCS，边=无
选择剪切边...
选择对象或 <全部选择>:　（框选住全部图形）
选择要修剪的对象，或按住 Shift 键选择要延伸的对象，或 [栏选(F)/窗交(C)/投影(P)/边(E)/删除(R)/放弃(U)]:　指定对角点:（选择要修剪对象）

结果如图 12-5 所示。

07 单击“默认”选项卡“绘图”面板中的“矩形”按钮，在图形左侧的右下角绘制一个边长为120×120的正方形，如图12-6所示。

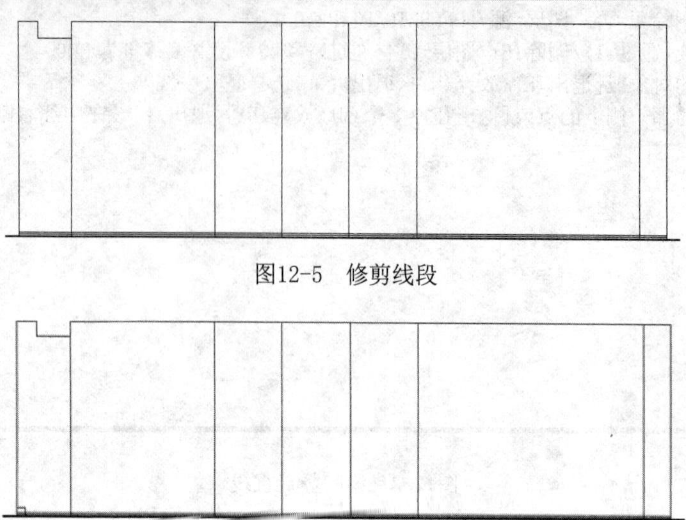

图12-5　修剪线段

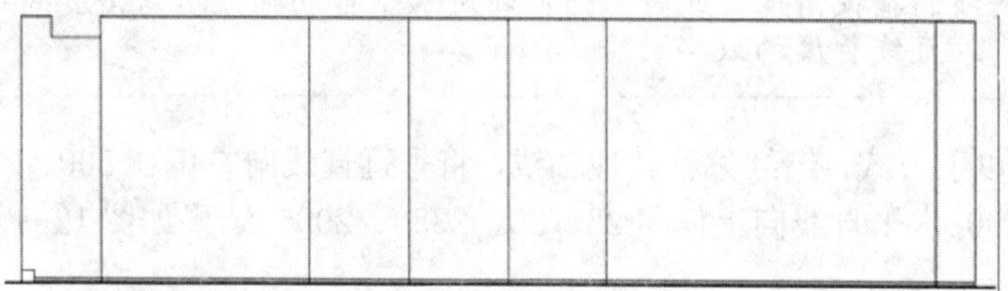

图12-6　绘制一个正方形

08 单击“默认”选项卡“修改”面板中的“修剪”按钮，修剪掉正方形内的线段，结果如图12-7所示。

图12-7　修剪图形

09 单击“默认”选项卡“修改”面板中的“偏移”按钮，选取上边水平直线连续向下偏移，设置偏移量依次为620、10、650、10、650、10、600，结果如图12-8所示。

图12-8　偏移水平直线

10 单击“默认”选项卡“修改”面板中的“修剪”按钮，修剪偏移后的线段，结果如图12-9所示。

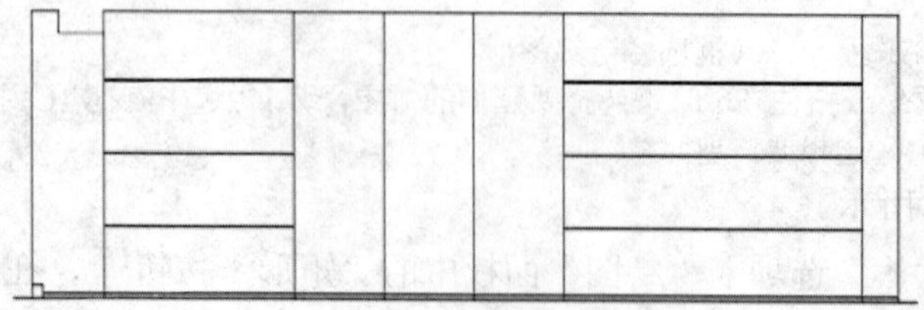

图12-9　修剪直线

11 单击“默认”选项卡“绘图”面板中的“矩形”按钮，以角点1为起点绘制一个边长为760×2415的矩形，如图12-10所示。

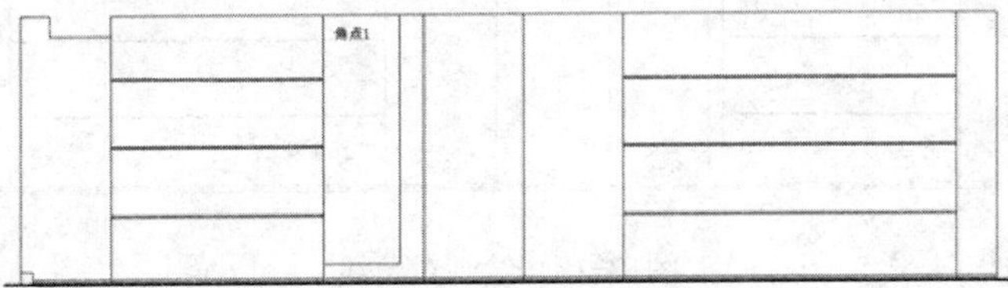

图12-10 绘制矩形

12 单击“默认”选项卡“修改”面板中的“移动”按钮，选取上步绘制的矩形，向右移动120，向下移动80。命令行提示与操作如下：

```
命令:MOVE
选择绘制的矩形
指定基点或 [位移(D)] <位移>:
指定第二个点或 <使用第一个点作为位移>: 120↙
命令:MOVE
选择绘制的矩形
指定基点或 [位移(D)] <位移>:
指定第二个点或 <使用第一个点作为位移>: 80↙
```

结果如图12-11所示。

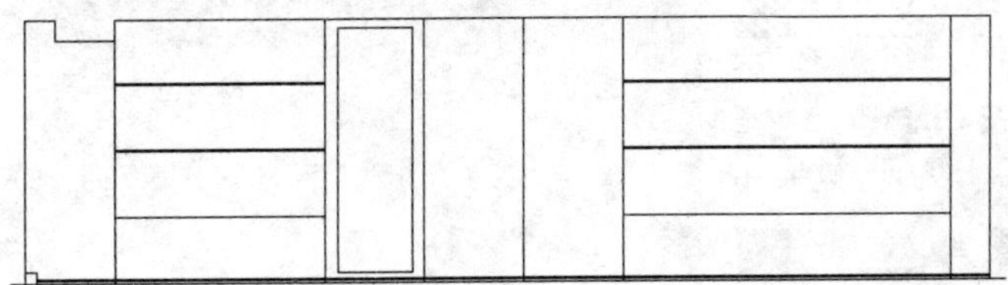

图12-11 移动矩形

13 单击“默认”选项卡“修改”面板中的“修剪”按钮，修剪掉多余线段，结果如图12-12所示。

14 单击“默认”选项卡“绘图”面板中的“直线”按钮，绘制矩形对角线；再单击“默认”选项卡“修改”面板中的“修剪”按钮，修剪掉多余线段，完成一扇门及玻璃的绘制，结果如图12-13所示。

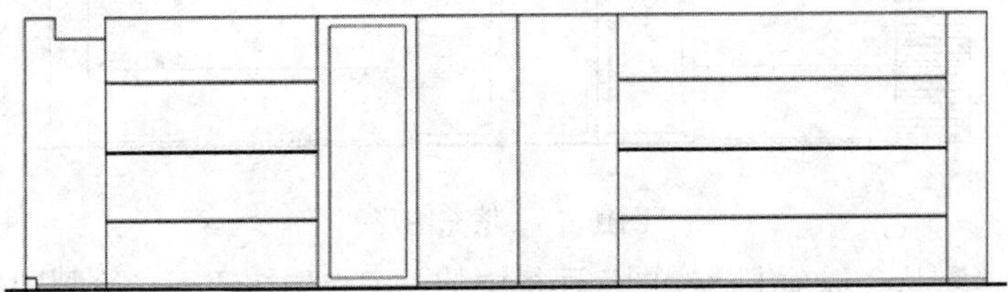

图12-12 修剪图形

15 采用相同方法绘制另外的两扇门及玻璃，结果如图12-14所示。

16 单击“默认”选项卡“绘图”面板中的“图案填充”按钮，打开“图案填充创建”选项卡，单击“图案填充图案”选项，在打开的“填充图案”下拉列表框中选择“GOST_WOOD”填充图案进行填充，结果如图12-15所示。

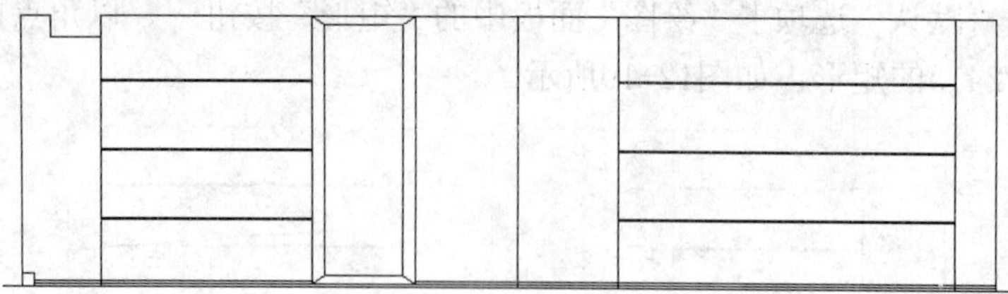

图12-13　绘制对角线

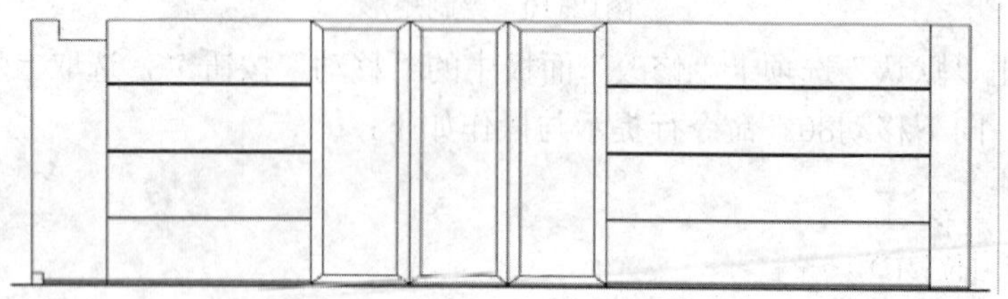

图12-14　绘制相同图形

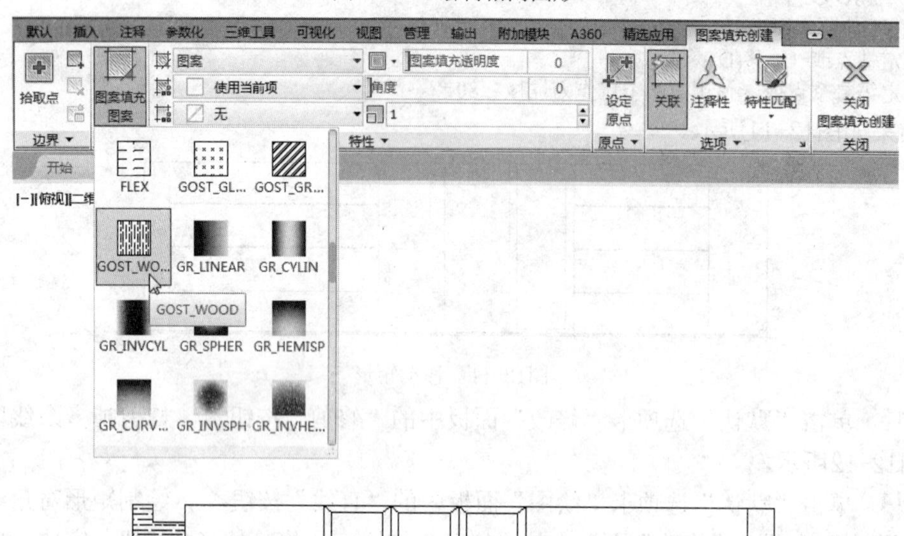

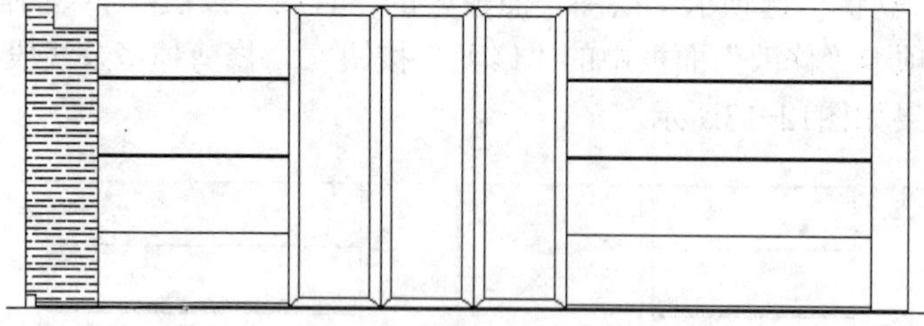

图12-15　填充图形

17 单击“默认”选项卡“绘图”面板中的“多点”按钮，绘制图形内装饰图形，结果如图12-16。

18 单击“默认”选项卡“绘图”面板中的“直线”按钮，开启“极轴捕捉”功能，绘制多段斜向45°直线；或者单击“默认”选项卡“绘图”面板中的“图案填充”按钮，打开“图案填充创建”选项卡，单击“图案填充图案”选项，在打开的“填充图案”下拉列表框中选择填充图案为“JIS_STN_1E”，设置比例为500、角度为0°，填充门，

将其作为玻璃图形，如图12-17所示。

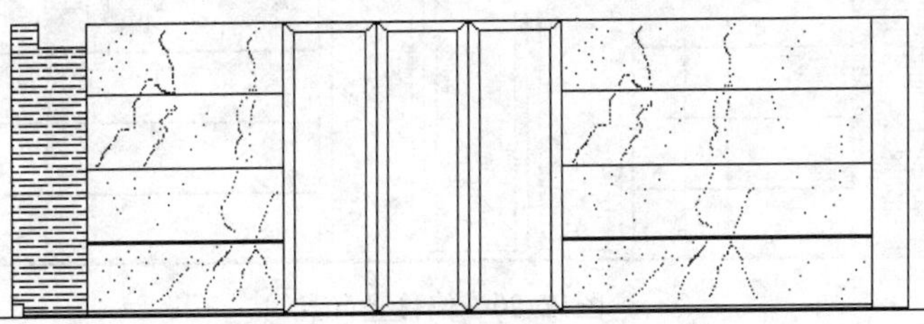

图12-16　绘制装饰图形

图12-17　绘制玻璃

19 单击“默认”选项卡“绘图”面板中的“图案填充”按钮，打开“图案填充创建”选项卡，单击“图案填充图案”选项，在打开的“填充图案”下拉列表框中选择填充图案为“ANSI31”，并设置图案填充比例为30、角度为0°，进行填充，结果如图12-18所示。

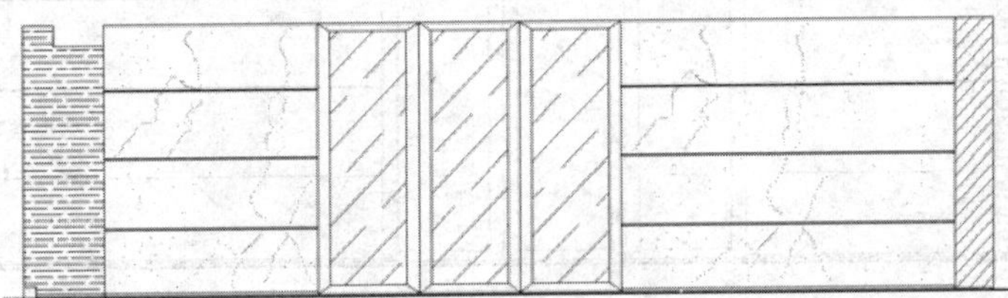

图12-18　填充图形

20 单击“默认”选项卡“修改”面板中的“偏移”按钮，选取上边水平直线向上偏移，设置偏移量为200、150，结果如图12-19所示。

图12-19　偏移水平直线

21 单击“默认”选项卡“修改”面板中的“偏移”按钮，选取左侧竖直直线向右偏移，设置偏移量依次为2000、400、5700、400，结果如图12-20所示。

22 单击“默认”选项卡“修改”面板中的“延伸”按钮，选取上步偏移得到的竖直直线并将其延伸至水平直线，结果如图12-21所示。

23 单击“默认”选项卡“修改”面板中的“修剪”按钮，修剪图形，结果如图12-22所示。

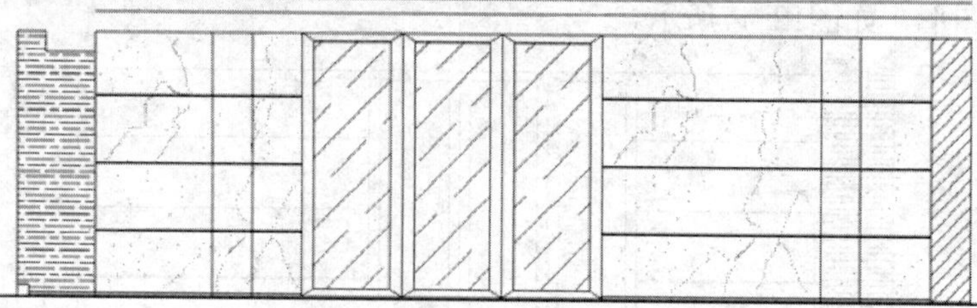

图12-20　偏移竖直直线

图12-21　延伸直线

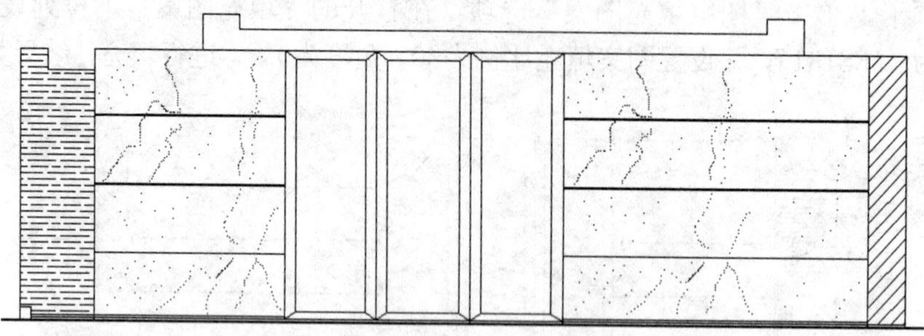

图12-22　修剪图形

24 单击“默认”选项卡“块”面板中的“插入”按钮，弹出“插入”对话框，如图12-23所示。

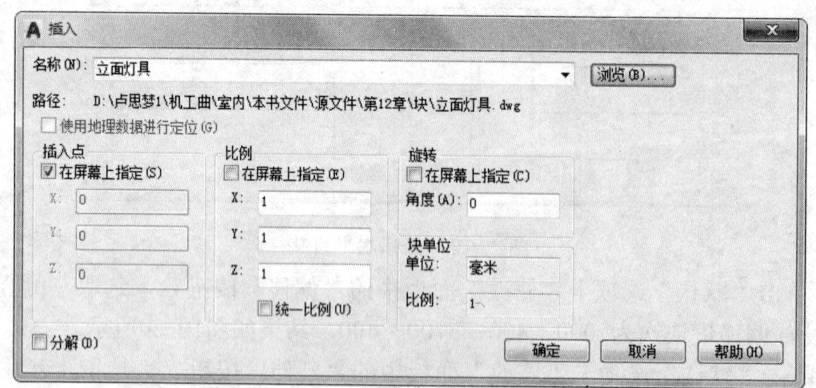

图12-23　“插入”对话框

25 选择“立面灯具”插入到图形中，结果如图12-24所示。

图12-24　插入立面灯具

12.1.2　尺寸和文字标注

01 标注尺寸。

❶选择菜单栏中的“格式”下的“标注样式”命令，弹出“标注样式管理器”对话框，如图12-25所示。

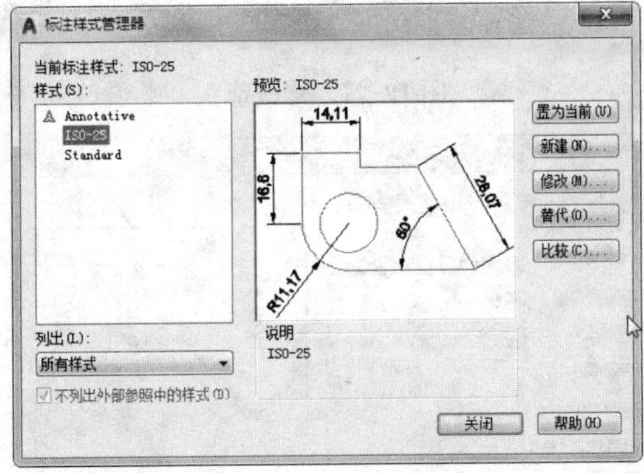

图 12-25　“标注样式管理器”对话框

❷单击“修改”按钮，弹出“修改标注样式”对话框。首先“线”选项卡单击，按照图12-26的参数修改标注样式。然后打开“符号与箭头”选项卡，按照图12-27所示进行修改，“箭头”样式选择为“建筑标记”，“箭头大小”修改为80。用同样的方法，修改”文字”选项卡中的“文字高度”为100，如图12-28所示。

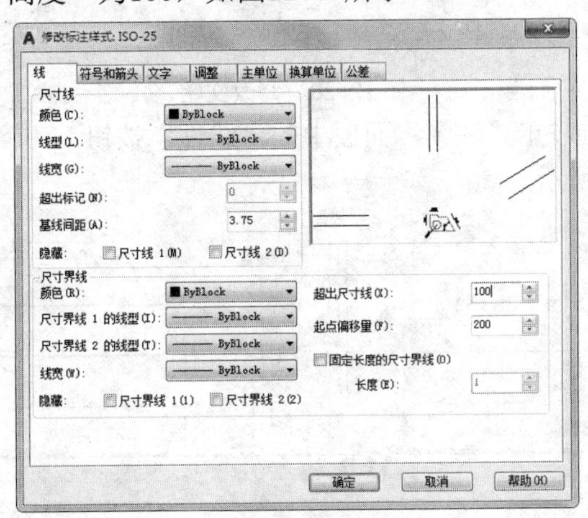

图 12-26　修改直线

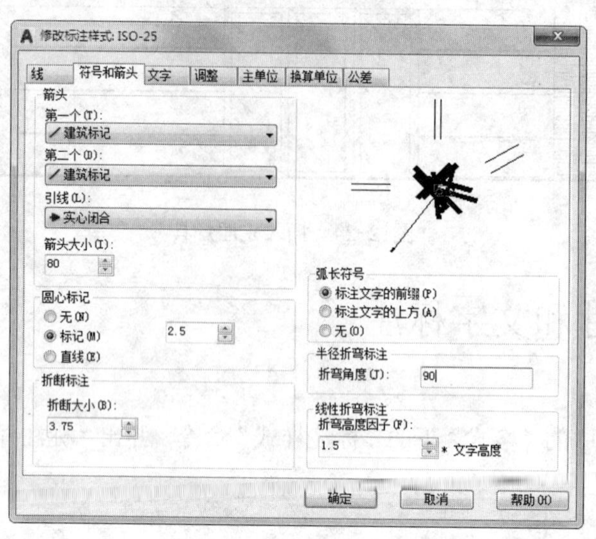

图 12-27　修改箭头

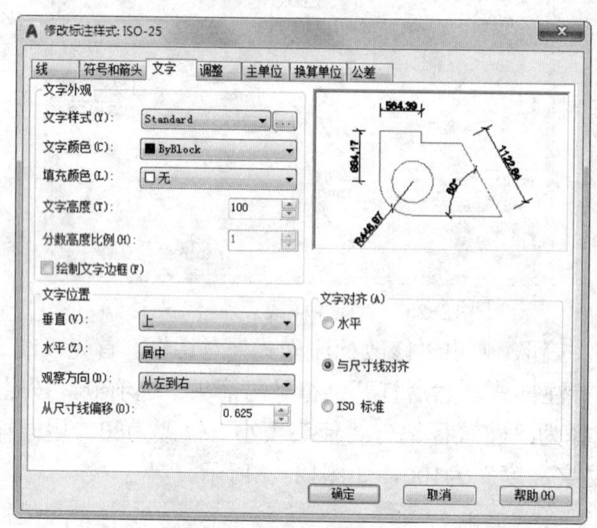

图 12-28　修改文字

❸单击“默认”选项卡“注释”面板中的“线性”按钮和“连续”按钮，标注尺寸，结果如图12-29所示。

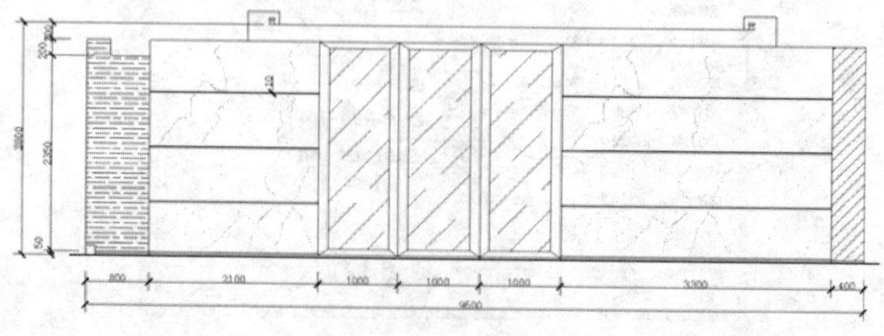

图12-29　标注尺寸

❹单击“默认”选项卡“绘图”面板中的“插入块”按钮，选择“标高符号”插入到立面图中，结果如图12-30所示。

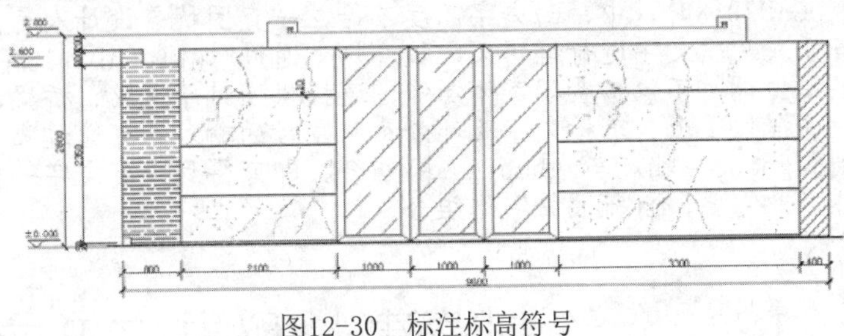

图12-30　标注标高符号

02 文字说明。

❶单击“默认”选项卡“注释”面板中的“文字样式”按钮，弹出“文字样式”对话框，新建“说明”文字样式，设置高度为100，并将其置为当前。

❷在命令行中输入QLEADER命令，标注文字说明，单击“默认”选项卡“绘图”面板中的“直线”按钮和“多行文字”按钮，标注其余文字，结果如图12-31所示。

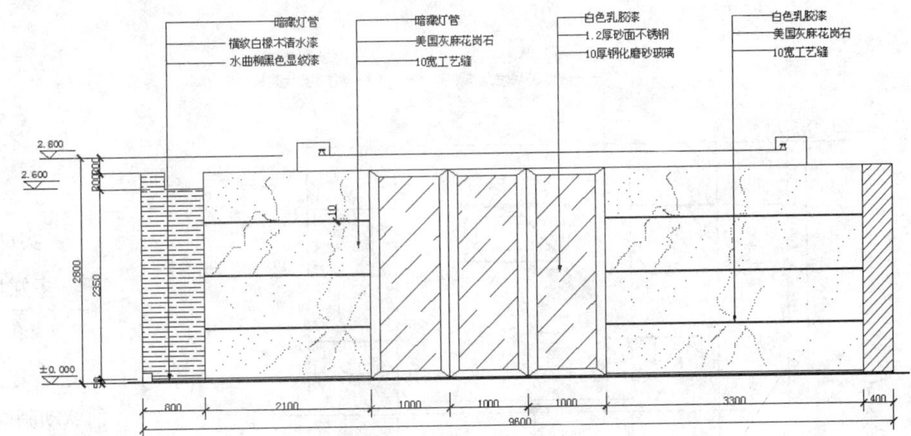

图12-31　标注文字说明

❸利用上述方法绘制董事长室B立面图，结果如图12-32所示。

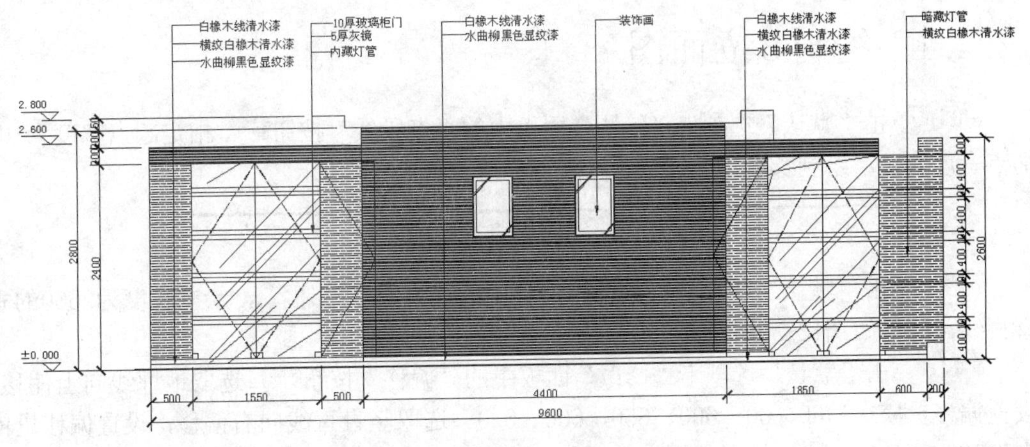

图12-32　董事长室B立面图

说 明

在使用AutoCAD2018时，中、西文字高度不等，一直困扰着设计人员，并影响图面的质量和美观，若分成几段文字进行编辑又比较麻烦。通过对AutoCAD2018字体文件的修改，可使中、西文字体协调，不仅扩展了字体功能，还提供了对于道路、桥梁、建筑等专业有用的特殊字符，并提供了上、下标文字及部分希腊字母的输入。可通过选用大字体，调整字体组合来得到如gbenor.shx 与 gbcbig.shx组合，即可得到中英文字一样高的文本。其他组合可根据各专业需要，自行调整字体组合。

12.2　绘制董事长秘书室B立面图

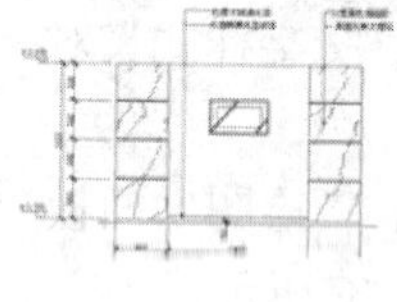

下面大致按立面轮廓绘制、立面装饰元素及细部处理、尺寸标注、文字说明及其他符号标注、线宽设置的顺序来介绍董事长秘书室B立面图（见图12-33）的绘制。

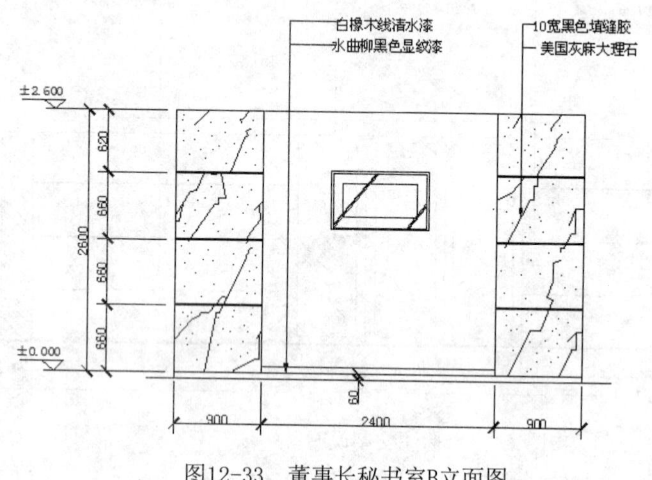

图12-33　董事长秘书室B立面图

> **实讲实训 多媒体演示**
>
> 多媒体演示参见配套光盘中的\\动画演示\第12章\董事长秘书室B立面图.avi。

12.2.1　绘制B立面图

01 单击“默认”选项卡“绘图”面板中的“多段线”按钮，指定起点宽度为10、端点宽度为10，绘制长度为4800的地坪线。结果如图12-34所示。

图12-34　绘制地坪线

02 单击“默认”选项卡“绘图”面板中的“直线”按钮，绘制长度为2660的垂直直线，结果如图12-35所示。

03 单击“默认”选项卡“修改”面板中的“偏移”按钮，选取地坪线向上偏移，设置偏移量依次为60、60、600、660、660、620。选取竖直直线向右偏移，设置偏移量依次为900、2400、900，结果如图12-36所示。

图12-35 绘制垂直直线

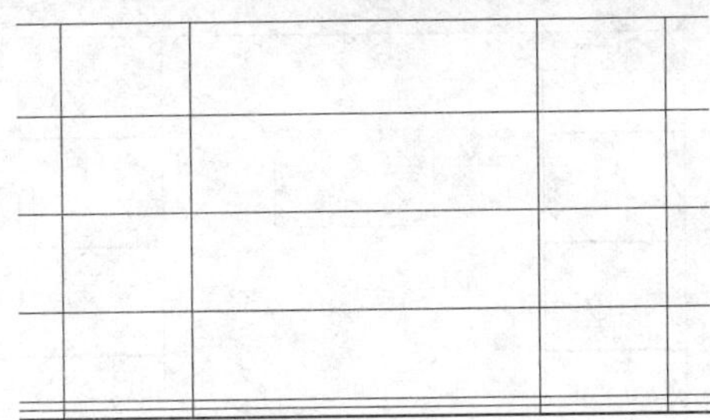

图12-36 偏移线段

04 单击“默认”选项卡“修改”面板中的“修剪”按钮，对偏移线段进行修剪，结果如图12-37所示。

05 单击“默认”选项卡“修改”面板中的“偏移”按钮，选取第2条水平直线向上偏移，设置偏移量为10。结果如图12-38所示。

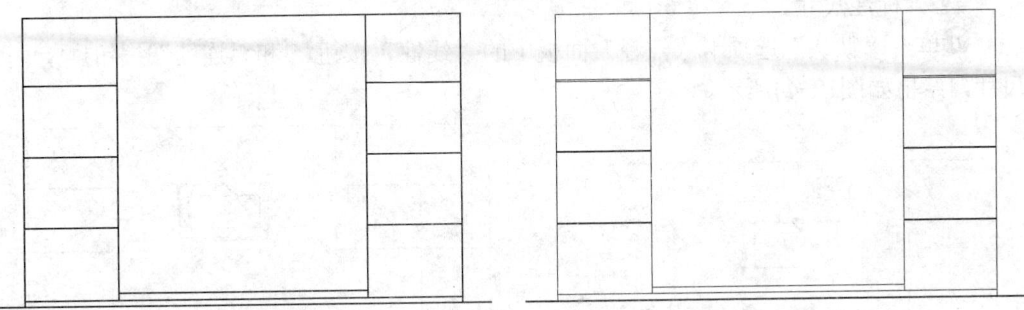

图12-37 修剪直线

图12-38 偏移线段

06 单击“默认”选项卡“绘图”面板中的“直线”按钮，绘制多段装饰直线，如图12-39所示。

07 单击“默认”选项卡“绘图”面板中的“多点”按钮，在图形中适当位置绘制多个点，如图12-40所示。

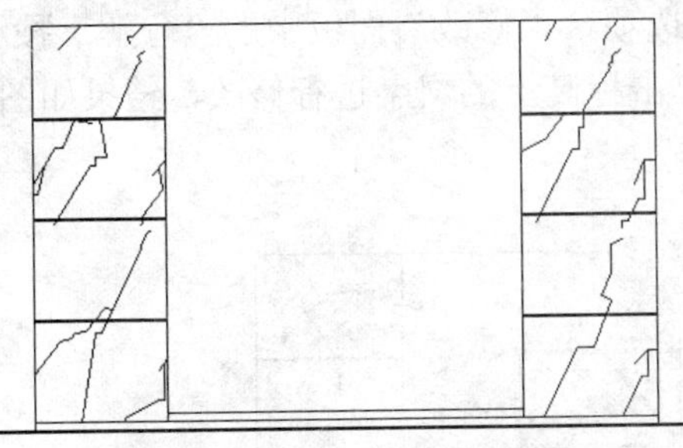

图12-39 绘制多段装饰直线

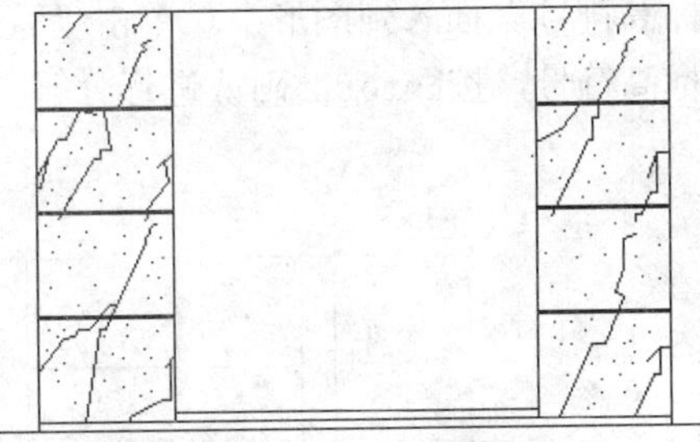

图12-40 绘制点

08 单击“默认”选项卡“绘图”面板中的“矩形”按钮，在图形内绘制一个1000×580的矩形，结果如图12-41所示。

09 单击“默认”选项卡“修改”面板中的“偏移”按钮，选取上步绘制的矩形向内偏移，设置偏移量依次为20、100，结果如图12-42所示。

10 单击“默认”选项卡“绘图”面板中的“直线”按钮，在矩形内绘制几段斜向直线，作为装饰线，如图12-43所示。

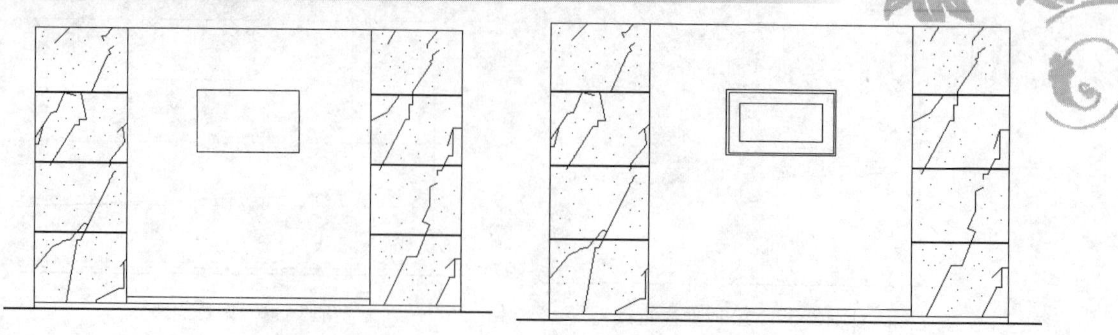

图12-41　偏移竖直直线　　　　图12-42　偏移矩形

12.2.2　尺寸和文字标注

01 标注尺寸。

❶单击“默认”选项卡“注释”面板中的“线性”按钮和“连续”按钮，标注尺寸，结果如图12-44所示。

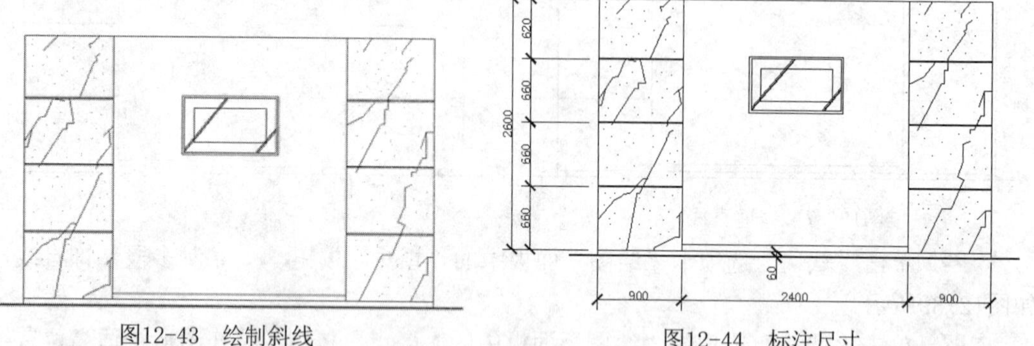

图12-43　绘制斜线　　　　图12-44　标注尺寸

❷单击“默认”选项卡“块”面板中的“插入”按钮，弹出“插入”对话框，选择“标高符号”插入到图形中。单击“默认”选项卡“修改”面板中的“分解”按钮，选择标高符号，按Enter键确认进行分解，再单击标高上的文字进行修改，结果如图12-45所示。

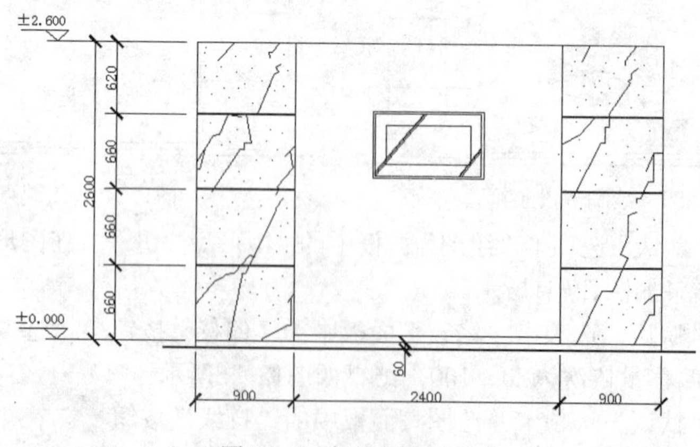

图12-45　标注标高符号

02 文字说明。

❶单击“默认”选项卡“注释”面板中的“文字样式”按钮，弹出“文字样式”对话框，新建“说明”文字样式，设置高度为100，并将其置为当前图层。

❷在命令行中输入QLEADER命令，标注文字说明，单击“默认”选项卡“绘图”面板中的“直线”按钮和“多行文字”按钮，标注其余文字，结果如图12-46所示。

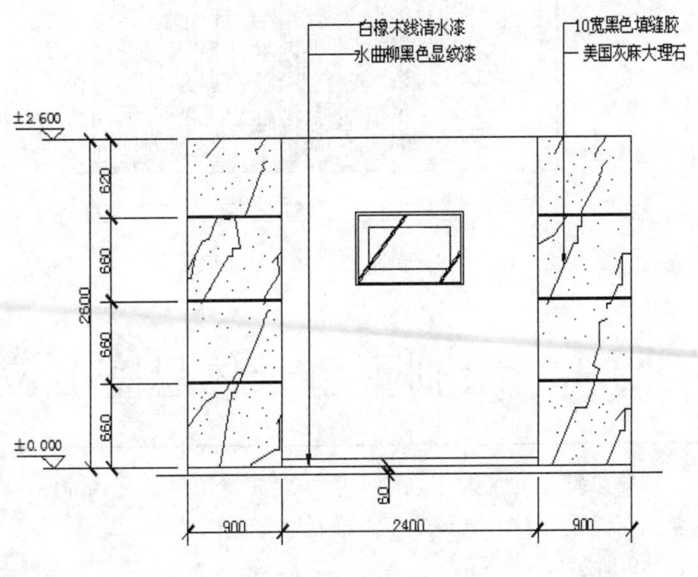

图12-46　标注文字说明

> **说明**
>
> 可以在标注样式中进行相关设置来处理字样重叠的问题，这样计算机会自动处理，但处理效果有时不太理想，也可以单击“标注”工具栏上的“编辑标注文字”按钮来调整文字位置，读者可以试一试。

03 利用上述方法绘制董事长秘书室C立面图，结果如图12-47所示。

04 利用上述方法绘制董事长秘书室D立面图，结果如图12-48所示。

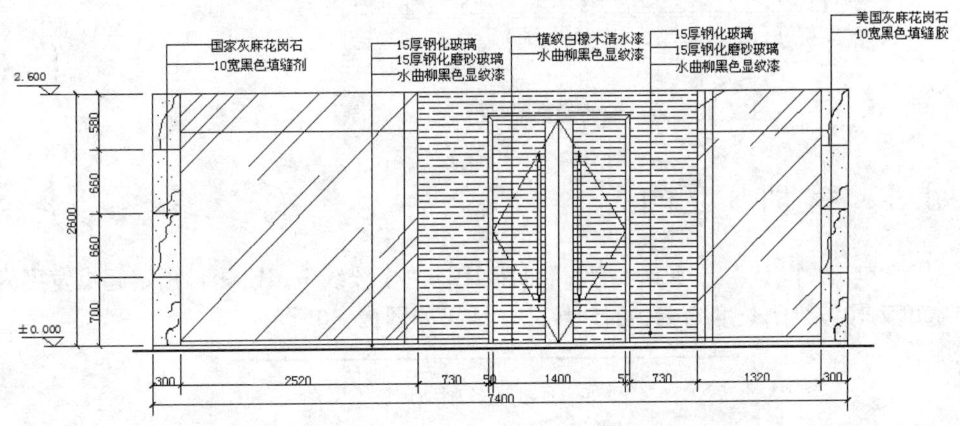

图12-47　董事长秘书室C立面图

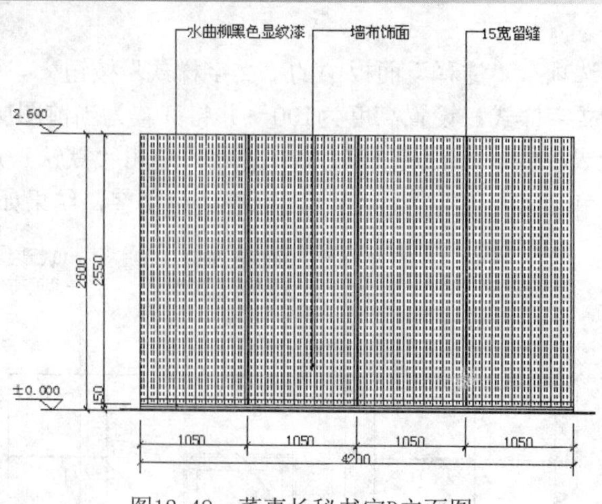

图12-48　董事长秘书室D立面图

12.3　绘制董事长休息室B立面图

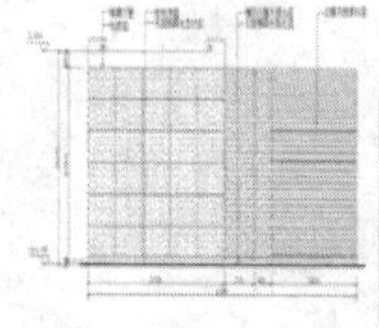

休息室作为个人休息的场所，要显得相对私密、静谧。另外，装饰色调要相对暗淡，给人一种安全、放松和舒适的感觉。董事长休息室 B 立面图如图12-49 所示。

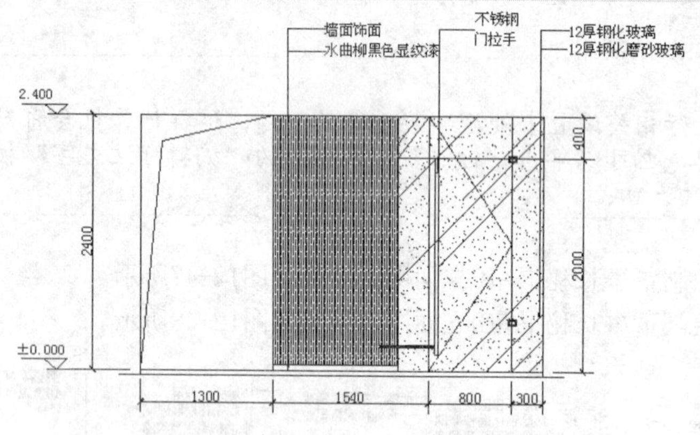

图12-49　董事长休息室B立面图

实讲实训

多媒体演示

多媒体演示参见配套光盘中的\\动画演示\第12章\董事长休息室B立面图.avi。

12.3.1　绘制B立面图

01 单击“默认”选项卡“绘图”面板中的“多段线”按钮，指定起点宽度为10、端点宽度为10，绘制长度为4340的地坪线，结果如图12-50所示。

图12-50　绘制地坪线

02 单击“默认”选项卡“绘图”面板中的“直线”按钮，绘制长度为2450的垂直直线，结果如图12-51所示。

单击“正交”“对象捕捉”“对象追踪”等工具按钮准确绘制图线，保持相应端点对齐。

03 单击“默认”选项卡“修改”面板中的“偏移”按钮，选取左侧竖直直线向右偏移，设置偏移量依次为1300、1540、800、300；选取水平直线，依次向上偏移50、50、2350。结果如图12-52所示。

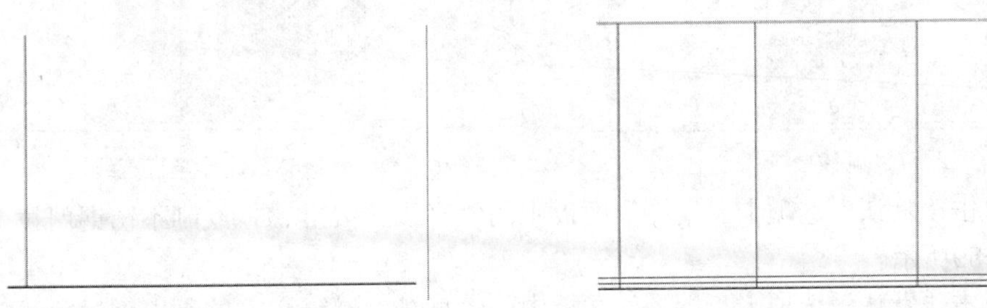

图12-51　绘制垂直直线　　　　图12-52　偏移直线

04 单击“默认”选项卡“修改”面板中的“修剪”按钮，修剪偏移直线，结果如图12-53所示。

05 单击“默认”选项卡“绘图”面板中的“直线”按钮和“修改”面板中的“修剪”按钮，绘制一条线段，如图12-54所示。

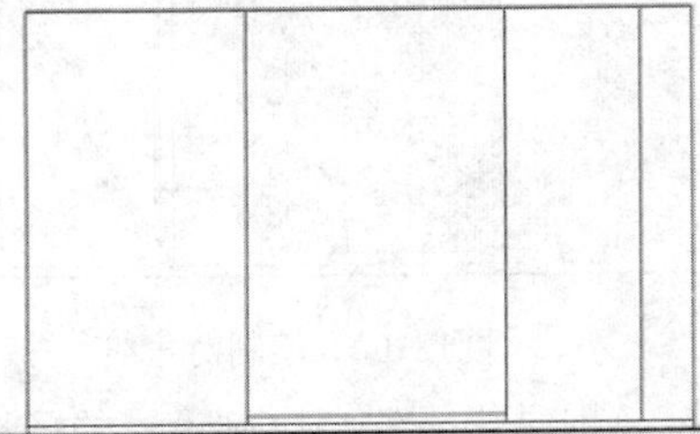

图12-53　修剪线段

图12-54　绘制并修剪线段

06 单击“默认”选项卡“绘图”面板中的“直线”按钮，绘制连续线段，如图12-55所示。

07 单击“默认”选项卡“绘图”面板中的“图案填充”按钮，打开“图案填充创建”选项卡，单击“图案填充图案”选项，在打开的“填充图案”下拉列表框中选择“GOST_WOOD”图案并设置图案填充比例为10、角度为0，进行填充，结果如图12-56所示。

图12-55　绘制线段

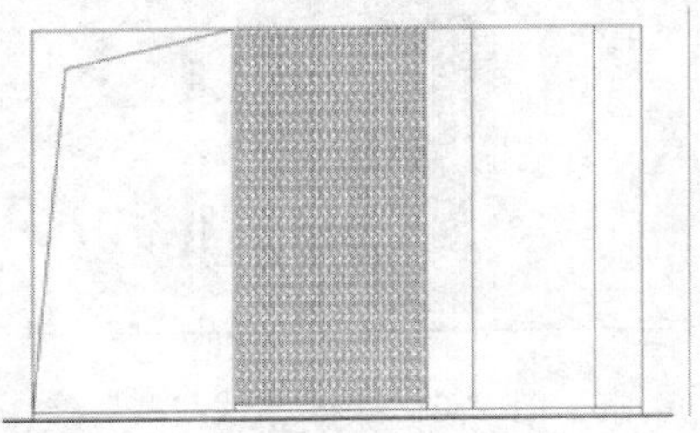

图12-56　填充图案

08 单击“默认”选项卡“修改”面板中的“偏移”按钮，选取上边直线向下偏移，设置偏移量为400，结果如图12-57所示。

09 单击“默认”选项卡“修改”面板中的“修剪”按钮，修剪偏移线段，结果如图12-58所示。

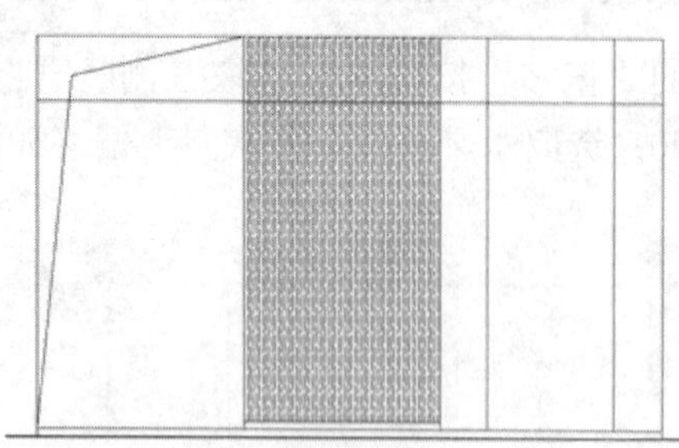

图12-57　偏移直线

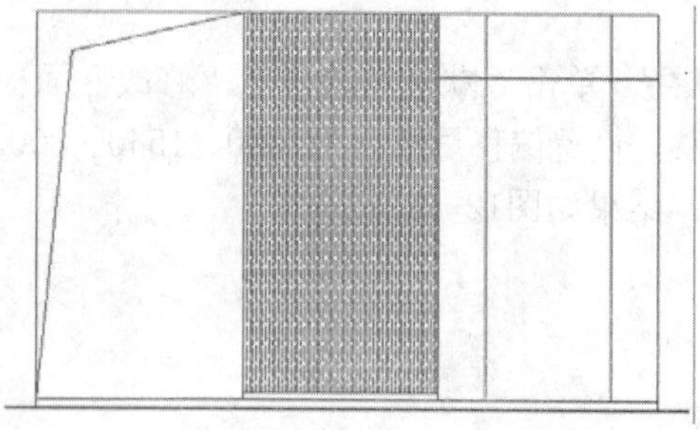

图12-58　偏移竖直直线

10 单击“默认”选项卡“绘图”面板中的“直线”按钮，绘制不锈钢门拉手，结果如图12-59所示。

11 单击“默认”选项卡“绘图”面板中的“直线”按钮，绘制内部对角线，结果如图12-60所示。

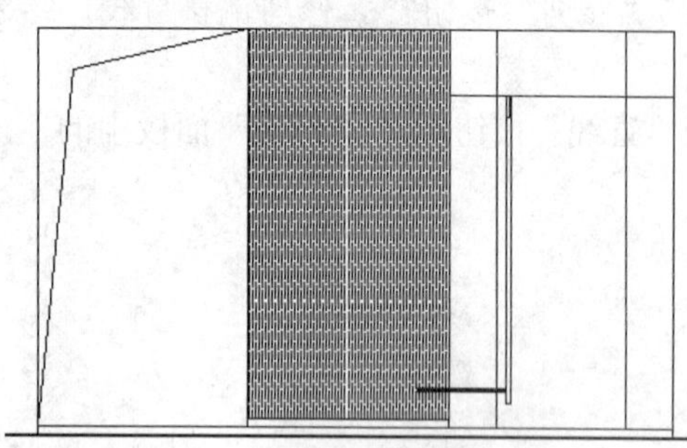

图12-59　绘制不锈钢门拉手

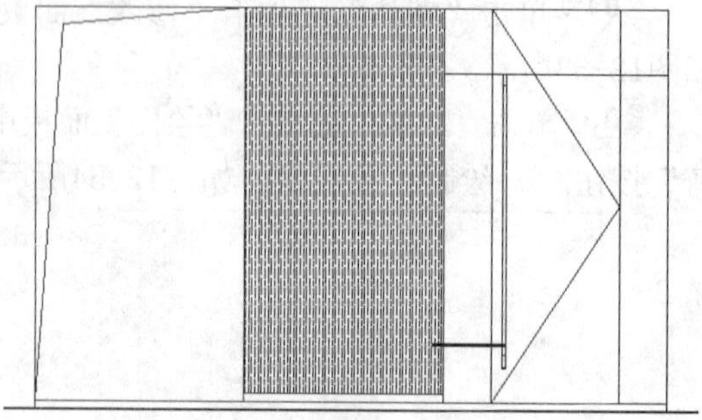

图12-60　绘制对角线

12 此时的线型为实线，将其设置为“中心线”，但是由于线型比例设置的问题，在图中仍然显示为实线。选择刚刚绘制的直线，右键单击，选择“特性”选项。将“线型比例”修改为15，修改后如图12-61所示。

13 单击“默认”选项卡“绘图”面板中的“直线”按钮和“修改”面板中的“修剪”按钮，绘制矩形内装饰图形，结果如图12-62所示。

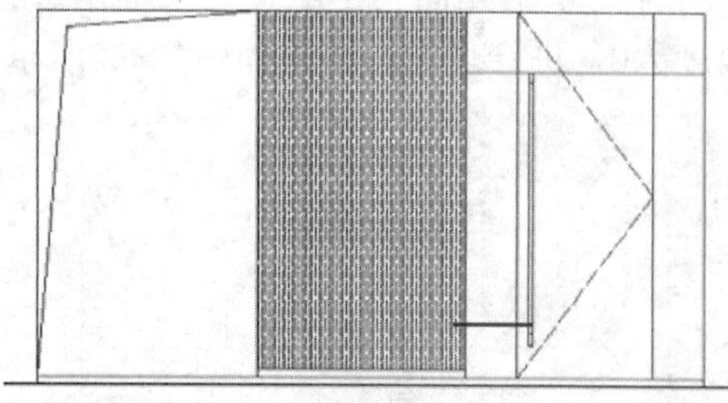

图12-61　修改直线线型

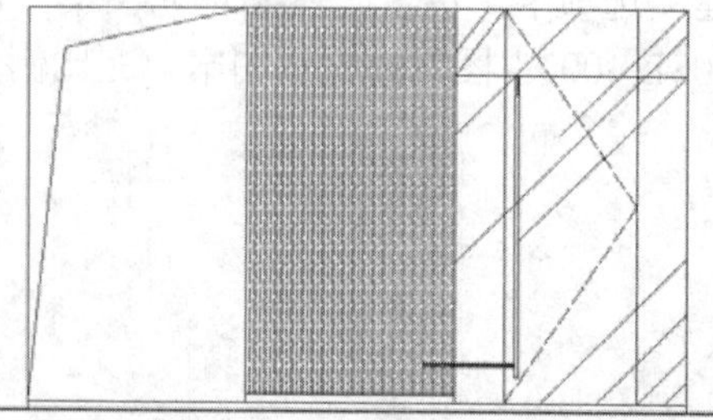

图12-62　绘制装饰图形

14 单击“默认”选项卡“绘图”面板中的“图案填充”按钮，打开“图案填充创建”选项卡，单击“图案填充图案”选项，在打开的“填充图案”下拉列表框中选择“AR-SAND”填充图案（见图12-63）进行填充。填充后的图形如图12-64所示。

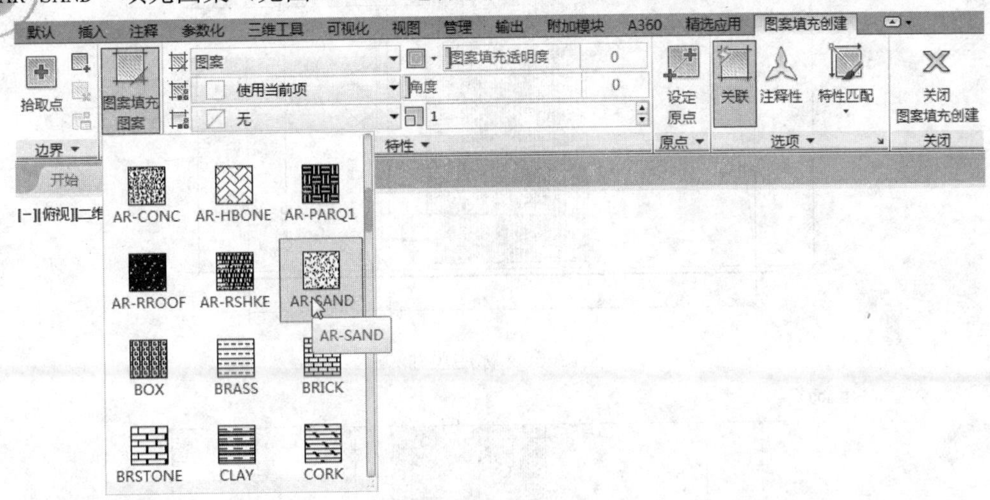

图12-63 填充图形

15 单击“默认”选项卡“绘图”面板中的“矩形”按钮，绘制两个边长50×50的矩形。单击“默认”选项卡“修改”面板中的“偏移”按钮，将绘制的两个矩形分别向内偏移，设置偏移量为3，结果如图12-65所示。

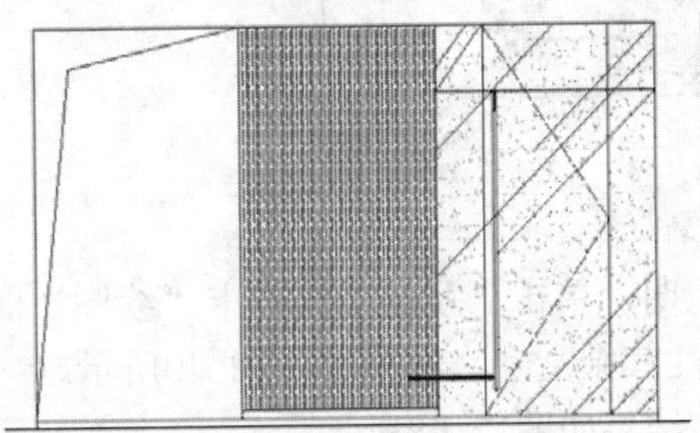

图12-64 填充图形

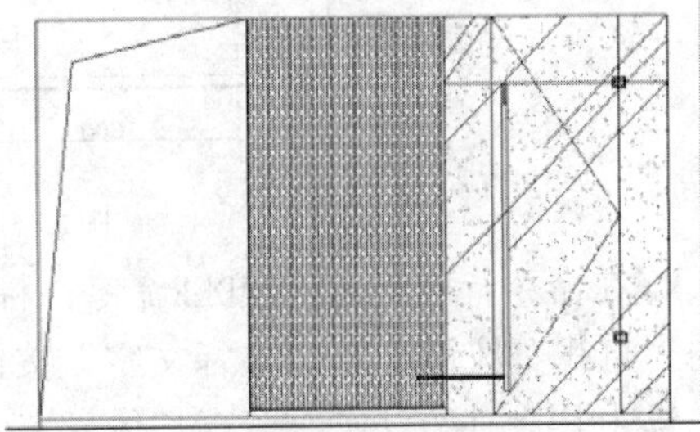

图12-65 绘制并偏移矩形

12.3.2 尺寸和文字标注

01 标注尺寸。

❶单击“默认”选项卡“注释”面板中的“线性”按钮和“连续”按钮，标注尺寸，结果如图12-66所示。

❷单击“默认”选项卡“绘图”面板中的“插入块”按钮，弹出“插入”对话框，选择标高符号插入到立面图中。

❸单击“默认”选项卡“注释”面板中的“多行文字”按钮，输入标高数值，结果如图12-67所示。

02 文字说明。

❶单击“默认”选项卡“注释”面板中的“文字样式”按钮，弹出“文字样式”对话框，新建“说明”文字样式，设置高度为100，并将其置为当前图层。

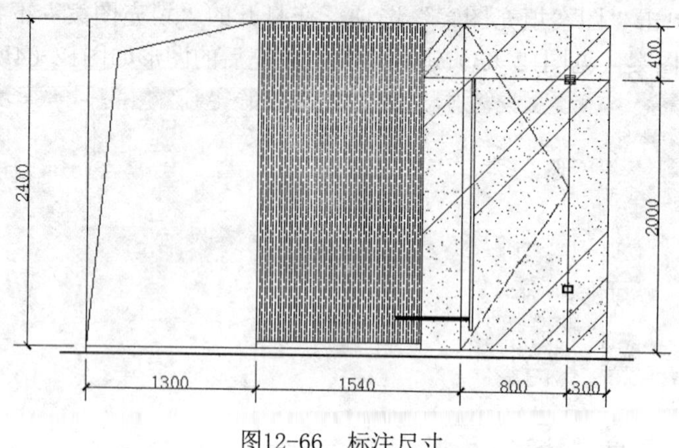

图12-66　标注尺寸

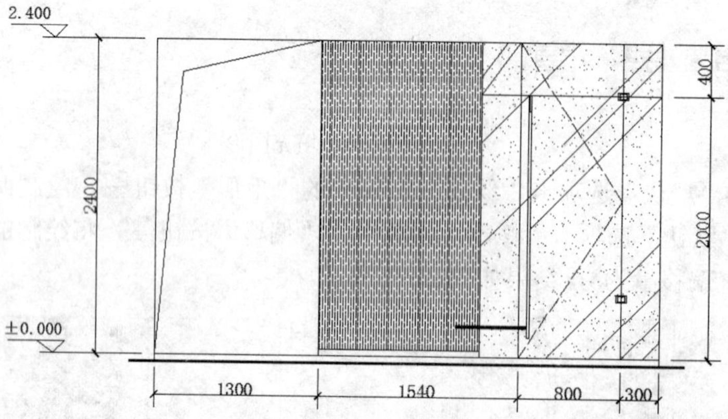

图12-67　标注标高符号

❷在命令行中输入QLEADER命令，标注文字说明，单击“默认”选项卡“绘图”面板中的“直线”按钮和“多行文字”按钮，标注其余文字，结果如图12-49所示。

❸利用上述方法绘制董事长休息室A立面图，结果如图12-68所示。

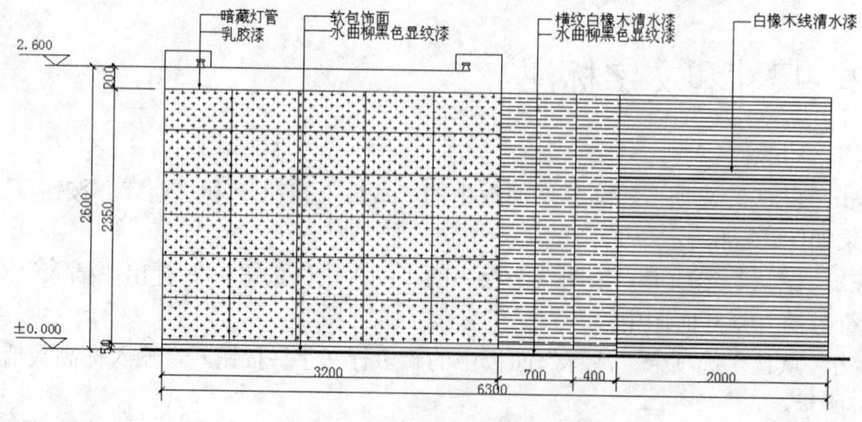

图12-68　董事长休息室A立面图

第13章

董事长室剖面图的绘制

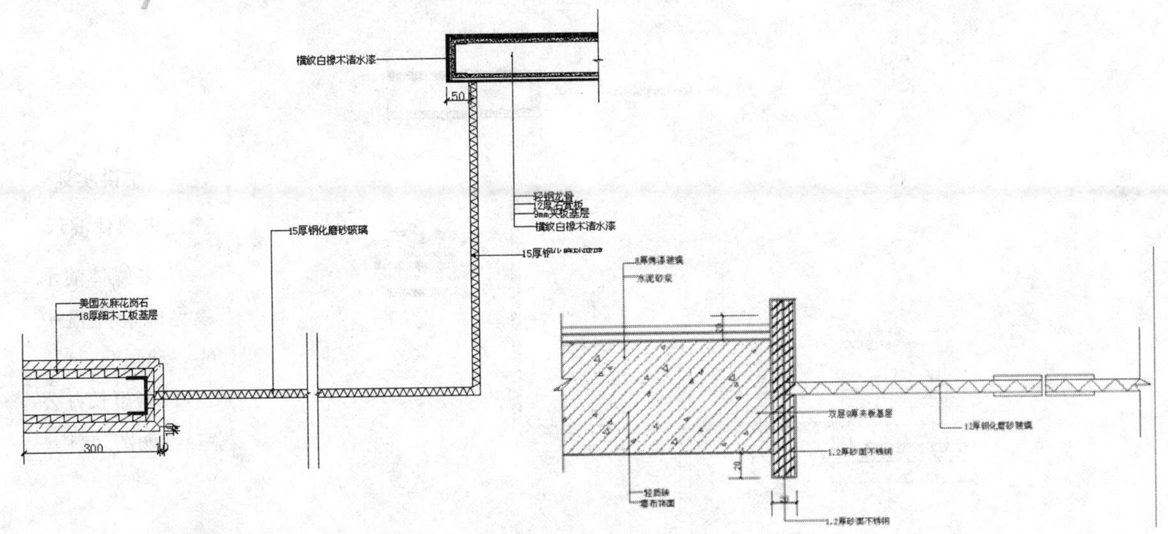

剖面图是指用一剖切面将建筑物的某一位置剖开，移去一侧后，剩下的一侧沿剖视方向的正投影图。本章将以董事长室内设计剖面图绘制为例，详细介绍办公空间室内设计剖面图的绘制过程。在本实例中，将逐步带领读者完成剖面图的绘制，并介绍关于办公空间剖面设计的相关知识和技巧。

- 董事长办公室剖面图的绘制
- 董事长秘书室 A 剖面图的绘制

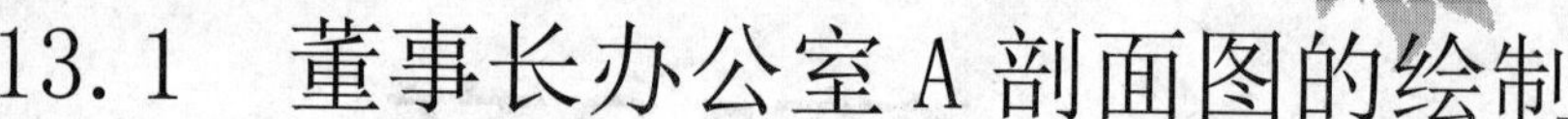

13.1 董事长办公室A剖面图的绘制

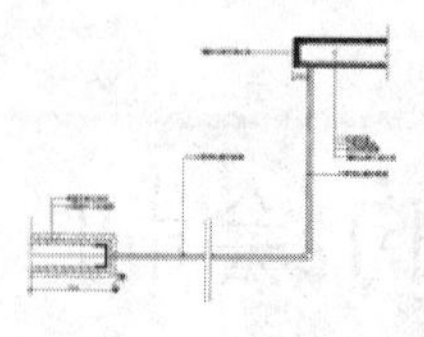

本节以董事长办公室 A 剖面图为例，通过绘制剖面的墙体、玻璃等剖面图形，建立董事长办公室 A 剖面图，并标注文字和尺寸，完成整个剖面图的绘制。图 13-1 所示是董事长办公室 A 剖面图。

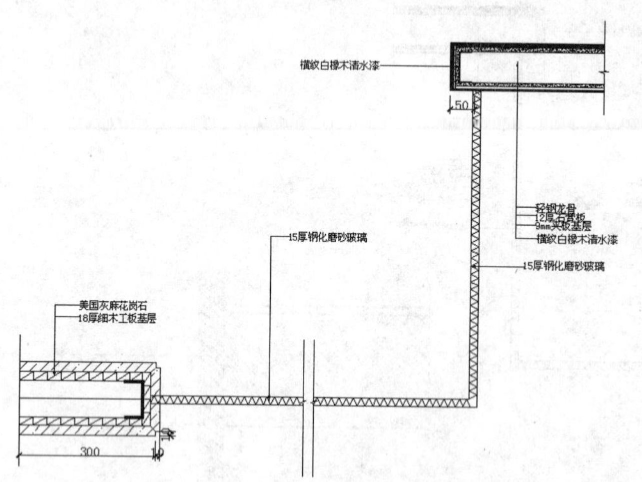

图13-1 董事长室A剖面图

实讲实训

多媒体演示

多媒体演示参见配套光盘中的\\动画演示\第13章\董事长办公室A剖面图.avi。

13.1.1 绘制董事长办公室A剖面图

01 单击“默认”选项卡“绘图”面板中的“直线”按钮，绘制连续线段，结果如图13-2所示。

02 单击“默认”选项卡“修改”面板中的“偏移”按钮，选取两条水平直线分别上和向下设置偏移量为10；选取竖直直线向左偏移两次，设置偏移量为10，结果如图13-3所示。

03 单击“默认”选项卡“修改”面板中的“修剪”按钮，修剪掉偏移后相交的线段，结果如图13-4所示。

图13-2 绘制连续线段　　图13-3 偏移直线　　图13-4 修剪图形

04 单击“默认”选项卡“绘图”面板中的“直线”按钮，绘制两条对角线，如图13-5所示。

05 单击“默认”选项卡“修改”面板中的“偏移”按钮，选取水平直线，分别向内偏移，设置偏移量为38，选取竖直直线向左偏移，设置偏移量为38。结果如图13-6所示。

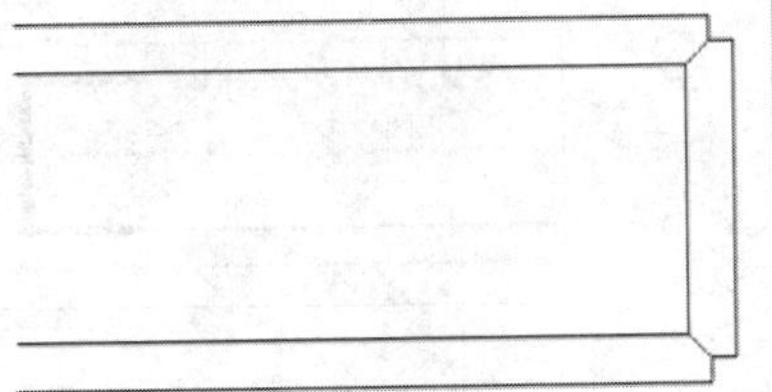
图13-5　绘制对角线

图13-6　偏移直线

06 单击“默认”选项卡“修改”面板中的“修剪”按钮，修剪偏移后的线段，结果如图13-7所示。

07 单击“默认”选项卡“绘图”面板中的“多段线”按钮，指定起点宽度为5、端点宽度为5，绘制一段多段线，如图13-8所示。

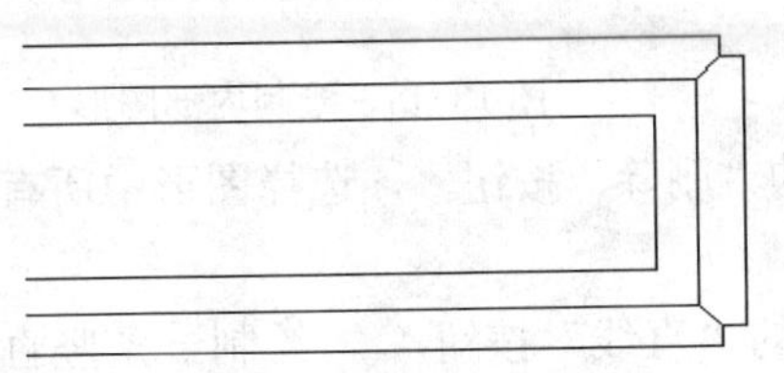
图 13-7　修剪线段

图 13-8　绘制多段线

08 单击“默认”选项卡“绘图”面板中的“直线”按钮，绘制一条水平直线和一条竖直直线，如图13-9所示。

09 单击“默认”选项卡“绘图”面板中的“图案填充”按钮，打开“图案填充创建”选项卡，单击“图案填充图案”选项，在打开的“填充图案”下拉列表框中选择“ANSI35”并设置图案填充比例为5、角度为0°，结果如图13-10所示。

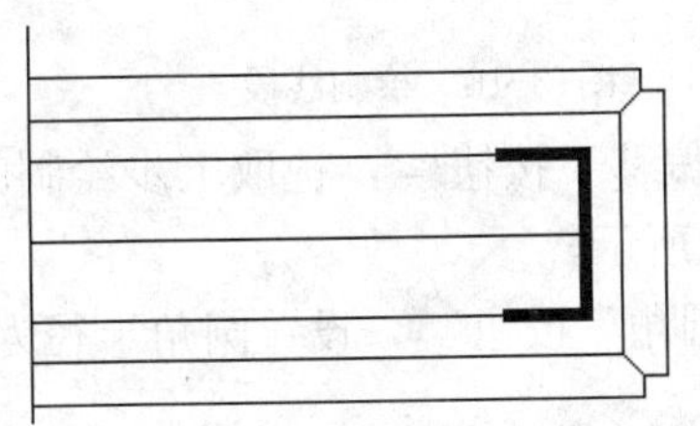
图 13-9　绘制直线

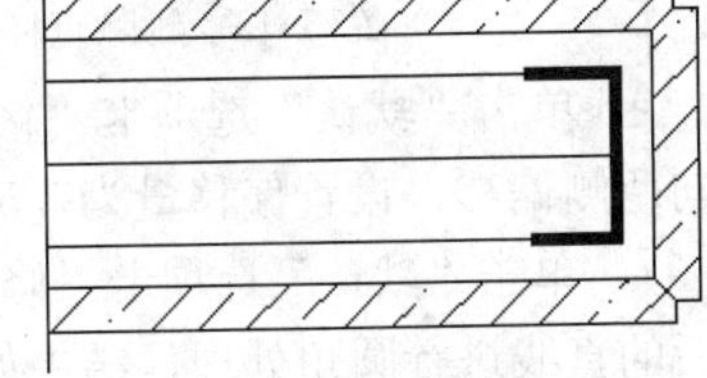
图 13-10　填充图形

10 选择菜单栏中的“绘图”下的“点”，并选择“定数等分”命令，选取图形上部中间的水平直线，将其 9 等分，命令行提示与操作如下：

```
命令: DIVIDE
选择要定数等分的对象:
输入线段数目或 [块(B)]:9↙
```

结果如图13-11所示。

11 单击“默认”选项卡“绘图”面板中的“直线”按钮，根据上步的等分点向上绘制垂直线段，结果如图13-12所示。

12 单击“默认”选项卡“绘图”面板中的“直线”按钮，继续绘制线段，如图

13-13所示。

13 利用相同方法绘制其余线段，结果如图13-14所示。

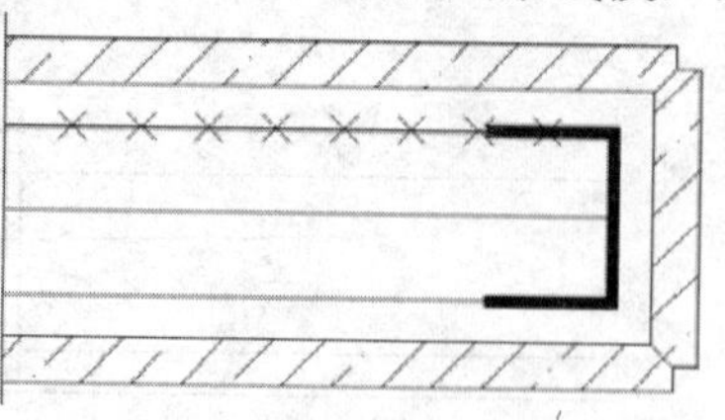

图 13-11　等分边

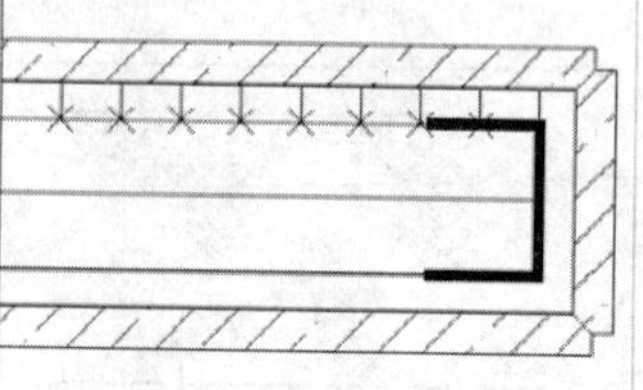

图 13-12　绘制垂直线段

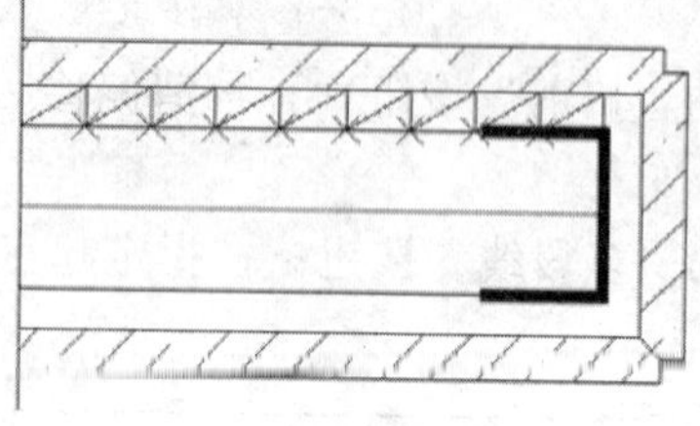

图 13-13　绘制线段

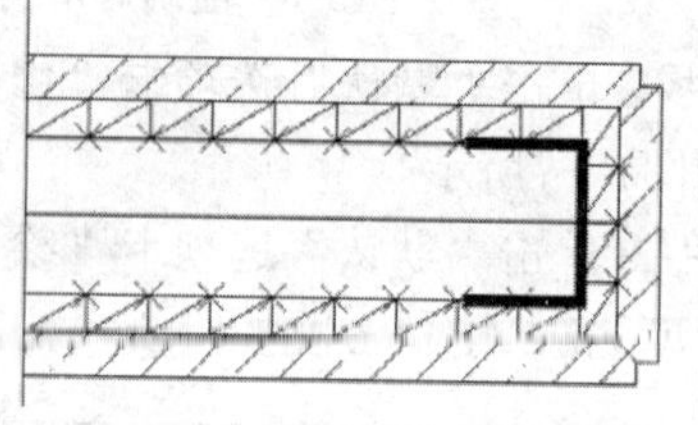

图 13-14　绘制内部图形

14 单击“默认”选项卡“修改”面板中的“删除”按钮，选择图形中所有点样式进行删除，结果如图13-15所示。

15 单击“默认”选项卡“绘图”面板中的“直线”按钮，绘制一条竖直直线和一条水平直线，如图13-16所示。

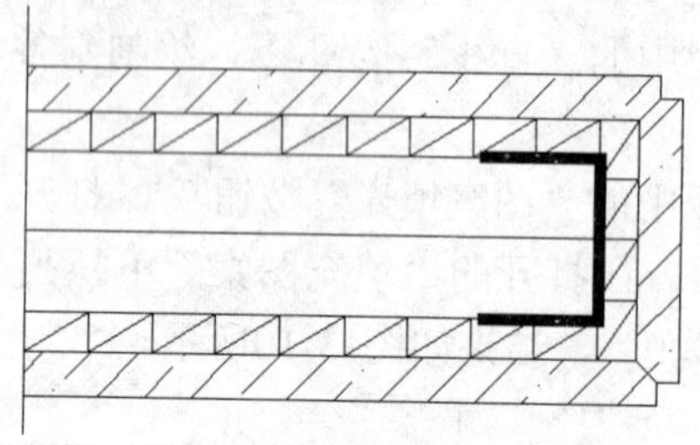

图13-15　删除点样式

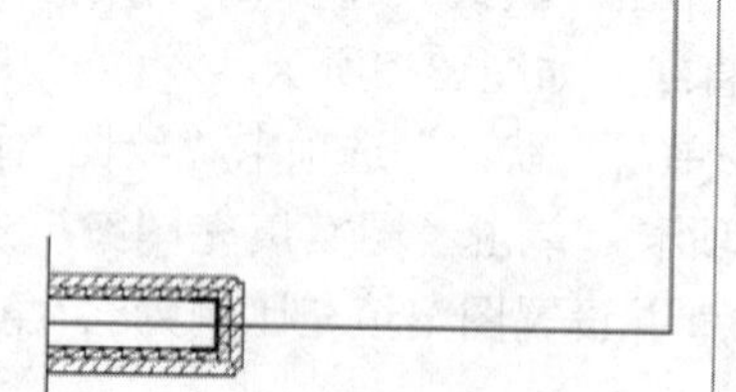

图13-16　绘制线段

16 单击“默认”选项卡“修改”面板中的“偏移”按钮，选取上步绘制的直线分别向两侧偏移，设置偏移量为7.5，结果如图13-17所示。

17 单击“默认”选项卡“修改”面板中的“圆角”按钮，设置圆角半径为0，对偏移后的直线进行圆角处理，结果如图13-18所示。

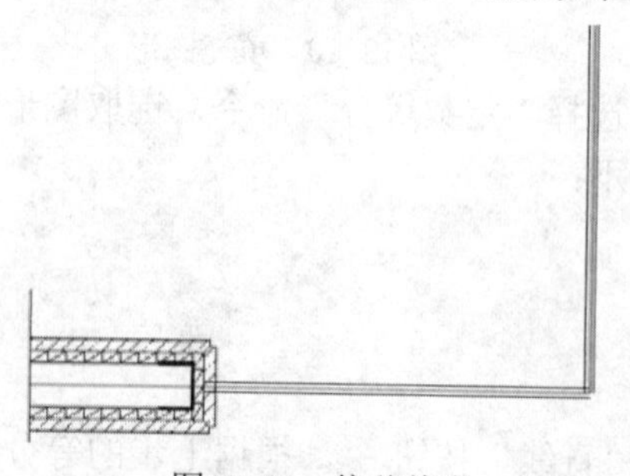

图13-17　偏移线段

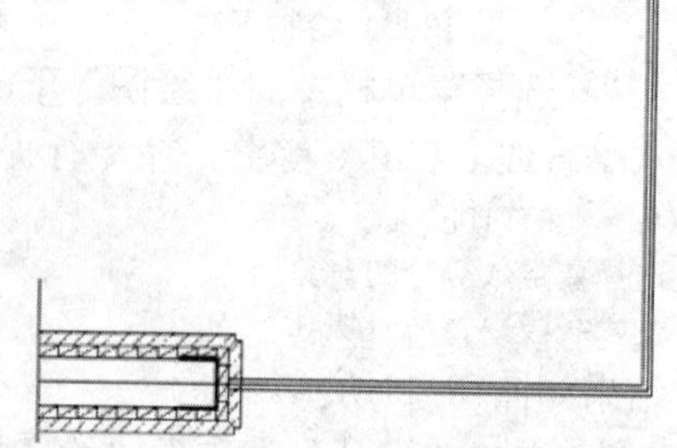

图13-18　圆角处理

18 单击“默认”选项卡“修改”面板中的“删除”按钮，选择绘制的辅助线段进行删除，结果如图13-19所示。

19 单击“默认”选项卡“修改”面板中的“修剪”按钮，修剪偏移后的图形与填充图形的相交部分，结果如图13-20所示。

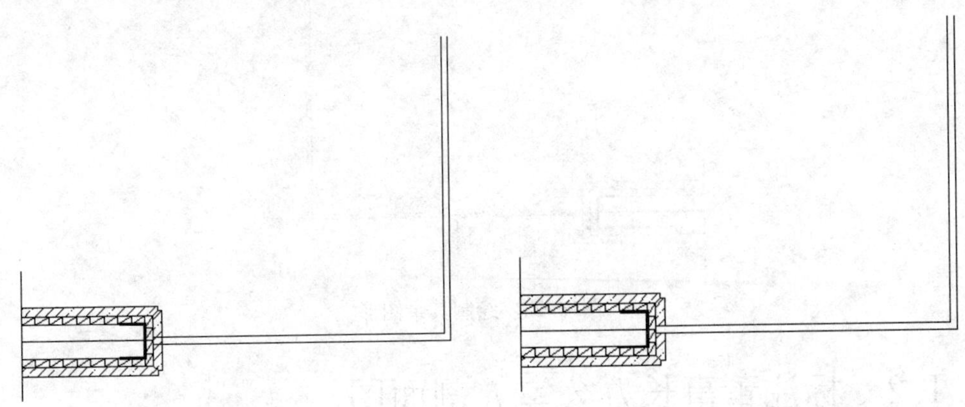

图13-19 删除辅助线段　　图13-20 修剪线段

20 单击“默认”选项卡“绘图”面板中的“直线”按钮，绘制两条角度为45°的斜向直线，如图13-21所示。

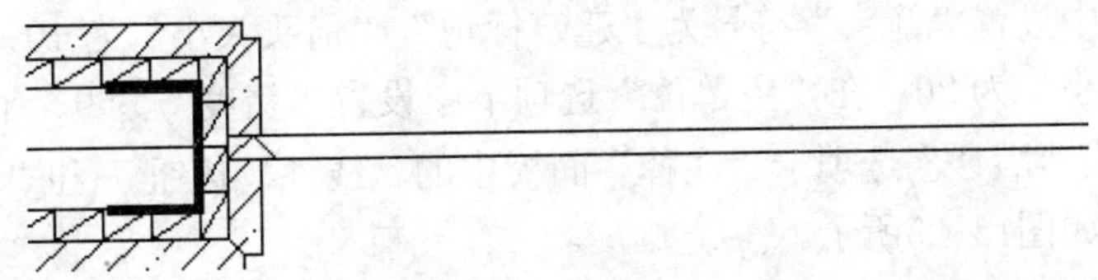

图13-21 绘制线段

21 单击“默认”选项卡“修改”面板中的“复制”按钮，连续复制上一步绘制的线段，如图13-22所示。

22 利用上述方法绘制出其余线段，结果如图 13-23 所示。

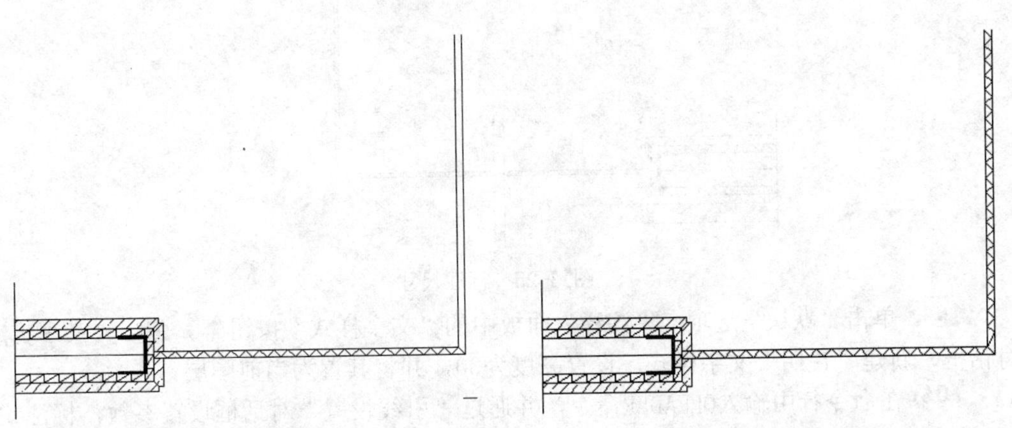

图13-22 复制线段　　图13-23 绘制其余线段

23 其余图形的绘制方法与上述图形的绘制方法基本相同，这里不再详细阐述。其余图形的绘制结果如图 13-24 所示。

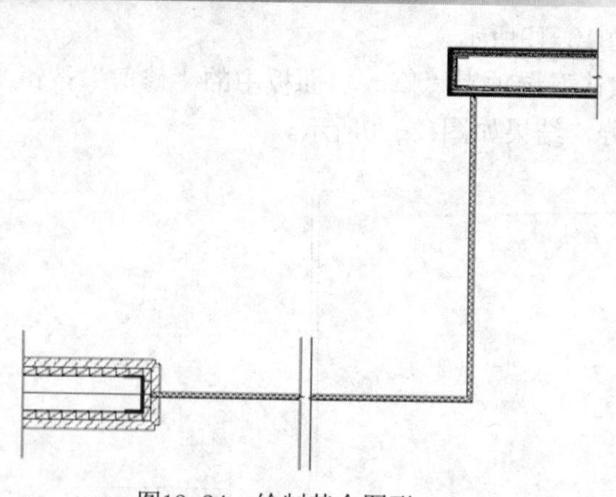

图13-24　绘制其余图形

13.1.2　标注董事长办公室A剖面图

01 单击“默认”选项卡“注释”面板中的“标注样式”按钮，弹出“标注样式管理器”对话框，新建“详图”标注样式。

02 在“线”选项卡中设置“超出尺寸线”为 30、“起点偏移量”为 10；在“符号和箭头”选项卡中设置“箭头”符号为“建筑标记”，“箭头大小”为 10；在“文字”选项卡中设置“文字大小”为 20；在“主单位”选项卡中设置“精度”为 0、小数分割符为“句点”。

03 单击“默认”选项卡“注释”面板中的“线性”按钮和“连续”按钮，标注详图尺寸，如图13-25所示。

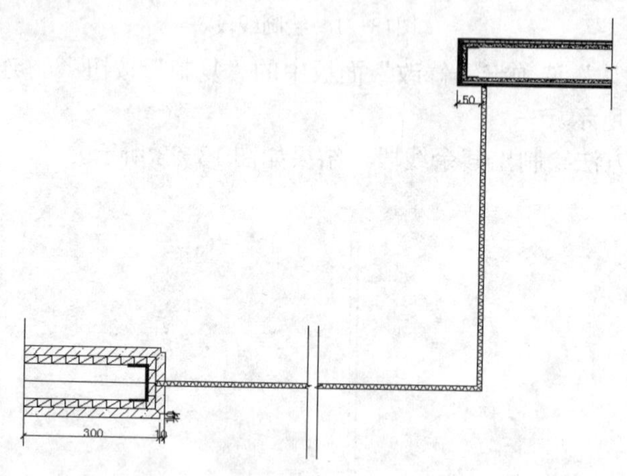

图13-25　标注尺寸

04 单击“默认”选项卡“注释”面板中的“文字样式”按钮，弹出“文字样式”对话框，新建“说明”文字样式，设置高度为30，并将其置为当前图层。

05 在命令行中输入QLEADER命令，并通过“引线设置”对话框设置参数，标注说明部分文字，单击“默认”选项卡“绘图”面板中的“直线”按钮和“多行文字”按钮，补充其余文字。

结果如图 13-26 所示。

13.1.3 董事长办公室其他剖面图的绘制

01 利用上述方法绘制董事长室 B 剖面图，结果如图 13-27 所示。

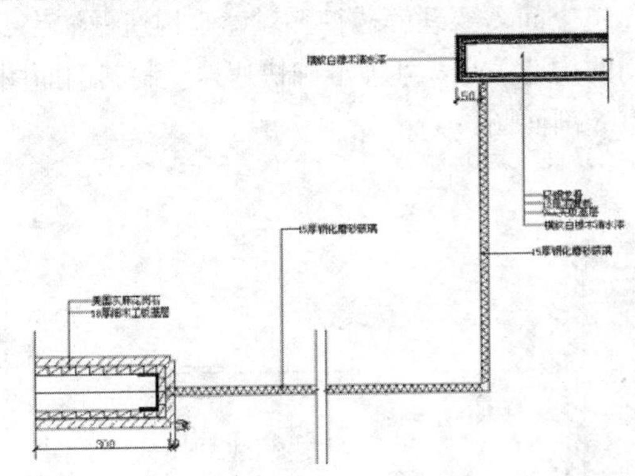

图13-26 标注文字

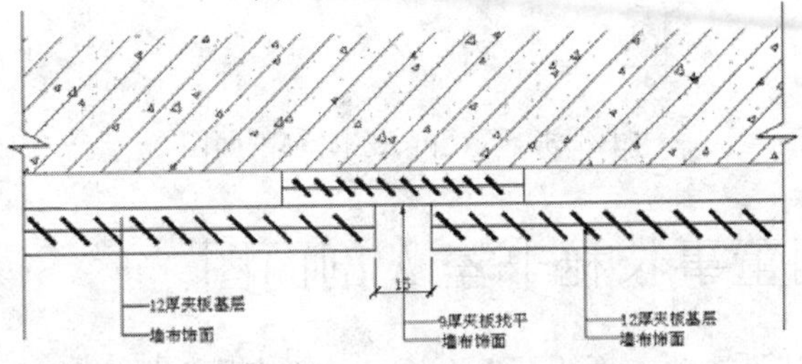

图13-27 董事长室B剖面图

02 利用上述方法绘制董事长室 C 剖面图，结果如图 13-28 所示。

03 利用上述方法绘制董事长室 D 剖面图，结果如图 13-29 所示。

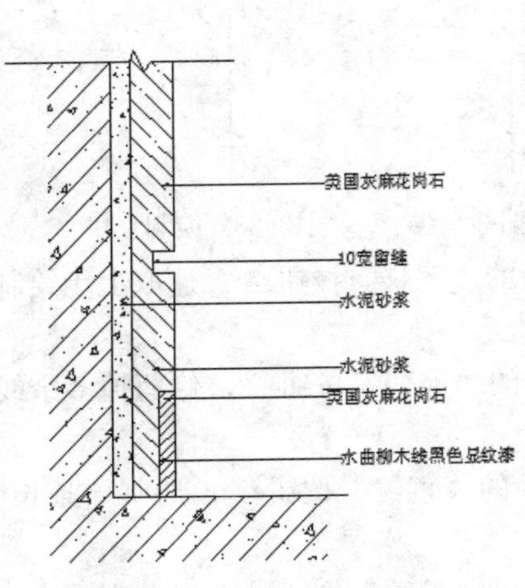

图13-28 董事长室C剖面图

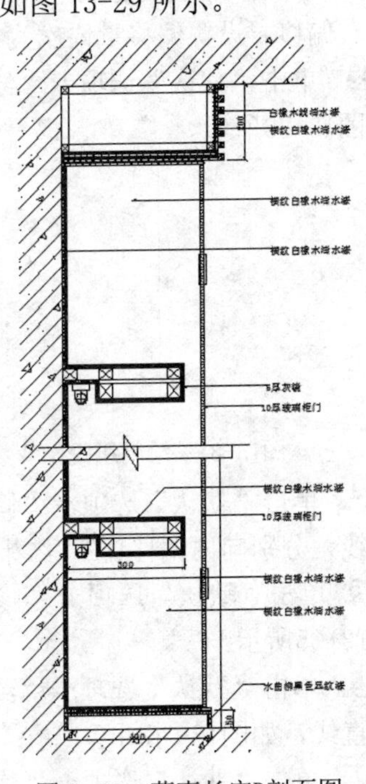

图13-29 董事长室D剖面图

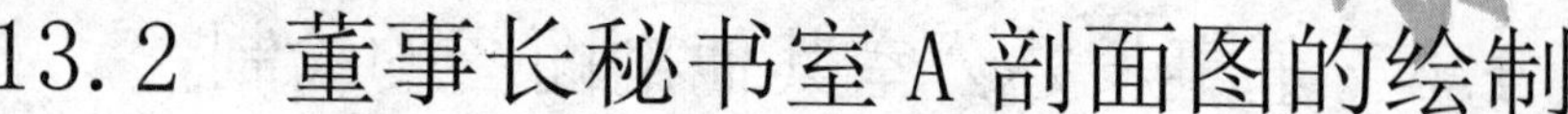

13.2 董事长秘书室A剖面图的绘制

对建筑空间需要理解透彻，对建筑构造做法也要熟悉。只有掌握了建筑不同空间的构造关系，才能准确快速地绘制其剖面图。图 13-30 所示为董事长秘书室 A 剖面图。

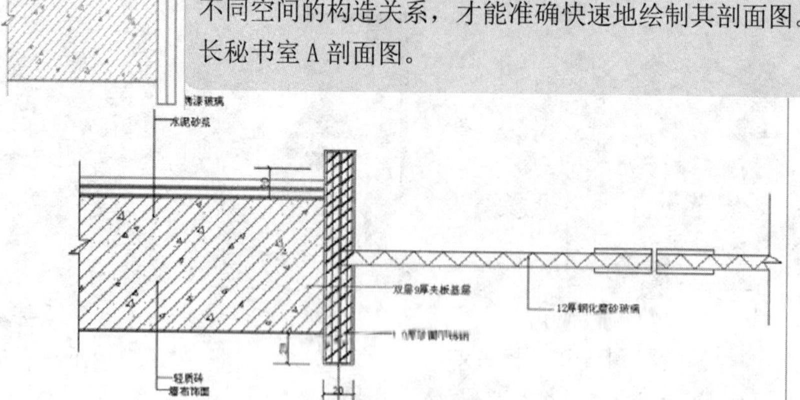

图13-30 董事长秘书室A剖面图

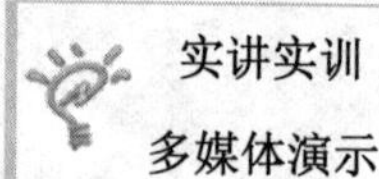

实讲实训

多媒体演示

多媒体演示参见配套光盘中的\\动画演示\第13章\董事长秘书室A剖面图.avi。

13.2.1 绘制董事长秘书室 A 剖面图

01 单击“默认”选项卡“绘图”面板中的“直线”按钮，绘制一条长为141垂直线段。结果如图13-31所示。

02 单击“默认”选项卡“修改”面板中的“偏移”按钮，选取上步绘制的垂直直线向右偏移，设置偏移量依次为1.2、9、1.2、9、1.2，结果如图13-32所示。

03 单击“默认”选项卡“绘图”面板中的“直线”按钮，绘制两条水平直线，结果如图13-33所示。

图13-31 绘制线段　　图13-32 偏移直线　　图13-33 绘制直线

04 单击“默认”选项卡“修改”面板中的“偏移”按钮，选取上步绘制的两条水平直线，分别向内偏移1.2，结果如图13-34所示。

05 单击“默认”选项卡“修改”面板中的“修剪”按钮，修剪掉多余线段，结果如图13-35所示。

06 单击“默认”选项卡“绘图”面板中的“直线”按钮，绘制一条长度为200的水平直线，如图13-36所示。

07 单击“默认”选项卡“修改”面板中的“偏移”按钮，选取水平直线向上偏移，设置偏移量依次为1.2、87.5、1.2、5、1.2、5，结果如图13-37所示。

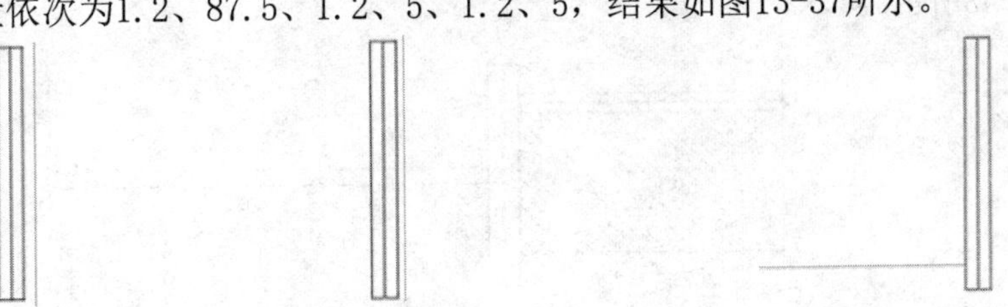

图13-34 偏移直线　　图13-35 修剪线段　　图13-36 绘制水平直线

08 单击“绘图”工具栏中的“直线”按钮，绘制一条垂直直线，如图 13-38 所示。

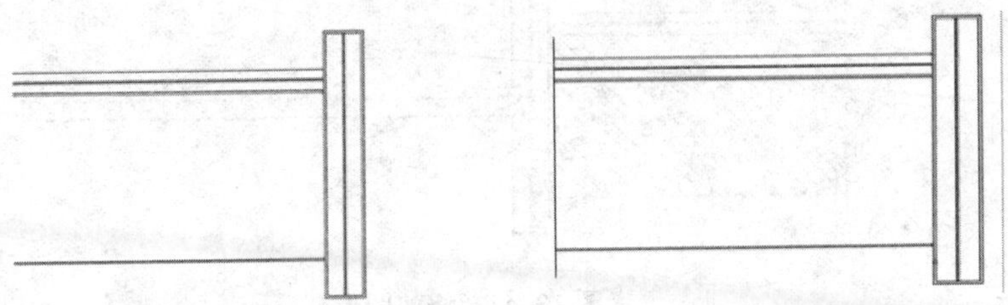

图13-37 偏移直线　　图13-38 绘制直线

09 单击“默认”选项卡“绘图”面板中的“直线”按钮，绘制连续线段，单击“默认”选项卡“修改”面板中的“修剪”按钮，修剪线段，形成折弯线，如图13-39所示。

10 单击“默认”选项卡“绘图”面板中的“图案填充”按钮，打开“图案填充创建”选项卡，单击“图案填充图案”选项，在打开的“填充图案”下拉列表框中选择“ANSI31”并设置图案填充比例为2、角度为0°；继续填充图案，选择填充图案为“AR-CONC”并设置图案填充比例为0.2、角度为0°，结果如图13-40所示。

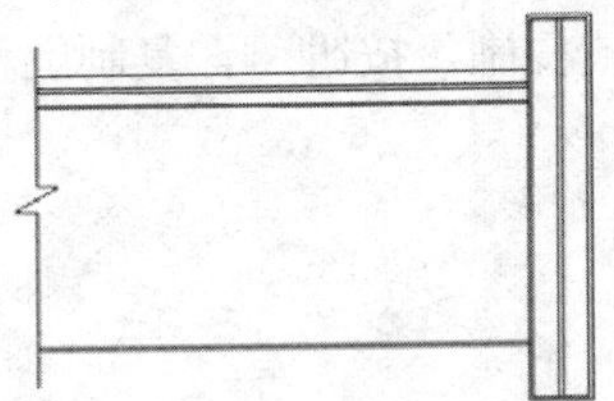

图13-39 绘制折弯线

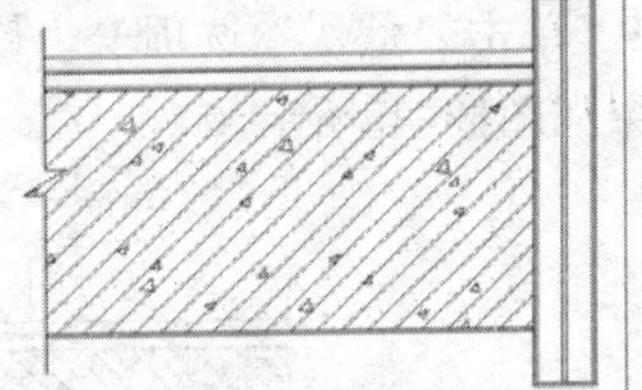

图13-40 填充图形

11 单击“默认”选项卡“绘图”面板中的“直线”按钮，绘制一条长度为290的水平直线，如图13-41所示。

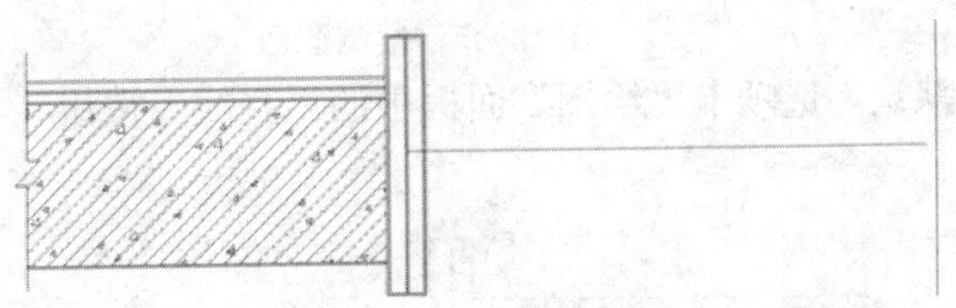

图 13-41 绘制一条水平直线

12 单击“默认”选项卡“修改”面板中的“偏移”按钮，将绘制的水平直线向下偏移10，结果如图13-42所示。

13 单击“默认”选项卡“修改”面板中的“修剪”按钮，修剪掉多余线段，结果如图13-43所示。

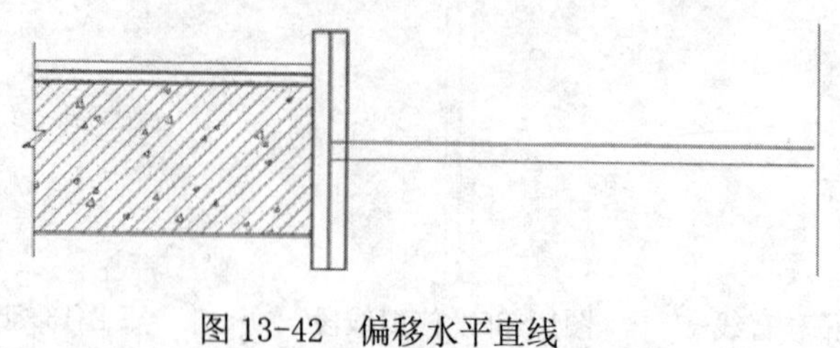

图 13-42　偏移水平直线

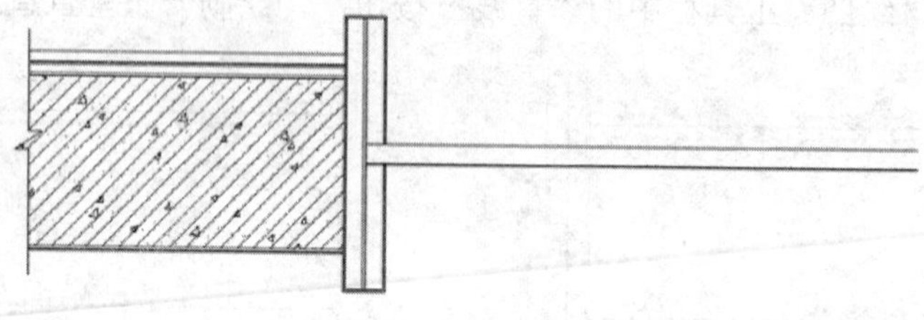

图 13-43　修剪图形

14 单击“默认”选项卡“绘图”面板中的“直线”按钮，绘制两条斜向45°直线，如图13-44所示。

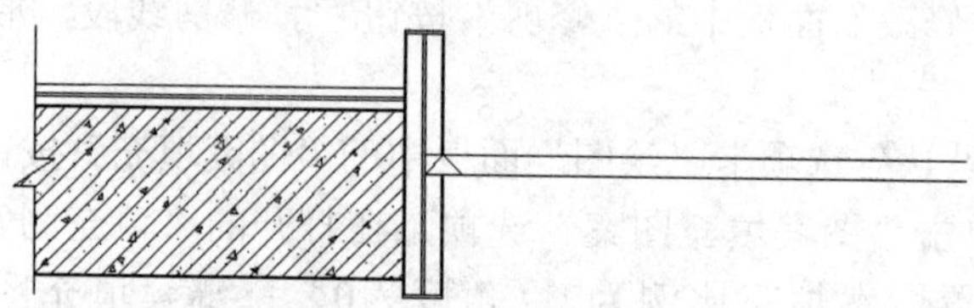

图 13-44　绘制斜线

15 单击“默认”选项卡“修改”面板中的“复制”按钮，复制上一步绘制的图形，结果如图13-45所示。

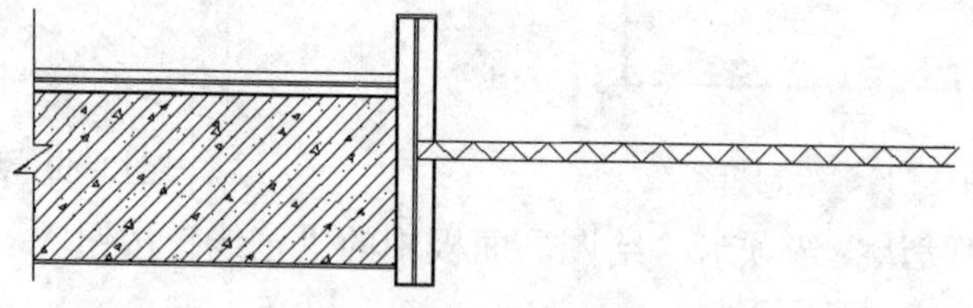

图 13-45　复制图形

16 单击“默认”选项卡“绘图”面板中的“直线”按钮，绘制外部图形，结果如图13-46所示。

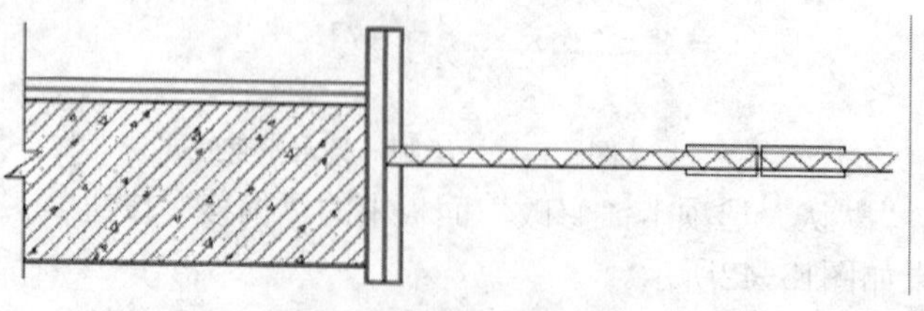

图 13-46　绘制外部图形

17 单击“默认”选项卡“修改”面板中的“修剪”按钮，对上一步绘制的图形进行修剪，结果如图13-47所示。

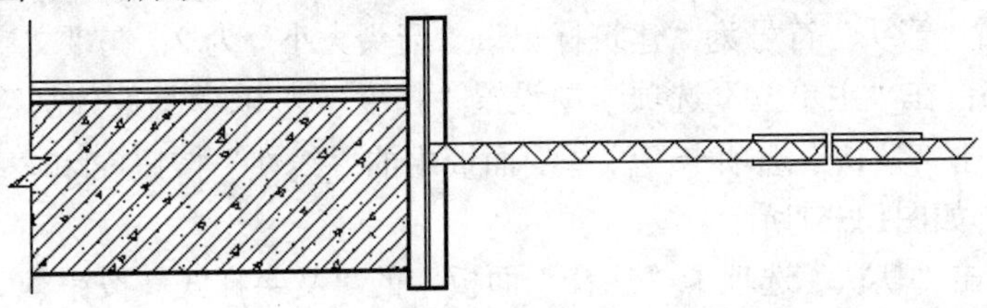

图13-47 修剪图形

18 单击“默认”选项卡“绘图”面板中的“直线”按钮，绘制图形外部折弯线，如图13-48所示。

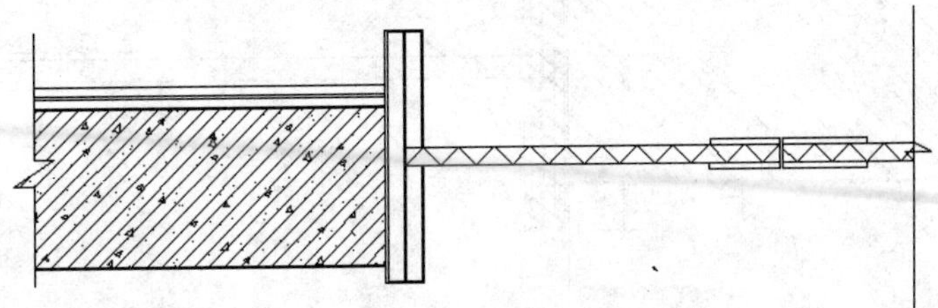

图13-48 绘制直线

19 单击“默认”选项卡“修改”面板中的“修剪”按钮，修剪上一步绘制的折弯线，结果如图13-49所示。

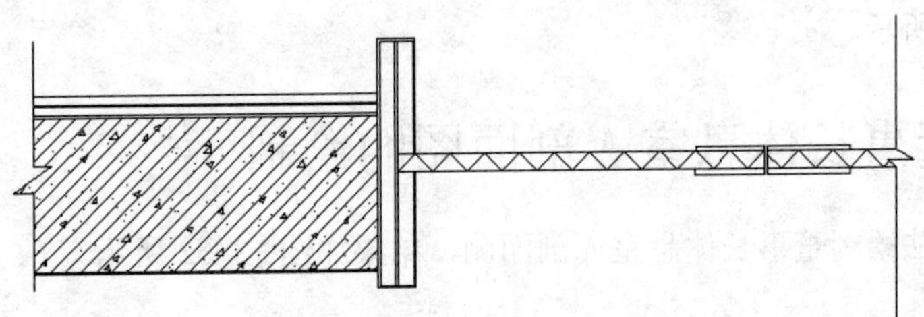

图13-49 修剪线段

20 单击“默认”选项卡“绘图”面板中的“直线”按钮和“多段线”按钮，绘制其余图形，结果如图13-50所示。

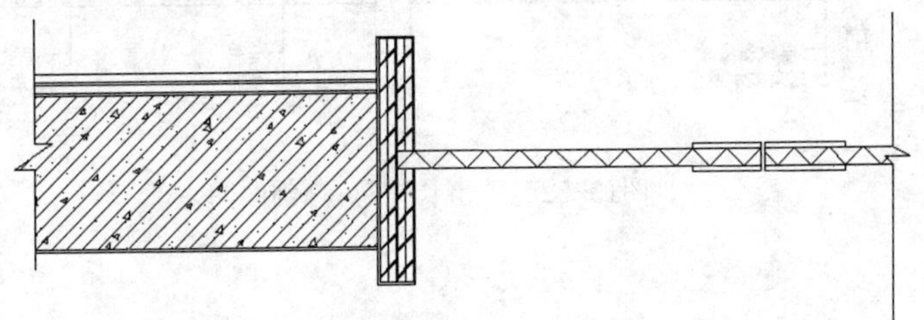

图13-50 绘制其余图形

13.2.2 标注董事长秘书室 A 剖面图

01 单击“默认”选项卡“注释”面板中的“标注样式”按钮，弹出“标注样式管理器”对话框，修改标注样式。

02 在“线”选项卡中设置“超出尺寸线”为5、“起点偏移量”为8；“符号和箭头”选项卡中设置“箭头”符号为“建筑标记”，“箭头大小”为2；在“文字”选项卡中设置“文字大小”为5；在“主单位”选项卡中设置“精度”为0、“小数分割符”为“句点”。

03 单击“默认”选项卡“注释”面板中的“线性”按钮和“连续”按钮，标注详图尺寸，如图13-51所示。

04 单击“默认”选项卡“注释”面板中的“文字样式”按钮，弹出“文字样式”对话框，新建“说明”文字样式，设置高度为5，并将其置为当前。

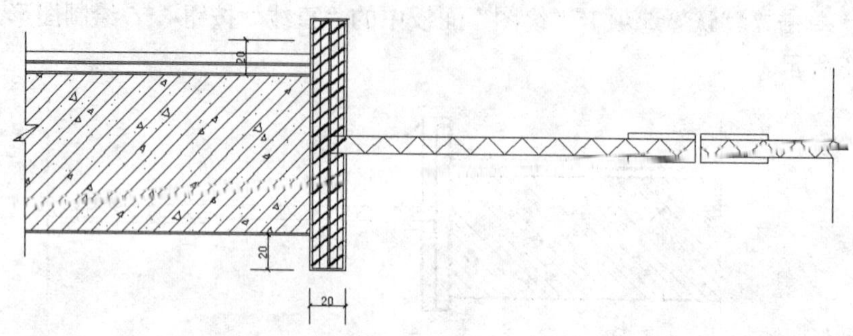

图13-51　标注尺寸

05 在命令行中输入 QLEADER 命令，并通过“引线设置”对话框设置参数，标注部分说明文字；单击“绘图”工具栏中的“直线”按钮和“多行文字”按钮，补充其余文字，结果如图 13-30 所示。

13.2.3　董事长休息室 A 剖面图的绘制

利用相同方法绘制董事长休息室 A 剖面图，结果如图 13-52 所示。

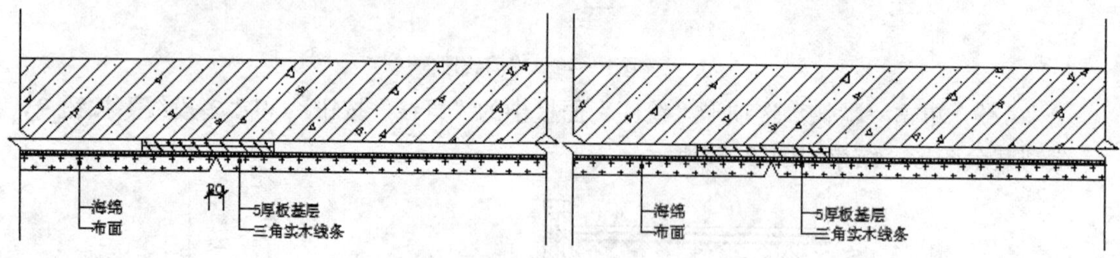

图13-52　董事长休息室A剖面图

第14章

咖啡吧室内设计图的绘制

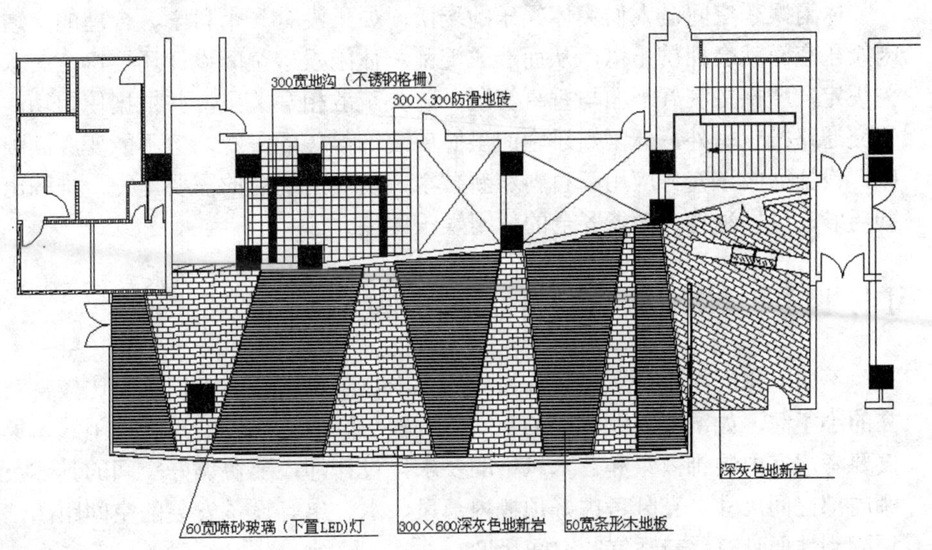

咖啡吧是现代都市人休闲生活中的重要去处，是人们休息时间与朋友畅聊的最佳场所之一。作为一种典型的都市商业建筑，咖啡吧一般设施健全，环境幽雅，是喧嚣都市内难得的安静去处。

本章将以某写字楼底层咖啡吧室内设计为例，介绍咖啡吧这类休闲商业建筑室内设计的基本思路和方法。

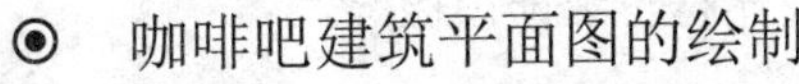

- 咖啡吧建筑平面图的绘制
- 咖啡吧装饰平面图的绘制
- 咖啡吧顶棚平面图的绘制
- 咖啡吧地面平面图的绘制

14.1 休闲娱乐空间室内设计概述

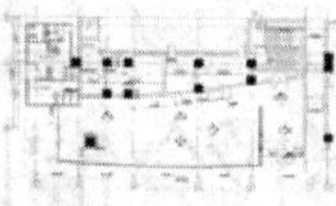

休闲娱乐空间设计比较复杂，涉及诸多综合技术和具体物件。设计师必须灵活运用各种知识，对室内进行多层次的空间设计，使大空间饰面丰富，小空间布局精巧，合理划分功能区域，巧妙组织交通流线。

休闲娱乐空间是人们集体娱乐的场所，如果没有一个科学、合理的交通流线设计，休闲娱乐空间就会拥挤不堪，从而造成混乱。休闲娱乐空间设计还要符合国家防火规范的有关规定，严格控制好平面与垂直交通、防火疏散相互关系，并根据使用功能不同组织好内外交通路线。另外，休闲娱乐空间虽然应装饰得华丽美观，但不能变成满眼奢华的材料堆砌，设计师应该充分应用新材料和新技术，从实用功能的需要出发，推陈出新，创造出新颖巧妙、风格独特、功能齐全的休闲娱乐环境。

14.1.1 休闲娱乐空间顶部构造设计

不同的休闲娱乐场所对装饰设计的要求也不相同，但人们总是比较喜欢相对封闭、独立的小空间，如酒吧、咖啡厅的空间尺度较小，而且比较紧凑。休闲娱乐场所顶棚设计不仅要考虑室内装饰效果和艺术风格的要求，设计师还要协调好空间的具体尺寸，把握好顶棚内部空间尺寸，充分考虑好顶棚内部风、水、电等设备安装的空间距离，同时又要保证顶棚到地面具有比较适宜的空间尺度。

1. 顶棚装饰的特点分析

休闲娱乐场所顶棚的造型、结构、材料设计都比较复杂，吊顶的层次变化也比较丰富，因此设计师在休闲娱乐场所吊顶造型、基本构造、固定方法等方面的设计必须从整体考虑，其设计必须符合相关的国家标准。

2. 顶棚构造设计

顶棚的装饰效果会直接影响人们对该休闲娱乐场所的空间感受。休闲娱乐场所顶棚设计常会选用构造相对简单，层次变化较小的结构形式来表现，顶棚装饰面材料多选用高雅、华丽的装饰材料，结合变化丰富、单照度偏低的灯光效果，如LED灯等，这样不仅可以充分合理地利用有限的空间，同时又能营造出丰富的感官效果。

休闲娱乐场所的顶棚表现形式有丝质帐幔顶棚、金银箔饰面顶棚、玻璃镜面装饰顶棚、金属构造装饰顶棚和发光材料装饰顶棚等。

14.1.2 休闲娱乐空间墙面装饰设计

设计师在进行休闲娱乐场所墙体设计时，必须要提供详细的构造图样，以保证墙体的稳定、防火、防水、隔声等方面符合国家的相关规范要求。

以块材为饰面的基底，必须分清粘贴、干挂等不同的构造关系，合理地选择基层材料和配件，同时要做好基层材料的防火及防潮处理。装饰面层材料的设计要充分了解材料的性能和特点，巧妙地利用材料的不同性能来营造环境装饰效果。

1．休闲娱乐场所墙面装饰特点分析

休闲娱乐场所的墙面装饰变化丰富，且私密性的空间较多，因此在墙面设计时既要以其使用功能为前提，做好墙面的隔声、防火设计，同时又要超越物质空间的层面，关注消费者的精神空间，让休闲娱乐场所真正成为人们放松心情、缓解压力的理想世界。

2．休闲娱乐场所墙面装饰设计

设计师要把无形的音乐元素（如韵律、节拍和音调等）都转化为有形的空间元素，通过塑造墙面鲜明而独特的形象造型，营造出幽暗的氛围以及夜生活的情调。

在每一个空间的墙面上，设计师可将刚硬质感的材料相互搭配，使刚硬与柔软融合，激发出新颖的火花。设计师应该通过选用不同的材料与构造，为每一个空间营造出迥异的风格和独特的氛围，如墙面采用透光石、镜面与皮革等材料，略做装饰，在朦胧的灯光下会映照得格外诱人。色彩能唤起人们的情绪，休闲娱乐场所墙面的颜色至关重要，因为它能诱发刺激人们不同的感情。设计师要把握好材料之间的色彩关系，并巧妙地利用灯光来营造不同的情调氛围。

14.1.3 休闲娱乐空间地面装饰设计

休闲娱乐场所的地面装饰因功能不同而有很大差异，如休闲会所的地面需要给人一种松弛、平和的心境，地面的效果多以亮丽的石材、地砖或地毯来表现。而酒吧、咖啡馆的地面则多用灰暗的色调来烘托其灯红酒绿的神秘，在这里，深色粗放的材料成为设计师的宠儿。

在结构构造上，休闲娱乐场所的地面常以架空的结构形式来追寻空间效果与变化，通过透光材料和内藏灯管，营造令人惊叹的视觉效果。值得注意的是，透光材料的厚度、强度及收边、收口设计都是设计师要引起重视的问题。休闲娱乐场所的地面装饰材料种类很多，如玻璃砖、透光石、地砖、地毯、金属、木材和混凝土等。

14.1.4 本例设计思想

1．咖啡吧室内设计

本例所设计的咖啡吧是典型的休闲娱乐空间。消费者喝咖啡之际，不仅会对咖啡在物理性及实质上的吸引力有所反应，甚至对于整个环境，如服务、广告、印象、包装、乐趣及其他各种附带因素等也会有所反应。而其中最重要的因素之一就是休闲环境。顾客在喝咖啡时往往会选择适合自己所需氛围的咖啡馆，因此在进行咖啡馆室内设计时，必须考虑下列几项重点：

1）应先确定以哪些顾客为目标。

2）依据顾客喝咖啡的经验，考虑他们对咖啡馆的气氛有何期望。

3）了解哪些气氛能增强顾客对咖啡馆的信赖度及引起情绪上的反应。

4）对于所构想的气氛，应与竞争店的气氛进行比较，以分析彼此的优劣。

另外，在表现气氛时，必须慎重地将咖啡馆所经营的咖啡品牌售价透过整个营业的空间，以便让顾客充分地感觉到，所以对于咖啡陈列展示的技巧与效果是整体气氛塑造战略运用上的要点。

2. 商业建筑的室内设计装潢

不同的商业建筑，其室内设计装潢有不同的风格，如大商场、大酒店有豪华的外观装饰，具有现代感，而咖啡馆也应有自己的风格和特点。在具体装潢上，可从以下两个方面去设计：

1）装潢要具有广告效应。即要给消费者以强烈的视觉刺激。可以把咖啡馆门面装饰成形状独特或怪异的形状，以争取在外观上别出心裁，吸引消费者。

2）装潢要结合咖啡特点加以联想。新颖独特的装潢不仅是对消费者的视觉刺激，更重要的是使消费者没进店门就知道里面可能有什么东西。

3. 咖啡馆内部的装饰和设计

主要注意以下几个问题：

1）防止人流进入咖啡馆后拥挤。

2）吧台应设置在显眼处，以使顾客咨询。

3）咖啡馆内布置要体现一种独特的与咖啡相适应的气氛。

4）咖啡馆中应尽量设置一个休息处，并备好坐椅。

5）充分利用各种色彩。墙壁、天花板、灯、陈列咖啡和饮料组成了咖啡馆的内部环境。

不同的色彩对人的心理刺激是不一样的。以紫色为基调，布置显得华丽、高贵；以黄色为基调，布置显得柔和；以蓝色为基调，布置显得不可捉摸；以深色为基调，布置显得大方、整洁；以白色为基调，布置显得毫无生气；以红色为基调，布置显得热烈。色彩运用不是单一的，而是综合的。不同时期、不同季节及节假日，色彩的运用是不一样的；冬天与夏天也不一样。不同的人，对色彩的反应也不一样，如儿童对红、橘黄、蓝绿反应强烈，年轻女性对流行色的反应敏锐。在这方面，灯光的运用尤其重要。

6）咖啡馆内最好在光线较暗或微弱处设置一面镜子。这样做的好处在于，镜子可以反射灯光，使咖啡更显亮、更醒目、更具有光泽。有的咖啡馆用镜子作为整面墙，除了上述好处外，还给人一种空间增大了的感觉。

7）收银台设置在吧台两侧且应高于吧台。

下面介绍咖啡吧室内设计的具体思路和方法。

14.2 绘制咖啡吧建筑平面图

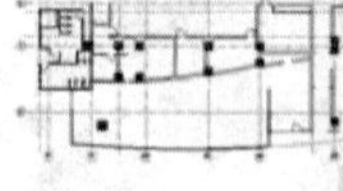

就建筑功能而言，咖啡吧平面需要设置的空间并不多，但应齐全，以满足客人消费的基本需要。咖啡吧平面一般主要有下面一些设计单元：

1）厅：门厅和消费大厅等。

2）辅助房间：厨房、更衣室等。

3）生活配套设施：卫生间、吧台等。

其中消费大厅是主体，应设置尽量大的空间。厨房由于磨制咖啡时容易发出声响，不利于创造幽静的消费氛围，所以要尽量与消费大厅间隔开来或加强隔声措施。厕所等设施应该尽量充裕而宽敞，以满足大量消费人群的需要，同

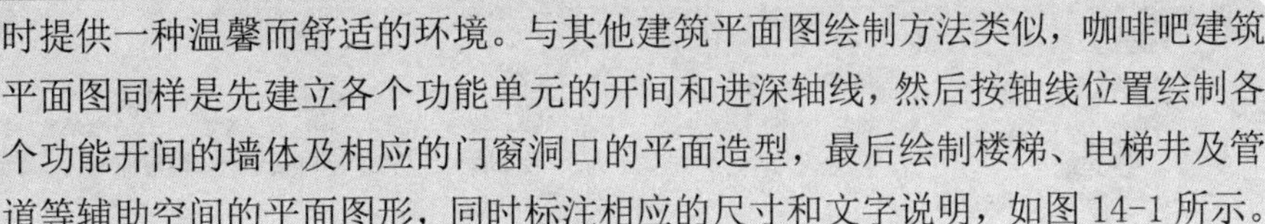

时提供一种温馨而舒适的环境。与其他建筑平面图绘制方法类似，咖啡吧建筑平面图同样是先建立各个功能单元的开间和进深轴线，然后按轴线位置绘制各个功能开间的墙体及相应的门窗洞口的平面造型，最后绘制楼梯、电梯井及管道等辅助空间的平面图形，同时标注相应的尺寸和文字说明，如图 14-1 所示。

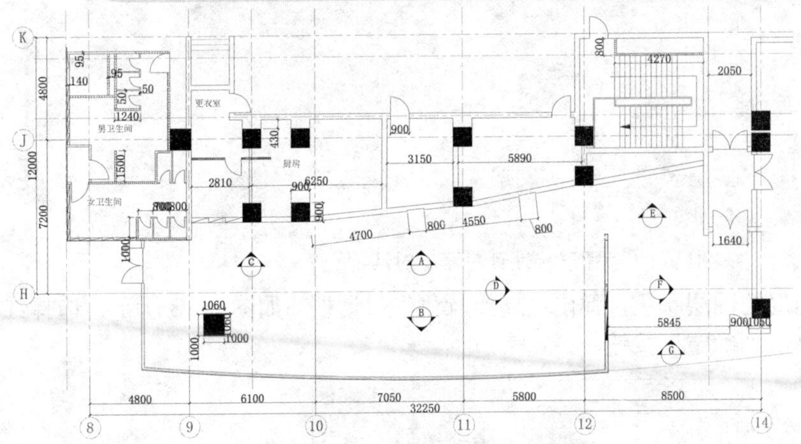

图14-1 咖啡吧建筑平面图

实讲实训
多媒体演示

多媒体演示参见配套光盘中的\\动画演示\第14章\绘制咖啡吧建筑平面图.avi。

14.2.1 绘图前准备

01 建立新文件。在具体的设计工作中，为了图纸统一，许多项目需要一个统一的标准，如文字样式、标注样式、图层等。建立标准绘图环境的有效方法是使用样板文件（样板文件保存了各种标准设置），这样，每当建立新图时，便可以样板文件为原型，使得新图与原图具有相同的绘图标准。AutoCAD 样板文件的扩展名为“.dwt”用户可根据需要建立自己的样板文件。

本例建立名为“咖啡吧平面图”的图形文件。

02 设置绘图区域。AutoCAD 的绘图空间很大，因此绘图时要设定绘图区域。可以通过两种方法设定绘图区域。

❶可以绘制一个已知长度的矩形，将图形充满程序窗口，这样就可以估计出当前的绘图大小。

❷选择菜单栏中的“格式”→“图形界限”命令来设定绘图区域大小。命令行提示与操作如下：

```
命令：Limits
重新设置模型空间界限：
指定左下角点或［开(ON)/关(OFF)］<0.0000,0.0000>：
指定右上角点 <420.0000,297.0000>: 42000,29700
```

这样，绘图区域就设置好了。

03 设置图层、颜色、线型及线宽。绘图时应考虑图样划分为哪些图层以及按什么样的标准划分。图层设置合理会使图形信息更加清晰有序。

❶单击“默认”选项卡“图层”面板中的“图层特性”按钮，弹出“图层特性管理器”对话框，如图14-2所示。单击“新建图层”按钮，将新建图层名修改为“轴线”。

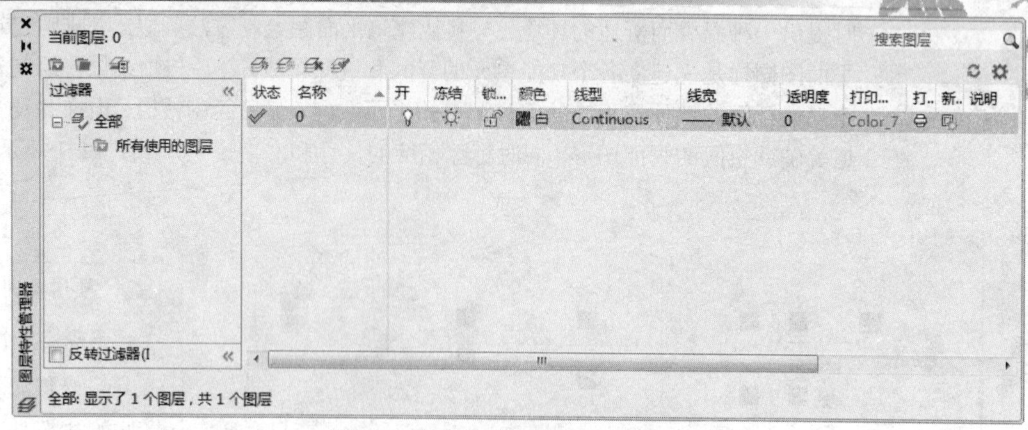

图14-2 “图层特性管理器”对话框

❷单击“轴线”图层的图层颜色，弹出“选择颜色”对话框，如图 14-3 所示，选择红色为轴线图层颜色，单击“确定”按钮。

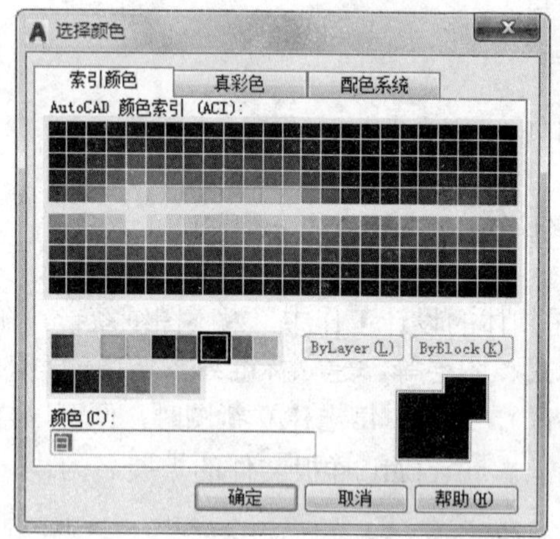

图14-3 “选择颜色”对话框

❸单击“轴线”图层的图层线型，弹出“选择线型”对话框，如图 14-4 所示，单击“加载”按钮，弹出“加载或重载线型”对话框，如图 14-5 设施；选择“CENTER”线型，单击“确定”按钮。返回到“选择线型”对话框，选择“CENTER”线型，单击“确定”按钮，完成线型的设置。

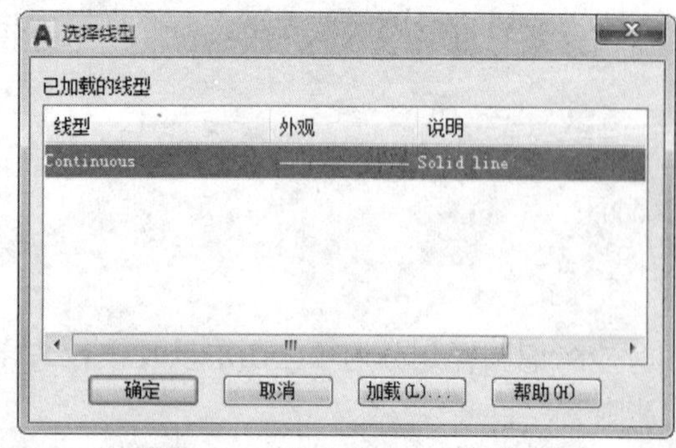

图14-4 “选择线型”对话框

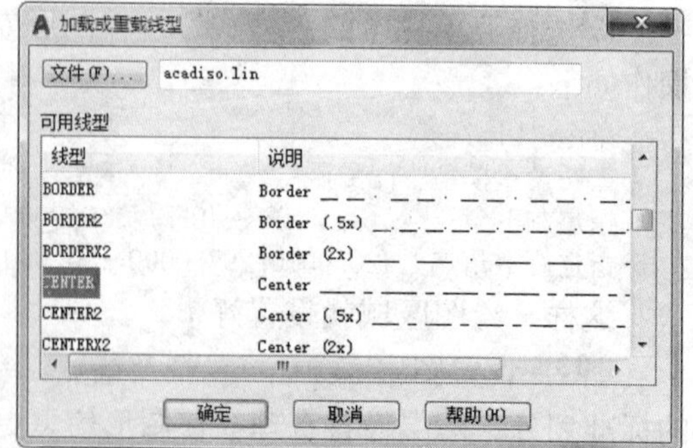

图14-5 “加载或重载线型”对话框

采用同样方法创建其他图层，如图 14-6 所示。

注意

如果绘制的是共享工程中的图形或是基于一组图层标准的图形，则删除图层时要小心。

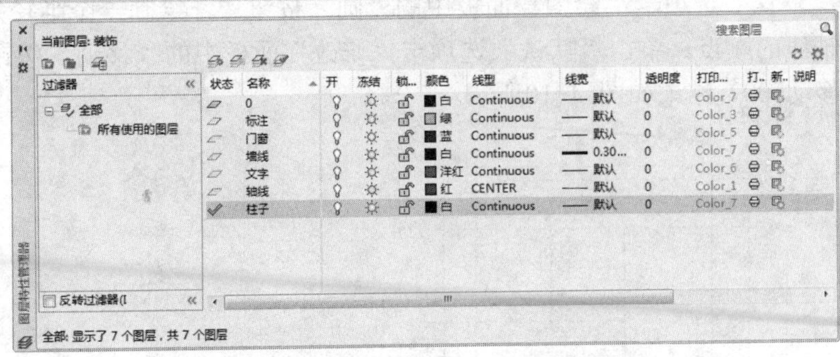

图14-6　在“图层特性管理器”对话框中创建图层

14.2.2　绘制轴线

01 将“轴线”图层设置为当前图层。

02 单击“默认”选项卡“绘图”面板中的“直线”按钮，在状态栏中单击“正交”按钮，绘制长度为36000的水平轴线和长度为19000垂直轴线。

03 选中上步创建的直线，单击鼠标右键，在弹出的快捷菜单中选择“特性”，如图14-7所示，在弹出的“特性”对话框中修改线型比例为30，结果如图14-8所示。

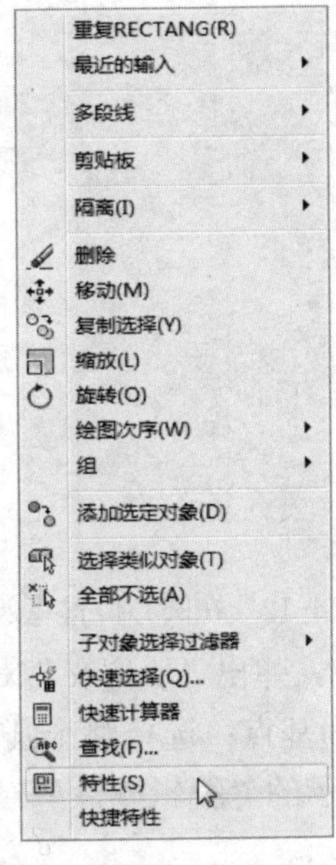

图14-7　快捷菜单

图14-8　绘制轴线

04 单击“默认”选项卡“修改”面板中的“偏移”按钮，将垂直轴线向右偏移，设置偏移量分别为1100、4800、3050、3050、7050、5800、6000和2500，将水平轴线向上偏移，设置偏移量分别为7200、3800和1000。

05 单击“默认”选项卡“绘图”面板中的“圆弧”按钮，在起始水平直线3000处绘制一段长度为36000的圆弧，结果如图14-9所示。

06 绘制轴号。

❶单击“默认”选项卡“绘图”面板中的“圆”按钮，绘制一个半径为500的圆，设置圆心在轴线的端点。单击“默认”选项卡“修改”面板中的“移动”按钮，，将绘制的圆向上移动500，结果如图14-10所示。

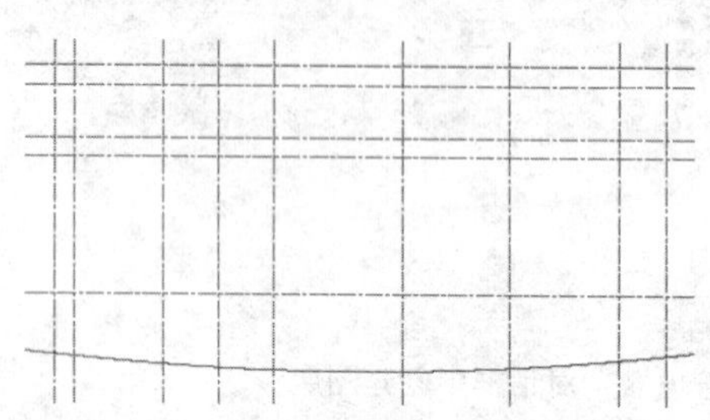

图14-9　绘制圆弧

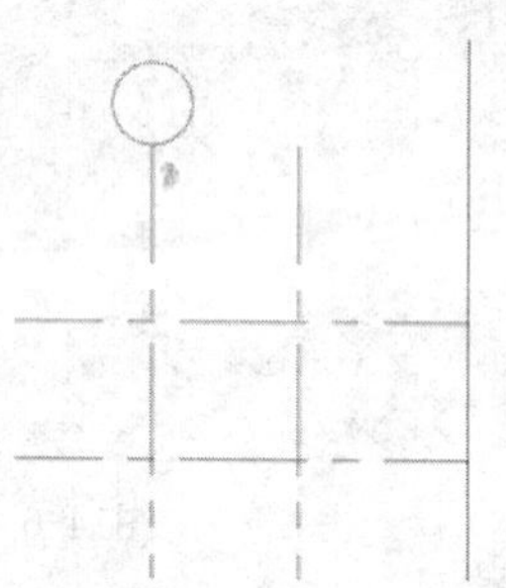

图14-10　绘制圆

❷选择菜单栏中的“绘图”→“块”→“定义属性”命令，弹出“属性定义”对话框，如图 14-11 所示；单击“确定”按钮，在圆心位置写入一个块的属性值。设置完成后的效果如图 14-12 所示。

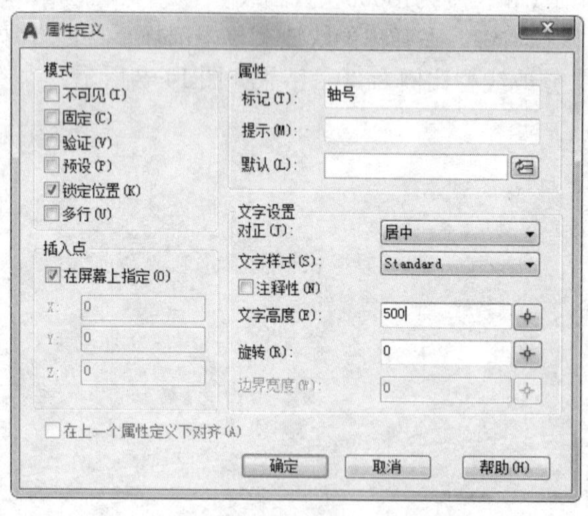

图14-11　“属性定义”对话框

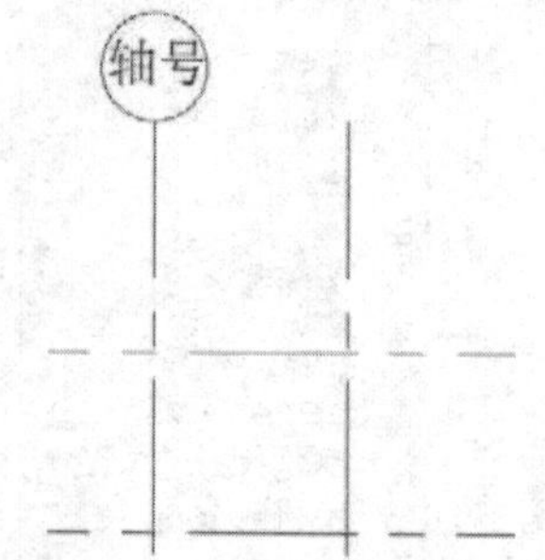

图14-12　在圆心位置写入属性值

❸单击“默认”选项卡“绘图”面板中的“创建块”按钮，弹出“块定义”对话框，如图14-13所示，在“名称”文本框中写入“轴号”，指定圆心为基点；选择整个圆和刚才的“轴号”标记为对象，单击“确定”按钮，弹出如图14-14所示的“编辑属性”对话框，输入轴号为“8”，单击“确定”按钮，轴号效果图如图14-15所示。

❹利用上述方法绘制出图形所有轴号，结果如图 14-16 所示。

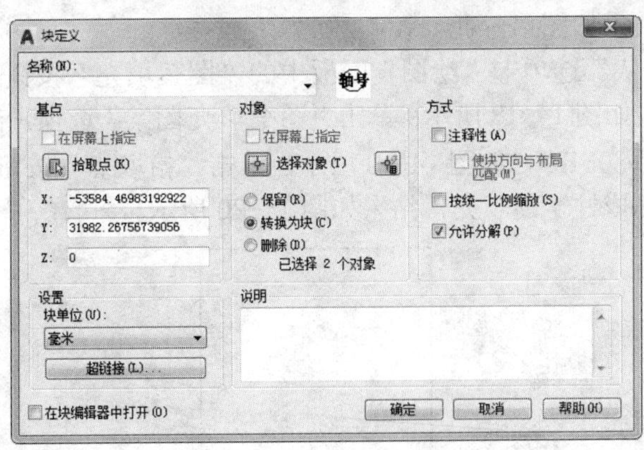

图14-13 “块定义”对话框

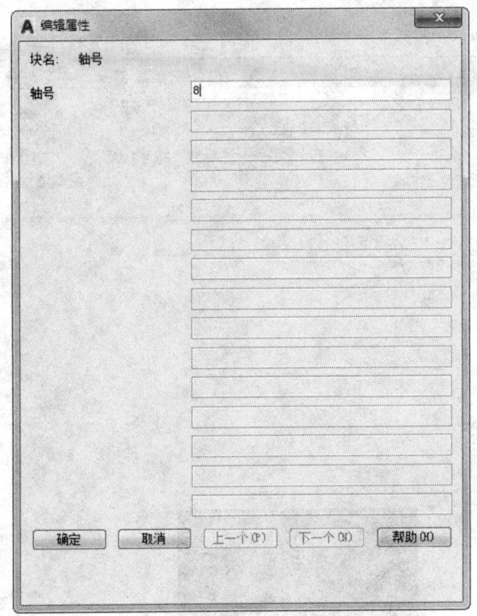

图14-14 “编辑属性”对话框

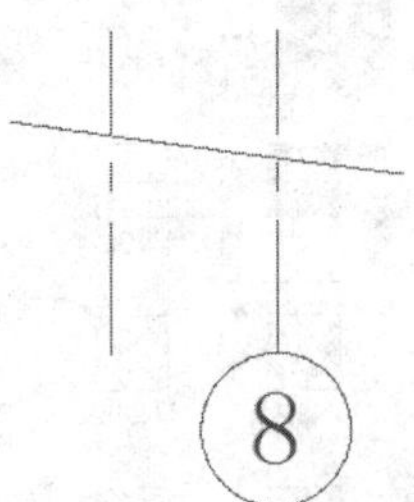

图14-15 输入轴号

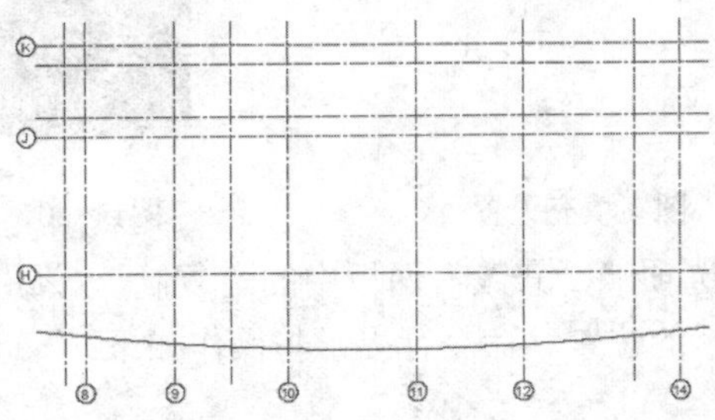

图14-16 标注轴号

14.2.3 绘制柱子

01 将“柱子”图层设置为当前图层。

02 单击“默认”选项卡“绘图”面板中的“矩形”按钮，在空白处绘制边长为

900×900的矩形，结果如图14-17所示。

03 单击“默认”选项卡“绘图”面板中的“图案填充”按钮，系统打开“图案填充创建”选项卡，如图 14-18 所示；单击“图案填充图案”选项，在打开的“填充图案”下拉列表框中选择“SOLID”，如图 14-19 所示，单击“拾取点”按钮，拾取上步绘制的矩形，按 Enter 键完成柱子的填充，结果如图 14-20 所示。

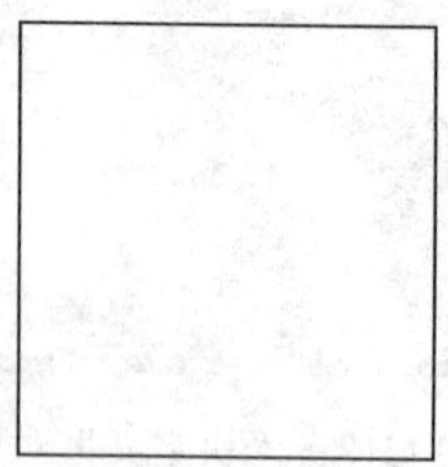

图14-17 绘制矩形

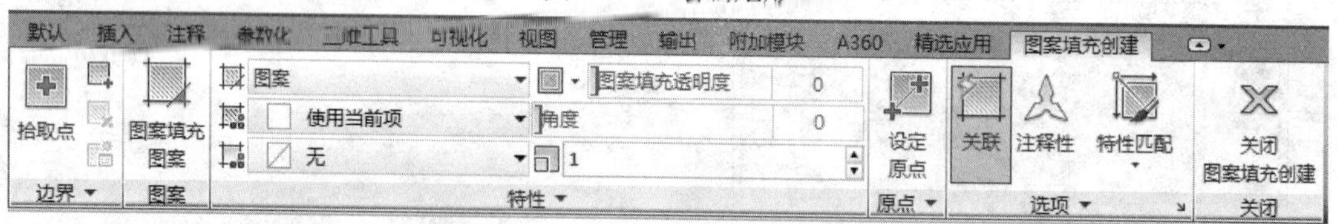

图14-18 “图案填充创建”选项卡

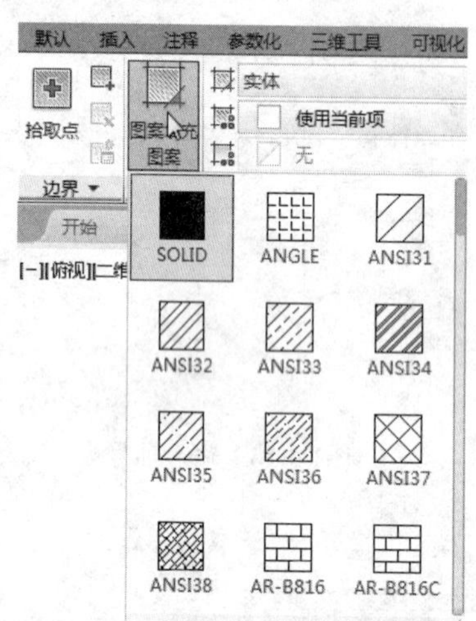

图14-19 图案填充设置

图14-20 填充图案

04 单击“默认”选项卡“修改”面板中的“复制”按钮，将上步绘制的柱子复制并插入到如图14-21所示的位置。命令行提示与操作如下：

```
命令：_copy
选择对象：(选择柱子)
选择对象：
当前设置： 复制模式 = 多个
指定基点或 [位移(D)/模式(O)] <位移>：（捕捉柱子上边线的中点）
指定第二个点或 [阵列(A)] <使用第一个点作为位移>： （捕捉第二根水平轴线和偏移后轴线的交点）
指定第二个点或 [阵列(A)/退出(E)/放弃(U)] <退出>：
```

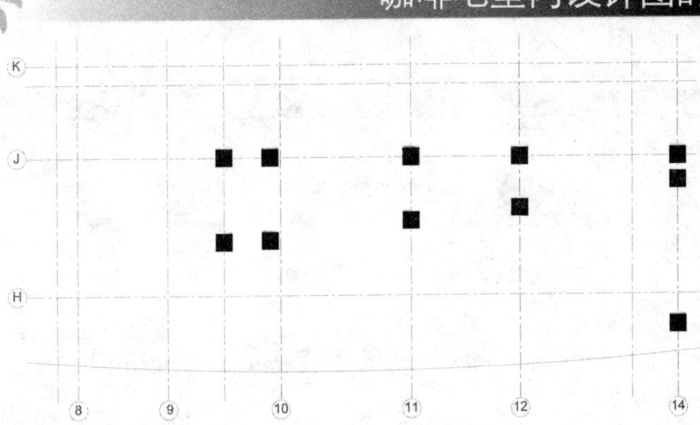

图14-21 复杂并插入柱子

14.2.4 绘制墙线、门窗、洞口

01 绘制建筑墙体。

❶将“墙线”图层设置为当前图层。

❷单击“默认”选项卡“修改”面板中的“偏移”按钮，将轴线“J”向上偏移1000。

❸选择菜单栏中的“格式”→“多线样式”命令，弹出如图 14-22 所示的“多线样式”对话框，单击“新建”按钮，弹出如图 14-23 所示的“创建新的多线样式”对话框，输入新样式名为 240，单击“继续”按钮，弹出如图 14-24 所示的“新建多线样式：240”对话框，在偏移文本框中输入 120 和-120，单击“确定”按钮，返回到“多线样式”对话框。

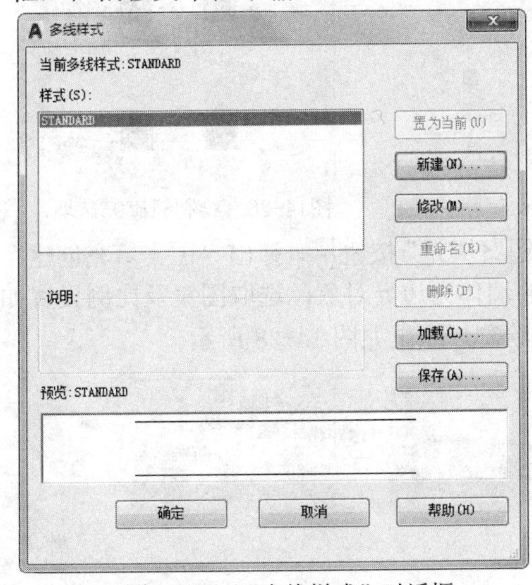

图14-22 “多线样式”对话框

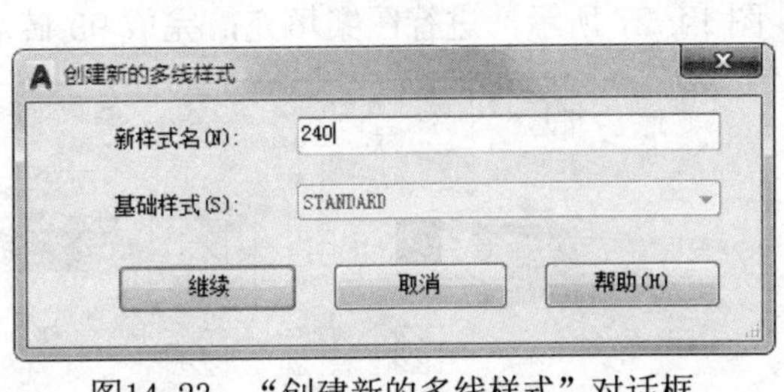

图14-23 “创建新的多线样式”对话框

❹选择菜单栏中的“绘图”→“多线”命令，绘制大厅两侧墙体，并整理图形，结果如图 14-25 所示。

02 绘制新砌 95 砖墙。

❶单击“默认”选项卡“绘图”面板中的“直线”按钮，绘制一段长3850的直线，再单击“默认”选项卡“修改”面板中的“偏移”按钮，将直线向下偏移95，结果如图

14-26所示。

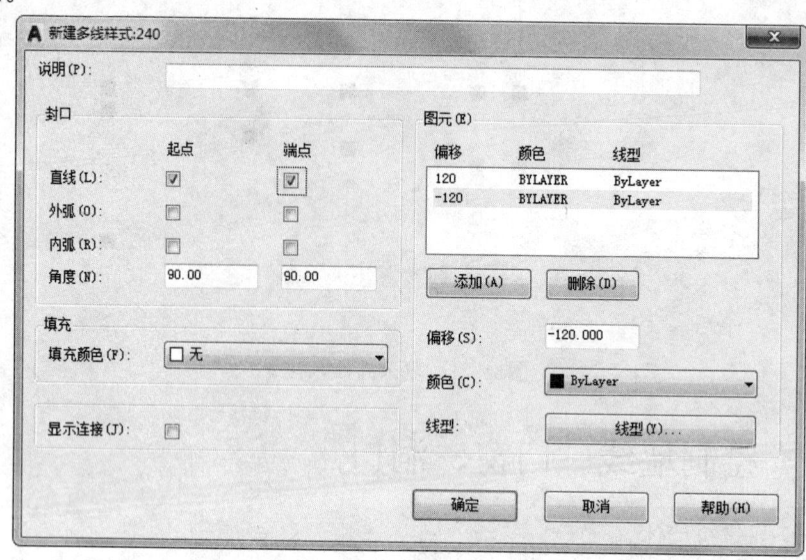

图14-24　“新建多线样式：240”对话框

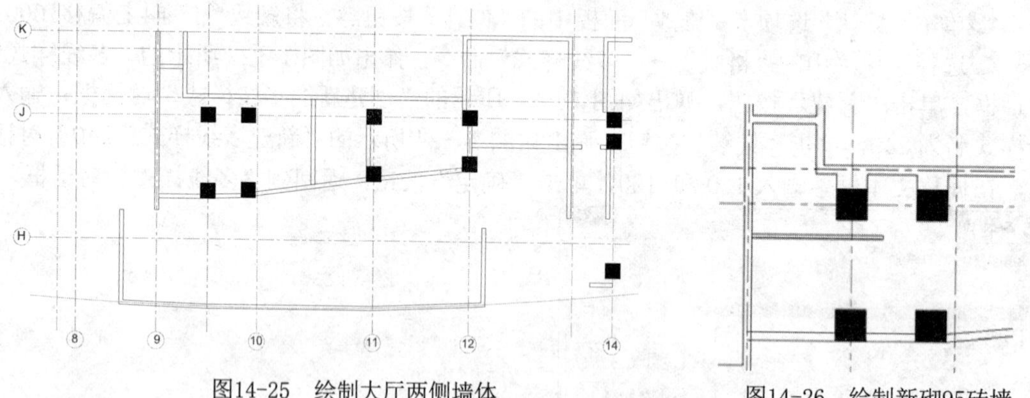

图14-25　绘制大厅两侧墙体　　　　图14-26　绘制新砌95砖墙

❷单击“默认”选项卡“绘图”面板中的“图案填充”按钮，弹出“图案填充创建”选项卡，单击“拾取点”按钮，拾取上步绘制的墙体为边界对象，选取图案及比例设置如图14-27所示，进行图案填充，完成95砖墙的绘制，结果如图14-28所示。

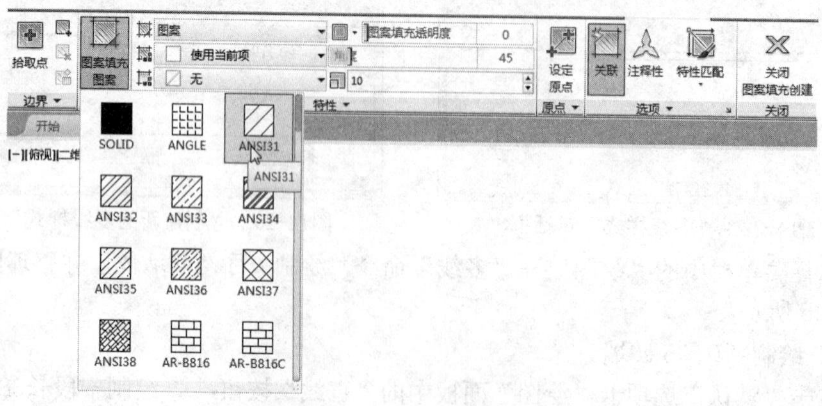

图14-27　选取图案及比例设置

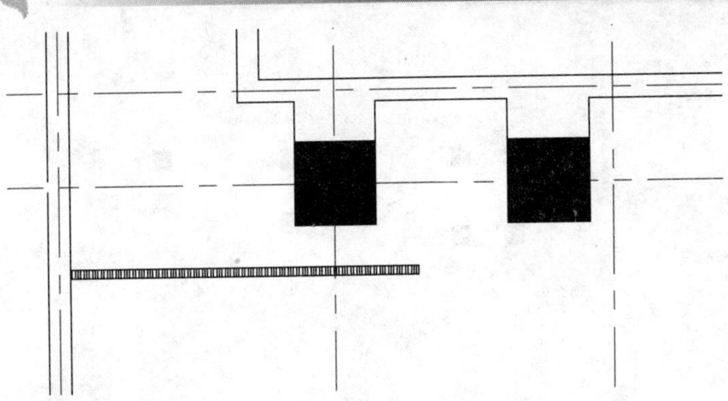

图14-28　95砖墙的绘制

❸采用相同的方法绘制其余的新砌95砖墙，结果如图14-29所示。

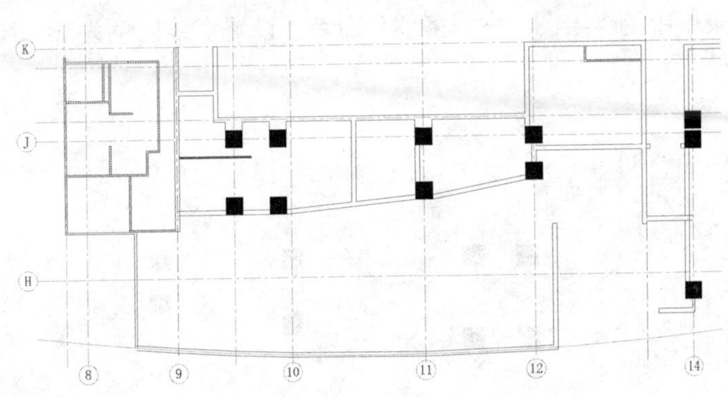

图14-29　新砌95砖墙的绘制

03 绘制轻质砌块墙体。

❶单击“默认”选项卡“修改”面板中的“偏移”按钮，将底边内墙线向上偏移120，再单击“默认”选项卡“绘图”面板中的“直线”按钮，绘制轻质砌块墙体，结果如图14-30所示。

注意

轻质砌块必须在工程砌筑前一个月进场，使其完全达到强度。施工中严格按砌筑工程施工验收规范要求进行施工。转角筋、拉墙筋必须严格按图样要求进行施工。顶砖应待墙体施工半月后进行。

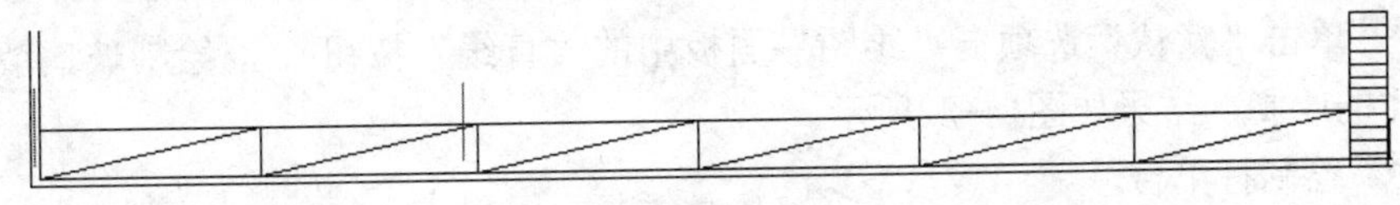

图14-30 绘制轻质砖块墙体

❷采用相同方法绘制其余的轻质砖块墙体，结果如图14-31所示。

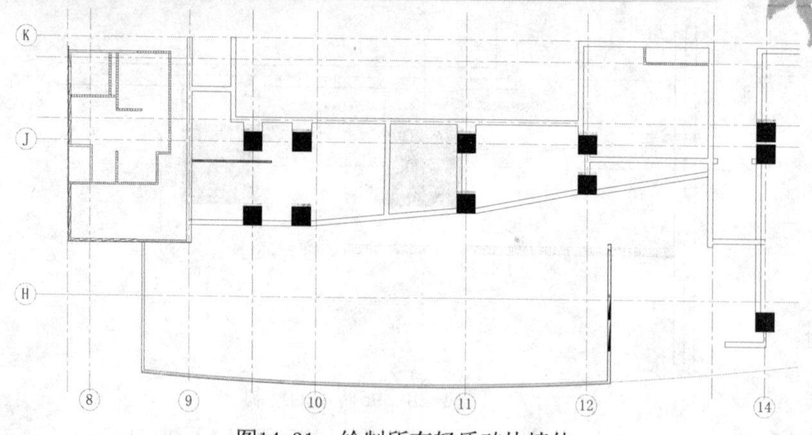

图14-31　绘制所有轻质砖块墙体

04 选择菜单中的“绘图”→“多线”命令，设置多线比例为50，绘制轻钢龙骨墙体作为卫生间隔断。

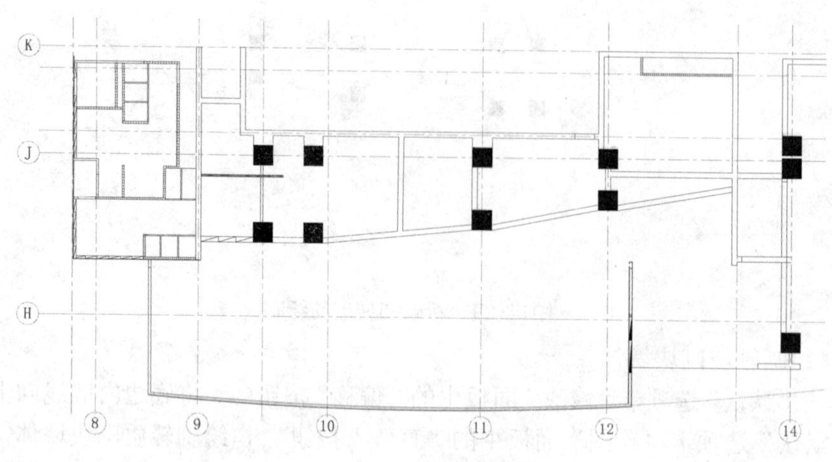

图14-32　所有墙体绘制

注意

玻璃幕墙由于设有隔热保温结构，并可预制成墙体或在现场组装成墙体，因而能有效降低能源消耗。

05 单击“默认”选项卡“绘图”面板中的“直线”按钮，绘制玻璃墙体，完成所有墙体的绘制，结果如图14-32所示。

06 绘制打单台。

❶单击“默认”选项卡“绘图”面板中的“矩形”按钮，绘制一个边长为1000×1000的矩形，如图14-33所示。

❷单击“默认”选项卡“修改”面板中的“偏移”按钮，将矩形向外偏移30，作为打单台，结果如图14-34所示。

❸单击“默认”选项卡“绘图”面板中的“直线”按钮，在矩形内绘制4条连接线。并选取连接线中点绘制两条垂直线，结果如图14-35所示。

❹单击“默认”选项卡“修改”面板中的“修剪”按钮，修剪图形，完成打单台的轮廓绘制，结果如图14-36所示。

图14-33 绘制矩形

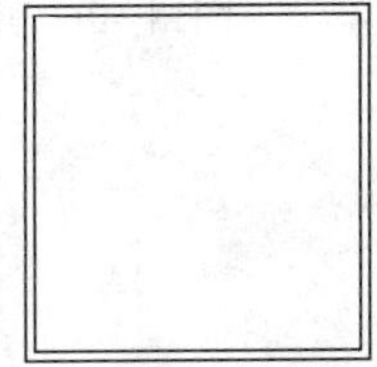
图14-34 偏移矩形

图14-35 绘制线段

图14-36 修剪图形

❺单击“默认”选项卡“绘图”面板中的“图案填充”按钮，将小矩形填充为黑色，完成打单台的绘制，结果如图14-37所示。

❻单击“默认”选项卡“修改”面板中的“移动”按钮，将上步绘制的打单台移动到适当位置，结果如图14-38所示。

图14-37 打单台图形

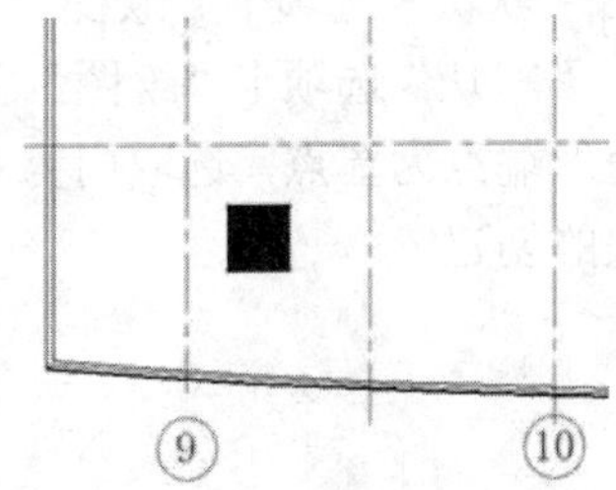

图14-38 移动打单台

07 绘制洞口。

❶单击“默认”选项卡“图层”面板中的“图层特性”按钮，在其下拉列表中选择“门窗”，将其设置为当前图层。

❷单击“默认”选项卡“绘图”面板中的“直线”按钮，绘制长度为900的门，单击“默认”选项卡“修改”面板中的“偏移”按钮，偏移直线使其距离端部1050，结果如图14-39所示。

❸单击“默认”选项卡“修改”面板中的“分解”按钮，将墙线进行分解。

❹单击“默认”选项卡“修改”面板中的“修剪”按钮，对多余的线进行修剪，然后封闭端线，结果如图14-40所示。

08 绘制单扇门。

❶单击“默认”选项卡“绘图”面板中的“直线”按钮，绘制一段长为900的直线，如图14-41所示。

❷单击“默认”选项卡“绘图”面板中的“圆弧”按钮，绘制一个角度为90°的弧线，结果如图14-42所示。

❸单击“默认”选项卡“绘图”面板中的“创建块”按钮 和“插入块”按钮，

将单扇门定义为块并插入到适当的位置，最终结果如图14-43所示。

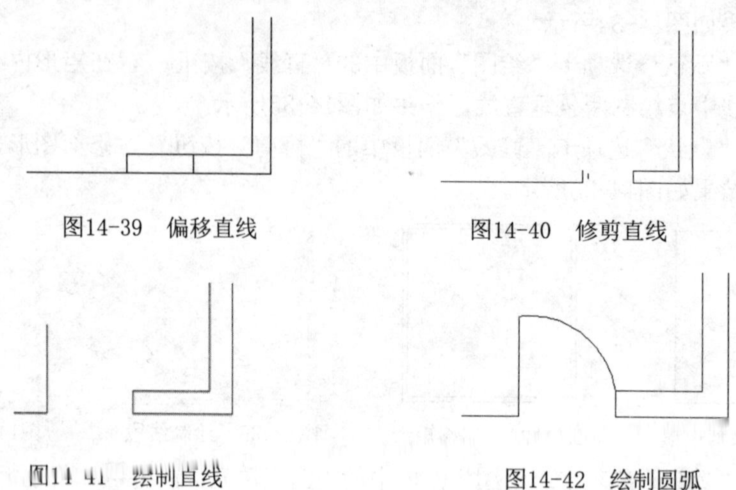

图14-39　偏移直线　　图14-40　修剪直线

图14-41　绘制直线　　图14-42　绘制圆弧

09 绘制双扇门。

❶单击“默认”选项卡“绘图”面板中的“直线”按钮，连接两端墙的中点作为辅助线。

❷单击“默认”选项卡“绘图”面板中的“圆弧”按钮，绘制两条90°的弧线。

❸单击“默认”选项卡“绘图”面板中的“创建块”按钮，弹出“创建块”对话框，拾取门上矩形端点为基点，选取门为对象，输入名称为“双开门”，单击“确定”按钮，完成双开门块的创建。

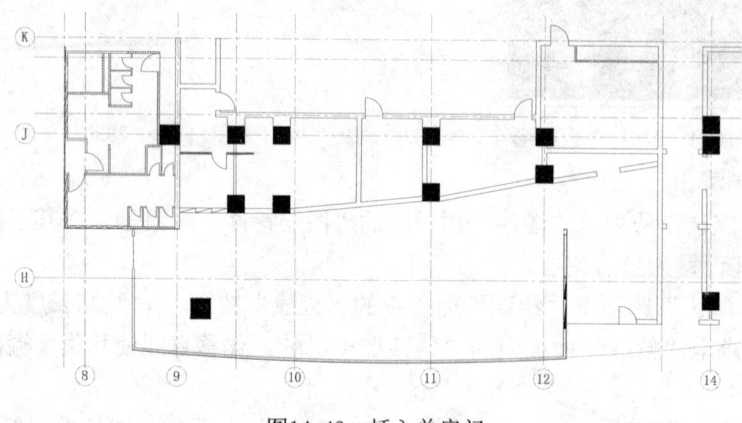

图14-43　插入单扇门

注意

绘制门洞时，要先将墙线分解，再进行修剪。

❹单击“默认”选项卡“绘图”面板中的“插入块”按钮，弹出“插入块”对话框，将上步创建的双开门图块插入到适当位置，结果如图14-44所示。

K
J
H
8
9
10
11
12
14

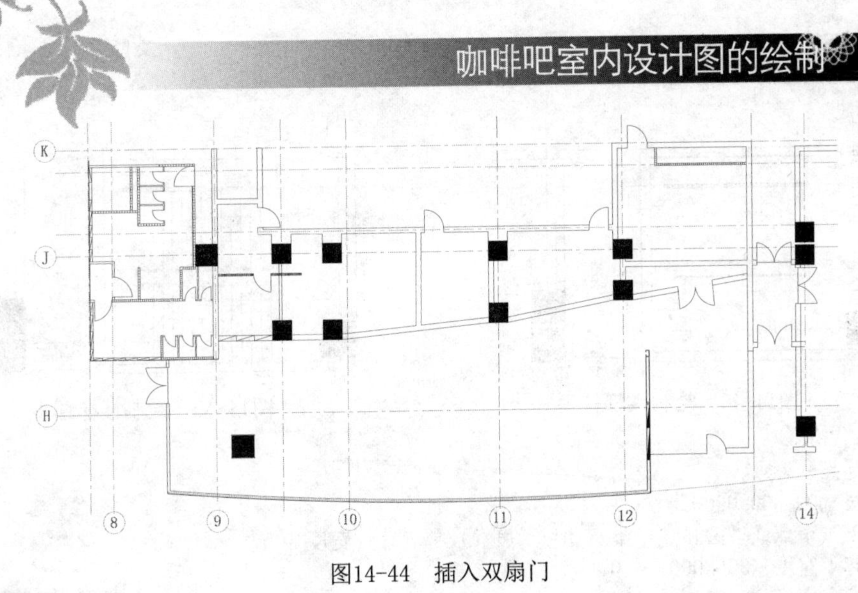

图14-44　插入双扇门

14.2.5　绘制楼梯及台阶

01 绘制台阶。

❶单击“默认”选项卡“图层”面板中的“图层特性”按钮，新建“台阶”图层属性采用默认设置；将其设置为当前图层，图层设置如图14-45所示。

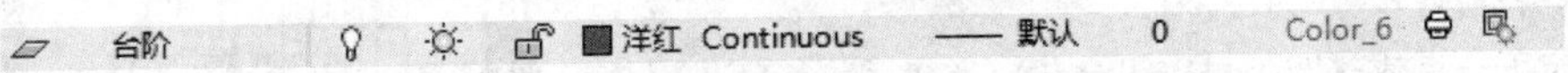

台阶
洋红 Continuous
—— 默认
0
Color_6

图14-45　台阶图层设置

❷单击“默认”选项卡“绘图”面板中的“直线”按钮，绘制一段长度为1857的水平直线。

❸单击“默认”选项卡“修改”面板中的“偏移”按钮，将直线向下偏移250两次，结果如图14-46所示。

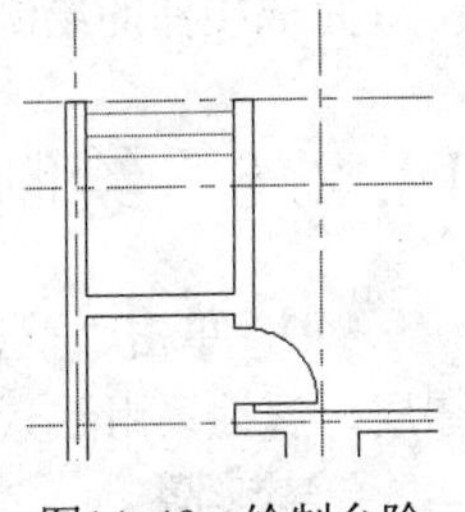

图14-46　绘制台阶

02 绘制楼梯

❶单击“默认”选项卡“图层”面板中的“图层特性”按钮，新建“楼梯”图层，属性采用默认设置，将其设置为当前图层，图层设置如图14-47所示。

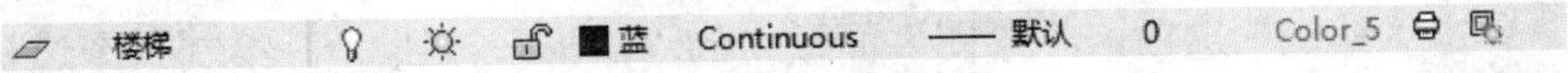

楼梯
蓝
Continuous
—— 默认
0
Color_5

图14-47　楼梯图层设置

❷单击“默认”选项卡“绘图”面板中的“矩形”按钮，绘制一个边长为3700×400的矩形。单击“默认”选项卡“修改”面板中的“偏移”按钮，将绘制的矩形向外偏移50. 如图14-48所示。

❸单击“默认”选项卡“绘图”面板中的“直线”按钮，在扶手两侧的左端绘制两条长1900的直线，作为楼梯踏步线。单击“默认”选项卡“修改”面板中的“偏移”按钮，将绘制的两条直线向右偏移250，偏移12次，结果如图14-49所示。

❹单击“默认”选项卡“绘图”面板中的“多段线”按钮，绘制方向线。命令行提示与操作如下：

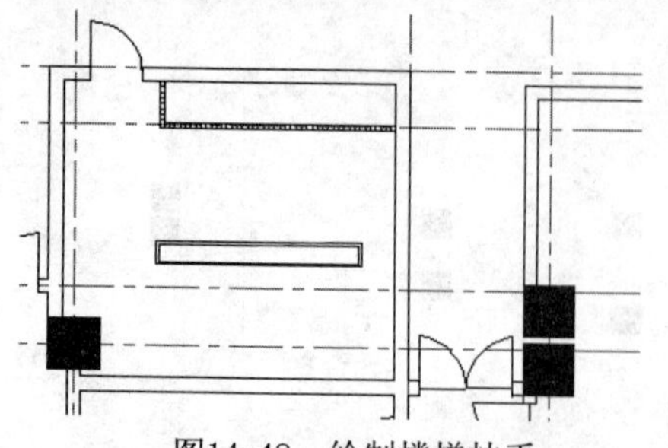

图14-48　绘制楼梯扶手

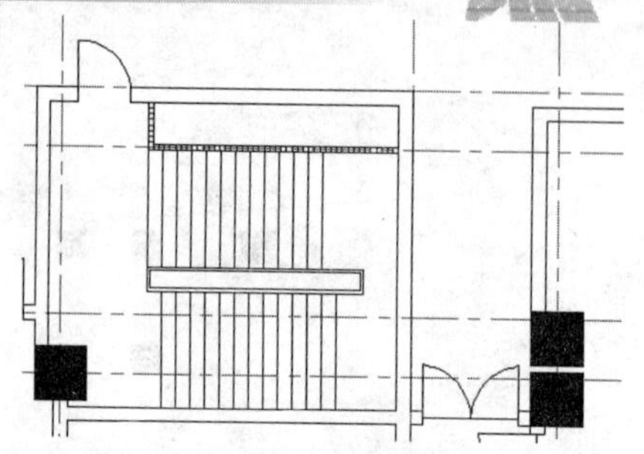

图14-49　绘制楼梯踏步

```
命令：PLINE
指定起点：
当前线宽为 300.0000
指定下一个点或 [圆弧(A)/半宽(H)/长度(L)/放弃(U)/宽度(W)]：W↙
指定起点宽度 <300.0000>：0↙
指定端点宽度 <0.0000>：200↙
指定下一点或 [圆弧(A)/闭合(C)/半宽(H)/长度(L)/放弃(U)/宽度(W)]：W↙
指定起点宽度 <200.0000>：0↙
指定端点宽度 <0.0000>：0↙
指定下一点或 [圆弧(A)/闭合(C)/半宽(H)/长度(L)/放弃(U)/宽度(W)]：
指定下一点或 [圆弧(A)/闭合(C)/半宽(H)/长度(L)/放弃(U)/宽度(W)]：
指定下一点或 [圆弧(A)/闭合(C)/半宽(H)/长度(L)/放弃(U)/宽度(W)]：
指定下一点或 [圆弧(A)/闭合(C)/半宽(H)/长度(L)/放弃(U)/宽度(W)]：
```

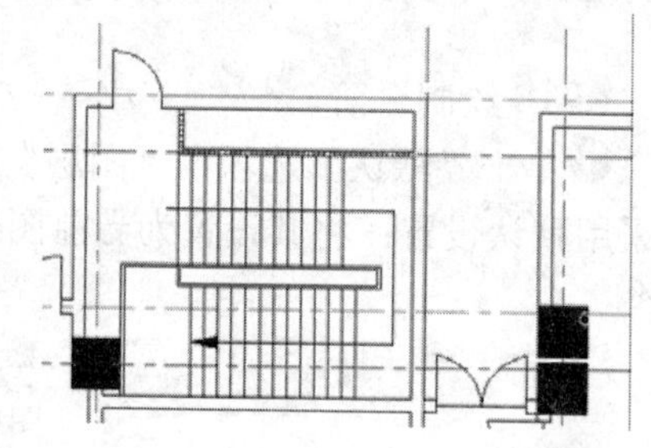

图14-50　完成楼梯绘制

完成楼梯的绘制。如图14-50所示。

14.2.6　绘制装饰凹槽

01 单击“默认”选项卡“图层”面板中的“图层特性”按钮，新建“装饰凹槽”图层，属性采用默认设置；将其设置为当前图层，图层设置如图14-51所示。

装饰凹槽	💡	☼	🔓	■白	Continuous	—— 默认	0	Color_7	🖶	

图14-51　装饰凹槽图层设置

02 单击“默认”选项卡“绘图”面板中的“矩形”按钮，绘制一个边长为800×110的矩形作为装饰凹槽。如图14-52所示。

03 单击“默认”选项卡“修改”面板中的“修剪”按钮，对装饰凹槽进行修剪，结果如图14-53所示。

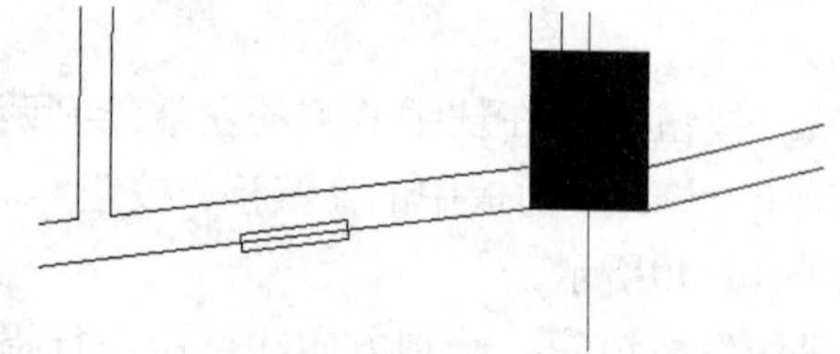

图14-52　绘制装饰凹槽

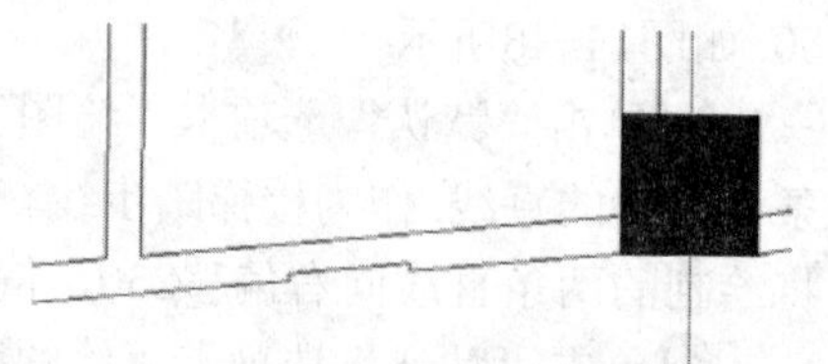

图14-53　修剪装饰凹槽

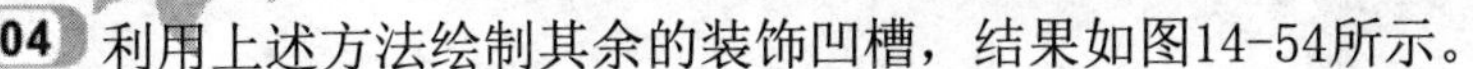

04 利用上述方法绘制其余的装饰凹槽，结果如图14-54所示。

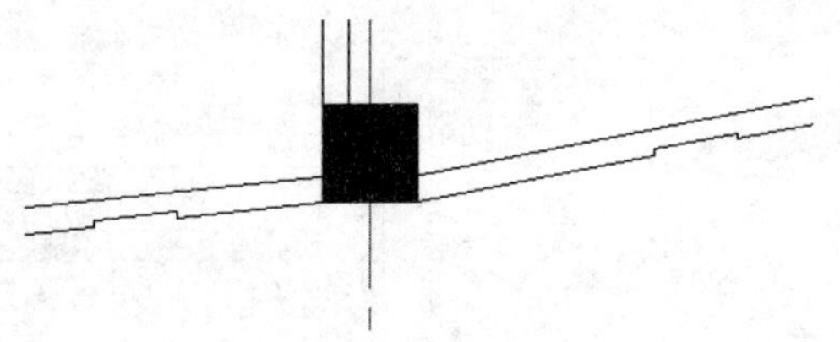

图14-54 完成装饰凹槽的绘制

14.2.7 标注尺寸

01 设置标注样式。

❶将“标注”图层设置为当前图层。

❷单击“默认”选项卡“注释”面板中的“标注样式”按钮，弹出“标注样式管理器”对话框，如图14-55所示。

❸单击“新建”按钮，弹出“创建新标注样式”对话框，输入新样式名为“建筑”，如图14-56所示。

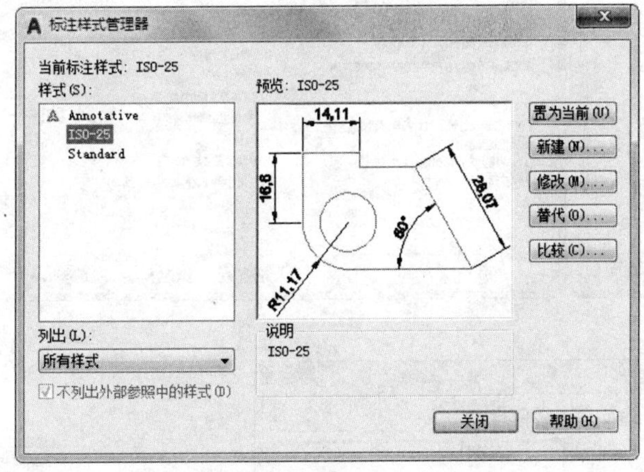

图14-55 “标注样式管理器”对话框

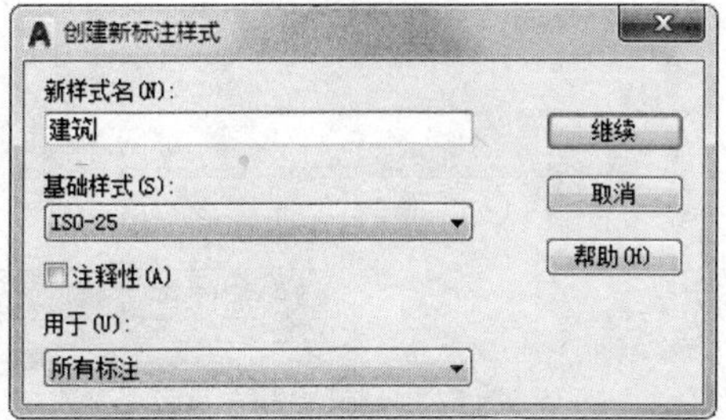

图14-56 “创建新标注样式”对话框

❹单击“继续”按钮，弹出“新建标注样式：建筑”对话框，设置各个选项卡参数如图14-57所示。设置完参数后，单击“确定”按钮，返回到“标注样式管理器”对话框，将“建筑”样式置为当前。

02 标注图形。

❶单击“默认”选项卡“注释”面板中的“线性”按钮和“连续”按钮，标注细节尺寸，如图14-58所示。

❷单击“默认”选项卡“注释”面板中的“线性”按钮和“连续”按钮，标注第一道尺寸，如图14-59所示。

❸单击“默认”选项卡“注释”面板中的“线性”按钮和“连续”按钮，标注图形总尺寸，如图14-60所示。

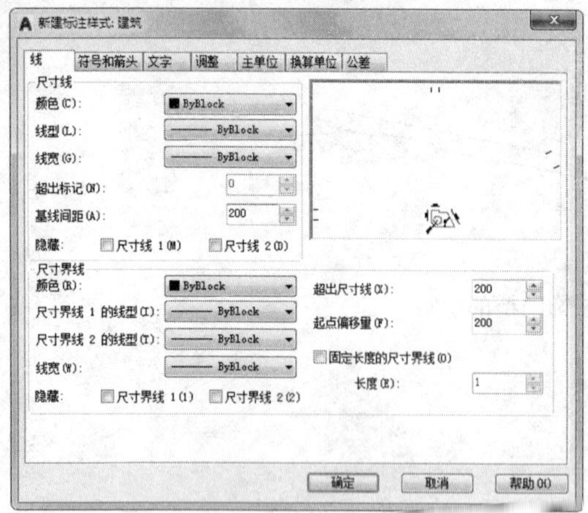

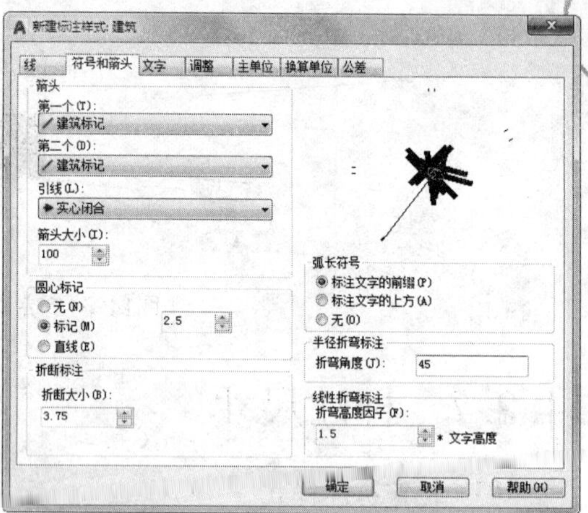

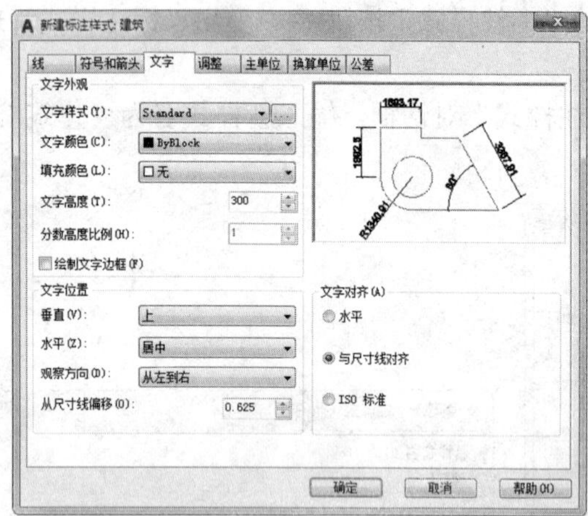

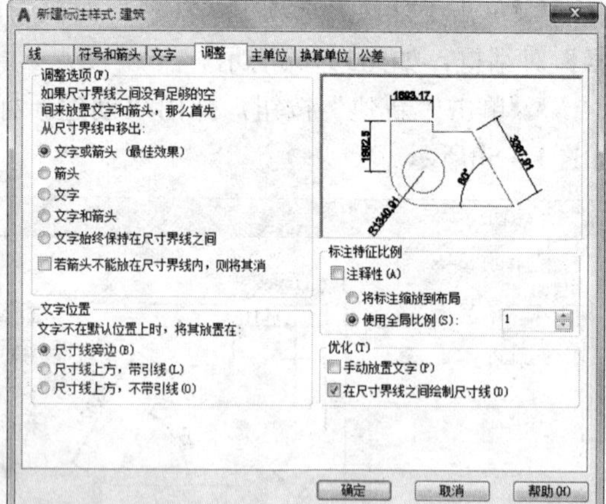

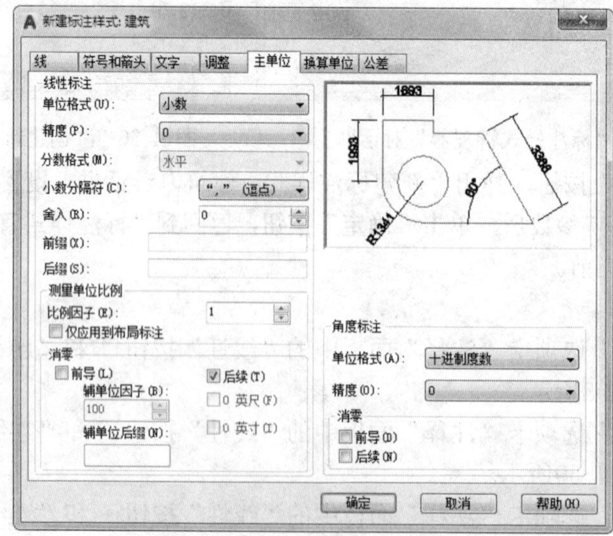

图14-57 “新建标注样式：建筑”对话框

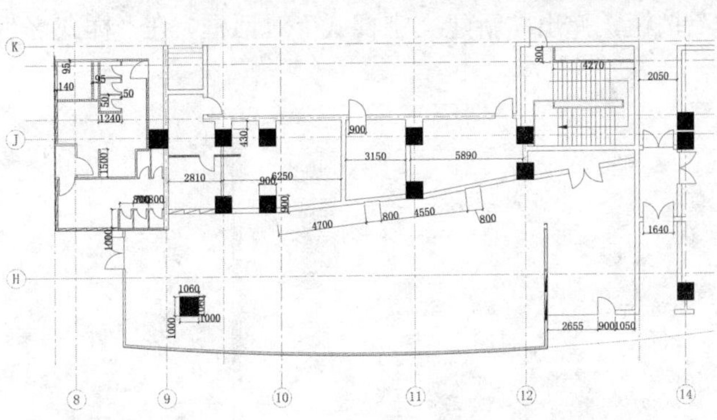

图14-58 标注细节尺寸

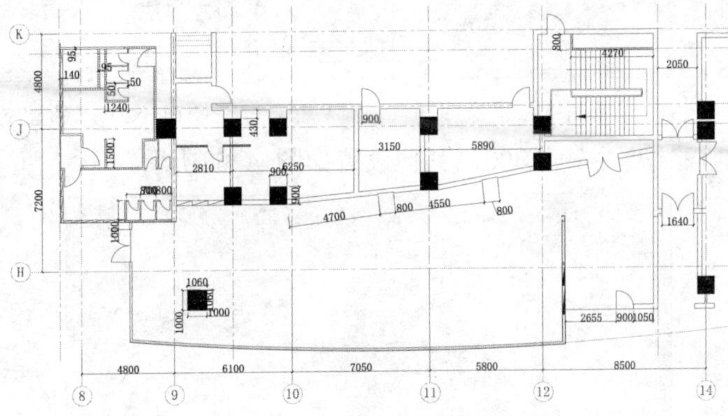

图14-59 标注第一道尺寸

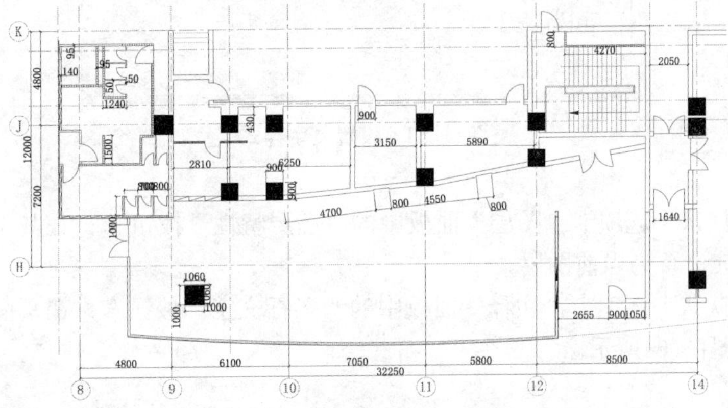

图14-60 标注图形总尺寸

14.2.8 标注文字

在工程图中，设计人员需要用文字对图形进行说明。适当的设置文字样式，可使图样看起来干净整洁。

01 设置文字样式。

❶单击“默认”选项卡“注释”面板中的“文字样式”按钮，弹出“文字样式”对话框，如图14-61所示。

❷单击“新建”按钮，弹出“新建文字样式”对话框，在“样式名”文本框中输入“平面图，如图14-62所示。

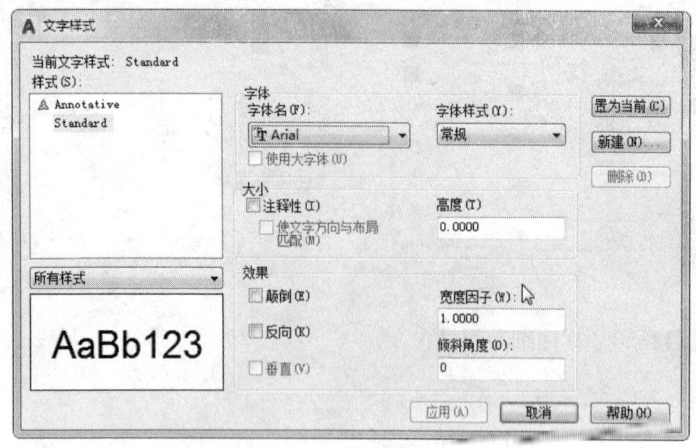

图14-61 “文字样式”对话框

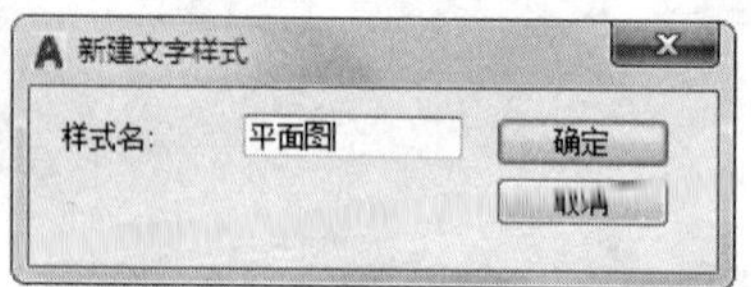

图14-62 “新建文字样式”对话框

❸在“高度”文本框中输入300，其他设置如图14-63所示。

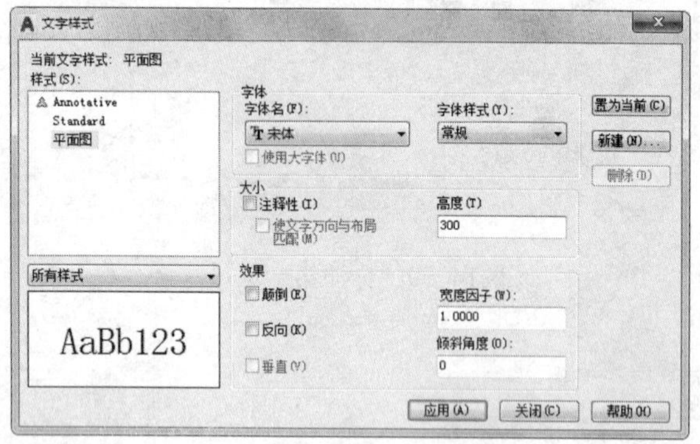

图14-63 设置文字样式

02 标注文字。

❶单击“默认”选项卡“图层”面板中的“图层特性”按钮，在其下拉列表中选择“文字”并将其设置为当前图层。

❷单击“默认”选项卡“注释”面板中的“多行文字”按钮，在平面图的适当位置输入文字，如图14-64所示。

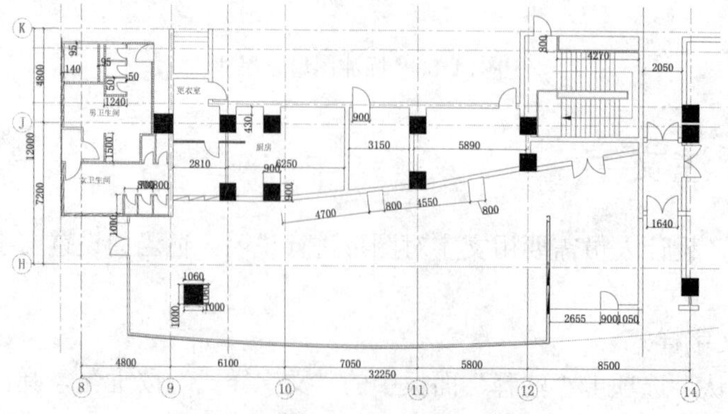

图14-64 标注文字

❸单击“默认”选项卡“块”面板中的“插入”按钮，插入“源文件/图库/方向符号。咖啡吧平面图绘制完成，如图14-65所示。

注意

图样是用来交流的。对于图样中的文字，不同的单位使用的字体可能会有所不同，如果不是专门用于印刷出版的话，则不一定必须要用原来的字体显示，只要能看懂其中文字所要说明的内容就可以了。所以，对于找不到的字体，首先考虑的是使用其他的字体来替换，而不是到处查找字体。

在打开图形时，AutoCAD在遇到字库中没有的字体时会提示用户指定替换字体，但每次打开图形都进行这样操作未免有些繁琐。这里介绍一种一次性操作，可免除以后的烦恼。方法如下：复制要替换的字库为将被替换的字库名。例如，打开一幅图，提示找不到jd.shx字库，若想用hztxt.shx替换它，那么可以把hztxt.shx复制一份，再将其命名为jd.shx就可以了。不过这种办法的缺点也是显而易见的，即太占用磁盘空间。

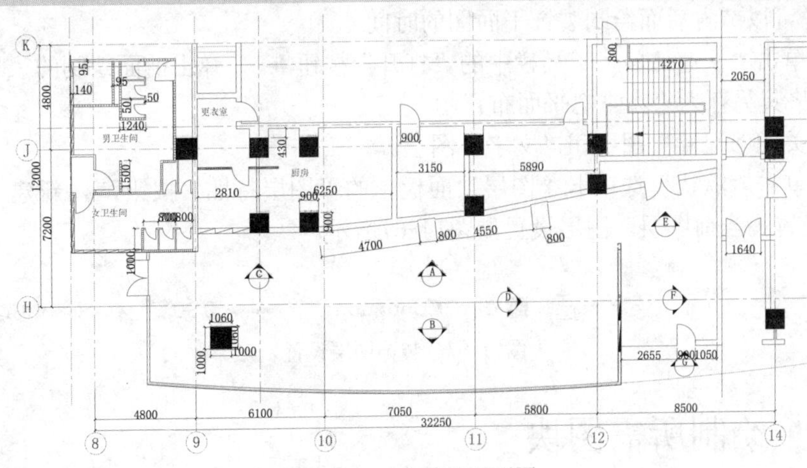

图14-65　咖啡吧平面图

14.3　咖啡吧装饰平面图

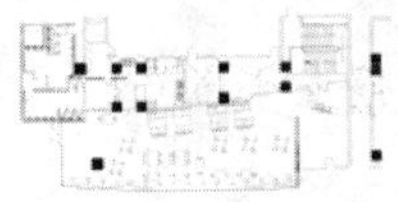

随着社会的发展，人们的生活水平不断提高，对休闲场所的要求也越来越高。咖啡吧是一个人们缓解疲劳的场所，所以咖啡吧设计的首要目标是休闲，要求里面设施齐全，环境幽雅。

本例咖啡吧吧厅开阔，能同时容纳多人，室内布置了花台和电视，布局合理。另外，前厅面积宽阔，利于人流畅通，可避免人流过多时相互交叉和干扰。下面介绍如何绘制如图 14-66 所示的咖啡吧装饰平面图。

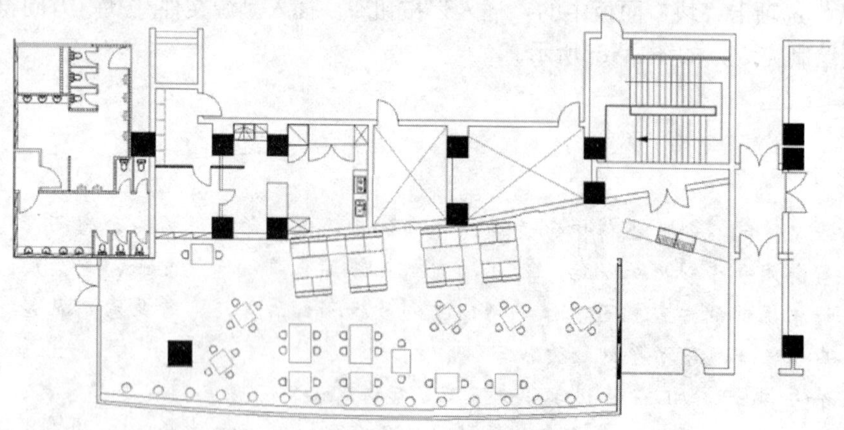

图14-66 咖啡吧装饰平面图

实讲实训

多媒体演示

多媒体演示参见配套光盘中的\\动画演示\第14章\咖啡吧装饰平面图.avi。

14.3.1 绘制准备

在绘图过程中，绘图准备非常重要，整理好图形，可使图形看起来整洁而不杂乱，对初学者来说可以节省后面绘制装饰平面图的时间

01 单击“快速访问”工具栏中的“打开”按钮，弹出前面绘制的“咖啡吧建筑平面图”，将其另存为“咖啡吧平面布置图”。

02 关闭“尺寸”图层和“文字”图层。

03 单击“默认”选项卡“图层”面板中的“图层特性”按钮，新建“装饰”图层，将其设置为当前图层。图层设置如图14-67所示。

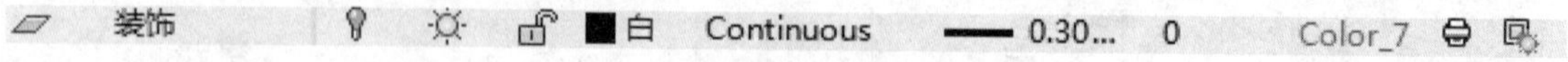

装饰				■白	Continuous	—— 0.30…	0	Color_7		

图14-67 装饰图层设置

14.3.2 绘制所需图块

图块是由多个对象组成的一个整体。在图形中图块可以反复使用，故可大大节省绘图时间。下面我们绘制家具并将其制作成图块后布置到平面图中。

01 绘制餐桌椅。

❶单击“默认”选项卡“绘图”面板中的“矩形”按钮，在空白位置绘制边长为200×100的矩形，如图14-68所示。

❷单击“默认”选项卡“绘图”面板中的“圆弧”按钮，设置起点为矩形左上端点、终点为矩形右上端点，绘制一段圆弧，如图14-69所示。

❸单击“默认”选项卡“修改”面板中的“修剪”按钮，修剪图形，结果如图14-70所示。

❹单击“默认”选项卡“修改”面板中的“偏移”按钮，将上步绘制的图形向外偏移10，完成椅子的制作，如图14-71所示。

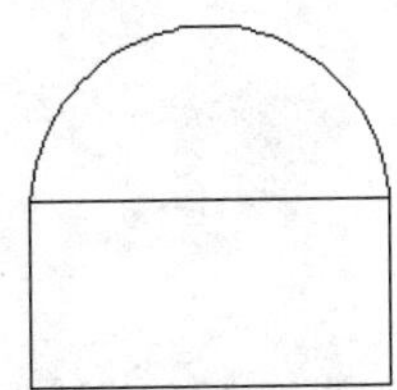

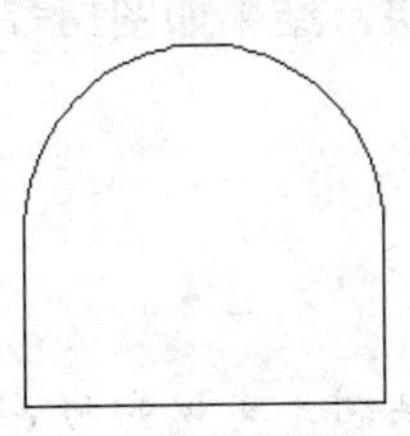

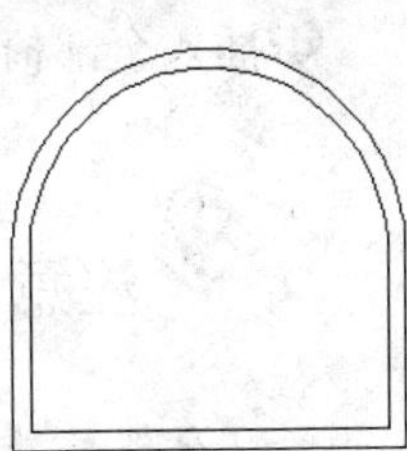

图14-68　绘制矩形　　图14-69　绘制圆弧　　图14-70　修剪图形　　图14-71　绘制椅子

❺单击“默认”选项卡“绘图”面板中的“创建块”按钮，弹出“块定义”对话框，在“名称”文本框中输入“餐椅1”。单击“拾取点”按钮，选择“餐椅1”的坐垫下中点为基点，单击“选择对象”按钮，选择全部对象，如图14-72所示。

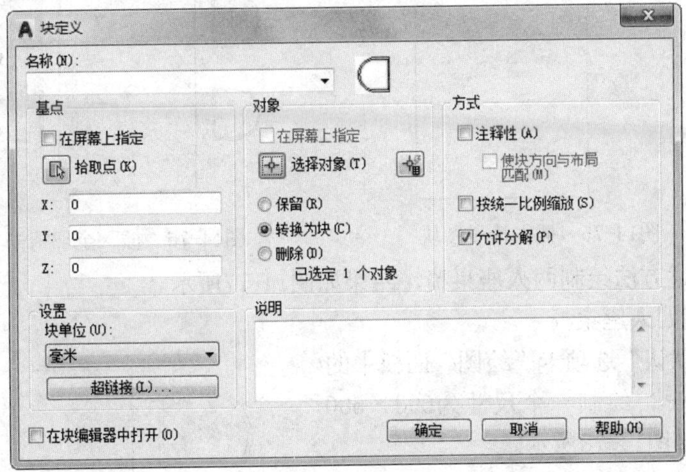

图14-72　定义餐椅图块

❻单击“默认”选项卡“绘图”面板中的“矩形”按钮，绘制一个尺寸为300×500的矩形，作为桌子，如图14-73所示。

❼单击“默认”选项卡“绘图”面板中的“插入块”按钮，弹出“插入”对话框，如图14-74所示。

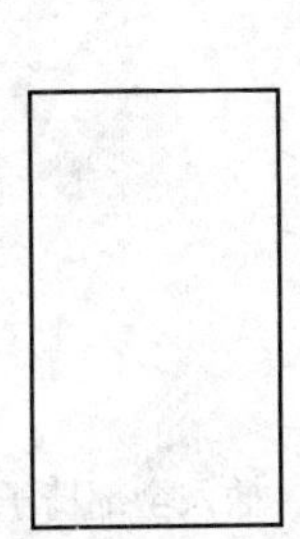

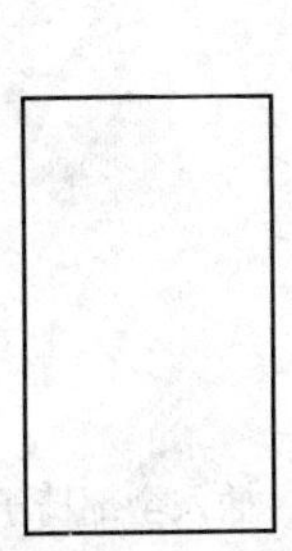

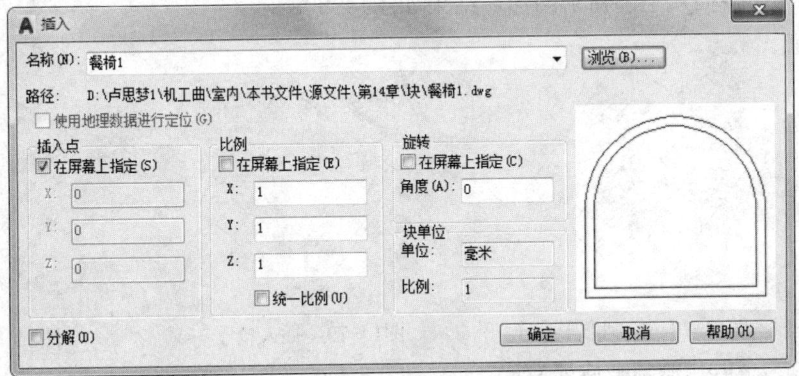

图14-73　绘制矩形　　图14-74　“插入”对话框

❽在“名称”下拉列表中选择“餐椅1”，指定桌子任意一点为插入点，旋转90°指定比例为0.5，结果如图14-75所示。

❾插入全部椅子图块，结果如图14-76所示。

注意

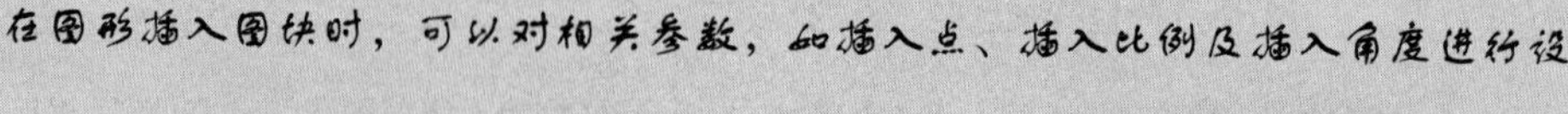

在图形插入图块时，可以对相关参数，如插入点、插入比例及插入角度进行设置。

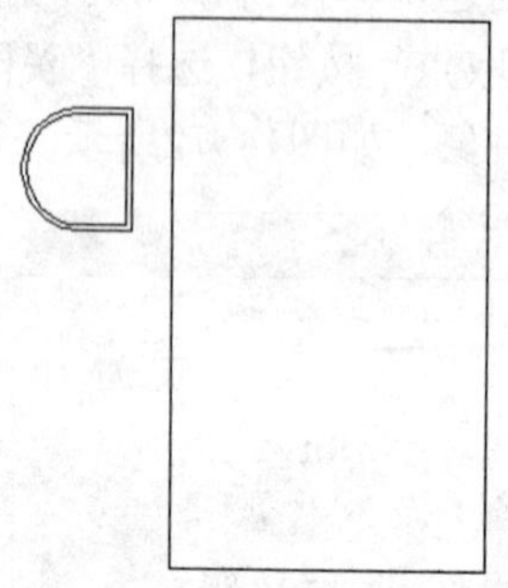

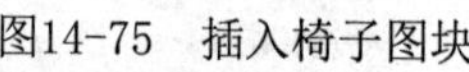

图14-75　插入椅子图块

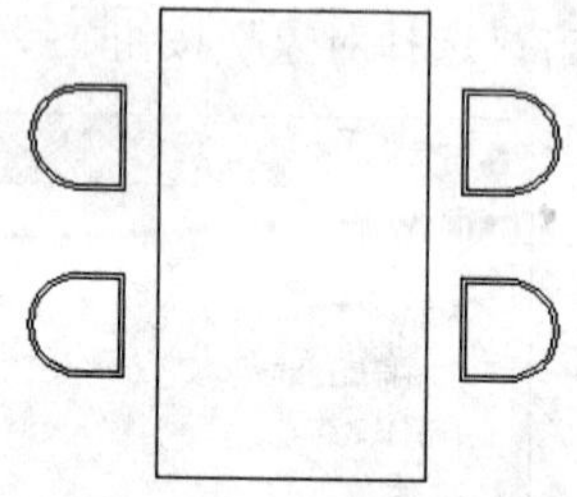

图14-76　插入全部椅子

❿利用上述方法绘制两人座桌椅，结果如图14-77所示。

02 绘制四人座桌椅

❶单击“默认”选项卡“绘图”面板中的“矩形”按钮，绘制一个尺寸为500×500的方形桌子，如图14-78所示。

❷单击“默认”选项卡“绘图”面板中的“插入块”按钮，弹出“插入”对话框。在“名称”下拉列表中选择“餐椅1”，指定桌子上边中点为插入点，旋转45°，结果如图14-79所示。

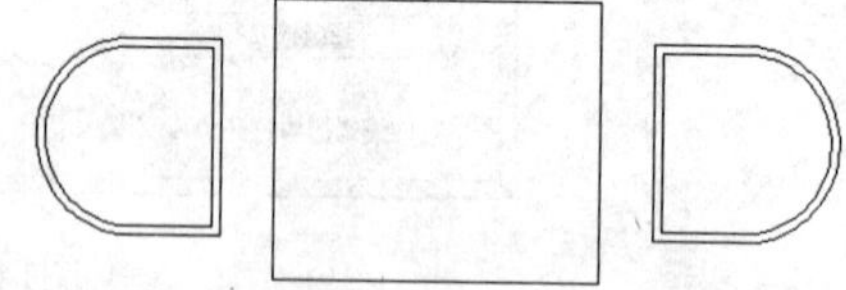

图14-77　绘制两人座桌椅

❸插入全部椅子图形，结果如图14-80所示。

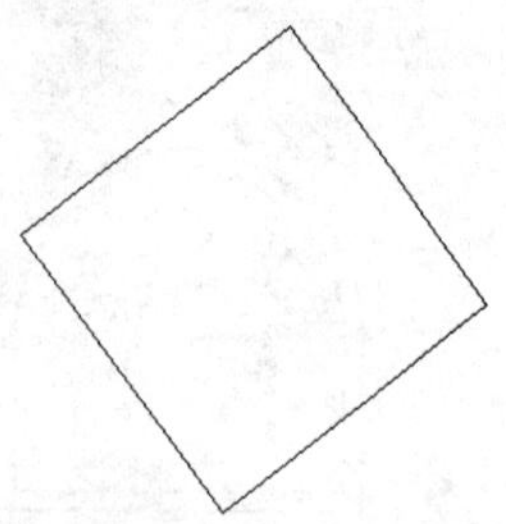

图14-78　绘制方形桌子

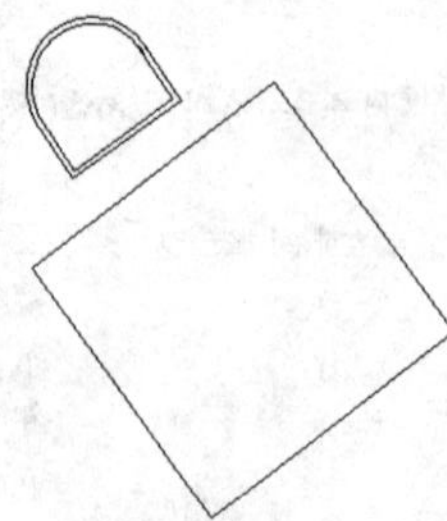

图14-79　插入椅子

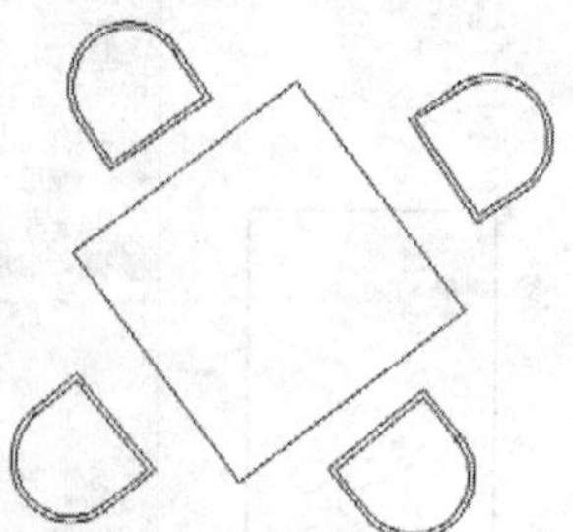

图14-80　插入全部椅子

03 绘制卡座沙发

❶单击“默认”选项卡“绘图”面板中的“矩形”按钮，绘制一个尺寸为200×200的矩形，如图14-81所示。

❷单击“默认”选项卡“修改”面板中的“分解”按钮，将上步绘制的矩形分解。

❸单击“默认”选项卡“修改”面板中的“偏移”按钮，将矩形上边向下偏移50，如图14-82所示。

❹单击“默认”选项卡“修改”面板中的“偏移”按钮，将矩形上边和上步偏移的直线分别向下偏移5。

❺单击“默认”选项卡“修改”面板中的“圆角”按钮，将矩形上两边和底边进行圆角处理，设置圆角半径为15，结果如图14-83所示。

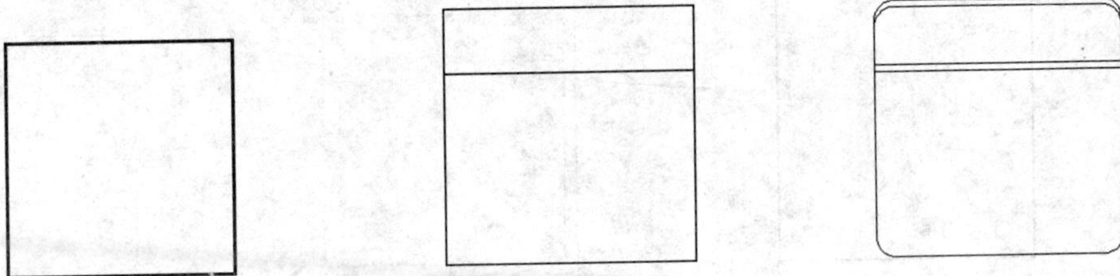

图14-81　绘制矩形　　图14-82　偏移直线　　图14-83　圆角处理

❻单击“默认”选项卡“修改”面板中的“复制”按钮，将上步绘制的图形复制4个，完成卡座沙发的绘制，如图14-84所示。

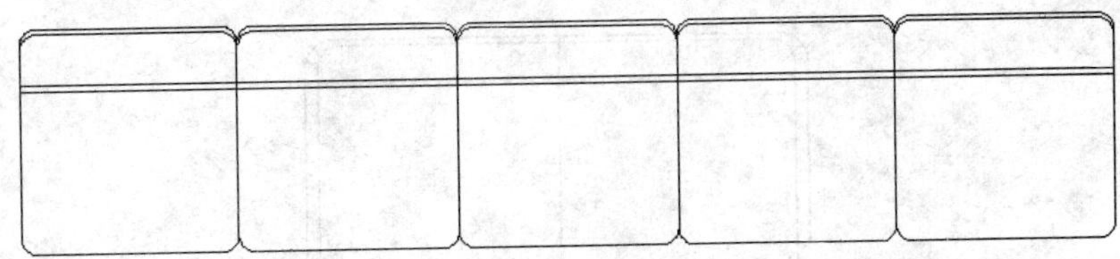

图14-84　卡座沙发

❼单击“默认”选项卡“绘图”面板中的“创建块”按钮，弹出“块定义”对话框，在“名称”文本框中输入“卡座沙发”。单击“拾取点”按钮，选择“卡座沙发”的坐垫下中点为基点，单击“选择对象”按钮，选择全部对象，结果如图14-85所示。

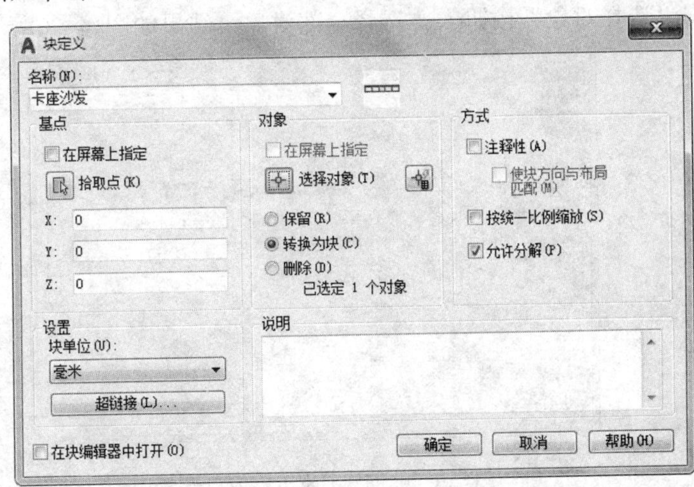

图14-85　创建“卡座沙发”图块

04 绘制双人沙发。

❶单击“默认”选项卡“绘图”面板中的“矩形”按钮，绘制一个尺寸为200×200的矩形，如图14-86所示。

❷单击“默认”选项卡“修改”面板中的“分解”按钮，将上步绘制的矩形分解。

❸单击“默认”选项卡“修改”面板中的“偏移”按钮，将矩形上边依次向下偏移2、15、2。将矩形左边垂直边和矩形下边分别向外偏移5，结果如图14-87所示。

❹单击“默认”选项卡“修改”面板中的“圆角”按钮，将矩形边进行倒圆角处理。设置圆角半径为5，结果如图14-88所示。

图14-86 绘制矩形

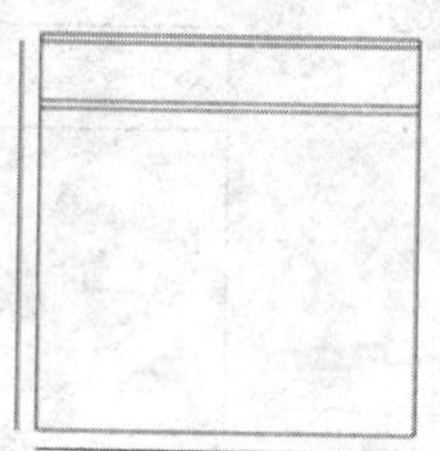

图14-87 偏移直线

图14-88 圆角处理

❺单击“默认”选项卡“修改”面板中的“镜像”按钮，将图形镜像，设置镜像线为矩形右边垂直边，完成双人沙发的绘制，结果如图14-89所示。

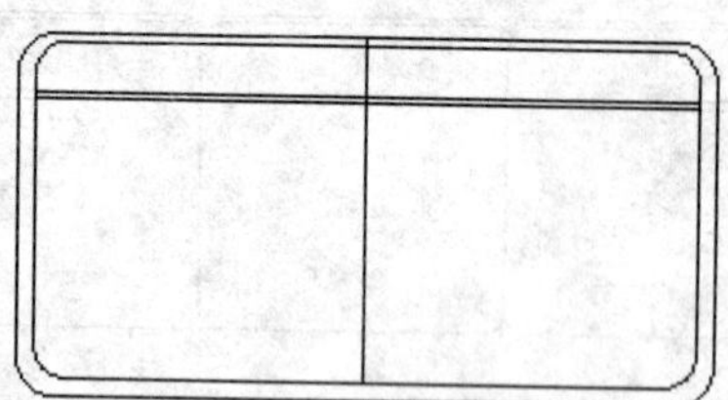

图14-89 绘制双人沙发

❻单击“默认”选项卡“块”面板中的“创建”按钮，弹出“块定义”对话框，在“名称”文本框中输入“双人沙发”。单击“拾取点”按钮，选择“双人沙发”的坐垫下中点为基点，单击“选择对象”按钮，选择全部对象，结果如图14-90所示。

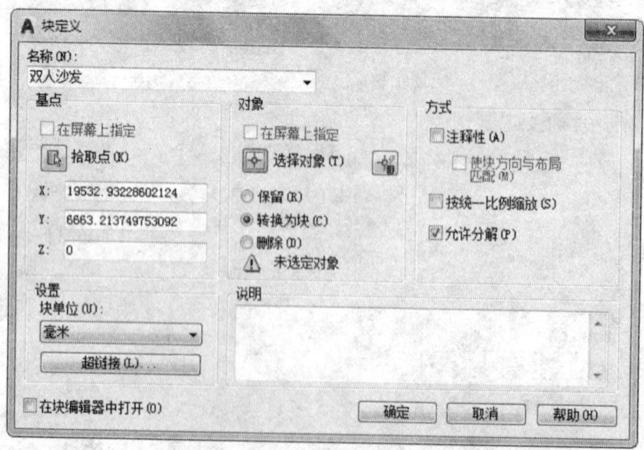

图14-90 创建“双人沙发”图块

05 绘制吧台椅。

❶单击“默认”选项卡“绘图”面板中的“圆”按钮，绘制直径为140的圆，如图

14-91所示。

❷单击“默认”选项卡“修改”面板中的“偏移”按钮，将上步绘制的圆向外偏移10，如图14-92所示。

❸单击“默认”选项卡“绘图”面板中的“直线”按钮，绘制内圆与外圆的连接线，如图14-93所示。

❹单击“默认”选项卡“修改”面板中的“修剪”按钮，修剪图形，完成吧台椅的绘制，如图14-94所示。

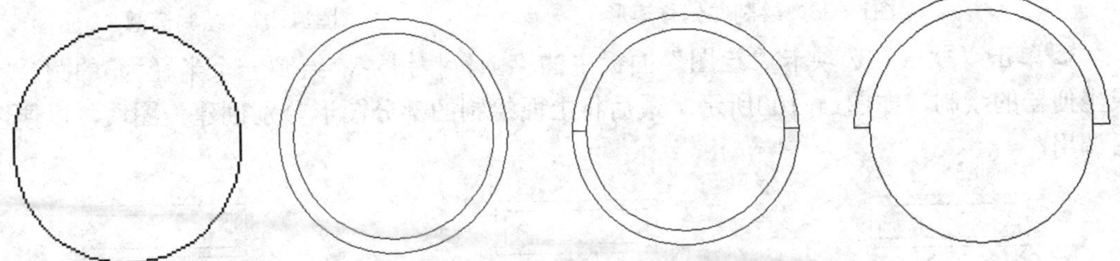

图14-91 绘制圆　图14-92 偏移圆　图14-93 绘制连接线　图14-94 绘制吧台椅

❺单击“默认”选项卡“绘图”面板中的“创建块”按钮，弹出“块定义”对话框，在“名称”文本框中输入“吧台椅”。单击“拾取点”按钮，选择“吧台椅”的坐垫下中点为基点，单击“选择对象”按钮，选择全部对象，结果如图14-95所示。

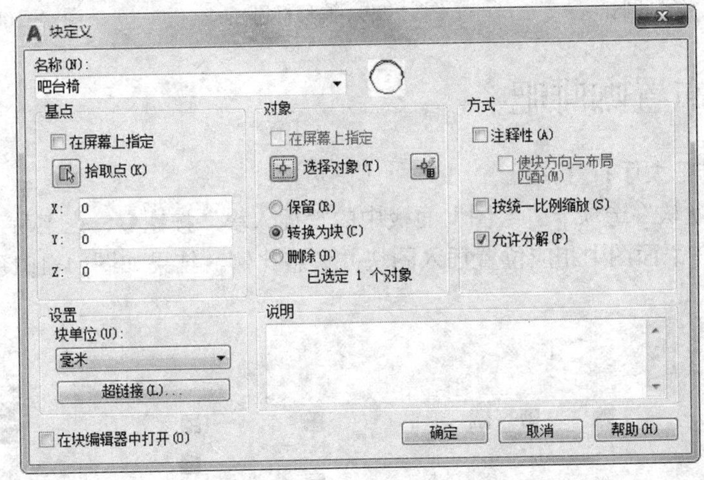

图14-95 创建“吧台椅”图块

06 绘制坐便器

❶单击“默认”选项卡“绘图”面板中的“矩形”按钮，在空白位置绘制边长为350×110的矩形，再单击“默认”选项卡“修改”面板中的“偏移”按钮，将矩形向内偏移20，如图14-96所示。

❷单击“默认”选项卡“绘图”面板中的“椭圆”按钮，绘制一个长轴直径为350、短轴直径为240的椭圆，如图14-97所示。

❸单击“默认”选项卡“绘图”面板中的“圆弧”按钮，绘制两段圆弧，结果如图14-98所示。

❹单击“默认”选项卡“修改”面板中的“偏移”按钮，将椭圆向内偏移10，结果

如图14-99所示。

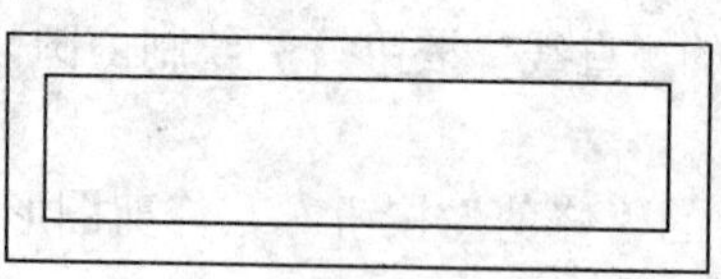

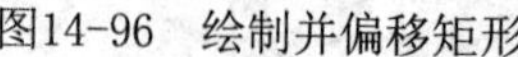

图14-96　绘制并偏移矩形

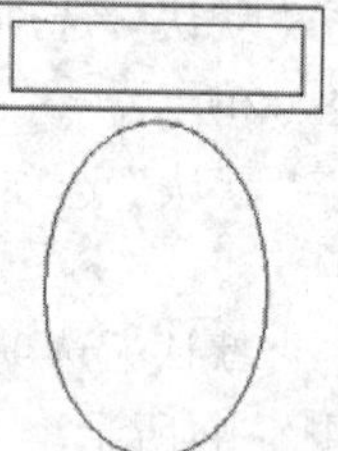

图14-97　绘制椭圆

❺单击“默认”选项卡“绘图”面板中的“圆”按钮⊙，绘制一个半径为5的圆。完成坐便器的绘制，如图14-100所示。最后将上面绘制的部分图形分别创建为图块，以便以后调用。

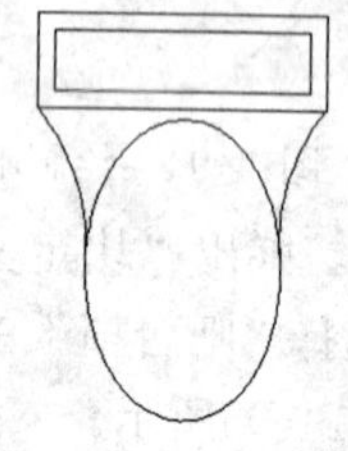

图14-98　绘制圆弧

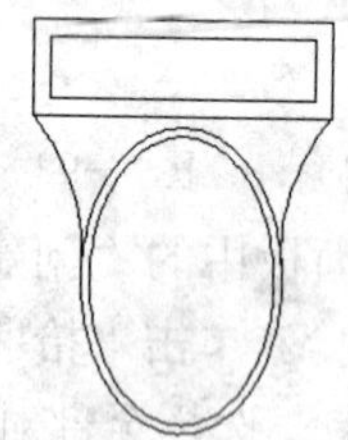

图14-99　偏移椭圆

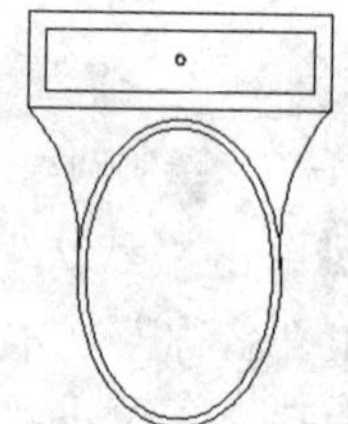

图14-100　偏移小圆

14.3.3　布置咖啡吧

01 咖啡吧大厅布置。

❶单击“默认”选项卡“绘图”面板中的“插入块”按钮，在名称下拉列表中选择“餐桌椅1”，在平面图中相应位置插入图块并调整比例，结果如图14-101所示。

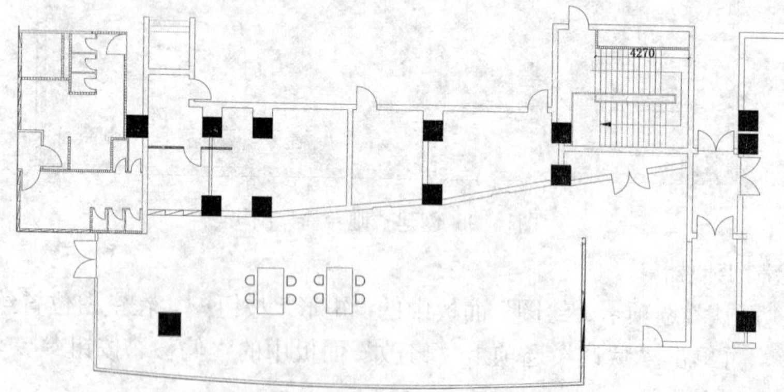

图14-101　插入餐桌椅

❷单击“默认”选项卡“绘图”面板中的“插入块”按钮，在名称下拉列表中选择“四人座桌椅”，在平面图中相应位置插入图块，适当地调整插入比例，使图块与图形想匹配，结果如图14-102所示。

❸单击“默认”选项卡“绘图”面板中的“插入块”按钮，在名称下拉列表中选择

“双人桌椅”，在平面图中相应位置插入图块，适当地调整插入比例，使图块与图形相匹配，结果如图14-103所示。

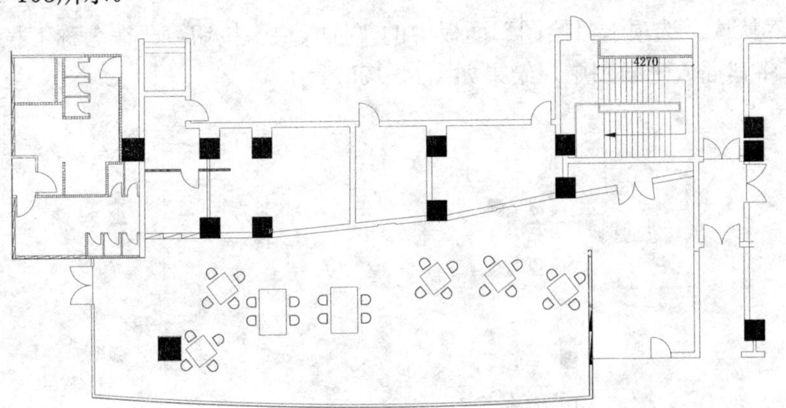

图14-102　插入四人座桌椅

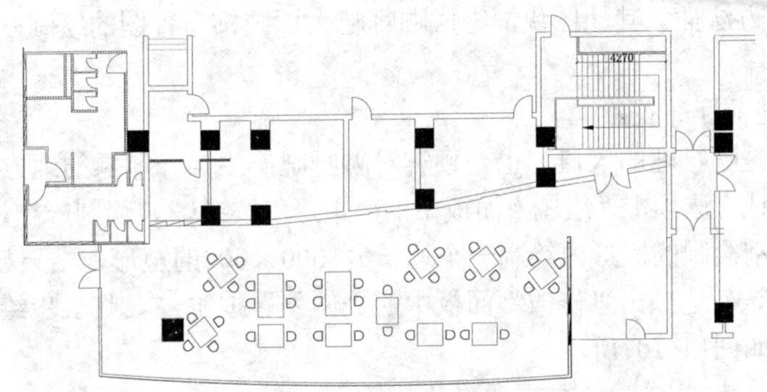

图14-103　插入双人座椅

❹单击“默认”选项卡“绘图”面板中的“插入块”按钮，在名称下拉列表中选择“卡座沙发”，在平面图中相应位置插入图块，适当地调整插入比例，使图块与图形相匹配，结果如图14-104所示。

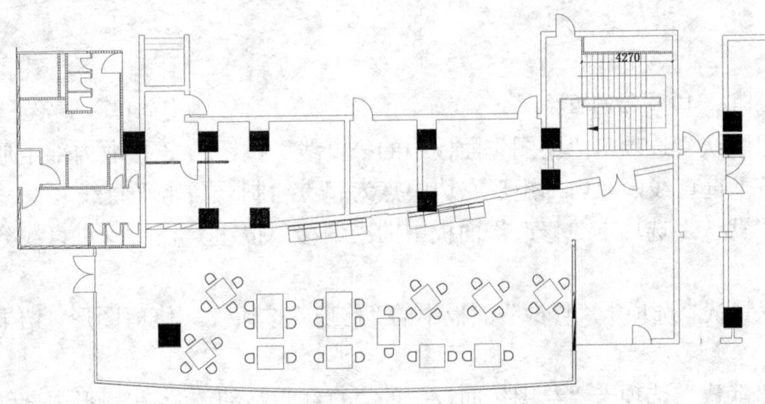

图14-104　插入卡座沙发

❺单击“默认”选项卡“绘图”面板中的“插入块”按钮，在名称下拉列表中选择“双人座沙发”。

❻单击“默认”选项卡“修改”面板中的“偏移”按钮，选择弧度墙体向内偏移300，绘制出吧台桌子。

❼单击“默认”选项卡“绘图”面板中的“插入块”按钮，在名称下拉列表中选择“吧台椅”，将其插入平面图中，结果如图14-105所示。

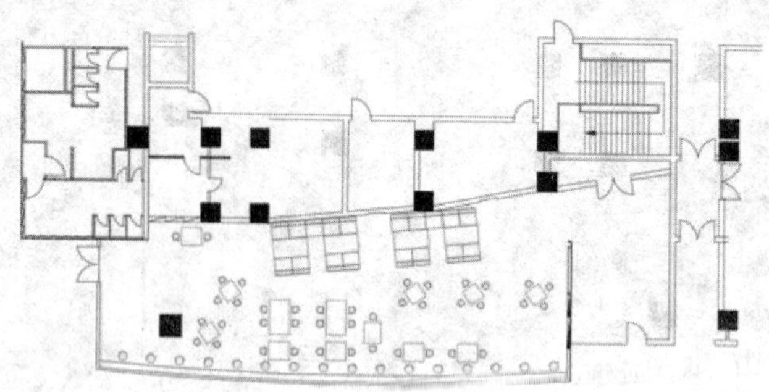

图14-105 咖啡吧大厅装饰布置图

❽利用上述方法插入其他图块，完成咖啡吧大厅装饰布置图的绘制，结果如图14-105所示。

02 咖啡吧前厅布置。

咖啡吧前厅是咖啡吧的入口，也是顾客对咖啡吧产生第一印象的地方。

❶单击“默认”选项卡“绘图”面板中的“矩形”按钮，绘制一个边长为4720×600的矩形，接着在刚绘制的矩形内绘制一个边长为1600×600的矩形，结果如图14-106所示。

❷单击“默认”选项卡“修改”面板中的“偏移”按钮，将上步绘制的内部矩形向外偏移20，结果如图14-107所示。

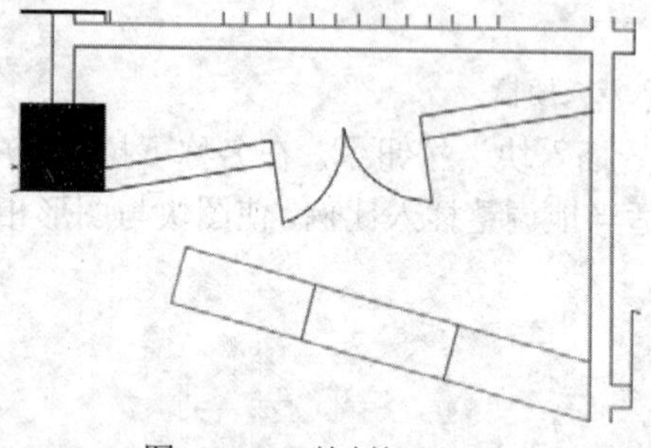

图14-106 绘制矩形

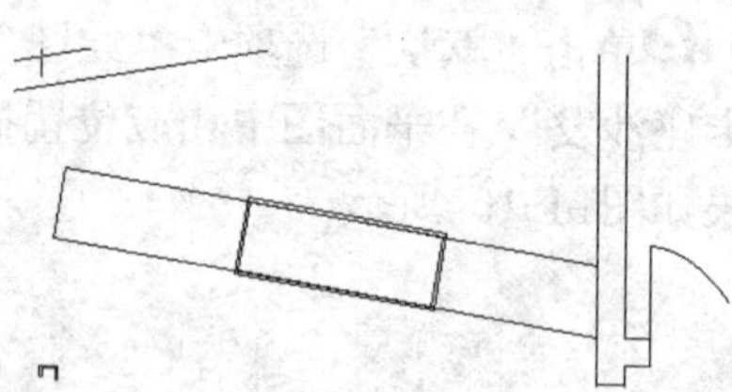

图14-107 偏移矩形

❸单击“默认”选项卡“绘图”面板中的“直线”按钮，拾取内部矩形上边中点为起点绘制一条垂直直线，取内部矩形左边中点为起点绘制一条水平直线。

❹单击“默认”选项卡“修改”面板中的“偏移”按钮，将垂直直线分别向两侧偏移30。

❺单击“默认”选项卡“修改”面板中的“修剪”按钮，修剪图形，结果如图14-108所示。

❻单击“默认”选项卡“绘图”面板中的“直线”按钮，在矩形内部绘制直线，细化图形，结果如图14-109所示。

❼单击“默认”选项卡“绘图”面板中的“直线”按钮，在平面图内部绘制两条交叉直线，如图14-110所示。

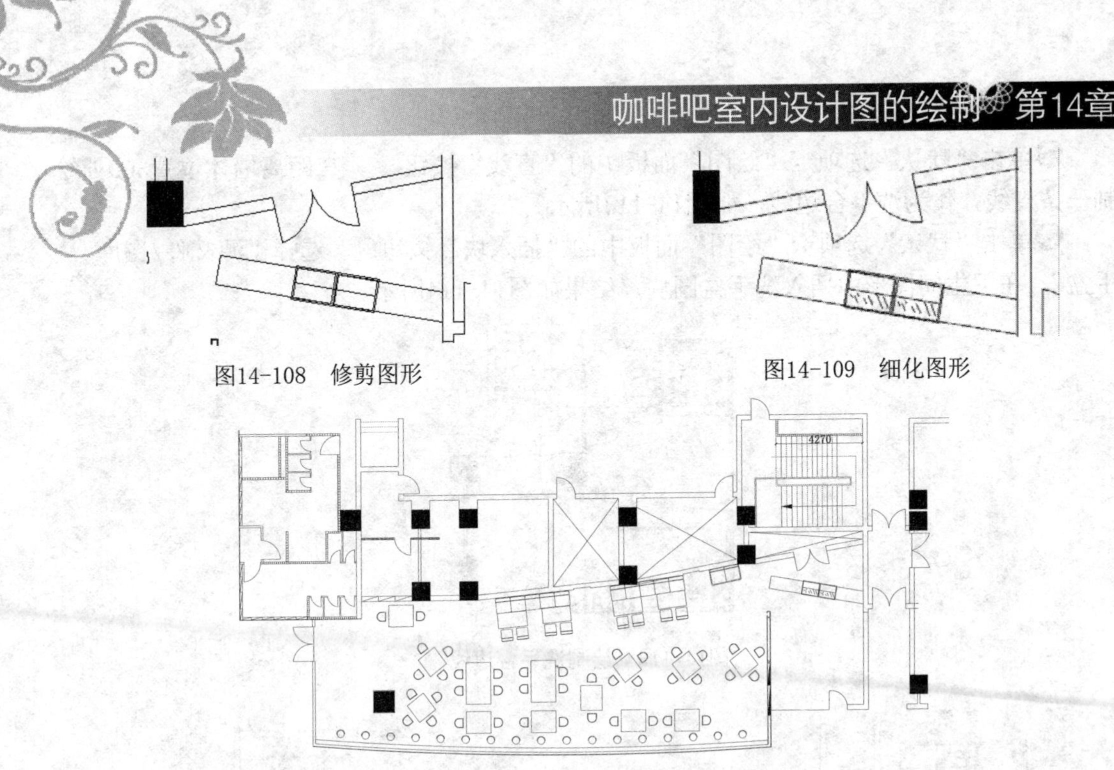

图14-108 修剪图形

图14-109 细化图形

图14-110 绘制交叉线

03 咖啡吧更衣室布置。单击“默认”选项卡“绘图”面板中的“直线”按钮，绘制更衣室的更衣柜。更衣室绘制方法简单，且使用命令前面已经介绍过，这里就不再详细阐述。绘制结果如图14-111所示。

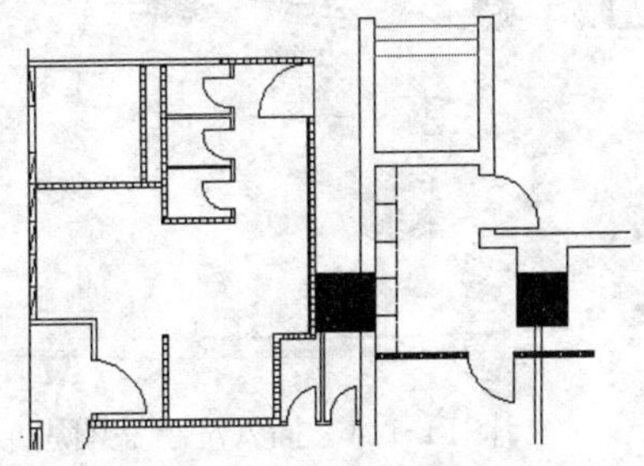

图14-111 绘制更衣室衣柜

04 咖啡吧卫生间布置。

❶单击“默认”选项卡“绘图”面板中的“插入块”按钮，在名称下拉列表中选择“坐便器”，在卫生间图形中插入坐便器图块，结果如图14-112所示。

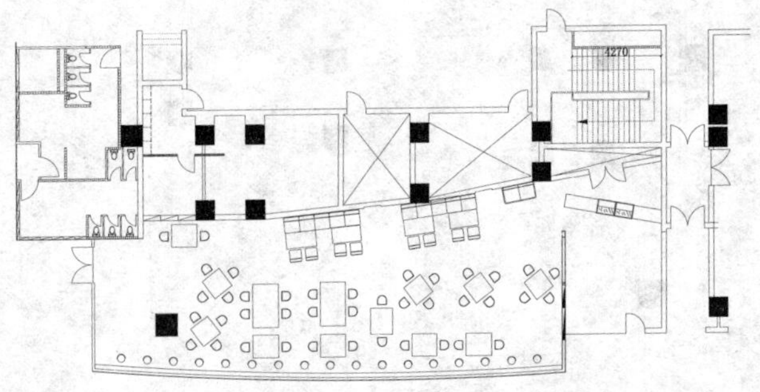

图14-112 插入坐便器图块

❷单击“默认”选项卡“绘图”面板中的“直线”按钮⟋，在距离墙体位置300处绘制一条直线，作为洗手台边线，如图14-113所示。

❸单击“默认”选项卡“绘图”面板中的“插入块”按钮，选择“源文件/图库/洗手盆”，在卫生间图形中插入洗手盆图块，结果如图14-114所示。

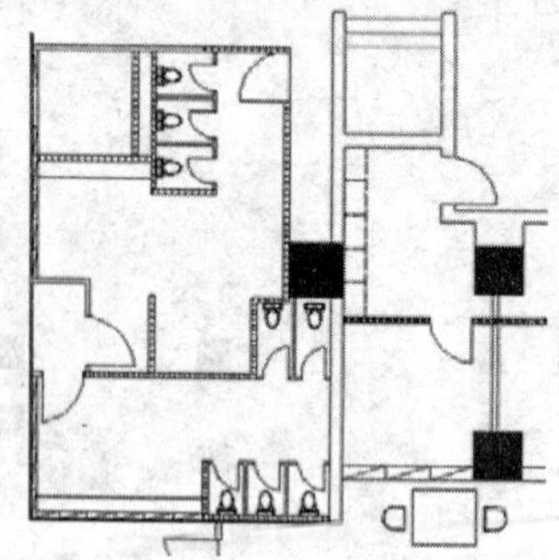

图14-113　绘制洗手台边线

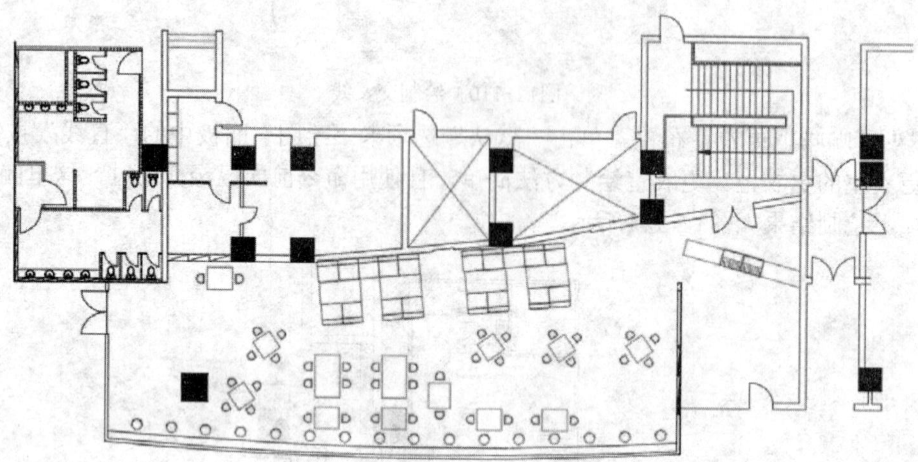

图14-114　插入洗手盆图块

❹单击“默认”选项卡“绘图”面板中的“插入块”按钮，插入“源文件/图库/小便器”，在卫生间图形中插入小便器图块，结果如图14-115所示。

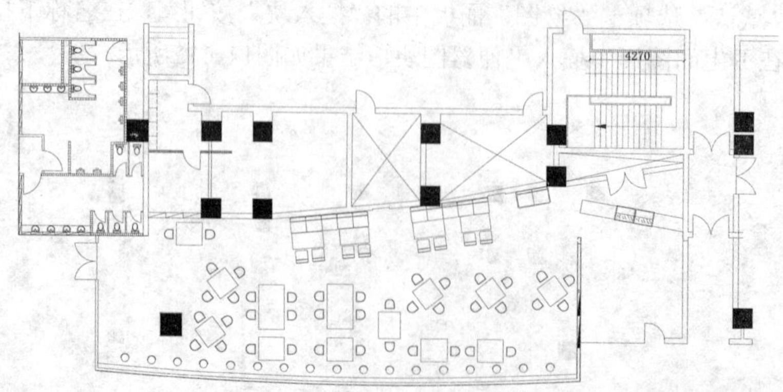

图14-115　插入小便器图块

注意

在平面图中我们利用前面讲过的方法为厨房开通了一个门。

05 布置厨房。

单击“默认”选项卡“绘图”面板中的“插入块”按钮，插入相应图块，完成咖啡吧装饰平面图的绘制，结果如图14-116所示。

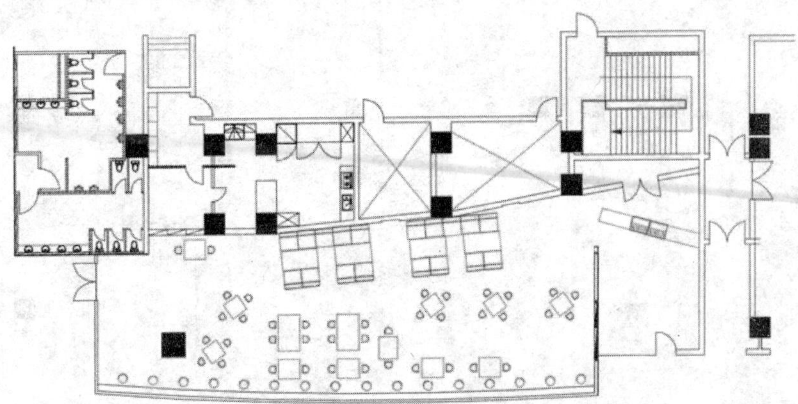

图14-116 咖啡吧装饰平面图的绘制

14.4 绘制咖啡吧顶棚平面图

本例咖啡吧制作了一个错层吊顶，中间以开间区域自然分开。其中，咖啡厅为方通管顶棚，按灯光需要在靠近厨房顶棚沿线布置装饰吊灯，在中间区域布置射灯，注意灯具布置不要过密，要形成一种相对柔和的光线氛围；厨房为烤漆格栅扣板顶棚。由于厨房为工作场所，故灯具在保证亮度的前提下可以根据需要相对随意布置；门厅顶棚为相对明亮的白色乳胶漆饰面的纸面石膏板，这样可以使空间高度相对充裕，再配以软管射灯和格栅射灯，可以使整个门厅显得清新明亮。咖啡吧顶棚平面图如图 14-117 所示。

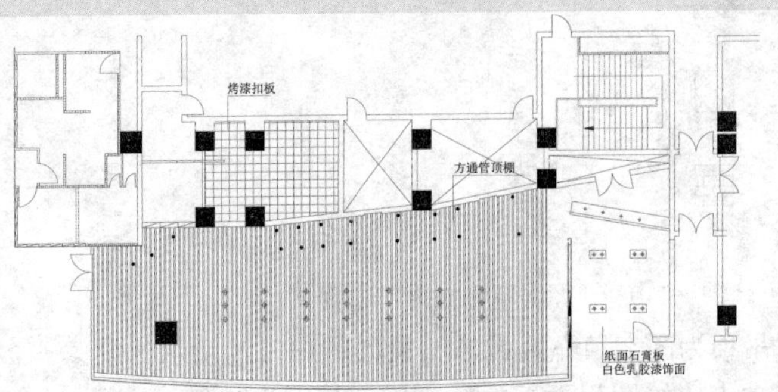

图14-117 咖啡吧顶棚平面图

实讲实训

多媒体演示

多媒体演示参见配套光盘中的\\动画演示\第14章\绘制咖啡吧顶棚平面图.avi。

14.4.1 绘制准备

01 单击“快速访问”工具栏中的“打开”按钮，选择前面绘制的“某咖啡吧平面布置图”，并将其另存为“咖啡吧顶面布置图”。

02 关闭“家具”“轴线”“门窗”“尺寸”图层。删除卫生间隔断和洗手台。

03 单击“默认”选项卡“绘图”面板中的“直线”按钮，绘制一条直线，结果如图14-118所示。

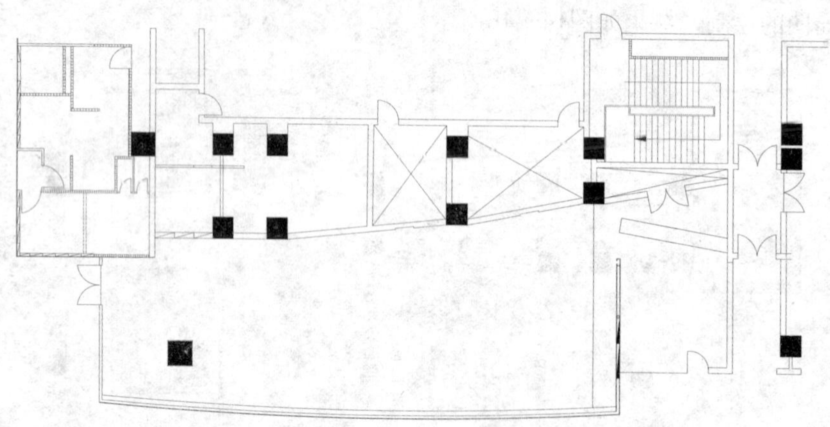

图14-118 整理图形

14.4.2 绘制吊顶

01 单击“默认”选项卡“绘图”面板中的“图案填充”按钮，弹出“图案填充创建”选项卡，对其进行相关设置，结果如图14-119所示。

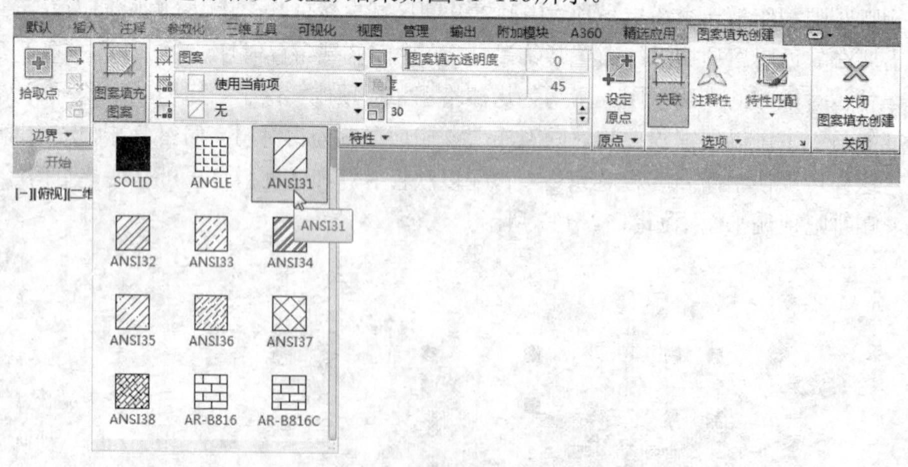

图14-119 “图案填充创建”选项卡

02 选择咖啡吧大厅吊顶为图案填充区域，结果如图14-120所示。

03 单击“默认”选项卡“绘图”面板中的“图案填充”按钮，弹出“图案填充创建”选项卡，对其进行相关的设置，如图14-121所示。

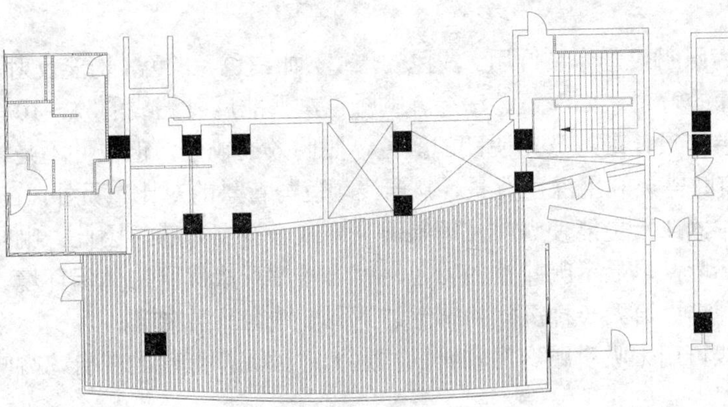

图14-120　填充咖啡吧大厅

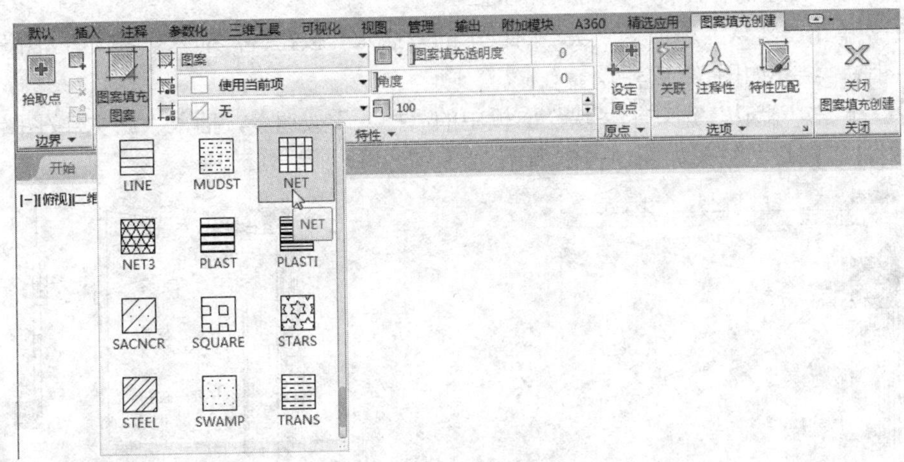

图14-121　“图案填充创建”选项卡

04 选择咖啡厅厨房为图案填充区域，结果如图14-122所示。

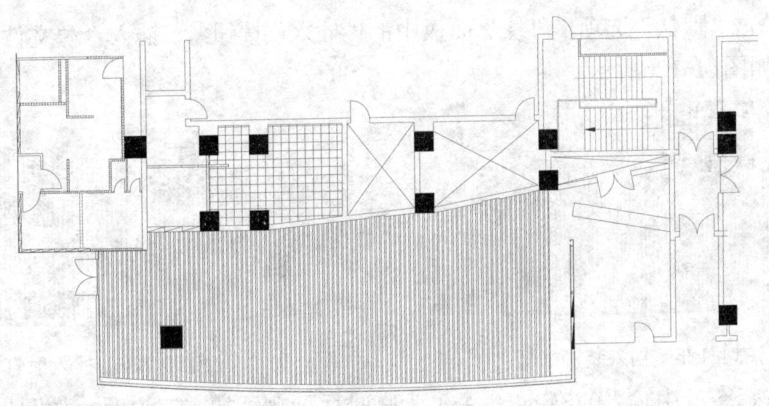

图14-122　填充厨房区域

14.4.3 布置灯具

灯饰可纯为照明或兼作装饰用。浅色的墙壁，如白色、米色，均能反射多量的光线（达90%）；而颜色深的背景，如深蓝、深绿、咖啡色，只能反射光线的5%～10%。

一般室内装饰设计最好选用明朗的颜色，照明效果较佳，但也并不是说所有的深色背景都不好，如有时需要利用深色背景，强调浅颜色与背景的对比。另外，在打深色背景下，灯光投射在咖啡器皿上更能使咖啡品牌显眼突出或富有立体感。因此，咖啡馆灯光的总亮度要低于周围环境，以显示咖啡馆的特色，使咖啡馆形成优雅的休闲环境。如果光线过于暗淡，则会使咖啡馆给人一种沉闷的感觉，不利于顾客品尝咖啡。

另外，光线可用来吸引顾客对咖啡的注意力。因此，灯暗的吧台，咖啡更具有古老而神秘的吸引力。

咖啡制品本来就是以褐色为主，深色的、颜色较暗的咖啡都会吸收较多的光，所以若使用较柔和的日光灯照射，会使整个咖啡馆的气氛比较舒适。

下面介绍本例咖啡吧中灯具的具体布置。

01 单击“默认”选项卡“块”面板中的“插入”按钮，插入“源文件/图库/软管射灯”图块，结果如图14-123所示。

02 单击“默认”选项卡“块”面板中的“插入”按钮，插入“源文件/图库/嵌入式格栅射灯”图块，结果如图14-124所示。

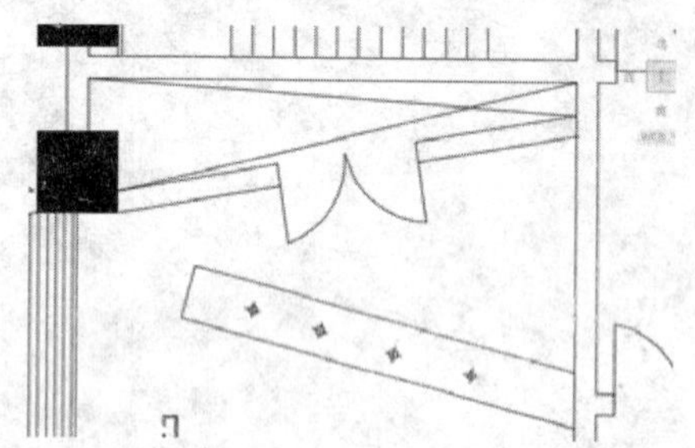

图14-123　插入软管射灯

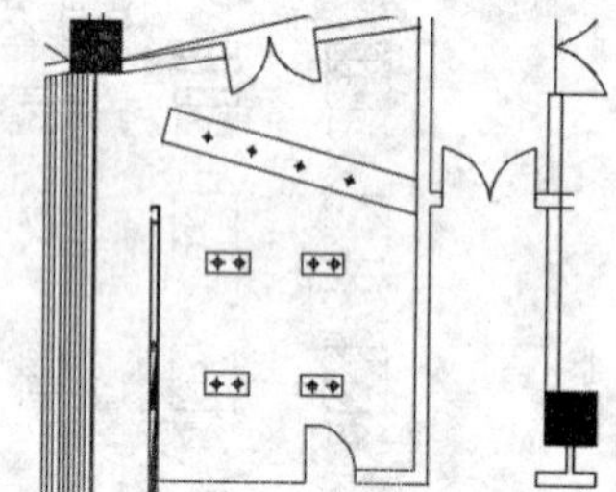

图14-124　插入嵌入式格栅射灯

03 单击“默认”选项卡“块”面板中的“插入”按钮，插入“源文件/图库/装饰吊灯”图块，结果如图14-125所示。

04 单击“默认”选项卡“块”面板中的“插入”按钮，插入“源文件/图库/射灯”图块，结果如图14-126所示。

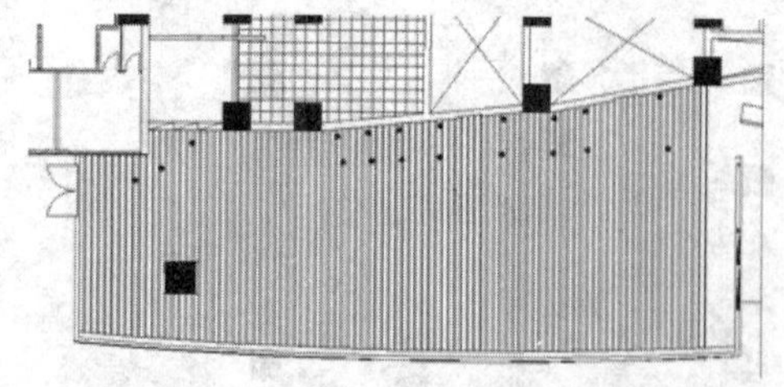

图14-125　插入装饰吊灯

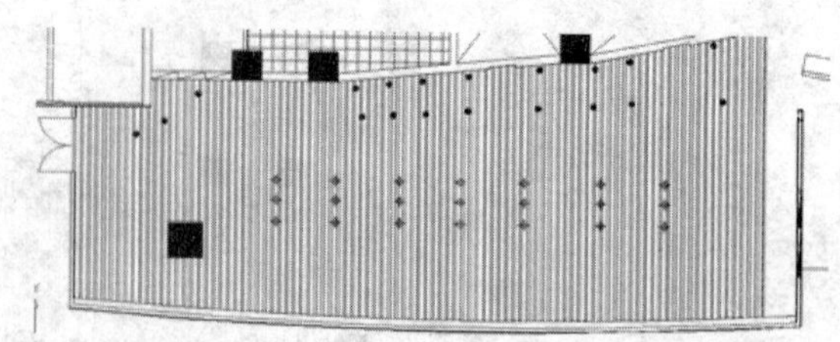

图14-126　插入射灯

05 在命令行中输入QLEADER命令，为咖啡厅顶棚添加文字说明，如图14-127所示。

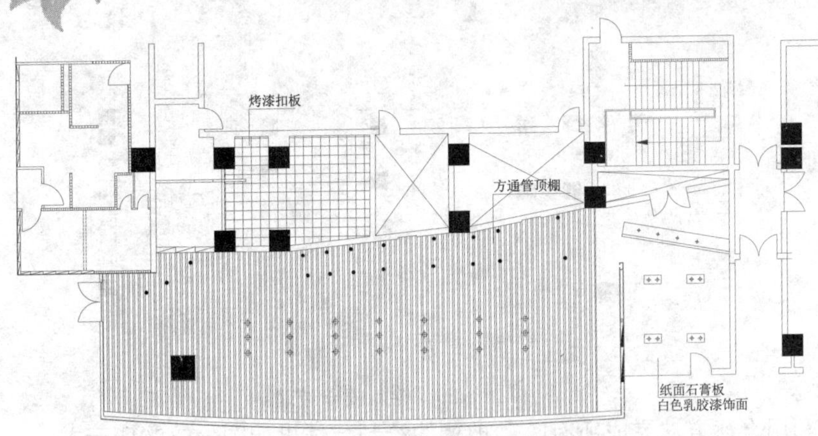

图14-127 输入文字说明

14.5 绘制咖啡吧地面平面图

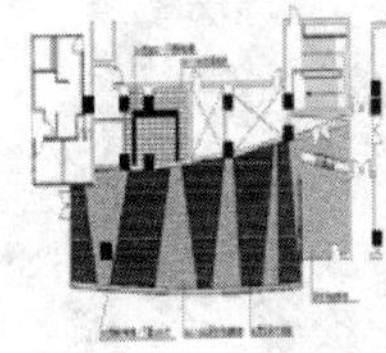

咖啡吧是一种典型的休闲场所，所以其室内地面设计就必须相对考究，要从中折射出一种安逸舒适的气质。本例中，地面采用深灰色地新岩和条形木地板交错排列（平面造型可以相对新奇），中间间隔下设装有 LED 灯的喷沙玻璃隔栅，通过地面灯光的投射，与顶棚灯光交相辉映，使整个大厅显得朦胧迷离，如梦如幻，同时又使深灰色地新岩和条形木地板界限分明，几何图案美感得到了进一步强化。门厅采用深灰色地新岩，厨房采用防滑地砖配以不锈钢格栅地沟，均为突出实用性的简化处理。图 14-128 所示为咖啡吧地面平面图。

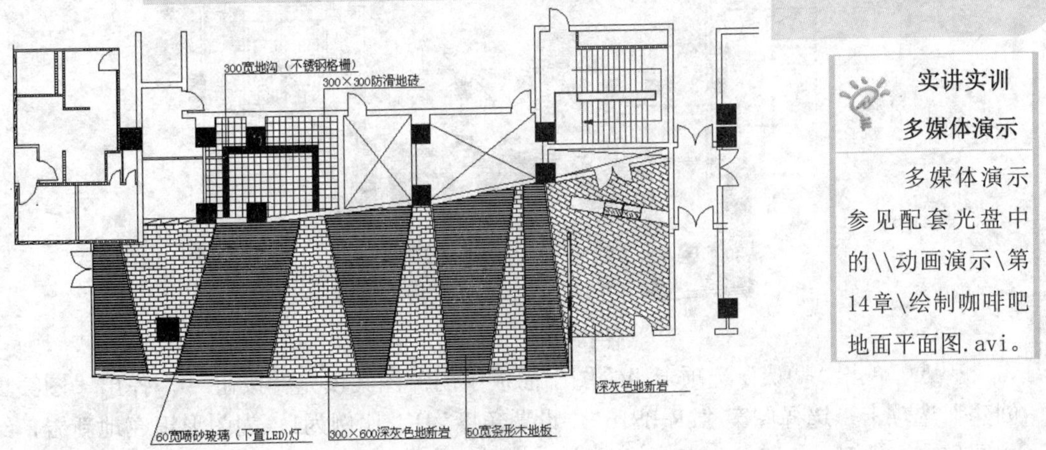

图14-128 咖啡吧地面平面图

> **实讲实训 多媒体演示**
>
> 多媒体演示参见配套光盘中的\\动画演示\第14章\绘制咖啡吧地面平面图.avi。

01 单击“默认”选项卡“绘图”面板中的“直线”按钮，绘制一条直线，再单击“修改”工具栏中的“偏移”按钮，将绘制的直线向外偏移60，追问喷砂玻璃，结果如图14-129所示。

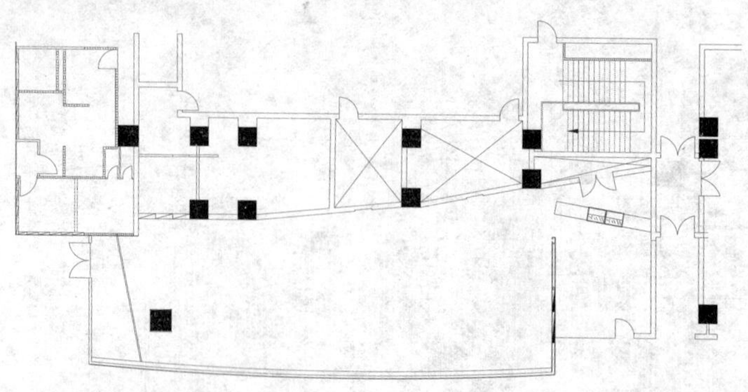

图14-129　绘制喷砂玻璃

02 利用上述方法完成所有喷砂玻璃的绘制，结果如图14-130所示。

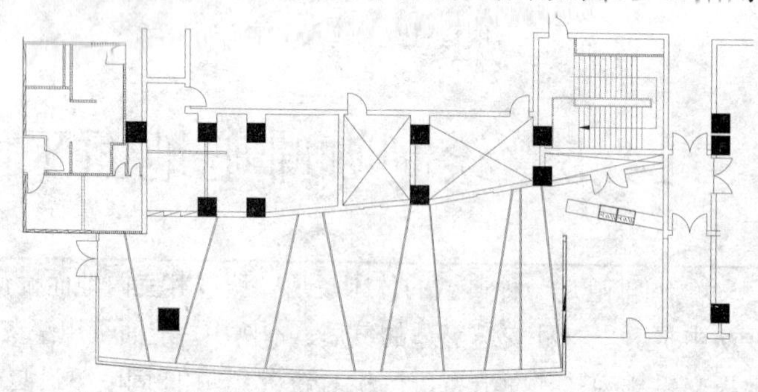

图14-130　绘制所有喷砂玻璃

03 单击“默认”选项卡“绘图”面板中的“图案填充”按钮，弹出“图案填充创建”选项卡，选择图案“ANSI31”，设置角度为-45、比例为20，为图形填充条形木地板，结果如图14-131所示。

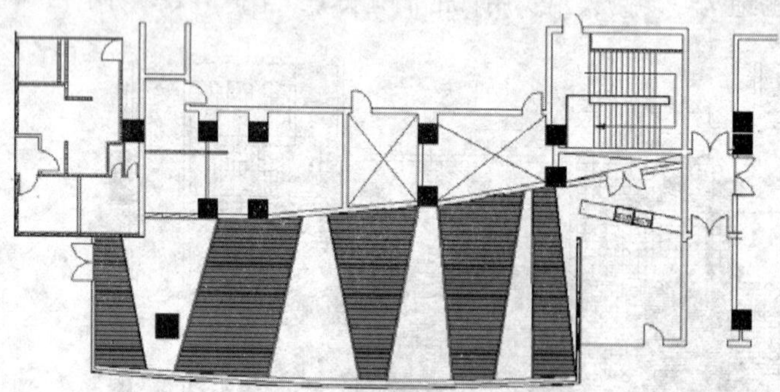

图14-131　填充条形地板

04 单击“默认”选项卡“绘图”面板中的“图案填充”按钮，弹出“图案填充创建”选项卡，选择图案“AR-B816”，设置角度为1、比例为1，为图形填充地新岩，结果如图14-132所示。

05 单击“默认”选项卡“绘图”面板中的“图案填充”按钮，弹出“图案填充创建”选项卡，选择图案“AR-B816”，设置角度为1、比例为1，为前厅填充地砖，结果如图14-133所示。

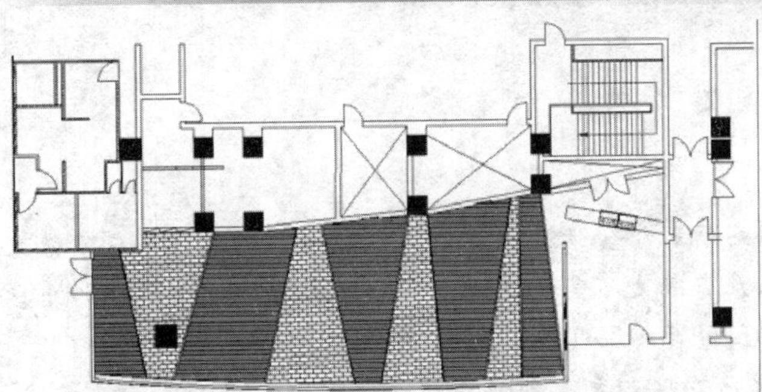

图14-132　填充地新岩

06 单击“默认”选项卡“修改”面板中的“偏移”按钮，选择厨房水平直线连续向下偏移300，选择厨房垂直墙线连续向内偏移300，结果如图14-134所示。

图14-133　为前厅填充 地砖

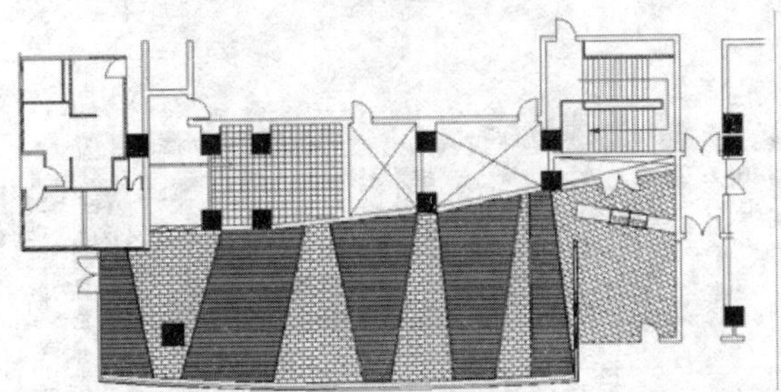

图14-134　填充厨房

07 单击“默认”选项卡“绘图”面板中的“直线”按钮，在厨房内地面绘制300宽地沟，并单击“默认”选项卡“绘图”面板中的“图案填充”按钮，填充地沟区域，结果如图14-135所示。

08 在命令行中输入QLEADER命令，为咖啡厅地面添加文字说明，如图14-136所示。

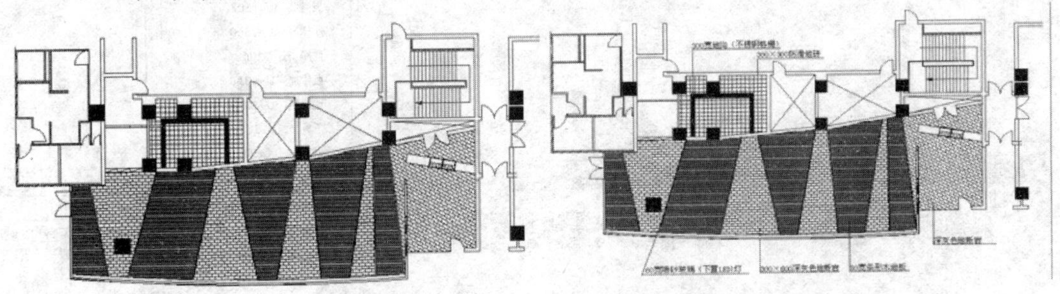

图14-135　填充地沟图形

图14-136　添加文字说明

注意

室内工程制图可能会涉及诸多的特殊符号，特殊符号在单行文本中的输入与多行文本中的输入是有很大不同的，以及对于字体文件的选择特别重要。多行文字中插入符号或特殊字符的步骤如下：

1）双击多行文字对象，打开在位文字编辑器。

2）在展开的选项板上单击“符号”，如图14-137所示。

3）单击符号列表上的某符号，或单击“其他”显示“字符映射表”对话框，如图14-138所示。在“字符映射表”对话框中选择一种字体，然后选择一种字符，并使用以下方法之一：

要插入单个字符，将选定字符拖动到编辑器中；

要插入多个字符，单击“选定”，将所有字符都添加到“复制字符”框中。选择了所有所需的字符后，单击“复制”。在编辑器中单击鼠标右键，在弹出的快捷菜单中单击“粘贴”。

关于特殊符号的运用，用户可以适当记住一些常用符号的ASC代码，同时也可以从软键盘中输入，即右击输入法工具条，弹出相关字符的输入，如图14-139所示。

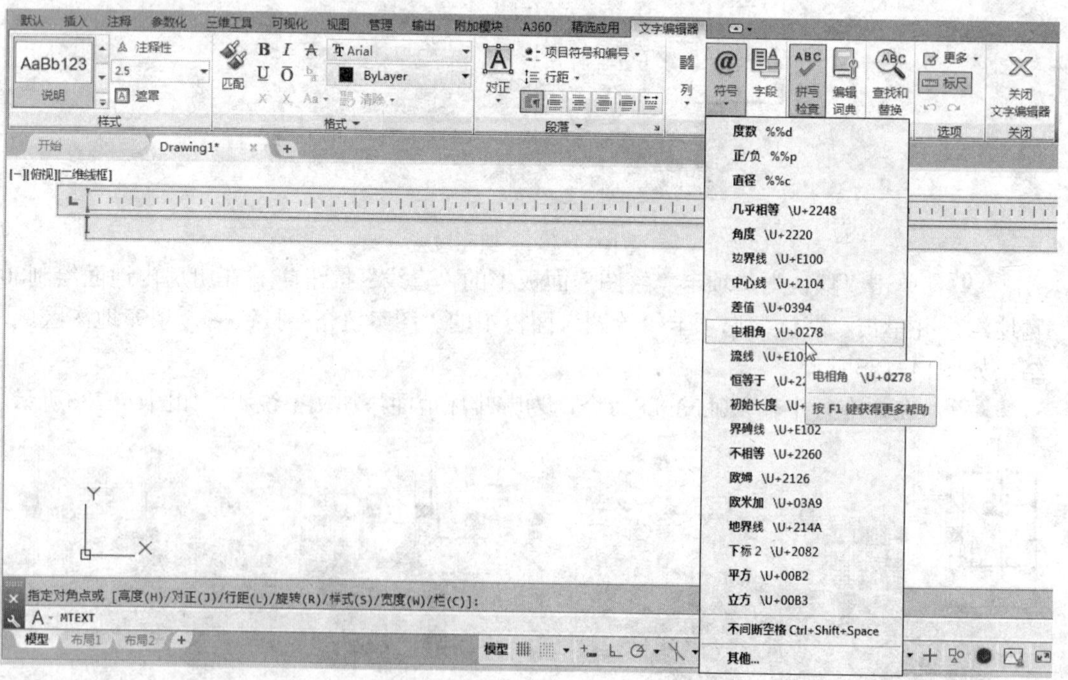

图14-137 “符号”按钮

图14-138 “字符映射表”对话框

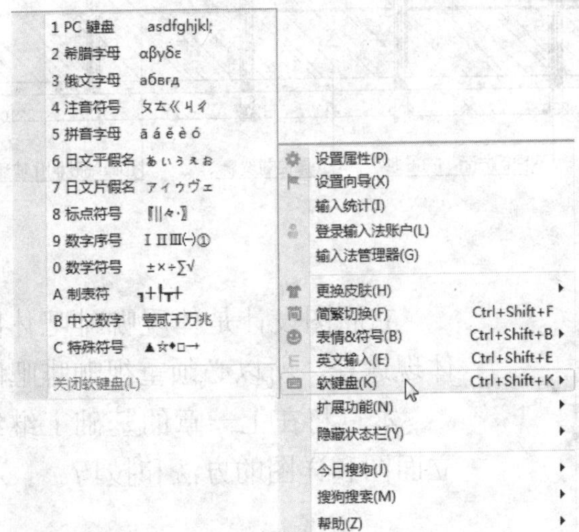

图14-139 软键盘输入特殊字符

第15章

咖啡吧室内设计立面图及详图绘制

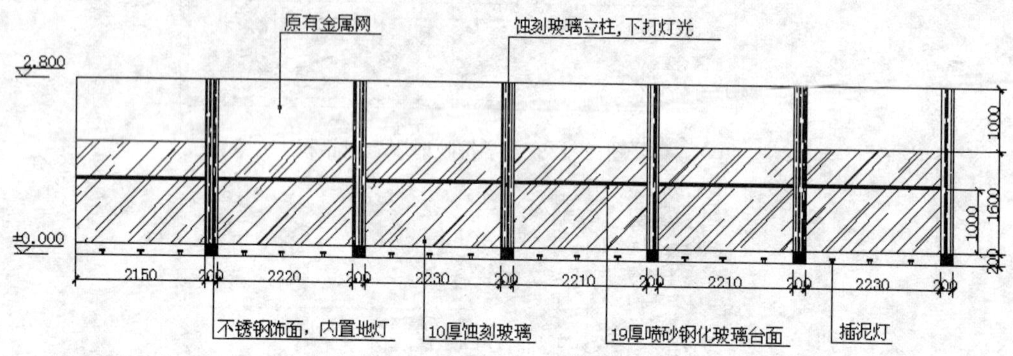

立面图设计是体现咖啡吧休闲气质的一个重要体现途径，所以必须重视咖啡吧的立面图设计。

本章将在上一章的基础上继续讲解设计咖啡吧立面图和详图的方法和技巧。

- 咖啡吧立面图的绘制
- 玻璃台面节点详图的绘制

15.1 绘制咖啡吧立面图

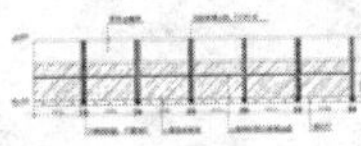

A 立面图是咖啡厅内部立面，如图 15-1 所示，所以可以在此立面进行休闲设计，用以渲染舒适安逸的气氛。其主体为振纹不锈钢和麦哥利水波纹木贴皮交错布置。在振纹不锈钢装饰区域通过布置墙体电视显示屏，用以播放一些音乐和风景影像，再配置一些绿色盆景或装饰古董，可以显得文化气息扑面而来、浪漫情调浓郁。在麦哥利水波纹木贴皮装饰区域配置一些卡座沙发，可以使得整个布局显得和谐舒适。

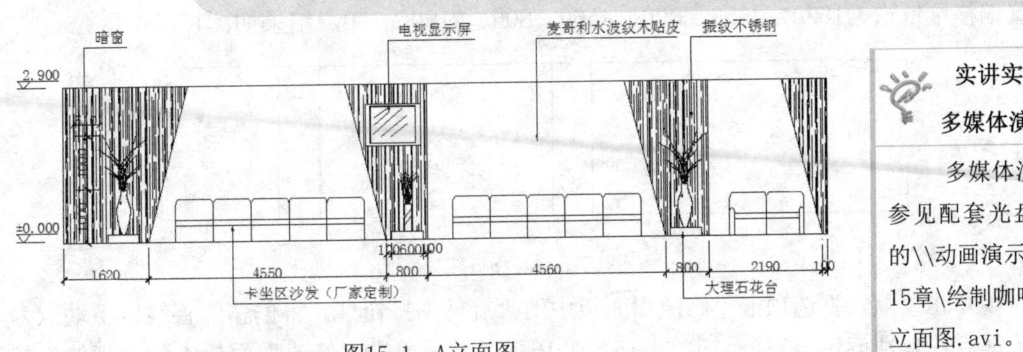

图15-1 A立面图

实讲实训
多媒体演示

多媒体演示参见配套光盘中的\\动画演示\第15章\绘制咖啡吧立面图.avi。

如图 15-2 所示，B 立面图是咖啡厅与外界的分隔立面，所以此立面的首要功能是要突出一种朦胧的隔离感，又要适当考虑外界光线的穿透。其主体为不锈钢立柱分隔的蚀刻玻璃隔墙，再配以各种灯光投射装饰。既有一种明显的区域隔离感，同时又通过照射在蚀刻玻璃上的灯光反射出的模糊柔和的光，营造出一种恍如隔世的怡然自得的闲情逸致。

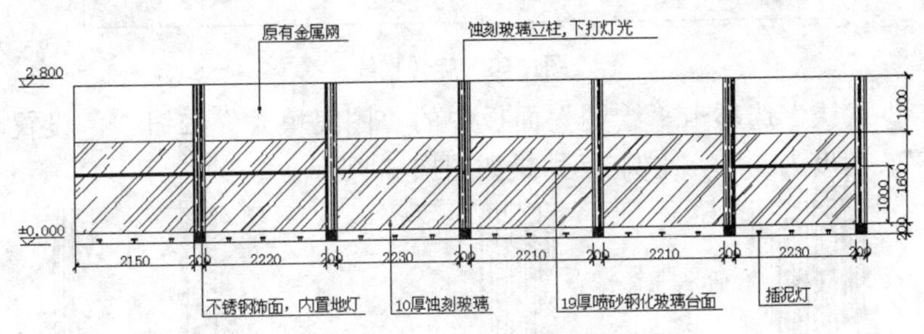

图15-2 B立面图

15.1.1 绘制咖啡吧A立面图

01 绘制立面图。

❶单击“默认”选项卡“图层”面板中的“图层特性”按钮，新建“立面”图层，属性采用默认设置。将其设置为当前图层。图层设置如图15-3所示。

立面				白	Continu... ——	默认	0	Color_7		

图15-3 图层设置

❷单击“默认”选项卡“绘图”面板中的“矩形”按钮，绘制边长为14620×2900

的矩形，结果如图15-4所示。

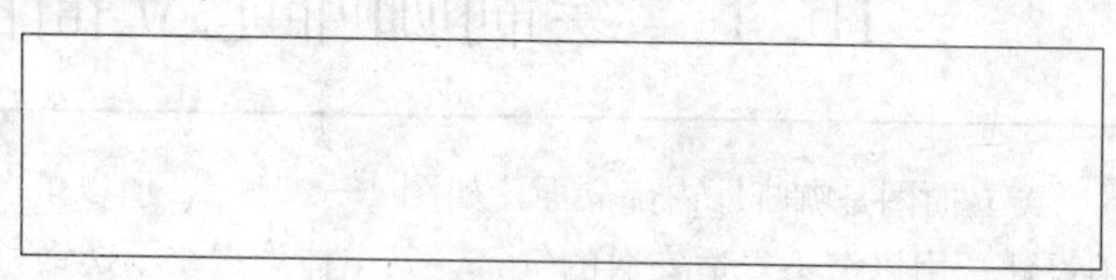

图15-4　绘制矩形

❸单击“默认”选项卡“修改”面板中的“分解”按钮，将上步绘制的矩形进行分解。

❹单击“默认”选项卡“修改”面板中的“偏移”按钮，将最左端竖直线向右偏移，设置偏移量依次为1620、4550、800、4560、800、2190、100，结果如图15-5所示。

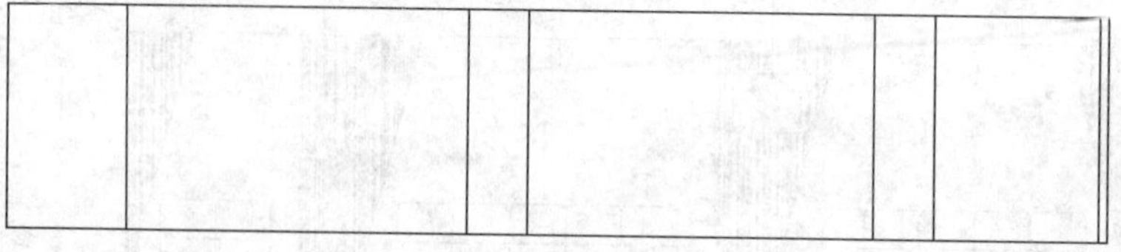

图15-5　偏移直线

❺单击“默认”选项卡“修改”面板中的“旋转”按钮。将偏移的直线以下端点为旋转基点，分别旋转-15°、15°、15°、15°，然后单击“修改”面板中的“延伸”按钮，延伸旋转后的直线，结果如图15-6所示。

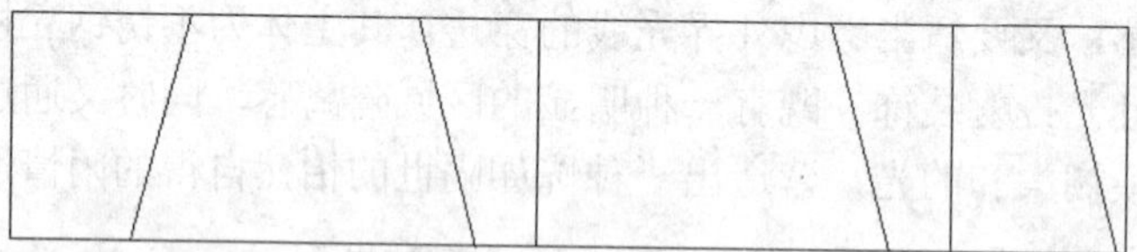

图15-6　旋转直线

❻单击“默认”选项卡“绘图”面板中的“图案填充”按钮，设置填充图案为“AR-RROOF”、角度为90°、比例5，结果如图15-7所示。

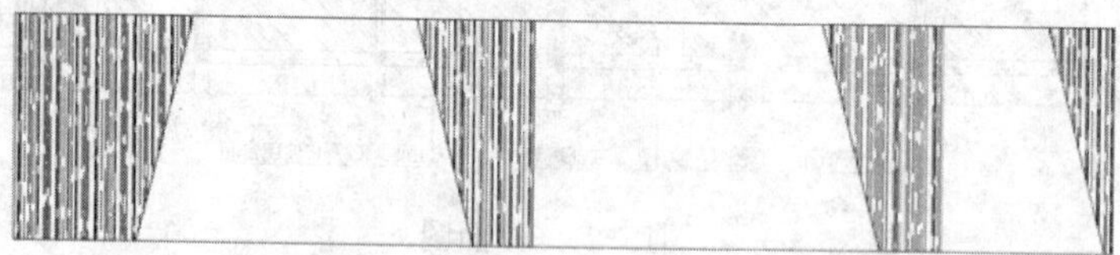

图15-7　填充图案

❼单击“默认”选项卡“绘图”面板中的“矩形”按钮，绘制一个边长为720×800矩形，如图15-8所示。

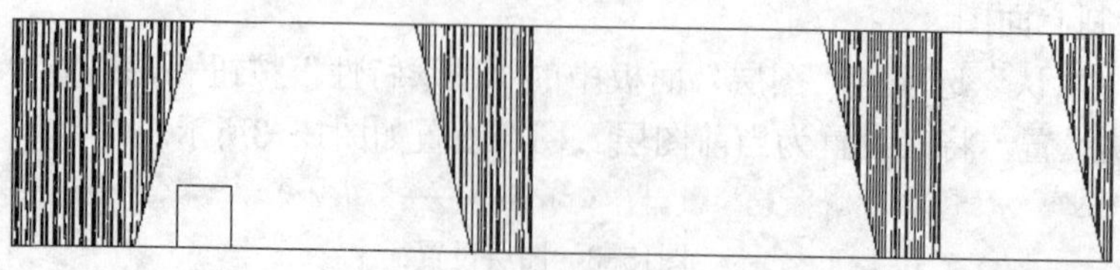

图15-8　绘制矩形

❽单击“默认”选项卡“修改”面板中的“分解”按钮，将上步绘制的矩形进行分解。

❾单击“默认”选项卡“修改”面板中的“偏移”按钮，选择分解矩形的最上边，分别向下偏移400、100、300，结果如图15-9所示。

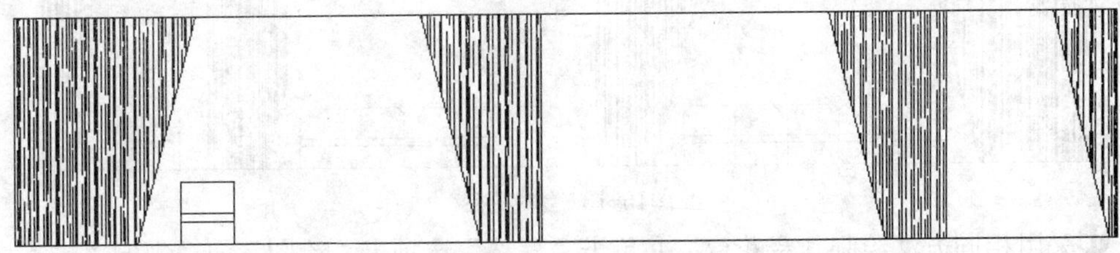

图15-9 偏移直线

❿单击“默认”选项卡“修改”面板中的“圆角”按钮，选择矩形上边进行圆角处理，设置圆角半径为100，结果如图15-10所示。

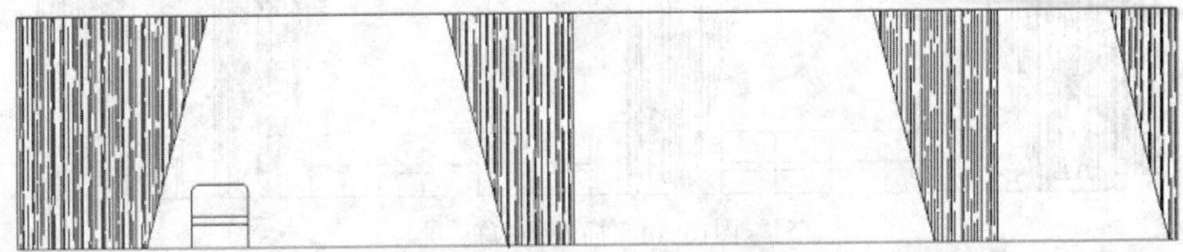

图15-10 圆角处理

⓫单击“默认”选项卡“修改”面板中的“复制”按钮，选择刚绘制的图形进行复制，结果如图15-11所示。

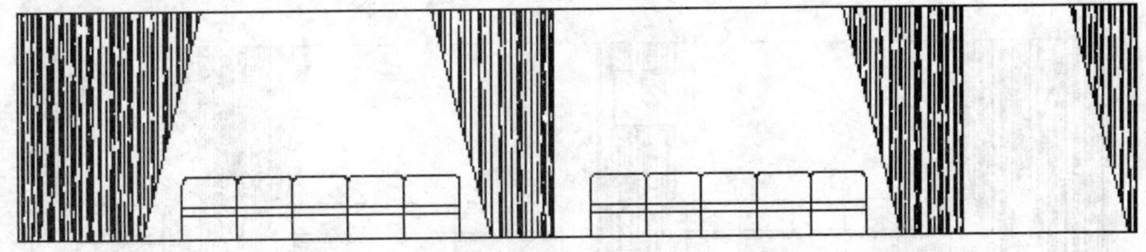

图15-11 复制图形

⓬两人沙发的绘制方法与五人沙发的绘制方法基本相同，这里不再详细讲述。绘制结果如图 15-12 所示。

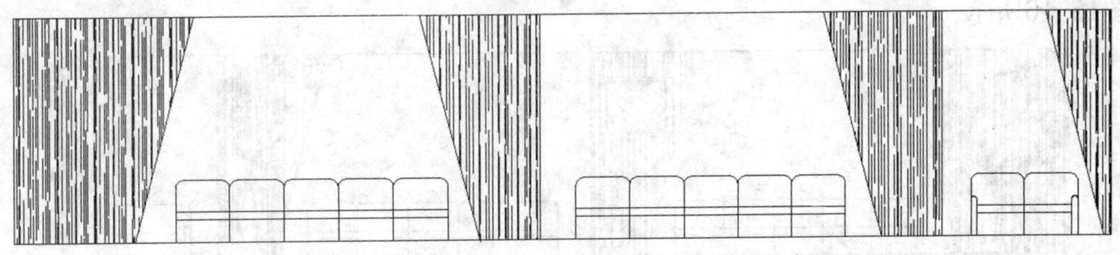

图15-12 绘制其他图形

⓭单击“默认”选项卡“绘图”面板中的“矩形”按钮，绘制一个边长为500×150的矩形，作为花台。

⓮单击“默认”选项卡“修改”面板中的“分解”按钮，将图形中的填充区域进

行分解。

⑮单击“默认”选项卡“修改”面板中的“修剪”按钮，修剪花台内区域，结果如图15-13所示。

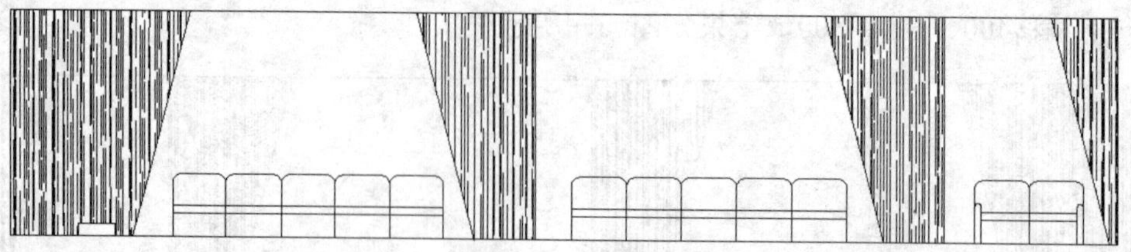

图15-13 绘制花台

⑯采用相同方法绘制其余花台，并单击“默认”选项卡“绘图”面板中的“插入块”按钮，在花台上方插入装饰瓶，然后单击“修改”面板中的“修剪”按钮，将插入图形内的多余线段进行修剪，结果如图 15-14 所示。

图15-14 插入装饰瓶

⑰单击“默认”选项卡“绘图”面板中的“插入块”按钮，在图形中适当位置插入“电视显示屏”，并单击“修改”面板中的“修剪”按钮，将插入图形内的多余线段进行修剪，结果如图15-15所示。

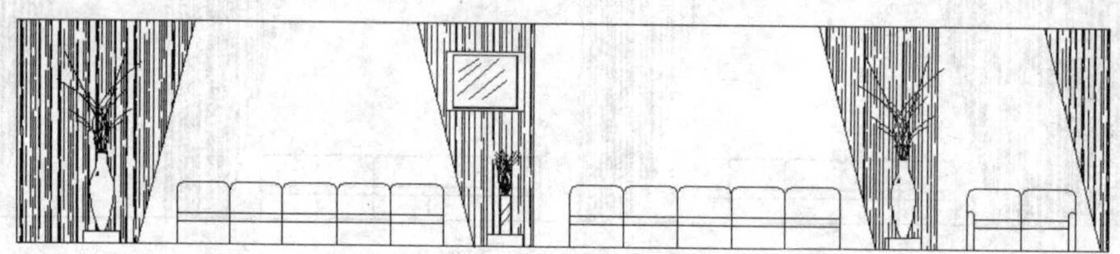

图15-15 插入“电视显示屏”

⑱单击“默认”选项卡“绘图”面板中的“矩形”按钮，绘制一个矩形作为暗窗，如图15-16所示。

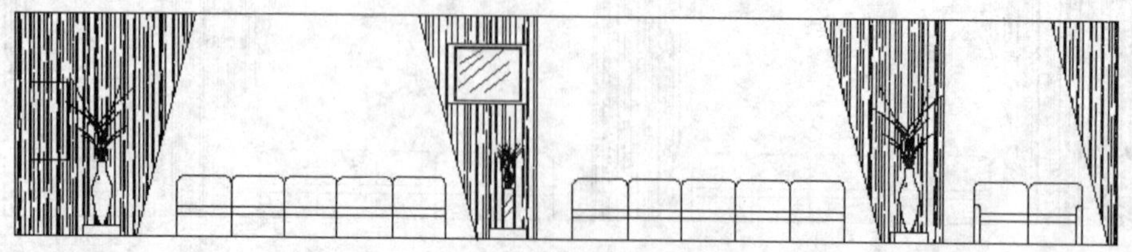

图15-16 绘制暗窗

02 标注尺寸。

❶单击“默认”选项卡“图层”面板中的“图层特性”按钮，将“标注”图层设置为当前图层。

❷单击“默认”选项卡“注释”面板中的“标注样式”按钮，弹出“标注样式管理器”对话框，如图15-17所示。

❸单击“新建”按钮，弹出“创建新标注样式”对话框，输入新样式名为“立面”，如图 15-18 所示。

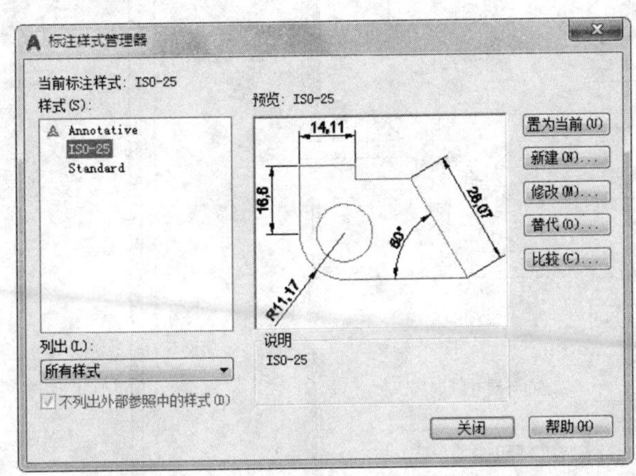

图15-17 “标注样式管理器”对话框

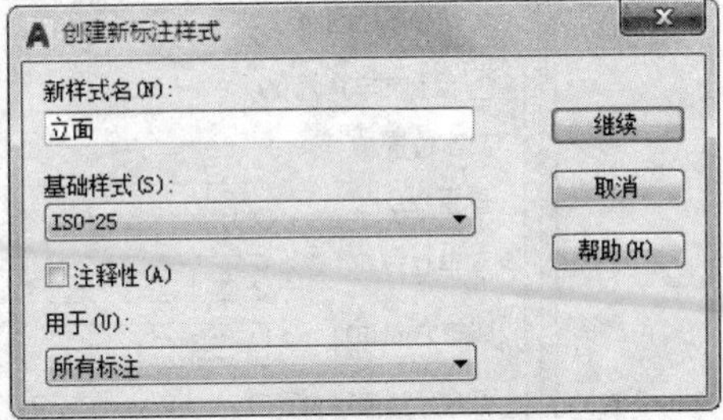

图15-18 “创建新标注样式”对话框

❹单击“继续”按钮，弹出“新建标注样式：立面”对话框，设置各个选项卡参数如图 15-19 所示。设置完参数后，单击“确定”按钮，返回到“标注样式管理器”对话框，将“建筑”样式置为当前。

❺单击“默认”选项卡“注释”面板中的“线性”按钮，标注立面图尺寸，如图 15-20所示。

❻单击“默认”选项卡“块”面板中的“插入”按钮，在图形中适当位置插入“标高”，如图15-21所示。

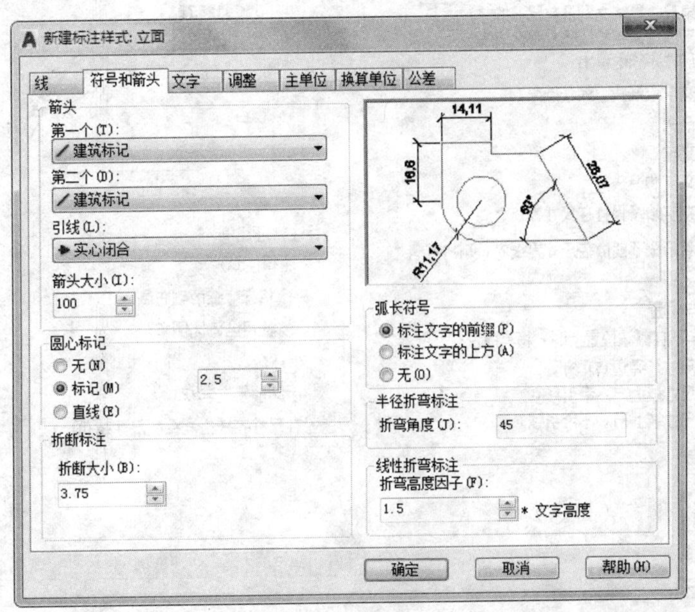

图15-19 “新建标注样式：立面”对话框

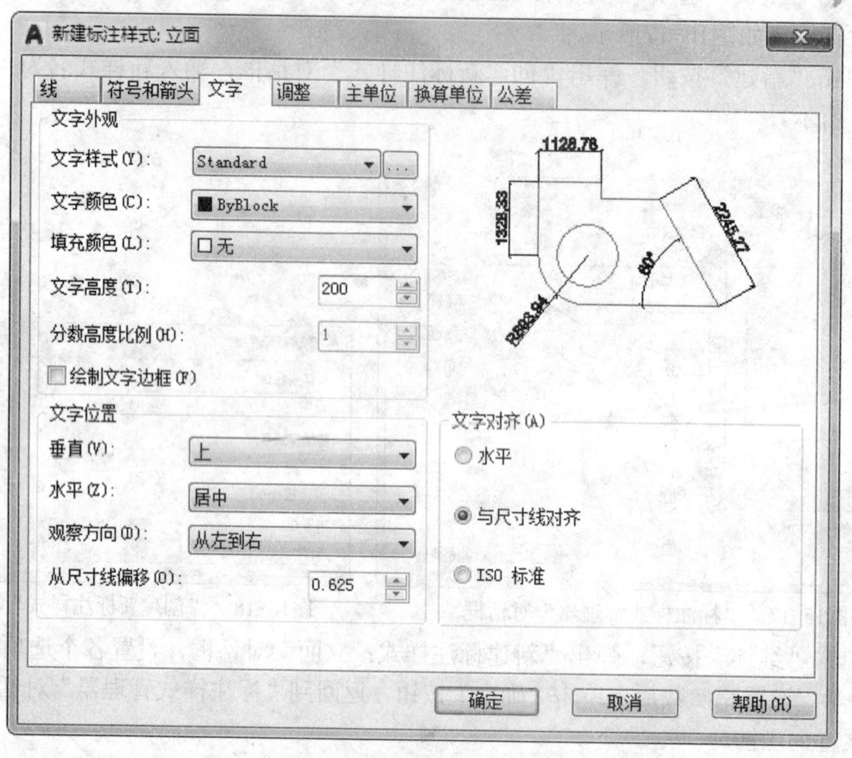

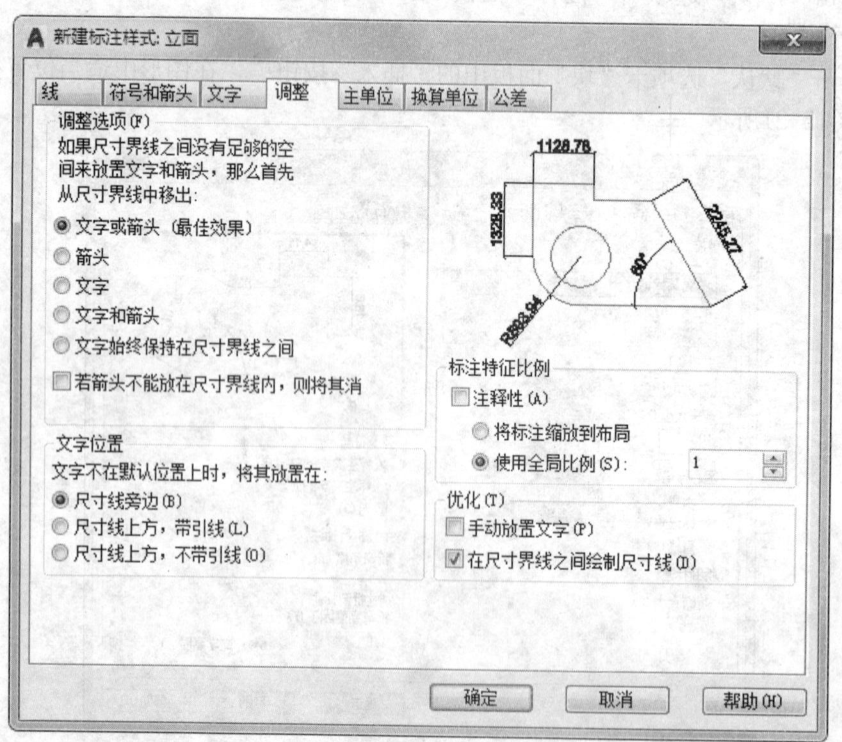

图15-19 “新建标注样式：立面”对话框（续）

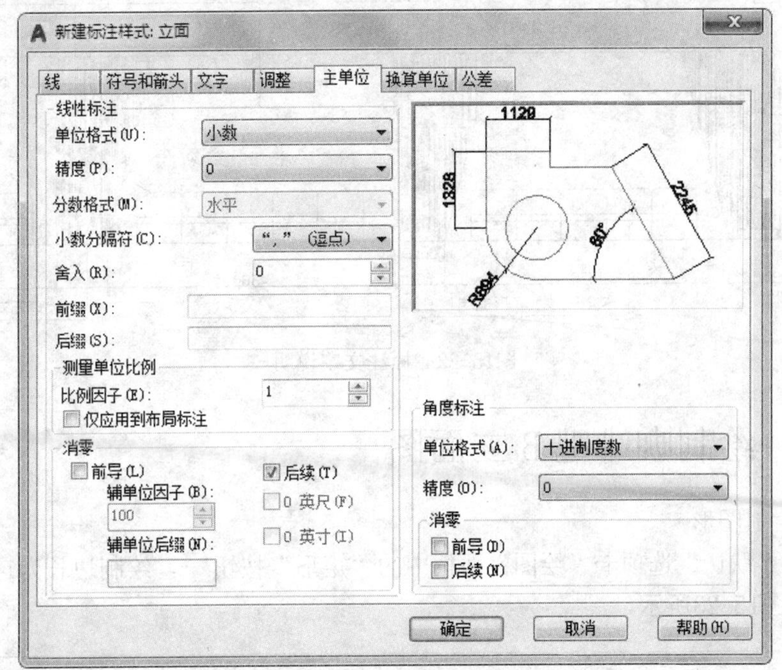

图15-19 “新建标注样式：立面”对话框

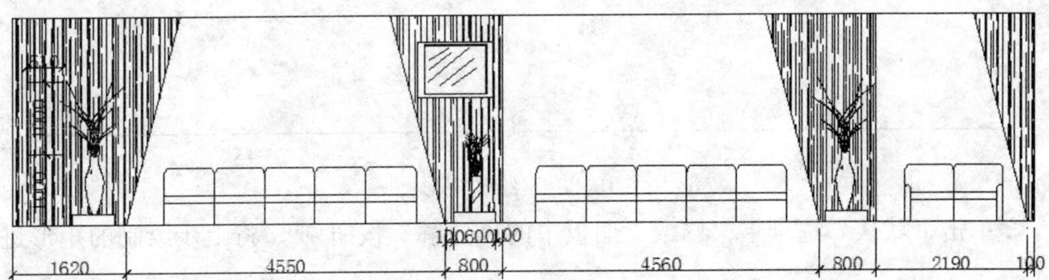

图15-20 标注立面图尺寸

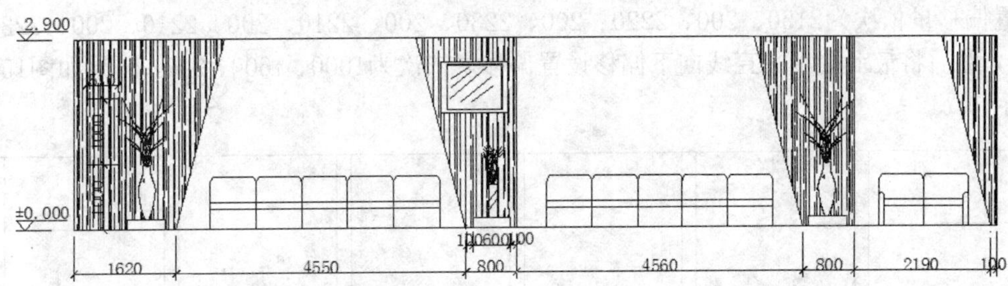

图15-21 插入标高

03 标注文字。

❶单击“默认”选项卡“注释”面板中的“文字样式”按钮，弹出“文字样式”对话框，新建“说明”文字样式，设置高度为150，并将其置为当前。

❷在命令行中输入 QLEADER 命令，标注文字说明，如图 15-22 所示。

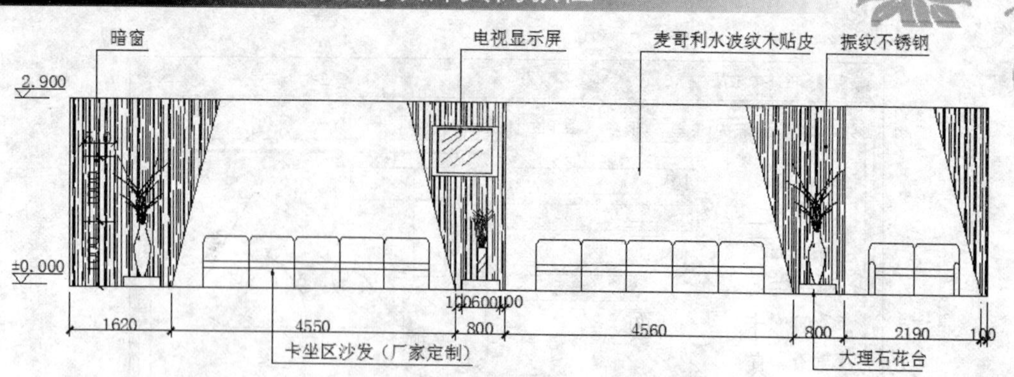

图15-22　标注文字说明

15.1.2　绘制咖啡吧B立面图

01 绘制图形

❶单击“默认”选项卡“绘图”面板中的“矩形”按钮，绘制边长为14450×2800的矩形，如图15-23所示。

图15-23　绘制矩形

❷单击“默认”选项卡“修改”面板中的“分解”按钮，将上步绘制的矩形进行分解。

❸单击“默认”选项卡“修改”面板中的“偏移”按钮，将最左端竖直线向右偏移，设置偏移量依次为2150、200、2220、200、2230、200、2210、200、2210、200、2230、200，然后将最上端水平直线向下偏移设置偏移量依次为1000、1600、200，结果如图15-24所示。

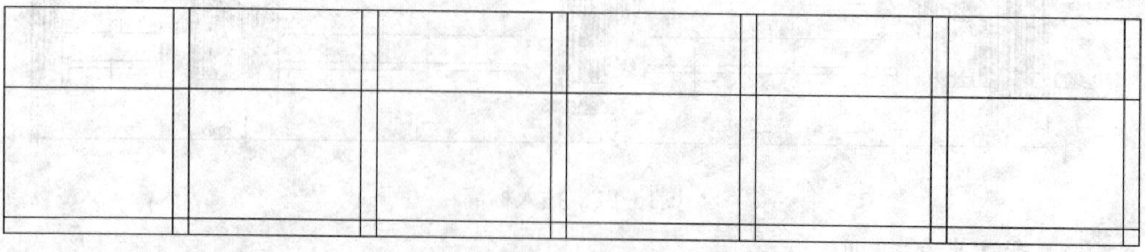

图15-24　偏移直线

❹单击“默认”选项卡“修改”面板中的“修剪”按钮，修剪多余线段，结果如图15-25所示。

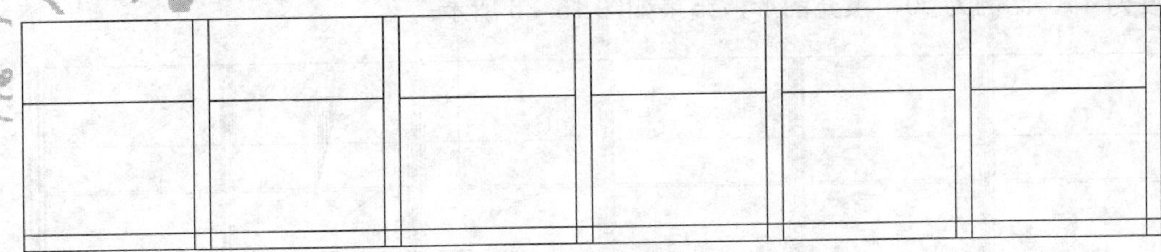
图15-25　修剪图形

❺单击“默认”选项卡“绘图”面板中的“图案填充”按钮，设置填充图案为“AR-RROOF”、角度为90、比例为3，填充图形，结果如图15-26所示。

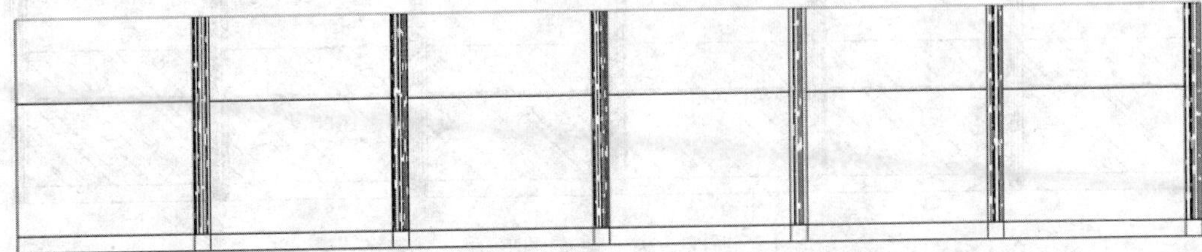
图15-26　填充图案1

❻单击“默认”选项卡“绘图”面板中的“图案填充”按钮，设置填充图案为“SOLID”、角度为0、比例为1，填充图形，结果如图15-27所示。

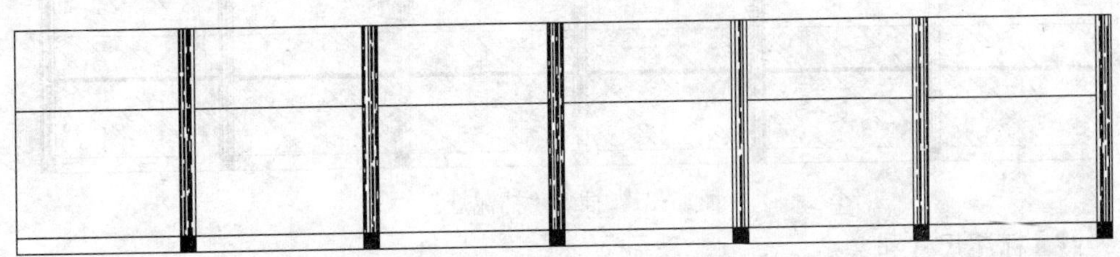
图15-27　填充图案2

❼单击“默认”选项卡“修改”面板中的“偏移”按钮，选择矩形底边，依次向上偏移1200和50，结果如图15-28所示。

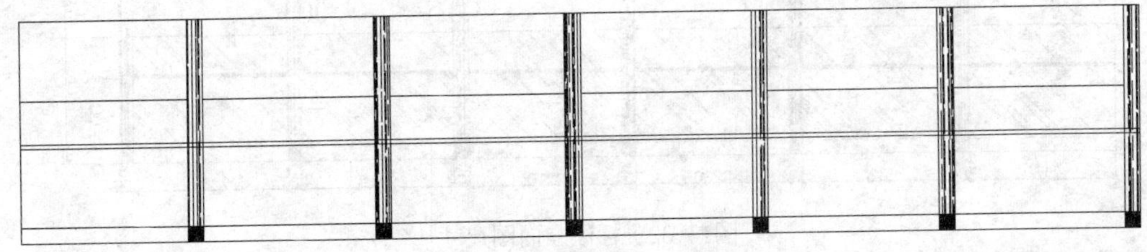
图15-28　偏移直线

❽单击“默认”选项卡“修改”面板中的“修剪”按钮，修剪多余线段，结果如图15-29所示。

❾单击“默认”选项卡“绘图”面板中的“图案填充”按钮，设置填充图案为“SOLID”、角度为0、比例为1，填充图形。

❿单击“默认”选项卡“绘图”面板中的“图案填充”按钮，设置填充图案为“AR-RROOF”、

角度为 45、比例为 20，填充图形，结果如图 15-30 所示。

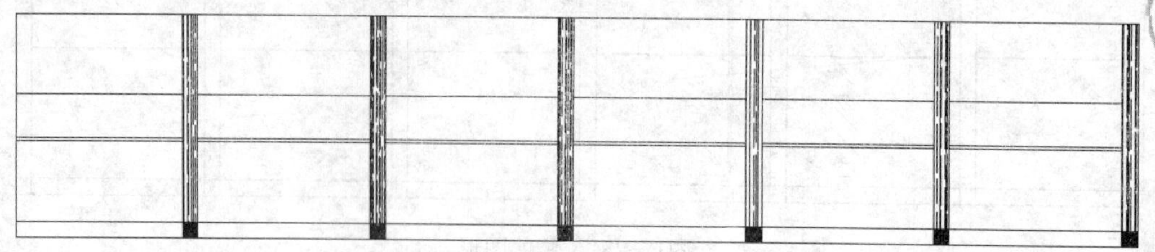

图15-29 修剪图形

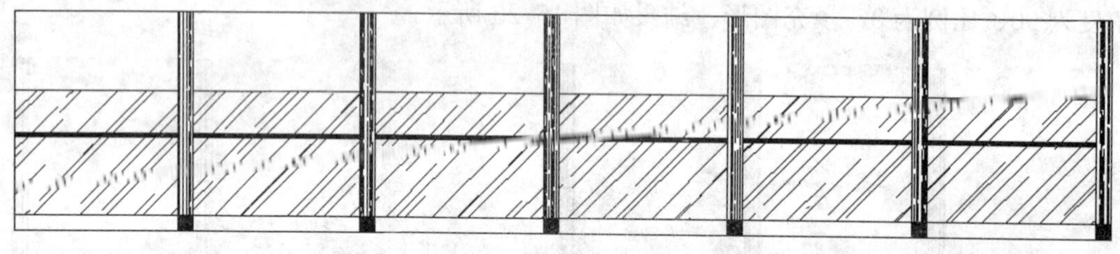

图15-30 填充图形

⑪单击“默认”选项卡“绘图”面板中的“插入块”按钮，在名称下拉列表中选择“插泥灯”，在图中相应位置插入图块，结果如图15-31所示。

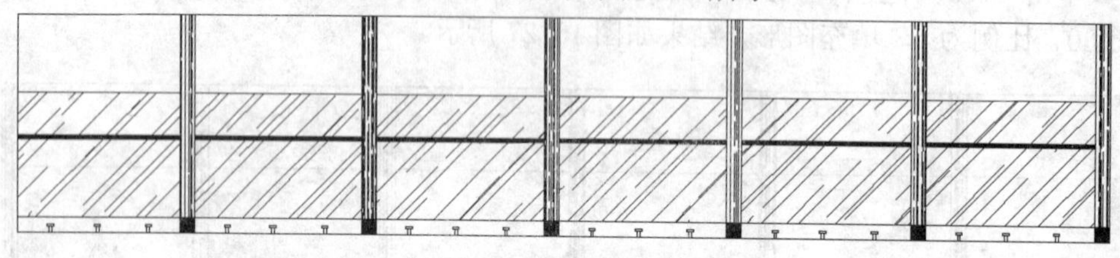

图15-31 插入“插泥灯”

02 标注尺寸和文字。

❶单击“默认”选项卡“注释”面板中的“线性”按钮，标注立面图尺寸，如图15-32所示。

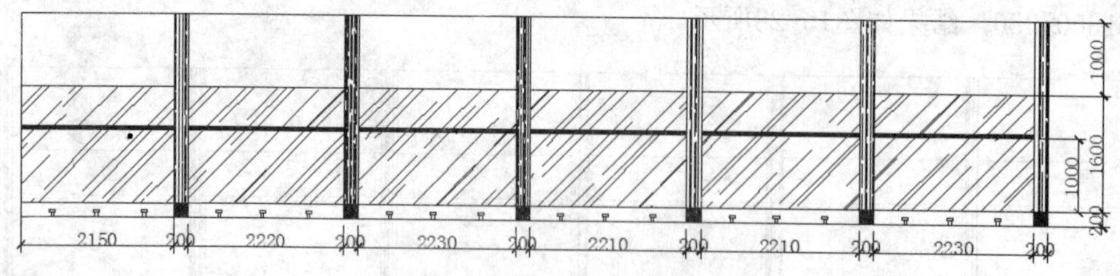

图15-32 标注立面图尺寸

❷单击“默认”选项卡“块”面板中的“插入”按钮，在图形中适当位置插入“标高”，如图15-33所示。

❸单击“默认”选项卡“注释”面板中的“文字样式”按钮，弹出“文字样式”对话框，新建“说明”文字样式，设置高度为150，并将其置为当前。

❹在命令行中输入 QLEADER 命令，标注文字说明，结果如图 15-34 所示。

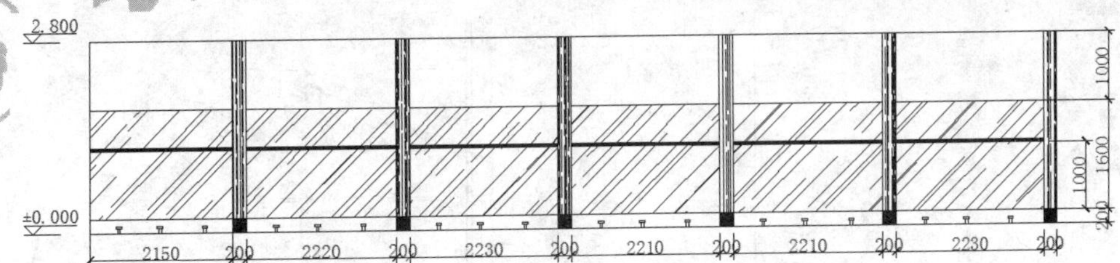

图15-33 插入标高

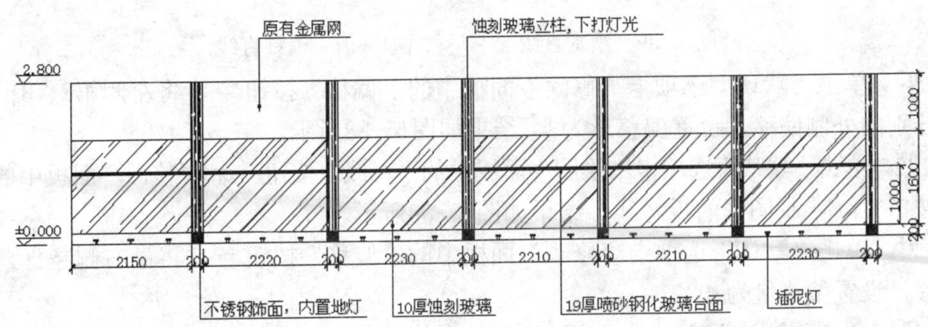

图15-34 文字说明

15.2 玻璃台面节点详图

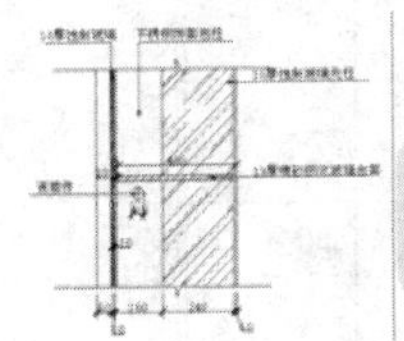

图 15-35 所示为玻璃台面节点详图。下面介绍其设计方法。

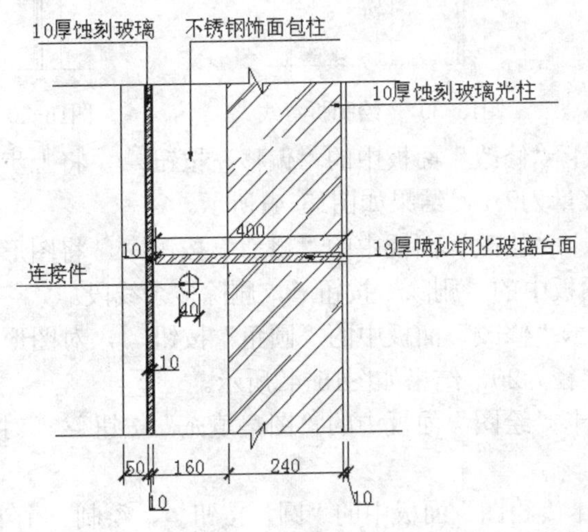

图15-35 玻璃台面节点详图

> **实讲实训**
> **多媒体演示**
> 多媒体演示参见配套光盘中的\\动画演示\第15章\玻璃台面节点详图.avi。

01 单击“默认”选项卡“绘图”面板中的“直线”按钮，绘制一条竖直直线，结果如图15-36所示。

02 单击“默认”选项卡“修改”面板中的“偏移”按钮，将左端竖直直线向右偏移，设置偏移量依次为50、10、160、240、10，结果如图15-37所示。

图15-36　绘制直线　　图15-37　偏移直线

03 单击“默认”选项卡“修改”面板中的“偏移”按钮，将左侧第2、3根竖直直线分别向外侧偏移，设置偏移量为3，结果如图15-38所示。

04 单击“默认”选项卡“绘图”面板中的“直线”按钮和“修改”面板中的“修剪”按钮，绘制图形的折弯线，结果如图15-39所示。

05 单击“默认”选项卡“修改”面板中的“偏移”按钮，将最右侧竖直直线向左偏移，设置偏移量为400。

06 单击“默认”选项卡“绘图”面板中的“直线”按钮，选取上步偏移的竖直直线中点为起点绘制一条水平直线，如图15-40所示。

图15-38　偏移直线

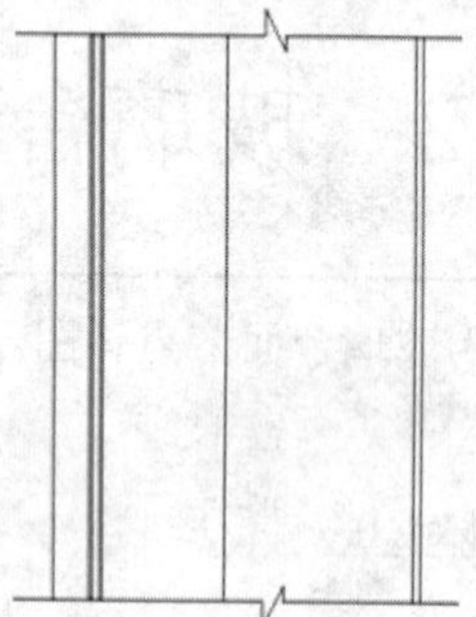

图15-39　绘制折弯线

图15-40　绘制水平直线

07 单击“默认”选项卡“修改”面板中的“偏移”按钮，将上步绘制的水平直线分别向两侧偏移，设置偏移量为9.5，结果如图15-41所示。

08 单击“默认”选项卡“修改”面板中的“修剪”按钮，将图形进行修剪。单击“默认”选项卡“修改”面板中的“删除”按钮，删除多余线段。

09 单击“默认”选项卡“修改”面板中的“圆角”按钮，对图形采用不修剪模式下的圆角处理，设置圆角半径为20，结果如图15-42所示。

10 单击“默认”选项卡“绘图”面板中的“图案填充”按钮，对图形进行图案填充，结果如图 15-43 所示。

11 单击“默认”选项卡“绘图”面板中的“圆”按钮，绘制一个半径为20的圆，再单击“默认”选项卡“绘图”面板中的“直线”按钮，绘制一条水平直线和一条竖直直线，完成连接件的绘制，如图15-44所示。

12 单击“默认”选项卡“注释”面板中的“标注样式”按钮，弹出“标注样式管理器”对话框，新建“详图”标注样式。在“线”选项卡中设置“超出尺寸线”为30、

“起点偏移量”为20；在“符号和箭头”选项卡中设置“箭头”符号为“建筑标记”，“箭头大小”为20；在“文字”选项卡中设置“文字大小”为30；在“主单位”选项卡中设置“精度”为0、“小数分割符”为“句点”。

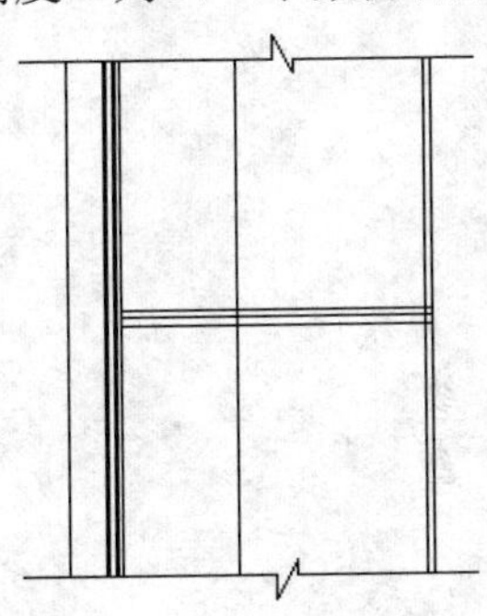
图15-41 偏移水平直线

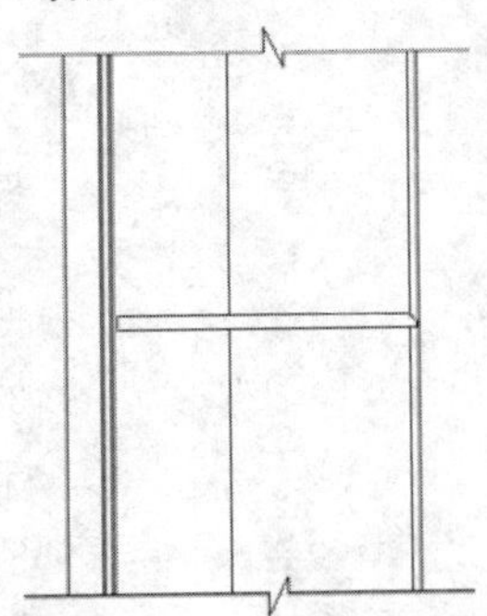
图15-42 图形圆角处理

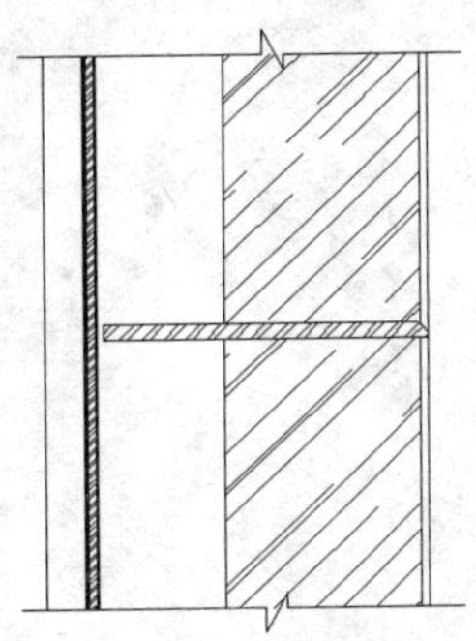
图15-43 填充图形

13 单击“默认”选项卡“注释”面板中的“线性”按钮和“连续”按钮，标注详图尺寸，如图15-45所示。

14 单击“默认”选项卡“注释”面板中的“文字样式”按钮，弹出“文字样式”对话框，新建“说明”文字样式，设置高度为30，并将其置为当前。

15 在命令行中输入 QLEADER 命令，并通过“引线设置”对话框设置参数。标注文字说明，结果如图 15-46 所示。

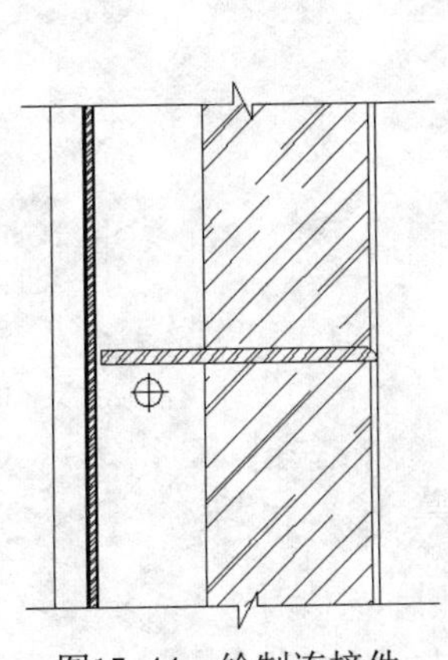
图15-44 绘制连接件

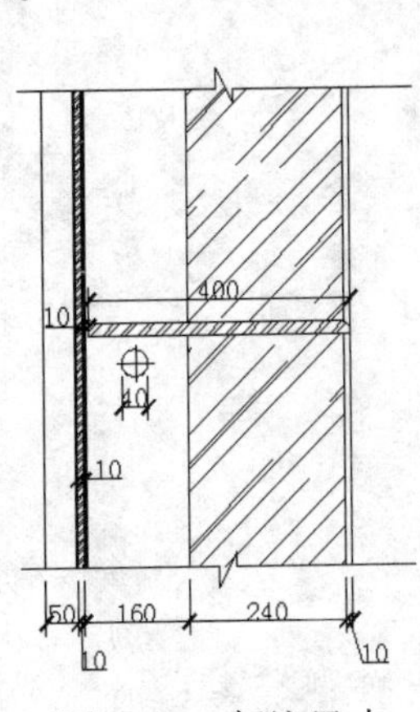

图15-45 标注尺寸

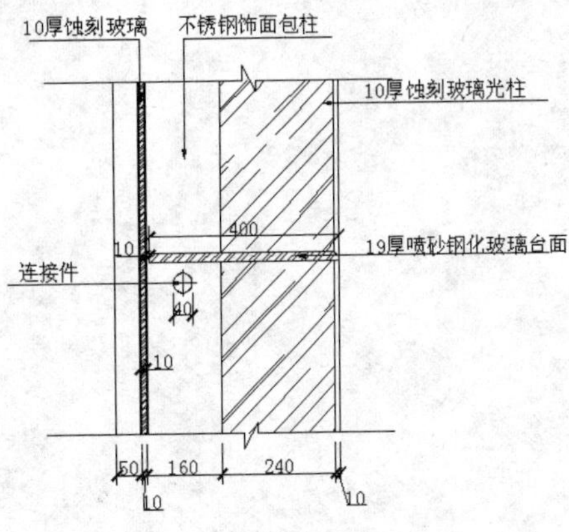

图15-46 文字说明